"모아교육그룹이 함께 만들어갑니다!"

소방기술사/소방시설관리사/소방설비기사/소방설비산업기사/소방실무/소방안전관리자/화재감식평가(산업)기사

전기안전기술사/건축전기설비기술사/발송배전기술사/전기응용기술사/정보통신기술사/전기기능장/전기기사/전기산업기사/전기기능사

화공안전기술사/산업안전기사/에너지관리기사/에너지관리산업기사/에너지관리기능사/공조냉동기계기사/공조냉동기계산업기사/공조냉동기계기능사

건축기계설비기술사/건축설비기사/건축설비산업기사/가스기사/가스산업기사/가스기능사/위험물기능장/위험물산업기사/위험물기능사

건설안전기사/대기환경기사/식품안전기사/산업위생관리기사/승강기기능사/설비보전기사/설비보전기능사

NEXT 모아 합격자 FESTIVAL

그 영광의 주인공은 바로 당신입니다!

업계 최대 규모 합격자 모임 실제 현장
(서울 마곡 코엑스)

기술자격증은 모아바 에서 시작하세요!

기록적인 성장
1648%
*2017년 vs 2024년 매출 기준

경이로운 수강생 증가
760%
*2018년 vs 2025년 1, 2월 수강인원 기준

강의 만족도
99%
*2024년, 2025년 모아바 합격수기 평가 점수 변환 기준

압도적인 합격률
79%
*2024년 소방시설관리사 2차 합격률

수강상담 & 학습문의

모아바 고객센터
02.2068.2852

평일 10:00~19:00
(점심 12:00~13:00)
(주말/공휴일 휴무)

모아소방전기학원 × 모아바

모아 위험물기능사 필기

개정2판

핵심이론 + 과년도 12개년

모아합격전략연구소

모아북스

2026년 위험물기능사시험 한눈에 보기

[왜 위험물기능사인가?]

산업 전반에서 화재나 폭발 사고 예방의 중요성이 커지면서 위험물의 안전한 관리와 취급은 더 이상 선택이 아닌 필수가 되었습니다. 다양한 산업 현장에서 안전관리 전문성을 갖춘 인재를 요구하고 있으며, 그 해답이 바로 위험물기능사입니다. 과거에는 단순한 취급 자격으로 인식되던 위험물기능사가 이제는 산업안전 분야의 핵심 자격으로 자리 잡았습니다. 특히 중대재해처벌법 시행 이후 위험물 관리 인력에 대한 수요가 지속적으로 증가하고 있습니다. 위험물기능사는 안전관리의 기초이자 상위자격으로 나아가는 첫 단계로서 미래 산업 변화에 대비한 전문가로서의 첫 걸음이라 할 수 있습니다.

[시험과목 및 합격 기준]

위험물기능사

구분	필기	실기
시험과목	위험물의 성질 및 안전관리	위험물 취급 실무
검정방법	객관식 4지 택일형, 총 60문항 시험시간 : 60분	필답형(1시간 30분)
합격 기준	100점을 만점으로 하여 60점 이상	100점을 만점으로 하여 60점 이상

[2026년 시험 예상 일정]

필기시험

회별	원서접수 (휴일 제외)	시험시행
제1회	1.12(월) ~ 1.15(목)	2.6(금) ~ 3.3(화)
제2회	4.13(월) ~ 4.16(목)	5.9(토) ~ 5.29(금)
제3회	7.20(월) ~ 7.23(목)	8.8(토) ~ 8.31(월)

실기시험

회별	원서접수 (휴일 제외)	시험시행
제1회	3.23(월) ~ 3.26(목)	4.18(토) ~ 5.8(금)
제2회	6.22(월) ~ 6.25(목)	7.18(토) ~ 8.5(수)
제3회	9.21(월) ~ 9.24(목)	10.31(토) ~ 11.20(금)

※ 정확한 시험일정과 관련된 정보는 Q-Net에서 확인하시길 바랍니다.

필기 대비 학습전략

핵심 암기 + 반복 회독

- 위험물 종류, 지정수량, 등급, 성질, 취급 주의점의 이해 및 암기는 필수입니다.
- 문제은행식으로 반복문제 출제 비중이 매우 높습니다.
- 복잡한 이해보다 "많이 본 문제를 빠르게 푸는 능력"이 중요합니다.
- 처음부터 너무 정독하려 하지 말고 전체 흐름을 이해한 후 반복하면서 학습해주세요.

학습 자료 적극 활용

- 핵심 반응식 총정리 ZIP, 계산문제 마스터 ZIP을 적극 활용해주세요.
- 반응식 자료는 완벽히 암기된 식부터 하나씩 지워 나가며 학습하고, 외우지 못한 식은 다시 한 번 노트로 정리하면서 암기해주세요.
- 계산문제는 빠르게 푸는 것을 목표로 완전히 체화될 때까지 꾸준한 연습이 필요합니다.

나만의 암기노트 만들기

- 파트별로 나눠서 한 장에 한 주제가 들어가도록 정리해주세요.
- 핵심 단어, 숫자, 기호 중심으로 간단하게 요약, 도표와 그림을 활용하여 본인이 암기하기 편하게 정리해주세요.
- 계산 공식은 단위를 함께 적어서 실전에 적용하는 부분까지 함께 연습해주세요.
- 시험 직전 노트를 훑으며 오답 노트와 함께 복습해주세요.

비전공자 맞춤 접근방법

- 전체 구조 먼저 파악 : 위험물 종류, 성질, 소화 방법 등 큰 틀을 확인해주세요.
- 계산 문제 단순화 : 공식과 단위만 외워서 문제 유형별로 차근차근 적용하는 연습을 하고, 복잡한 화학 원리는 최소화해주세요.
- 기출 반복 + 오답 정리: 암기한 내용이 실제 시험에서 어떻게 나오는지 확인하며 오답은 즉시 노트에 기록하고 반복해주세요.

이 책의 활용방법

Step 01. 학습 준비

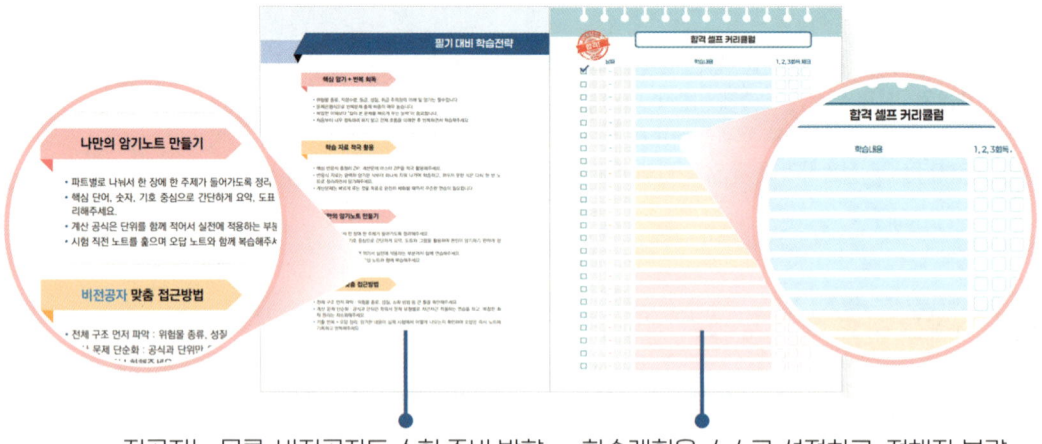

전공자는 물론, 비전공자도 수험 준비 방향을 수월하게 잡을 수 있게 어떤 식으로 전략을 짜야 할지 정리했습니다.

학습계획을 스스로 설정하고, 정해진 분량을 체크하며 학습 루틴을 형성할 수 있도록 도와주는 맞춤형 진도표입니다.

Step 02. 효율적인 이론 학습

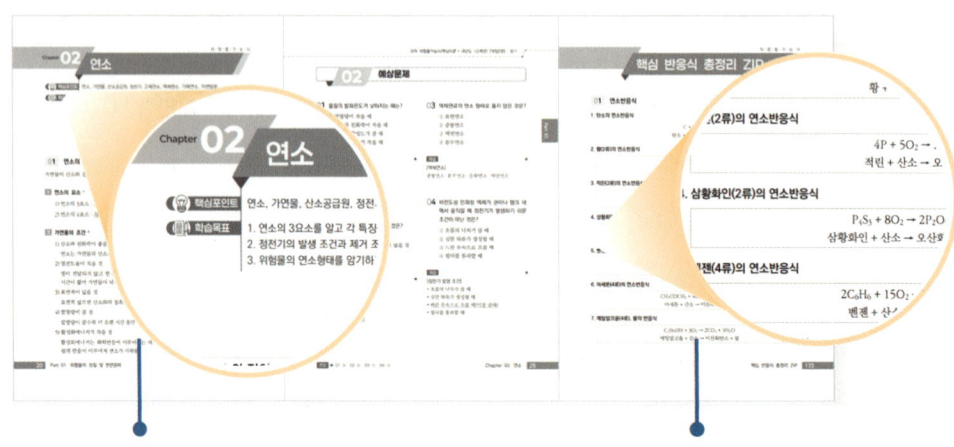

각 챕터마다 학습목표와 핵심포인트를 명확히 제시해 수험생이 학습 방향을 쉽게 파악하고 효율적으로 학습할 수 있도록 구성했습니다.

주요 반응식과 계산문제 관련 핵심내용을 정리하고, 관련 문제를 함께 수록하여 중요한 내용을 보다 쉽게 암기할 수 있도록 했습니다.

Step 03. 과년도 기출문제

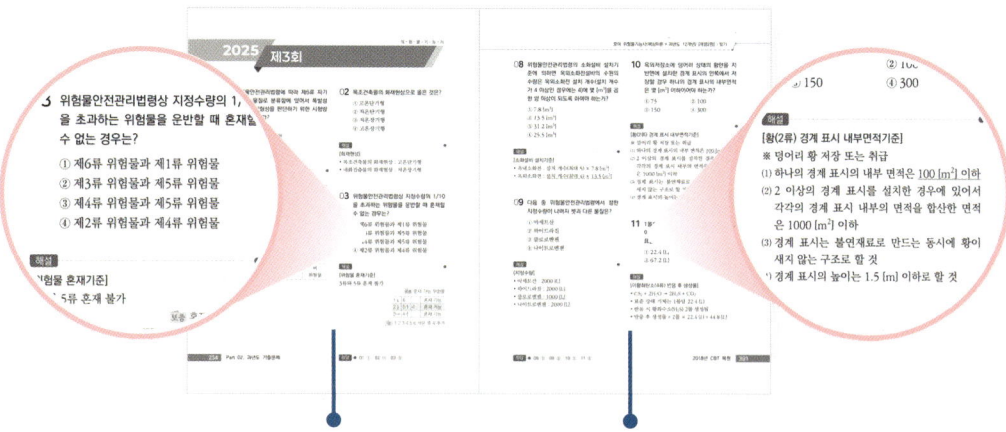

12개년 기출문제를 총정리하여 다양한 문제유형을 접할 수 있습니다. 이를 통해 실제 시험 감각을 다지고 본인의 약점을 보완할 수 있습니다.

단순 해설에 그치지 않고 이와 관련된 내용도 함께 정리하여 문제 풀이와 개념 이해를 동시에 할 수 있어 효율적인 학습이 가능합니다.

[추천! 1개월 초단기 로드맵 - 하루 3시간 기준]

	위험물기능사	
주차	학습목표	주요 내용
1주차	이론 개념 잡기	• 위험물 유별, 명칭 암기법 정립 • 위험물 분류, 성질, 저장·취급 기본 개념 정리 • 연소 및 소화이론, 법규 핵심 개념 암기 • 챕터별 연습문제 풀이
2주차	핵심이론 정리 + 부록	• 이론을 정리해서 나만의 노트 만들기 • 핵심 반응식 총정리 ZIP, 계산문제 마스터 ZIP 활용
3주차	과년도 문제풀이	• 틀린 문제 중심 오답노트 정리 • 단원별 취약 파트 복습 • 실제 시험시간 맞춰 풀어보기
4주차	회독수 늘리기 + 총정리	• 기출문제 반복 회독 • 반복 출제 유형 암기 및 계산 숙달 • 오답노트 최종 점검

합격 셀프 커리큘럼

날짜	학습내용	1, 2, 3회독 체크

합격자가 인정한 이 책의 가치

아직 길이 보이지 않아도 괜찮습니다. 차근차근 쌓아가는 과정이 결국 합격으로 이어집니다.
이번 도전이 두렵지 않도록, 우리가 함께 걸어가겠습니다.
첫 시험, 첫 도전, 그리고 첫 합격. 모아북스가 여러분의 출발점이 되어 드리겠습니다.

비전공자인데도 흐름이 딱 잡혔어요!

심○○(대학생)

"비전공자인데도 학습 흐름을 따라가기가 수월했어요. 각 챕터마다 학습목표와 핵심포인트가 제시되어 있어 공부 방향을 잡기 좋았습니다. 기출문제도 단순히 문제만 푸는 게 아니라 관련 개념까지 함께 익힐 수 있어서 이해가 훨씬 빨랐고, 시험을 준비하면서 자신감이 생겼어요."

바쁜 와중에도 실전 감각을 확실히 잡았습니다.

윤○○(직장인)

"일하면서 틈틈이 준비 중인데, 짧은 시간에도 효율적으로 학습할 수 있는 구조라 정말 만족스럽습니다. 핵심내용만 깔끔하게 정리되어 있어 빠른 복습이 가능하고, 12개년 기출문제를 통해 다양한 문제유형을 접하면서 실전 감각을 익히는 데 큰 도움이 됐어요."

다시 공부를 시작하는데 방향을 잘 잡아줬습니다.

안○○(직장인)

"기초부터 차근차근 공부해야 하는 입장에서는 체계적인 학습전략이 가장 마음에 들었습니다. 각 단원별로 목표가 정리되어 있어 막막하지 않았고, 다양한 기출문제 덕분에 출제 유형을 익히며 문제 접근법을 자연스럽게 알 수 있었습니다."

수업이랑 같이 보기에도 완전 좋아요!

오○○(대학생)

"학교 수업이랑 병행하면서 봤는데, 단순히 정답만 알려주는 해설이 아니라 개념을 함께 정리해줘서 복습용으로 정말 좋았습니다. 문제유형이 폭넓게 수록되어 있어 실제 시험처럼 연습할 수 있었고, 셀프 커리큘럼 표를 작성하며 진도 관리도 쉽게 할 수 있었어요."

필기시험 상세 출제기준

직무분야	화학	중직무분야	위험물	자격종목	위험물기능사	적용기간	2025.1.1. ~ 2029.12.31.

- 직무내용 : 위험물제조소 등에서 위험물을 저장·취급하고, 각 설비에 대한 점검과 재해 발생 시 응급조치 등의 안전관리 업무를 수행

필기검정방법	객관식	문제 수	60	시험시간	1시간

필기 과목명	문제수	주요 항목	세부 항목	세세항목
위험물의 성질 및 안전관리	60	1. 화재 및 소화	1. 물질의 화학적 성질	1. 물질의 상태 및 성질 2. 화학의 기초법칙 3. 유·무기화합물의 특성
			2. 화재 및 소화이론의 이해	1. 연소이론의 이해 2. 화재분류 및 특성 3. 폭발 종류 및 특성 4. 소화이론의 이해
			3. 소화약제 및 소방시설의 기초	1. 화재예방의 기초 2. 화재발생 시 조치방법 3. 소화약제의 종류 4. 소화약제별 소화원리 5. 소화기 원리 및 사용법 6. 소화, 경보, 피난설비의 종류 7. 소화설비의 적응 및 사용
		2. 제1류 위험물 취급	1. 성상 및 특성	1. 제1류 위험물의 종류 2. 제1류 위험물의 성상 3. 제1류 위험물의 위험성·유해성
			2. 저장 및 취급방법의 이해	1. 제1류 위험물의 저장방법 2. 제1류 위험물의 취급방법
			3. 소화방법	1. 제1류 위험물의 소화원리 2. 제1류 위험물의 화재예방 및 진압대책
		3. 제2류 위험물 취급	1. 성상 및 특성	1. 제2류 위험물의 종류 2. 제2류 위험물의 성상 3. 제2류 위험물의 위험성·유해성

필기 과목명	문제수	주요 항목	세부 항목	세세항목
위험물의 성질 및 안전관리	60	3. 제2류 위험물 취급	2. 저장 및 취급방법의 이해	1. 제2류 위험물의 저장방법 2. 제2류 위험물의 취급방법
			3. 소화방법	1. 제2류 위험물의 소화원리 2. 제2류 위험물의 화재예방 및 진압대책
		4. 제3류 위험물 취급	1. 성상 및 특성	1. 제3류 위험물의 종류 2. 제3류 위험물의 성상 3. 제3류 위험물의 위험성·유해성
			2. 저장 및 취급방법의 이해	1. 제3류 위험물의 저장방법 2. 제3류 위험물의 취급방법
			3. 소화방법	1. 제3류 위험물의 소화원리 2. 제3류 위험물의 화재예방 및 진압대책
		5. 제4류 위험물 취급	1. 성상 및 특성	1. 제4류 위험물의 종류 2. 제4류 위험물의 성상 3. 제4류 위험물의 위험성·유해성
			2. 저장 및 취급방법의 이해	1. 제4류 위험물의 저장방법 2. 제4류 위험물의 취급방법
			3. 소화방법	1. 제4류 위험물의 소화원리 2. 제4류 위험물의 화재예방 및 진압대책
		6. 제5류 위험물 취급	1. 성상 및 특성	1. 제5류 위험물의 종류 2. 제5류 위험물의 성상 3. 제5류 위험물의 위험성·유해성
			2. 저장 및 취급방법의 이해	1. 제5류 위험물의 저장방법 2. 제5류 위험물의 취급방법
			3. 소화방법	1. 제5류 위험물의 소화원리 2. 제5류 위험물의 화재예방 및 진압대책
		7. 제6류 위험물 취급	1. 성상 및 특성	1. 제6류 위험물의 종류 2. 제6류 위험물의 성상 3. 제6류 위험물의 위험성·유해
			2. 저장 및 취급방법의 이해	1. 제6류 위험물의 저장방법 2. 제6류 위험물의 취급방법

필기 과목명	문제수	주요 항목	세부 항목	세세항목
위험물의 성질 및 안전관리	60	7. 제6류 위험물 취급	3. 소화방법	1. 제6류 위험물의 소화원리 2. 제6류 위험물의 화재예방 및 진압대책
		8. 위험물 운송·운반	1. 위험물 운송기준	1. 위험물운송자의 자격 및 업무 2. 위험물 운송방법 3. 위험물 운송 안전조치 및 준수사항 4. 위험물 운송차량 위험성 경고 표지
			2. 위험물 운반기준	1. 위험물운반자의 자격 및 업무 2. 위험물용기기준, 적재방법 3. 위험물 운반방법 4. 위험물 운반 안전조치 및 준수사항 5. 위험물 운반차량 위험성 경고 표지
		9. 위험물 제조소등의 유지관리	1. 위험물제조소	1. 제조소의 위치기준 2. 제조소의 구조기준 3. 제조소의 설비기준 4. 제조소의 특례기준
			2. 위험물저장소	1. 옥내저장소의 위치, 구조, 설비기준 2. 옥외탱크저장소의 위치, 구조, 설비기준 3. 옥내탱크저장소의 위치, 구조, 설비기준 4. 지하탱크저장소의 위치, 구조, 설비기준 5. 간이탱크저장소의 위치, 구조, 설비기준 6. 이동탱크저장소의 위치, 구조, 설비기준 7. 옥외저장소의 위치, 구조, 설비기준 8. 암반탱크저장소의 위치, 구조, 설비기준
			3. 위험물취급소	1. 주유취급소의 위치, 구조, 설비기준 2. 판매취급소의 위치, 구조, 설비기준 3. 이송취급소의 위치, 구조, 설비기준 4. 일반취급소의 위치, 구조, 설비기준

필기 과목명	문제수	주요 항목	세부 항목	세세항목
위험물의 성질 및 안전관리	60	9. 위험물 제조소등의 유지관리	4. 제조소등의 소방시설 점검	1. 소화난이도등급 2. 소화설비 적응성 3. 소요단위 및 능력단위 산정 4. 옥내소화전설비 점검 5. 옥외소화전설비 점검 6. 스프링클러설비 점검 7. 물분무소화설비 점검 8. 포소화설비 점검 9. 불활성 가스소화설비 점검 10. 할로겐화물소화설비 점검 11. 분말소화설비 점검 12. 수동식 소화기설비 점검 13. 경보설비 점검 14. 피난설비 점검
		10. 위험물 저장·취급	1. 위험물 저장기준	1. 위험물 저장의 공통기준 2. 위험물 유별 저장의 공통기준 3. 제조소등에서의 저장기준
			2. 위험물 취급기준	1. 위험물 취급의 공통기준 2. 위험물 유별 취급의 공통기준 3. 제조소등에서의 취급기준
		11. 위험물 안전관리 감독 및 행정처리	1. 위험물시설 유지관리감독	1. 위험물시설 유지관리 감독 2. 예방규정 작성 및 운영 3. 정기검사 및 정기점검 4. 자체소방대 운영 및 관리
			2. 위험물안전관리법 상 행정사항	1. 제조소등의 허가 및 완공검사 2. 탱크안전 성능검사 3. 제조소등의 지위승계 및 용도폐지 4. 제조소등의 사용정지, 허가취소 5. 과징금, 벌금, 과태료, 행정명령

위험물 품명 및 물질명 변경사항

2024.04.30. 위험물안전관리법에 따라 위험물 품명 및 물질명이 개정됨
※ 일부 CBT 문제에서는 변경 전 용어가 사용되는 경우가 있어 해당 내용을 수록하였습니다.

유별	변경 전	변경 후
제1류 위험물	브롬산염류	브로민산염류
	요오드산염류	아이오딘산염류
	과망간산염류	과망가니즈산염류
	중크롬산염류	다이크로뮴산염류
제2류 위험물	황화린	황화인
	유황	황
제4류 위험물	디에틸에테르	다이에틸에터
	아세트알데히드	아세트알데하이드
	클레오소트유	크레오소트유
제5류 위험물	질산에스테르류	질산에스터류
	히드록실아민	하이드록실아민
	히드록실아민염류	하이드록실아민염류
	니트로화합물	나이트로화합물
	니트로소화합물	나이트로소화합물
	디아조화합물	다이아조화합물
	히드라진유도체	하이드라진 유도체
제6류 위험물	할로겐간화합물	할로젠간화합물

목차

Part 01 위험물의 성질 및 안전관리

- Chapter 01 기초화학 ·· 18
- Chapter 02 연소 ·· 20
- Chapter 03 화재 및 폭발 ····································· 28
- Chapter 04 소화 종류 및 약제 ······························ 33
- Chapter 05 소방시설 ·· 39
- Chapter 06 소화설비 적응성 ································ 46
- Chapter 07 위험물 기초 ······································ 53
- Chapter 08 제1류 위험물 ···································· 58
- Chapter 09 제2류 위험물 ···································· 64
- Chapter 10 제3류 위험물 ···································· 70
- Chapter 11 제4류 위험물 ···································· 77
- Chapter 12 제5류 위험물 ···································· 87
- Chapter 13 제6류 위험물 ···································· 94
- Chapter 14 위험물 운반기준 ······························· 104
- Chapter 15 위험물제조소 ··································· 108
- Chapter 16 위험물저장소 ··································· 114
- Chapter 17 위험물취급소 ··································· 126

Chapter 18　위험물 저장 및 취급 ·················· 132

Chapter 19　위험물안전관리법(1) ·················· 135

Chapter 20　위험물안전관리법(2) ·················· 144

Chapter 21　위험물 운반 ·················· 146

Chapter 22　위험물제조소등 점검 ·················· 152

핵심 반응식 총정리 ZIP ·················· 173

계산문제 마스터 ZIP ·················· 192

Part 02
과년도 기출문제

2025년 제1회 CBT 복원 ·················· 202
2025년 제2회 CBT 복원 ·················· 218
2025년 제3회 CBT 복원 ·················· 234
2025년 제4회 CBT 복원 ·················· 249

2024년 제1회 CBT 복원 ·················· 265
2024년 제2회 CBT 복원 ·················· 281
2024년 제3회 CBT 복원 ·················· 298
2024년 제4회 CBT 복원 ·················· 313

2023년 CBT 복원 ·················· 328

2022년 CBT 복원 ·· 344

2021년 CBT 복원 ·· 360

2020년 CBT 복원 ·· 375

2019년 CBT 복원 ·· 390

2018년 CBT 복원 ·· 405

2017년 CBT 복원 ·· 420

2016년 제1회 ·· 435
2016년 제2회 ·· 452
2016년 제3회 ·· 468

2015년 제1회 ·· 483
2015년 제2회 ·· 499
2015년 제3회 ·· 513
2015년 제4회 ·· 529

2014년 제1회 ·· 545
2014년 제2회 ·· 561
2014년 제3회 ·· 577
2014년 제4회 ·· 592

Part 01

위험물의 성질 및 안전관리

Chapter 01 기초화학

- 핵심포인트: 원자, 원소주기율표, 족, 이상기체 상태방정식
- 학습목표:
  1. 원자의 구조를 그릴 수 있다.
  2. 원소주기율표를 모두 암기하고 각 기호의 의미를 알 수 있다.
  3. 이상기체 상태방정식의 의미를 알고 사용할 수 있다.

01 물질의 구조

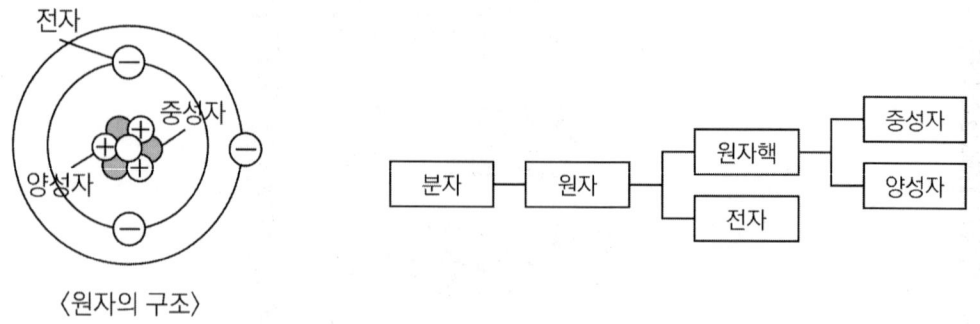

〈원자의 구조〉

02 주기율표

족 주기	1	2	13	14	15	16	17	18
1	$_1H$							$_2He$
2	$_3Li$	$_4Be$	$_5B$	$_6C$	$_7N$	$_8O$	$_9F$	$_{10}Ne$
3	$_{11}Na$	$_{12}Mg$	$_{13}Al$	$_{14}Si$	$_{15}P$	$_{16}S$	$_{17}Cl$	$_{18}Ar$
4	$_{19}K$	$_{20}Ca$					$_{35}Br$	
							$_{51}I$	

1 족에 따른 특징

족	명칭	특징
1족	알칼리금속(수소 제외)	물과 반응하여 수산화금속과 수소 발생
2족	알칼리토금속	물과 반응하여 수소 발생
17족	할로젠 원소	비금속 중 반응성이 가장 큼
18족	비활성 기체	• 가장 안정한 상태의 원소 • 다른 물질과 반응하지 않아 불활성 기체(비활성 기체)라고 함

03 이상기체 상태방정식

이상기체의 상태를 다루는 상태방정식

TIP 주로 부피, 압력을 계산할 때 사용

1 이상기체 상태방정식 ★★★

$$PV = nRT = \frac{W}{M}RT$$

TIP R(기체상수) : 0.082 [atm·m³/kmol·K]

기호	의미	단위
P	압력	[atm]
V	부피	[m³]
W	질량	[kg]
M	분자량	[kg/kmol]
R	기체상수	[atm·m³/kmol·K]
T	절대온도	[K] = 273 + [℃]

Chapter 02 연소

핵심포인트: 연소, 가연물, 산소공급원, 정전기, 고체연소, 액체연소, 기체연소, 자연발화

학습목표:
1. 연소의 3요소를 알고 각 특징을 말할 수 있다.
2. 정전기의 발생 조건과 제거 조건을 설명할 수 있다.
3. 위험물의 연소형태를 암기하고 구분할 수 있다.

01 연소의 정의

가연물이 산소와 결합하여 다량의 열과 빛을 수반하는 산화반응

1 연소의 요소 ★

1) 연소의 3요소 : **가**연물·**산**소공급원·**점**화원 　　　　　　　　　　　암 가산점
2) 연소의 4요소 : **가**연물·**산**소공급원·**점**화원·**연**쇄반응 　　　　암 가산점, 연

2 가연물의 조건 ★

1) 산소와 친화력이 좋을 것

　　연소는 가연물과 산소의 반응이므로 산소와 친화력이 크면 반응이 더 잘 이루어짐

2) 열전도율이 적을 것

　　열이 전달되지 않고 한 곳에 모이면 온도 상승이 쉽고 인화점 또는 발화점에 도달하는 데 시간이 짧아 가연물이 되기 쉬움

3) 표면적이 넓을 것

　　표면적 넓으면 산소와의 접촉면적 넓어져 연소반응이 잘 이루어짐

4) 발열량이 클 것

　　발열량이 클수록 더 오랜 시간 동안 연소 가능

5) 활성화에너지가 작을 것

　　활성화에너지는 화학반응이 이루어지는 데 필요한 에너지이므로 활성화에너지가 작으면 쉽게 반응이 이루어져 연소가 시작됨

3 산소공급원

1) 산소·공기

2) 제1류·6류 위험물 : 산화제

3) 제5류 위험물 : 자기반응성 물질

4) 조연성 : 다른 가연성 물질을 연소시킬 수 있는 기체로 주로 산소공급원임

4 점화원

1) 가연성 가스나 물질 등이 체류하고 있는 분위기에 불을 붙일 수 있는 근원

2) 정전기·스파크·마찰열·충격·화기·불꽃

5 정전기 발생 조건 ★

1) 흐름의 낙차가 클 때

2) 심한 와류가 생성될 때

3) 위험물이 빠른 유속으로 흐를 때(마찰 증대)

4) 필터를 통과할 때

6 정전기 제거 조건 ★

1) 접지에 의한 방법

2) 공기를 이온화

3) 공기 중의 상대습도를 70 [%] 이상으로 함

4) 위험물이 느린 유속으로 흐를 때(마찰 감소)

02 위험물의 연소형태

1 고체연소 ★

1) **자**기연소 : 제5류 위험물 등 산소공급원을 포함하고 있는 물질이 스스로 연소
2) **증**발연소 : 파라핀·황·나프탈렌·양초·에터 등이 증발한 증기가 연소
3) **분**해연소 : 목재·종이·플라스틱·섬유·석탄 등의 열분해로 인한 연소
4) **표**면연소 : 목탄(숯)·코크스·금속·마그네슘·금속분 등이 고체의 표면에서 산소와 만나 연소

> 암 자증분표

2 액체연소

1) 증발연소 : 열분해 없이 직접 증발 증기연소(석유·가솔린·알코올)
2) 분무연소 : 중유 등을 분무해서 미세한 물방울로 만들어 연소
3) 등화연소 : 심지로 액체를 빨아올려 연소
4) 액면연소 : 연료의 표면이 가열되어 증발한 증기가 연소

3 기체연소

1) 확산연소 : 수소, 아세틸렌, 메테인, 프로페인 등 가연성 가스와 산소의 혼합가스가 생성되어 연소
2) 예혼합연소 : 연소되기 전 미리 혼합가스를 만들어 연소
3) 폭발연소 : 가연성 기체가 한 순간에 폭발적으로 연소

4 연소범위 줄이는 첨가 물질

1) 연소되지 않는 불연성 물질 첨가
2) 불연성 물질 : 질소·아르곤·이산화탄소

> TIP 산소는 연소반응을 더 극대화함

03 자연발화

1 자연발화 형태

1) 산화열에 의한 발화 : 석탄·건성유·고무분말
2) 분해열에 의한 발화 : 셀룰로이드·나이트로셀룰로스
3) 흡착열에 의한 발화 : 목탄·활성탄
4) 발효열에 의한 발화 : 퇴비·먼지

2 자연발화 조건

1) 주위의 온도가 높을 것
2) 열전도율이 적을 것
3) 발열량이 클 것
4) 표면적이 넓을 것
5) 습도가 높을 것

3 자연발화방지법 ★

1) 통풍을 잘 시킬 것
2) 주위의 온도를 낮출 것
3) 습도를 낮게 유지할 것
4) 열의 축적을 방지할 것

4 고온체의 온도

색상	담암적색	암적색	적색	황색	휘적색	황적색	백적색	휘백색
온도 [℃]	520	700	850	900	950	1100	1300	1500

암기 담암적황휘황백휘

04 인화점 · 발화점 · 위험도

1 인화점

1) 점화원이 있을 때 불이 붙는 최저온도
2) 가연성 증기가 연소범위 하한에 도달하는 최저온도

2 발화점

1) 점화원이 없을 때 스스로 열의 축적에 의해 불이 붙는 최저온도
2) 공기 중에서 가열할 때 불이 붙거나 폭발을 일으키는 최저온도

3 발화점 낮아지는 조건

1) 발열량이 클 때
2) 산소의 농도가 클 때
3) 화학적 활성도가 클 때
4) 산소와 친화력이 클 때
5) 열 전도율이 낮을 때

4 위험도

1) 연소범위에 따라 위험한 정도를 나타냄
2) 위험도 = $\dfrac{\text{연소상한} - \text{연소하한}}{\text{연소하한}}$

02 예상문제

01 물질의 발화온도가 낮아지는 때는?
① 발열량이 작을 때
② 산소와 친화력이 작을 때
③ 화학적 활성도가 클 때
④ 산소의 농도가 작을 때

해설
[발화점이 낮아지는 조건]
- 발열량이 클 때
- 산소와 친화력이 클 때
- 화학적 활성도가 클 때
- 산소의 농도가 클 때

02 자연발화의 방지법으로 틀린 것은?
① 통풍을 잘 시킬 것
② 퇴적 및 수납 시 열 축적이 없을 것
③ 저장실의 온도를 낮출 것
④ 습도를 높게 유지할 것

해설
[자연발화방지법]
- 통풍을 잘 시킬 것
- 주위 온도를 낮출 것
- 열의 축적을 방지할 것
- 습도를 낮게 유지할 것

03 액체연료의 연소 형태로 옳지 않은 것은?
① 표면연소
② 증발연소
③ 액면연소
④ 분무연소

해설
[액체연소]
증발연소, 분무연소, 등화연소, 액면연소

04 비전도성 인화성 액체가 관이나 탱크 내에서 움직일 때 정전기가 발생하기 쉬운 조건이 아닌 것은?
① 흐름의 낙차가 클 때
② 심한 와류가 생성될 때
③ 느린 유속으로 흐를 때
④ 필터를 통과할 때

해설
[정전기 발생 조건]
- 흐름의 낙차가 클 때
- 심한 와류가 생성될 때
- 빠른 유속으로 흐를 때(마찰 증대)
- 필터를 통과할 때

정답 01 ③ 02 ④ 03 ① 04 ③

05 위험물을 취급함에 있어서 정전기가 발생할 우려가 있는 설비에 정전기를 유효하게 제거할 수 있는 방법으로 틀린 것은?

① 접지에 의한 방법
② 공기를 이온화하는 방법
③ 공기 중의 상대습도를 70 [%] 이상으로 하는 방법
④ 위험물의 유속을 높이는 방법

해설

[정전기 제거 조건]
- 접지에 의한 방법
- 공기를 이온화
- 공기 중의 상대습도를 70 [%] 이상으로 함
- 느린 유속으로 흐를 때(마찰 감소)

06 연소의 종류와 가연물을 다르게 연결한 것은?

① 증발연소 - 가솔린, 알코올
② 표면연소 - 코크스, 목탄
③ 자기연소 - 에터, 나프탈렌
④ 분해연소 - 목재, 종이

해설

[연소의 종류]
- 표면연소 : 목탄·코크스·숯·금속·마그네슘 등
- 분해연소 : 목재·종이·플라스틱 등
- 자기연소 : 제5류 위험물 중 고체
- 증발연소 : 파라핀·황·나프탈렌 등

보충 · 에터·나프탈렌은 증발연소

07 산화제와 환원제를 연소의 4요소와 연관 지어 연결한 것으로 옳은 것은?

① 산화제 - 산소 공급원
   환원제 - 가연물
② 산화제 - 가연물
   환원제 - 산소 공급원
③ 산화제 - 연쇄반응
   환원제 - 점화원
④ 산화제 - 점화원
   환원제 - 가연물

해설

[연소의 4요소]
- 가연물·산소 공급원·점화원·연쇄반응
- 산화제 : 산소를 포함하고 있어 산소 공급원
- 환원제 : 산화되기 쉬운 물질인 가연물로 연관 가능

암 연소의 3요소 : 가산점
   연소의 4요소 : 가산점, 연

정답 ● 05 ④ 06 ③ 07 ①

08 연소가 잘 이루어지는 조건으로 거리가 먼 것은?

① 가연물의 발열량이 클 것
② 가연물의 열전도율이 클 것
③ 가연물과 산소와의 접촉 표면적이 클 것
④ 가연물의 활성화에너지가 작을 것

해설

[연소가 잘 이루어지는 조건]
- 발열량이 클 것
- 열전도율이 작을 것
- 산소와 친화력이 클 것
- 활성화에너지가 작을 것

09 고온체의 색깔을 낮은 온도부터 옳게 나열한 것은?

① 암적색 < 황적색 < 백적색 < 휘적색
② 휘적색 < 백적색 < 황적색 < 암적색
③ 휘적색 < 암적색 < 황적색 < 백적색
④ 암적색 < 휘적색 < 황적색 < 백적색

해설

[고온체의 색깔(낮은 온도 순서)]
담암적색 < 암적색 < 적색 < 황색 < 휘적색 < 황적색 < 백적색 < 휘백색

암기 담암적황휘황백휘

정답 08 ② 09 ④

Chapter 03 화재 및 폭발

핵심포인트 화재 급수, 화재현상, 폭발, 폭연, 폭굉

학습목표
1. 화재의 명칭과 색상, 급수를 암기할 수 있다.
2. 화재현상들을 구분하고 특징을 설명할 수 있다.
3. 폭발의 종류를 구분할 수 있다.

01 화재의 정의

- 사람의 의도에 반하거나 고의로 발생하는 연소현상으로 소방시설을 사용하여 소화할 필요가 있는 현상
- 인간의 신체·재산·생명의 손실을 초래하는 재난

1 화재의 종류 ★

급수	명칭(화재)	색상	물질
A	일반	백색	종이·목재·섬유 등
B	유류	황색	유류·가연성 가스 등
C	전기	청색	낙뢰·합선 등
D	금속	무색	Na·K·Al·Mg 등

암 명칭 : 일유전금 / 색상 : 백황청무

2 화재현상

1) 플래시오버 ★
   (1) 건축물화재 시 가연성 기체가 모여 있는 상태에서 산소가 유입됨에 따라 성장기에서 최성기로 급격하게 진행되며, 건물 전체로 화재가 확산되는 현상
   (2) 발화기 → 성장기 → 플래시오버 → 최성기 → 감쇠기
   (3) 내장재 종류와 개구부 크기에 영향을 받음

2) 보일오버
   유류화재의 탱크 밑면에 물이 고여 있는 경우 물이 증발하여 불붙은 기름을 분출하는 현상

3) 슬롭오버
   유류화재 시 액 표면온도가 물의 비점 이상으로 상승하여 물 또는 포소화약제가 액 표면에서 기화하면서 탱크의 유류를 외부로 분출시키는 현상

4) 블레비(BLEVE)
   액화가스 저장탱크 누설로 부유 또는 확산된 액화가스가 착화원과 접촉하여 액화가스가 공기 중으로 확산·폭발하는 현상

5) 프로스오버(화재현상은 아님)
   물이 뜨거운 기름 표면 아래에서 끓어 용기에서 거품처럼 넘쳐흐르는 현상

02 폭발의 정의

가연성 기체 또는 액체의 열의 발생 속도가 열의 방출 속도를 초과하는 현상

1 폭연과 폭굉 전파 속도

1) 폭연 : 0.1 ~ 10 [m/s]
2) 폭굉 : 1000 ~ 3500 [m/s]
3) 폭굉유도거리(DID) : 완만한 연소에서 폭굉으로 발전될 때까지의 거리
4) 폭굉유도거리가 짧아지는 경우
   (1) 압력이 높을수록   (2) 연소속도가 큰 혼합가스일수록
   (3) 관 지름이 작을수록   (4) 점화원 에너지가 클수록

2 분진폭발 ★

가연성 고체의 미세한 분물이 점화원에 의하여 폭발

1) 분진폭발 위험이 없는 물질 : **시**멘트·**모**래·**석**회분말 등   암기 시모석
2) 분진폭발 위험이 있는 물질 : 금속분·전분·밀가루·설탕·마그네슘 분·담배 분말 등

3 산화폭발

1) 가연성 가스·액체가 공기와 혼합하여 착화원에 의해 폭발
2) LPG·LNG 등

4 분해폭발

1) 자기분해성 고체가 분해되면서 폭발
2) 아세틸렌·산화에틸렌 등
3) 아세틸렌의 연소범위 : 2.5 ~ 81 [vol%]

5 중합폭발

1) 중합반응이 일어날 때 발생하는 중합 열에 의해 폭발
2) 사이안화수소·염화바이닐 등

03 예상문제

01 폭발의 종류에 따른 물질이 잘못 짝지어진 것은?

① 분해폭발 – 아세틸렌, 산화에틸렌
② 분진폭발 – 금속분, 밀가루
③ 중합폭발 – 사이안화수소, 염화바이닐
④ 산화폭발 – 하이드라진, 과산화수소

해설

[폭발의 종류]
산화폭발 : LPG · LNG

02 폭굉유도거리(DID)가 짧아지는 경우는?

① 정상 연소 속도가 작은 혼합가스일수록 짧아진다.
② 압력이 높을수록 짧아진다.
③ 관지름이 넓을수록 짧아진다.
④ 점화원 에너지가 약할수록 짧아진다.

해설

[폭굉유도거리가 짧아지는 경우]
- 연소속도가 큰 혼합가스일수록
- 압력이 높을수록
- 관지름이 작을수록
- 점화원 에너지가 클수록

03 다음 중 분진폭발의 원인물질로 작용할 위험성이 가장 낮은 물질은?

① 마그네슘 분말
② 시멘트 분말
③ 담배 분말
④ 전분

해설

[분진폭발의 위험이 없는 물질]
시멘트 · 모래 · 석회분말 등

보충 분진폭발의 위험이 있는 물질 : 전분 · 설탕 · 밀가루 등

04 어떤 소화기에 "ABC"라고 표시되어 있다. 다음 중 화재 시 사용할 수 없는 것은?

① 유류화재   ② 전기화재
③ 금속화재   ④ 일반화재

해설

[화재의 종류]

급수	명칭(화재)	색상
A	일반	백색
B	유류	황색
C	전기	청색
D	금속	무색

암 일유전금

정답 01 ④ 02 ② 03 ② 04 ③

05 플래시오버(Flash Over)에 관한 설명으로 틀린 것은?

① 실내화재에서 발생하는 현상
② 발생 시점은 발화기에서 성장기로 넘어가는 분기점
③ 순발적인 연소 확대현상
④ 화재로 인하여 온도가 급격히 상승하여 화재가 순간적으로 실내 전체에 확산되어 연소되는 현상

해설

[플래시오버]
건축물화재 시 성장기에서 최성기로 진행될 때 발생

06 가연성 고체의 미세한 분물이 일정 농도 이상 공기 중에 분산되어 있을 때 점화원에 의하여 연소 폭발되는 현상으로 옳은 것은?

① 분해폭발
② 산화폭발
③ 분진폭발
④ 중합폭발

해설

[분진폭발 정의]
- 가연성 고체의 미세한 분물이 점화원에 의하여 폭발
- 전분·설탕·밀가루 등

07 화재 종류 중 금속화재에 해당하는 것은?

① A급
② B급
③ D급
④ C급

해설

[화재의 종류]

급수	명칭(화재)	색상
A	일반	백색
B	유류	황색
C	전기	청색
D	금속	무색

암 일유전금

08 폭발 시 연소파의 전파속도 범위에 가장 가까운 것은?

① 0.1 ~ 10 [m/s]
② 100 ~ 1000 [m/s]
③ 2000 ~ 3500 [m/s]
④ 5000 ~ 10000 [m/s]

해설

[연소파 전파속도]
- 폭연 : 0.1 ~ 10 [m/s]
- 폭굉 : 1000 ~ 3500 [m/s]

정답 05 ② 06 ③ 07 ③ 08 ①

Chapter 04 소화 종류 및 약제

핵심포인트: 냉각소화, 질식소화, 제거소화, 억제소화, 소화약제

학습목표:
1. 소화의 종류에 따른 특징을 말할 수 있다.
2. 분말소화약제들을 암기하고 분해반응식을 작성할 수 있다.

01 소화 종류 ★★

1 냉각소화

1) 점화원을 활성화에너지값 이하로 낮게 하는 방법
2) 주 소화약제 : 물
3) 종류 : 물소화기 · 강화액소화기 · 산알칼리소화기

2 질식소화

1) 가연 물질에 산소 공급을 차단시켜 소화하는 방법
2) 종류 : 이산화탄소소화약제 · 포소화약제 · 분말소화약제 · 불활성 가스계 소화약제
3) 불활성 가스계 소화약제 : IG - 541 ⇒ N_2 : Ar : CO_2 = 52 : 40 : 8로 혼합
4) 국소방출방식 분말소화설비의 가압용 또는 축압용 가스 : 질소 · 이산화탄소

3 제거소화

1) 가연물질을 화재장소로부터 안전한 장소로 이동 또는 제거하는 소화방법
2) 가연성 가스화재밸브 차단 · 전기화재 전기 차단

4 억제소화

1) 연쇄반응을 차단하여 소화하는 방법
2) 주 소화약제 : 할로젠화합물소화약제 · 제3종 분말소화약제
3) 화학적 소화 · 부촉매소화로도 불림

02 소화약제 ★★

1 질식소화

분말소화약제

약제명	주성분	색상	적응화재
제1종	탄산수소나트륨($NaHCO_3$)	백색	B · C급
제2종	탄산수소칼륨($KHCO_3$)	보라색	B · C급
제3종	인산암모늄($NH_4H_2PO_4$)	담홍색	A · B · C급
제4종	탄산수소칼륨과 요소반응물 ($KHCO_3 + (NH_2)_2CO$)	회색	B · C급

암 색상 : 백보홍회

약제명	주성분	분해식
제1종	탄산수소나트륨($NaHCO_3$)	$2NaHCO_3 \rightarrow Na_2CO_3 + CO_2\uparrow + H_2O$
제2종	탄산수소칼륨($KHCO_3$)	$2KHCO_3 \rightarrow K_2CO_3 + CO_2\uparrow + H_2O\uparrow$
제3종	인산암모늄($NH_4H_2PO_4$)	$NH_4H_2PO_4 \rightarrow NH_3 + HPO_3\uparrow + H_2O\uparrow$
제4종	탄산수소칼륨과 요소반응물 ($KHCO_3 + (NH_2)_2CO$)	$2KHCO_3 + (NH_2)_2CO$ $\rightarrow K_2CO_3 + 2NH_3\uparrow + 2CO_2\uparrow$

TIP 유류화재소화 시 분말소화약제를 사용할 경우 소화 후에 재발화현상이 가끔씩 발생할 수 있으므로, 이러한 현상을 예방하기 위하여 수성막포소화약제를 병용하여 소화함

2 억제소화

할론화합물소화약제

약제명	분자식	상온에서의 성상	약제저장 상태
할론 1301	CF_3Br	기체	액화시켜 저장
할론 1211	CF_2ClBr	기체	액화시켜 저장
할론 2402	$C_2F_4Br_2$	액체	액체 저장

1) 할론 1301

   (1) 오존층 파괴지수 가장 높음

   (2) 증기비중 5.13으로 공기보다 무거움

2) 할론 명명법 : C · F · Cl · Br 순으로 원소 개수를 나열한 것

   예 C_2Br_2F : 할론 2102, $C_2Br_2F_4$: 할론 2402

03 주요 소화약제 ★★

1 강화액소화약제

1) 겨울철 동결을 방지하기 위해 어는점을 낮추고자 탄산칼륨(K_2CO_3) 등을 물에 첨가

2) 물의 소화 능력(침투효과) 향상

3) pH 12 이상

2 포소화약제

1) 화학포소화약제 : 내약제와 외약제의 화학반응으로 포를 일으킴(거의 사용되지 않음)

2) 공기포소화약제 : 포 수용액에 공기를 넣어 포를 일으킴

   단백포, 수성막포, 플루오린화단백포, 합성계면활성제포, 내알코올포

3) 제4류 위험물소화에 적응성 있음

4) 전기설비에 스며들어 누전 발생

3 이산화탄소소화약제

1) 이산화탄소소화설비 적응성
   (1) 제2류 위험물 중 인화성 고체
   (2) 제4류 위험물
2) 이산화탄소소화설비 저장용기 설치기준
   (1) 방호구역 외에 설치
   (2) 온도가 40 [℃] 이하이거나 온도 변화가 적은 곳에 설치
   (3) 직사광선 및 빗물 침투 우려가 없는 곳에 설치
   (4) 방화문으로 구획된 실에 설치
3) 국소방출식의 이산화탄소소화설비 분사헤드에서 방출되는 소화약제의 방출 시간(30초) 이내에 균일하게 방사할 수 있을 것

04 예상문제

01 화학식과 할론 번호를 옳게 연결한 것은?

① CBr_2F_2 - 1202
② $C_2Br_2F_4$ - 1422
③ $CBrClF_2$ - 1002
④ C_2Br_2F - 1202

해설

[할론 번호]
C, F, Cl, Br 순으로 원소 개수를 나열한 것
- 1202 : $CBr_2F_2(CF_2Br_2)$
- 2402 : $C_2Br_2F_4(C_2F_4Br_2)$
- 1211 : $CBrClF_2(CF_2ClBr)$
- 2102 : $C_2Br_2F(C_2FBr_2)$

02 제3종 분말소화약제의 주요 성분으로 옳은 것은?

① 탄산수소칼륨
② 탄산수소나트륨
③ 요소
④ 인산암모늄

해설

[분말소화약제 주요 성분]
- 제1종 : 탄산수소나트륨
- 제2종 : 탄산수소칼륨
- 제3종 : 인산암모늄
- 제4종 : 탄산수소칼륨 + 요소

03 소화작용에 대한 설명 중 옳지 않은 것은?

① 가연물의 온도를 낮추는 소화는 냉각작용이다.
② 물의 주된 소화작용 중 하나는 냉각작용이다.
③ 가스화재 시 밸브를 차단하는 것은 제거작용이다.
④ 연소에 필요한 산소의 공급원을 차단하는 소화는 제거작용이다.

해설

[소화작용]
연소에 필요한 산소 공급원 차단하는 소화는 질식소화

04 소화설비의 기준에서 이산화탄소소화설비가 적응성이 있는 대상물로 옳은 것은?

① 알칼리금속 과산화물
② 철분
③ 제3류 위험물의 금수성 물질
④ 인화성 고체

해설

[이산화탄소소화설비 적응성]
- 제2류 위험물 중 인화성 고체
- 제4류 위험물

정답 ● 01 ① 02 ④ 03 ④ 04 ④

05 다음 중 할로젠화합물소화약제의 가장 주된 소화효과인 것은?

① 제거효과　② 냉각효과
③ 억제효과　④ 질식효과

해설

[할로젠화합물소화효과]
억제효과 : 연소 연쇄반응을 차단하는 방법

06 물의 소화능력을 향상시키고 동절기 또는 한랭지에서도 사용할 수 있도록 탄산칼륨 등의 알칼리 금속염을 더한 소화약제로 옳은 것은?

① 포(Foam)　② 할로젠간화합물
③ 이산화탄소　④ 강화액

해설

[강화액소화약제]
- 동결방지를 위해 탄산칼륨 등을 첨가
- 물의 소화 능력(침투효과) 향상

07 위험물안전관리법령상 전기설비에 대하여 적응성이 없는 소화설비는?

① 포소화설비
② 이산화탄소소화설비
③ 물분무소화설비
④ 할로젠화합물소화설비

해설

[전기설비 적응성이 없는 소화설비]
포약제 : 전기설비에 스며들어 누전 발생

08 A급, B급, C급 화재에 모두 적용이 가능한 소화약제로 올바른 것은?

① 제1종 분말소화약제
② 제2종 분말소화약제
③ 제3종 분말소화약제
④ 제4종 분말소화약제

해설

[화재별 소화약제]

소화약제	명칭	적응화재	분말색
제1종	탄산수소나트륨	BC	백색
제2종	탄산수소칼륨	BC	보라색
제3종	인산암모늄	ABC	담홍색
제4종	탄산수소칼륨 + 요소	BC	회색

09 BCF(Bromochlorodifluoromethane) 소화약제의 화학식으로 옳은 것은?

① CCl_4
② CH_2ClBr
③ CF_3Br
④ CF_2ClBr

해설

[BCF 소화기]
CH_4 수소에 Br·Cl·2개의 F로 바뀜

TIP B : Br, C : Cl, F : F로 바꿔 풀기

정답 05 ③　06 ④　07 ①　08 ③　09 ④

Chapter 05 소방시설

 제조소등, 제조소, 저장소, 취급소, 소화설비, 소요단위, 능력단위, 경보설비, 피난설비

 1. 제조소등의 하위 항목들을 나열할 수 있다.
2. 소요단위와 능력단위를 계산할 수 있다.

01 용어 정의 ★

구분	정의
위험물	인화성 또는 발화성 등의 성질을 가지는 것으로서 대통령령이 정하는 물품
지정수량	위험물의 종류별로 위험성을 고려하여 대통령령이 정하는 수량으로 제조소등의 설치허가 등에 있어서 최저의 기준이 되는 수량
제조소	위험물을 제조할 목적으로 지정수량 이상의 위험물을 취급하기 위하여 허가를 받은 장소
저장소	지정수량 이상의 위험물을 저장하기 위한 대통령령이 정하는 장소로 규정에 따른 허가를 받은 장소
취급소	지정수량 이상의 위험물을 제조 외의 목적으로 취급하기 위한 대통령령이 정하는 장소
제조소등	제조소·저장소·취급소를 말함

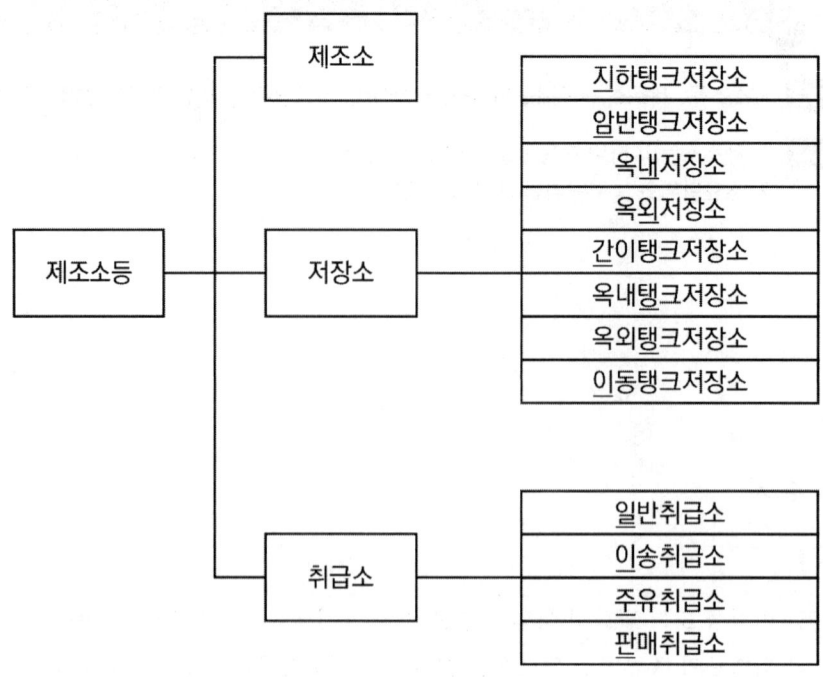

암 지암내외간탱이 일이주판

02 소화설비 ★★

1 물분무등소화설비

1) 물분무소화설비

2) 포소화설비

3) 불활성 가스소화설비

4) 분말소화설비

5) 할로젠화합물소화설비

2 소요단위

구분	외벽이 내화구조	외벽이 비내화구조
위험물제조소 및 취급소	100 [m^2]	50 [m^2]
위험물저장소	150 [m^2]	75 [m^2]
위험물	지정수량의 10배	

3 능력단위

소화설비	용량 [L]	능력단위
소화전용 물통	8	0.3
수조(물통 3개 포함)	80	1.5
수조(물통 6개 포함)	190	2.5
마른모래(삽 1개 포함)	50	0.5
팽창질석·진주암(삽 1개 포함)	160	1.0

- 소화기 능력단위 : A - 2 = A급 화재의 2 능력단위

4 경보설비

지정수량 10배 이상의 위험물을 저장·취급하는 제조소등에 설치

1) 종류

　(1) 자동화재탐지설비

　(2) 자동화재속보설비

　(3) 비상경보설비

　(4) 확성장치

　(5) 비상방송설비

2) 기준

구분	기준
제조소 및 일반취급소	• 연면적 500 [m²] 이상인 것 • 옥내에서 지정수량의 100배 이상 취급하는 것 • 일반취급소로 사용되는 부분 외 부분이 있는 건축물에 설치된 일반취급소
주유취급소	• 옥내주유취급소
옥내저장소	• 지정수량의 100배 이상인 것 • 저장창고 연면적 150 [m²] 초과하는 것 • 처마높이가 6 [m] 이상인 단층건물
옥내탱크저장소	• 단층건물 외의 건축물에 설치된 옥내탱크저장소로서 소화난이도등급 I 에 해당하는 것
제조소등	• 지정수량의 10배 이상을 저장 또는 취급하는 것(이동탱크저장소 제외) • 자동화재탐지설비 설치 대상에 해당하지 아니하는 것
암반탱크저장소	• 제6류 위험물 저장 및 고인화점 위험물만을 100 [℃] 미만의 온도에서 저장하는 것은 제외 • 액표면적이 40 [m²] 이상인 것 • 고체위험물을 저장하는 것으로 지정수량의 100배 이상인 것
이송취급소	• 모든 대상

3) 경보설비 중 자동화재탐지설비만을 설치하는 제조소등

(1) 제조소 및 일반취급소

① 연면적 500 [m²] 이상

② 옥내에서 지정수량의 100배 이상 취급하는 것

③ 일반취급소

(2) 옥내저장소

① 지정수량의 100배 이상 저장 또는 취급하는 것

② 저장창고의 연면적이 150 [m²]를 초과하는 것

③ 처마 높이가 6 [m] 이상인 단층 건물

④ 옥내저장소

(3) 옥내탱크저장소

소화난이도등급 I 에 해당되는 것

(4) 주유취급소

옥내주유취급소

4) 4가지 경보설비 중 하나

제1호·제4호 자동화재탐지설비 설치 대상에 해당하지 않는 제조소등 지정수량 10배 이상을 저장 또는 취급하는 것(이동탱크저장소 제외)

5) 자동화재탐지설비 설치기준 ★★

(1) 경계구역은 건축물 그 밖의 공작물의 2 이상의 층에 걸치지 아니할 것

(2) 하나의 경계구역의 면적이 500 [m²] 이하이면서 당해 경계구역이 두 개의 층에 걸치는 경우이거나 계단·경사로·승강기의 승강로 그 밖에 이와 유사한 장소에 연기감지기를 설치하는 경우엔 그러지 아니함

(3) 하나의 경계구역은 면적이 600 [m²] 이하이며, 한 변의 길이는 50 [m](광전식 분리형 감지기를 설치할 경우는 100 [m]) 이하로 할 것

(4) 주요 출입구에서 그 내부의 전체를 볼 수 있는 경우에는 1000 [m²] 이하

(5) 감지기는 지붕 또는 벽의 옥내에 면한 부분에 유효하게 화재의 발생을 감지할 수 있도록 설치

(6) 비상전원 설치

TIP 자동화재탐지설비 설치기준

10	지정수량 10배 이상을 저장 또는 취급하는 것
50	하나의 경계구역의 한 변의 길이는 50 [m] 이하로 할 것
500	• 제조소 및 일반취급소의 연면적이 500 [m²] 이상일 때 설치 • 500 [m²] 이하이면 두 개의 층에 걸치는 것 가능
600	원칙적으로 경계구역 면적 600 [m²] 이하
1000	주요 출입구에서 그 내부의 전체를 볼 수 있는 경우 1000 [m²] 이하

5 피난설비

화재가 발생할 경우 피난하기 위하여 사용하는 기구 또는 설비

1) 설치기준

(1) 주유취급소 2층 점포휴게음식점·전시장 사용 시 2층에서 부지 밖으로 통하는 출입구 유도등 설치

(2) 옥내주유취급소에 있어서는 해당 사무소 등 출입구 및 피난구와 해당 피난구로 통하는 통로·계단 및 출입구에 유도등을 설치(유도등에 비상전원 설치)

05 예상문제

01 지정수량 10배의 위험물을 저장 또는 취급하는 제조소에는 연면적이 최소 몇 [m²]이면 자동화재탐지설비를 설치할 수 있는가?

① 100 ② 200
③ 1000 ④ 500

해설

[자동화재탐지설비 설치기준]
- 제조소 및 일반취급소의 연면적이 500 [m²] 이상일 때 설치
- 500 [m²] 이하이면 두 개의 층에 걸치는 것 가능

02 주유취급소 중 건축물의 2층을 휴게음식점의 용도로 사용하는 것에 있어 해당 건축물의 2층에서 직접 주유취급소의 부지 밖으로 통하는 출입구와 해당 출입구로 통하는 통로·계단에 설치하여야 하는 것은?

① 비상경보설비 ② 유도등
③ 비상조명등 ④ 확성장치

해설

[유도등 설치기준]
출입구·피난구·통로·계단에 유도등을 설치하고 비상전원을 설치

03 지정수량의 몇 배 이상의 위험물을 취급하는 제조소에는 화재 발생 시 이를 알릴 수 있는 경보설비를 설치하여야 하는가?

① 5 ② 10
③ 20 ④ 100

해설

[경보설비 설치기준]
지정수량 10배 이상을 저장 또는 취급하는 것

04 위험물취급소의 건축물은 외벽이 내화구조인 경우 연면적 몇 [m²]를 1소요단위로 하는가?

① 50 ② 100
③ 150 ④ 200

해설

[위험물저장소의 소요단위(연면적)]

구분	외벽이 내화구조	외벽이 비내화구조
위험물제조소 및 취급소	100 [m²]	50 [m²]
위험물저장소	150 [m²]	75 [m²]
위험물	지정수량의 10배	

정답 ● 01 ④ 02 ② 03 ② 04 ②

05 소화전용 물통 3개를 포함한 수조 80 [L]의 능력단위는?

① 0.3 ② 0.5
③ 1.0 ④ 1.5

해설

[능력단위]

소화설비	용량 [L]	능력단위
소화전용 물통	8	0.3
수조(물통 3개 포함)	80	1.5
수조(물통 6개 포함)	190	2.5
마른모래(삽 1개 포함)	50	0.5
팽창질석·진주암(삽 1개 포함)	160	1.0

06 위험물제조소등에 경보설비를 설치해야 하는 경우로 틀린 것은? (단, 지정수량의 10배 이상을 저장 또는 취급하는 경우이다)

① 단층건물로 처마 높이가 6 [m]인 옥내저장소
② 이동탱크저장소
③ 단층 건물 외의 건축물에 설치된 옥내탱크저장소로서 소화난이도등급 Ⅰ에 해당하는 것
④ 옥내주유취급소

해설

[경보설비 설치기준]
이동탱크저장소를 제외하고 지정수량 10배 이상을 저장 또는 취급하는 것

정답 05 ④ 06 ②

Chapter 06 소화설비 적응성

핵심포인트 소화난이도등급, 소화기구, 스프링클러, 옥내소화전, 옥외소화전

학습목표
1. 소화난이도등급을 구분할 수 있다.
2. 소화기, 소화전의 사용방법과 설치기준을 설명할 수 있다.

01 소화난이도 I·II 등급에 따른 소화설비 ★★

1 소화난이도등급 I

구분	기준
제조소 및 일반취급소	• 연면적 1000 [m²] 이상인 것 • 지정수량의 100배 이상인 것 • 지반면으로부터 6 [m] 이상의 높이에 위험물 취급설비가 있는 것
주유 취급소	• 주유취급소의 직원 외의 자가 출입하는 부분의 면적의 합이 500 [m²] 초과
옥내 저장소	• 지정수량의 150배 이상인 것 • 연면적 150 [m²] 초과하는 것 • 처마높이가 6 [m] 이상인 단층건물 • 설치하는 소화설비 : 옥외소화전설비 · 스프링클러설비 · 물분무소화설비
옥외탱크 저장소	• 제6류 위험물 저장 및 고인화점 위험물만을 100 [℃] 미만의 온도에서 저장하는 것 제외 • 액 표면적이 40 [m²] 이상인 것 • 지반면으로부터 탱크 옆판까지 높이가 6 [m] 이상인 것 • 고체위험물을 저장하는 것으로 지정수량의 100배 이상인 것

구분	기준
옥내탱크 저장소	• 제6류 위험물 저장 및 고인화점 위험물만을 100 [℃] 미만의 온도에서 저장하는 것 제외 • 액 표면적이 40 [m²] 이상인 것 • 바닥면으로부터 탱크 옆판까지 높이가 6 [m] 이상인 것 • 탱크전용실이 단층건물 외의 건축물에 있는 것으로서 인화점 38 [℃] 이상 70 [℃] 미만의 위험물을 지정수량 5배 이상 저장하는 것
옥외저장소	• 덩어리 상태의 황을 저장하는 것으로서 경계표시 내부의 면적이 100 [m²] 이상인 것 • 인화성 고체·제1석유류 또는 알코올류를 저장하는 것으로서 지정수량의 100배 이상인 것
암반탱크 저장소	• 제6류 위험물 저장 및 고인화점 위험물만을 100 [℃] 미만의 온도에서 저장하는 것 제외 • 액 표면적이 40 [m²] 이상인 것 • 고체위험물을 저장하는 것으로 지정수량의 100배 이상인 것
이송취급소	• 모든 대상

2 소화난이도등급 II

구분	기준
제조소 및 일반취급소	• 연면적 600 [m²] 이상인 것 • 지정수량의 10배 이상인 것 • 일반취급소로서 소화난이도등급 I의 제조소등에 해당하지 않는 것
주유취급소	• 옥내주유취급소로서 소화난이도등급 I의 제조소등에 해당하지 아니하는 것
옥내저장소	• 지정수량의 10배 이상인 것 • 연면적 150 [m²] 초과하는 것 • 단층건물 이외의 것 • 다층건물의 옥내저장소 또는 소규모 옥내저장소 • 복합용도건축물의 옥내저장소로서 소화난이도등급 I의 제조소등에 해당하지 아니하는 것
옥외·내 탱크 저장소	• 제6류 위험물 저장 및 고인화점 위험물만을 100 [℃] 미만의 온도에서 저장하는 것 제외 • 소화난이도등급 I의 제조소등 이외의 것

구분	기준
옥외저장소	• 덩어리 상태의 황을 저장하는 것으로서 경계표시 내부의 면적 5 $[m^2]$ 이상 100 $[m^2]$ 미만인 것 • 인화성 고체·제1석유류 또는 알코올류를 저장하는 것으로서 지정수량의 100배 이상인 것 • 지정수량 100배 이상인 것
판매취급소	• 제2종 판매취급소

02 소화기구

1 수동식 소화기 설치기준

1) 수동식 소화기는 층마다 설치
2) 소형소화기는 보행 거리 20 [m]마다 1개 이상 설치
3) 대형소화기는 보행 거리 30 [m]마다 1개 이상 설치
4) 바닥으로부터 1.5 [m] 이하의 위치에 설치

2 소화기 사용방법

1) 적응화재에 따라 사용
2) 바람을 등지고 사용
3) 성능에 따라 방출거리 내에서 사용
4) 양옆으로 비로 쓸 듯이 방사

3 스프링클러헤드 설치기준

1) 개방형 헤드는 반사판으로부터 하방으로 0.45 [m]·수평 방향으로 0.3 [m] 공간을 보유
2) 폐쇄형 헤드는 가연성 물질 수납 부분에 설치 시 반사판으로부터 하방으로 0.9 [m]·수평 방향으로 0.4 [m]의 공간을 확보
3) 폐쇄형 헤드 중 개구부에 설치하는 것은 당해 개구부의 상단으로부터 높이 0.15 [m] 이내의 벽면에 설치
4) 폐쇄형 헤드 설치 시 급배기용 덕트의 긴 변 길이가 1.2 [m]를 초과하는 것이 있는 경우에 당해 덕트 아래 부분에도 헤드를 설치
5) 수동식 개방밸브를 개방 조작하는 데 필요한 힘 : 15 [kg] 이하
6) 방수량 : 80 [L/min]
   방수압력 : 100 [kPa] 이상

4 스프링클러설비 장점

1) 화재의 초기 진압에 효율적
2) 약제를 쉽게 구할 수 있음
3) 자동으로 화재를 감지하고 소화

5 스프링클러설비 단점

구조가 복잡하여 시설비가 큼

6 물분무소화설비 설치기준

1) 방호대상물의 표면적이 150 [m^2]인 경우 물분무소화설비의 방사구역은 150 [m^2] 이상으로 할 것
2) 수원의 수량은 분무헤드가 가장 많이 설치된 방사구역의 모든 분무헤드를 동시에 사용할 경우에 당해 방사구역의 표면적 1 [m^2]당 1분당 20 [L]의 비율로 계산한 양으로 30분간 방사할 수 있는 양 이상이 되도록 설치할 것

03 옥내·외 소화전 설치

1 옥내소화전 설치기준

1) 개폐밸브 및 호스 접속구는 바닥면으로부터 1.5 [m] 이하의 높이에 설치
2) "소화전" 표시·상부 적색 표시등·부착면과 15° 이상 각도 10 [m]에서 식별이 용이
3) 각 층 출입구 부근에 1개 이상 설치
4) 층마다 그 층의 부분에서 하나의 호스 접속구까지 수평거리가 25 [m] 이하가 되게 함
5) 배관설치기준 : 주 배관 입상 관 구경 최소 50 [mm] 이상
6) 방수량 : 260 [L/min]
   방수압력 : 350 [kPa] 이상
7) 비상전원 : 45분 이상 작동
8) 수원의 양 Q = 설치 개수(최대 5개) × 7.8 [m^3]

2 옥외소화전 설치기준

1) 개폐밸브 및 호스 접속구는 바닥면으로부터 1.5 [m] 이하의 높이에 설치
2) 건축물의 1층 및 2층 부분만을 방사 능력범위로 하고, 지하층 및 3층 이상의 층에 대하여 다른 소화설비를 설치
3) 옥외소화전함 : 옥외소화전으로부터 보행 거리 5 [m] 이하의 장소에 설치
4) 호스접속구까지 수평거리가 40 [m] 이하가 되게 함
5) 방수량 : 450 [L/min]
   방수압력 : 350 [kPa] 이상
6) 비상전원 : 45분 이상 작동
7) 수원의 양 Q = 설치 개수(최대 4개) × 13.5 [m^3]

06 예상문제

01 소화난이도등급 Ⅰ에 해당하는 위험물제조소등이 아닌 것은? (단, 원칙적인 경우에 한하며 다른 조건은 고려하지 않는다)

① 모든 이송취급소
② 연면적 600 [m²]의 제조소
③ 지정수량의 150배인 옥내저장소
④ 액 표면적이 40 [m²]인 옥외탱크저장소

해설

[소화난이도 Ⅰ 등급기준]
제조소 : 연면적기준 1000 [m²] 이상

02 옥외탱크저장소의 소화설비를 검토 및 적용할 때에 소화난이도등급 Ⅰ에 해당되는지를 검토하는 탱크 높이의 측정기준으로서 적합한 것은?

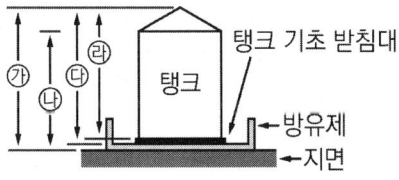

① (가)
② (나)
③ (다)
④ (라)

해설

[옥외탱크저장소소화설비]
지반면으로부터 탱크 옆판 상단까지의 높이가 6 [m] 이상인 경우

03 위험물제조소등에 옥내소화전설비를 설치할 때 옥내소화전이 가장 많이 설치된 층의 소화전의 개수가 4개일 때 확보하여야 할 수원의 수량은?

① 10.4 [m³]
② 20.8 [m³]
③ 31.2 [m³]
④ 41.6 [m³]

해설

[확보해야 할 수원의 수량]
• 옥내소화전 : 설치개수(최대 5) × 7.8 [m³]
• 수원 수량 = 4 × 7.8 = 31.2 [m³]

정답 01 ② 02 ② 03 ③

04
다음 ( ) 안에 들어갈 수치를 순서대로 바르게 나열한 것은? (단, 제4류 위험물에 적응성을 갖기 위한 살수밀도기준을 적용하는 경우를 제외한다)

> 위험물제조소등에 설치하는 폐쇄형 헤드의 스프링클러설비는 30개의 헤드를 동시에 사용할 경우 각 선단의 방사압력이 ( ) [kPa] 이상이고 방수량이 1분당 ( ) 이상이어야 한다.

① 100, 80
② 120, 80
③ 100, 100
④ 120, 100

해설

[스프링클러 거리 규정]
- 방사압력 : <u>100 [kPa] 이상</u>
- 방수량 : 1분당 <u>80 이상</u>

05
연면적이 1000제곱미터이고 지정수량의 80배의 위험물을 취급하며 지반면으로부터 5미터 높이에 위험물 취급설비가 있는 제조소의 소화난이도등급으로 옳은 것은?

① 소화난이도등급 Ⅰ
② 소화난이도등급 Ⅱ
③ 소화난이도등급 Ⅲ
④ 제시된 조건으로 판단할 수 없음

해설

[소화난이도등급 Ⅰ]
- 연면적 : 1000 [m²] 이상
- 지정수량 : 100배 이상
- 높이 : 지반면으로부터 6 [m] 이상
  → 제시된 조건 중 연면적이 소화난이도등급 Ⅰ에 해당하므로 등급 Ⅰ로 지정

> 보충 제시된 조건 중 소화난이도등급이 더 높은 조건이 있는 경우 그 조건에 맞는 소화난이도 지정

06
위험물안전관리법령상 소화난이도등급 Ⅰ에 해당하는 제조소의 연면적기준은?

① 1000 [m²] 이상   ② 800 [m²] 이상
③ 700 [m²] 이상   ④ 500 [m²] 이상

해설

[소화난이도 Ⅰ 등급기준]
제조소 : 연면적기준 <u>1000 [m²] 이상</u>

07
건축물의 1층 및 2층 부분만을 방사 능력범위로 하고, 지하층 및 3층 이상의 층에 대하여 다른 소화설비를 설치해야 하는 소화설비는?

① 스프링클러설비   ② 포소화설비
③ 옥외소화전설비   ④ 물분무소화설비

해설

[옥외소화전 설치 조건]
건축물의 1층 및 2층 부분만을 방사 능력범위로 하고, 지하층 및 <u>3층 이상의 층</u>에 대하여 다른 소화설비를 설치

정답 04 ① 05 ① 06 ① 07 ③

Chapter 07 위험물 기초

- **핵심포인트**: 위험물 유별, 복수성상, 소화방법, 게시판 종류 및 바탕, 문자색
- **학습목표**:
  1. 각 위험물의 유별을 말할 수 있다.
  2. 위험물 유별 주의사항과 게시판 표기, 바탕, 문자색을 구분할 수 있다.

01 위험물 유별 ★★★

위험물은 대통령령이 정하는 인화성 또는 발화성 물질을 의미함

1 위험물 유별

1) 제1류 위험물 : <u>산</u>화성 고체
2) 제2류 위험물 : <u>가</u>연성 고체
3) 제3류 위험물 : <u>자</u>연발화성 물질 및 금수성 물질
4) 제4류 위험물 : <u>인</u>화성 액체
5) 제5류 위험물 : <u>자</u>기반응성 물질
6) 제6류 위험물 : <u>산</u>화성 액체

암 산가자인자산

2 복수성상 위험물기준

1) 위험물의 성질로 규정된 성상을 2가지 이상 포함하는 물품을 뜻함
2) 유별 지정기준은 아래와 같음
    (1) 산화성 고체 VS 가연성 고체 : 가연성 고체
    (2) 가연성 고체 VS 자연발화성 및 금수성 물질 : 자연발화성 및 금수성 물질
    (3) 자연발화성 및 금수성 물질 VS 인화성 액체 : 자연발화성 및 금수성 물질
    (4) 인화성 액체 VS 자기반응성 물질 : 자기반응성 물질

TIP 1 < 2 < 4 < 3 < 5 의 크기 순으로 유별이 지정됨

3 위험물 유별 주된 소화방법

1) 제1류 위험물
   (1) 알칼리금속 과산화물 : 주수 금지 → 질식소화
   (2) 그 외 : 냉각소화

2) 제2류 위험물
   (1) 철분·금속분·마그네슘 : 주수 금지 → 질식소화
   (2) 인화성 고체 : 주수소화·질식소화
   (3) 그 외 : 냉각소화

3) 제3류 위험물
   (1) 자연발화성 물질 : 냉각소화
   (2) 금수성 물질 : 주수 금지 → 질식소화

4) 제4류 위험물 : 주수 금지 → 질식소화·억제소화

5) 제5류 위험물 : 냉각소화(초기 주수소화)

6) 제6류 위험물 : 질식소화, 냉각소화(위급 시)

4 위험물 유별 주의사항 및 게시판

게시판 크기 : 표지는 한 변의 길이가 0.3 [m], 다른 한 변의 길이는 0.6 [m] 이상

유별	종류	운반용기 외부의 주의사항	게시판
제1류 위험물	알칼리금속과산화물	가연물접촉주의·화기주의·충격주의·물기엄금	물기엄금
	그 외	가연물접촉주의·화기주의·충격주의	없음
제2류 위험물	철분·금속분·마그네슘	화기주의·물기엄금	화기주의
	인화성 고체	화기엄금	화기엄금
	그 외	화기주의	화기주의
제3류 위험물	자연발화성 물질	화기엄금·공기접촉엄금	화기엄금
	금수성 물질	물기엄금	물기엄금
제4류 위험물	-	화기엄금	화기엄금
제5류 위험물		화기엄금·충격주의	화기엄금
제6류 위험물		가연물접촉주의	없음

5 게시판 종류 및 바탕, 문자색

종류	바탕색	문자색
위험물제조소등	백색	흑색
위험물	흑색	황색
주유 중 엔진 정지	황색	흑색
화기엄금	적색	백색
물기엄금	청색	백색

07 예상문제

01 제조소의 게시판 사항 중 위험물의 종류에 따른 주의사항이 바르게 연결된 것은?

① 제2류 위험물(인화성 고체 제외)
   - 물기엄금
② 제5류 위험물 - 물기엄금
③ 제4류 위험물 - 화기주의
④ 제3류 위험물 중 금수성 물질
   - 물기엄금

해설

[위험물 주의사항]
- 제2류 위험물(인화성 고체 제외) : 화기주의
- 제5류 위험물 : 화기엄금
- 제4류 위험물 : 화기엄금

02 제3류 위험물 중 금수성 물질을 제외한 위험물에 적응성이 있는 소화설비로 틀린 것은?

① 분말소화설비
② 스프링클러설비
③ 팽창질석
④ 포소화설비

해설

[3류 위험물 금수성 물질 제외 소화설비]
- 주수소화
- 마른모래, 팽창질석, 팽창진주암(건조사)
- 분말소화설비는 질식소화이므로 적응성 없음

03 위험물제조소의 게시판에 "화기주의"라고 쓰여 있다. 제 몇 류 위험물제조소인가?

① 제1류
② 제2류
③ 제3류
④ 제4류

해설

[위험물 주의사항]
제2류 위험물(인화성 고체 제외) : 화기주의

04 제5류 위험물을 취급하는 위험물제조소에 설치하는 주의사항 게시판에서 표시하는 내용과 바탕색, 문자색으로 옳은 것은?

① "화기주의", 백색 바탕에 적색 문자
② "화기주의", 적색 바탕에 백색 문자
③ "화기엄금", 백색 바탕에 적색 문자
④ "화기엄금", 적색 바탕에 백색 문자

해설

[제5류 위험물 주의사항]
- 충격주의, 화기엄금
- 화기엄금 : 적색 바탕에 백색 문자

정답 01 ④ 02 ① 03 ② 04 ④

05 위험물제조소 표지 및 게시판에 대한 설명이다. 위험물안전관리법령상 옳지 않은 것은?

① 표지는 한 변의 길이가 0.3 [m], 다른 한 변의 길이가 0.6 [m] 이상으로 하여야 한다.
② 표지의 바탕은 백색, 문자는 흑색으로 하여야 한다.
③ 취급하는 위험물에 따라 규정에 의한 주의사항을 표시한 게시판을 설치하여야 한다.
④ 제2류 위험물(인화성 고체 제외)은 "물기엄금" 주의사항 게시판을 설치하여야 한다.

해설

[위험물제조소 게시판]
제2류 위험물(인화성 고체 제외) : 화기주의

정답 ● 05 ④

Chapter 08 제1류 위험물

핵심포인트 산화성 고체, 소화방법, 지정수량

학습목표
1. 제1류 위험물의 품명과 위험물을 암기하고 화학식을 작성할 수 있다.
2. 제1류 위험물의 지정수량, 소화방법, 특징을 암기하고 설명할 수 있다.

01 제1류 위험물 – 산화성 고체 ★★★

등급	품명	운반용기 외부 표시	제조소등 표시	소화방법	지정수량 [kg]
Ⅰ	<u>아</u>염소산염류	화기·충격주의· 가연물접촉주의	필요 없음	냉각소화	<u>50</u>
	<u>염</u>소산염류				
	<u>과</u>염소산염류				
	<u>무</u>기과산화물				
	무기과산화물 중 알칼리금속과산화물	화기·충격주의· 가연물접촉주의·물기엄금	물기엄금	질식소화	
Ⅱ	<u>브</u>로민산염류	화기·충격주의· 가연물접촉주의	필요 없음	냉각소화	<u>300</u>
	<u>아</u>이오딘산염류				
	<u>질</u>산염류				
Ⅲ	<u>과</u>망가니즈산염류				<u>1000</u>
	<u>다</u>이크로뮴산염류				

암 50 : 아염과무 300 : 브아질 1000 : 과다

02 제1류 위험물의 성질 ★★

1 일반적 성질

1) 모두 무기화합물로 대부분 무색결정·백색분말의 산화성 고체
2) 강산화성 물질·불연성 고체·조연성·조해성

> TIP 조해성 : 공기 중 수분에 의해 스스로 녹는 성질

3) 비중이 1보다 크며, 물에 녹는 것도 있음
4) 분자 내에 산소 함유하고 있어 분해 시 산소 발생

2 위험성

1) 가연물과 접촉·혼합으로 분해 폭발
2) 알칼리금속의 과산화물은 물과 반응하여 산소방출 및 심하게 발열
3) 가열·충격·마찰 등에 의해 분해됨

3 저장 및 주의사항

1) 서늘하고 환기가 잘 되는 곳에 보관
2) 알칼리금속의 과산화물은 물과 접촉을 피함

4 소화방법

1) 알칼리금속 과산화물(주수 금지) : **마**른모래·**팽**창질석·**팽**창진주암, **탄**산수소염류분말

> 암 마팽팽탄

2) 그 밖의 것(냉각소화) : 옥내소화전·물분무등·인산염류 분말 등

03 제1류 위험물의 종류 ★★★

1 아염소산염류

1) 아염소산나트륨($NaClO_2$)
   (1) 산과 반응하여 이산화염소(ClO_2)가 발생
   (2) 물에 잘 녹음
2) 아염소산칼륨($KClO_2$)
   (1) 직사광선을 피하며 환기가 잘 되는 냉암소에 저장
   (2) 열·충격에 의해 산소가 발생하며 폭발

2 염소산염류

1) 염소산나트륨($NaClO_3$)
   (1) 산과 반응하여 이산화염소(ClO_2)가 발생
   (2) 철제를 부식시키므로 철제용기에 보관 불가
   (3) 물·알코올·에터에 잘 녹음·조해성 있음
2) 염소산칼륨($KClO_3$)
   (1) 온수·글리세린에 잘 녹으나 냉수·알코올에는 잘 녹지 않음
   (2) 환기가 잘 되는 냉암소에 보관

3 과염소산염류

1) 과염소산나트륨($NaClO_4$)
   (1) 물·알코올·아세톤에 녹고 에터에는 녹지 않음
   (2) 환기가 잘 되는 냉암소에 보관
2) 과염소산칼륨($KClO_4$)
   (1) 가열하면 분해하여 산소가 발생
   (2) 환기가 잘 되는 냉암소에 보관

4 무기과산화물

1) 과산화나트륨(Na_2O_2)

   (1) 산과 반응하여 과산화수소가 발생

   (2) 물과 반응하여 산소가 발생하며 발열

2) 과산화칼륨(K_2O_2)

   (1) 산과 반응하여 과산화수소가 발생

   (2) 물과 반응하여 산소가 발생하며 발열

5 브로민산염류

1) 브로민산칼륨($KBrO_3$)

   백색의 결정성 분말로 물에 잘 녹음

2) 브로민산나트륨($NaBrO_3$)

   환기가 잘 되는 냉암소에 저장

6 아이오딘산염류

1) 아이오딘산칼륨(KIO_3)

   (1) 가연물과 혼합하면 폭발

   (2) 환기가 잘 되는 냉암소에 저장

7 질산염류

1) 질산칼륨(KNO_3)

   (1) 황·목탄과 혼합하여 흑색 화약 제조

   (2) 물·글리세린에 잘 녹으나 에터·알코올에는 잘 녹지 않음

   (3) 환기가 잘 되는 냉암소에 저장

2) 질산나트륨($NaNO_3$)

   (1) 물에 잘 녹음

   (2) 상온에서 고체 상태

8 과망가니즈산염류

1) 과망가니즈산칼륨($KMnO_4$)
   (1) 흑자색 결정
   (2) 갈색유리병에 넣어 일광을 차단하고 냉암소에 보관

9 다이크로뮴산염류

1) 다이크로뮴산칼륨($K_2Cr_2O_7$)
   (1) 주홍색 결정
   (2) 통풍환기가 좋은 건조한 냉소에 보관

04 제1류 위험물의 성상

위험물	비중	분해온도 [℃]	분자량
아염소산나트륨	-	130 ~ 140	90
아염소산칼륨	-	160	106
염소산나트륨	2.5	300	106
염소산칼륨	2.34	400	123
과염소산나트륨	2.5	400	122
과염소산칼륨	2.52	610	139
과산화나트륨	2.8	-	78
과산화칼륨	2.9	-	110
브로민산칼륨	3.27	-	169
질산칼륨	2.1	-	101
아이오딘산칼륨	-	-	-
과망가니즈산칼륨	2.7	-	-
다이크로뮴산칼륨	2.69	-	294

08 빈칸채우기

등급	품명	운반용기 외부 표시	제조소등 표시	소화방법	지정수량 [kg]
I					
II					
III					

Chapter 09 제2류 위험물

- **핵심포인트**: 인화성 고체, 소화방법, 지정수량
- **학습목표**:
  1. 제2류 위험물의 품명과 위험물을 암기하고 화학식을 작성할 수 있다.
  2. 제2류 위험물의 지정수량, 소화방법, 특징을 암기하고 설명할 수 있다.

01 제2류 위험물 – 가연성 고체 ★★★

등급	품명	운반용기 외부 표시	제조소등 표시	소화방법	지정수량 [kg]
Ⅱ	황화인	화기주의	화기주의	냉각소화	<u>100</u>
Ⅱ	적린	화기주의	화기주의	냉각소화	<u>100</u>
Ⅱ	황	화기주의	화기주의	냉각소화	<u>100</u>
Ⅲ	금속분	화기주의·물기엄금	화기주의	질식소화	<u>500</u>
Ⅲ	철분	화기주의·물기엄금	화기주의	질식소화	<u>500</u>
Ⅲ	마그네슘	화기주의·물기엄금	화기주의	질식소화	<u>500</u>
	인화성 고체	화기엄금	화기엄금	냉각소화·질식소화	<u>1000</u>

암 100 : 황건적이 황을 들고   500 : 금속철마를 타고 옴   1000 : 인고

02 제2류 위험물의 성질 ★★

1 일반적 성질

1) 비교적 낮은 온도에서 착화하기 쉬운 가연성 물질
2) 비중은 1보다 크고 불용성·산소를 함유하지 않는 강한 환원성 물질
3) 대부분 물에 녹지 않음
4) 산소 결합 쉬움

2 위험성

1) 산화제와 혼합 시 가열·충격·마찰에 의해 발화폭발 위험
2) 금속분·철분은 밀폐된 공간에서 분진폭발 위험
3) 금속분·철분·마그네슘은 물·습기·산과 접촉하여 수소와 열을 발생

3 저장 및 주의사항

1) 점화원으로부터 멀리하고 가열을 피함
2) 금속분·철분·마그네슘은 물·습기·산과 접촉을 피함
3) 강산화제와 혼합을 피함

4 소화방법

1) 철분·금속분·마그네슘(주수금지) : **마**른모래·**팽**창질석·**팽**창진주암·**탄**산수소염류 분말

   암 마팽팽탄

2) 인화성 고체 : 냉각소화·질식소화
3) 그 밖의 것 : 냉각소화

03 제2류 위험물의 종류 ★★★

1 위험물기준

1) 황 : 순도 60 [wt%] 이상

2) 철분 : 53 [μm] 표준체를 통과하는 것이 50 [wt%] 이상인 것

3) 금속분 : 구리·니켈 제외하고 150 [μm] 표준체 통과하는 것이 50 [wt%] 이상인 것

4) 마그네슘 : 직경 2 [mm] 이상의 막대 모양이나 2 [mm] 체를 통과하지 않는 것 제외

2 황화인

1) 삼황화인(P_4S_3)
   (1) 연소 시 오산화인과 이산화황 발생
   (2) 직사광선 피하여 건조한 장소에 보관

2) 오황화인(P_2S_5)
   (1) 물·알칼리와 반응하여 황화수소·인산 발생
   (2) 직사광선 피하여 건조한 장소에 보관

3) 칠황화인(P_4S_7)
   (1) 온수에서 급격히 분해되어 황화수소·인산 발생
   (2) 직사광선을 피하여 건조한 장소에 보관

3 적린(P)

1) 연소 시 오산화인 발생

2) 직사광선 피하며 건조한 장소에 보관

3) 비교적 안정하여 공기 중에 방치하여도 자연발화하지 않음

4) 물·이황화탄소에 녹지 않음

5) 황린과 동소체이나 황린에 비해 안정함

4 황(S)

1) 덩어리 황에서 가연성 증기가 발생하여 푸른색 불꽃을 내며 이산화황 발생
2) 전기 부도체로 정전기에 의해 연소할 수 있음
3) 분말 공기 중에 있을 때 분진폭발의 위험이 있음
4) 물에 녹지 않음

5 금속분

1) 알루미늄분(Al)
   (1) 물·산·알칼리와 반응하여 수소가 발생하며 폭발
   (2) 물기를 피하고 건조한 장소에 보관
   (3) 은백색 광택이 있는 금속
2) 아연분(Zn)
   (1) 물·산·알칼리와 반응하여 수소가 발생하며 폭발
   (2) 물기를 피하고 건조한 장소에 보관
   (3) 은백색 광택이 있는 금속
3) 안티몬(Sb)

6 철분(Fe)

1) 물과 반응하여 수소가 발생하며 폭발
2) 물기를 피하고 건조한 장소에 보관

7 마그네슘(Mg)

1) 온수·강산과 반응하여 수소가 발생하며 폭발
2) 물기를 피하고 건조한 장소에 보관

8 인화성 고체

고형알코올, 그 밖에 1기압에서 인화점이 섭씨 40도 미만인 고체

04 제2류 위험물의 성상

위험물	비중	발화점 [℃]
삼황화인	2.03	100
오황화인	2.09	142
칠황화인	2.19	310
적린	2.2	260
황	2.07	232.2
알루미늄분	2.7	-
아연분	7.14	-
철분	7.87	-
마그네슘	1.74	-
인화성 고체	-	-

TIP 대표적인 질식소화방법 : 마팽팽탄

암 마팽팽탄 : 마른모래 · 팽창질석 · 팽창진주암 · 탄산수소염류분말

09 빈칸채우기

등급	품명	운반용기 외부 표시	제조소등 표시	소화방법	지정수량 [kg]
Ⅱ					
Ⅲ					

Chapter 10 제3류 위험물

> **핵심포인트** 자연발화성 및 금수성 물질, 소화방법, 지정수량
>
> **학습목표**
> 1. 제3류 위험물의 품명과 위험물을 암기하고 화학식을 작성할 수 있다.
> 2. 제3류 위험물의 지정수량, 소화방법, 특징을 암기하고 설명할 수 있다.

01 제3류 위험물 – 자연발화성 및 금수성 물질 ★★★

등급	품명	운반용기 외부 표시	제조소등 표시	소화방법	지정수량 [kg]
Ⅰ	알킬알루미늄	물기엄금	물기엄금	질식소화	10
Ⅰ	칼륨	물기엄금	물기엄금	질식소화	10
Ⅰ	알킬리튬	물기엄금	물기엄금	질식소화	10
Ⅰ	나트륨	물기엄금	물기엄금	질식소화	10
Ⅰ	황린	화기엄금·공기접촉엄금	화기엄금	냉각소화	20
Ⅱ	알칼리금속	물기엄금	물기엄금	질식소화	50
Ⅱ	알칼리토금속	물기엄금	물기엄금	질식소화	50
Ⅱ	유기금속화합물	물기엄금	물기엄금	질식소화	50
Ⅲ	금속수소화합물	물기엄금	물기엄금	질식소화	300
Ⅲ	금속인화합물	물기엄금	물기엄금	질식소화	300
Ⅲ	칼슘탄화물	물기엄금	물기엄금	질식소화	300
Ⅲ	알루미늄탄화물	물기엄금	물기엄금	질식소화	300

암 10 : 알칼리나 20 : 황린 50 : 알토유기(칼루리바) 300 : 금수인탄

02 제3류 위험물의 성질 ★★

1 일반적 성질

1) 자연발화성 물질(황린) : 공기 중에서 온도가 높아지면 스스로 발화
2) 금수성 물질(황린 외) : 물과 접촉하면 가연성 가스 발생

2 위험성

1) 황린 제외 금수성 물질 물과 반응 시 가연성 가스 발생 및 발열
   → 가연성 가스 : 수소(H_2)·아세틸렌(C_2H_2)·포스핀(PH_3)
2) 가열·강산화성 물질·강산류 접촉에 의해 위험성 증가

3 저장 및 주의사항

1) 금수성 물질 : 밀봉하여 공기·물과 접촉방지
2) K·Na 및 알칼리금속은 산소 함유되지 않은 석유류에 저장

4 소화방법

1) 자연발화성 물질(황린) : 냉각소화
2) 금수성 물질(황린 외) : 주수 금지·질식소화(**마**른모래·**팽**창질석·**팽**창진주암·**탄**산수소염류)

암 마팽팽탄

03 제3류 위험물의 종류 ★★★

1 알킬알루미늄

1) 트라이에틸알루미늄[$(C_2H_5)_3Al$]
   (1) 물과 반응하여 에테인 발생
   (2) 용기를 완전히 밀봉하고·용기 상부는 불연성 가스(질소·아르곤·이산화탄소 등)로 봉입
   (3) 저장 시 벤젠·헥산·톨루엔 등의 희석제를 넣어줌
2) 트라이메틸알루미늄[$(CH_3)_3Al$]
   (1) 물과 반응하여 메테인 발생
   (2) 용기를 완전히 밀봉하고·용기 상부는 불연성 가스(질소·아르곤·이산화탄소 등)로 봉입
   (3) 저장 시 벤젠·헥산·톨루엔 등의 희석제를 넣어줌

2 칼륨(K)

1) 물·알코올과 반응하여 수소 발생
2) 공기 중 수분과 닿지 않도록 산소가 함유되지 않은 등유·경유 등 석유류에 저장

3 알킬리튬

1) 메틸리튬(CH_3Li)
   (1) 물과 반응하여 메테인 발생
   (2) 물과 접촉 금지

4 나트륨(Na)

1) 불꽃색 : 노란색
2) 물·알코올과 반응하여 수소가 발생
3) 공기 중 수분과 닿지 않도록 등유·경유 속에 넣어줌
4) 가급적 소량으로 저장

5 황린(P_4)

1) 이황화탄소·벤젠에는 녹지만 물에는 녹지 않음
2) pH 9 물속에 저장
3) 연소하면 오산화인과 함께 백색 연기가 발생하며, 마늘 냄새가 남
4) 직사광선을 피하고 온도 상승을 방지
5) 약 260 [℃]로 가열하여 적린을 얻을 수 있음

6 알칼리금속·알칼리토금속

1) 리튬(Li) - 알칼리금속
   (1) 물·산·알코올과 반응하여 수소 발생
   (2) 물과 닿지 않도록 건조한 냉소에 저장
2) 칼슘(Ca) - 알칼리토금속
   (1) 물·산·알코올과 반응하여 수소 발생
   (2) 물과 닿지 않도록 건조한 냉소에 저장

7 금속수소화합물

1) 수소화나트륨(NaH)
   (1) 물과 반응하여 수산화나트륨·수소 발생
   (2) 물과 닿지 않도록 건조한 냉소에 저장
2) 수소화리튬(LiH)
   (1) 물과 반응하여 수산화리튬·수소 발생
   (2) 물과 닿지 않도록 건조한 냉소에 저장
3) 수소화칼륨(KH)
   (1) 물과 반응하여 수산화칼륨·수소 발생
   (2) 물과 닿지 않도록 건조한 냉소에 저장

8 금속인화합물

1) 인화칼슘(Ca_3P_2)

   (1) 물과 반응하여 수산화칼슘·포스핀 발생

   (2) 물과 닿지 않도록 건조한 냉소에 저장

2) 인화알루미늄(AlP)

   (1) 물과 반응하여 포스핀 발생

   (2) 물과 닿지 않도록 건조한 냉소에 저장

9 칼슘·알루미늄 탄화물

1) 탄화칼슘(CaC_2)

   (1) 물과 반응하여 수산화칼슘·아세틸렌이 발생

   (2) 고온에서 질소와 반응하여 석회질소(칼슘시안아미드)가 발생

   (3) 환기가 잘 되고 습기가 없는 냉소에 보관

   (4) 밀폐용기에 저장

   (5) 장시간 보관 시 불연성 가스(질소·아르곤·이산화탄소 등)를 첨가

2) 탄화알루미늄(Al_4C_3)

   (1) 물과 반응하여 수산화알루미늄·메테인이 발생

   (2) 직사광선을 피하고 건조한 냉소에 저장

04 제3류 위험물의 성상

위험물	비중
트라이에틸알루미늄	0.835
트라이메틸알루미늄	0.752
칼륨	0.86
메틸리튬	0.9
나트륨	0.9712
황린	1.82
리튬	0.543
칼슘	1.55
수소화나트륨	1.36
수소화리튬	0.82
수소화칼륨	1.9
인화칼슘	2.51
인화알루미늄	2.4 ~ 2.8
탄화칼슘	2.2
탄화알루미늄	2.36

10 빈칸채우기

등급	품명	운반용기 외부 표시	제조소등 표시	소화방법	지정수량 [kg]
Ⅰ					
Ⅱ					
Ⅲ					

Chapter 11 제4류 위험물

 인화성 액체, 소화방법, 지정수량

 1. 제4류 위험물의 품명과 위험물을 암기하고 화학식을 작성할 수 있다.
2. 제4류 위험물의 지정수량, 소화방법, 특징을 암기하고 설명할 수 있다.

01 제4류 위험물 – 인화성 액체 ★★★

등급	품명		운반용기 외부·제조소등 표시	소화방법	지정수량 [L]	위험물
Ⅰ	특수인화물	비수용성	화기엄금	질식소화	50	이황화탄소
						다이에틸에터
		수용성				아세트알데하이드
						산화프로필렌
Ⅱ	제1석유류	비수용성			200	휘발유
						메틸에틸케톤
						톨루엔
						벤젠
		수용성			400	사이안화수소
						아세톤
						피리딘
	알코올류					메틸알코올
						에틸알코올

등급	품명		운반용기 외부·제조소등 표시	소화방법	지정수량 [L]	위험물
III	제2석유류	비수용성	화기엄금	질식소화	1000	등유
						경유
						스틸렌(스타이렌)
						크실렌(자일렌)
						클로로벤젠
		수용성			2000	아세트산
						포름산
						하이드라진
	제3석유류	비수용성			2000	크레오소트유
						중유
						아닐린
						나이트로벤젠
		수용성			4000	글리세린
						에틸렌글리콜
	제4석유류				6000	윤활유
						기어유
						실린더유
	동식물유류				10000	대구유
						정어리유
						해바라기유
						들기름
						아마인유

02 제4류 위험물의 성질 ★★

1 정의

1) "특수인화물"이라 함은 이황화탄소, 다이에틸에터 그 밖에 1기압에서 발화점이 섭씨 100도 이하인 것 또는 인화점이 섭씨 영하 20도 이하이고, 비점이 섭씨 40도 이하인 것을 말한다.

2) "제1석유류"라 함은 아세톤, 휘발유 그 밖에 1기압에서 인화점이 섭씨 21도 미만인 것을 말한다.

3) "알코올류"라 함은 1분자를 구성하는 탄소원자의 수가 1개부터 3개까지인 포화1가 알코올(변성알코올을 포함한다)을 말한다.
   단 1분자를 구성하는 탄소원자의 수가 1개 내지 3개의 포화1가 알코올의 함유량이 60중량퍼센트 미만인 수용액, 가연성 액체량이 60중량퍼센트 미만이고, 인화점 및 연소점이 에틸알코올 60중량퍼센트 수용액의 인화점 및 연소점을 초과하는 것은 제외한다.

4) "제2석유류"라 함은 등유, 경유 그 밖에 1기압에서 인화점이 섭씨 21도 이상 70도 미만인 것을 말한다. 다만 도료류 그 밖의 물품에 있어서 가연성 액체량이 40중량퍼센트 이하이면서 인화점이 섭씨 40도 이상인 동시에 연소점이 섭씨 60도 이상인 것은 제외한다.

5) "제3석유류"란 중유, 크레오소트유, 그 밖에 1기압에서 인화점이 섭씨 70도 이상 섭씨 200도 미만인 것을 말한다. 도료류 그 밖의 물품은 가연성 액체량이 40중량퍼센트 이하인 것은 제외한다.

6) "제4석유류"라 함은 기어유, 실린더유 그 밖에 1기압에서 인화점이 섭씨 200도 이상 섭씨 250도 미만의 것을 말한다. 도료류 그 밖의 물품은 가연성 액체량이 40중량퍼센트 이하인 것은 제외한다.

7) "동식물유류"라 함은 동물의 지육 등 또는 식물의 종자나 과육으로부터 추출한 것으로서 1기압에서 인화점이 섭씨 250도 미만인 것을 말한다.

2 일반적 성질

1) 물에 녹지 않는 비수용성
2) 비중은 1보다 작아 물보다 가벼움
3) 증기 비중은 공기보다 무겁기 때문에 낮은 곳에 체류하며 연소·폭발의 위험이 있음
4) 전기 부도체이므로 정전기가 발생하고 정전기에 의해 연소
5) 인화점에 의해 제 1·2·3·4석유류로 분류됨

3 위험성

1) 증기와 공기가 혼합되면 연소할 가능성 있음
2) 정전기에 의해 인화할 수 있음

4 저장 및 주의사항

1) 통풍이 잘 되는 냉암소에 저장
2) 누출 방지를 위해 밀폐용기 사용

5 소화방법

1) 질식소화 : 이산화탄소·포소화설비·분말소화약제·무상 물분무소화
2) 억제소화 : 할로젠화합물소화설비

03 제4류 위험물의 종류 ★★★

1 특수인화물

특수인화물은 이황화탄소·다이에틸에터·그 밖에 1기압에서 발화점이 100 [℃] 이하인 것 또는 인화점이 영하 20 [℃] 이하이고, 비점이 40 [℃] 이하인 것

1) 이황화탄소(CS_2)
   (1) 소화방법 : 주수가능(포소화설비·물분무소화설비)
       주수소화가 가능한 이유 : 물보다 비중이 커서 물속에 가라앉으므로 질식소화효과가 있음

⑵ 벤젠·알코올·에터에 녹음

⑶ 증기는 공기보다 무겁고 유독하여 신경장애를 유발

⑷ 연소 시 이산화탄소·이산화황이 발생

⑸ 물속에 저장하여 가연성 증기 발생을 억제

2) 다이에틸에터($C_2H_5OC_2H_5$)

⑴ 휘발성과 마취성이 있음

⑵ 과산화물방지를 위해 갈색 병에 보관

⑶ 용기를 밀봉하여 2 [%] 공간용적을 확보

3) 아세트알데하이드(CH_3CHO)

⑴ 산화성 물질과 혼합 시 폭발

⑵ 폭발을 방지하기 위해 불활성 기체(질소·아르곤·이산화탄소 등)를 봉입

⑶ 저장 시 구리·은·수은·마그네슘 등으로 만든 용기는 사용하지 않음

⑷ 에탄올이 산화되어 생성됨

4) 산화프로필렌(CH_2OCHCH_3)

⑴ 물·알코올·에터·벤젠에 잘 녹음

⑵ 폭발을 방지하기 위해 불활성 기체(질소·아르곤·이산화탄소 등)를 봉입

⑶ 저장 시 구리·은·수은·마그네슘 등으로 만든 용기는 사용하지 않음

보충 아이소프로필아민, 황화다이메틸

2 제1석유류

1) 휘발유($C_4 \sim C_9$)

직사광선을 피해 통풍이 잘 되는 곳에 저장

2) 메틸에틸케톤($CH_3COC_2H_5$)

⑴ 물에는 녹지 않고, 알코올·에터·벤젠에 녹음

⑵ 연소하면 이산화탄소와 물을 생성

3) 벤젠(C_6H_6)

⑴ 물에 녹지 않고, 알코올·에터·아세톤에 녹음

⑵ 휘발성 및 독성이 있음

⑶ 직사광선을 피하며, 통풍이 잘 되는 곳에 보관

4) 아세톤(CH_3COCH_3) - 수용성

   ⑴ 물·알코올·에터에 잘 녹음

   ⑵ 직사광선을 피하며, 통풍이 잘 되는 곳에 보관

                     보충 사이클로헥산, 염화아세틸, 초산메틸, 초산에틸, 에틸벤젠, 아세토니트릴

3 알코올류

1) 메틸알코올(CH_3OH)

   ⑴ 휘발성 및 독성이 있음

   ⑵ 직사광선을 피하며, 통풍이 잘 되는 곳에 보관

   ⑶ 연소범위를 좁게 하기 위해 불활성 기체(질소·아르곤·이산화탄소 등)를 첨가

2) 에틸알코올(C_2H_5OH)

   ⑴ 독성이 없고, 술의 원료가 됨

   ⑵ 물·알코올·에터에 녹음

   ⑶ 직사광선을 피하고, 통풍이 잘 되는 곳에 보관

3) 아이소프로필알코올(C_3H_7OH)   **보충** 프로필알코올

4 제2석유류

1) 등유($C_{10} \sim C_{15}$)

2) 경유($C_{15} \sim C_{20}$)

3) 크실렌[$C_6H_4(CH_3)_2$]

4) 클로로벤젠(C_6H_5Cl)

5) 아세트산(CH_3COOH)

   ⑴ 16 [℃]에서 결빙

   ⑵ 신 맛이 남

6) 포름산(개미산)(HCOOH)

   포름알데하이드(HCHO)가 산화되어 생성됨

7) 하이드라진(N_2H_4)   **보충** 벤즈알데하이드, 아크릴산

5 제3석유류

1) 중유(C_{20} ~ C_{50})

2) 아닐린($C_6H_5NH_2$)

3) 나이트로벤젠($C_6H_5NO_2$)

4) 글리세린[$C_3H_5(OH)_3$]

5) 에틸렌글리콜[$C_2H_4(OH)_2$]

6 제4석유류

윤활유·기계유·실린더유 등

7 동식물유류

1) 동식물유류 분류

품명	아이오딘값	종류
<u>건</u>성유	130 이상	<u>오</u>동유·<u>해</u>바라기씨유·<u>정</u>어리유·<u>아</u>마인유·<u>들</u>기름 등
반건성유	100 ~ 130	참기름·콩기름 등
불건성유	100 이하	<u>피</u>마자유·야<u>자</u>유·<u>땅콩</u>기름(낙화생유)·<u>올</u>리브유·<u>고</u>래기름·<u>소</u>기름 등

> 암 오해정아들은 건성건성 / 피자에 땅콩을 올리면 고소

04 제4류 위험물의 성상

위험물	비중	인화점 [℃]	발화점 [℃]
이황화탄소	1.26	-30	90
다이에틸에터	0.7	-40	160
아세트알데하이드	0.78	-40	185
산화프로필렌	0.82	-37	449
휘발유	0.7~0.8	-43	280~456
메틸에틸케톤	0.8	-7	505
벤젠	0.95	-11	498
아세톤	0.79	-18.5	465
메틸알코올	0.79	11	464
에틸알코올	0.79	13	423
등유	0.75	30~60	210
경유	0.815	50~70	257
크실렌	0.88	30	464
클로로벤젠	1.11	27	593
아세트산	1.05	40	485
포름산	1.218	69	601
하이드라진	1.011	37.8	270
중유	1.5	40	427
아닐린	1.002	75	538
나이트로벤젠	1.218	88	482
글리세린	1.26	160	393
에틸렌글리콜	1.113	111	413

TIP 일반적으로 포약제로 소화, 알코올화재는 알코올포 사용

11 빈칸채우기

등급	품명		운반용기 외부·제조소등 표시	소화방법	지정수량 [L]	위험물
I						
II						

등급	품명	운반용기 외부·제조소등 표시	소화방법	지정수량 [L]	위험물
III					

Chapter 12 제5류 위험물

 자기반응성 물질, 소화방법, 지정수량

1. 제5류 위험물의 품명과 위험물을 암기하고 화학식을 작성할 수 있다.
2. 제5류 위험물의 지정수량, 소화방법, 특징을 암기하고 설명할 수 있다.

01 제5류 위험물 – 자기반응성 물질 ★★★

등급	품명	운반용기 외부 표시	제조소등 표시	소화 방법	지정수량 [kg]	위험물
I	질산에스터류	화기엄금 · 충격주의	화기엄금	냉각 소화	종 판단 필요	질산메틸
					종 판단 필요	질산에틸
					10	나이트로글리세린
					10	나이트로글리콜
					10	나이트로셀룰로스
					100	셀룰로이드
	유기과산화물				100	벤조일퍼옥사이드 (과산화벤조일)
					100	메틸에틸케톤퍼옥사이드 (과산화메틸에틸케톤)

등급	품명	운반용기 외부 표시	제조소등 표시	소화 방법	지정수량 [kg]	위험물
II	하이드록실아민	화기엄금·충격주의	화기엄금	냉각 소화		-
	하이드록실아민염류					-
	나이트로화합물				10	트라이나이트로톨루엔
					100	트라이나이트로페놀 (피크르산)
					10	테트릴
	나이트로소화합물					-
	아조화합물					-
	다이아조화합물					-
	하이드라진유도체					-

1 폭발성 판정기준

1) 발열개시온도에서 25 [℃]를 뺀 온도(이하 "보정온도"라 한다)의 상용대수를 횡축으로 하고 발열량의 상용대수를 종축으로 하는 좌표도를 만들 것

2) 제1호의 좌표도상에 2,4 - 다이나이트로톨루엔의 발열량에 0.7을 곱하여 얻은 수치의 상용대수와 보정온도의 상용대수의 상호대응 좌표점 및 과산화벤조일의 발열량에 0.8을 곱하여 얻은 수치의 상용대수와 보정온도의 상용대수의 상호대응 좌표점을 연결하여 직선을 그을 것

3) 시험물품의 발열량의 상용대수와 보정온도(1 [℃] 미만일 때에는 1 [℃]로 한다)의 상용대수의 상호대응 좌표점을 표시할 것

4) 제3호에 의한 좌표점이 제2호에 의한 직선상 또는 이보다 위에 있는 것을 위험성이 있는 것으로 할 것

2 가열분해성 판정기준

1) 구멍의 직경이 1 [mm]인 오리피스판을 이용하여 파열판이 파열되지 않는 물질 : 등급 III
2) 구멍의 직경이 1 [mm]인 오리피스판을 이용하여 파열판이 파열되는 물질 : 등급 II
3) 구멍의 직경이 9 [mm]인 오리피스판을 이용하여 파열판이 파열되는 물질 : 등급 I

3 자기반응성 물질 판정기준

폭발성 판정기준에 따른 열분석시험의 결과 및 가열분해성 판정기준에 따른 압력용기시험의 결과를 종합하여 자기반응성 물질은 아래 표와 같이 구분

열분석시험 \ 압력용기시험	등급 I	등급 II	등급 III
위험성 있음	제1종	제2종	제2종
위험성 없음	제1종	제2종	비위험물

02 제5류 위험물의 성질 ★★

1 일반적 성질

1) 유기화합물이며 가연성 물질
2) 비중은 1보다 큼
3) 분자 자체에 산소를 함유하고 있어 산소 공급 없이도 가열·충격 등에 의해 연소 폭발
4) 시간 경과에 따라 자연발화 위험

2 위험성

1) 분해 시 스스로 산소가 발생
2) 강산화제·강산류와 혼합 시 위험도가 증가

3 저장 및 주의사항

1) 충격·마찰 등을 피함
2) 화재 시 소화의 어려움이 있으므로 소분하여 저장

4 소화방법

냉각소화

03 제5류 위험물의 종류 ★★★

1 질산에스터류

1) 질산메틸(CH_3ONO_2)

   (1) 물에는 녹지 않고, 알코올·에터에 녹음

   (2) 가열·충격 및 마찰을 피함

2) 질산에틸($C_2H_5ONO_2$)

   (1) 물에는 녹지 않고, 알코올·에터에 녹음

   (2) 방향성을 가짐

   (3) 통풍이 잘 되는 찬 곳에 보관

3) 나이트로글리세린[$C_3H_5(ONO_2)_3$]

   (1) 물에는 녹지 않고, 알코올·벤젠에 잘 녹음

   (2) 규조토에 나이트로글리세린을 흡수시켜 다이너마이트를 만듦

   (3) 통풍이 잘 되는 냉암소에 저장

   (4) 글리세린에 질산과 황산을 반응시키면 나이트로기 3개가 글리세린의 수소와 치환하여 나이트로글리세린을 생성

4) 나이트로글리콜[$C_2H_4(ONO_2)_2$]

   (1) 폭약의 원료이며, 폭발성이 매우 큼

   (2) 물에 녹지 않고, 알코올·에터에 잘 녹음

   (3) 휘발성 및 독성이 있음

   (4) 마찰 및 충격을 피하고, 통풍이 잘 되는 찬 곳에 보관

5) 나이트로셀룰로스[$C_6H_7O_2(ONO_2)_3$]$_n$

   (1) 질화도가 클수록 위험

   (2) 물에 녹지 않고, 알코올·에터에 잘 녹음

   (3) 마찰 및 충격을 피하고, 통풍이 잘 되는 찬 곳에 보관

   (4) 저장 시 물 또는 알코올 등을 첨가하여 습윤

6) 셀룰로이드

   ⑴ 질소가 함유된 유기물

   ⑵ 물에는 녹지 않고, 알코올·에터에 잘 녹음

   ⑶ 마찰 및 충격을 피하고, 통풍이 잘 되는 찬 곳에 보관

2 유기과산화물

1) 과산화벤조일[$(C_6H_5CO)_2O_2$]

   ⑴ 물에 녹지 않고, 알코올·에터에 녹음

   ⑵ 상온에서 안정

   ⑶ 무미·무취의 고체   **보충** 과산화메틸에틸케톤

3 나이트로화합물

1) 트라이나이트로톨루엔[$C_6H_2CH_3(NO_2)_3$](TNT)

   ⑴ 물에는 녹지 않고, 알코올·에터·아세톤에 녹음

   ⑵ 운반 시 10 [%]의 물을 넣어 운반

   ⑶ 톨루엔에 질산, 황산을 반응시켜 제조

2) 트라이나이트로페놀[$C_6H_2(NO_2)_3OH$](TNP)

   ⑴ 찬물에는 미량 녹고 온수·알코올·에터·벤젠에 잘 녹음

   ⑵ 통풍이 잘 되는 찬 곳에 보관

   ⑶ 페놀에 질산, 황산을 반응시켜 제조

3) 다이나이트로톨루엔[$C_6H_3CH_3(NO_2)_2$]

   ⑴ 물에는 녹지 않고, 알코올·벤젠에 잘 녹음

   ⑵ 통풍이 잘 되는 냉암소에 저장   **보충** 다이나이트로벤젠

4) 제5류 위험물 상온 상태

품명	위험물	상태
질산에스터류	질산메틸 질산에틸 나이트로글리콜 나이트로글리세린	액체
	나이트로셀룰로스	고체
나이트로화합물	트라이나이트로톨루엔 트라이나이트로페놀 다이나이트로벤젠 테트릴	고체

04 제5류 위험물의 성상

위험물	비중	발화점
질산메틸	1.22	-
질산에틸	1.11	-
나이트로글리세린	1.6	210
나이트로글리콜	1.49	217
나이트로셀룰로스	1.5	180
셀룰로이드	1.32 ~ 1.35	170 ~ 190
과산화벤조일	1.33	125
트라이나이트로톨루엔	1.66	300
트라이나이트로페놀	1.8	300
다이나이트로톨루엔	1.5	125

TIP 화재 초기 외에는 소화가 어려움

12 빈칸채우기

등급	품명	운반용기 외부 표시	제조소등 표시	소화방법	지정수량 [kg]	위험물
						-
						-
						-
						-
						-

Chapter 13 제6류 위험물

핵심포인트: 산화성 액체, 소화방법, 지정수량

학습목표:
1. 제6류 위험물의 품명과 위험물을 암기하고 화학식을 작성할 수 있다.
2. 제6류 위험물의 지정수량, 소화방법, 특징을 암기하고 설명할 수 있다.

01 제6류 위험물 - 산화성 액체 ★★★

등급	위험물	운반용기 외부 표시	제조소등 표시	소화방법	지정수량 [kg]
I	질산	가연물접촉주의	필요 없음	냉각소화	300
	과산화수소				
	과염소산				
	할로젠간화합물				

02 제6류 위험물의 성질 ★★

1 일반적 성질

1) 산화성 액체이며, 무기화합물로 이루어짐
2) 무색·투명, 비중이 1보다 크고 표준 상태에서 모두 액체
3) 불연성·조연성·강산화제
4) 분자 내에 산소를 함유하고 있어 분해 시 산소가 발생

2 위험성

물과 접촉 시 발열반응

3 저장 및 주의사항

1) 화기 및 직사광선을 피하여 저장

2) 물·가연물·유기물과 접촉 금지

4 소화방법

주수소화

03 제6류 위험물의 종류 ★★★

1 질산(HNO_3)

1) 비중 1.49 이상인 것만 위험물로 취급함

2) 빛에 의해 분해되므로 갈색 병에 보관

3) 질산과 염산을 1 : 3 비율로 제조한 것을 왕수라고 함

4) 크산토프로테인반응을 함   보충 크산토프로테인반응 : 단백질 검출반응의 일종

2 과산화수소(H_2O_2)

1) 농도 36 [wt%] 이상인 것만 위험물로 취급함

2) 물·알코올·에터에 잘 녹고, 석유·벤젠에는 녹지 않음

3) 빛에 의해 분해되므로 갈색 병에 보관

4) 뚜껑에 작은 구멍을 뚫은 갈색 용기에 보관

5) 저장 및 취급 시 분해를 막기 위하여 인산과 요산 등을 분해안정제로 사용

6) 살균제 및 소독제로도 사용된다.

3 과염소산($HClO_4$)

1) 가열하면 염화수소 발생

2) 직사광선을 피하고 통풍이 잘 되는 냉암소에 저장

4 **할로젠간화합물**

삼플루오린화브로민(BrF_3) · 오플루오린화브로민(BrF_5) · 오플루오린화아이오딘(IF_5)

04 제6류 위험물의 성상

위험물	비중	소화방법
질산	1.49	질식소화 냉각소화(위급 시)
과산화수소	1.465	
과염소산	1.76	
할로젠간화합물	-	-

13 빈칸채우기

등급	위험물	운반용기 외부 표시	제조소등 표시	소화방법	지정수량 [kg]
I					

08~13 예상문제

01 위험성 예방을 위해 물속에 저장하는 것으로 옳은 것은?

① 칠황화인
② 오황화인
③ 이황화탄소
④ 톨루엔

해설
[이황화탄소위험물(4류) 저장]
물속에 저장하여 가연성 증기 발생을 억제

02 무색 또는 옅은 청색의 액체로 농도가 36 [wt%] 이상인 것을 위험물로 간주하는 것으로 옳은 것은?

① 아세톤
② 과염소산
③ 질산
④ 과산화수소

해설
[과산화수소(6류) 위험물 산정기준]
농도 36 [wt%] 이상은 위험물로 간주

03 경유에 대한 설명으로 아닌 것은?

① 디젤기관의 연료로 사용할 수 있다.
② 품명은 제3석유류이다.
③ 원유의 증류 시 등유와 중유 사이에서 유출된다.
④ K, Na의 보호액으로 사용할 수 있다.

해설
[경유(4류) 특징]
품명 : 제2석유류

04 제4류 위험물 중 특수인화물로만 나열된 것으로 옳은 것은?

① 이황화탄소, 황화다이메탈, 아이소프로필아민
② 산화프로필렌, 염화아세틸, 부틸알데하이드
③ 부틸알데하이드, 아이소프로필아민, 다이에틸에터
④ 아세트알데하이드, 산화프로필렌, 염화아세틸

해설
[특수인화물(4류) 종류]
산화프로필렌, 다이에틸에터, 아세트알데하이드, 이황화탄소, 아이소프로필아민, 황화다이메탈

정답 ● 01 ③ 02 ④ 03 ② 04 ①

05 과염소산칼륨과 아염소산나트륨의 공통 성질로 틀린 것은?

① 지정수량이 50 [kg]이다.
② 강산화성 물질이며, 가연성이다.
③ 열분해 시 산소를 방출한다.
④ 상온에서 고체의 형태이다.

해설
[과염소산칼륨과 아염소산나트륨(1류)의 성질]
강산화성이며, 불연성이다.

06 나이트로셀룰로스에 대한 설명으로 옳지 않은 것은?

① 품명이 나이트로화합물이다.
② 물과 혼합하면 위험성이 감소된다.
③ 셀룰로스에 진한 질산과 진한 황산을 작용시켜 만든다.
④ 다이너마이트의 원료로 사용된다.

해설
[나이트로셀룰로스(5류) 특징]
품명 : 질산에스터류

07 분말의 형태로 150 [μm]의 체를 통과하는 것이 50 [wt%] 이상인 것만 위험물로 취급되는 것은?

① Fe
② Ni
③ Sb
④ Cu

해설
[금속분 위험물기준]
구리분(Cu), 니켈분(Ni)을 제외하고 150 [μm]의 체를 통과하는 것이 50 [wt%] 이상(Al, Zn, Sb)

08 제4류 위험물에 속하는 것으로 틀린 것은?

① 아세톤
② 과산화벤조일
③ 실린더유
④ 나이트로벤젠

해설
[제4류 위험물 종류]
• 아세톤, 실린더유, 나이트로벤젠 등
• 제5류 위험물 : 과산화벤조일

09 상온에서 액체인 물질로만 이뤄진 것은?

① 나이트로글리콜, 테트릴
② 피크르산, 질산메틸
③ 트라이나이트로톨루엔, 다이나이트로벤젠
④ 질산에틸, 나이트로글리세린

정답 05 ② 06 ① 07 ③ 08 ② 09 ④

> **해설**

[제5류 위험물 상온 상태]

품명	위험물	상태
질산 에스터류	질산메틸 질산에틸 나이트로글리콜 나이트로글리세린	액체
	나이트로셀룰로스	고체
나이트로 화합물	트라이나이트로톨루엔 트라이나이트로페놀 다이나이트로벤젠 테트릴	고체

10 금속나트륨에 관한 설명으로 옳은 것은?

① 등유는 반응이 일어나지 않아 저장액으로 이용된다.
② 융점이 100 [℃]보다 높다.
③ 물과 격렬히 반응하여 산소가 발생하고 발열한다.
④ 물보다 무겁다.

> **해설**

[금속나트륨(3류) 특징]
- 등유와는 반응이 일어나지 않아 저장액으로 이용
- 융점 97.8 [℃]
- 물과 격렬히 반응하여 수소 발생
- 물보다 가벼운 경금속

11 물과 접촉하면 위험성이 증가하므로 주수소화를 할 수 없는 물질로 옳은 것은?

① $KClO_3$
② Na_2O_2
③ $NaNO_3$
④ $(C_6H_5CO)_2O_2$

> **해설**

[주수소화 금지 위험물]
알칼리금속의 과산화물인 Na_2O_2는 물과 접촉 시 산소 발생

12 $NaClO_3$에 대한 설명으로 옳은 것은?

① 산과 반응하여 유독성의 ClO_2가 발생한다.
② 가연성 물질로 무색, 무취의 결정이다.
③ 유리를 부식시키므로 철제용기에 저장한다.
④ 물, 알코올에 녹지 않는다.

> **해설**

[염소산나트륨(1류) 특징]
- 산과 반응하여 유독성의 ClO_2 발생
- 불연성이고 무색, 무취 결정
- 철제용기에 보관하지 않음
- 물, 알코올, 에터에 잘 녹으며, 조해성 있음

13 위험물에 대한 유별 구분이 틀린 것은?

① 브로민산염류 - 제1류 위험물
② 무기과산화물 - 제5류 위험물
③ 금속의 인화물 - 제3류 위험물
④ 황 - 제2류 위험물

> 해설

[위험물 유별]
무기과산화물 : 제1류 위험물

14 제2류 위험물이 아닌 것은?

① 철분   ② 황린
③ 적린   ④ 황화인

> 해설

[제2류 위험물 종류]
- 황화인, 적린, 황, 금속분, 철분 등
- 황린 : 제3류 위험물

15 아염소산나트륨의 저장 및 취급 시 주의 사항이 아닌 것은?

① 취급 시 충격, 마찰을 피한다.
② 강산류와의 접촉을 피한다.
③ 물속에 넣어 냉암소에 저장한다.
④ 가연성 물질과 접촉을 피한다.

> 해설

[아염소산나트륨(1류) 취급]
물에 잘 녹으므로 물속에 저장 금지

16 상온에서 CaC_2를 장기간 보관할 때 사용하는 물질로 다음 중 가장 알맞은 것은?

① 질소가스
② 알코올수용액
③ 물
④ 아세틸렌가스

> 해설

[탄화칼슘(CaC_2, 3류) 저장방법]
질소가스와 반응성 없어 장기간 보관할 때 사용

17 다음 위험물 중 지정수량이 가장 큰 것은?

① 과산화수소
② 질산에틸
③ 트라이나이트로톨루엔
④ 무기과산화물

> 해설

[위험물별 지정수량]

위험물	지정수량 [kg]
과산화수소(6류)	300
질산에틸(5류)	10
트라이나이트로톨루엔(5류)	100
무기과산화물(1류)	50

정답 13 ② 14 ② 15 ③ 16 ① 17 ①

18 같은 위험등급의 위험물로만 이루어지지 않은 것은?

① Fe, Sb, Mg
② 메탄올, 에탄올, 벤젠
③ 황화인, 적린, 칼슘
④ Zn, Al, S

해설

[위험등급에 따른 위험물]
- Fe · Sb · Mg : 등급 Ⅲ
- 메탄올 · 에탄올 · 벤젠 : 등급 Ⅱ
- 황화인 · 적린 · 칼슘 : 등급 Ⅱ
- Zn · Al : 등급 Ⅲ, S : 등급 Ⅱ

19 제6류 위험물에 대한 설명으로 옳지 않은 것은?

① 자신이 산화되는 산화성 물질이다.
② 위험등급 Ⅰ에 속한다.
③ 지정수량이 300 [kg]이다.
④ 오플루오린화브로민은 제6류 위험물이다.

해설

[제6류 위험물 특징]
자신은 환원 · 남을 산화시키는 물질

20 나이트로셀룰로스에 대한 설명으로 옳지 않은 것은?

① 품명이 나이트로화합물이다.
② 물과 혼합하면 위험성이 감소된다.
③ 셀룰로스에 진한 질산과 진한 황산을 작용시켜 만든다.
④ 다이너마이트의 원료로 사용된다.

해설

[나이트로셀룰로스(5류) 특징]
품명 : 질산에스터류

21 제4류 위험물에 속하는 것으로 틀린 것은?

① 아세톤
② 과산화벤조일
③ 실린더유
④ 나이트로벤젠

해설

[제4류 위험물이 아닌 것]
과산화벤조일 : 제5류 위험물

정답 ● 18 ④ 19 ① 20 ① 21 ②

22 지정수량이 셋과 다른 하나는?

① 칼슘
② 나트륨아미드
③ 바륨
④ 인화아연

해설

[지정수량]

위험물(3류)	지정수량 [kg]
칼슘	50
나트륨아미드	50
바륨	50
인화아연	300

23 위험물에 대한 유별 구분이 틀린 것은?

① 브로민산염류 - 제1류 위험물
② 무기과산화물 - 제5류 위험물
③ 금속의 인화물 - 제3류 위험물
④ 황 - 제2류 위험물

해설

[위험물 유별]
무기과산화물 : 제1류 위험물

정답 ● 22 ④ 23 ②

Chapter 14 위험물 운반기준

핵심포인트 위험물 혼재기준, 위험물별 피복유형

학습목표
1. 위험물 혼재기준 표를 암기하여 혼재 가능한 위험물과 불가능한 위험물을 구분할 수 있다.
2. 위험물의 종류에 따라 피복 유형을 구분할 수 있다.

01 위험물 혼재기준 ★★★

위험물의 구분	제1류	제2류	제3류	제4류	제5류	제6류
제1류		×	×	×	×	○
제2류	×		×	○	○	×
제3류	×	×		○	×	×
제4류	×	○	○		○	×
제5류	×	○	×	○		×
제6류	○	×	×	×	×	

※ 이 표는 지정수량의 1/10 이하의 위험물에 대하여는 적용하지 아니한다.

암 1 2 3 4 5 6 적은 후 4 추가

1↓	6		혼재 가능
2↓	5↑	4	혼재 가능
3→	4↑		혼재 가능

02 위험물별 피복유형 ★

덮개	위험물
차광성	제1류 위험물
	제3류 위험물 중 자연발화성 물질
	제4류 위험물 중 특수인화물
	제5류 위험물
	제6류 위험물
방수성	제1류 위험물 중 알칼리금속과산화물
	제2류 위험물 중 금속분, 철분, 마그네슘
	제3류 위험물 중 금수성 물질

14 예상문제

01 지정수량 10배의 위험물을 운반할 때 혼재가 가능한 것은?

① 제1류 위험물과 제2류 위험물
② 제1류 위험물과 제4류 위험물
③ 제4류 위험물과 제5류 위험물
④ 제5류 위험물과 제3류 위험물

해설
[위험물 혼재기준]
4류, 5류 혼재 가능

TIP 혼재 가능 위험물

1↓	6		혼재 가능
2↓	5↑	4	혼재 가능
3→	4↑		혼재 가능

암 1 2 3 4 5 6 적은 후 4 추가

02 위험물 운반 시 동일한 트럭에 제1류 위험물과 함께 적재할 수 있는 유별로 옳은 것은? (단, 지정수량의 5배 이상인 경우이다)

① 제3류
② 제4류
③ 없음
④ 제6류

해설
[위험물 혼재기준]
1류, 6류 혼재 가능

TIP 혼재 가능 위험물

1↓	6		혼재 가능
2↓	5↑	4	혼재 가능
3→	4↑		혼재 가능

암 1 2 3 4 5 6 적은 후 4 추가

03 위험물을 운반용기에 수납하여 적재할 때 차광성이 있는 피복으로 가려야 하는 위험물이 아닌 것은?

① 제1류 위험물
② 제2류 위험물
③ 제5류 위험물
④ 제6류 위험물

해설
[차광성이 있는 피복]
제2류 위험물 : 방수성이 있는 피복

정답 01 ③ 02 ④ 03 ②

04 유별을 달리하는 위험물을 운반할 때 혼재할 수 있는 것은? (단, 지정수량의 1/10을 넘는 양을 운반하는 경우이다)
① 제1류와 제3류
② 제2류와 제4류
③ 제3류와 제5류
④ 제4류와 제6류

해설

[위험물 혼재기준]
2류, 4류 혼재 가능

TIP 혼재 가능 위험물

1↓	6		혼재 가능
2↓	5↑	4	혼재 가능
3→	4↑		혼재 가능

암 1 2 3 4 5 6 적은 후 4 추가

정답 04 ②

Chapter 15 위험물제조소

핵심포인트 안전거리, 제조소, 환기설비, 배출설비, 압력계, 피뢰설비, 방유제

학습목표
1. 위험물제조소의 구분에 따른 안전거리를 암기할 수 있다.
2. 위험물제조소의 건축물 구조 및 방유제, 보유공지의 기준을 암기할 수 있다.

01 용어 정의

구분	정의
위험물	인화성 또는 발화성 등의 성질을 가지는 것으로서 대통령령이 정하는 물품
지정수량	위험물의 종류별로 위험성을 고려하여 대통령령이 정하는 수량으로 제조소등의 설치허가 등에 있어서 최저의 기준이 되는 수량
제조소	위험물을 제조할 목적으로 지정수량 이상의 위험물을 취급하기 위하여 허가를 받은 장소
저장소	지정수량 이상의 위험물을 저장하기 위한 대통령령이 정하는 장소로 규정에 따른 허가를 받은 장소
취급소	지정수량 이상의 위험물을 제조 외의 목적으로 취급하기 위한 대통령령이 정하는 장소
제조소등	제조소·저장소·취급소를 말함

02 안전거리 ★

구분	거리
사용전압 7000 [V] 초과 35000 [V] 이하 특고압 가공전선	3 [m] 이상
사용전압 35000 [V] 초과의 특고압 가공전선	5 [m] 이상
주거용으로 사용	10 [m] 이상
고압가스·액화석유가스·도시가스를 저장 취급하는 시설	20 [m] 이상
• 학교·병원·영화상영관 등 수용인원 300명 이상 • 복지시설·어린이집·수용인원 20명 이상	30 [m] 이상
유형문화유산·지정문화유산	50 [m] 이상

03 위험물제조소

1 건축물 구조 ★

1) 지하층이 없도록 함
2) 벽·기둥·바닥·보·서까래 및 계단을 불연재료로 함
3) 연소의 우려가 있는 외벽은 출입구 이외의 개구부가 없는 내화구조의 벽으로 함
   연소의 우려가 있는 외벽은 제조소가 설치된 부지의 경계선에서 3 [m] 이내에 있는 외벽(단층 건물일 경우)
4) 연소의 우려가 있는 외벽에 설치하는 출입구에는 수시로 열 수 있는 자동폐쇄식의 60분+방화문 또는 60분방화문 방화문 설치
5) 액체위험물 취급하는 건축물의 바닥은 위험물이 스며들지 못하는 재료를 사용하고 적당한 경사를 두어 그 최저부에 집유설비를 함

2 환기설비

1) 급기구는 당해 급기구가 설치된 실의 바닥 면적 150 [m²]마다 1개 이상으로 함
2) 급기구는 낮은 곳에 설치하고 가는 눈의 구리망 등으로 인화방지망 설치
3) 환기구는 지붕 위 또는 지상 2 [m] 이상 높이에 회전식 고정벤틸레이터 또는 루프팬방식으로 설치

바닥 면적	급기구 면적
60 [m²] 미만	150 [cm²] 이상
60 ~ 90 [m²]	300 [cm²] 이상
90 ~ 120 [m²]	450 [cm²] 이상
120 ~ 150 [m²]	600 [cm²]

3 배출설비

1) 배출설비는 예외적인 경우를 제외하고는 국소방식으로 하여야 함
2) 배출설비는 강제 배출방식으로 함소방식
3) 급기구는 높은 장소에 설치하고 인화방지망을 설치
4) 배출구는 지상 2 [m] 이상 높이에 연소의 우려가 없는 곳에 설치
5) 국소방식 배출 능력은 1시간당 배출장소 용적의 20배 이상인 것으로 함

4 압력계 및 안전장치

위험물의 압력이 상승할 우려가 있는 설비에는 압력계 및 안전장치 설치

1) 자동적으로 압력의 상승을 정지시키는 장치
2) 감압 측에 안전밸브를 부착한 감압밸브
3) 안전밸브를 병용하는 경보장치
4) 파괴판 : 안전밸브의 작동이 곤란한 가압설비에 설치

5 피뢰설비 ★

지정수량의 10배 이상의 위험물을 취급하는 제조소에 설치(제6류 위험물 취급하는 경우 제외)

6 방유제

1) 탱크 1기 = 탱크 용량 × 0.5
2) 탱크 2기 이상 = (최대 탱크 용량 × 0.5) + (나머지 탱크 용량의 합 × 0.1)

7 보유공지

취급하는 위험물의 최대수량	공지 너비
지정수량 10배 이하	3 [m] 이상
지정수량 10배 초과	5 [m] 이상

04 알킬알루미늄 · 아세트알데하이드등 취급 특례

1 탱크 주위

폭발방지장치 · 냉각장치 · 보냉장치

2 옥외저장탱크설비

1) 은·수은·동·마그네슘 등 성분의 합금 사용 금지
2) 탱크 내부에 불활성 기체 봉입
3) 냉각장치
4) 보냉장치

15 예상문제

01 지정수량의 10배 이상의 위험물을 취급하는 제조소에는 피뢰침을 설치하여야 하지만 제 몇 류 위험물을 취급하는 경우는 이를 제외할 수 있는가?

① 제2류 위험물 ② 제1류 위험물
③ 제6류 위험물 ④ 제3류 위험물

해설

[피뢰침설비]
- 지정수량의 10배 이상 취급 시 설치
- 제6류 위험물 제외

02 위험물안전관리법에서 사용하는 용어의 정의 중 아닌 것은?

① "지정수량"은 위험물의 종류별로 위험성을 고려하여 대통령령이 정하는 수량이다.
② "제조소등"이라 함은 제조소, 저장소 및 이동탱크를 말한다.
③ "저장소"라 함은 지정수량 이상의 위험물을 저장하기 위한 대통령령이 정하는 장소로서 규정에 따라 허가를 받은 장소를 말한다.
④ "제조소"라 함은 위험물을 제조할 목적으로 지정수량 이상의 위험물을 취급하기 위하여 규정에 따라 허가를 받은 장소이다.

해설

[제조소등의 정의]
제조소 · 저장소 · 취급소를 말함

03 제조소의 옥외에 모두 3기의 휘발유 취급탱크를 설치하고 그 주위에 방유제를 설치하고자 한다. 방유제 안에 설치하는 각 취급탱크의 용량이 5만 [L], 3만 [L], 2만 [L]일 때 필요한 방유제의 용량은 몇 [L] 이상인가?

① 66000
② 30000
③ 33000
④ 60000

해설

[방유제 용량]
방유제 용량
= (최대 탱크 용량 × 0.5)
  + (나머지 탱크 용량 × 0.1)
= {50000 × 0.5} + {(30000 + 20000) × 0.1}
= 30000 [L]

정답 ● 01 ③ 02 ② 03 ②

04 위험물제조소에 설치하는 안전장치 중 위험물의 성질에 따라 안전밸브의 작동이 곤란한 가압설비에 한하여 설치하는 것으로 옳은 것은?

① 안전밸브를 병용하는 경보장치
② 파괴판
③ 감압 측에 안전밸브를 부착한 감압밸브
④ 연성계

해설

[파괴판]
위험물의 성질에 따라 안전밸브의 작동이 곤란한 가압설비에 한하여 설치

05 제3류 위험물을 취급하는 제조소는 300명 이상을 수용할 수 있는 극장으로부터 몇 [m] 이상의 안전거리를 유지하여야 하는가?

① 30
② 10
③ 100
④ 75

해설

[제조소 안전거리]
학교, 병원 등 사람 많이 모이는 시설 : 30 [m] 이상 안전거리 유지

정답 04 ② 05 ①

Chapter 16 위험물저장소

핵심포인트 옥내저장소, 옥외저장소, 옥외탱크저장소, 지하탱크저장소, 간이탱크저장소, 혼재기준

학습목표
1. 각 저장소의 종류에 따른 특징을 구분할 수 있다.
2. 위험물 혼재기준을 정확히 알고 구분할 수 있다.

01 옥내저장소

1 저장창고 구조 ★

1) 벽·기둥·바닥 : 내화구조, 외벽을 철근콘크리트조로 할 경우 두께를 20 [cm] 이상으로 할 것
2) 보·서까래 : 불연재료, 서까래 간격은 30 [cm] 이하로 할 것
3) 출입구에 60분+방화문 또는 60분방화문을 설치할 것
4) 출입구 창
   (1) 창은 바닥면으로부터 2 [m] 이상 높이에 설치
   (2) 하나의 벽면에 두는 창의 면적의 합계를 해당 벽면의 면적의 80분의 1 이내가 되게 함
   (3) 하나의 창의 면적을 0.4 [m^2] 이내로 함
5) 연소의 우려가 있는 외벽 : 수시로 열 수 있는 자동폐쇄식 60분+방화문 또는 60분방화문
6) 지붕 : 가벼운 불연재료
7) 바닥 : 지면보다 높게
8) 바닥(물이 스며들지 않는 구조)
   (1) 제1류 알칼리금속 과산화물
   (2) 제2류 중 Fe·Mg·금속분
   (3) 제3류 중 금수성 물질
   (4) 제4류 위험물

   TIP 제5류 위험물은 물기 습윤 시 안정해지는 특징이 있으므로 물이 스며드는 구조로 하여도 됨

9) 배출설비를 설치하는 옥내저장소기준 : 인화점 70 [℃] 미만인 위험물의 옥내저장소
10) 바닥면적(2 이상의 구획된 실이 있는 경우에는 각 실의 바닥면적의 합계)

구분	바닥면적	저장하는 위험물
(가)	1000 [m²] 이하	• 제1류 위험물 중 지정수량이 50 [kg]인 위험물 • 제3류 위험물 중 지정수량이 10 [kg]인 위험물 및 황린 • 제4류 위험물 중 특수인화물, 제1석유류 및 알코올류 • 제5류 위험물 중 지정수량이 10 [kg]인 위험물 • 제6류 위험물
(나)	2000 [m²] 이하	(가)목의 위험물 외의 위험물을 저장하는 창고
(다)	1500 [m²] 이하	(가)목의 위험물과 (나)목의 위험물을 내화구조의 격벽으로 완전히 구획된 실에 각각 저장하는 창고((가)목의 위험물을 저장하는 실의 면적은 500 [m²]를 초과할 수 없다)

2 위험물안전관리법령 내용

1) 제5류 위험물 중 지정과산화물을 저장하는 옥내저장소의 경우 바닥 면적 150 [m²] 이내마다 격벽으로 구획

> 보충 지정과산화물이란 제5류 위험물 중 유기과산화물 또는 이를 함유하는 것을 말함

2) 복합용도의 건축물에 설치하는 옥내저장소는 해당 용도로 사용하는 부분의 바닥 면적을 75 [m²] 이하로 함

3) 아세톤을 처마 높이 6 [m] 미만인 단층건물에 저장하는 경우 저장창고의 바닥 면적은 1000 [m²] 이하로 함

4) 기계에 의해 하역하는 구조로 된 용기만 쌓는 경우 6 [m]를 초과하지 않음

5) 다음에 해당하는 옥내저장소는 안전거리를 두지 않아도 됨
   ⑴ 제4석유류 또는 동식물유류의 위험물을 저장 또는 취급하는 옥내저장소로서 그 최대수량이 지정수량의 20배 미만인 것
   ⑵ 제6류 위험물을 저장 또는 취급하는 옥내저장소

(3) 지정수량의 20배(하나의 저장창고의 바닥면적이 150 [m²] 이하인 경우에는 50배) 이하의 위험물을 저장 또는 취급하는 옥내저장소로서 다음의 기준에 적합한 것
  ① 저장창고의 벽·기둥·바닥·보 및 지붕이 내화구조인 것
  ② 저장창고의 출입구에 수시로 열 수 있는 자동폐쇄방식의 60분+방화문 또는 60분방화문이 설치되어 있을 것
  ③ 저장창고에 창을 설치하지 아니할 것
6) 지정수량의 10배 이상의 저장창고(제6류 위험물 저장창고 제외)에는 피뢰침을 설치하여야 함(상황에 따라 안전상 지장이 없는 경우에는 설치하지 않아도 됨)

3 보유공지 ★

저장 또는 취급하는 위험물 최대 지정수량의 배수	공지의 너비	
	벽, 기둥, 바닥이 내화구조일 때	그 밖의 건축물
5배 이하	-	0.5 [m] 이상
5배 초과 10배 이하	1 [m] 이상	1.5 [m] 이상
10배 초과 20배 이하	2 [m] 이상	3 [m] 이상
20배 초과 50배 이하	3 [m] 이상	5 [m] 이상
50배 초과 200배 이하	5 [m] 이상	10 [m] 이상
200배 초과	10 [m] 이상	15 [m] 이상

4 소규모 옥내저장소의 특례

1) 특례 적용 대상 : 지정수량의 50배 이하 저장, 처마높이 6 [m] 미만
2) 하나의 저장창고 바닥면적 : 150 [m²] 이하
3) 소규모 옥내저장소의 보유공지(특례)

저장 또는 취급하는 위험물의 최대 지정수량의 배수	공지의 너비
5배 이하	-
5배 초과 20배 이하	1 [m] 이상
20배 초과 50배 이하	2 [m] 이상

02 옥외저장소

1 덩어리 황 저장 또는 취급하는 것 **

1) 하나의 경계 표시의 내부 면적은 100 [m²] 이하
2) 2 이상의 경계 표시를 설치한 경우에 있어서 각각의 경계 표시 내부의 면적을 합산한 면적은 1000 [m²] 이하
3) 경계 표시는 불연재료로 만드는 동시에 황이 새지 않는 구조로 할 것
4) 경계 표시의 높이는 1.5 [m] 이하로 할 것

2 저장할 수 있는 위험물

1) 제2류 위험물 중 황 또는 인화성 고체(인화점 0 [℃] 이상인 것)
2) 제4류 위험물 중 특수인화물 제외한 것(인화점 0 [℃] 이상인 것)
3) 제6류 위험물
4) 제2류 위험물 및 제4류 위험물 중 특별시·광역시 또는 도의 조례에서 정한 위험물
5) 국제해상위험물 규칙에 적합한 용기에 수납된 위험물

3 보유공지 *

1) 경계표시 주위에 저장 또는 취급하는 위험물의 최대수량에 따라 표에 의한 너비의 공지 보유
2) 다만 제4류 위험물 중 제4석유류와 제6류 위험물을 저장 또는 취급하는 옥외저장소의 보유공지는 표에 의한 공지 너비의 3분의 1 이상의 너비로 할 수 있음

저장 또는 취급하는 위험물의 최대 지정수량의 배수	공지의 너비
10배 이하	3 [m] 이상
10배 초과 20배 이하	5 [m] 이상
20배 초과 50배 이하	9 [m] 이상
50배 초과 200배 이하	12 [m] 이상
200배 초과	15 [m] 이상

03 옥내탱크저장소

1 위치·구조 및 설비 기술기준

1) 단층건물에 설치된 탱크전용실에 설치
2) 옥내저장탱크와 탱크전용실의 벽과의 사이 및 옥내저장탱크 상호 간격은 0.5 [m] 이상 간격 유지
3) 경계표시는 불연재료로 만드는 동시에 황이 새지 않는 구조로 할 것
4) 옥내저장탱크의 용량은 1층 이하의 층에 있어서는 지정수량의 40배(제4석유류 및 동식물유류 외의 것으로서 당해 수량이 20000 [L]를 초과하는 경우에는 20000 [L]) 이하, 2층 이상의 층에 있어서는 1000 [L] 이하로 하여야 함
5) 옥내저장탱크의 상호 0.5 [m] 이상 간격 유지

2 탱크전용실 1층 또는 지하층에만 설치하는 위험물

1) 제2류 위험물 중 덩어리 황
2) 제3류 위험물 중 황린
3) 제6류 위험물 중 질산

3 옥내저장소 중 탱크전용실을 단층건물 외의 건축물에 설치하는 것

1) 제2류 위험물 중 황화인·적린 및 덩어리 황
2) 제3류 위험물 중 황린
3) 제4류 위험물 중 인화점이 38 [℃] 이상인 위험물
4) 제6류 위험물 중 질산

04 옥외탱크저장소

1 보유공지 ★

저장 또는 취급하는 위험물의 최대 지정수량의 배수	공지의 너비
500배 이하	3 [m] 이상
500배 초과 1000배 이하	5 [m] 이상
1000배 초과 2000배 이하	9 [m] 이상
2000배 초과 3000배 이하	12 [m] 이상
3000배 초과 4000배 이하	15 [m] 이상
4000배 초과	탱크 지름과 높이 중 큰 것 이상 • 소 15 [m] 이상 • 대 30 [m] 이하

보충 단, 제6류 위험물의 경우 보유공지는 위 표에 의해 산출된 너비의 3분의 1 이상의 너비로 할 수 있음. 이 경우 너비는 최소 1.5 [m] 이상이 되어야 함

2 외부구조 및 설비

1) 밸브없는 통기관

   (1) 직경 : 30 [mm] 이상

   (2) 선단은 수평면보다 45° 이상 구부려 빗물 등의 침투를 막는 구조

   (3) 가는 눈의 구리망 등으로 인화방지망을 설치할 것

   (4) 통기관밸브는 저장탱크에 위험물을 주입하는 경우를 제외하고 항상 개방되어 있는 구조로 하는 한편, 폐쇄하였을 경우에는 10 [kPa] 이하의 압력에서 개방되는 구조로 함

2) 대기밸브통기관

   (1) 5 [kPa] 이하의 압력 차이로 작동할 수 있을 것

   (2) 가는 눈의 구리망 등으로 인화방지망을 설치할 것

3) 펌프설비기준

   (1) 펌프설비 주위에는 3 [m] 이상의 공지를 보유

   (2) 펌프설비 그 직하의 지반면 주위에 높이 0.15 [m] 이상의 턱을 만듦

   (3) 펌프설비 그 직하의 지반면의 최저부에는 집유설비를 만듦

3 위험물안전관리법령 내용

1) 위험물옥외탱크저장소 방화에 관하여 필요한 사항을 게시판에 기재하는 내용
   (1) 위험물의 지정수량의 배수
   (2) 위험물의 저장 최대 수량
   (3) 위험물의 품명
   (4) 안전관리자 성명

4 방유제

1) 용량
   (1) 탱크 1기 : 탱크 용량의 110 [%] 이상
   (2) 탱크 2기 이상 : 최대인 것 용량의 110 [%] 이상
   (3) 인화성 없는 액체 : 100 [%]로 함
2) 높이 : 0.5 [m] 이상 3 [m] 이하
3) 두께 : 0.2 [m] 이상
4) 면적 : 8만 [m^2] 이하
5) 방유제 내에 설치하는 옥외저장탱크 수 : 10
6) 방유제는 옥외저장탱크 지름에 따라 그 탱크의 옆판으로부터 거리를 유지
   (1) 지름 15 [m] 미만인 경우 : 탱크 높이의 3분의 1 이상
   (2) 지름 15 [m] 이상인 경우 : 탱크 높이의 2분의 1 이상

05 지하탱크저장소

1 외부구조 및 설비

1) 탱크전용실 벽의 두께는 0.3 [m] 이상

2) 지하저장탱크의 윗부분은 지면으로부터 0.6 [m] 이상 아래

3) 지하저장탱크와 탱크전용실 안쪽과의 간격은 0.1 [m] 이상의 간격을 유지

4) 지하저장탱크에는 두께 0.3 [m] 이상의 철근콘크리트조로 된 뚜껑을 설치

5) 지하저장탱크를 2개 이상 인접하게 설치하면 상호 간의 간격은 1 [m] 이상으로 함

6) 지하저장탱크에서 인접한 2개의 지하저장탱크 용량의 합계가 지정수량이 100배일 경우 탱크 상호 간의 최소거리는 0.5 [m]

7) 탱크전용실은 지하의 가장 가까운 벽·피트·가스관 등의 시설물 및 대지경계선으로부터 0.1 [m] 이상 떨어진 곳에 설치

8) 당해 탱크 주위에 마른모래 또는 습기 등에 의해 응고되지 않는 입자지름 5 [mm] 이하의 마른 자갈분을 채워야 함

> TIP 지하저장탱크의 압력탱크 외의 탱크는 70 [kPa]의 압력, 압력탱크는 최대상용압력의 1.5배의 압력으로 각각 10분간 수압시험을 실시함. 이 경우 수압시험은 기밀시험과 비파괴시험을 동시에 실시하는 방법으로 대신할 수 있음

06 간이저장탱크

1 위치·구조 및 설비

1) 간이저장탱크의 용량 : 600 [L] 이하

2) 간이저장탱크 두께 : 3.2 [mm] 이상의 강판으로 흠이 없도록 제작, 70 [kPa] 압력으로 10분간의 수압시험을 실시하여 새거나 변형되지 않도록 함

3) 1개의 간이탱크저장소에 설치하는 간이저장탱크는 3개 이하로 하여야 함

4) 간이저장탱크 외면 : 녹을 방지하기 위해 도장하여야 함. 다만 탱크 재질이 부식의 우려가 없는 스테인리스 강판 등인 경우에는 그러지 아니함

07 위험물 혼재기준

1 1 [m] 이상 간격을 둔 경우 혼재 가능

1) 제1류 위험물(알칼리금속의 과산화물은 제외)과 제5류 위험물
2) 제1류 위험물과 제6류 위험물
3) 제1류 위험물과 자연발화성 물질(황린)
4) 제2류 위험물 중 인화성 고체와 제4류 위험물
5) 제3류 위험물 중 알킬알루미늄등과 제4류 위험물(알킬알루미늄 또는 알킬리튬을 함유한 것)
6) 제4류 위험물 중 유기과산화물과 제5류 위험물 중 유기과산화물

16 예상문제

01 지정과산화물 옥내저장소의 저장창고 출입구 및 창의 설치기준으로 아닌 것은?

① 창은 바닥면으로부터 2 [m] 이상의 높이에 설치한다.
② 하나의 벽면에 두는 창의 면적의 합계를 해당 벽면의 면적의 80분의 1이 초과되도록 한다.
③ 하나의 창의 면적을 0.4 [m²] 이내로 한다.
④ 출입구에는 60분+방화문 또는 60분 방화문을 설치한다.

해설
[옥내저장소 창의 설치기준]
하나의 벽면에 두는 창의 면적의 합계를 해당 벽면의 면적의 80분의 1 이내가 되게 함

02 옥외저장소에 덩어리 상태의 황만을 지반면에 설치한 경계 표시의 안쪽에서 저장할 경우 하나의 경계 표시의 내부면적은 몇 [m²] 이하이어야 맞는가?

① 100
② 200
③ 300
④ 400

해설
[옥외저장소 황저장]
- 내부면적 : 100 [m²] 이하
- 높이 : 1000 [m²] 이하
- 재질 : 불연재료

03 위험물 옥외저장소에서 지정수량 200배 초과의 위험물을 저장할 경우 보유공지의 너비는 몇 [m] 이상으로 하여야 하는가? (단, 제4류 위험물과 제6류 위험물이 아닌 경우)

① 5
② 9
③ 12
④ 15

해설
[옥외저장소 보유공지 너비]

저장 또는 취급하는 위험물의 최대 지정수량의 배수	공지의 너비
10배 이하	3 [m] 이상
10배 초과 20배 이하	5 [m] 이상
20배 초과 50배 이하	9 [m] 이상
50배 초과 200배 이하	12 [m] 이상
200배 초과	15 [m] 이상

정답 ● 01 ② 02 ① 03 ④

04 지정수량 20배 이상의 제1류 위험물을 저장하는 옥내저장소에서 내화구조로 하지 않아도 되는 것은? (단, 원칙적인 경우에 한한다)

① 바닥
② 보
③ 기둥
④ 벽

해설

[옥내저장소 내화구조의 종류]
- 벽·기둥 : 내화구조
- 보·서까래 : 불연재료

05 지하탱크저장소에 대한 설명으로 옳지 않은 것은?

① 탱크전용실 벽의 두께는 0.3 [m] 이상이어야 한다.
② 지하저장탱크의 윗부분은 지면으로부터 0.6 [m] 이상 아래에 있어야 한다.
③ 지하저장탱크와 탱크전용실 안쪽과의 간격은 0.1 [m] 이상의 간격을 유지한다.
④ 지하저장탱크에는 두께 0.1 [m] 이상의 철근콘크리트조로 된 뚜껑을 설치한다.

해설

[지하탱크저장소 특징]
두께 0.3 [m] 이상의 철근콘크리트조로 된 뚜껑을 설치

06 옥외저장소에서 저장 또는 취급할 수 있는 위험물이 아닌 것은? (단, 국제해상위험물규칙에 적합한 용기에 수납된 위험물의 경우는 제외한다)

① 제2류 위험물 중 황
② 제1류 위험물 중 과염소산염류
③ 제6류 위험물
④ 제2류 위험물 중 인화점이 10 [℃]인 인화성 고체

해설

[옥외저장소에 저장할 수 있는 물질]
- 제2류 위험물 중 황 또는 인화성 고체(인화점 0 [℃] 이상인 것)
- 제4류 위험물 중 특수인화물 제외한 것(인화점 0 [℃] 이상인 것)
- 제6류 위험물
- 제2류 위험물 및 제4류 위험물 중 특별시·광역시 또는 도의 조례에서 정한 위험물

07 위험물안전관리법령상 옥내저장소에서 기계에 의하여 하역하는 구조로 된 용기만을 겹쳐 쌓아 위험물을 저장하는 경우 그 높이는 몇 미터를 초과하지 않아야 하는가?

① 2   ② 4
③ 6   ④ 8

해설

[옥내저장소의 위험물 저장 규정]
6 [m]를 초과하지 않아야 함

정답 ● 04 ② 05 ④ 06 ② 07 ③

08 위험물안전관리법령상 옥내저장소의 저장창고 바닥은 물이 새거나 스며들지 아니하는 구조로 하여야 한다. 다음 중 반드시 이 구조로 하지 않아도 되는 위험물은?

① 제1류 위험물 중 알칼리금속의 과산화물
② 제4류 위험물
③ 제5류 위험물
④ 제2류 위험물 중 철분

해설

[옥내저장소 바닥 구조기준]
제5류 위험물은 물기 습윤 시 안정해지는 특징이 있으므로 물이 스며드는 구조로 하여도 됨

Chapter 17 위험물취급소

핵심포인트 주유취급소, 판매취급소, 이송취급소

학습목표 1. 각 취급소의 취급기준을 알고 구분할 수 있다.

01 주유 · 판매취급소

1 주유취급소

1) 설치 · 운영시설
    (1) 주유취급소를 출입하는 사람을 대상으로 하는 그림 전시장
    (2) 주유원 주거시설
    (3) 주유취급소를 출입하는 사람을 대상으로 하는 휴게음식점

2) 위험물 취급기준
    (1) 자동차에 주유할 때에는 고정주유설비를 이용하여 직접 주유
    (2) 자동차에 인화점 40 [℃] 미만의 위험물을 주유할 때에는 자동차의 원동기를 반드시 정지시킬 것
    (3) 고정주유설비에는 당해 주유설비에 접속한 전용탱크 또는 간이탱크의 배관 외의 것을 통하여서는 위험물을 공급하지 아니할 것
    (4) 고정주유설비에 접속하는 탱크에 접속된 고정주유설비의 사용을 중지할 것
    (5) 주유설비의 중심선을 기점으로 도로경계선까지 4 [m] 이상의 거리를 유지

3) 주유취급소에 유리를 부착할 수 있는 기준 : 2 [m] 이내

4) 고정주유설비에서 펌프기기의 주유관 선단의 최대 토출량
    (1) 제1석유류 : 분당 50 [L] 이하
    (2) 등유 : 분당 80 [L] 이하
    (3) 경유 : 분당 180 [L] 이하

2 판매취급소

1) 정의 : 점포에서 위험물을 용기에 담아 판매하기 위하여 지정수량의 40배 이하의 위험물을 취급하는 장소를 뜻함

2) 판매취급소 설치기준

   (1) 위험물을 배합하는 실의 바닥 면적은 6 [m^2] 이상 15 [m^2] 이하이어야 함

   (2) 제1종 판매취급소는 건축물의 1층에 설치

   (3) 일반적으로 페인트점·화공약품점이 이에 해당

   (4) 취급하는 위험물의 종류에 따라 제1종 지정수량 20배 이하와 제2종 지정수량 40배 이하로 구분

   (5) 제조소와 달리 안전거리 또는 보유공지에 관한 규제를 받지 않음

   (6) 위험물을 저장하는 탱크시설을 갖추지 않아도 됨

   (7) 배합실의 문턱 높이는 0.1 [m] 이상으로 해야 함

3 제1종 판매취급소

1) 정의 : 저장·취급하는 위험물의 수량이 지정수량의 20배 이하인 판매취급소

2) 설치 가능한 위험물 배합실기준

   (1) 바닥 면적은 6 [m^2] 이상 15 [m^2] 이하일 것

   (2) 내화구조 또는 불연재료로 된 벽으로 구획할 것

   (3) 출입구는 수시로 열 수 있는 자동폐쇄식의 60분+방화문 또는 60분방화문으로 설치할 것

   (4) 출입구 문턱의 높이는 바닥면으로부터 0.1 [m] 이상일 것

   (5) 건축물의 1층에 설치

4 제2종 판매취급소

1) 저장·취급하는 위험물의 수량이 지정수량의 40배 이하인 판매취급소
2) 설치 가능한 위험물 배합실기준
   (1) 벽·기둥, 바닥·보를 내화구조로 하고, 천장을 불연재료로 하며, 판매취급소와 다른 부분과의 격벽은 내화구조로 할 것
   (2) 상층의 바닥을 내화구조 또는 지붕을 내화구조로 할 것
   (3) 연소의 우려가 없는 곳에 창을 두고, 창에는 60분+방화문 또는 60분방화문·30분방화문을 설치할 것
   (4) 출입구에는 60분+방화문 또는 60분방화문 또는 30분방화문을 설치할 것
      다만 당해 부분 중 연소의 우려가 있는 벽 또는 창의 부분에 설치하는 출입구에는 수시로 열 수 있는 자동폐쇄식의 60분+방화문 또는 60분방화문을 설치할 것

02 이송취급소

1 배관의 안전거리

1) 건축물(지하가 내의 건축물 제외) : 1.5 [m] 이상
2) 지하가 및 터널 : 10 [m] 이상
3) 위험물의 유입 우려가 있는 수도시설 : 300 [m] 이상
4) 다른 공작물 : 0.3 [m] 이상
5) 배관의 외면과 지표면과의 거리
   (1) 산이나 들 : 0.9 [m] 이상
   (2) 그 밖의 지역 : 1.2 [m] 이상
6) 도로의 경계(도로 밑 매설 시) : 1 [m] 이상
7) 시가지 도로의 노면 아래에 매설
   (1) 배관의 외면과 노면과의 거리 : 1.5 [m] 이상
   (2) 보호관 또는 방호구조물의 외면과 노면과의 거리 : 1.2 [m] 이상
8) 시가지 외의 도로의 노면 아래 매설하는 경우 : 1.2 [m] 이상

9) 포장된 차도 매설 : 0.5 [m] 이상
10) 하천 또는 수로 매설
   ⑴ 하천 횡단 : 4.0 [m]
   ⑵ 수로 횡단 : 하수도 또는 운하 2.5 [m] / 그 외 : 1.2 [m]

2 밸브

1) 원칙적으로 이송기지 또는 전용부지 내에 설치할 것
2) 개폐 상태를 설치장소에서 쉽게 확인할 수 있도록 할 것
3) 지하에 설치하는 경우에는 점검상자 안에 설치할 것
4) 당해 밸브의 관리에 관계하는 자가 아니면 수동으로 개폐할 수 없도록 할 것

3 경보설비 설치

1) 이송기지 : 비상벨장치·확성장치 설치
2) 가연성 증기가 발생하는 위험물의 펌프실 : 가연성 증기 경보설비

17 예상문제

01 위험물 판매취급소에 관한 설명 중 틀린 것은?

① 위험물을 배합하는 실의 바닥 면적은 6 [m²] 이상 15 [m²] 이하이어야 한다.
② 제1종 판매취급소는 건축물의 1층에 설치하여야 한다.
③ 일반적으로 페인트점, 화공약품점이 이에 해당된다.
④ 취급하는 위험물의 종류에 따라 제1종과 제2종으로 구분된다.

해설
[위험물 판매취급소]
취급하는 위험물의 종류에 따라 제1종 지정수량 20배 이하와 제2종 지정수량 40배 이하로 구분

02 제1종 판매취급소에 설치하는 위험물 배합실의 기준으로 틀린 것은?

① 바닥면적은 6 [m²] 이상 15 [m²] 이하일 것
② 내화구조 또는 불연재료로 된 벽으로 구획할 것
③ 출입구는 수시로 열 수 있는 자동폐쇄식의 60분+방화문 또는 60분방화문으로 설치할 것
④ 출입구 문턱의 높이는 바닥면으로부터 0.2 [m] 이상일 것

해설
[제1종 판매취급소 배합실기준]
출입구 문턱의 높이는 바닥면으로부터 0.1 [m] 이상

03 주유취급소의 고정주유설비에서 펌프기기의 주유관 선단에서 최대 토출량으로 틀린 것은?

① 휘발유는 분당 50리터 이하
② 경유는 분당 180리터 이하
③ 등유는 분당 80리터 이하
④ 제1석유류(휘발유 제외)는 분당 100리터 이하

해설
[주유관 선단의 토출량]
제1석유류(휘발유 제외)는 분당 50 [L] 이하

정답 01 ④ 02 ④ 03 ④

04 위험물안전관리법령상 판매취급소에 관한 설명으로 옳지 않은 것은?

① 건축물의 1층에 설치하여야 한다.
② 위험물을 저장하는 탱크시설을 갖추어야 한다.
③ 건축물의 다른 부분과는 내화구조의 격벽으로 구획하여야 한다.
④ 제조소와 달리 안전거리 또는 보유공지에 관한 규제를 받지 않는다.

해설

[위험물 판매취급소기준]
탱크시설을 갖추지 않아도 됨

05 이송취급소의 배관이 하천을 횡단하는 경우 하천 밑에 매설하는 배관의 외면과 계획하상(계획하상이 최심하상보다 높은 경우에는 최심하상)과의 거리는?

① 1.2 [m] 이상
② 2.5 [m] 이상
③ 3.0 [m] 이상
④ 4.0 [m] 이상

해설

[이송취급소 배관 거리]
하천 밑에 매설하는 배관의 외면과 계획하상과의 거리는 <u>4 [m]</u> 이상

06 이송취급소의 교체밸브, 제어밸브 등의 설치기준으로 틀린 것은?

① 밸브는 원칙적으로 이송기지 또는 전용부지 내에 설치할 것
② 밸브는 그 개폐 상태를 설치장소에서 쉽게 확인할 수 있도록 할 것
③ 밸브를 지하에 설치하는 경우에는 점검상자 안에 설치할 것
④ 밸브는 해당 밸브의 관리에 관계하는 자가 아니면 수동으로만 개폐할 수 있도록 할 것

해설

[밸브 설치기준]
밸브는 해당 밸브의 관리에 관계하는 자가 아니면 수동으로만 <u>개폐할 수 없음</u>

정답 04 ② 05 ④ 06 ④

Chapter 18 위험물 저장 및 취급

핵심포인트 알킬알루미늄등, 아세트알데하이드등, 주유취급소, 휘발유

학습목표 1. 각 취급기준을 정확히 암기할 수 있다.

01 알킬알루미늄등·아세트알데하이드등 저장 및 취급

1 알킬알루미늄등을 저장 또는 취급하는 이동탱크저장소 비치 물품

1) 긴급 시의 연락처
2) 응급조치에 관한 필요 사항을 기재하는 서류
3) 방호복
4) 고무장갑
5) 밸브 등을 죄는 결합공구
6) 휴대용 확성기

TIP 이동탱크에 알킬알루미늄등을 저장하는 경우에는 20 [kPa] 이하의 압력으로 불활성의 기체를 봉입

2 알킬알루미늄 공간용적 ★

1) 알킬알루미늄등은 운반용기 내용적의 90 [%] 이하의 수납률로 수납
2) 50 [℃]의 온도에서 5 [%] 이상의 공간용적을 유지

3 아세트알데하이드등 저장기준

1) 보냉장치가 있는 경우 : 이동저장탱크에 저장하는 아세트알데하이드등의 온도는 당해 위험물의 비점 이하로 유지할 것
2) 보냉장치가 없는 경우 : 이동저장탱크에 저장하는 아세트알데하이드등의 온도는 40 [℃] 이하로 유지할 것

02 주유취급소에서 위험물기준

1) 자동차에 주유할 때에는 고정주유설비를 이용하여 직접 주유할 것
2) 자동차에 인화점 40 [℃] 미만의 위험물을 주유할 때에는 자동차의 원동기를 반드시 정지시킬 것
3) 고정주유설비에는 당해 주유설비에 접속한 전용탱크 또는 간이탱크의 배관 외의 것을 통하여서는 위험물을 공급하지 아니할 것
4) 고정주유설비에 접속하는 탱크에 접속된 고정주유설비의 사용을 중지할 것

03 휘발유 저장 시 이동저장탱크 유속

휘발유를 저장하던 이동저장탱크에 등유나 경유를 탱크 상부로부터 주입할 때 액 표면이 일정 높이가 될 때까지 위험물의 주입관 내 유속을 1 [m/s] 이하로 할 것

18 예상문제

01 휘발유를 저장하던 이동저장탱크에 등유나 경유를 탱크 상부로부터 주입할 때 액표면이 일정 높이가 될 때까지 위험물의 주입관 내 유속을 몇 [m/s] 이하로 하여야 하는가?

① 1　　② 2
③ 3　　④ 5

해설
[휘발유 저장 시 이동탱크 유속]
위험물의 주입관 내 유속을 <u>1 [m/s]</u> 이하로 하여야 함

02 주유취급소에서 자동차 등에 위험물을 주유할 때에 자동차 등의 원동기를 정지시켜야 하는 위험물의 인화점기준은? (단, 연료탱크에 위험물을 주유하는 동안 방출되는 가연성 증기를 회수하는 설비가 부착되지 않은 고정주유설비에 의하여 주유하는 경우이다)

① 20 [℃] 미만
② 30 [℃] 미만
③ 40 [℃] 미만
④ 50 [℃] 미만

해설
[주유 시 원동기 정지하는 인화점기준]
40 [℃] 미만

03 다음 (　) 안에 적합한 숫자를 차례대로 나열한 것은?

> 자연발화성 물질 중 알킬알루미늄등은 운반용기 내용적의 (　) [%] 이하의 수납률로 수납하되, 50 [℃]의 온도에서 (　) [%] 이상의 공간용적을 유지하도록 할 것

① 90, 5
② 90, 10
③ 95, 5
④ 95, 10

해설
[알킬알루미늄등 공간용적]
• 운반용기 내 용적의 <u>90 [%]</u> 이하로 수납
• 50 [℃]에서 <u>5 [%]</u> 이상의 공간용적 유지

정답　01 ①　02 ③　03 ①

Chapter 19 위험물안전관리법(1)

 안전교육, 설치 및 변경, 정기점검, 탱크 용적, 이동탱크저장소, 옥외탱크저장소, 자체소방대

 1. 탱크의 용적을 조건에 알맞게 계산할 수 있다.
2. 자체소방대기준에 알맞게 화학소방자동차 및 인원을 책정할 수 있다.

01 안전교육

1 위험물안전관리법령에 의한 안전교육

1) 탱크시험자의 업무에 대한 강습교육과 안전교육을 받으면 탱크시험자의 기술인력이 될 수 있음
2) 안전관리자·탱크시험자의 기술인력 및 위험물 운송자는 안전교육을 받을 의무가 없음
3) 소방서장은 교육대상자가 교육을 받지 아니한 때에는 그 자격을 정지하거나 취소할 수 있음
4) 제조소등 관계인은 교육 대상자에 대하여 필요한 안전교육을 받게 하여야 함
5) 시·도지사·소방본부장 또는 소방서장은 교육대상자가 교육을 받지 아니한 때에는 그 교육대상자가 교육을 받을 때까지 이 법의 규정에 따라 그 자격으로 행하는 행위를 제한할 수 있음

2 안전교육 대상자

1) 안전관리자로 신임된 자
2) 탱크시험자의 기술인력으로 종사하는 자
3) 위험물운송자로 종사하는 자
4) 위험물 운반자

02 위험물 저장 또는 취급기준

1 위험물시설의 설치 및 변경 등

1) 민사집행법에 의한 경매·국세징수법 또는 지방세법에 의한 압류재산의 매각절차에 따라 제조소등의 시설의 전부를 인수한 자는 그 설치자의 지위를 승계함
2) 금치산자 또는 한정치산자·탱크시험자의 등록이 취소된 날로부터 2년이 지나지 아니한 자는 탱크시험자로 등록하거나 탱크시험자의 업무에 종사할 수 없음
3) 농예용·축산용으로 필요한 난방시설·건조시설 위한 지정수량 20배 이하의 저장소는 허가를 받지 않아도 됨
4) 법정의 완공검사를 받지 아니하고 제조소등을 사용한 때 시·도지사는 허가를 취소하거나 6개월 이내의 기간을 정하여 사용 정지를 명할 수 있음
5) 제조소등의 위치·구조 또는 설비의 변경 없이 당해 제조소등에서 저장하거나 취급하는 위험물의 품명·수량 또는 지정수량의 배수를 변경하고자 하는 자는 변경하고자 하는 날의 1일 전까지 행정안전부령이 정하는 바에 따라 시·도지사에게 신고하여야 함
6) 제조소등을 설치하고자 할 때, 제조소등의 위치·구조 또는 설비 가운데 행정안전부령이 정하는 사항을 변경하고자 하는 때는 시·도지사의 허가를 받아야 함

03 예방규정·정기점검

1 예방규정 작성 대상 ★

1) 지정수량의 10배 이상의 위험물을 취급하는 제조소
2) 지정수량의 100배 이상의 위험물을 저장하는 옥외저장소
3) 지정수량의 150배 이상의 위험물을 저장하는 옥내저장소
4) 지정수량의 200배 이상의 위험물을 저장하는 옥외탱크저장소
5) 암반탱크저장소
6) 이송취급소
7) 이동탱크저장소

2 정기점검 횟수 ★

정기점검 : 연 1회 이상

3 정기검사

1) 예방규정을 정하여야 하는 제조소등
2) 지하탱크저장소
3) 이동탱크저장소
4) 위험물을 취급하는 탱크로서 지하에 매설된 탱크가 있는 제조소·주유취급소 또는 일반취급소

04 탱크의 용적

1 탱크용적기준 ★

1) 탱크 용량 = 내용적 − 공간용적
2) 내용적 = 단면적 × $\left(\dfrac{\text{가운데 체적 길이} + \text{양끝 체적 길이의 합}}{3}\right)$

TIP 양끝이 볼록한 저장탱크의 내용적 $V = \pi r^2 \left(l + \dfrac{l_1 + l_2}{3}\right)$

2 탱크용적 ★

위험물 수납 시 탱크에 일정한 빈 공간을 유지하여 폭발 등에 대비하는 것

1) 탱크 내용적의 100분의 5 이상 100분의 10 이하
2) 소화설비 설치탱크 : 소화설비의 소화약제방출구 아래의 0.3 [m] 이상 1 [m] 미만 사이의 면으로부터 윗부분의 용적
3) 암반탱크 : 탱크 내에 용출하는 7일간의 지하수의 양에 상당하는 용적과 탱크의 내용적의 100분의 1의 용적 중에서 큰 용적

3 탱크의 기초·지반 및 탱크 본체의 기술 검토가 면제되는 경우

1) 노즐·맨홀을 포함한 동일한 형태의 지붕 판의 교체

2) 탱크 밑판에 있어서 밑판 표면적의 50 [%] 미만의 육성보수공사

3) 탱크의 옆판 중 최하단 옆판에 있어서 옆판 표면적의 10 [%] 이내 교체

4) 옆판 중심선의 600 [mm] 이내의 밑판에 있어서 밑판의 원주길이 10 [%] 미만에 해당하는 밑판의 교체

05 이동탱크저장소

1 구조기준

1) 압력탱크는 최대상용압력의 1.5배의 압력으로 10분간 수압시험을 하여 새지 말 것

2) 상용압력이 20 [kPa]를 초과하는 탱크의 안전장치는 상용압력의 1.1배 이하의 압력에서 작동할 것

3) 방파판은 두께 1.6 [mm] 이상의 강철판 또는 이와 동등 이상의 강도·내식성 및 내열성을 갖는 재질로 할 것

4) 탱크는 두께 3.2 [mm] 이상의 강철판 또는 이와 동등 이상의 강도·내식성 및 내열성을 갖는 재질로 할 것

5) 칸막이는 4000 [L]마다 3.2 [mm] 이상의 강철판 또는 이와 동등 이상의 강도·내식성 및 내열성이 있는 금속성의 것으로 설치할 것

6) 방호틀은 두께 2.3 [mm] 이상의 강철판 또는 이와 동등 이상의 강도·내식성 및 내열성을 갖는 재질로 할 것

2 탱크외부도장

위험물 유별	1	2	3	5	6
색	회색	적색	청색	황색	청색

암 회적청황청

3 게시판 설치기준

이동탱크의 뒷면 중 보기 쉬운 곳에는 해당 탱크에 저장 또는 취급하는 위험물의 최대 수량·품명·유별 및 적재 중량을 게시한 게시판을 설치

4 기준에 의해 접지도선 설치하는 위험물

1) 특수인화물
2) 제1석유류
3) 제2석유류
   (1) 양도체의 도선에 비닐 등의 절연재료로 피복하여 선단에 접지전극 등을 결착시킬 수 있는 클립 등을 부착할 것
   (2) 도선이 손상되지 않도록 도선을 수납할 수 있는 장치를 부착할 것

5 상치장소

옥외에 있는 상치장소는 화기를 취급하는 장소 또는 인근의 건축물로부터 5 [m] 이상(인근의 건축물이 1층인 경우에는 3 [m] 이상)의 거리를 확보. 단, 하천의 공지나 수면, 내화구조 또는 불연재료의 담 또는 벽 그 밖에 이와 유사한 것에 접하는 경우는 제외

06 옥외저장탱크

1 통기관 설치기준

1) 밸브 없는 통기관의 직경은 30 [mm] 이상
2) 대기밸브부착 통기관 인화밸브장치를 설치할 것
3) 밸브 없는 통기관의 선단은 수평면보다 45° 이상 구부려 빗물 등의 침투를 막는 구조
4) 대기밸브부착 통기관은 5 [kPa] 이하의 압력 차이로 작동할 수 있어야 함

2 주입구 표시색상

백색 바탕 흑색 문자

3 보유 공지

저장 또는 취급하는 위험물의 최대 수량이 지정수량의 500배 이하일 때 측면으로부터 3 [m] 이상의 보유공지를 유지해야 함

07 화학소방자동차 및 자체소방대원 수 기준

1 자체소방대 설치대상

1) 제4류 위험물 지정수량의 3천 배 이상 취급하는 제조소 또는 일반취급소
2) 제4류 위험물의 최대저장수량이 지정수량의 50만 배 이상인 옥외탱크저장소

2 자체소방대에 두는 화학소방자동차 및 인원

사업소의 구분	화학소방자동차	자체소방대원의 수
1. 제조소 또는 일반취급소에서 취급하는 제4류 위험물의 최대수량의 합이 지정수량의 3천 배 이상 12만 배 미만인 사업소	1대	5인
2. 제조소 또는 일반취급소에서 취급하는 제4류 위험물의 최대수량의 합이 지정수량의 12만 배 이상 24만 배 미만인 사업소	2대	10인
3. 제조소 또는 일반취급소에서 취급하는 제4류 위험물의 최대수량의 합이 지정수량의 24만 배 이상 48만 배 미만인 사업소	3대	15인
4. 제조소 또는 일반취급소에서 취급하는 제4류 위험물의 최대수량의 합이 지정수량의 48만 배 이상인 사업소	4대	20인
5. 옥외탱크저장소에 저장하는 제4류 위험물의 최대수량이 지정수량의 50만 배 이상인 사업소	2대	10인

1) 포수용액을 방사하는 화학소방차의 대수는 위 규정에 의한 화학소방자동차의 대수의 3분의 2 이상으로 함

2) 자체소방대에 두어야 하는 제독차의 경우 가성소다 및 규조토를 각각 50 [kg] 이상 비치해야 함

19 예상문제

01 위험물안전관리법령상 제조소에서 취급하는 제4류 위험물의 최대수량의 합이 지정수량의 12만 배 미만인 사업소에 두어야 하는 화학소방자동차 및 자체소방대원의 수의 기준으로 옳은 것은?

① 1대 - 5인
② 2대 - 10인
③ 3대 - 15인
④ 4대 - 20인

해설

[소방차 수와 소방대원 인원기준]

위험물 최대 수량의 합	소방차	소방대원
12만 배 미만	1	5
12만 ~ 24만 배	2	10
24만 ~ 48만 배	3	15
48만 배 이상	4	20

02 원통형으로 설치된 탱크에서 공간 용적을 내용적의 10 [%]라고 하면 탱크 용량(허가 용량)은 약 얼마인가?

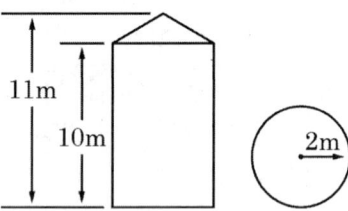

① 113.04
② 124.34
③ 129.06
④ 138.16

해설

[위험물 저장탱크 내용적]

$V = \pi r^2 \times$ 탱크 옆판 높이 $\times (1 - $공간용적$)$
$= 3.14 \times 2^2 \times 10 \times (1 - 0.1)$
$= 113.04 \, [\text{m}^3]$

정답 01 ① 02 ①

03 위험물안전관리법령상 예방규정을 정하여야 하는 제조소등의 관계인은 위험물 제조소등에 대하여 기술기준에 적합한지의 여부를 정기적으로 점검을 하여야 한다. 법적 최소 점검 주기에 해당하는 것은? (단, 100만 리터 이상의 옥외탱크저장소는 제외한다)

① 주 1회 이상
② 월 1회 이상
③ 6개월 1회 이상
④ 연 1회 이상

해설
[위험물 예방 규정]
연 1회 이상

04 위험물 저장탱크의 공간용적은 탱크 내용적의 얼마 이상, 얼마 이하로 하는가?

① 2/100 이상, 3/100 이하
② 2/100 이상, 5/100 이하
③ 5/100 이상, 10/100 이하
④ 10/100 이상, 20/100 이하

해설
[위험물탱크의 공간용적]
• 탱크 내용적의 <u>100분의 5</u> 이상
• <u>100분의 10</u> 이하의 용적으로 함

정답 03 ④ 04 ③

Chapter 20 위험물안전관리법(2)

핵심포인트 벌금

학습목표 1. 벌금기준을 알고 구분할 수 있다.

01 벌금

1) 7년 이하의 금고 또는 7천만 원 이하의 벌금

   업무상 과실로 제조소등에서 위험물을 유출·방출 또는 확산시켜 사람의 생명·신체 또는 재산에 대하여 위험을 발생시킨 자

2) 3년 이하의 징역 또는 3천만 원 이하의 벌금

   저장소 또는 제조소등이 아닌 장소에서 지정수량 이상의 위험물을 저장 또는 취급한 자

3) 1500만 원 이하의 벌금

   (1) 제조소등의 완공검사를 받지 아니하고 위험물을 저장·취급한 자

   (2) 변경 허가를 받지 아니하고 제조소등을 변경한 자

   (3) 위험물의 저장 또는 취급에 관한 중요기준에 따르지 아니한 자

   (4) 제조소등의 사용정지명령을 위반한 자

4) 1년 이하의 징역 또는 1천만 원 이하의 벌금

   (1) 제조소등에 대한 긴급사용·정지제한 명령을 위반한 자

   (2) 탱크시험자로 등록하지 아니하고 탱크시험자의 업무를 한 자

5) 1년 이상 10년 이하의 징역

   허가를 받지 않고 지정수량 이상의 위험물을 저장 또는 취급하는 장소에서 위험물을 유출·방출 또는 확산시켜 사람의 생명·신체 또는 재산에 대하여 위험을 발생시킨 자

02 그 외 위험물안전관리법령

1) 군부대가 지정수량 이상의 위험물을 군사 목적으로 임시로 저장 또는 취급하는 경우는 제조소등이 아닌 장소에서 지정수량 이상의 위험물을 취급할 수 있음
2) 지정수량 미만인 위험물의 저장 또는 취급에 관한 기술상의 기준은 시·도 조례에 의해 정함

Chapter 21 위험물 운반

핵심포인트 적재방법, 운반용기, 위험물운송자, 탱크시험자

학습목표
1. 각 위험물 종류에 따른 적재방법을 구분할 수 있다.
2. 위험물 운송 시 주의사항을 이해하고 설명할 수 있다.

01 위험물 운반기준

1 적재방법 ★

1) 고체위험물 : 운반용기의 내용적 95 [%] 이하의 수납률로 수납
2) 액체위험물 : 운반용기의 내용적 98 [%] 이하의 수납률로 수납, 55 [℃] 온도에서 누설되지 않도록 충분한 공간 용적을 두어야 함
3) 알킬알루미늄 : 운반용기 내용적의 90 [%] 이하의 수납률로 수납하되, 50 [℃]의 온도에서 5 [%] 이상의 공간 용적을 유지
4) 제3류 위험물 중 자연발화성 물질 : 불활성 기체를 봉입하여 밀봉하는 등 공기와 접촉하지 아니하도록 할 것
5) 원칙적으로는 운반용기를 밀봉하여 수납할 것
6) 하나의 외장용기에는 다른 종류의 위험물을 수납하지 않을 것

2 운반용기 외부에 행하는 표시 내용

1) 운반용기의 제조년월
2) 제조자의 명칭
3) 겹쳐쌓기 시험하중
4) 규정에 의한 주의사항
5) 위험물의 품명 및 위험 등급
6) 위험물 수량
7) 위험물의 화학명

3 운반용기 재질

1) 고무류
2) 유리
3) 나무류
4) 섬유류
5) 금속판
6) 플라스틱
7) 삼·짚
8) 강판·알루미늄판·양철판

4 위험물안전관리법이 적용되는 영역

1) 자가용 승용차에 의한 지정수량 이하의 위험물의 저장·취급 및 운반은 적용
2) 항공기·선박·철도·궤도에 속하지 않으므로 안전관리법 적용

   TIP 항공기·선박·철도·궤도는 위험물안전관리법이 적용되지 않음

02 위험물안전관리자 관련 법규 – 위험물 운송책임자

1 위험물안전관리자 ★★

1) 안전관리자를 해임하거나 안전관리자가 퇴직한 때에는 해임하거나 퇴직한 날부터 30일 이내에 다시 안전관리자를 선임하여야 함
2) 선임한 경우에는 선임한 날부터 14일 이내 행정안전부령으로 정하는 바에 따라 소방본부장 또는 소방서장에게 신고하여야 함
3) 이동탱크저장소에 의하여 위험물을 운송하는 자는 당해 위험물을 취급할 수 있는 국가기술자격자 또는 안전교육을 받은 자이어야 함
4) 안선관리자·탱크시험자·위험물운송자 등 위험물의 안전관리와 관련된 업무를 수행하는 자는 소방청장이 실시하는 안전교육을 받아야 함
5) 운송책임자의 범위·감독 또는 지원방법 등에 관한 구체적인 기준은 행정안전부령으로 정함
6) 위험물운송자는 이동탱크저장소에 의하여 위험물을 운송하는 때에는 행정안전부령으로 정하는 기준을 준수하는 등 당해 위험물의 안전 확보를 위하여 세심한 주의를 기울여야 함

2 운송책임자 감독, 지원 받아 운송하는 위험물 ★★

1) 알킬리튬
2) 알킬알루미늄
3) 알킬알루미늄·알킬리튬 함유하는 위험물

3 운송책임자 자격

1) 당해 위험물의 취급에 관한 국가기술자격을 취득하고 관련 업무에 1년 이상 종사한 경력이 있는 자
2) 위험물의 운송에 관한 안전교육 수료하고 관련 업무에 2년 이상 종사한 경력이 있는 자

4 운송책임자의 감독 지원방법

1) 운송책임자가 이동탱크저장소에 동승하는 방법

운송책임자가 이동탱크저장소에 동승하여 운송 중인 위험물의 안전 확보에 관하여 운전자에게 필요한 감독 또는 지원을 하는 방법. 다만 운전자가 운반책임자의 자격이 있는 경우에는 운송책임자의 자격이 없는 자가 동승할 수 있음

2) 동승하지 않고 사무실에 운송책임자가 대기하면서 다음을 이행하는 방법

 (1) 운송경로를 미리 파악하고 관할소방관서 또는 관련 업체에 대한 연락 체계를 갖춤
 (2) 이동탱크저장소의 운전자에 대하여 수시로 안전 확보 상황을 확인하는 것
 (3) 비상시의 응급처치에 관하여 조언을 하는 것
 (4) 그 밖에 위험물의 운송 중 안전 확보에 관해 필요한 정보를 제공하고 감독·지원하는 것

03 위험물안전관리자 관련 법규 – 위험물운송자

1 위험물운송자 자격

1) 위험물을 취급할 수 있는 국가기술자격자

2) 안전교육을 받은 자

2 위험물운송 시 주의사항 ★

1) 위험물운송자는 장거리(고속국도 : 340 [km], 그 밖의 도로 : 200 [km])에 걸치는 운송을 하는 때에는 2명 이상의 운전자로 할 것
   (1) 예외 : 2명 이상의 운전자로 하지 않아도 되는 경우
      ① 운송책임자를 동승시킨 경우
      ② 운송하는 위험물이 제2류 위험물, 제3류 위험물, 제4류 위험물(특수인화물 제외)인 경우
      ③ 운송 도중에 2시간 이내마다 20분 이상의 휴식을 취하는 경우

2) 위험물안전카드를 휴대해야 하는 위험물 : 제1류, 제2류, 제3류, 제4류 위험물 중 <u>특수인화물·제1석유류</u>, 제5류, 제6류 위험물

04 위험물안전관리자 관련 법규 – 탱크시험자

1 필수로 갖추어야 할 장비

1) 자기탐상시험기   2) 초음파두께측정기

3) 영상초음파탐상시험기   4) 방사선투과시험기 및 초음파탐상시험기

2 필요한 경우 갖추어야 할 장비

1) 진공능력 53 [kPa] 이상의 진공누설시험기

2) 기밀시험장치

3) 수직·수평도 측정기

21 예상문제

01 위험물안전관리법령에 따른 위험물의 적재방법에 대한 설명으로 옳지 않은 것은?

① 원칙적으로는 운반용기를 밀봉하여 수납할 것
② 고체위험물은 용기 내용적의 95 [%] 이하의 수납률로 수납할 것
③ 액체위험물은 용기 내용적의 99 [%] 이상의 수납률로 수납할 것
④ 하나의 외장용기에는 다른 종류의 위험물을 수납하지 않을 것

해설

[위험물 적재방법]
액체위험물은 용기 내용적의 98 [%] 이하의 수납률로 수납

02 위험물안전관리법령에 따라 기계에 의하여 하역하는 구조로 된 운반용기의 외부에 행하는 표시 내용에 해당하지 않는 것은? (단, 국제 해상위험물규칙에 정한 기준 또는 소방방재청장이 정하여 고시하는 기준에 적합한 표시를 한 경우는 제외)

① 운반용기의 제조년월
② 제조자의 명칭
③ 겹쳐쌓기 시험하중
④ 용기의 유효 기간

해설

[운반용기 외부 표시 내용]
• 운반용기의 제조년월
• 제조자의 명칭
• 겹쳐쌓기 시험하중
• 규정에 의한 주의사항
• 위험물의 품명 및 위험등급
• 위험물 수량
• 위험물의 화학명

정답 ● 01 ③ 02 ④

03 위험물안전관리법령에 따른 위험물의 운송에 관한 설명 중 옳지 않은 것은?

① 서울에서 부산까지 금속의 인화물 300 [kg]을 1명의 운전자가 휴식 없이 운송해도 규정 위반이 아니다.
② 이동탱크저장소에 의하여 위험물을 운송할 때의 운송책임자에는 법정의 교육을 이수하고 관련 업무에 2년 이상 경력이 있는 자도 포함된다.
③ 알킬리튬과 알킬알루미늄 또는 이 중 어느 하나 이상을 함유한 것은 운송책임자의 감독·지원을 받아야 한다.
④ 운송책임자의 감독 또는 지원의 방법에는 동승하는 방법과 별도의 사무실에서 대기하면서 규정된 사항을 이행하는 방법이 있다.

해설

[위험물 운송 법령]
1명의 운전자가 운송하는 경우 운송 중 2시간 이내 20분 휴식해야 함

정답 03 ①

Chapter 22 위험물제조소등 점검

핵심포인트 제조소등의 점검, 작성방법

학습목표 1. 위험물제조소등의 점검표의 주요 항목들을 말할 수 있다.

01 제조소등의 점검

2025년 1월 1일부터 적용되는 위험물기능사 출제기준 변경에 따라 위험물제조소등의 점검 내용이 추가됨

필기 과목명	세세항목	세세항목
위험물의 성질 및 안전관리	4. 제조소등의 소방시설 점검	• 소화난이도등급 • 소화설비 적응성 • 소요단위 및 능력단위 산정 • 옥내소화전설비 점검 • 옥외소화전설비 점검 • 스프링클러설비 점검 • 물분무소화설비 점검 • 포소화설비 점검 • 불활성 가스소화설비 점검 • 할로겐화물소화설비 점검 • 분말소화설비 점검 • 수동식 소화기설비 점검 • 경보설비 점검 • 피난설비 점검

1 일반 점검표

1) 제조소 및 일반취급소의 일반 점검표

[별지 제9호 서식] (1쪽)

제 조 소 일반취급소		일반 점검표		점검기간 : 점 검 자 :　　(서명 또는 인) 설 치 자 :　　(서명 또는 인)		
제조소등의 구분		[ ]제조소 [ ]일반취급소		설치허가 연월일 및 완공검사번호		
설치자				안전관리자		
사업소명				설치위치		
위험물 현황		품명		허가량	지정수량의 배수	
위험물 저장·취급 개요						
시설명/호칭번호						
점검항목		점검내용	점검방법	점검결과		비고
안전거리		보호대상물 신설 여부	육안 및 실측	[ ]적합 [ ]부적합 [ ]해당 없음		
		방화상 유효한 담의 손상유무	육안	[ ]적합 [ ]부적합 [ ]해당 없음		
보유공지		허가 외 물건 존치 여부	육안	[ ]적합 [ ]부적합 [ ]해당 없음		
		방화상 유효한 격벽의 손상유무	육안	[ ]적합 [ ]부적합 [ ]해당 없음		
건 축 물	벽·기둥·보· 지붕	균열·손상 등 유무	육안	[ ]적합 [ ]부적합 [ ]해당 없음		
	방화문	변형·손상 등 유무 및 폐쇄기능의 적부	육안	[ ]적합 [ ]부적합 [ ]해당 없음		
	바닥	체유·체수 유무	육안	[ ]적합 [ ]부적합 [ ]해당 없음		
		균열·손상·패임 등 유무	육안	[ ]적합 [ ]부적합 [ ]해당 없음		
	계단	변형·손상 등 유무 및 고정상황의 적부	육안	[ ]적합 [ ]부적합 [ ]해당 없음		
환기설비· 배출설비 등		변형·손상 유무 및 고정 상태의 적부	육안	[ ]적합 [ ]부적합 [ ]해당 없음		
		인화방지망의 손상 및 막힘 유무	육안	[ ]적합 [ ]부적합 [ ]해당 없음		
		방화댐퍼의 손상 유무 및 기능의 적부	육안 및 작동확인	[ ]적합 [ ]부적합 [ ]해당 없음		
		팬의 작동상황 적부	작동확인	[ ]적합 [ ]부적합 [ ]해당 없음		
		가연성 증기경보장치의 작동상황 적부	작동확인	[ ]적합 [ ]부적합 [ ]해당 없음		
옥외 위험 물 취급 설비	방유턱·바닥	균열·손상 등 유무	육안	[ ]적합 [ ]부적합 [ ]해당 없음		
		체유·체수·토사퇴적 등 유무	육안	[ ]적합 [ ]부적합 [ ]해당 없음		
	집유설비·배수구· 유분리장치	균열·손상 등 유무	육안	[ ]적합 [ ]부적합 [ ]해당 없음		
		체유·체수·토사퇴적 등 유무	육안	[ ]적합 [ ]부적합 [ ]해당 없음		
위험 물의 누출 · 비산 방지 장치 등	누출방지설비 등 (이중배관 등)	체유 등 유무	육안	[ ]적합 [ ]부적합 [ ]해당 없음		
		변형·균열·손상 유무	육안	[ ]적합 [ ]부적합 [ ]해당 없음		
		도장상황의 적부 및 부식 유무	육안	[ ]적합 [ ]부적합 [ ]해당 없음		
		고정상황의 적부	육안	[ ]적합 [ ]부적합 [ ]해당 없음		
	역류방지설비 (되돌림관 등)	기능의 적부	육안 및 작동확인	[ ]적합 [ ]부적합 [ ]해당 없음		
		변형·균열·손상 유무	육안	[ ]적합 [ ]부적합 [ ]해당 없음		
		도장상황의 적부 및 부식 유무	육안	[ ]적합 [ ]부적합 [ ]해당 없음		
		고정상황의 적부	육안	[ ]적합 [ ]부적합 [ ]해당 없음		
	비산방지설비	체유 등 유무	육안	[ ]적합 [ ]부적합 [ ]해당 없음		
		변형·균열·손상 유무	육안	[ ]적합 [ ]부적합 [ ]해당 없음		
		기능의 적부	육안 및 작동확인	[ ]적합 [ ]부적합 [ ]해당 없음		
		고정상황의 적부		[ ]적합 [ ]부적합 [ ]해당 없음		
기초·지주 등		변형·균열·손상·침하 유무	육안	[ ]적합 [ ]부적합 [ ]해당 없음		
		볼트 등의 풀림 유무	육안	[ ]적합 [ ]부적합 [ ]해당 없음		
		도장상황의 적부 및 부식 유무	육안	[ ]적합 [ ]부적합 [ ]해당 없음		

(2쪽)

가열·냉각·건조설비	본체부	누설 유무	육안 및 가스검지	[ ]적합 [ ]부적합 [ ]해당 없음	
		변형·균열·손상 유무	육안	[ ]적합 [ ]부적합 [ ]해당 없음	
		도장상황의 적부 및 부식 유무	육안 및 두께측정	[ ]적합 [ ]부적합 [ ]해당 없음	
		볼트 등의 풀림 유무	육안	[ ]적합 [ ]부적합 [ ]해당 없음	
		보냉재의 손상·탈락 유무	육안	[ ]적합 [ ]부적합 [ ]해당 없음	
	접지	단선 유무	육안	[ ]적합 [ ]부적합 [ ]해당 없음	
		부착부분의 탈락 유무	육안	[ ]적합 [ ]부적합 [ ]해당 없음	
		접지저항치의 적부	저항측정	[ ]적합 [ ]부적합 [ ]해당 없음	
	안전장치	부식·손상 유무	육안	[ ]적합 [ ]부적합 [ ]해당 없음	
		고정상황의 적부	육안	[ ]적합 [ ]부적합 [ ]해당 없음	
		기능의 적부	작동확인	[ ]적합 [ ]부적합 [ ]해당 없음	
	계측장치	손상 유무	육안	[ ]적합 [ ]부적합 [ ]해당 없음	
		부착부의 풀림 유무	육안	[ ]적합 [ ]부적합 [ ]해당 없음	
		작동·지시사항의 적부	육안	[ ]적합 [ ]부적합 [ ]해당 없음	
	송풍장치	손상 유무	육안	[ ]적합 [ ]부적합 [ ]해당 없음	
		부착부의 풀림 유무	육안	[ ]적합 [ ]부적합 [ ]해당 없음	
		이상진동·소음·발열 등 유무	육안 및 작동확인	[ ]적합 [ ]부적합 [ ]해당 없음	
	살수장치	부식·변형·손상 유무	육안	[ ]적합 [ ]부적합 [ ]해당 없음	
		살수상황의 적부	육안	[ ]적합 [ ]부적합 [ ]해당 없음	
		고정 상태의 적부	육안	[ ]적합 [ ]부적합 [ ]해당 없음	
	교반장치	손상 유무	육안	[ ]적합 [ ]부적합 [ ]해당 없음	
		고정상황의 적부	육안	[ ]적합 [ ]부적합 [ ]해당 없음	
		이상진동·소음·발열 등 유무	육안 및 작동확인	[ ]적합 [ ]부적합 [ ]해당 없음	
		누유 유무	육안	[ ]적합 [ ]부적합 [ ]해당 없음	
		안전장치의 작동 적부	육안 및 작동확인	[ ]적합 [ ]부적합 [ ]해당 없음	
위험물 취급설비	기초·지주 등	변형·균열·손상·침하 유무	육안	[ ]적합 [ ]부적합 [ ]해당 없음	
		볼트 등의 풀림 유무	육안	[ ]적합 [ ]부적합 [ ]해당 없음	
		도장상황의 적부 및 부식 유무	육안	[ ]적합 [ ]부적합 [ ]해당 없음	
	본체부	누설 유무	육안 및 가스검지	[ ]적합 [ ]부적합 [ ]해당 없음	
		변형·균열·손상 유무	육안	[ ]적합 [ ]부적합 [ ]해당 없음	
		도장상황의 적부 및 부식 유무	육안 및 두께측정	[ ]적합 [ ]부적합 [ ]해당 없음	
		볼트 등의 풀림 유무	육안	[ ]적합 [ ]부적합 [ ]해당 없음	
		보냉재의 손상·탈락 유무	육안	[ ]적합 [ ]부적합 [ ]해당 없음	
	접지	단선 유무	육안	[ ]적합 [ ]부적합 [ ]해당 없음	
		부착부분의 탈락 유무	육안	[ ]적합 [ ]부적합 [ ]해당 없음	
		접지저항치의 적부	저항측정	[ ]적합 [ ]부적합 [ ]해당 없음	
	안전장치	부식·손상 유무	육안	[ ]적합 [ ]부적합 [ ]해당 없음	
		고정상황의 적부	육안	[ ]적합 [ ]부적합 [ ]해당 없음	
		기능의 적부	작동확인	[ ]적합 [ ]부적합 [ ]해당 없음	
	계측장치	손상의 유무	육안	[ ]적합 [ ]부적합 [ ]해당 없음	
		부착부의 풀림 유무	육안	[ ]적합 [ ]부적합 [ ]해당 없음	
		작동·지시사항의 적부	육안	[ ]적합 [ ]부적합 [ ]해당 없음	
	송풍장치	손상 유무	육안	[ ]적합 [ ]부적합 [ ]해당 없음	
		부착부의 풀림 유무	육안	[ ]적합 [ ]부적합 [ ]해당 없음	
		이상진동·소음·발열 등 유무	육안 및 작동확인	[ ]적합 [ ]부적합 [ ]해당 없음	
	구동장치	고정 상태의 적부	육안	[ ]적합 [ ]부적합 [ ]해당 없음	
		이상진동·소음·발열 등 유무	육안 및 작동확인	[ ]적합 [ ]부적합 [ ]해당 없음	
		회전부 등의 급유 상태 적부	육안	[ ]적합 [ ]부적합 [ ]해당 없음	
	교반장치	손상 유무	육안	[ ]적합 [ ]부적합 [ ]해당 없음	
		고정상황의 적부	육안	[ ]적합 [ ]부적합 [ ]해당 없음	
		이상진동·소음·발열 등 유무	육안 및 작동확인	[ ]적합 [ ]부적합 [ ]해당 없음	
		누유 유무	육안	[ ]적합 [ ]부적합 [ ]해당 없음	
		안전장치의 작동 적부	육안 및 작동확인	[ ]적합 [ ]부적합 [ ]해당 없음	

(3쪽)

위험물 취급탱크	기초·지주·전용실 등	변형·균열·손상·침하 유무	육안	[ ]적합 [ ]부적합 [ ]해당 없음	
		고정 상태의 적부	육안	[ ]적합 [ ]부적합 [ ]해당 없음	
	본체	변형·균열·손상 유무	육안	[ ]적합 [ ]부적합 [ ]해당 없음	
		누설 유무	육안	[ ]적합 [ ]부적합 [ ]해당 없음	
		도장상황의 적부 및 부식 유무	육안 및 두께측정	[ ]적합 [ ]부적합 [ ]해당 없음	
		고정 상태의 적부	육안	[ ]적합 [ ]부적합 [ ]해당 없음	
		보냉재의 손상·탈락 등 유무	육안	[ ]적합 [ ]부적합 [ ]해당 없음	
	노즐·맨홀 등	누설 유무	육안	[ ]적합 [ ]부적합 [ ]해당 없음	
		변형·손상 유무	육안	[ ]적합 [ ]부적합 [ ]해당 없음	
		부착부의 손상 유무	육안	[ ]적합 [ ]부적합 [ ]해당 없음	
		도장상황의 적부 및 부식 유무	육안 및 두께측정	[ ]적합 [ ]부적합 [ ]해당 없음	
	방유제·방유턱	변형·균열·손상 유무	육안	[ ]적합 [ ]부적합 [ ]해당 없음	
		배수관의 손상 유무	육안	[ ]적합 [ ]부적합 [ ]해당 없음	
		배수관의 개폐상황 적부	육안	[ ]적합 [ ]부적합 [ ]해당 없음	
		배수구의 균열·손상 유무	육안	[ ]적합 [ ]부적합 [ ]해당 없음	
		배수구내 체유·체수·토사퇴적 등 유무	육안	[ ]적합 [ ]부적합 [ ]해당 없음	
		수용량의 적부	측정	[ ]적합 [ ]부적합 [ ]해당 없음	
	접지	단선 유무	육안	[ ]적합 [ ]부적합 [ ]해당 없음	
		부착부분의 탈락 유무	육안	[ ]적합 [ ]부적합 [ ]해당 없음	
		접지저항치의 적부	저항측정	[ ]적합 [ ]부적합 [ ]해당 없음	
	누유검사관	변형·손상·토사퇴적 등 유무	육안	[ ]적합 [ ]부적합 [ ]해당 없음	
		누유 유무	육안	[ ]적합 [ ]부적합 [ ]해당 없음	
	교반장치	이상진동·소음·발열 등 유무	육안 및 작동확인	[ ]적합 [ ]부적합 [ ]해당 없음	
		고정 상태의 적부	육안	[ ]적합 [ ]부적합 [ ]해당 없음	
	통기관	인화방지장치의 손상·막힘 유무	육안	[ ]적합 [ ]부적합 [ ]해당 없음	
		화염방지장치 접합부의 고정 상태 적부	육안	[ ]적합 [ ]부적합 [ ]해당 없음	
		밸브의 작동상황 적부	작동확인	[ ]적합 [ ]부적합 [ ]해당 없음	
		통기관 내 장애물의 유무	육안	[ ]적합 [ ]부적합 [ ]해당 없음	
		도장상황의 적부 및 부식 유무	육안	[ ]적합 [ ]부적합 [ ]해당 없음	
	안전장치	작동의 적부	육안 및 작동확인	[ ]적합 [ ]부적합 [ ]해당 없음	
		부식·손상 유무	육안	[ ]적합 [ ]부적합 [ ]해당 없음	
	계량장치	손상 유무	육안	[ ]적합 [ ]부적합 [ ]해당 없음	
		부착부의 고정 상태 적부	육안	[ ]적합 [ ]부적합 [ ]해당 없음	
		작동의 적부	육안	[ ]적합 [ ]부적합 [ ]해당 없음	
	주입구	폐쇄시의 누설 유무	육안	[ ]적합 [ ]부적합 [ ]해당 없음	
		변형·손상 유무	육안	[ ]적합 [ ]부적합 [ ]해당 없음	
		접지전극의 손상 유무	육안	[ ]적합 [ ]부적합 [ ]해당 없음	
		접지저항치의 적부	저항측정	[ ]적합 [ ]부적합 [ ]해당 없음	
	주입구의 피트	균열·손상 유무	육안	[ ]적합 [ ]부적합 [ ]해당 없음	
		체유·체수·토사퇴적 등 유무	육안	[ ]적합 [ ]부적합 [ ]해당 없음	
배관·밸브 등	배관(플랜지·밸브 포함)	누설의 유무(지하매설배관은 누설 점검실시)	육안 및 누설 점검	[ ]적합 [ ]부적합 [ ]해당 없음	
		변형·손상 유무	육안	[ ]적합 [ ]부적합 [ ]해당 없음	
		도장상황의 적부 및 부식 유무	육안	[ ]적합 [ ]부적합 [ ]해당 없음	
		지반면과 이격 상태의 적부	육안	[ ]적합 [ ]부적합 [ ]해당 없음	
	배관의 피트	균열·손상 유무	육안	[ ]적합 [ ]부적합 [ ]해당 없음	
		체유·체수·토사퇴적 등 유무	육안	[ ]적합 [ ]부적합 [ ]해당 없음	
	전기방식설비	단자함의 손상·토사퇴적 등 유무	육안	[ ]적합 [ ]부적합 [ ]해당 없음	
		단자의 탈락 유무	육안	[ ]적합 [ ]부적합 [ ]해당 없음	
		방식전류(전위)의 적부	전위측정	[ ]적합 [ ]부적합 [ ]해당 없음	

(4쪽)

펌프설비 등	전동기	손상 유무	육안	[ ]적합 [ ]부적합 [ ]해당 없음	
		고정 상태의 적부	육안	[ ]적합 [ ]부적합 [ ]해당 없음	
		회전부 등의 급유 상태 적부	육안	[ ]적합 [ ]부적합 [ ]해당 없음	
		이상진동·소음·발열 등 유무	육안 및 작동확인	[ ]적합 [ ]부적합 [ ]해당 없음	
	펌프	누설 유무	육안	[ ]적합 [ ]부적합 [ ]해당 없음	
		변형·손상 유무	육안	[ ]적합 [ ]부적합 [ ]해당 없음	
		도장 상태의 적부 및 부식 유무	육안	[ ]적합 [ ]부적합 [ ]해당 없음	
		고정 상태의 적부	육안	[ ]적합 [ ]부적합 [ ]해당 없음	
		회전부 등의 급유 상태 적부	육안	[ ]적합 [ ]부적합 [ ]해당 없음	
		유량 및 유압 적부	육안	[ ]적합 [ ]부적합 [ ]해당 없음	
		이상진동·소음·발열 등의 유무	육안 및 작동확인	[ ]적합 [ ]부적합 [ ]해당 없음	
	접지	단선 유무	육안	[ ]적합 [ ]부적합 [ ]해당 없음	
		부착부분의 탈락 유무	육안	[ ]적합 [ ]부적합 [ ]해당 없음	
		접지저항치의 적부	저항측정	[ ]적합 [ ]부적합 [ ]해당 없음	
전기설비	배전반·차단기·배선 등	변형·손상 유무	육안	[ ]적합 [ ]부적합 [ ]해당 없음	
		고정 상태의 적부	육안	[ ]적합 [ ]부적합 [ ]해당 없음	
		기능의 적부	육안 및 작동확인	[ ]적합 [ ]부적합 [ ]해당 없음	
		배선접합부의 탈락 유무	육안	[ ]적합 [ ]부적합 [ ]해당 없음	
	접지	단선 유무	육안	[ ]적합 [ ]부적합 [ ]해당 없음	
		부착부분의 탈락 유무	육안	[ ]적합 [ ]부적합 [ ]해당 없음	
		접지저항치의 적부	저항측정	[ ]적합 [ ]부적합 [ ]해당 없음	
제어장치 등		제어계기의 손상 유무	육안	[ ]적합 [ ]부적합 [ ]해당 없음	
		제어반 고정 상태의 적부	육안	[ ]적합 [ ]부적합 [ ]해당 없음	
		제어계(온도·압력·유량 등) 기능의 적부	작동확인 및 시험	[ ]적합 [ ]부적합 [ ]해당 없음	
		감시설비 기능의 적부	작동확인	[ ]적합 [ ]부적합 [ ]해당 없음	
		경보설비 기능의 적부	작동확인	[ ]적합 [ ]부적합 [ ]해당 없음	
피뢰설비		돌침부의 경사·손상·부착 상태 적부	육안	[ ]적합 [ ]부적합 [ ]해당 없음	
		피뢰도선의 단선 및 벽체 등과 접촉 유무	육안	[ ]적합 [ ]부적합 [ ]해당 없음	
		접지저항치의 적부	저항측정	[ ]적합 [ ]부적합 [ ]해당 없음	
표지·게시판		손상 유무	육안	[ ]적합 [ ]부적합 [ ]해당 없음	
		기재사항의 적부	육안	[ ]적합 [ ]부적합 [ ]해당 없음	
소화설비	소화기	위치·설치수·압력의 적부	육안	[ ]적합 [ ]부적합 [ ]해당 없음	
	그 밖의 소화설비	소화설비 점검표에 의할 것			
경보설비	자동화재탐지설비	자동화재탐지설비 점검표에 의할 것			
	그 밖의 경보설비	손상 유무	육안	[ ]적합 [ ]부적합 [ ]해당 없음	
		기능의 적부	작동확인	[ ]적합 [ ]부적합 [ ]해당 없음	
기타사항					

2) 옥내저장소의 일반 점검표

[별지 제10호 서식] (1쪽)

옥내저장소 일반 점검표				점검기간 : 점검자 : 서명(또는 인) 설치자 : 서명(또는 인)		
옥내저장소의 형태		[ ]단층 [ ]다층 [ ]복합		설치허가 연월일 및 완공검사번호		
설치자				안전관리자		
사업소명				설치위치		
위험물 현황		품명		허가량	지정수량의 배수	
위험물 저장·취급 개요						
시설명/호칭번호						
점검항목		점검내용	점검방법	점검결과		비고
안전거리		보호대상물 신설 여부	육안 및 실측	[ ]적합 [ ]부적합 [ ]해당 없음		
		방화상 유효한 담의 손상 유무	육안	[ ]적합 [ ]부적합 [ ]해당 없음		
보유공지		허가 외 물건 존치 여부	육안	[ ]적합 [ ]부적합 [ ]해당 없음		
건축물	벽·기둥·보·지붕	균열·손상 등 유무	육안	[ ]적합 [ ]부적합 [ ]해당 없음		
	방화문	변형·손상 등 유무 및 폐쇄기능의 적부	육안	[ ]적합 [ ]부적합 [ ]해당 없음		
	바닥	체유·체수 유무	육안	[ ]적합 [ ]부적합 [ ]해당 없음		
		균열·손상·패임 등 유무	육안	[ ]적합 [ ]부적합 [ ]해당 없음		
	계단	변형·손상 등 유무 및 고정상황의 적부	육안	[ ]적합 [ ]부적합 [ ]해당 없음		
	다른 용도 부분과 구획	균열·손상 등 유무	육안	[ ]적합 [ ]부적합 [ ]해당 없음		
	조명설비	손상의 유무	육안	[ ]적합 [ ]부적합 [ ]해당 없음		
환기설비·배출설비 등		변형·손상 유무 및 고정 상태의 적부	육안	[ ]적합 [ ]부적합 [ ]해당 없음		
		인화방지장치의 손상 및 막힘 유무	육안	[ ]적합 [ ]부적합 [ ]해당 없음		
		방화댐퍼의 손상 유무 및 기능의 적부	육안 및 작동확인	[ ]적합 [ ]부적합 [ ]해당 없음		
		팬의 작동상황 적부	작동확인	[ ]적합 [ ]부적합 [ ]해당 없음		
		가연성 증기경보장치의 작동상황 적부	작동확인	[ ]적합 [ ]부적합 [ ]해당 없음		
선반 등		변형·손상 등 유무 및 고정 상태의 적부	육안	[ ]적합 [ ]부적합 [ ]해당 없음		
		낙하방지장치의 적부	육안	[ ]적합 [ ]부적합 [ ]해당 없음		
집유설비·배수구		균열·손상 등 유무	육안	[ ]적합 [ ]부적합 [ ]해당 없음		
		체유·체수·토사퇴적 등 유무	육안	[ ]적합 [ ]부적합 [ ]해당 없음		
전기설비	배전반·차단기·배선 등	변형·손상 유무	육안	[ ]적합 [ ]부적합 [ ]해당 없음		
		고정 상태의 적부	육안	[ ]적합 [ ]부적합 [ ]해당 없음		
		기능의 적부	육안 및 작동확인	[ ]적합 [ ]부적합 [ ]해당 없음		
		배선접합부의 탈락 유무	육안	[ ]적합 [ ]부적합 [ ]해당 없음		
	접지	단선 유무	육안	[ ]적합 [ ]부적합 [ ]해당 없음		
		부착부분의 탈락 유무	육안	[ ]적합 [ ]부적합 [ ]해당 없음		
		접지저항치의 적부	저항측정	[ ]적합 [ ]부적합 [ ]해당 없음		
피뢰설비		돌침부의 경사·손상·부착 상태 적부	육안	[ ]적합 [ ]부적합 [ ]해당 없음		
		피뢰도선의 단선 및 벽체 등과 접촉 유무	육안	[ ]적합 [ ]부적합 [ ]해당 없음		
		접지저항치의 적부	저항측정	[ ]적합 [ ]부적합 [ ]해당 없음		
표지·게시판		손상의 유무	육안	[ ]적합 [ ]부적합 [ ]해당 없음		
		기재사항의 적부	육안	[ ]적합 [ ]부적합 [ ]해당 없음		
소화설비	소화기	위치·설치수·압력의 적부	육안	[ ]적합 [ ]부적합 [ ]해당 없음		
	그 밖의 소화설비	소화설비 점검표에 의할 것				
경보설비	자동화재 탐지설비	자동화재탐지설비 점검표에 의할 것				
	그 밖의 경보설비	손상 유무	육안	[ ]적합 [ ]부적합 [ ]해당 없음		
		기능의 적부	작동확인	[ ]적합 [ ]부적합 [ ]해당 없음		
기타사항						

3) 옥외탱크저장소의 일반 점검표

[별지 제11호 서식] (1쪽)

옥외탱크저장소 일반 점검표			점검기간 :		
			점검자 :		서명(또는 인)
			설치자 :		서명(또는 인)
옥외탱크저장소의 형태	[ ]고정지붕식 [ ]부상지붕식 [ ]지중탱크 [ ]부상덮개부착 고정지붕식 [ ]해상탱크 [ ]기타		설치허가 연월일 및 완공검사번호		
설치자			안전관리자		
사업소명			설치위치		
위험물 현황	품명		허가량	지정수량의 배수	
위험물 저장·취급 개요					
시설명/호칭번호					
점검항목	점검내용	점검방법	점검결과		비고
안전거리	보호대상물 신설 여부	육안 및 실측	[ ]적합 [ ]부적합 [ ]해당 없음		
	방화상 유효한 담의 손상유무	육안	[ ]적합 [ ]부적합 [ ]해당 없음		
보유공지	허가 외 물건 존치 여부	육안	[ ]적합 [ ]부적합 [ ]해당 없음		
	물분무설비 기능의 적부	작동확인	[ ]적합 [ ]부적합 [ ]해당 없음		
탱크의 침하	부등침하의 유무	육안	[ ]적합 [ ]부적합 [ ]해당 없음		
기초	균열·손상 등의 유무	육안	[ ]적합 [ ]부적합 [ ]해당 없음		
	배수관의 손상 유무 및 막힘 유무	육안	[ ]적합 [ ]부적합 [ ]해당 없음		
저부	바닥판 (애뉼러판 포함)	누설 유무	육안	[ ]적합 [ ]부적합 [ ]해당 없음	
		장출부의 변형·균열 유무	육안	[ ]적합 [ ]부적합 [ ]해당 없음	
		장출부의 토사퇴적·체수 유무	육안	[ ]적합 [ ]부적합 [ ]해당 없음	
		장출부 도장상황의 적부 및 부식 유무	육안 및 두께측정	[ ]적합 [ ]부적합 [ ]해당 없음	
		고정 상태의 적부	육안	[ ]적합 [ ]부적합 [ ]해당 없음	
	빗물침투 방지설비	변형·균열·박리 등의 유무	육안	[ ]적합 [ ]부적합 [ ]해당 없음	
	배수관 등	누설 유무	육안	[ ]적합 [ ]부적합 [ ]해당 없음	
		부식·변형·균열 유무	육안	[ ]적합 [ ]부적합 [ ]해당 없음	
		피트의 손상·체유·체수·토사퇴적 등의 유무	육안	[ ]적합 [ ]부적합 [ ]해당 없음	
		배수관과 피트의 간격 적부	육안	[ ]적합 [ ]부적합 [ ]해당 없음	
옆판부	옆판	누설 유무	육안	[ ]적합 [ ]부적합 [ ]해당 없음	
		변형·균열 유무	육안	[ ]적합 [ ]부적합 [ ]해당 없음	
		도장상황의 적부 및 부식 유무	육안 및 두께측정	[ ]적합 [ ]부적합 [ ]해당 없음	
	노즐·맨홀 등	누설 유무	육안	[ ]적합 [ ]부적합 [ ]해당 없음	
		변형·손상 유무	육안	[ ]적합 [ ]부적합 [ ]해당 없음	
		부착부의 손상 유무	육안	[ ]적합 [ ]부적합 [ ]해당 없음	
		도장상황의 적부 및 부식 유무	육안 및 두께측정	[ ]적합 [ ]부적합 [ ]해당 없음	
	접지	단선 유무	육안	[ ]적합 [ ]부적합 [ ]해당 없음	
		부착부분의 탈락 유무	육안	[ ]적합 [ ]부적합 [ ]해당 없음	
		접지저항치의 적부	저항측정	[ ]적합 [ ]부적합 [ ]해당 없음	
	윈드가드 및 계단	변형·손상 유무	육안	[ ]적합 [ ]부적합 [ ]해당 없음	
		도장상항의 적부 및 부식 유무	육안	[ ]적합 [ ]부적합 [ ]해당 없음	
지붕부	지붕판	변형·균열 유무	육안	[ ]적합 [ ]부적합 [ ]해당 없음	
		체수의 유무	육안	[ ]적합 [ ]부적합 [ ]해당 없음	
		도장상황의 적부 및 부식 유무	육안 및 두께측정	[ ]적합 [ ]부적합 [ ]해당 없음	
		실(Seal)기구의 적부(탱크 개방 시)	육안	[ ]적합 [ ]부적합 [ ]해당 없음	
		루프드레인의 적부	육안	[ ]적합 [ ]부적합 [ ]해당 없음	
		폰튠·가이드폴의 적부(탱크 개방 시)	육안	[ ]적합 [ ]부적합 [ ]해당 없음	
		그 밖의 부상지붕 관련 설비의 적부	육안	[ ]적합 [ ]부적합 [ ]해당 없음	

(2쪽)

지붕부	안전장치	작동의 적부	육안 및 작동확인	[ ]적합 [ ]부적합 [ ]해당 없음	
		부식·손상 유무	육안	[ ]적합 [ ]부적합 [ ]해당 없음	
	통기관	인화방지장치의 손상·막힘 유무	육안	[ ]적합 [ ]부적합 [ ]해당 없음	
		화염방지장치 접합부의 고정 상태 적부	육안	[ ]적합 [ ]부적합 [ ]해당 없음	
		대기밸브 작동상황의 적부	작동확인	[ ]적합 [ ]부적합 [ ]해당 없음	
		통기관 내 장애물의 유무	육안	[ ]적합 [ ]부적합 [ ]해당 없음	
		도장상황의 적부 및 부식 유무	육안	[ ]적합 [ ]부적합 [ ]해당 없음	
	검측구·샘플링구·맨홀	변형·균열·틈새의 유무	육안	[ ]적합 [ ]부적합 [ ]해당 없음	
		도장상항의 적부 및 부식 유무	육안	[ ]적합 [ ]부적합 [ ]해당 없음	
계측장치	액량자동표시장치	손상 유무	육안	[ ]적합 [ ]부적합 [ ]해당 없음	
		작동상황의 적부	육안 및 작동확인	[ ]적합 [ ]부적합 [ ]해당 없음	
		부착부의 손상 유무	육안	[ ]적합 [ ]부적합 [ ]해당 없음	
	온도계	손상 유무	육안	[ ]적합 [ ]부적합 [ ]해당 없음	
		작동상황의 적부	육안 및 작동확인	[ ]적합 [ ]부적합 [ ]해당 없음	
		부착부의 손상 유무	육안	[ ]적합 [ ]부적합 [ ]해당 없음	
	압력계	손상 유무	육안	[ ]적합 [ ]부적합 [ ]해당 없음	
		작동상황의 적부	육안 및 작동확인	[ ]적합 [ ]부적합 [ ]해당 없음	
		부착부의 손상 유무	육안	[ ]적합 [ ]부적합 [ ]해당 없음	
	액면상하한경보설비	손상 유무	육안	[ ]적합 [ ]부적합 [ ]해당 없음	
		작동상황의 적부	육안 및 작동확인	[ ]적합 [ ]부적합 [ ]해당 없음	
		부착부의 손상 유무	육안	[ ]적합 [ ]부적합 [ ]해당 없음	
배관·밸브 등	배관(플랜지·밸브 포함)	누설 유무	육안	[ ]적합 [ ]부적합 [ ]해당 없음	
		변형·손상 유무	육안	[ ]적합 [ ]부적합 [ ]해당 없음	
		도장상황의 적부 및 부식 유무	육안	[ ]적합 [ ]부적합 [ ]해당 없음	
		지반면과 이격 상태의 적부	육안	[ ]적합 [ ]부적합 [ ]해당 없음	
	배관의 피트	균열·손상 유무	육안	[ ]적합 [ ]부적합 [ ]해당 없음	
		체유·체수·토사퇴적 등의 유무	육안	[ ]적합 [ ]부적합 [ ]해당 없음	
	전기방식설비	단자함의 손상·토사퇴적 등의 유무	육안	[ ]적합 [ ]부적합 [ ]해당 없음	
		단자의 탈락 유무	육안	[ ]적합 [ ]부적합 [ ]해당 없음	
		방식전류(전위)의 적부	전위측정	[ ]적합 [ ]부적합 [ ]해당 없음	
	주입구	폐쇄시의 누설 유무	육안	[ ]적합 [ ]부적합 [ ]해당 없음	
		변형·손상 유무	육안	[ ]적합 [ ]부적합 [ ]해당 없음	
		접지전극의 손상 유무	육안	[ ]적합 [ ]부적합 [ ]해당 없음	
		접지저항치의 적부	저항측정	[ ]적합 [ ]부적합 [ ]해당 없음	
	배기밸브	누설 유무	육안	[ ]적합 [ ]부적합 [ ]해당 없음	
		도장상황의 적부 및 부식 유무	육안	[ ]적합 [ ]부적합 [ ]해당 없음	
		기능의 적부	작동확인	[ ]적합 [ ]부적합 [ ]해당 없음	
펌프설비 등	전동기	손상 유무	육안	[ ]적합 [ ]부적합 [ ]해당 없음	
		고정 상태의 적부	육안	[ ]적합 [ ]부적합 [ ]해당 없음	
		회전부 등의 급유 상태 적부	육안	[ ]적합 [ ]부적합 [ ]해당 없음	
		이상신봉·소음·발열 등의 유무	육안 및 자동확인	[ ]적합 [ ]부적합 [ ]해당 없음	
	펌프	누설 유무	육안	[ ]적합 [ ]부적합 [ ]해당 없음	
		변형·손상 유무	육안	[ ]적합 [ ]부적합 [ ]해당 없음	
		도장상황의 적부 및 부식 유무	육안	[ ]적합 [ ]부적합 [ ]해당 없음	
		고정 상태의 적부	육안	[ ]적합 [ ]부적합 [ ]해당 없음	
		회전부 등의 급유 상태 적부	육안	[ ]적합 [ ]부적합 [ ]해당 없음	
		유량 및 유압의 적부	육안	[ ]적합 [ ]부적합 [ ]해당 없음	
		이상진동·소음·발열 등의 유무	육안 및 작동확인	[ ]적합 [ ]부적합 [ ]해당 없음	
		기초의 균열·손상 유무	육안	[ ]적합 [ ]부적합 [ ]해당 없음	

펌프설비 등	접지	단선 유무	육안	[ ]적합 [ ]부적합 [ ]해당 없음	
		부착부분의 탈락 유무	육안	[ ]적합 [ ]부적합 [ ]해당 없음	
		접지저항치의 적부	저항측정	[ ]적합 [ ]부적합 [ ]해당 없음	
	주위·바닥·집유설비·유분리장치	균열·손상 등 유무	육안	[ ]적합 [ ]부적합 [ ]해당 없음	
		체유·체수·토사퇴적 등의 유무	육안	[ ]적합 [ ]부적합 [ ]해당 없음	
	펌프실	지붕·벽·바닥·방화문 등의 균열·손상 유무	육안	[ ]적합 [ ]부적합 [ ]해당 없음	
		환기·배출설비 등의 손상 유무 및 기능의 적부	육안 및 작동확인	[ ]적합 [ ]부적합 [ ]해당 없음	
		조명설비의 손상 유무	육안	[ ]적합 [ ]부적합 [ ]해당 없음	
방유제등	방유제	변형·균열·손상 유무	육안	[ ]적합 [ ]부적합 [ ]해당 없음	
	배수관	배수관의 손상 유무	육안	[ ]적합 [ ]부적합 [ ]해당 없음	
		배수관 개폐상황의 적부	육안	[ ]적합 [ ]부적합 [ ]해당 없음	
	배수구	배수구의 균열·손상 유무	육안	[ ]적합 [ ]부적합 [ ]해당 없음	
		배수구내의 체유·체수·토사퇴적 등의 유무	육안	[ ]적합 [ ]부적합 [ ]해당 없음	
	집유설비	체유·체수·토사퇴적 등의 유무	육안	[ ]적합 [ ]부적합 [ ]해당 없음	
	계단	변형·손상 유무	육안	[ ]적합 [ ]부적합 [ ]해당 없음	
전기설비	배전반·차단기·배선 등	변형·손상 유무	육안	[ ]적합 [ ]부적합 [ ]해당 없음	
		고정 상태의 적부	육안	[ ]적합 [ ]부적합 [ ]해당 없음	
		기능의 적부	육안 및 작동확인	[ ]적합 [ ]부적합 [ ]해당 없음	
		배선접합부의 탈락 유무	육안	[ ]적합 [ ]부적합 [ ]해당 없음	
	접지	단선 유무	육안	[ ]적합 [ ]부적합 [ ]해당 없음	
		부착부분의 탈락 유무	육안	[ ]적합 [ ]부적합 [ ]해당 없음	
		접지저항치의 적부	저항측정	[ ]적합 [ ]부적합 [ ]해당 없음	
	피뢰설비	돌침부의 경사·손상·부착 상태 적부	육안	[ ]적합 [ ]부적합 [ ]해당 없음	
		피뢰도선의 단선 및 벽체 등과 접촉 유무	육안	[ ]적합 [ ]부적합 [ ]해당 없음	
		접지저항치의 적부	저항측정	[ ]적합 [ ]부적합 [ ]해당 없음	
	표지·게시판	손상 유무	육안	[ ]적합 [ ]부적합 [ ]해당 없음	
		기재사항의 적부	육안	[ ]적합 [ ]부적합 [ ]해당 없음	
소화설비	소화기	위치·설치수·압력의 적부	육안	[ ]적합 [ ]부적합 [ ]해당 없음	
	그 밖의 소화설비	소화설비 점검표에 의할 것			
경보설비	자동화재탐지설비	자동화재탐지설비 점검표에 의할 것			
	그 밖의 경보설비	손상 유무	육안	[ ]적합 [ ]부적합 [ ]해당 없음	
		기능의 적부	작동확인	[ ]적합 [ ]부적합 [ ]해당 없음	
기타사항	보온재	손상·탈락 유무	육안	[ ]적합 [ ]부적합 [ ]해당 없음	
		피복재 도장상황의 적부 및 부식의 유무	육안	[ ]적합 [ ]부적합 [ ]해당 없음	
	탱크기둥	변형·손상의 유무(탱크 개방 시)	육안	[ ]적합 [ ]부적합 [ ]해당 없음	
		고정 상태의 적부(탱크 개방 시)	육안	[ ]적합 [ ]부적합 [ ]해당 없음	
	가열장치	고정 상태의 적부	육안	[ ]적합 [ ]부적합 [ ]해당 없음	
	전기방식설비	단자함의 손상·토사퇴적 등의 유무	육안	[ ]적합 [ ]부적합 [ ]해당 없음	
		단자의 탈락 유무	육안	[ ]적합 [ ]부적합 [ ]해당 없음	
		방식전류(전위)의 적부	전위측정	[ ]적합 [ ]부적합 [ ]해당 없음	
	기타				

4) 지하탱크저장소의 일반 점검표

[별지 제12호 서식] (1쪽)

지하탱크저장소 일반 점검표						점검기간 : 점검자 : 서명(또는 인) 설치자 : 서명(또는 인)	
지하탱크저장소의 형태	이중벽 (여·부) 전용실설치 여부 (여·부)		설치허가 연월일 및 완공검사번호			
설치자			안전관리자			
사업소명			설치위치			
위험물 현황	품명		허가량		지정수량의 배수	
위험물 저장·취급 개요							
시설명/호칭번호							
점검항목		점검내용	점검방법	점검결과		비고
탱크본체		누설 유무	육안	[ ]적합 [ ]부적합 [ ]해당 없음		
상부		뚜껑의 균열·변형·손상·부등침하 유무	육안 및 실측	[ ]적합 [ ]부적합 [ ]해당 없음		
^		허가 외 구조물 설치 여부	육안	[ ]적합 [ ]부적합 [ ]해당 없음		
맨홀		변형·손상·토사퇴적 등의 유무	육안	[ ]적합 [ ]부적합 [ ]해당 없음		
통기관		인화방지장치의 손상·막힘 유무	육안	[ ]적합 [ ]부적합 [ ]해당 없음		
^		화염방지장치 접합부의 고정 상태 적부	육안	[ ]적합 [ ]부적합 [ ]해당 없음		
^		밸브 작동상황의 적부	작동확인	[ ]적합 [ ]부적합 [ ]해당 없음		
^		통기관 내 장애물의 유무	육안	[ ]적합 [ ]부적합 [ ]해당 없음		
^		도장상황의 적부 및 부식 유무	육안	[ ]적합 [ ]부적합 [ ]해당 없음		
안전장치		작동의 적부	육안 및 작동확인	[ ]적합 [ ]부적합 [ ]해당 없음		
^		부식·손상 유무	육안	[ ]적합 [ ]부적합 [ ]해당 없음		
가연성 증기 회수장치		손상의 유무	육안	[ ]적합 [ ]부적합 [ ]해당 없음		
^		작동상황의 적부	육안	[ ]적합 [ ]부적합 [ ]해당 없음		
계측 장치	액량자동 표시장치	손상 유무	육안	[ ]적합 [ ]부적합 [ ]해당 없음		
^	^	작동상황의 적부	육안 및 작동확인	[ ]적합 [ ]부적합 [ ]해당 없음		
^	^	부착부의 손상 유무	육안	[ ]적합 [ ]부적합 [ ]해당 없음		
^	온도계	손상 유무	육안	[ ]적합 [ ]부적합 [ ]해당 없음		
^	^	작동상황의 적부	육안 및 작동확인	[ ]적합 [ ]부적합 [ ]해당 없음		
^	^	부착부의 손상 유무	육안	[ ]적합 [ ]부적합 [ ]해당 없음		
^	계량구	덮개 폐쇄상황의 적부	육안	[ ]적합 [ ]부적합 [ ]해당 없음		
^	^	변형·손상 유무	육안	[ ]적합 [ ]부적합 [ ]해당 없음		
누설검사관		변형·손상·토사퇴적 등의 유무	육안	[ ]적합 [ ]부적합 [ ]해당 없음		
누설감지설비 (이중벽탱크)		손상 유무	육안	[ ]적합 [ ]부적합 [ ]해당 없음		
^		경보장치 기능의 적부	작동확인	[ ]적합 [ ]부적합 [ ]해당 없음		
주입구		폐쇄시의 누설 유무	육안	[ ]적합 [ ]부적합 [ ]해당 없음		
^		변형·손상 유무	육안	[ ]적합 [ ]부적합 [ ]해당 없음		
^		접지전극의 손상 유무	육안	[ ]적합 [ ]부적합 [ ]해당 없음		
^		접지저항치의 적부	저항측정	[ ]적합 [ ]부적합 [ ]해당 없음		
주입구의 피트		균열·손상 유무	육안	[ ]적합 [ ]부적합 [ ]해당 없음		
^		체유·체수·토사퇴적 등의 유무	육안	[ ]적합 [ ]부적합 [ ]해당 없음		

(2쪽)

배관·밸브 등	배관 (플랜지·밸브 포함)	누설 유무	육안	[ ]적합 [ ]부적합 [ ]해당 없음	
		변형·손상의 유무	육안	[ ]적합 [ ]부적합 [ ]해당 없음	
		도장상황의 적부 및 부식 유무	육안	[ ]적합 [ ]부적합 [ ]해당 없음	
		지반면과 이격 상태의 적부	육안	[ ]적합 [ ]부적합 [ ]해당 없음	
	배관의 피트	균열·손상 유무	육안	[ ]적합 [ ]부적합 [ ]해당 없음	
		체유·체수·토사퇴적 등의 유무	육안	[ ]적합 [ ]부적합 [ ]해당 없음	
	전기방식설비	단자함의 손상·토사퇴적 등의 유무	육안	[ ]적합 [ ]부적합 [ ]해당 없음	
		단자의 탈락 유무	육안	[ ]적합 [ ]부적합 [ ]해당 없음	
		방식전류(전위)의 적부	전위측정	[ ]적합 [ ]부적합 [ ]해당 없음	
	점검함	균열·손상·체유·체수·토사퇴적 등의 유무	육안	[ ]적합 [ ]부적합 [ ]해당 없음	
	밸브	누설·손상 유무	육안	[ ]적합 [ ]부적합 [ ]해당 없음	
		폐쇄기능의 적부	작동확인	[ ]적합 [ ]부적합 [ ]해당 없음	
펌프설비 등	전동기	손상 유무	육안	[ ]적합 [ ]부적합 [ ]해당 없음	
		고정 상태의 적부	육안	[ ]적합 [ ]부적합 [ ]해당 없음	
		회전부 등의 급유 상태의 적부	육안	[ ]적합 [ ]부적합 [ ]해당 없음	
		이상진동·소음·발열 등의 유무	육안 및 작동확인	[ ]적합 [ ]부적합 [ ]해당 없음	
	펌프	누설 유무	육안	[ ]적합 [ ]부적합 [ ]해당 없음	
		변형·손상 유무	육안	[ ]적합 [ ]부적합 [ ]해당 없음	
		도장 상태의 적부 및 부식 유무	육안	[ ]적합 [ ]부적합 [ ]해당 없음	
		고정 상태의 적부	육안	[ ]적합 [ ]부적합 [ ]해당 없음	
		회전부 등의 급유 상태의 적부	육안	[ ]적합 [ ]부적합 [ ]해당 없음	
		유량 및 유압의 적부	육안	[ ]적합 [ ]부적합 [ ]해당 없음	
		이상진동·소음·발열 등의 유무	육안 및 작동확인	[ ]적합 [ ]부적합 [ ]해당 없음	
		기초의 균열·손상 유무	육안	[ ]적합 [ ]부적합 [ ]해당 없음	
	접지	단선 유무	육안	[ ]적합 [ ]부적합 [ ]해당 없음	
		부착부분의 탈락 유무	육안	[ ]적합 [ ]부적합 [ ]해당 없음	
		접지저항치의 적부	저항측정	[ ]적합 [ ]부적합 [ ]해당 없음	
	주위·바닥·집유설비·유분리장치	균열·손상 등의 유무	육안	[ ]적합 [ ]부적합 [ ]해당 없음	
		체유·체수·토사퇴적 등의 유무	육안	[ ]적합 [ ]부적합 [ ]해당 없음	
	펌프실	지붕·벽·바닥·방화문 등의 균열·손상 유무	육안	[ ]적합 [ ]부적합 [ ]해당 없음	
		환기·배출설비 등의 손상 유무 및 기능의 적부	육안 및 작동확인	[ ]적합 [ ]부적합 [ ]해당 없음	
		조명설비의 손상 유무	육안	[ ]적합 [ ]부적합 [ ]해당 없음	
전기설비	배전반·차단기·배선 등	변형·손상 유무	육안	[ ]적합 [ ]부적합 [ ]해당 없음	
		고정 상태의 적부	육안	[ ]적합 [ ]부적합 [ ]해당 없음	
		기능의 적부	육안 및 작동확인	[ ]적합 [ ]부적합 [ ]해당 없음	
		배선접합부의 탈락 유무	육안	[ ]적합 [ ]부적합 [ ]해당 없음	
	접지	단선 유무	육안	[ ]적합 [ ]부적합 [ ]해당 없음	
		부착부분의 탈락 유무	육안	[ ]적합 [ ]부적합 [ ]해당 없음	
		접지저항치의 적부	저항측정	[ ]적합 [ ]부적합 [ ]해당 없음	
표지·게시판		손상 유무	육안	[ ]적합 [ ]부적합 [ ]해당 없음	
		기재사항의 적부	육안	[ ]적합 [ ]부적합 [ ]해당 없음	
소화기		위치·설치수·압력의 적부	육안	[ ]적합 [ ]부적합 [ ]해당 없음	
경보설비		손상 유무	육안	[ ]적합 [ ]부적합 [ ]해당 없음	
		기능의 적부	작동확인	[ ]적합 [ ]부적합 [ ]해당 없음	
기타사항					

5) 이동탱크저장소의 일반 점검표

[별지 제13호 서식] (1쪽)

<table>
<tr><td colspan="6">이동탱크저장소 일반 점검표   점검기간 :
점검자 :   서명(또는 인)
설치자 :   서명(또는 인)</td></tr>
<tr><td>이동탱크저장소의 형태</td><td colspan="2">컨테이너식 (여 · 부)
견인식 (여 · 부)</td><td colspan="3">설치허가 연월일 및 완공검사번호</td></tr>
<tr><td>설치자</td><td colspan="2"></td><td colspan="3">위험물운송자</td></tr>
<tr><td>사업소명</td><td colspan="2"></td><td colspan="3">상치장소</td></tr>
<tr><td>위험물 현황</td><td colspan="2">품명</td><td>허가량</td><td colspan="2">지정수량의 배수</td></tr>
<tr><td>위험물저장 · 취급 개요</td><td colspan="5"></td></tr>
<tr><td>시설명/호칭번호</td><td colspan="5"></td></tr>
<tr><td>점검항목</td><td colspan="2">점검내용</td><td>점검방법</td><td>점검결과</td><td>비고</td></tr>
<tr><td rowspan="2">상치장소</td><td colspan="2">이격거리의 적부(옥외)</td><td>육안</td><td>[ ]적합 [ ]부적합 [ ]해당 없음</td><td></td></tr>
<tr><td colspan="2">벽 · 기둥 · 지붕 등의 균열 · 손상 유무(옥내)</td><td>육안</td><td>[ ]적합 [ ]부적합 [ ]해당 없음</td><td></td></tr>
<tr><td>탱크본체</td><td colspan="2">누설 유무</td><td>육안</td><td>[ ]적합 [ ]부적합 [ ]해당 없음</td><td></td></tr>
<tr><td>탱크프레임</td><td colspan="2">균열 · 변형 유무</td><td>육안</td><td>[ ]적합 [ ]부적합 [ ]해당 없음</td><td></td></tr>
<tr><td rowspan="2">탱크의 고정</td><td colspan="2">고정 상태의 적부</td><td>육안</td><td>[ ]적합 [ ]부적합 [ ]해당 없음</td><td></td></tr>
<tr><td colspan="2">고정금속구의 균열 · 손상 유무</td><td>육안</td><td>[ ]적합 [ ]부적합 [ ]해당 없음</td><td></td></tr>
<tr><td rowspan="3">안전장치</td><td colspan="2">작동상황의 적부</td><td>육안 및 조작시험</td><td>[ ]적합 [ ]부적합 [ ]해당 없음</td><td></td></tr>
<tr><td colspan="2">본체의 손상 유무</td><td>육안</td><td>[ ]적합 [ ]부적합 [ ]해당 없음</td><td></td></tr>
<tr><td colspan="2">인화방지장치의 손상 및 막힘 유무</td><td>육안</td><td>[ ]적합 [ ]부적합 [ ]해당 없음</td><td></td></tr>
<tr><td>맨홀</td><td colspan="2">뚜껑의 이탈 유무</td><td>육안</td><td>[ ]적합 [ ]부적합 [ ]해당 없음</td><td></td></tr>
<tr><td rowspan="2">주입구</td><td colspan="2">뚜껑의 개폐상황의 적부</td><td>육안</td><td>[ ]적합 [ ]부적합 [ ]해당 없음</td><td></td></tr>
<tr><td colspan="2">패킹의 마모 상태</td><td>육안</td><td>[ ]적합 [ ]부적합 [ ]해당 없음</td><td></td></tr>
<tr><td rowspan="3">가연성 증기 회수설비</td><td colspan="2">회수구의 변형 · 손상의 유무</td><td>육안</td><td>[ ]적합 [ ]부적합 [ ]해당 없음</td><td></td></tr>
<tr><td colspan="2">호스결합장치의 균열 · 손상의 유무</td><td>육안</td><td>[ ]적합 [ ]부적합 [ ]해당 없음</td><td></td></tr>
<tr><td colspan="2">완충이음 등의 균열 · 변형 · 손상의 유무</td><td>육안</td><td>[ ]적합 [ ]부적합 [ ]해당 없음</td><td></td></tr>
<tr><td rowspan="2">정전기제거설비</td><td colspan="2">변형 · 손상 유무</td><td>육안</td><td>[ ]적합 [ ]부적합 [ ]해당 없음</td><td></td></tr>
<tr><td colspan="2">부착부의 이탈 유무</td><td>육안</td><td>[ ]적합 [ ]부적합 [ ]해당 없음</td><td></td></tr>
<tr><td rowspan="2">방호틀 · 측면틀</td><td colspan="2">균열 · 변형 · 손상 유무</td><td>육안</td><td>[ ]적합 [ ]부적합 [ ]해당 없음</td><td></td></tr>
<tr><td colspan="2">부식 유무</td><td>육안</td><td>[ ]적합 [ ]부적합 [ ]해당 없음</td><td></td></tr>
<tr><td rowspan="4">배출밸브 · 자동폐쇄장치 ·
토출밸브 · 드레인밸브 ·
바이패스밸브 · 전환밸브 등</td><td colspan="2">작동상황의 적부</td><td>육안 및 작동확인</td><td>[ ]적합 [ ]부적합 [ ]해당 없음</td><td></td></tr>
<tr><td colspan="2">폐쇄장치의 작동상황의 적부</td><td>육안 및 작동확인</td><td>[ ]적합 [ ]부적합 [ ]해당 없음</td><td></td></tr>
<tr><td colspan="2">균열 · 손상 유무</td><td>육안</td><td>[ ]적합 [ ]부적합 [ ]해당 없음</td><td></td></tr>
<tr><td colspan="2">누설 유무</td><td>육안</td><td>[ ]적합 [ ]부적합 [ ]해당 없음</td><td></td></tr>
<tr><td rowspan="2">배관</td><td colspan="2">누설 유무</td><td>육안</td><td>[ ]적합 [ ]부적합 [ ]해당 없음</td><td></td></tr>
<tr><td colspan="2">고정금속결합구의 고정 상태의 적부</td><td>육안</td><td>[ ]적합 [ ]부적합 [ ]해당 없음</td><td></td></tr>
<tr><td rowspan="2">전기설비</td><td colspan="2">변형 · 손상 유무</td><td>육안</td><td>[ ]적합 [ ]부적합 [ ]해당 없음</td><td></td></tr>
<tr><td colspan="2">배선접속부의 탈락 유무</td><td>육안</td><td>[ ]적합 [ ]부적합 [ ]해당 없음</td><td></td></tr>
<tr><td rowspan="3">접지도선</td><td colspan="2">접지도선과 선단크립의 도통 상태의 적부</td><td>확인시험</td><td>[ ]적합 [ ]부적합 [ ]해당 없음</td><td></td></tr>
<tr><td colspan="2">회전부의 회전 상태의 적부</td><td>확인시험</td><td>[ ]적합 [ ]부적합 [ ]해당 없음</td><td></td></tr>
<tr><td colspan="2">접지도선의 접속 상태의 적부</td><td>확인시험</td><td>[ ]적합 [ ]부적합 [ ]해당 없음</td><td></td></tr>
<tr><td>주입호스 · 금속결합구</td><td colspan="2">균열 · 변형 · 손상 유무</td><td>육안</td><td>[ ]적합 [ ]부적합 [ ]해당 없음</td><td></td></tr>
<tr><td>펌프설비</td><td colspan="2">누설 유무</td><td>육안</td><td>[ ]적합 [ ]부적합 [ ]해당 없음</td><td></td></tr>
<tr><td>표시 · 표지</td><td colspan="2">손상 유무 및 내용의 적부</td><td>육안</td><td>[ ]적합 [ ]부적합 [ ]해당 없음</td><td></td></tr>
<tr><td>소화기</td><td colspan="2">설치수 · 압력의 적부</td><td>육안</td><td>[ ]적합 [ ]부적합 [ ]해당 없음</td><td></td></tr>
<tr><td>보냉온재</td><td colspan="2">부식 유무</td><td>육안</td><td>[ ]적합 [ ]부적합 [ ]해당 없음</td><td></td></tr>
<tr><td rowspan="3">컨테이
너식</td><td colspan="2">상자틀</td><td>균열 · 변형 · 손상 유무</td><td>육안</td><td>[ ]적합 [ ]부적합 [ ]해당 없음</td></tr>
<tr><td colspan="2">금속결합구 ·
모서리볼트 · U볼트</td><td>균열 · 변형 · 손상 유무</td><td>육안</td><td>[ ]적합 [ ]부적합 [ ]해당 없음</td></tr>
<tr><td colspan="2">탱크검사(시험)합격확인증</td><td>손상 유무</td><td>육안</td><td>[ ]적합 [ ]부적합 [ ]해당 없음</td></tr>
<tr><td colspan="3">기타사항</td><td colspan="3"></td></tr>
</table>

6) 옥외저장소의 일반 점검표

[별지 제14호 서식] (1쪽)

<table>
<tr><td colspan="6">옥외저장소 일반 점검표
점검기간 :
점검자 : 서명(또는 인)
설치자 : 서명(또는 인)</td></tr>
<tr><td colspan="2">옥외저장소의 면적</td><td></td><td>설치허가 연월일 및 완공검사번호</td><td colspan="2"></td></tr>
<tr><td colspan="2">설치자</td><td></td><td>안전관리자</td><td colspan="2"></td></tr>
<tr><td colspan="2">사업소명</td><td></td><td>설치위치</td><td colspan="2"></td></tr>
<tr><td colspan="2">위험물 현황</td><td>품명</td><td>허가량</td><td>지정수량의 배수</td><td></td></tr>
<tr><td colspan="2">위험물 저장·취급 개요</td><td colspan="4"></td></tr>
<tr><td colspan="2">시설명/호칭번호</td><td colspan="4"></td></tr>
<tr><td colspan="2">점검항목</td><td>점검내용</td><td>점검방법</td><td>점검결과</td><td>비고</td></tr>
<tr><td colspan="2">안전거리</td><td>보호대상물 신설 여부</td><td>육안 및 실측</td><td>[ ]적합 [ ]부적합 [ ]해당 없음</td><td></td></tr>
<tr><td colspan="2"></td><td>방화상 유효한 담의 손상 유무</td><td>육안</td><td>[ ]적합 [ ]부적합 [ ]해당 없음</td><td></td></tr>
<tr><td colspan="2">보유공지</td><td>허가 외 물건 존치 여부</td><td>육안</td><td>[ ]적합 [ ]부적합 [ ]해당 없음</td><td></td></tr>
<tr><td colspan="2">경계표시</td><td>변형·손상 유무</td><td>육안</td><td>[ ]적합 [ ]부적합 [ ]해당 없음</td><td></td></tr>
<tr><td rowspan="5">지반면 등</td><td>지반면</td><td>패임의 유무 및 배수의 적부</td><td>육안</td><td>[ ]적합 [ ]부적합 [ ]해당 없음</td><td></td></tr>
<tr><td rowspan="2">배수구</td><td>균열·손상 유무</td><td>육안</td><td>[ ]적합 [ ]부적합 [ ]해당 없음</td><td></td></tr>
<tr><td>체유·체수·토사퇴적 등의 유무</td><td>육안</td><td>[ ]적합 [ ]부적합 [ ]해당 없음</td><td></td></tr>
<tr><td rowspan="2">유분리장치</td><td>균열·손상 유무</td><td>육안</td><td>[ ]적합 [ ]부적합 [ ]해당 없음</td><td></td></tr>
<tr><td>체유·체수·토사퇴적 등의 유무</td><td>육안</td><td>[ ]적합 [ ]부적합 [ ]해당 없음</td><td></td></tr>
<tr><td colspan="2" rowspan="3">선반</td><td>변형·손상 유무</td><td>육안</td><td>[ ]적합 [ ]부적합 [ ]해당 없음</td><td></td></tr>
<tr><td>고정 상태의 적부</td><td>육안</td><td>[ ]적합 [ ]부적합 [ ]해당 없음</td><td></td></tr>
<tr><td>낙하방지조치의 적부</td><td>육안</td><td>[ ]적합 [ ]부적합 [ ]해당 없음</td><td></td></tr>
<tr><td colspan="2">표지·게시판</td><td>손상 유무 및 내용의 적부</td><td>육안</td><td>[ ]적합 [ ]부적합 [ ]해당 없음</td><td></td></tr>
<tr><td rowspan="2">소화설비</td><td>소화기</td><td>위치·설치수·압력의 적부</td><td>육안</td><td>[ ]적합 [ ]부적합 [ ]해당 없음</td><td></td></tr>
<tr><td>그 밖의 소화설비</td><td colspan="4">소화설비 점검표에 의할 것</td></tr>
<tr><td colspan="2" rowspan="2">경보설비</td><td>손상 유무</td><td>육안</td><td>[ ]적합 [ ]부적합 [ ]해당 없음</td><td></td></tr>
<tr><td>작동의 적부</td><td>육안 및 작동확인</td><td>[ ]적합 [ ]부적합 [ ]해당 없음</td><td></td></tr>
<tr><td colspan="2">살수설비</td><td>작동의 적부</td><td>육안 및 작동확인</td><td>[ ]적합 [ ]부적합 [ ]해당 없음</td><td></td></tr>
<tr><td colspan="2">기타사항</td><td colspan="4"></td></tr>
</table>

7) 암반탱크저장소의 일반 점검표

[별지 제15호 서식] (1쪽)

암반탱크저장소 일반 점검표				점검기간 : 점검자 : 서명(또는 인) 설치자 : 서명(또는 인)		
암반탱크의 용적			설치허가 연월일 및 완공검사번호			
설치자			안전관리자			
사업소명			설치위치			
위험물 현황	품명		허가량		지정수량의 배수	
위험물 저장·취급 개요						
시설명/호칭번호						
점검항목		점검내용	점검방법	점검결과		비고
탱크 본체	암반투수도	투수계수의 적부	투수계수측정	[ ]적합 [ ]부적합 [ ]해당 없음		
	탱크내부증기압	증기압의 적부	압력측정	[ ]적합 [ ]부적합 [ ]해당 없음		
	탱크내벽	균열·손상 유무	육안	[ ]적합 [ ]부적합 [ ]해당 없음		
		보강재의 이탈·손상의 유무	육안	[ ]적합 [ ]부적합 [ ]해당 없음		
수리 상태	유입지하수량	지하수 충전량과 비교치의 이상 유무	수량측정	[ ]적합 [ ]부적합 [ ]해당 없음		
	수벽공	균열·변형·손상 유무	육안	[ ]적합 [ ]부적합 [ ]해당 없음		
	지하수압	수압의 적부	수압측정	[ ]적합 [ ]부적합 [ ]해당 없음		
표지·게시판		손상 유무 및 내용의 적부	육안	[ ]적합 [ ]부적합 [ ]해당 없음		
압력계		작동의 적부	육안 및 작동확인	[ ]적합 [ ]부적합 [ ]해당 없음		
		부식·손상 유무	육안	[ ]적합 [ ]부적합 [ ]해당 없음		
안전장치		작동상황의 적부	육안 및 조작시험	[ ]적합 [ ]부적합 [ ]해당 없음		
		본체의 손상 유무	육안	[ ]적합 [ ]부적합 [ ]해당 없음		
		인화방지장치의 손상 및 막힘 유무	육안	[ ]적합 [ ]부적합 [ ]해당 없음		
정전기제거설비		변형·손상 유무	육안	[ ]적합 [ ]부적합 [ ]해당 없음		
		부착부의 이탈 유무	육안	[ ]적합 [ ]부적합 [ ]해당 없음		
배관·밸브 등	배관 (플랜지·밸브 포함)	누설 유무	육안	[ ]적합 [ ]부적합 [ ]해당 없음		
		변형·손상 유무	육안	[ ]적합 [ ]부적합 [ ]해당 없음		
		도장상황의 적부 및 부식의 유무	육안	[ ]적합 [ ]부적합 [ ]해당 없음		
		지반면과 이격 상태의 적부	육안	[ ]적합 [ ]부적합 [ ]해당 없음		
	배관의 피트	균열·손상 유무	육안	[ ]적합 [ ]부적합 [ ]해당 없음		
		체유·체수·토사퇴적 등의 유무	육안	[ ]적합 [ ]부적합 [ ]해당 없음		
	전기방식설비	단자함의 손상·토사퇴적 등의 유무	육안	[ ]적합 [ ]부적합 [ ]해당 없음		
		단자의 탈락 유무	육안	[ ]적합 [ ]부적합 [ ]해당 없음		
		방식전류(전위)의 적부	전위측정	[ ]적합 [ ]부적합 [ ]해당 없음		
수입구		폐쇄시의 누설 유무	육안	[ ]적합 [ ]부적합 [ ]해당 없음		
		변형·손상 유무	육안	[ ]적합 [ ]부적합 [ ]해당 없음		
		접지전극의 손상 유무	육안	[ ]적합 [ ]부적합 [ ]해당 없음		
		접지저항치의 적부	저항측정	[ ]적합 [ ]부적합 [ ]해당 없음		
소화 설비	소화기	위치·설치수·압력의 적부	육안	[ ]적합 [ ]부적합 [ ]해당 없음		
	그 밖의 소화설비	소화설비 점검표에 의할 것				
경보 설비	자동화재탐지설비	자동화재탐지설비 점검표에 의할 것				
	그 밖의 경보설비	손상 유무	육안	[ ]적합 [ ]부적합 [ ]해당 없음		
		기능의 적부	작동확인	[ ]적합 [ ]부적합 [ ]해당 없음		
기타사항						

8) 주유취급소의 일반 점검표

[별지 제16호 서식] (1쪽)

주유취급소 일반 점검표			점검기간 :	
			점검자 :	서명(또는 인)
			설치자 :	서명(또는 인)

주유취급소의 형태	[ ]옥내 [ ]옥외 고객이 직접 주유하는 형태 (여·부)		설치허가 연월일 및 완공검사번호	
설치자			안전관리자	
사업소명			설치위치	
위험물 현황	품명		허가량	지정수량의 배수
위험물 저장·취급 개요				
시설명/호칭번호				

점검항목		점검내용	점검방법	점검결과	비고
공지 등	주유·급유공지	장애물의 유무	육안	[ ]적합 [ ]부적합 [ ]해당 없음	
	지반면	주위지반과 고저차의 적부	육안	[ ]적합 [ ]부적합 [ ]해당 없음	
		균열·손상 유무	육안	[ ]적합 [ ]부적합 [ ]해당 없음	
	배수구·유분리장치	균열·손상 유무	육안	[ ]적합 [ ]부적합 [ ]해당 없음	
		체유·체수·토사퇴적 등의 유무	육안	[ ]적합 [ ]부적합 [ ]해당 없음	
	방화담	균열·손상·경사 등의 유무	육안	[ ]적합 [ ]부적합 [ ]해당 없음	
건축물	벽·기둥·바닥·보·지붕	균열·손상 유무	육안	[ ]적합 [ ]부적합 [ ]해당 없음	
	방화문	변형·손상 유무 및 폐쇄기능의 적부	육안	[ ]적합 [ ]부적합 [ ]해당 없음	
	간판등	고정의 적부 및 경사의 유무	육안	[ ]적합 [ ]부적합 [ ]해당 없음	
	다른 용도와의 구획	균열·손상 유무	육안	[ ]적합 [ ]부적합 [ ]해당 없음	
	구멍·구멍이	구멍·구멍이의 유무	육안	[ ]적합 [ ]부적합 [ ]해당 없음	
	감시대등 - 감시대	위치의 적부	육안	[ ]적합 [ ]부적합 [ ]해당 없음	
	감시대등 - 감시설비	기능의 적부	육안 및 작동확인	[ ]적합 [ ]부적합 [ ]해당 없음	
	감시대등 - 제어장치	기능의 적부	육안 및 작동확인	[ ]적합 [ ]부적합 [ ]해당 없음	
	감시대등 - 방송기기등	기능의 적부	육안 및 작동확인	[ ]적합 [ ]부적합 [ ]해당 없음	
전용탱크·폐유탱크·간이탱크	상부	허가 외 구조물 설치 여부	육안	[ ]적합 [ ]부적합 [ ]해당 없음	
	맨홀	변형·손상·토사퇴적 등의 유무	육안	[ ]적합 [ ]부적합 [ ]해당 없음	
	과잉주입방지장치	작동상황의 적부	육안 및 작동확인	[ ]적합 [ ]부적합 [ ]해당 없음	
	가연성 증기회수밸브	작동상황의 적부	육안	[ ]적합 [ ]부적합 [ ]해당 없음	
	액량자동표시장치	작동상황의 적부	육안 및 작동확인	[ ]적합 [ ]부적합 [ ]해당 없음	
	온도계·계량구	작동상황의 적부 및 변형·손상 유무	육안 및 작동확인	[ ]적합 [ ]부적합 [ ]해당 없음	
	탱크본체	누설 유무	육안	[ ]적합 [ ]부적합 [ ]해당 없음	
	누설검사관	변형·손상·토사퇴적 등의 유무	육안	[ ]적합 [ ]부적합 [ ]해당 없음	
	누설감지설비 (이중벽탱크)	경보장치 기능의 적부	작동확인	[ ]적합 [ ]부적합 [ ]해당 없음	
	주입구	접지전극의 손상 유무	육안	[ ]적합 [ ]부적합 [ ]해당 없음	
	주입구의 피트	체유·체수·토사퇴적 등의 유무	육안	[ ]적합 [ ]부적합 [ ]해당 없음	
	통기관	인화방지장치의 손상·막힘 유무	육안	[ ]적합 [ ]부적합 [ ]해당 없음	
		화염방지장치 접합부의 고정 상태 적부	육안	[ ]적합 [ ]부적합 [ ]해당 없음	
		밸브의 작동상황 적부	작동확인	[ ]적합 [ ]부적합 [ ]해당 없음	
		도장상황의 적부 및 부식 유무	육안	[ ]적합 [ ]부적합 [ ]해당 없음	
배관·밸브 등	배관(플랜지·밸브 포함)	도장상황의 적부·부식 및 누설 유무	육안	[ ]적합 [ ]부적합 [ ]해당 없음	
	배관의 피트	체유·체수·토사퇴적 등의 유무	육안	[ ]적합 [ ]부적합 [ ]해당 없음	
	전기방식설비	단자의 탈락 유무	육안	[ ]적합 [ ]부적합 [ ]해당 없음	
	점검함	균열·손상·체유·체수·토사퇴적 등의 유무	육안	[ ]적합 [ ]부적합 [ ]해당 없음	
	밸브	폐쇄기능의 적부	작동확인	[ ]적합 [ ]부적합 [ ]해당 없음	
고정주유설비·급유설비	접합부	누설·변형·손상 유무	육안	[ ]적합 [ ]부적합 [ ]해당 없음	
	고정볼트	부식·풀림 유무	육안	[ ]적합 [ ]부적합 [ ]해당 없음	
	노즐·호스	누설의 유무	육안	[ ]적합 [ ]부적합 [ ]해당 없음	
		균열·손상·결합부의 풀림 유무	육안	[ ]적합 [ ]부적합 [ ]해당 없음	
		유종표시의 손상 유무	육안	[ ]적합 [ ]부적합 [ ]해당 없음	
	펌프	누설의 유무	육안	[ ]적합 [ ]부적합 [ ]해당 없음	
		변형·손상 유무	육안	[ ]적합 [ ]부적합 [ ]해당 없음	
		이상진동·소음·발열 등의 유무	육안 및 작동확인	[ ]적합 [ ]부적합 [ ]해당 없음	

(2쪽)

			유량계	누설·파손 유무	육안	[ ]적합 [ ]부적합 [ ]해당 없음	
고정주유설비·급유설비			표시장치	변형·손상 유무	육안	[ ]적합 [ ]부적합 [ ]해당 없음	
			충돌방지장치	변형·손상 유무	육안	[ ]적합 [ ]부적합 [ ]해당 없음	
			정전기제거설비	손상 유무	육안	[ ]적합 [ ]부적합 [ ]해당 없음	
				접지저항치의 적부	저항측정	[ ]적합 [ ]부적합 [ ]해당 없음	
	현수식		호스릴	누설·변형·손상 유무	육안	[ ]적합 [ ]부적합 [ ]해당 없음	
				호스상승기능·작동상황의 적부	작동확인	[ ]적합 [ ]부적합 [ ]해당 없음	
			긴급이송정지장치	기능의 적부	작동확인	[ ]적합 [ ]부적합 [ ]해당 없음	
	셀프용		기동안전대책노즐	기능의 적부	작동확인	[ ]적합 [ ]부적합 [ ]해당 없음	
			탈락 시 정지장치	기능의 적부	작동확인	[ ]적합 [ ]부적합 [ ]해당 없음	
			가연성 증기 회수장치	기능의 적부	작동확인	[ ]적합 [ ]부적합 [ ]해당 없음	
			만량(滿量)정지장치	기능의 적부	작동확인	[ ]적합 [ ]부적합 [ ]해당 없음	
			긴급이탈커플러	변형·손상 유무	육안	[ ]적합 [ ]부적합 [ ]해당 없음	
			오(誤)주유정지장치	기능의 적부	작동확인	[ ]적합 [ ]부적합 [ ]해당 없음	
			정량정시간제어	기능의 적부	작동확인	[ ]적합 [ ]부적합 [ ]해당 없음	
			노즐	개방 상태고정이 불가한 수동폐쇄장치의 적부	작동확인	[ ]적합 [ ]부적합 [ ]해당 없음	
			누설확산방지장치	변형·손상 유무	육안	[ ]적합 [ ]부적합 [ ]해당 없음	
			"고객용"표시판	변형·손상 유무	육안	[ ]적합 [ ]부적합 [ ]해당 없음	
			자동차정지위치·용기위치표시	변형·손상 유무	육안	[ ]적합 [ ]부적합 [ ]해당 없음	
			사용방법·위험물의 품명표시	변형·손상 유무	육안	[ ]적합 [ ]부적합 [ ]해당 없음	
			"비고객용"표시판	변형·손상 유무	육안	[ ]적합 [ ]부적합 [ ]해당 없음	
펌프실·유고·정비실 등			벽·기둥·보·지붕	손상 유무	육안	[ ]적합 [ ]부적합 [ ]해당 없음	
			방화문	변형·손상의 유무 및 폐쇄기능의 적부	육안	[ ]적합 [ ]부적합 [ ]해당 없음	
			펌프	누설 유무	육안	[ ]적합 [ ]부적합 [ ]해당 없음	
				변형·손상 유무	육안	[ ]적합 [ ]부적합 [ ]해당 없음	
				이상진동·소음·발열 등의 유무	육안 및 작동확인	[ ]적합 [ ]부적합 [ ]해당 없음	
			바닥·점검피트 집유설비	균열·손상·체유·체수·토사퇴적 등의 유무	육안	[ ]적합 [ ]부적합 [ ]해당 없음	
			환기·배출설비	변형·손상 유무	육안	[ ]적합 [ ]부적합 [ ]해당 없음	
			조명설비	손상 유무	육안	[ ]적합 [ ]부적합 [ ]해당 없음	
			누설국한설비·수용설비	체유·체수·토사퇴적 등의 유무	육안	[ ]적합 [ ]부적합 [ ]해당 없음	
			전기설비	배선·기기의 손상의 유무	육안	[ ]적합 [ ]부적합 [ ]해당 없음	
				기능의 적부	작동확인	[ ]적합 [ ]부적합 [ ]해당 없음	
			가연성 증기검지 경보설비	손상 유무	육안	[ ]적합 [ ]부적합 [ ]해당 없음	
				기능의 적부	작동확인	[ ]적합 [ ]부적합 [ ]해당 없음	
부대설비			(증기)세차기	배기통·연통의 탈락·변형·손상 유무	육안	[ ]적합 [ ]부적합 [ ]해당 없음	
				주위의 변형·손상 유무	육안	[ ]적합 [ ]부적합 [ ]해당 없음	
			그 밖의 설비	위치의 적부	육안	[ ]적합 [ ]부적합 [ ]해당 없음	
			표지·게시판	손상 유무	육안	[ ]적합 [ ]부적합 [ ]해당 없음	
				기재사항의 적부	육안	[ ]적합 [ ]부적합 [ ]해당 없음	
소화설비			소화기	위치·설치수·압력의 적부	육안	[ ]적합 [ ]부적합 [ ]해당 없음	
			그 밖의 소화설비	소화설비 점검표에 의할 것			
경보설비			자동화재탐지설비	자동화재탐지설비 점검표에 의할 것			
			그 밖의 경보설비	손상 유무	육안	[ ]적합 [ ]부적합 [ ]해당 없음	
				기능의 적부	작동확인	[ ]적합 [ ]부적합 [ ]해당 없음	
피난설비			유도등본체	점등상황의 적부 및 손상의 유무	육안	[ ]적합 [ ]부적합 [ ]해당 없음	
				시각장애물의 유무	육안	[ ]적합 [ ]부적합 [ ]해당 없음	
			비상전원	정전 시 점등상황의 적부	작동확인	[ ]적합 [ ]부적합 [ ]해당 없음	
			기타사항				

9) 이송취급소의 일반 점검표

[별지 제17호 서식] (1쪽)

이송취급소 일반 점검표				점검기간 :	
				점검자 :	서명(또는 인)
				설치자 :	서명(또는 인)

이송취급소의 총연장		설치허가 연월일 및 완공검사번호	
설치자		안전관리자	
사업소명		설치위치	
위험물 현황	품명	허가량	지정수량의 배수
위험물 저장·취급 개요			
시설명/호칭번호			

점검항목			점검내용	점검방법	점검결과	비고
이송기지	유출방지설비	울타리 등	손상 유무	육안	[ ]적합 [ ]부적합 [ ]해당 없음	
		성토 상태	손상·갈라짐의 유무	육안	[ ]적합 [ ]부적합 [ ]해당 없음	
			경사·굴곡의 유무	육안	[ ]적합 [ ]부적합 [ ]해당 없음	
			배수구개폐상황의 적부 및 막힘 유무	육안	[ ]적합 [ ]부적합 [ ]해당 없음	
		유분리장치	균열·손상 유무	육안	[ ]적합 [ ]부적합 [ ]해당 없음	
			체유·체수·토사퇴적 등의 유무	육안	[ ]적합 [ ]부적합 [ ]해당 없음	
	펌프설비	안전거리	보호대상물의 신설 여부	육안 및 실측	[ ]적합 [ ]부적합 [ ]해당 없음	
		보유공지	허가 외 물건의 존치 여부	육안	[ ]적합 [ ]부적합 [ ]해당 없음	
		펌프실	지붕·벽·바닥·방화문의 균열·손상 유무	육안	[ ]적합 [ ]부적합 [ ]해당 없음	
			환기·배출설비의 손상 유무 및 기능의 적부	육안 및 작동확인	[ ]적합 [ ]부적합 [ ]해당 없음	
			조명설비의 손상 유무	육안	[ ]적합 [ ]부적합 [ ]해당 없음	
		펌프	누설 유무	육안	[ ]적합 [ ]부적합 [ ]해당 없음	
			변형·손상 유무	육안	[ ]적합 [ ]부적합 [ ]해당 없음	
			이상진동·소음·발열 등의 유무	육안 및 작동확인	[ ]적합 [ ]부적합 [ ]해당 없음	
			도장상황의 적부 및 부식 유무	육안	[ ]적합 [ ]부적합 [ ]해당 없음	
			고정상황의 적부	육안	[ ]적합 [ ]부적합 [ ]해당 없음	
		펌프기초	균열·손상 유무	육안	[ ]적합 [ ]부적합 [ ]해당 없음	
			고정상황의 적부	육안	[ ]적합 [ ]부적합 [ ]해당 없음	
		펌프접지	단선 유무	육안	[ ]적합 [ ]부적합 [ ]해당 없음	
			접합부의 탈락 유무	육안	[ ]적합 [ ]부적합 [ ]해당 없음	
			접지저항치의 적부	저항측정	[ ]적합 [ ]부적합 [ ]해당 없음	
		주위·바닥·집유설비·유분리장치	균열·손상 유무	육안	[ ]적합 [ ]부적합 [ ]해당 없음	
			체유·체수·토사퇴적 등의 유무	육안	[ ]적합 [ ]부적합 [ ]해당 없음	
	피그장치	보유공지	허가 외 물건의 존치 여부	육안	[ ]적합 [ ]부적합 [ ]해당 없음	
		본체	누설 유무	육안	[ ]적합 [ ]부적합 [ ]해당 없음	
			변형·손상 유무	육안	[ ]적합 [ ]부적합 [ ]해당 없음	
			내압방출설비 기능의 적부	작동확인	[ ]적합 [ ]부적합 [ ]해당 없음	
		바닥·배수구·집유설비	균열·손상 유무	육안	[ ]적합 [ ]부적합 [ ]해당 없음	
			체유·체수·토사퇴적 등의 유무	육안	[ ]적합 [ ]부적합 [ ]해당 없음	
배관·플랜지 등	주입·토출구	로딩암	누설 유무	육안	[ ]적합 [ ]부적합 [ ]해당 없음	
			변형·손상 유무	육안	[ ]적합 [ ]부적합 [ ]해당 없음	
			도장상황의 적부 및 부식 유무	육안	[ ]적합 [ ]부적합 [ ]해당 없음	
			고정상황의 적부	육안	[ ]적합 [ ]부적합 [ ]해당 없음	
			기능의 적부	작동확인	[ ]적합 [ ]부적합 [ ]해당 없음	
		기타	누설 유무	육안	[ ]적합 [ ]부적합 [ ]해당 없음	
			변형·손상 유무	육안	[ ]적합 [ ]부적합 [ ]해당 없음	
	배관	지상·해상설치 배관	안전거리 내 보호대상물 신설 여부	육안 및 실측	[ ]적합 [ ]부적합 [ ]해당 없음	
			보유공지 내 허가 외 물건의 존치 여부	육안	[ ]적합 [ ]부적합 [ ]해당 없음	
			누설 유무	육안	[ ]적합 [ ]부적합 [ ]해당 없음	
			변형·손상 유무	육안	[ ]적합 [ ]부적합 [ ]해당 없음	
			도장상황의 적부 및 부식의 유무	육안 및 두께측정	[ ]적합 [ ]부적합 [ ]해당 없음	
			지표면과 이격상황의 적부	육안	[ ]적합 [ ]부적합 [ ]해당 없음	

(2쪽)

			점검내용	점검방법	점검결과	
배관·플랜지 등	배관	지하 매설배관	누설 유무	육안	[ ]적합 [ ]부적합 [ ]해당 없음	
			안전거리 내 보호대상물 신설 여부	육안 및 실측	[ ]적합 [ ]부적합 [ ]해당 없음	
		해저 설치배관	누설 유무	육안	[ ]적합 [ ]부적합 [ ]해당 없음	
			변형·손상 유무	육안	[ ]적합 [ ]부적합 [ ]해당 없음	
			해저매설상황의 적부	육안	[ ]적합 [ ]부적합 [ ]해당 없음	
	플랜지·교체밸브·제어밸브 등		누설 유무	육안	[ ]적합 [ ]부적합 [ ]해당 없음	
			변형·손상 유무	육안	[ ]적합 [ ]부적합 [ ]해당 없음	
			도장상황의 적부 및 부식의 유무	육안	[ ]적합 [ ]부적합 [ ]해당 없음	
			볼트의 풀림 유무	육안	[ ]적합 [ ]부적합 [ ]해당 없음	
			밸브개폐표시의 유무	육안	[ ]적합 [ ]부적합 [ ]해당 없음	
			밸브잠금상황의 적부	육안	[ ]적합 [ ]부적합 [ ]해당 없음	
			밸브개폐기능의 적부	작동확인	[ ]적합 [ ]부적합 [ ]해당 없음	
	누설확산 방지장치		변형·손상 유무	육안	[ ]적합 [ ]부적합 [ ]해당 없음	
			도장상황의 적부 및 부식 유무	육안	[ ]적합 [ ]부적합 [ ]해당 없음	
			체유·체수 유무	육안	[ ]적합 [ ]부적합 [ ]해당 없음	
			검지장치 작동상황의 적부	작동확인	[ ]적합 [ ]부적합 [ ]해당 없음	
	랙·지지대 등		변형·손상 유무	육안	[ ]적합 [ ]부적합 [ ]해당 없음	
			도장상황의 적부 및 부식 유무	육안	[ ]적합 [ ]부적합 [ ]해당 없음	
			고정상황의 적부	육안	[ ]적합 [ ]부적합 [ ]해당 없음	
			방호설비의 변형·손상 유무	육안	[ ]적합 [ ]부적합 [ ]해당 없음	
	배관피트 등		균열·손상 유무	육안	[ ]적합 [ ]부적합 [ ]해당 없음	
			체유·체수·토사퇴적 등의 유무	육안	[ ]적합 [ ]부적합 [ ]해당 없음	
	배기구		누설 여부	육안	[ ]적합 [ ]부적합 [ ]해당 없음	
			도장상황의 적부 및 부식 유무	육안	[ ]적합 [ ]부적합 [ ]해당 없음	
			기능의 적부	작동확인	[ ]적합 [ ]부적합 [ ]해당 없음	
	해상배관 및 지지물의 방호설비		변형·손상 유무	육안	[ ]적합 [ ]부적합 [ ]해당 없음	
			부착상황의 적부	육안	[ ]적합 [ ]부적합 [ ]해당 없음	
	긴급차단밸브		손상 유무	육안	[ ]적합 [ ]부적합 [ ]해당 없음	
			개폐상황표시의 유무	육안	[ ]적합 [ ]부적합 [ ]해당 없음	
			주위장애물의 유무	육안	[ ]적합 [ ]부적합 [ ]해당 없음	
			기능의 적부	작동확인	[ ]적합 [ ]부적합 [ ]해당 없음	
	배관접지		단선 유무	육안	[ ]적합 [ ]부적합 [ ]해당 없음	
			접합부의 탈락 유무	육안	[ ]적합 [ ]부적합 [ ]해당 없음	
			접지저항치의 적부	저항측정	[ ]적합 [ ]부적합 [ ]해당 없음	
	배관절연물 등		변형·손상 유무	육안	[ ]적합 [ ]부적합 [ ]해당 없음	
			절연저항치의 적부	저항측정	[ ]적합 [ ]부적합 [ ]해당 없음	
	가열·보온설비		변형·손상 유무	육안	[ ]적합 [ ]부적합 [ ]해당 없음	
			고정상황의 적부	육안	[ ]적합 [ ]부적합 [ ]해당 없음	
			안전장치의 기능 적부	작동확인	[ ]적합 [ ]부적합 [ ]해당 없음	
	전기방식설비		단자함의 손상 및 토사퇴적 등의 유무	육안	[ ]적합 [ ]부적합 [ ]해당 없음	
			단선 및 단자의 풀림 유무	육안	[ ]적합 [ ]부적합 [ ]해당 없음	
			방식전위(전류)의 적부	전위측정	[ ]적합 [ ]부적합 [ ]해당 없음	
	배관응력검지장치		변형·손상 유무	육안	[ ]적합 [ ]부적합 [ ]해당 없음	
			배관응력의 적부	육안	[ ]적합 [ ]부적합 [ ]해당 없음	
			지시상황의 적부	육안	[ ]적합 [ ]부적합 [ ]해당 없음	
터널 내 증기체류 방지조치	배출설비		급배기덕트의 변형·손상 유무	육안	[ ]적합 [ ]부적합 [ ]해당 없음	
			인화방지장치의 손상·막힘 유무	육안	[ ]적합 [ ]부적합 [ ]해당 없음	
			배기구 부근의 화기 유무	육안	[ ]적합 [ ]부적합 [ ]해당 없음	
			가연성 증기경보장치 작동상황의 적부	작동확인	[ ]적합 [ ]부적합 [ ]해당 없음	
	부속설비		배수구·집유설비·유분리장치의 균열·손상·체유·체수·토사퇴적 등의 유무	육안	[ ]적합 [ ]부적합 [ ]해당 없음	
			배수펌프의 손상 유무	육안	[ ]적합 [ ]부적합 [ ]해당 없음	
			조명설비의 손상 유무	육안	[ ]적합 [ ]부적합 [ ]해당 없음	
			방호설비·안전설비 등의 손상 유무	육안	[ ]적합 [ ]부적합 [ ]해당 없음	
	압력계 (압력경보)		본체 및 방호설비의 변형·손상 유무	육안	[ ]적합 [ ]부적합 [ ]해당 없음	
			부착부의 풀림 유무	육안	[ ]적합 [ ]부적합 [ ]해당 없음	
			지시상황의 적부	육안	[ ]적합 [ ]부적합 [ ]해당 없음	
			경보기능의 적부	작동확인	[ ]적합 [ ]부적합 [ ]해당 없음	

(3쪽)

운전상태감시장치	유량계 (유량경보)	본체 및 방호설비의 변형·손상 유무	육안	[ ]적합 [ ]부적합 [ ]해당 없음
		부착부의 풀림 유무	육안	[ ]적합 [ ]부적합 [ ]해당 없음
		지시상황의 적부	육안	[ ]적합 [ ]부적합 [ ]해당 없음
		경보기능의 적부	작동확인	[ ]적합 [ ]부적합 [ ]해당 없음
	온도계 (온도과승검지)	본체 및 방호설비의 변형·손상 유무	육안	[ ]적합 [ ]부적합 [ ]해당 없음
		부착부의 풀림 유무	육안	[ ]적합 [ ]부적합 [ ]해당 없음
		지시상황의 적부	육안	[ ]적합 [ ]부적합 [ ]해당 없음
		경보기능의 적부	작동확인	[ ]적합 [ ]부적합 [ ]해당 없음
	과대진동검지장치	본체 및 방호설비의 변형·손상 유무	육안	[ ]적합 [ ]부적합 [ ]해당 없음
		부착부의 풀림 유무	육안	[ ]적합 [ ]부적합 [ ]해당 없음
		지시상황의 적부	육안	[ ]적합 [ ]부적합 [ ]해당 없음
		경보기능의 적부	작동확인	[ ]적합 [ ]부적합 [ ]해당 없음
	누설검지장치	손상 유무	육안	[ ]적합 [ ]부적합 [ ]해당 없음
		막힘 유무	육안	[ ]적합 [ ]부적합 [ ]해당 없음
		작동상황의 적부	육안	[ ]적합 [ ]부적합 [ ]해당 없음
		경보기능의 적부	작동확인	[ ]적합 [ ]부적합 [ ]해당 없음
안전제어장치		수동기동장치 주위장애물의 유무	육안	[ ]적합 [ ]부적합 [ ]해당 없음
		기능의 적부	작동확인	[ ]적합 [ ]부적합 [ ]해당 없음
압력안전장치		변형·손상 유무	육안	[ ]적합 [ ]부적합 [ ]해당 없음
		기능의 적부	작동확인	[ ]적합 [ ]부적합 [ ]해당 없음
경보설비 및 통보설비		변형·손상 유무	육안	[ ]적합 [ ]부적합 [ ]해당 없음
		부착부의 풀림 유무	육안	[ ]적합 [ ]부적합 [ ]해당 없음
		기능의 적부	작동확인	[ ]적합 [ ]부적합 [ ]해당 없음
순찰차등	순찰차	배치의 적부	육안	[ ]적합 [ ]부적합 [ ]해당 없음
		적재기자재의 종류·수량·기능의 적부	육안 및 작동확인	[ ]적합 [ ]부적합 [ ]해당 없음
	기자재등	창고	건물의 손상의 유무	육안	[ ]적합 [ ]부적합 [ ]해당 없음
			정리상황의 적부	육안	[ ]적합 [ ]부적합 [ ]해당 없음
		기자재	기자재의 종류·수량 적부	육안	[ ]적합 [ ]부적합 [ ]해당 없음
			기자재의 변형·손상 유무 및 기능의 적부	육안 및 작동확인	[ ]적합 [ ]부적합 [ ]해당 없음
비상전원	자가발전설비	변형·손상 유무	육안	[ ]적합 [ ]부적합 [ ]해당 없음
		주위 장애물 유무	육안	[ ]적합 [ ]부적합 [ ]해당 없음
		연료량의 적부	육안	[ ]적합 [ ]부적합 [ ]해당 없음
		기능의 적부	작동확인	[ ]적합 [ ]부적합 [ ]해당 없음
	축전지설비	변형·손상 유무	육안	[ ]적합 [ ]부적합 [ ]해당 없음
		단자볼트풀림 등의 유무	육안	[ ]적합 [ ]부적합 [ ]해당 없음
		전해액량의 적부	육안	[ ]적합 [ ]부적합 [ ]해당 없음
		기능의 적부	작동확인	[ ]적합 [ ]부적합 [ ]해당 없음
감진장치 등		손상 유무	육안	[ ]적합 [ ]부적합 [ ]해당 없음
		기능의 적부	작동확인	[ ]적합 [ ]부적합 [ ]해당 없음
피뢰설비		손상 유무	육안	[ ]적합 [ ]부적합 [ ]해당 없음
		피뢰도선의 단선·손상 유무	육안	[ ]적합 [ ]부적합 [ ]해당 없음
		접지저항치의 적부	저항측정	[ ]적합 [ ]부적합 [ ]해당 없음
전기설비		배선 및 기기의 손상 유무	육안	[ ]적합 [ ]부적합 [ ]해당 없음
		기능의 적부	작동확인	[ ]적합 [ ]부적합 [ ]해당 없음
표시·표지·게시판		기재사항의 적부 및 손상의 유무	육안	[ ]적합 [ ]부적합 [ ]해당 없음
소화설비	소화기	위치·설치수·압력의 적부	육안	[ ]적합 [ ]부적합 [ ]해당 없음
	그 밖의 소화설비	소화설비 점검표에 의할 것		
기타사항				

2 작성방법

1. 이 일반 점검표는 규칙 제64조에 따른 정기점검을 실시하고, 그 결과를 기록하는 데 사용함
2. "점검기간"란에는 점검을 개시하여 완료할 때까지의 기간을 기재하고, 그 기간이 1일인 경우에는 점검일자를 기재함
3. "점검자"란에는 규칙 제67조에 따른 정기점검의 실시자의 성명과 서명(또는 인)을 기재하고, 실시자의 위임 등에 따라 실시자가 아닌 자가 점검을 하더라도 위 실시자의 정보를 기재. 이 경우 실시자가 아닌 구체적인 점검행위를 한 자의 성명, 상호 등을 "점검항목"란의 기타사항에 추가로 기재함
4. "설치허가 연월일"란에는 허가청이 해당 제조소등에 대한 설치허가처분의 문서를 최초로 통지한 날을 기재하고, "완공검사번호"란에는 가장 최근에 실시한 완공검사에 합격하여 부여받은 번호를 기재함
5. "사업소명"란에는 해당 제조소등이 속한 사업소의 명칭을 기재함
6. "안전관리자"란에는 해당 제조소등에 선임된 위험물안전관리자의 성명을 기재하고, 안전관리자가 다수의 제조소등에 중복하여 선임된 경우에는 "중복 선임" 등 해당 사실을 인지할 수 있는 표기를 추가함
7. "설치위치"란에는 해당 제조소등이 속한 곳의 주소와 해당 제조소등의 설치위치를 특정할 수 있는 내용을 기재함
8. "품명"란에는 해당 제조소등에서 저장 또는 취급하는 위험물의 품명을 기재하고, 복수의 품명을 저장 또는 취급하는 경우에는 해당하는 품명을 전부 기재함(기재란이 부족한 경우에는 별지에 기재하여 첨부)
9. "허가량"란에는 해당 제조소등에서 허가를 받고 저장 또는 취급하는 위험물의 총량을 기재하고, 복수의 품명을 저장 또는 취급하는 경우에는 해당하는 품명별 저장량 또는 취급량을 각각 기재함
10. "위험물 저장·취급 개요"란에는 해당 위험물의 용도, 저장·취급기간, 저장·취급방법 등 해당 제조소등에서 위험물을 저장 또는 취급하는 내용에 대해 간략하게 기재함
11. "시설명/호칭번호"란에는 제조소등을 식별할 수 있도록 해당 제조소등의 관리명칭, 관리번호 또는 「자동차관리법」 제16조에 따라 부여된 자동차 등록번호(이동탱크저장소에 한함) 등을 기재함

12. "점검결과"란에는 해당 제조소등의 위치·구조 및 설비의 기술기준 적합성 여부 등에 따라 다음과 같이 표시함
    가. 점검결과가 적합한 경우에는 "[ ]적합"란에, 부적합한 경우에는 "[ ]부적합"란에 각각 ✓ 표시를 함
    나. 해당 제조소등에 부존재하는 점검항목 등에 대한 점검결과는 "[ ]해당 없음"란에 ✓ 표시를 함
    다. 점검항목 중 "접지저항치의 적부"에는 접지측정 부위별 그 저항치 측정값을 별지에 기재하여 첨부함
    라. 점검방법이 수 개인 경우에는 해당 점검방법을 모두 이행해야 하나, 그중 일부를 이행하더라도 적정한 점검을 할 수 있는 경우에는 그러하지 않음
13. "비고"란의 기재방법, 기재사항 등은 다음과 같음
    가. 부적합한 점검항목에 대한 수리·개조·이전 등을 한 연월일과 수리·개조·이전 등의 구체적 내용을 기재함
    나. 해당 제조소등의 구조, 위험물의 저장·취급형태 등에 비추어 특정 점검항목에 대한 점검이 현저히 곤란한 경우에는 "점검곤란"표기와 그 사유를 기재함. 이 경우 "점검결과"란은 공란으로 둠
    다. 점검항목 중 일부에 대해 다른 법령에 따른 점검 등을 이미 실시하여 해당 점검항목에 한해 정기점검을 실시하지 않는 경우에는 다른 법령에 따른 점검 등의 개요를 기재함. 이 경우 "점검결과"란에는 다른 법령에 따른 점검결과를 표시함
14. 다수의 제조소등에 각각 설치된 소화설비 중 공동으로 사용하는 구성설비가 있는 경우에는 해당 구성설비가 소속되는 대표 제조소등을 지정하고, 그 제조소등소화설비의 일반 점검표를 작성하면 나머지 제조소등소화설비의 일반 점검표 중 해당 점검항목에 대한 점검결과의 표시를 생략할 수 있음. 이 경우 해당 점검항목에 대한 "비고"란에는 대표 제조소등의 일반 점검표에 해당 점검결과가 표시되었음을 기재함
15. 소화설비의 일반 점검표 중 "제조소등의 구분"란에는 해당 소화설비가 설치된 제조소등을, "소화설비의 호칭번호"란에는 해당 소화설비에 대해 자체적으로 관리하는 번호 등을 기재함

핵심 반응식 총정리 ZIP

01 연소반응식

1. 탄소의 연소반응식

$$C + O_2 \rightarrow CO_2$$
탄소 + 산소 → 이산화탄소

2. 황(2류)의 연소반응식

$$S + O_2 \rightarrow SO_2$$
황 + 산소 → 이산화황

3. 적린(2류)의 연소반응식

$$4P + 5O_2 \rightarrow 2P_2O_5$$
적린 + 산소 → 오산화인

4. 삼황화인(2류)의 연소반응식

$$P_4S_3 + 8O_2 \rightarrow 2P_2O_5 + 3SO_2$$
삼황화인 + 산소 → 오산화인 + 이산화황

5. 벤젠(4류)의 연소반응식

$$2C_6H_6 + 15O_2 \rightarrow 12CO_2 + 6H_2O$$
벤젠 + 산소 → 이산화탄소 + 물

6. 아세톤(4류)의 연소반응식

$$CH_3COCH_3 + 4O_2 \rightarrow 3CO_2 + 3H_2O$$
아세톤 + 산소 → 이산화탄소 + 물

7. 에틸알코올(4류), 물의 반응식

$$C_2H_5OH + 3O_2 \rightarrow 2CO_2 + 3H_2O$$
에틸알코올 + 산소 → 이산화탄소 + 물

02 물과의 반응식

1. 산화나트륨(1류), 물의 반응식

$$2Na_2O_2 + 2H_2O \rightarrow 4NaOH + O_2$$
과산화나트륨 + 물 → 수산화나트륨 + 산소

2. 과산화칼륨(1류), 물의 반응식

$$2K_2O_2 + 2H_2O \rightarrow 4KOH + O_2$$
과산화칼륨 + 물 → 수산화칼륨 + 물

3. 오황화인(2류), 물의 반응식

$$P_2S_5 + 8H_2O \rightarrow 5H_2S + 2H_3PO_4$$
오황화인 + 물 → 황화수소 + 인산

4. 수소화칼슘(3류), 물의 반응식

$$CaH_2 + 2H_2O \rightarrow Ca(OH)_2 + H_2$$
수소화칼슘 + 물 → 수산화칼슘 + 수소

5. 수소화나트륨(3류), 물의 반응식

$$NaH + H_2O \rightarrow NaOH + H_2$$
수소화나트륨 + 물 → 수산화나트륨 + 수소

6. 인화칼슘(3류), 물의 반응식

$$Ca_3P_2 + 6H_2O \rightarrow 3Ca(OH)_2 + 2PH_3$$
인화칼슘 + 물 → 수산화칼슘 + 인화수소

7. 인화아연(3류), 물의 반응식

$$Zn_3P_2 + 6H_2O \rightarrow 3Zn(OH)_2 + 2PH_3$$
인화아연 + 물 → 수산화아연 + 포스핀가스

8. 탄화칼슘(3류), 물의 반응식

$$CaC_2 + 2H_2O \rightarrow Ca(OH)_2 + C_2H_2$$
탄화칼슘 + 물 → 수산화칼슘 + 아세틸렌

9. 탄화알루미늄(3류), 물의 반응식

$$Al_4C_3 + 12H_2O \rightarrow 4Al(OH)_3 + 3CH_4$$
탄화알루미늄 + 물 → 수산화알루미늄 + 메테인

10. 트라이메틸알루미늄(3류), 물의 반응식

$$(CH_3)_3Al + 3H_2O \rightarrow Al(OH)_3 + 3CH_4$$
트라이메틸알루미늄 + 물 → 수산화알루미늄 + 메테인

11. 트라이에틸알루미늄(3류), 물의 반응식

$$(C_2H_5)_3Al + 3H_2O \rightarrow Al(OH)_3 + 3C_2H_6$$
트라이에틸알루미늄 + 물 → 수산화알루미늄 + 에테인

12. 메틸리튬(3류), 물의 반응식

$$CH_3Li + H_2O \rightarrow LiOH + CH_4$$
메틸리튬 + 물 → 수산화리튬 + 메테인

13. 이황화탄소(4류), 물의 반응식

$$CS_2 + 2H_2O \rightarrow 2H_2S + CO_2$$
이황화탄소 + 물 → 황화수소 + 이산화탄소

14. 칼륨, 물의 반응식

$$K + 2H_2O \rightarrow 2KOH + H_2$$
칼륨 + 물 → 수산화칼륨 + 수소

03 분해반응식

1. 염소산칼륨(1류)

$$2KClO_3 \rightarrow KClO_4 + KCl + O_2$$
염소산칼륨 → 과염소산칼륨 + 염화칼륨 + 산소

2. 질산칼륨(1류)

$$2KNO_3 \rightarrow 2KNO_2 + O_2$$
질산칼륨 → 아질산칼륨 + 산소

3. 질산(6류)

$$4HNO_3 \rightarrow 2H_2O + 4NO_2 + O_2$$
질산 → 물 + 이산화질소 + 산소

4. 분말소화약제의 열분해반응식

(1) 제1종

주성분	탄산수소나트륨($NaHCO_3$)
분해식	$2NaHCO_3 \rightarrow Na_2CO_3 + CO_2\uparrow + H_2O$

(2) 제2종

주성분	탄산수소칼륨($KHCO_3$)
분해식	$2KHCO_3 \rightarrow K_2CO_3 + CO_2\uparrow + H_2O\uparrow$

(3) 제3종

주성분	인산암모늄($NH_4H_2PO_4$)
분해식	$NH_4H_2PO_4 \rightarrow NH_3 + HPO_3\uparrow + H_2O\uparrow$

(4) 제4종

주성분	탄산수소칼륨 + 요소($KHCO_3 + (NH_2)_2CO$)
분해식	$2KHCO_3 + (NH_2)_2CO \rightarrow K_2CO_3 + 2NH_3\uparrow + 2CO_2\uparrow$

04　기타 반응식

1. 칼륨과 에틸알코올의 반응식

$$2K + 2C_2H_5OH \rightarrow 2C_2H_5OK + H_2$$
칼륨 + 에틸알코올 → 칼륨에틸레이트 + 수소

2. 아염소산나트륨과 산의 반응식

$$3NaClO_2 + 2HCl \rightarrow 3NaCl + 2ClO_2 + H_2O_2$$
아염소산나트륨 + 산 → 염화나트륨 + 이산화염소 + 과산화수소

3. 금속과 이산화탄소의 반응식

$$2Mg + CO_2 \rightarrow 2MgO + C$$
$$Mg + CO_2 \rightarrow MgO + CO$$

→ 금속화재에 이산화탄소 소화기 사용 시 마그네슘과 이산화탄소가 반응하여 가연물이 생성되고 화재가 확대됨

05 반응물 & 생성물 빈칸채우기

1. 탄소의 연소반응식

$$C + O_2 \rightarrow \boxed{}^{1)}$$
$$탄소 + 산소 \rightarrow \boxed{}^{2)}$$

2. 황(2류)의 연소반응식

$$S + O_2 \rightarrow \boxed{}^{1)}$$
$$황 + 산소 \rightarrow \boxed{}^{2)}$$

3. 적린(2류)의 연소반응식

$$4P + 5O_2 \rightarrow 2\boxed{}^{1)}$$
$$적린 + 산소 \rightarrow \boxed{}^{2)}$$

4. 삼황화인(2류)의 연소반응식

$$P_4S_3 + 8O_2 \rightarrow 2\boxed{}^{1)} + 3\boxed{}^{2)}$$
$$삼황화인 + 산소 \rightarrow \boxed{}^{3)} + \boxed{}^{4)}$$

5. 벤젠(4류)의 연소반응식

$$2C_6H_6 + 15O_2 \rightarrow 12\boxed{}^{1)} + 6\boxed{}^{2)}$$
$$벤젠 + 산소 \rightarrow \boxed{}^{3)} + \boxed{}^{4)}$$

6. 아세톤(4류)의 연소반응식

$$CH_3COCH_3 + 4O_2 \rightarrow 3\boxed{}^{1)} + 3\boxed{}^{2)}$$
$$아세톤 + 산소 \rightarrow \boxed{}^{3)} + \boxed{}^{4)}$$

정답

1. 1) CO_2 2) 이산화탄소
2. 1) SO_2 2) 이산화황
3. 1) P_2O_5 2) 오산화인
4. 1) P_2O_5 2) SO_2 3) 오산화인 4) 이산화황
5. 1) CO_2 2) H_2O 3) 이산화탄소 4) 물
6. 1) CO_2 2) H_2O 3) 이산화탄소 4) 물

7. 에틸알코올(4류), 물의 반응식

$$C_2H_5OH + 3O_2 \rightarrow 2\boxed{}^{1)} + 3\boxed{}^{2)}$$

에틸알코올 + 산소 → $\boxed{}^{3)}$ + $\boxed{}^{4)}$

8. 산화나트륨(1류), 물의 반응식

$$2Na_2O_2 + 2H_2O \rightarrow 4\boxed{}^{1)} + \boxed{}^{2)}$$

과산화나트륨 + 물 → $\boxed{}^{3)}$ + $\boxed{}^{4)}$

9. 과산화칼륨(1류), 물의 반응식

$$2K_2O_2 + 2H_2O \rightarrow 4\boxed{}^{1)} + \boxed{}^{2)}$$

과산화칼륨 + 물 → $\boxed{}^{3)}$ + $\boxed{}^{4)}$

10. 오황화인(2류), 물의 반응식

$$P_2S_5 + 8H_2O \rightarrow 5\boxed{}^{1)} + 2\boxed{}^{2)}$$

오황화인 + 물 → $\boxed{}^{3)}$ + $\boxed{}^{4)}$

11. 수소화칼슘(3류), 물의 반응식

$$CaH_2 + 2H_2O \rightarrow \boxed{}^{1)} + \boxed{}^{2)}$$

수소화칼슘 + 물 → $\boxed{}^{3)}$ + $\boxed{}^{4)}$

12. 수소화나트륨(3류), 물의 반응식

$$NaH + H_2O \rightarrow \boxed{}^{1)} + \boxed{}^{2)}$$

수소화나트륨 + 물 → $\boxed{}^{3)}$ + $\boxed{}^{4)}$

정답

7. 1) CO_2	2) H_2O	3) 이산화탄소	4) 물
8. 1) NaOH	2) O_2	3) 수산화나트륨	4) 산소
9. 1) KOH	2) O_2	3) 수산화칼륨	4) 물
10. 1) H_2S	2) H_3PO_4	3) 황화수소	4) 인산
11. 1) $Ca(OH)_2$	2) H_2	3) 수산화칼슘	4) 수소
12. 1) NaOH	2) H_2	3) 수산화나트륨	4) 수소

13. 인화칼슘(3류), 물의 반응식

$$Ca_3P_2 + 6H_2O \rightarrow 3\boxed{}^{1)} + 2\boxed{}^{2)}$$
인화칼슘 + 물 → $\boxed{}^{3)}$ + $\boxed{}^{4)}$

14. 인화아연(3류), 물의 반응식

$$Zn_3P_2 + 6H_2O \rightarrow 3\boxed{}^{1)} + 2\boxed{}^{2)}$$
인화아연 + 물 → $\boxed{}^{3)}$ + $\boxed{}^{4)}$

15. 탄화칼슘(3류), 물의 반응식

$$CaC_2 + 2H_2O \rightarrow \boxed{}^{1)} + \boxed{}^{2)}$$
탄화칼슘 + 물 → $\boxed{}^{3)}$ + $\boxed{}^{4)}$

16. 탄화알루미늄(3류), 물의 반응식

$$Al_4C_3 + 12H_2O \rightarrow 4\boxed{}^{1)} + 3\boxed{}^{2)}$$
탄화알루미늄 + 물 → $\boxed{}^{3)}$ + $\boxed{}^{4)}$

17. 트라이메틸알루미늄(3류), 물의 반응식

$$(CH_3)_3Al + 3H_2O \rightarrow \boxed{}^{1)} + \boxed{}^{2)}$$
트라이메틸알루미늄 + 물 → $\boxed{}^{3)}$ + $\boxed{}^{4)}$

18. 트라이에틸알루미늄(3류), 물의 반응식

$$(C_2H_5)_3Al + 3H_2O \rightarrow \boxed{}^{1)} + 3\boxed{}^{2)}$$
트라이에틸알루미늄 + 물 → $\boxed{}^{3)}$ + $\boxed{}^{4)}$

정답

13. 1) $Ca(OH)_2$	2) PH_3	3) 수산화칼슘	4) 인화수소
14. 1) $Zn(OH)_2$	2) PH_3	3) 수산화아연	4) 포스핀가스
15. 1) $Ca(OH)_2$	2) C_2H_2	3) 수산화칼슘	4) 아세틸렌
16. 1) $Al(OH)_3$	2) CH_4	3) 수산화알루미늄	4) 메테인
17. 1) $Al(OH)_3$	2) CH_4	3) 수산화알루미늄	4) 메테인
18. 1) $Al(OH)_3$	2) C_2H_6	3) 수산화알루미늄	4) 에테인

19. 메틸리튬(3류), 물의 반응식

$$CH_3Li + H_2O \rightarrow \boxed{}^{1)} + \boxed{}^{2)}$$
메틸리튬 + 물 → $\boxed{}^{3)}$ + $\boxed{}^{4)}$

20. 이황화탄소(4류), 물의 반응식

$$CS_2 + 2H_2O \rightarrow 2\boxed{}^{1)} + \boxed{}^{2)}$$
이황화탄소 + 물 → $\boxed{}^{3)}$ + $\boxed{}^{4)}$

21. 칼륨, 물의 반응식

$$K + 2H_2O \rightarrow 2\boxed{}^{1)} + \boxed{}^{2)}$$
칼륨 + 물 → $\boxed{}^{3)}$ + $\boxed{}^{4)}$

22. 염소산칼륨(1류)

$$2KClO_3 \rightarrow KClO_4 + \boxed{}^{1)} + \boxed{}^{2)}$$
염소산칼륨 → 과염소산칼륨 + $\boxed{}^{3)}$ + $\boxed{}^{4)}$

23. 질산칼륨(1류)

$$2KNO_3 \rightarrow 2\boxed{}^{1)} + \boxed{}^{2)}$$
질산칼륨 → $\boxed{}^{3)}$ + $\boxed{}^{4)}$

24. 질산(6류)

$$4HNO_3 \rightarrow 2H_2O + 4\boxed{}^{1)} + \boxed{}^{2)}$$
질산 → 물 + $\boxed{}^{3)}$ + $\boxed{}^{4)}$

정답

19. 1) LiOH	2) CH_4	3) 수산화리튬	4) 메테인
20. 1) H_2S	2) CO_2	3) 황화수소	4) 이산화탄소
21. 1) KOH	2) H_2	3) 수산화칼륨	4) 수소
22. 1) KCl	2) O_2	3) 염화칼륨	4) 산소
23. 1) KNO_2	2) O_2	3) 아질산칼륨	4) 산소
24. 1) NO_2	2) O_2	3) 이산화질소	4) 산소

25. 분말소화약제의 열분해반응식

(1) 제1종

주성분	탄산수소나트륨($NaHCO_3$)
분해식	$2NaHCO_3 \rightarrow Na_2CO_3 +$ ⬜ $^{1)}\uparrow +$ ⬜ $^{2)}$

(2) 제2종

주성분	탄산수소칼륨($KHCO_3$)
분해식	$2KHCO_3 \rightarrow K_2CO_3 +$ ⬜ $^{3)}\uparrow +$ ⬜ $^{4)}\uparrow$

(3) 제3종

주성분	인산암모늄($NH_4H_2PO_4$)
분해식	$NH_4H_2PO_4 \rightarrow NH_3 +$ ⬜ $^{5)}\uparrow +$ ⬜ $^{6)}\uparrow$

(4) 제4종

주성분	탄산수소칼륨 + 요소($KHCO_3 + (NH_2)_2CO$)
분해식	$2KHCO_3 + (NH_2)_2CO \rightarrow K_2CO_3 +$ ⬜ $^{7)} + 2$ ⬜ $^{8)}\uparrow$

정답

25. 1) CO_2 2) H_2O 3) CO_2 4) H_2O
    5) HPO_3 6) H_2O 7) $2NH_3\uparrow$ 8) CO_2

26. 칼륨과 에틸알코올의 반응식

$$2K + 2C_2H_5OH \rightarrow 2\boxed{}^{1)} + \boxed{}^{2)}$$
$$칼륨 + 에틸알코올 \rightarrow \boxed{}^{3)} + \boxed{}^{4)}$$

27. 아염소산나트륨과 산의 반응식

$$3NaClO_2 + 2HCl \rightarrow 3\boxed{}^{1)} + 2ClO_2 + \boxed{}^{2)}$$
$$아염소산나트륨 + 산 \rightarrow \boxed{}^{3)} + 이산화염소 + \boxed{}^{4)}$$

28. 금속과 이산화탄소의 반응식

$$2Mg + CO_2 \rightarrow 2\boxed{}^{1)} + \boxed{}^{2)}$$
$$Mg + CO_2 \rightarrow \boxed{}^{3)} + \boxed{}^{4)}$$

정답

26. 1) C_2H_5OK	2) H_2	3) 칼륨에틸레이트	4) 수소
27. 1) NaCl	2) H_2O_2	3) 염화나트륨	4) 과산화수소
28. 1) MgO	2) C	3) MgO	4) CO

06 반응식 계수 빈칸채우기

1. 탄소의 연소반응식

$$C + O_2 \rightarrow \square^{1)}CO_2$$
탄소 + 산소 → 이산화탄소

2. 황(2류)의 연소반응식

$$S + O_2 \rightarrow \square^{1)}SO_2$$
황 + 산소 → 이산화황

3. 적린(2류)의 연소반응식

$$4P + 5O_2 \rightarrow \square^{1)}P_2O_5$$
적린 + 산소 → 오산화인

4. 삼황화인(2류)의 연소반응식

$$P_4S_3 + 8O_2 \rightarrow \square^{1)}P_2O_5 + \square^{2)}SO_2$$
삼황화인 + 산소 → 오산화인 + 이산화황

5. 벤젠(4류)의 연소반응식

$$\square^{1)}C_6H_6 + \square^{2)}O_2 \rightarrow \square^{3)}CO_2 + \square^{4)}H_2O$$
벤젠 + 산소 → 이산화탄소 + 물

6. 아세톤(4류)의 연소반응식

$$CH_3COCH_3 + \square^{1)}O_2 \rightarrow \square^{2)}CO_2 + \square^{3)}H_2O$$
아세톤 + 산소 → 이산화탄소 + 물

정답

1. 1) 1
2. 1) 1
3. 1) 2
4. 1) 2   2) 3
5. 1) 2   2) 15   3) 12   4) 6
6. 1) 4   2) 3   3) 3

7. 에틸알코올(4류), 물의 반응식

$$C_2H_5OH + \square^{1)}O_2 \rightarrow \square^{2)}CO_2 + \square^{3)}H_2O$$
에틸알코올 + 산소 → 이산화탄소 + 물

8. 산화나트륨(1류), 물의 반응식

$$2Na_2O_2 + 2H_2O \rightarrow \square^{1)}NaOH + \square^{2)}O_2$$
과산화나트륨 + 물 → 수산화나트륨 + 산소

9. 과산화칼륨(1류), 물의 반응식

$$2K_2O_2 + 2H_2O \rightarrow \square^{1)}KOH + \square^{2)}O_2$$
과산화칼륨 + 물 → 수산화칼륨 + 물

10. 오황화인(2류), 물의 반응식

$$P_2S_5 + 8H_2O \rightarrow \square^{1)}H_2S + \square^{2)}H_3PO_4$$
오황화인 + 물 → 황화수소 + 인산

11. 수소화칼슘(3류), 물의 반응식

$$CaH_2 + 2H_2O \rightarrow \square^{1)}Ca(OH)_2 + \square^{2)}H_2$$
수소화칼슘 + 물 → 수산화칼슘 + 수소

12. 수소화나트륨(3류), 물의 반응식

$$NaH + H_2O \rightarrow \square^{1)}NaOH + \square^{2)}H_2$$
수소화나트륨 + 물 → 수산화나트륨 + 수소

정답

7. 1) 3	2) 2	3) 3
8. 1) 4	2) 1	
9. 1) 4	2) 1	
10. 1) 5	2) 2	
11. 1) 1	2) 1	
12. 1) 1	2) 1	

13. 인화칼슘(3류), 물의 반응식

$$Ca_3P_2 + 6H_2O \rightarrow \Box^{1)}Ca(OH)_2 + \Box^{2)}PH_3$$
인화칼슘 + 물 → 수산화칼슘 + 인화수소

14. 인화아연(3류), 물의 반응식

$$Zn_3P_2 + 6H_2O \rightarrow \Box^{1)}Zn(OH)_2 + \Box^{2)}PH_3$$
인화아연 + 물 → 수산화아연 + 포스핀가스

15. 탄화칼슘(3류), 물의 반응식

$$CaC_2 + 2H_2O \rightarrow \Box^{1)}Ca(OH)_2 + \Box^{2)}C_2H_2$$
탄화칼슘 + 물 → 수산화칼슘 + 아세틸렌

16. 탄화알루미늄(3류), 물의 반응식

$$Al_4C_3 + 12H_2O \rightarrow \Box^{1)}Al(OH)_3 + \Box^{2)}CH_4$$
탄화알루미늄 + 물 → 수산화알루미늄 + 메테인

17. 트라이메틸알루미늄(3류), 물의 반응식

$$(CH_3)_3Al + 3H_2O \rightarrow \Box^{1)}Al(OH)_3 + \Box^{2)}CH_4$$
트라이메틸알루미늄 + 물 → 수산화알루미늄 + 메테인

18. 트라이에틸알루미늄(3류), 물의 반응식

$$(C_2H_5)_3Al + 3H_2O \rightarrow \Box^{1)}Al(OH)_3 + \Box^{2)}C_2H_6$$
트라이에틸알루미늄 + 물 → 수산화알루미늄 + 에테인

정답

13. 1) 3 2) 2
14. 1) 3 2) 2
15. 1) 1 2) 1
16. 1) 4 2) 3
17. 1) 1 2) 3
18. 1) 1 2) 3

19. 메틸리튬(3류), 물의 반응식

$$CH_3Li + H_2O \rightarrow \square^{1)}LiOH + \square^{2)}CH_4$$
메틸리튬 + 물 → 수산화리튬 + 메테인

20. 이황화탄소(4류), 물의 반응식

$$CS_2 + 2H_2O \rightarrow \square^{1)}H_2S + \square^{2)}CO_2$$
이황화탄소 + 물 → 황화수소 + 이산화탄소

21. 칼륨, 물의 반응식

$$K + 2H_2O \rightarrow \square^{1)}KOH + \square^{2)}H_2$$
칼륨 + 물 → 수산화칼륨 + 수소

22. 염소산칼륨(1류)

$$2KClO_3 \rightarrow KClO_4 + \square^{1)}KCl + \square^{2)}O_2$$
염소산칼륨 → 과염소산칼륨 + 염화칼륨 + 산소

23. 질산칼륨(1류)

$$2KNO_3 \rightarrow \square^{1)}KNO_2 + \square^{2)}O_2$$
질산칼륨 → 아질산칼륨 + 산소

24. 질산(6류)

$$4HNO_3 \rightarrow \square^{1)}H_2O + \square^{2)}NO_2 + O_2$$
질산 → 물 + 이산화질소 + 산소

정답		
19. 1) 1	2) 1	
20. 1) 2	2) 1	
21. 1) 2	2) 1	
22. 1) 1	2) 1	
23. 1) 2	2) 1	
24. 1) 2	2) 4	

25. 분말소화약제의 열분해반응식

(1) 제1종

주성분	탄산수소나트륨($NaHCO_3$)
분해식	$2NaHCO_3 \rightarrow Na_2CO_3 + \boxed{}^{1)}CO_2 \uparrow + \boxed{}^{2)}H_2O$

(2) 제2종

주성분	탄산수소칼륨 ($KHCO_3$)
분해식	$2KHCO_3 \rightarrow K_2CO_3 + \boxed{}^{3)}CO_2 \uparrow + \boxed{}^{4)}H_2O \uparrow$

(3) 제3종

주성분	인산암모늄($NH_4H_2PO_4$)
분해식	$NH_4H_2PO_4 \rightarrow \boxed{}^{5)}NH_3 + HPO_3 \uparrow + \boxed{}^{6)}H_2O \uparrow$

(4) 제4종

주성분	탄산수소칼륨 + 요소($KHCO_3$ + $(NH_2)_2CO$)
분해식	$2KHCO_3 + (NH_2)_2CO \rightarrow K_2CO_3 + \boxed{}^{7)}NH_3 \uparrow + \boxed{}^{8)}CO_2 \uparrow$

정답

25. 1) 1 2) 1 3) 1 4) 1
　　 5) 1 6) 1 7) 2 8) 2

26. 칼륨과 에틸알코올의 반응식

$$2K + 2C_2H_5OH \rightarrow \boxed{}^{1)}C_2H_5OK + \boxed{}^{2)}H_2$$

칼륨 + 에틸알코올 → 칼륨에틸레이트 + 수소

27. 아염소산나트륨과 산의 반응식

$$3NaClO_2 + 2HCl \rightarrow 3NaCl + 2ClO_2 + \boxed{}^{1)}H_2O_2$$

아염소산나트륨 + 산 → 염화나트륨 + 이산화염소 + 과산화수소

28. 금속과 이산화탄소의 반응식

$$2Mg + CO_2 \rightarrow \boxed{}^{1)}MgO + \boxed{}^{2)}C$$

$$Mg + CO_2 \rightarrow \boxed{}^{3)}MgO + \boxed{}^{4)}CO$$

정답

26. 1) 2   2) 1
27. 1) 1
28. 1) 2   2) 1   3) 1   4) 1

07 연습문제

01 다음 아세톤의 완전연소반응식에서 ( )에 알맞은 계수를 차례대로 옳게 나타낸 것은?

$$CH_3COCH_3 + (\quad)O_2$$
$$\rightarrow (\quad)CO_2 + 3H_2O$$

① 3, 4 ② 4, 3
③ 6, 3 ④ 3, 6

해설

[아세톤의 연소반응식]
- $CH_3COCH_3 + 4O_2 \rightarrow 3CO_2 + 3H_2O$
- 아세톤은 산소와 반응하여 이산화탄소와 물을 생성

02 다음 트라이메틸알루미늄과 물의 반응식에서 ( )에 알맞은 계수를 차례대로 옳게 나타낸 것은?

$$(CH_3)_3Al + (\quad)H_2O$$
$$\rightarrow Al(OH)_3 + (\quad)CH_4 \uparrow$$

① 3, 4 ② 3, 3
③ 6, 3 ④ 3, 6

해설

[트라이에틸알루미늄의 반응식]
$(CH_3)_3Al + 3H_2O \rightarrow Al(OH)_3 + 3CH_4 \uparrow$

03 다음은 P_2S_5와 물의 화학반응이다. ( )에 알맞은 숫자를 차례대로 나열한 것은?

$$P_2S_5 + (\quad)H_2O$$
$$\rightarrow (\quad)H_2S + (\quad)H_3PO_4$$

① 2, 8, 5 ② 2, 5, 8
③ 8, 5, 2 ④ 8, 2, 5

해설

[오황화인(2류)의 화학반응식]
$P_2S_5 + 8H_2O \rightarrow 5H_2S + 2H_3PO_4$

04 다음은 질산의 분해반응식이다. ( )에 알맞은 숫자를 차례대로 나열한 것은?

$$4HNO_3$$
$$\rightarrow (\quad)H_2O + 4NO_2 \uparrow + O_2 \uparrow$$

① 2 ② 3
③ 4 ④ 5

해설

[질산의 분해반응식]
$4HNO_3 \rightarrow 2H_2O + 4NO_2 \uparrow + O_2 \uparrow$

정답 ● 01 ② 02 ② 03 ③ 04 ①

05 다음은 질산칼륨의 분해반응식이다. ( )에 알맞은 숫자를 차례대로 나열한 것은?

$$( )KNO_3 \rightarrow 2KNO_2 + O_2$$

① 1
② 1.5
③ 2
④ 3

해설

[질산칼륨의 분해반응식]
$2KNO_3 \rightarrow 2KNO_2 + O_2$

05 ③

계산문제 마스터 ZIP

01 기초화학

1. 원자량, 분자량, 몰수
(1) 원자량 : 원자의 상대적인 질량
  ① 필수 암기 - H : 1, C : 12, N : 14, O : 16
  ② 추가 암기 - F : 19, Na : 23, S : 32, Cl : 35.5
(2) 분자량 : 원자량의 단위로 나타낸 분자의 상대 질량
  ① CO_2 : 44
(3) 몰수 : 입자 6.02×10^{23}개를 1몰이라 한다.
  ① 표준 상태 1몰의 부피는 22.4 [L]

2. 화학식의 종류
(1) 구조식(루이스 점자점식) : 화합물의 구조를 선으로 나타낸 화학식
(2) 분자식 : 분자를 구성하는 종류와 수를 표 화학식
(3) 시성식 : 물질의 특성을 알 수 있도록 표현한 화학식

TIP 화학식을 쌩으로 암기하지 말 것!
기본적인 작용기들을 암기하면 이름을 통해 화학식을 유추할 수 있음

3. 빈출 작용기
(1) 나이트로기 : $-NO_2$
(2) 알킬기 : 탄소와 수소로 이루어진 작용기
  ① 메틸기 : $-CH_3$
  ② 에틸기 : $-C_2H_5$
(3) 수산기 : $-OH$
(4) 아미노기 : $-NH_2$
(5) 카복실기 : $-COOH$

4. 생성되는 기체의 부피 계산방법

(1) 문제 풀이 순서

① 표준 상태 체크

② 화학반응식 작성

③ 생성되는 기체의 몰수 확인

④ 표준 상태일 때 : 22.4 [L] × 몰수 [mol]

　　표준 상태가 아닐 때 : 이상기체 상태방정식 사용

(2) 사용 방정식 및 단위

① 이상기체 상태방정식

$$PV = nRT = \frac{wRT}{M}$$

TIP R(기체상수) : 0.082 [atm·m³/kmol·K]

기호	의미	단위
P	압력	[atm]
V	부피	[m³]
W	질량	[kg]
M	분자량	[kg/kmol]
R	기체상수	[atm·m³/kmol·K]
T	절대온도	K = 273 + ℃

② 단위변환

　• kg / kmol / m³

　• g / mol / L

③ mmHg(수은주밀리미터)

　• 1 [atm] = 760 [mmHg]

01 연습문제

01 표준 상태에서 탄소 1몰이 완전히 연소하면 몇 [L]의 이산화탄소가 생성되는가?

① 11.2
② 22.4
③ 44.8
④ 56.8

해설

[탄소연소 시 발생하는 생성물]
- $C + O_2 \rightarrow CO_2$
- CO_2 1 [mol] = 22.4 [L]

02 액화 이산화탄소 1 [kg]이 25 [℃], 2 [atm]에서 방출되어 모두 기체가 되었다. 방출된 기체상의 이산화탄소 부피는 약 몇 [L]인가?

① 238
② 278
③ 308
④ 340

해설

[이산화탄소의 부피 계산]
- $PV = \dfrac{WRT}{M}$
- $V = \dfrac{1 \times 0.082 \times (273 + 25)}{2 \times 44} = 0.278$ [m³]

R(기체상수) : 0.082 [atm·m³/kmol·K]
T(절대온도) : 25 [℃] + 273 = 298 [K]
M(분자량) : 44 W(질량) : 1 [kg]

03 벤젠 1몰을 충분한 산소가 공급되는 표준 상태에서 완전연소시켰을 때 발생하는 이산화탄소의 양은 몇 [L]인가?

① 22.4
② 134.4
③ 168.8
④ 224.0

해설

[벤젠(4류) 반응 후 생성물]
- $2C_6H_6 + 15O_2 \rightarrow 12CO_2 + 6H_2O$
- 이산화탄소 양 = 6 × 22.4 = 134.4 [L]

04 탄화칼슘 1 [mol]과 물 2 [mol]이 반응할 때 생성되는 기체는 표준 상태를 기준으로 몇 [L]가 생성되는가? (단, 표준 상태이다)

① 5.6
② 11.2
③ 22.4
④ 44.8

해설

[탄화칼슘과 물의 반응]
탄화칼슘(CaC_2)의 반응 후 생성물
- $CaC_2 + 2H_2O \rightarrow Ca(OH)_2 + C_2H_2$
- 탄화칼슘 : 물 : 아세틸렌 반응비 = 1 : 2 : 1
- 아세틸렌 1 [mol]의 부피 = 22.4 [L]

정답 01 ② 02 ② 03 ② 04 ③

05
다음 반응식과 같이 벤젠 1 [kg]이 연소할 때 발생되는 CO_2의 양은 약 몇 [m³]인가? (단, 27 [℃], 750 [mmHg] 기준이다)

$$2C_6H_6 + 15O_2 \rightarrow 12CO_2 + 6H_2O$$

① 0.72
② 1.22
③ 1.92
④ 2.42

해설

[벤젠(4류)의 반응 후 생성물]

- $2C_6H_6 + 15O_2 \rightarrow 12CO_2 + 6H_2O$
- $PV = \dfrac{WRT}{M}$
- $V = \dfrac{1 \times 0.082 \times (273 + 27)}{\dfrac{750}{760} \times 78} \times 6$

  $= 1.917 \ [m^3]$

06
벤젠 1몰을 충분한 산소가 공급되는 표준 상태에서 완전연소시켰을 때 발생하는 이산화탄소의 양은 몇 [L]인가?

① 22.4
② 134.4
③ 168.8
④ 224.0

해설

[벤젠(4류) 반응 후 생성물]

- $2C_6H_6 + 15O_2 \rightarrow 12CO_2 + 6H_2O$
- 이산화탄소 양 = 6 × 22.4 = 134.4 [L]

07
과산화나트륨 78 [g]과 충분한 양의 물이 반응하여 생성되는 기체의 종류와 생성량을 옳게 나타낸 것은?

① 수소, 1 [g]
② 산소, 16 [g]
③ 수소, 2 [g]
④ 산소, 32 [g]

해설

[과산화나트륨(1류)의 반응 후 생성물]

- $2Na_2O_2 + 2H_2O \rightarrow 4NaOH + O_2$
- 과산화나트륨 1몰은 물과 만나 산소 0.5 [mol]을 생성
- Na_2O_2 분자량 : (23 × 2) + (16 × 2) = 78
- O_2 생성량 : 0.5 [mol] × 32 = 16 [g]

08
2몰의 브로민산칼륨이 모두 열분해되어 생긴 산소의 양은 2기압 27 [℃]에서 약 몇 [L]인가?

① 32.4
② 36.9
③ 41.3
④ 45.6

해설

[산소 부피 계산]

- $2KBrO_3 \rightarrow 2KBr + 3O_2$
- $PV = nRT$
- $V = \dfrac{3 \times 0.082 \times (273 + 27)}{2} = 36.9 \ [L]$

정답 05 ③ 06 ② 07 ② 08 ②

09 다음 반응식과 같이 벤젠 1 [kg]이 연소할 때 발생되는 CO_2의 양은 약 몇 [m³]인가? (단, 27 [℃], 750 [mmHg] 기준이다)

① 0.72
② 1.22
③ 1.92
④ 2.42

해설

[벤젠(4류)의 반응 후 생성물]
- $2C_6H_6 + 15O_2 \rightarrow 12CO_2 + 6H_2O$
- $PV = \dfrac{WRT}{M}$
- $V = \dfrac{1 \times 0.082 \times (273+27)}{\dfrac{750}{760} \times 78} \times 6$

   $= 1.917 \ [m^3]$

10 1몰의 이황화탄소와 고온의 물이 반응하여 생성되는 유독한 기체 물질의 부피는 표준 상태에서 얼마인가?

① 22.4 [L]
② 44.8 [L]
③ 67.2 [L]
④ 134.4 [L]

해설

[이황화탄소(4류) 반응 후 생성물]
- $CS_2 + 2H_2O \rightarrow 2H_2S + CO_2$
- 표준 상태 기체는 1몰당 22.4 [L]
- 반응 시 황화수소(H_2S) 2몰 생성됨
- 반응 후 생성물 = 2몰 × 22.4 [L] = 44.8 [L]

11 탄소 80 [%], 수소 14 [%], 황 6 [%]인 물질 1 [kg]이 완전연소하기 위해 필요한 이론상 공기량은 약 몇 [kg]인가? (단, 공기 중 산소는 23 [wt%]이다)

① 3.3
② 7.1
③ 11.6
④ 14.4

해설

[완전연소하기 위한 공기의 양]
- $C + O_2 \rightarrow CO_2$
- $2H_2 + O_2 \rightarrow 2H_2O$
- $S + O_2 \rightarrow SO_2$
- 완전연소하기 위해 필요한 산소의 양

   $= 0.8 \times \dfrac{32}{12} + 0.14 \times \dfrac{16}{2} + 0.06 \times \dfrac{32}{32}$

   $= 3.31 \ [kg]$
- 완전연소하기 위해 필요한 공기의 양

   $= \dfrac{3.31}{0.23} = 14.4 \ [kg]$

12 0.99 [atm], 55 [℃]에서 이산화탄소의 밀도는 약 몇 [g/L]인가?

① 0.62
② 1.62
③ 9.65
④ 12.65

해설

[이산화탄소 밀도]

- $PV = \dfrac{WRT}{M}$
- 밀도 $= \dfrac{W}{V} = \dfrac{PM}{RT}$
- $\dfrac{PM}{RT} = \dfrac{0.99 \times 44}{0.082 \times (273+55)} = 1.62 \ [g/L]$

R(기체상수) : 0.082 [atm·L/mol·K]
T(절대온도) : 55 [℃] + 273 = 328 [K]
M(분자량) : 44 [g/mol]
P(압력) : 0.99 [atm]

13 수소화나트륨 240 [g]과 충분한 물이 완전 반응하였을 때 발생하는 수소의 부피는? (단, 표준 상태를 가정하며 나트륨의 원자량은 23이다)

① 22.4 [L]   ② 224 [L]
③ 22.4 [m³]   ④ 224 [m³]

해설

[수소화나트륨(3류) 반응 후 생성물]

- $NaH + H_2O \rightarrow NaOH + H_2$
- NaH의 분자량 : 23 + 1 = 24
- NaH 240 [g] : 10 [mol]
- 수소부피 = 10 × 22.4 [L] = 224 [L]

14 메테인 1 [g]이 완전연소하면 발생되는 이산화탄소는 몇 [g]인가?

① 1.25
② 2.75
③ 14
④ 44

해설

[메테인반응 후 생성물]

- $CH_4 + 2O_2 \rightarrow CO_2 + 2H_2O$
- 메테인이 완전연소하여 이산화탄소와 물이 발생
- CH_4 분자량 = 12 + (1 × 4) = 16
- CO_2 분자량 = 12 + (16 × 2) = 44
- 메테인 1 [g] 연소 시 발생하는 이산화탄소 [g] = x
- 16 : 1 [g] = 44 : x [g]
- x = 2.75 [g]

정답 13 ② 14 ②

02 열량 계산

1. 열의 구분
(1) 현열 : 물질의 상태변화 없이 온도만 변하는 데 소요되는 열량이다.
(2) 잠열 : 물질의 상태변화에 관여하는 열량이다.
(3) 전열 : 현열량과 잠열량을 합산한 전체 열량이다.

2. 계산방법
(1) 현열

$$Q = Cm \triangle t$$
Q : 현열, C : 비열, m : 질량, t : 온도

(2) 잠열

$$Q = \gamma m$$
Q : 잠열, γ : 단위질량당 잠열, m : 질량

(3) 전열

현열 + 잠열

02 연습문제

01 20 [℃]의 물 100 [kg]이 100 [℃] 수증기로 증발하면 몇 [kcal]의 열량을 흡수할 수 있는가? (단, 물의 증발잠열은 540 [kcal]이다)

① 540
② 7800
③ 62000
④ 108000

해설

[열량 계산]
- $Q = Cm\Delta t$(현열) $+ \gamma m$(잠열)
- 열량 = 1 × 100 × (100 - 20) + 540 × 100
  = 62000 [kcal]

02 15 [℃]의 기름 100 [g]에 8000 [J]의 열량을 주면 기름의 온도는 몇 [℃]가 되겠는가? (단, 기름의 비열은 2 [J/g·℃]이다)

① 25
② 45
③ 50
④ 55

해설

[기름의 온도 계산]
- $\triangle T$(온도차) $= Q / Cm$
  $= 8000 / (2 \times 100) = 40$ [℃]
- x = 기름의 온도
- $x - 15 = 40$
- ∴ $x = 55$ [℃]

Q(열량) : 8000 [J]
C(비열) : 2 [J/g·℃]
m(질량) : 100 [g]

정답 ● 01 ③ 02 ④

03 증기 비중

대기 중에서 공기와의 무게 비

$$증기\ 비중 = \frac{해당물질의\ 분자량}{29}$$

TIP 공기의 분자량은 29

03 연습문제

01 다음 중 벤젠 증기의 비중에 가장 가까운 값은?

① 0.7
② 0.9
③ 2.7
④ 3.9

해설

[벤젠(4류) 증기비중]
$C_6H_6 / 29 = 78 / 29 = 2.69$

02 이황화탄소 기체는 수소 기체보다 20[℃], 1기압에서 몇 배 더 무거운가?

① 11
② 22
③ 32
④ 38

해설

[이황화탄소, 수소기체 비교]

- CS_2 증기비중 $= \dfrac{12 + (32 \times 2)}{29} = \dfrac{76}{29}$

- H_2 증기비중 $= \dfrac{2}{29}$

- $\dfrac{CS_2 증기비중}{H_2 증기비중} = \dfrac{\frac{76}{29}}{\frac{2}{29}} = 38$

- 이황화탄소 기체는 수소 기체보다 38배 무거움

정답 01 ③ 02 ④

위·험·물·기·능·사

Part 02
과년도 기출문제

2025 제1회 CBT 복원

01 A급, B급, C급 화재에 모두 적용이 가능한 소화약제로 올바른 것은?

① 제1종 분말소화약제
② 제2종 분말소화약제
③ 제3종 분말소화약제
④ 제4종 분말소화약제

해설

[화재별 소화약제]

소화약제	명칭	적응화재	분말색
제1종	탄산수소나트륨	BC	백색
제2종	탄산수소칼륨	BC	보라색
제3종	인산암모늄	ABC	담홍색
제4종	탄산수소칼륨과 요소반응물	BC	회색

보충 분말소화약제

02 가연성 고체의 미세한 분물이 일정 농도 이상 공기 중에 분산되어 있을 때 점화원에 의하여 연소 폭발되는 현상으로 옳은 것은?

① 분해폭발   ② 산화폭발
③ 분진폭발   ④ 중합폭발

해설

[분진폭발 정의]
• 가연성 고체의 미세한 분물이 점화원에 의하여 폭발
• 전분, 설탕, 밀가루 등

03 다음 중 벤젠 증기의 비중에 가장 가까운 값은?

① 0.7   ② 0.9
③ 2.7   ④ 3.9

해설

[벤젠(4류) 증기비중]
$C_6H_6 / 29 = 78 / 29 = 2.69$

04 위험물안전관리법령에 따른 소화설비의 적응성에 관한 다음 내용 중 ( ) 안에 적합한 내용은?

> 제6류 위험물을 저장 또는 취급하는 장소로서 폭발의 위험이 없는 장소에 한하여 ( )이/가 제6류 위험물에 대하여 적응성이 있다.

① 할로젠화합물소화기
② 분말소화기 - 탄산수소염류 소화기
③ 분말소화기 - 그 밖의 것
④ 이산화탄소소화기

해설

[제6류 위험물소화설비]
폭발의 위험이 없는 장소에 한하여 이산화탄소소화기가 적응성 있음

정답 01 ③ 02 ③ 03 ③ 04 ④

05 다음 중 제1석유류가 아닌 것은?

① 클로로벤젠
② 사이안화수소
③ 벤젠
④ 톨루엔

해설

[위험물 품명]
클로로벤젠 : 제2석유류

06 그림과 같이 횡으로 설치한 위험물탱크에 대하여 탱크의 용량을 구하면 약 몇 [m³]인가? (단, 공간용적은 탱크 내용적의 100분의 5로 한다)

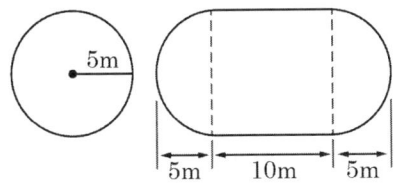

① 196
② 261
③ 785
④ 995

해설

[위험물 저장탱크 내용적]

$V = \pi r^2 (l + \dfrac{l_1 + l_2}{3})(1 - 공간용적)$

= 원주면적 × (가운데 체적 길이
+ 양끝 체적 길이의 합 / 3)(1 - 공간용적)
= 3.14 × 5² × (10 + 10 / 3)(1 - 0.05)
= 995 [m³]

07 아세톤의 위험도를 구하면 얼마인가? (단, 아세톤의 연소범위는 2 ~ 13 [vol%]이다)

① 0.846
② 1.23
③ 5.5
④ 7.5

해설

[아세톤(4류) 위험도]
• 위험도 = (H - L) / L
• H : 연소범위 상한, L : 연소범위 하한
• 위험도 = (13 - 2) / 2 = 5.5

08 액화 이산화탄소 1 [kg]이 25 [℃], 2 [atm]에서 방출되어 모두 기체가 되었다. 방출된 기체상의 이산화탄소 부피는 약 몇 [L]인가?

① 278
② 556
③ 1111
④ 1985

해설

[이산화탄소 부피 계산]

$PV = \dfrac{WRT}{M}$

$V = \dfrac{1 \times 0.082 \times (273 + 25)}{2 \times 44} = 0.278$ [m³]

= 278 [L]

• R(기체상수) : 0.082 [atm·L/mol·K]
• T(절대온도) : 25 [℃] + 273 = 298 [K]
• M(분자량) : 44 [g/mol]
• W(질량) : 1000 [g]

정답 ● 05 ① 06 ④ 07 ③ 08 ①

09 위험물안전관리법령상 지정수량의 1/10을 초과하는 위험물을 운반할 때 혼재할 수 없는 경우는?

① 제6류 위험물과 제1류 위험물
② 제3류 위험물과 제5류 위험물
③ 제4류 위험물과 제5류 위험물
④ 제2류 위험물과 제4류 위험물

해설
[위험물 혼재기준]
3류와 5류 혼재 불가

보충 혼재 가능 위험물

1↓	6		혼재 가능
2↓	5↑	4	혼재 가능
3→	4↑		혼재 가능

암 1 2 3 4 5 6 적은 후 4 추가

10 할론 1001의 화학식에서 수소원자의 수는?

① 0
② 1
③ 2
④ 3

해설
[할론 번호]
- C - F - Cl - Br 순으로 번호 매김
- C : 1개, F : 0개, Cl : 0개, Br : 1개
- 할론 1001 = CH_3Br
- 수소원자(H) : 3개

11 메틸리튬과 물의 반응 생성물로 옳은 것은?

① 메테인, 수소화리튬
② 메테인, 수산화리튬
③ 에테인, 수소화리튬
④ 에테인, 수산화리튬

해설
[메틸리튬(3류)의 반응 후 생성물]
- $CH_3Li + H_2O \rightarrow LiOH + CH_4$
- 메틸리튬과 물이 반응하여 수산화리튬과 메테인 발생

12 제4류 위험물 중 제2석유류의 위험등급 기준으로 옳은 것은?

① 위험등급 Ⅰ의 위험물
② 위험등급 Ⅱ의 위험물
③ 위험등급 Ⅲ의 위험물
④ 위험등급 Ⅳ의 위험물

해설
[제4류 위험물 위험등급]
- 특수인화물 : Ⅰ
- 제1석유류 : Ⅱ
- 알코올류 : Ⅱ
- 제2석유류 : Ⅲ
- 제3석유류 : Ⅲ
- 제4석유류 : Ⅲ
- 동식물유류 : Ⅲ

정답 09 ② 10 ④ 11 ② 12 ③

13 다음 중 무색투명한 휘발성 액체로서 물에 녹지 않고 물보다 무거워서 물속에 보관하는 위험물로 옳은 것은?

① 경유
② 황린
③ 황
④ 이황화탄소

해설
[이황화탄소(4류) 저장]
물속에 저장하여 가연성 증기 발생 억제

14 주유취급소에 설치하는 "주유 중 엔진 정지"라는 표시를 한 게시판의 바탕과 문자의 색상을 차례대로 알맞게 나타낸 것은?

① 흑색, 백색
② 흑색, 황색
③ 백색, 흑색
④ 황색, 흑색

해설
[게시판 바탕과 문자색]
주유 중 엔진 정지 : 황색 바탕 흑색 글씨

15 마그네슘분 1000 [kg]과 철분 1000 [kg]의 각각 지정수량 배수의 총합은 얼마인가?

① 1   ② 2
③ 3   ④ 4

해설
[지정수량 계산]
- 고형알코올(2류) : 500 [kg]
- 철분(2류) : 500 [kg]
- 지정수량 = (1000 / 500) + (1000 / 500) = 4

16 제3류 위험물에 해당하는 것으로 옳은 것은?

① $(C_2H_5)_3Al$
② Al
③ Mg
④ P_4S_3

해설
[위험물별 종류]
- Mg, Al, P_4S_3 : 제2류 위험물
- 트라이에틸알루미늄[$(C_2H_5)_3Al$] - 알킬알루미늄

17 알코올에 관한 설명으로 아닌 것은?

① 1가 알코올은 OH기의 수가 1개인 알코올을 말한다.
② 2차 알코올이 수소를 잃으면 케톤이 된다.
③ 2차 알코올은 1차 알코올이 산화된 것이다.
④ 알데하이드가 환원되면 1차 알코올이 된다.

정답 ● 13 ④ 14 ④ 15 ④ 16 ① 17 ③

해설

[알코올(4류) 특징]
- 알코올 : 알킬기 + 수산기
- 탄소(알킬기)의 개수에 따라 1차, 2차, 3차 알코올로 분류됨
- -OH(수산기)의 개수에 때라 1가, 2가, 3가 알코올로 분류됨
- 1차 알코올 : OH기가 결합된 탄소원자에 붙은 알킬기의 수가 하나

18 제3류 위험물 중 금수성 물질을 제외한 위험물에 적응성이 있는 소화설비로 틀린 것은?

① 분말소화설비
② 스프링클러설비
③ 팽창질석
④ 포소화설비

해설

[3류 위험물 금수성 물질 제외 소화설비]
냉각소화

19 위험물 저장탱크의 공간용적은 탱크 내용적에 대해 어떤 비율을 가지는가?

① 1/100 이상, 2/100 이하
② 5/100 이상, 10/100 이하
③ 5/100 이상, 20/100 이하
④ 10/100 이상, 20/100 이하

해설

[위험물탱크의 공간용적]
탱크 내용적의 100분의 5 이상 100분의 10 이하의 용적으로 함

20 지정수량의 10배 이상의 위험물을 취급하는 제조소에는 피뢰침을 설치하여야 하지만 제 몇 류 위험물을 취급하는 경우는 이를 제외할 수 있는가?

① 제2류 위험물
② 제1류 위험물
③ 제6류 위험물
④ 제3류 위험물

해설

[피뢰침설비]
- 지정수량의 10배 이상 취급 시 설치
- 제6류 위험물 제외

21 상온에서 액상인 것으로만 나열된 것으로 옳은 것은?

① 나이트로셀룰로스, 나이트로글리세린
② 질산에틸, 피크르산
③ 질산에틸, 나이트로글리세린
④ 나이트로셀룰로스, 셀룰로이드

정답 18 ① 19 ② 20 ③ 21 ③

해설

[제5류 위험물 상온 상태]

품명	위험물	상태
질산 에스터류	질산메틸 질산에틸 나이트로글리콜 나이트로글리세린	액체
	나이트로셀룰로스	고체
나이트로화합물	트라이나이트로톨루엔 트라이나이트로페놀 다이나이트로벤젠 테트릴	고체

22 2류 위험물과 산화제를 혼합하면 위험한 이유로 가장 옳은 것은?

① 제2류 위험물이 환원제로 작용하기 때문에
② 제2류 위험물이 가연성 액체이기 때문에
③ 제2류 위험물은 자연발화의 위험이 있기 때문에
④ 제2류 위험물은 물 또는 습기를 잘 머금고 있기 때문에

해설

[제2류 위험물 산화제 혼합 시 위험]
제2류 위험물은 산소와 결합이 잘 되는 환원제이므로 산화제와 혼합 시 위험도 증가

23 위험물안전관리법령에서 정한 자동화재탐지설비에 대한 기준으로 아닌 것은? (단, 원칙적인 경우에 한한다)

① 하나의 경계구역의 한 변 길이는 30 [m] 이하로 할 것
② 하나의 경계구역의 면적은 600 [m^2] 이하로 할 것
③ 경계구역은 건축물 그 밖의 공작물의 2 이상의 층에 걸치지 아니하도록 할 것
④ 자동화재탐지설비에는 비상전원을 설치할 것

해설

[자동화재탐지설비 설치기준]
① 경계구역은 건축물 그 밖의 공작물의 2 이상의 층에 걸치지 아니할 것
② 하나의 경계구역의 면적이 500 [m^2] 이하이면서 당해 경계구역이 두 개의 층에 걸치는 경우이거나 계단·경사로·승강기의 승강로 그 밖에 이와 유사한 장소에 연기감지기를 설치하는 경우엔 그러지 아니함
③ 하나의 경계구역은 면적이 600 [m^2] 이하이며, 한 변의 길이는 50 [m](광전식 분리형 감지기를 설치할 경우는 100 [m]) 이하로 할 것
④ 주요 출입구에서 그 내부의 전체를 볼 수 있는 경우에는 1000 [m^2] 이하
⑤ 감지기는 지붕 또는 벽의 옥내에 면한 부분에 유효하게 화재의 발생을 감지할 수 있도록 설치
⑥ 비상전원 설치

정답 22 ① 23 ①

24 금속분의 화재 시 주수소화하면 수소가스가 발생한다. 이때 위험성은?

① 가연성 가스인 수소가스로 인해 폭발의 위험이 있다.
② 수소로 인해 산소가 발생하기 때문이다.
③ 물이 발생해서 소화가 잘 되지 않는다.
④ 수소와 금속이 결합하여 환원반응이 일어난다.

해설
[금속분화재 주수금지 이유]
• 금속분은 물과 만나면 수소, 열 발생
• 수소 : 가연성 가스, 강한 폭발력

25 제조소의 옥외에 모두 3기의 휘발유 취급탱크를 설치하고 그 주위에 방유제를 설치하고자 한다. 방유제 안에 설치하는 각 취급탱크의 용량이 5만 [L], 3만 [L], 2만 [L]일 때 필요한 방유제의 용량은 몇 [L] 이상인가?

① 66000
② 30000
③ 33000
④ 60000

해설
[방유제 용량]
(최대 탱크 용량 × 0.5)
 + (나머지 탱크 용량 × 0.1)
= {50000 × 0.5} + {(30000 + 20000) × 0.1}
= 30000 [L]

26 위험물을 취급함에 있어서 정전기가 발생할 우려가 있는 설비에 정전기를 유효하게 제거할 수 있는 방법으로 틀린 것은?

① 접지에 의한 방법
② 공기를 이온화하는 방법
③ 공기 중의 상대습도를 70 [%] 이상으로 하는 방법
④ 위험물의 유속을 높이는 방법

해설
[정전기 제거 조건]
• 접지에 의한 방법
• 공기를 이온화하는 방법
• 공기 중의 상대습도를 70 [%] 이상으로 함
• 느린 유속으로 흐를 때(마찰 감소)

27 위험물제조소의 기준에 있어서 위험물을 취급하는 건축물의 구조로 올바르지 않은 것은?

① 출입구는 연소의 우려가 있는 외벽에 설치하는 경우 30분방화문을 설치하여야 한다.
② 연소의 우려가 있는 외벽은 내화구조의 벽으로 하여야 한다.
③ 지하층이 없도록 하여야 한다.
④ 지붕은 폭발력이 위로 방출될 정도의 가벼운 불연재료로 덮는다.

해설
[위험물취급 건축물 구조]
출입구는 연소의 우려가 있는 외벽에 설치하는 경우 60분+방화문 또는 60분방화문 설치

정답 24 ① 25 ② 26 ④ 27 ①

28 위험물안전관리법령에 따른 위험물의 운송에 관한 설명 중 옳지 않은 것은?

① 서울에서 부산까지 금속의 인화물 300 [kg]을 1명의 운전자가 휴식 없이 운송해도 규정위반이 아니다.
② 이동탱크저장소에 의하여 위험물을 운송할 때의 운송책임자에는 법정의 교육을 이수하고 관련 업무에 2년 이상 경력이 있는 자도 포함된다.
③ 알킬리튬과 알킬알루미늄 또는 이 중 어느 하나 이상을 함유한 것은 운송책임자의 감독·지원을 받아야 한다.
④ 운송책임자의 감독 또는 지원의 방법에는 동승하는 방법과 별도의 사무실에서 대기하면서 규정된 사항을 이행하는 방법이 있다.

해설

[위험물운송법령]
1명의 운전자가 운송하기 위해서는 운송 중 2시간 이내마다 20분 이상 휴식해야 함

29 위험물의 운반에 관한 기준에서 적재방법기준으로 옳지 않은 것은?

① 고체위험물은 운반용기의 내용적 95 [%] 이하의 수납률로 수납할 것
② 액체위험물은 운반용기의 내용적 98 [%] 이하의 수납률로 수납할 것
③ 알킬알루미늄은 운반용기 내용적의 95 [%] 이하의 수납률로 수납하되, 50 [℃]의 온도에서 5 [%] 이상의 공간용적을 유지할 것
④ 제3류 위험물 중 자연발화성 물질에 있어서는 불활성 기체를 봉입하여 밀봉하는 등 공기와 접하지 아니하도록 할 것

해설

[위험물 운반 적재방법]
(1) 고체위험물 : 운반용기의 내용적 95 [%] 이하의 수납률로 수납
(2) 액체위험물 : 운반용기의 내용적 98 [%] 이하의 수납률로 수납, 55 [℃] 온도에서 누설되지 않도록 충분한 공간 용적을 두어야 함
(3) 알킬알루미늄 : 운반용기 내용적의 90 [%] 이하의 수납률로 수납하되, 50 [℃]의 온도에서 5 [%] 이상의 공간 용적을 유지

30 메틸알코올 8000 [L]에 대한 소화능력으로 삽을 포함한 마른모래를 몇 [L] 설치하여야 하는가?

① 100　② 200
③ 300　④ 400

정답　28 ① 29 ③ 30 ②

해설

[메틸알코올(4류)의 소요단위]
• 마른모래의 능력단위

소화설비	용량[L]	능력단위
마른모래(삽 1개 포함)	50	0.5

• 메틸알코올의 지정수량 = 400 [L]
  1소요단위 = 지정수량 × 10
            = 400 × 10 = 4000 [L]
• 메틸알코올 8000 [L] 소요단위
  : 8000 [L] / 4000 [L] = 2
• 마른모래 50 [L] 능력단위 : 0.5
• 총 마른모래 용량 = 4 × 50 [L] = 200 [L]

31 물의 소화능력을 향상시키고 동절기 또는 한랭지에서도 사용할 수 있도록 탄산칼륨 등의 알칼리 금속염을 더한 소화약제로 옳은 것은?

① 포(Foam)
② 할로젠화합물
③ 이산화탄소
④ 강화액

해설

[강화액소화약제]
• 동결방지를 위해 탄산칼륨 등 첨가
• 물의 소화 능력(침투효과) 향상

32 다음에서 설명하고 있는 위험물로 알맞은 것은?

• 지정수량은 20 [kg]이고 백색 또는 담황색 고체이다.
• 비중은 약 1.82, 융점은 약 44 [℃]이다.
• 비점은 약 280 [℃]이고, 증기비중은 약 4.3이다.

① 적린 ② 황
③ 황린 ④ 마그네슘

해설

[황린(3류)의 특징]
• 문제의 지문은 황린에 대한 설명
• 다른 특징으로는 발화점이 낮음
• 화학적 활성이 커 자연발화함
• pH 9의 물속에 보관

33 탱크안전성능시험자가 갖추어야 할 등록기준에 해당되지 않은 것은?

① 경력
② 시설
③ 장비
④ 기술능력

해설

[탱크안전성능시험자의 등록기준]
대통령이 정하는 기술능력, 시설 및 장비를 갖추어 시·도지사에게 등록하여야 함

정답 31 ④ 32 ③ 33 ①

34 동식물유류에 대한 설명으로 아닌 것은?

① 아마인유는 건성유이다.
② 아이오딘값이 100 이하인 것을 불건성유라 한다.
③ 불포화결합이 적을수록 자연발화의 위험이 커진다.
④ 건성유는 공기 중 산화중합으로 생긴 고체가 도막을 형성할 수 있다.

해설

[동식물유류(4류) 특징]
불포화결합 크면 자연발화 위험 커짐

35 위험물안전관리에 관한 세부 기준에서 정한 위험물의 유별에 따른 위험성 시험 방법을 바르게 연결한 것은?

① 제1류 - 가열분해성 시험
② 제5류 - 충격민감성 시험
③ 제2류 - 작은 불꽃 착화시험
④ 제6류 - 낙구타격감도시험

해설

[위험성 시험방법]
- 제1류 : 산화성 시험, 충격민감성 시험
- 제2류 : 착화성 시험, 인화성 시험
- 제5류 : 폭발성 시험, 가열분해성 시험
- 제6류 : 산화성 시험

36 제6류 위험물에 대한 설명으로 아닌 것은?

① 자신이 산화되는 산화성 물질이다.
② 위험등급 I에 속한다.
③ 지정수량이 300 [kg]이다.
④ 오플루오린화브로민은 제6류 위험물이다.

해설

[제6류 위험물 특징]
산화성 물질 : 자신이 환원되고 남을 산화시키는 물질

37 건축물 외벽이 내화구조이며 연면적 300 [m^2]인 위험물 옥내저장소의 건축물에 대하여 소화설비의 소화능력 단위는 최소 몇 단위 이상이 되어야 하는가?

① 1단위   ② 3단위
③ 2단위   ④ 4단위

해설

[위험물저장소의 소요단위(연면적)]

구분	외벽이 내화구조	외벽이 비내화구조
위험물제조소 및 취급소	100 [m^2]	50 [m^2]
위험물저장소	150 [m^2]	75 [m^2]
위험물	지정수량의 10배	

내화구조인 저장소의 1소요단위가 150 [m^2]이므로 300 [m^2]인 옥내저장소 건축물에 대하여 소화능력은 2단위 이상이 되어야 함

정답 34 ③ 35 ③ 36 ① 37 ③

38 1몰의 이황화탄소와 고온의 물이 반응하여 생성되는 유독한 기체 물질의 부피는 표준 상태에서 얼마인가?

① 22.4 [L]　② 44.8 [L]
③ 67.2 [L]　④ 134.4 [L]

해설

[이황화탄소(4류) 반응 후 생성물]
- $CS_2 + 2H_2O \rightarrow 2H_2S + CO_2$
- 표준 상태 기체는 1몰당 22.4 [L]
- 반응 시 황화수소(H_2S) 2몰 생성됨
- 반응 후 생성물 = 2몰 × 22.4 [L] = 44.8 [L]

39 플래시오버(Flash Over)에 관한 설명으로 틀린 것은?

① 실내화재에서 발생하는 현상
② 발생 시점은 발화기에서 성장기로 넘어가는 분기점
③ 순발적인 연소 확대현상
④ 화재로 인하여 온도가 급격히 상승하여 화재가 순간적으로 실내 전체에 확산되어 연소되는 현상

해설

[플래시오버]
- 건축물화재 시 가연성 기체가 모여 있는 상태에서 산소가 유입됨에 따라 성장기에서 최성기로 급격하게 진행되며, 건물 전체로 화재가 확산되는 현상
- 발화기 → 성장기 → 플래시오버 → 최성기 → 감쇠기
- 내장재 종류와 개구부 크기에 영향을 받음

40 휘발유의 소화방법으로 옳지 않은 것은?

① 물통 또는 수조로 주수소화한다.
② 분말소화약제를 사용한다.
③ 포소화설비를 사용한다.
④ 할로젠화합물을 사용한다.

해설

[휘발유(4류) 소화방법]
휘발유를 주수소화 시 화재면이 확대됨

41 위험물안전관리법의 적용 제외와 관련된 내용으로 괄호 안에 알맞은 것을 모두 나타낸 것은?

> 위험물안전관리법은 (　)에 의한 위험물의 저장·취급 및 운반에 있어서는 이를 적용하지 아니한다.

① 항공기·선박(선박법 제1조의2 제1항에 따른 선박을 말한다)·철도 및 궤도
② 항공기·선박(선박법 제1조의2 제1항에 따른 선박을 말한다)·철도
③ 항공기·철도 및 궤도
④ 철도 및 궤도

해설

[위험물안전관리법의 적용 제외]
항공기·선박(선박법 제1조의2 제1항에 따른 선박을 말한다)·철도 및 궤도에 의한 위험물의 저장·취급 및 운반에는 이를 적용하지 아니함

정답 38 ② 39 ② 40 ① 41 ①

42 위험물안전관리법령상 옥외저장탱크 중 압력탱크 외의 탱크에 설치하는 밸브 없는 통기관은 직경이 얼마 이상인 것으로 설치해야 하는가?

① 10 [mm]
② 20 [mm]
③ 30 [mm]
④ 40 [mm]

해설
[옥외저장탱크의 통기관 설치기준]
직경 30 [mm] 이상

43 주유취급소 일반 점검표의 점검항목에 따른 점검내용 중 점검방법이 육안 점검이 아닌 것은?

① 가연성 증기감지경보설비
  - 손상의 유무
② 피난설비의 비상전원
  - 정전 시의 점등상황
③ 간이탱크의 가연성 증기회수밸브
  - 작동상황
④ 배관의 전기방식설비
  - 단자의 탈락 유무

해설
[점검방법]
피난설비의 비상전원은 정전 시의 점등상황이 아닌 작동상황을 확인함

44 위험물제조소등별로 설치하여야 하는 경보설비의 종류에 해당하지 않는 것은?

① 자동화재탐지설비
② 비상조명등설비
③ 휴대용 확성기
④ 비상방송설비

해설
[위험물의 경보설비]
- 자동화재탐지설비
- 휴대용 확성기
- 비상방송설비
- 확성장치

45 15 [℃]의 기름 100 [g]에 8000 [J]의 열량을 주면 기름의 온도는 몇 [℃]가 되겠는가? (단, 기름의 비열은 2 [J/g·℃] 이다)

① 25   ② 45
③ 50   ④ 55

해설
[기름의 온도 계산]
- $\triangle T$(온도차) = Q / Cm
            = 8000 / (2 × 100)
            = 40 [℃]
- x = 기름의 온도
- $x - 15 = 40$
- ∴ $x = 55$ [℃]

Q(열량) : 8000 [J]
C(비열) : 2 [J/g·℃]
m(질량) : 100 [g]

정답 42 ③ 43 ② 44 ② 45 ④

46 메틸알코올에 관한 설명으로 옳지 않은 것은?

① 휘발성이 강하다.
② 최종 산화물은 포름산이다.
③ 인화점은 약 11 [℃]이다
④ 에틸 알코올과 함께 술의 원료로 사용한다.

해설
[메탄올(4류) 성질]
술 원료 : 에탄올

47 위험물과 그 위험물이 물과 반응하여 발생하는 가스를 잘못 연결한 것은?

① 탄화알루미늄 - 메테인
② 탄화칼슘 - 아세틸렌
③ 인화칼슘 - 에테인
④ 수소화칼슘 - 수소

해설
[인화칼슘(3류) 반응 후 생성물]
• $Ca_3P_2 + 6H_2O \rightarrow 3Ca(OH)_2 + \underline{2PH_3}$
• 인화칼슘이 물과 만나 수산화칼슘과 인화수소가 발생

48 피크르산 제조에 사용되는 물질과 가장 관계가 있는 것은?

① C_6H_6
② $C_6H_5CH_3$
③ $C_3H_5(OH)_3$
④ C_6H_5OH

해설
[피크르산 제조 물질]
피크르산(트라이나이트로페놀)은 산·페놀(C_6H_5OH)을 반응시켜 제조

49 오황화인이 물과 작용했을 때 주로 발생되는 기체는?

① 포스핀   ② 포스겐
③ 황산가스   ④ 황화수소

해설
[오황화인(2류)의 반응 후 생성물]
• $P_2S_5 + 8H_2O \rightarrow 2H_3PO_4 + \underline{5H_2S}$
• 오황화인은 물과 반응하여 인산과 황화수소 발생

50 위험물을 운반용기에 수납하여 적재할 때 차광성이 있는 피복으로 가려야 하는 위험물이 아닌 것은?

① 제1류 위험물   ② 제2류 위험물
③ 제5류 위험물   ④ 제6류 위험물

해설
[위험물별 피복 유형]

덮개	위험물
차광성	제1류 위험물
	제3류 위험물 중 자연발화성 물질
	제4류 위험물 중 특수인화물
	제5류 위험물
	제6류 위험물
방수성	제1류 위험물 중 알칼리금속과산화물
	제2류 위험물 중 금속분, 철분, 마그네슘
	제3류 위험물 중 금수성 물질

정답 46 ④ 47 ③ 48 ④ 49 ④ 50 ②

51 가연성 고체위험물의 일반적 성질로 틀린 것은?

① 비교적 저온에서 착화한다.
② 산화제와의 접촉·가열은 위험하다.
③ 연소 속도가 빠르다.
④ 산소를 포함하고 있다.

해설
[가연성 고체(2류)의 특징]
산소를 포함하지 않음

52 자연발화를 방지하기 위한 방법으로 옳지 않은 것은?

① 습도를 가능한 한 높게 유지한다.
② 열축적을 방지한다.
③ 저장실의 온도를 낮춘다.
④ 정촉매 작용을 하는 물질을 피한다.

해설
[자연발화방지법]
- 습도를 낮게 유지할 것
- 열의 축적을 방지할 것
- 주위 온도를 낮게 유지할 것
- 통풍을 원활하게 할 것

53 질식효과로 소화하기 위해서는 공기 중 산소농도를 몇 [%] 이하로 하여야 하는가?

① 3 [%]
② 7 [%]
③ 15 [%]
④ 20 [%]

해설
[질식소화 산소 농도]
- 공기 중의 산소 농도는 21 [%]
- 농도가 15 [%] 아래로 떨어지면 연소를 지속할 수 없음

54 규조토에 흡수시켜 다이너마이트를 제조할 때 사용되는 위험물은?

① 다이나이트로톨루엔
② 질산에틸
③ 나이트로셀룰로스
④ 나이트로글리세린

해설
[나이트로글리세린(5류)의 특징]
- 무색, 투명한 기름상의 액체
- 충격, 마찰에 매우 예민
- 겨울철에는 동결할 우려
- 다이너마이트의 원료

정답 ● 51 ④ 52 ① 53 ③ 54 ④

55 정기점검 대상 제조소등에 해당하지 않는 것은?

① 이동탱크저장소
② 지정수량 120배의 위험물을 저장하는 옥외저장소
③ 지정수량 120배의 위험물을 저장하는 옥내저장소
④ 이송취급소

해설

[정기점검 대상 제조소등]
지정수량 150배 위험물을 저장하는 옥내저장소 예방규정 ★
(1) 지정수량의 10배 이상의 위험물을 취급하는 제조소
(2) 지정수량의 100배 이상의 위험물을 저장하는 옥외저장소
(3) 지정수량의 150배 이상의 위험물을 저장하는 옥내저장소
(4) 지정수량의 200배 이상의 위험물을 저장하는 옥외탱크저장소
(5) 암반탱크저장소
(6) 이송취급소
(7) 이동탱크저장소

56 위험물안전관리법령에 따른 대형 수동식 소화기의 설치기준에서 방호대상물의 각 부분으로부터 하나의 대형 수동식 소화기까지의 보행 거리는 몇 [m] 이하가 되도록 설치하여야 하는가? (단, 옥내소화전설비, 옥외소화전설비, 스프링클러설비 또는 물분무등소화설비와 함께 설치하는 경우는 제외한다)

① 10
② 15
③ 20
④ 30

해설

[대형 수동식 소화기 설치기준]
• 대형 : 보행 거리 30 [m] 이하가 되도록 설치
• 소형 : 보행 거리 20 [m] 이하가 되도록 설치

57 제조소 및 일반취급소에 설치하는 자동화재탐지설비의 설치기준으로 아닌 것은?

① 하나의 경계구역은 600 [m²] 이하로 하고, 한 변의 길이는 50 [m] 이하로 한다.
② 주요한 출입구에서 내부 전체를 볼 수 있는 경우 경계구역은 1000 [m²] 이하로 할 수 있다.
③ 비상전원을 설치하여야 한다.
④ 하나의 경계구역이 300 [m²] 이하이면 2개 층을 하나의 경계구역으로 할 수 있다.

정답 ● 55 ③ 56 ④ 57 ④

해설

[자동화재탐지설비 설치기준]
① 경계구역은 건축물 그 밖의 공작물의 2 이상의 층에 걸치지 아니할 것
② 하나의 경계구역의 면적이 500 [m²] 이하이면서 당해 경계구역이 두 개의 층에 걸치는 경우이거나 계단·경사로·승강기의 승강로 그 밖에 이와 유사한 장소에 연기감지기를 설치하는 경우엔 그러지 아니함
③ 하나의 경계구역은 면적이 600 [m²] 이하이며, 한 변의 길이는 50 [m](광전식 분리형 감지기를 설치할 경우는 100 [m]) 이하로 할 것
④ 주요 출입구에서 그 내부의 전체를 볼 수 있는 경우에는 1000 [m²] 이하
⑤ 감지기는 지붕 또는 벽의 옥내에 면한 부분에 유효하게 화재의 발생을 감지할 수 있도록 설치
⑥ 비상전원 설치

58 질산메틸에 대한 설명 중 틀린 것은?

① 액체 형태이다.
② 물보다 무겁다.
③ 알코올에 녹는다.
④ 증기는 공기보다 가볍다.

해설

[질산메틸(5류)의 특징]
증기는 2.65로 공기보다 무거움

59 위험물 이동저장탱크의 외부 도장 색상으로 적합하지 않은 것은?

① 제2류 - 적색
② 제3류 - 청색
③ 제5류 - 황색
④ 제6류 - 회색

해설

[위험물의 외부도장 색]

유별	1	2	3	5	6
색	회색	적색	청색	황색	청색

암 회적청황청

60 위험물안전관리법령상 옥내저장소에서 기계에 의하여 하역하는 구조로 된 용기만을 겹쳐 쌓아 위험물을 저장하는 경우 그 높이는 몇 미터를 초과하지 않아야 하는가?

① 2
② 4
③ 6
④ 8

해설

[옥내저장소의 위험물 저장 규정]
• 겹쳐 쌓은 위험물용기의 높이가 6 [m]를 초과하지 않아야 함
• 마른모래·팽창질석·팽창진주암, 탄산수소염류 분말

정답 58 ④ 59 ④ 60 ③

2025 제2회 CBT 복원

01 과산화수소에 대한 설명으로 아닌 것은?

① 불연성 물질이다.
② 농도가 약 3 [wt%]이면 단독으로 분해폭발한다.
③ 산화성 물질이다.
④ 점성이 있는 액체로 물에 용해된다.

해설

[과산화수소(6류) 특징]
농도가 60 [wt%]이면 단독 분해폭발

보충 분말소화약제

02 제1류 위험물에 해당하지 않는 것은?

① 질산구아니딘
② 납의 산화물
③ 퍼옥소이황산염류
④ 염소화아이소시아눌산

해설

[위험물 종류]
질산구아니딘 : 제5류 위험물

03 다음 중 산을 가하면 이산화염소를 발생시키는 물질로 옳은 것은?

① 옥소산칼륨(아이오딘산칼륨)
② 브로민산나트륨
③ 아염소산나트륨
④ 다이크로뮴산나트륨

해설

[산과 반응 시 이산화염소가 발생하는 위험물]
- $3NaClO_2 + 2HCl$
  $\rightarrow 3NaCl + 2ClO_2 + H_2O_2$
- 아염소산나트륨이 산과 반응 시 염화나트륨, 이산화염소, 과산화수소 발생

04 운송책임자의 감독·지원을 받아 운송하여야 하는 위험물로 옳은 것은?

① 알킬알루미늄
② 금속나트륨
③ 메틸에틸케톤
④ 트라이나이트로톨루엔

해설

[운송책임자의 감독, 지원 받아 운송하는 위험물]
(1) 알킬리튬
(2) 알킬알루미늄
(3) 알킬알루미늄·알킬리튬 함유하는 위험물

정답 ● 01 ② 02 ① 03 ③ 04 ①

05 제1석유류에 해당하는 것으로 옳은 것은?

① C_6H_6
② CH_3OH
③ C_2H_5OH
④ $(C_2H_5)_3Al$

해설

[위험물별 종류]
- 벤젠(C_6H_6) : 제1석유류
- 트라이에틸알루미늄[$(C_2H_5)_3Al$] - 알킬알루미늄
- 메틸알코올(CH_3OH), 에틸알코올(C_2H_5OH) - 알코올류

06 금속칼륨을 석유 등의 보호액 속에 저장하는 이유는?

① 온도를 낮추기 위하여
② 공기와의 접촉을 막기 위하여
③ 승화하는 것을 막기 위하여
④ 운반 시 충격을 적게 하기 위하여

해설

[금속나트륨, 금속칼륨(3류) 보호액 저장]
공기 중 수증기와 접촉하지 않기 위해 보호액 속에 저장

07 나이트로셀룰로스의 저장·취급방법으로 알맞은 것은?

① 물 또는 알코올 등을 첨가하여 습윤시켜야 한다.
② 건조한 상태로 보관하여야 한다.
③ 물기에 접촉하면 위험하므로 제습제를 첨가하여야 한다.
④ 알코올에 접촉하면 자연발화의 위험이 있으므로 주의하여야 한다.

해설

[나이트로셀룰로스(5류) 특징]
- 물·알코올 등을 첨가하여 습윤 저장
- 열분해하여 자연발화함

08 그림과 같이 횡으로 설치한 탱크의 용량은 약 몇 [m³]인가? (단, 공간용적은 내용적의 10/100이다)

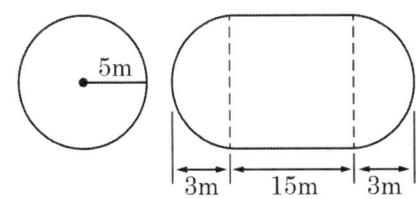

① 1201.1
② 1335.1
③ 1268.4
④ 1690.9

해설

[위험물 저장탱크 공간용적]

$V = \pi r^2 (l + \frac{l_1 + l_2}{3})(1 - 공간용적)$

= 원주면적 × (가운데 체적 길이
  + 양끝 체적 길이의 합 / 3)
  × (1 - 공간용적)

= $3.14 \times 5^2 \times (15 + 2)(1 - 0.1)$

= 1201.05 [m³]

09 $KMnO_4$의 지정수량은 몇 [kg]인가?

① 50
② 1000
③ 300
④ 1500

해설

[과망가니즈산칼륨($KMnO_4$, 1류)]
지정수량 : 1000 [kg]

10 제2류 위험물을 수납하는 운반용기의 외부에 표시하여야 하는 주의사항으로 옳은 것은?

① 제2류 위험물 중 철분, 금속분, 마그네슘 또는 이들 중 어느 하나 이상을 함유한 것에 있어서는 "화기주의" 및 "물기주의", 인화성 고체에 있어서는 "화기엄금", 그 밖의 것에 있어서는 "화기주의"

② 제2류 위험물 중 철분, 금속분, 마그네슘 또는 이들 중 어느 하나 이상을 함유한 것에 있어서는 "화기주의" 및 "물기엄금", 인화성 고체에 있어서는 "화기주의", 그 밖의 것에 있어서는 "화기엄금"

③ 제2류 위험물 중 철분, 금속분, 마그네슘 또는 이들 중 어느 하나 이상을 함유한 것에 있어서는 "화기주의" 및 "물기엄금", 인화성 고체에 있어서는 "화기엄금", 그 밖의 것에 있어서는 "화기주의"

④ 제2류 위험물 중 철분, 금속분, 마그네슘 또는 이들 중 어느 하나 이상을 함유한 것에 있어서는 "화기엄금" 및 "물기엄금", 인화성 고체에 있어서는 "화기엄금", 그 밖의 것에 있어서는 "화기주의"

해설

[위험물 종류 주의사항]
제2류 위험물 중 철분, 금속분, 마그네슘 또는 이들 중 어느 하나 이상을 함유한 것에 있어서는 "화기주의" 및 "물기엄금", 인화성 고체에 있어서는 "화기엄금", 그 밖의 것에 있어서는 "화기주의"

11 화재종류 중 전기화재에 해당하는 것은?

① A급
② B급
③ D급
④ C급

해설

[화재의 종류]

급수	명칭(화재)	색상
A	일반	백색
B	유류	황색
C	전기	청색
D	금속	무색

12 위험물안전관리법에서 사용하는 용어의 정의 중 아닌 것은?

① "지정수량"은 위험물의 종류별로 위험성을 고려하여 대통령령이 정하는 수량이다.
② "제조소등"이라 함은 제조소, 저장소 및 이동탱크를 말한다.
③ "저장소"라 함은 지정수량 이상의 위험물을 저장하기 위한 대통령령이 정하는 장소로서 규정에 따라 허가를 받은 장소를 말한다.
④ "제조소"라 함은 위험물을 제조할 목적으로 지정수량 이상의 위험물을 취급하기 위하여 규정에 따라 허가를 받은 장소이다.

해설

[제조소등 정의]
제조소, 저장소, 취급소를 말함

13 지하탱크저장소 탱크전용실의 안쪽과 지하저장탱크와의 사이는 몇 [m] 이상의 간격을 유지하여야 하는가?

① 0.1
② 0.2
③ 0.3
④ 0.4

해설

[지하탱크저장소 간격]
탱크전용실의 안쪽과 지하저장탱크와의 간격 0.1 [m] 이상 유지

14 다음은 위험물안전관리법령에서 정의한 동식물유류에 관한 내용이다. ( )에 알맞은 수치는?

> 동물의 지육 등 또는 식물의 종자나 과육으로부터 추출한 것으로서 1기압에서 인화점이 섭씨 ( )도 미만인 것을 말한다.

① 21
② 200
③ 250
④ 300

해설

[동식물유류(4류)의 정의]
1기압에서 인화점 250 [℃] 미만

정답 12 ② 13 ① 14 ③

15 위험물안전관리법령상 위험물의 운반에 관한 기준에 따르면 지정수량 얼마 이하의 위험물에 대하여는 "유별을 달리하는 위험물의 혼재기준"을 적용하지 아니하여도 되는가?

① 1/2
② 1/10
③ 1/5
④ 1/100

해설
[위험물 혼재기준]
지정수량 1/10 이하의 위험물에 대하여 유별을 달리하는 위험물 혼재기준 적용하지 않아도 됨

16 제3류 위험물인 칼륨의 성질이 틀린 것은?

① 물과 반응하여 수산화물과 수소를 만든다.
② 은백색 광택을 가지는 연하고 가벼운 고체로 칼로 쉽게 잘라진다.
③ 원자량은 약 39이다.
④ 원자가전자가 2개로 쉽게 2가의 양이온이 되어 반응한다.

해설
[칼륨(3류) 특징]
제1족 원소이므로 원자가전자는 1개

17 액화 이산화탄소 1000 [g]이 25 [℃], 2 [atm]에서 방출되어 모두 기체가 되었다. 방출된 기체상의 이산화탄소 부피는 약 몇 [L]인가?

① 556   ② 278
③ 1211   ④ 1985

해설
[이산화탄소 부피 계산]
- $PV = \dfrac{WRT}{M}$
- $V = \dfrac{1000 \times 0.082 \times (273 + 25)}{2 \times 44} = 278 \ [\text{m}^3]$

R(기체상수) : 0.082 [atm·m³/kmol·K]
T(절대온도) : 25 [℃] + 273 = 298 [K]
M(분자량) : 44 [kg/kmol] W(질량) : 1 [kg]

18 위험물 취급 시 정전기를 유효하게 제거할 수 있는 방법으로 옳은 것은?

① 공기를 이온화하는 방법
② 공기 중의 상대습도를 50 [%] 이하로 하는 방법
③ 위험물의 유속을 느리게 하는 방법
④ 이동 시 마찰을 증가시키는 방법

해설
[정전기 제거 조건]
- 접지에 의한 방법
- 공기를 이온화하는 방법
- 공기 중의 상대습도를 70 [%] 이상으로 함
- 느린 유속으로 흐를 때(마찰 감소)

정답 15 ② 16 ④ 17 ② 18 ③

19 옥외탱크저장에 연소성 혼합기체의 생성에 의한 폭발을 방지하기 위하여 불활성의 기체를 봉입하는 장치를 설치하여야 하는 위험물질로 옳은 것은?

① CH_3CHO
② C_5H_5N
③ $CH_3COC_2H_5$
④ C_6H_5Cl

해설

[아세트알데하이드(CH_3CHO) 저장방법]
(1) 연소되지 않는 불연성 물질 첨가
(2) 불연성 물질 : 질소, 아르곤, 이산화탄소
　① CH_3CHO : 아세트알데하이드
　② C_5H_5N : 피리딘
　③ $CH_3COC_2H_5$: 메틸에틸케톤
　④ C_6H_5Cl : 클로로벤젠

20 위험물제조소등에 자체소방대를 두어야 할 대상으로 올바른 것은?

① 지정수량 3000배 이상의 제4류 위험물을 취급하는 제조소
② 지정수량 300배 이하의 제4류 위험물을 취급하는 제조소
③ 지정수량 3000배 이상의 제4류 위험물을 취급하는 저장소
④ 지정수량 300배 이하의 제4류 위험물을 취급하는 저장소

해설

[제조소등 자체소방대 대상]
- 제4류 위험물 지정수량의 3천 배 이상 취급하는 제조소 또는 일반취급소
- 제4류 위험물의 최대수량이 지정수량의 50만 배 이상인 옥외탱크저장소

21 위험물안전관리법령에 따라 다음 (　) 안에 들어갈 용어는?

주유취급소 중 건축물의 2층 이상의 부분을 점포·휴게음식점 또는 전시장의 용도로 사용하는 것에 있어서는 당해 건축물의 2층 이상으로부터 직접 주유취급지의 부지 밖으로 통하는 출입구와 당해 출입구로 통하는 통로·계단 및 출입구에 (　)을(를) 설치하여야 한다.

① 피난사다리
② 유도등
③ 경보기
④ CCTV

해설

[유도등 설치기준]
출입구, 피난구, 통로·계단에 유도등을 설치하고 비상전원을 설치

정답　19 ①　20 ①　21 ②

22 제3류 위험물을 취급하는 제조소는 사용전압 35000 [V] 이하 특고압 가공전선으로부터 몇 [m] 이상의 안전거리를 유지하여야 하는가?

① 3   ② 5
③ 10 ④ 20

해설

[제조소 안전거리]

구분	거리
사용전압 7000 [V] 초과 35000 [V] 이하 특고압 가공전선	3 [m] 이상
사용전압 35000 [V] 초과의 특고압 가공전선	5 [m] 이상
주거용으로 사용	10 [m] 이상
고압가스·액화석유가스·도시가스를 저장 취급하는 시설	20 [m] 이상
학교·병원·영화상영관 등 수용인원 300명 이상, 복지시설·어린이집·수용인원 20명 이상	30 [m] 이상
유형문화유산·지정문화유산	50 [m] 이상

23 연료의 일반적인 연소형태에 관한 설명이 아닌 것은?

① 목재와 같은 고체연료는 연소 초기에는 불꽃을 내면서 연소하나 후기에는 점점 불꽃이 없어져 무염연소 형태로 연소한다.
② 알코올과 같은 액체연료는 증발에 의해 생긴 증기가 공기 중에서 연소하는 증발연소 형태로 연소한다.
③ 석탄과 같은 고체연료는 열분해하여 발생한 가연성 기체가 공기 중에서 연소하는 분해연소 형태로 연소한다.
④ 기체연료는 액체연료, 고체연료와 다르게 비정상적 연소인 폭발현상이 나타나지 않는다.

해설

[기체연료의 연소형태]
확산연소, 예혼합연소, 폭발연소

24 다음 중 할로젠화합물소화약제의 가장 주된 소화효과인 것은?

① 냉각효과
② 제거효과
③ 질식효과
④ 억제효과

해설

[할로젠화합물소화효과]
억제효과 : 연소 연쇄반응을 차단하는 방법

정답 ▶ 22 ① 23 ④ 24 ④

25 위험물제조소에 설치하는 안전장치 중 위험물의 성질에 따라 안전밸브의 작동이 곤란한 가압설비에 한하여 설치하는 것으로 옳은 것은?

① 안전밸브를 병용하는 경보장치
② 파괴판
③ 감압 측에 안전밸브를 부착한 감압밸브
④ 연성계

해설

[파괴판]
위험물의 성질에 따라 안전밸브의 작동이 곤란한 가압설비에 한하여 설치

26 메탄올과 에탄올의 공통점에 대한 설명으로 아닌 것은?

① 물에 잘 녹는다.
② 무색 투명한 액체이다.
③ 비중이 1보다 작다.
④ 증기비중이 같다.

해설

[메탄올과 에탄올(4류) 공통점]
분자량이 다르므로 증기비중 다름

27 같은 위험등급의 위험물로만 이루어지지 않은 것은?

① Fe, Sb, Mg
② 메탄올, 에탄올, 벤젠
③ 황화인, 적린, 칼슘
④ Zn, Al, S

해설

[위험등급에 따른 위험물]
- Fe, Sb, Mg : 등급 Ⅲ
- 메탄올, 에탄올, 벤젠 : 등급 Ⅱ
- 황화인, 적린, 칼슘 : 등급 Ⅱ
- Zn, Al : 등급 Ⅲ, S : 등급 Ⅱ

28 유기과산화물의 화재예방상 주의사항으로 옳지 않은 것은?

① 산화제와 격리하고 환원제와 접촉시켜야 한다.
② 직사광선을 피해야 한다.
③ 용기의 파손에 의해서 누출되면 위험하므로 정기적으로 점검하여야 한다.
④ 열원으로부터 멀리한다.

해설

[유기과산화물(5류) 화재예방]
유기과산화물을 환원제와 접촉시키면 발화 가능성 증가

정답: 25 ② 26 ④ 27 ④ 28 ①

29 분자 내의 나이트로기와 같이 쉽게 산소를 유리할 수 있는 기를 가지고 있는 화합물의 연소 형태로 옳은 것은?

① 자기연소
② 분해연소
③ 증발연소
④ 표면연소

해설
[나이트로기의 연소 형태]
자기연소 : 제5류 위험물 등 산소공급원을 포함하고 있는 물질이 스스로 연소

30 화학식과 할론 번호를 옳게 연결한 것은?

① CBr_2F_2 - 1202
② $C_2Br_2F_4$ - 1422
③ $CBrClF_2$ - 1002
④ C_2Br_2F - 1202

해설
[할론 넘버]
C · F · Cl · Br 순으로 원소 개수를 나열한 것
- 1202 : CBr_2F_2 (CF_2Br_2)
- 2402 : $C_2Br_2F_4$ ($C_2F_4Br_2$)
- 1211 : $CBrClF_2$ (CF_2ClBr)
- 2102 : C_2Br_2F (C_2FBr_2)

31 옥내저장소에 질산 600 [L]를 저장하고 있다. 저장하고 있는 질산은 지정수량의 몇 배인가? (단, 질산의 비중은 1.5이다)

① 1
② 2
③ 3
④ 4

해설
[지정수량의 배수]
- 질산의 지정수량 : 300 [kg]
- 질산의 질량 : 600 [L] × 1.5 [kg/L] = 900 [kg]
- 지정수량의 배수 : $\frac{900}{300}$ = 3

32 제위험물 판매취급소에 관한 설명 중 틀린 것은?

① 위험물을 배합하는 실의 바닥면적은 6 [m²] 이상 15 [m²] 이하이어야 한다.
② 제1종 판매취급소는 건축물의 2층에 설치하여야 한다.
③ 일반적으로 페인트점, 화공약품점이 이에 해당된다.
④ 취급하는 위험물의 종류에 따라 제1종 지정수량 20배 이하와 제2종 지정수량 40배 이하로 구분한다.

해설
[위험물 판매취급소]
제1종 판매취급소는 건축물의 1층에 설치하여야 함

정답 29 ① 30 ① 31 ③ 32 ②

33 인화성 액체위험물을 저장하는 옥외탱크저장소에 설치하는 방유제의 높이기준은?

① 0.1 [m] 이상 1 [m] 이하
② 0.5 [m] 이상 3 [m] 이하
③ 0.5 [m] 이상 5 [m] 이하
④ 0.5 [m] 이상 10 [m] 이하

해설

[방유제의 높이기준]
방유제의 높이는 0.5 [m] 이상 3 [m] 이하

34 다음 중 증기비중이 가장 큰 것은?

① 벤젠
② 등유
③ 메틸알코올
④ 다이에틸에터

해설

[증기비중]
① 벤젠 : 2.69
② 등유 : 4.5
③ 메틸알코올 : 1.11
④ 다이에틸에터 : 2.6

35 위험물 저장탱크 중 부상지붕구조로 탱크의 직경이 53 [m] 이상 60 [m] 미만인 경우 고정식 포소화설비의 포방출구 종류 및 수량으로 옳은 것은?

① Ⅰ형 8개 이상
② Ⅱ형 8개 이상
③ Ⅲ형 10개 이상
④ 특형 10개 이상

해설

[포방출구 종류 및 수량]
위험물 저장탱크 중 부상지붕구조로 탱크의 직경이 53 [m] 이상 60 [m] 미만인 경우는 부상지붕구조의 특형 포방출구 10개

36 2몰의 브로민산칼륨이 모두 열분해되어 생긴 산소의 양은 2기압 27 [°C]에서 약 몇 [L]인가?

① 32.4
② 36.9
③ 41.3
④ 45.6

해설

[산소 부피 계산]
- $2KBrO_3 \rightarrow 2KBr + 3O_2$
- $PV = nRT$
- $V = \dfrac{3 \times 0.082 \times (273 + 27)}{2} = 36.9\ [L]$

37 이산화탄소소화기 사용 시 줄-톰슨효과에 의해서 생성되는 물질은?

① 포스겐
② 드라이아이스
③ 일산화탄소
④ 수성 가스

해설

[이산화탄소소화기]
이산화탄소가 저온에서 급격하게 팽창되어 액체 이산화탄소가 되고, 증발잠열에 의해 드라이아이스가 생성됨

정답 33 ② 34 ② 35 ④ 36 ② 37 ②

38 건물의 외벽이 내화구조로서 연면적 300 [m²]의 옥내저장소에 필요한 소화기의 소요단위수는?

① 1 ② 2
③ 3 ④ 4

해설

[내화구조가 아닌 저장소의 소화기 소요단위]

구분	외벽이 내화구조	외벽이 비내화구조
위험물제조소 및 취급소	100 [m²]	50 [m²]
위험물저장소	150 [m²]	75 [m²]
위험물	지정수량의 10배	

소화기 소요단위 = 300 / 150 = 2

해설

[위험물 혼재기준(저장 시)]
- 1류, 3류 혼재 불가
  옥내저장소 또는 옥외저장소에서 1 [m] 이상 간격을 두고 아래 유별을 저장할 수 있음
- 제1류 위험물(알칼리금속의 과산화물은 제외)과 제5류 위험물을 저장하는 경우
- 제1류 위험물과 제6류 위험물을 저장하는 경우
- 제1류 위험물과 자연발화성 물질(황린)을 저장하는 경우
- 제2류 위험물 중 인화성 고체와 제4류 위험물을 저장하는 경우
- 제3류 위험물 중 알킬알루미늄등과 제4류 위험물(알킬알루미늄 또는 알킬리튬을 함유한 것)을 저장하는 경우
- 제4류 위험물 중 유기과산화물과 제5류 위험물 중 유기과산화물을 저장하는 경우

39 다음 중 옥내저장소의 동일한 실에 서로 1 [m] 이상의 간격을 두고 저장할 수 없는 것은?

① 제4류 위험물과 제3류 위험물 중 자연발화성 물질(황린 또는 이를 함유한 것에 한한다)
② 제4류 위험물과 제2류 위험물 중 인화성 고체
③ 제1류 위험물과 제4류 위험물
④ 제1류 위험물과 제6류 위험물

40 질산나트륨의 성상으로 옳은 것은?

① 황색 결정이다.
② 물에 잘 녹는다.
③ 흑색화약의 원료이다.
④ 상온에서 자연분해한다.

해설

[질산나트륨(1류) 특징]
- 흰색 결정
- 물에 잘 녹음
- 흑색화약 원료 : 질산칼륨·숯·황
- 상온에서는 고체 상태

정답 ▶ 38 ② 39 ③ 40 ②

41
다음은 위험물안전관리법령에서 따른 이동저장탱크의 구조에 관한 기준이다. ( ) 안에 알맞은 수치는?

> 이동저장탱크는 그 내부에 (①) [L] 이하마다 (②) [mm] 이상의 강철판 또는 이와 동등 이상의 강도·내열성 및 내식성이 있는 금속성의 것으로 칸막이를 설치하여야 한다. 다만 고체인 위험물을 저장하거나 고체인 위험물을 가열하여 액체 상태로 저장하는 경우에는 그러하지 아니한다.

① ① : 2000, ② : 1.6
② ① : 2000, ② : 3.2
③ ① : 4000, ② : 1.6
④ ① : 4000, ② : 3.2

해설
[위험물 이동저장탱크의 구조기준]
4000 [L] 이하마다 3.2 [mm] 이상의 강철판 또는 동등한 금속성으로 칸막이 설치

42
위험물의 운반 및 적재 시 혼재가 불가능한 것끼리 연결된 것은? (단, 지정수량의 1/5 이상이다)

① 제6류와 제1류
② 제2류와 제6류
③ 제4류와 제3류
④ 제5류와 제4류

해설
[위험물 혼재기준]
2류, 6류 혼재 불가

보충 혼재 가능 위험물

1↓	6		혼재 가능
2↓	5↑	4	혼재 가능
3→	4↑		혼재 가능

암 1 2 3 4 5 6 적은 후 4 추가

43
위험물안전관리법령에 명시된 아세트알데하이드의 옥외저장탱크에 필요한 설비가 아닌 것은?

① 보냉장치
② 냉각장치
③ 동 합금 배관
④ 불활성 기체를 봉입하는 장치

해설
[아세트알데하이드(4류) 저장탱크설비]
구리·은·수은·마그네슘 등으로 만든 배관은 사용하지 않음

44
트라이나이트로톨루엔의 작용기에 해당하는 것은?

① -NO
② -NO$_2$
③ -NO$_3$
④ -NO$_4$

해설
[트라이나이트로톨루엔(5류)의 작용기]
-NO$_2$

정답 41 ④ 42 ② 43 ③ 44 ②

45 위험물안전관리법령상 예방규정을 정하여야 하는 제조소등의 관계인은 위험물제조소등에 대하여 기술기준에 적합한지의 여부를 정기적으로 점검을 하여야 한다. 법적 최소 점검 주기에 해당하는 것은? (단, 100만 리터 이상의 옥외탱크저장소는 제외한다)

① 주 1회 이상
② 월 1회 이상
③ 6개월 1회 이상
④ 연 1회 이상

해설

[위험물예방규정]
연 1회 이상

46 에틸알코올의 증기비중은 약 얼마인가?

① 0.72   ② 0.91
③ 1.13   ④ 1.59

해설

[에틸알코올(4류) 증기비중]
C_2H_5OH / 29
= {(12 × 2) + (1 × 6) + (16 × 1)} / 29 = 1.59

47 탄화알루미늄 1몰을 물과 반응시킬 때 발생하는 가연성 가스의 종류와 양은?

① 에테인, 4몰
② 에테인, 3몰
③ 메테인, 4몰
④ 메테인, 3몰

해설

[탄화알루미늄(3류) 반응 후 생성물]
- $Al_4C_3 + 12H_2O \rightarrow 4Al(OH)_3 + \underline{3CH_4}$
- 탄화알루미늄 물과 반응하여 수산화알루미늄과 메테인이 발생

48 칼륨의 화재 시 사용 가능한 소화제는?

① 마른모래
② 이산화탄소
③ 물
④ 사염화탄소

해설

[칼륨(3류) 소화]
- 마른모래 · 팽창질석 · 팽창진주암
- 탄산수소염류분말

49 나이트로글리세린에 관한 설명으로 틀린 것은?

① 상온에서 액체 상태이다.
② 물에는 잘 녹지만 유기용제에는 녹지 않는다.
③ 충격 및 마찰에 민감하므로 주의해야 한다.
④ 다이너마이트의 원료로 쓰인다.

해설

[나이트로글리세린(5류)의 특징]
물에 녹지 않고 메틸알코올, 아세톤에 녹음

정답 45 ④ 46 ④ 47 ④ 48 ① 49 ②

50 그림의 원통형으로 설치된 탱크에서 공간용적을 내용적의 10 [%]라고 하면 탱크 용량(허가 용량)은 약 얼마인가?

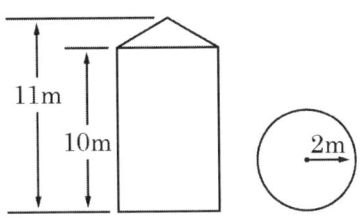

① 113.04
② 124.34
③ 129.06
④ 138.16

해설

[위험물 저장탱크의 내용적]
$V = \pi r^2 L (1 - 공간용적)$
$= \pi \times 2^2 \times 10 \times 0.9 = 113.04 \, [m^3]$

51 위험물제조소등에 경보설비를 설치해야 하는 경우로 틀린 것은? (단, 지정수량의 10배 이상을 저장 또는 취급하는 경우이다)

① 단층건물로 처마 높이가 6 [m]인 옥내저장소
② 이동탱크저장소
③ 단층 건물 외의 건축물에 설치된 옥내탱크저장소로서 소화난이도등급 Ⅰ에 해당하는 것
④ 옥내주유취급소

해설

[경보설비 설치기준]
이동탱크저장소를 제외하고 지정수량 10배 이상을 저장 또는 취급하는 것

52 이황화탄소 기체는 수소 기체보다 20 [℃], 1기압에서 몇 배 더 무거운가?

① 11
② 22
③ 32
④ 38

해설

[이황화탄소, 수소기체 비교]

• CS_2 증기비중 $= \dfrac{12 + (32 \times 2)}{29} = \dfrac{76}{29}$

• H_2 증기비중 $= \dfrac{2}{29}$

• $\dfrac{CS_2 증기비중}{H_2 증기비중} = \dfrac{\frac{76}{29}}{\frac{2}{29}} = 38$

• 이황화탄소 기체는 수소 기체보다 38배 무거움

53 위험물안전관리법령상 다음 (   ) 안에 알맞은 수치는?

> 옥내저장소에서 위험물을 저장하는 경우 기계에 의하여 하역하는 구조로 된 용기만을 겹쳐 쌓는 경우에 있어서는 (   )미터 높이를 초과하여 용기를 겹쳐 쌓지 아니하여야 한다.

① 2
② 4
③ 6
④ 8

해설
[옥내저장소 위험물 저장기준]
기계에 의해 하역하는 구조로 된 용기만 쌓는 경우 6 [m]를 초과하지 않음

해설
[예방규정 정의]
제조소등의 관계인은 제조소등의 화재예방과 재해 발생 시의 비상조치에 필요한 사항을 서면으로 작성하여 허가청에 제출

54 다음 ( ) 안에 알맞은 수치를 차례대로 옳게 나열한 것은?

> 위험물 암반탱크의 공간용적은 당해 탱크 내에 용출하는 ( )일간의 지하수 양에 상당하는 용적과 당해 탱크 내용적의 100분의 ( )의 용적 중에서 보다 큰 용적을 공간 용적으로 한다.

① 1, 1   ② 7, 1
③ 1, 5   ④ 7, 5

해설
[탱크 공간용적]
• 7일간의 지하수 양에 상당하는 용적
• 내용적의 100분의 1의 용적에서 큰 용적

55 위험물안전관리법령상 제조소등의 관계인은 제조소등의 화재예방과 재해 발생 시의 비상조치에 필요한 사항을 서면으로 작성하여 허가청에 제출하여야 한다. 이는 무엇에 관한 설명인가?

① 예방규정
② 소방계획서
③ 비상계획서
④ 화재영향평가서

56 위험물제조소등에 옥외소화전을 6개 설치할 경우 수원의 수량은 몇 [m^3] 이상이어야 하는가?

① 48 [m^3] 이상
② 54 [m^3] 이상
③ 60 [m^3] 이상
④ 81 [m^3] 이상

해설
[확보해야 할 수원의 수량]
• 옥내소화전 : 설치 개수(최대 5) × 7.8 [m^3]
• 옥외소화전 : 설치 개수(최대 4) × 13.5 [m^3]
• 수원의 수량 = 4 × 13.5 = 54 [m^3]

57 화재 시 이산화탄소를 방출하여 산소의 농도를 13 [vol%]로 낮추어 소화를 하려면 공기 중의 이산화탄소는 몇 [vol%]가 되어야 하는가?

① 28.1   ② 38.1
③ 42.86 ④ 48.36

해설
[이산화탄소 농도]
CO_2 소화농도 = {(21 - %O_2) / 21} × 100
= {(21 - 13) / 21} × 100
= 38.1 [vol%]

정답   54 ②   55 ①   56 ②   57 ②

58 황의 성질에 대한 설명 중 틀린 것은?

① 물에 녹지 않으나 이황화탄소에 녹는다.
② 공기 중에서 연소하여 아황산가스가 발생한다.
③ 전도성 물질이므로 정전기 발생에 유의하여야 한다.
④ 분진폭발 위험성에 주의하여야 한다.

해설
[황(2류) 특징]
전기 부도체이므로 정전기 발생에 유의

59 과염소산나트륨에 대한 설명으로 옳지 않은 것은?

① 가열하면 분해하여 산소를 방출한다.
② 환원제이며 수용액은 강한 환원성이 있다.
③ 수용성이며 조해성이 있다.
④ 제1류 위험물이다.

해설
[과염소산나트륨(1류) 특징]
제1류 위험물은 산화제임

60 저장용기에 물을 넣어 보관하고 $Ca(OH)_2$을 넣어 pH 9의 약알칼리성으로 유지시키면서 저장하는 물질은?

① 적린
② 황린
③ 질산
④ 황화인

해설
[위험물의 저장방법]
황린(3류) : pH 9 물속에 저장

정답 58 ③ 59 ② 60 ②

2025 제3회 CBT 복원

01 위험물안전관리법령에 따라 제5류 자기반응성 물질로 분류함에 있어서 폭발성에 대한 위험성을 판단하기 위한 시험방법은 무엇인가?

① 열분석시험
② 낙구타격감도시험
③ 철관시험
④ 연소속도측정시험

해설

[자기반응성 물질 판정기준]
폭발성 판정기준에 따른 열분석시험의 결과 및 가열분해성 판정기준에 따른 압력용기시험의 결과를 종합하여 자기반응성 물질은 아래 표와 같이 구분

열분석 시험 \ 압력 용기 시험	등급 I	등급 II	등급 III
위험성 있음	제1종	제2종	제2종
위험성 없음	제1종	제2종	비위험물

02 목조건축물의 화재현상으로 옳은 것은?

① 고온단기형
② 저온단기형
③ 저온장기형
④ 고온장기형

해설

[화재현상]
- 목조건축물의 화재현상 : 고온단기형
- 내화건축물의 화재현상 : 저온장기형

03 위험물안전관리법령상 지정수량의 1/10을 초과하는 위험물을 운반할 때 혼재할 수 없는 경우는?

① 제6류 위험물과 제1류 위험물
② 제3류 위험물과 제5류 위험물
③ 제4류 위험물과 제5류 위험물
④ 제2류 위험물과 제4류 위험물

해설

[위험물 혼재기준]
3류와 5류 혼재 불가

보충 혼재 가능 위험물

1↓ 6	혼재 가능
2↓ 5↑ 4	혼재 가능
3→ 4↑	혼재 가능

암 1 2 3 4 5 6 적은 후 4 추가

정답 01 ① 02 ① 03 ②

04 제4류 위험물 중 제2석유류의 위험등급 기준으로 옳은 것은?

① 위험등급 Ⅰ의 위험물
② 위험등급 Ⅱ의 위험물
③ 위험등급 Ⅲ의 위험물
④ 위험등급 Ⅳ의 위험물

해설

[제4류 위험물 위험등급]
- 특수인화물 : Ⅰ
- 제1석유류 : Ⅱ
- 알코올류 : Ⅱ
- 제2석유류 : Ⅲ
- 제3석유류 : Ⅲ
- 제4석유류 : Ⅲ
- 동식물유류 : Ⅲ

05 다이에틸에터(디에틸에테르)의 성질이 아닌 것은?

① 마취성 ② 비휘발성
③ 유동성 ④ 인화성

해설

[다이에틸에터]
다이에딜에터는 인화성 및 휘발성이 매우 강하다.

06 적린과 동소체 관계에 있는 위험물은?

① 황린 ② 인화알루미늄
③ 인화칼슘 ④ 오황화인

해설

[적린의 동소체]
적린과 황린은 동소체 관계에 있음

07 위험물 저장탱크의 공간용적은 탱크 내용적의 얼마 이상, 얼마 이하로 하는가?

① 2/100 이상, 3/100 이하
② 2/100 이상, 5/100 이하
③ 5/100 이상, 10/100 이하
④ 10/100 이상, 20/100 이하

해설

[위험물탱크의 공간용적]
탱크 내용적의 100분의 5 이상 100분의 10 이하의 용적으로 함

08 다음 중 가연성 고체이면서 위험등급 Ⅱ 인 것은?

① NaH, Zr ② P_4, AlP
③ P_4S_3, P ④ Mg, $(CH_3COO)_4$

해설

[가연성 고체]

등급	품명
Ⅱ	황화인
	적린
	황
Ⅲ	금속분
	철분
	마그네슘
	인화성 고체

정답 04 ③ 05 ② 06 ① 07 ③ 08 ③

09 제3류 위험물 중 금수성 물질에 적응할 수 있는 소화설비는?

① 포소화설비
② 이산화탄소소화설비
③ 탄산수소염류 분말소화설비
④ 할로젠화합물소화설비

해설
[제3류 위험물소화설비(금수성 물질)]
- 마른모래·팽창질석·팽창진주암
- 탄산수소염류분말

10 다음 중 오존층 파괴지수가 가장 큰 것은?

① 할론 104   ② 할론 1211
③ 할론 1301 ④ 할론 2402

해설
[오존층 파괴지수]
- 할론 1211 : 파괴지수 3
- 할론 1301 : 파괴지수 10
- 할론 2402 : 파괴지수 6

11 질산이 공기 중에서 분해되어 발생하는 유독한 갈색증기의 분자량은?

① 16   ② 40
③ 46   ④ 71

해설
[질산(6류) 반응 후 생성물]
- $4HNO_3 \rightarrow 2H_2O + 4NO_2 + O_2$
- 이산화질소(NO_2) 분자량 = 14 + (16 × 2) = 46

12 다이에틸에터에 관한 설명 중 틀린 것은?

① 비전도성이므로 정전기가 발생하지 않는다.
② 무색투명한 유동성의 액체이다.
③ 휘발성이 매우 높고, 마취성을 가진다.
④ 공기와 장시간 접촉하면 폭발성의 과산화물이 생성된다.

해설
[다이에틸에터(4류) 특징]
비전도성이므로 정전기 발생

13 위험물안전관리법령에 따른 이동저장탱크의 구조의 기준에 대한 설명으로 틀린 것은?

① 압력탱크는 최대상용압력의 1.5배의 압력으로 10분간 수압시험을 하여 새지 말 것
② 상용압력이 20 [kPa]를 초과하는 탱크의 안전장치는 상용압력의 1.5배 이하의 압력에서 작동할 것
③ 방파판은 두께 1.6 [mm] 이상의 강철판 또는 이와 동등 이상의 강도, 내식성 및 내열성을 갖는 재질로 할 것
④ 탱크는 두께 3.2 [mm] 이상의 강철판 또는 이와 동등 이상의 강도, 내식성 및 내열성을 갖는 재질로 할 것

해설
[이동저장탱크 구조기준]
상용압력이 20 [kPa]를 초과하는 탱크의 안전장치는 상용압력의 1.1배 이하의 압력에서 작동할 것

정답 09 ③   10 ③   11 ③   12 ①   13 ②

14 위험물 옥외탱크저장소와 병원과는 안전거리를 얼마 이상 두어야 하는가?

① 10 [m] ② 20 [m]
③ 30 [m] ④ 50 [m]

해설

[위험물 옥외탱크저장소 안전거리]

구분	거리
사용전압 7000 [V] 초과 35000 [V] 이하 특고압 가공전선	3 [m] 이상
사용전압 35000 [V] 초과의 특고압 가공전선	5 [m] 이상
주거용으로 사용	10 [m] 이상
고압가스·액화석유가스·도시가스를 저장 취급하는 시설	20 [m] 이상
학교·병원·영화상영관 등 수용인원 300명 이상, 복지시설·어린이집·수용인원 20명 이상	30 [m] 이상
유형문화유산·지정문화유산	50 [m] 이상

15 다음 중 제1류 위험물이 아닌 것은?

① Na_2O_2
② NH_4NO_3
③ $HClO_4$
④ $NaClO_4$

해설

[제1류 위험물]
① 과산화나트륨
② 질산암모늄
③ 과염소산 – 제6류 위험물
④ 과염소산나트륨

16 위험물안전관리법령에 따른 위험물의 적재방법에 대한 설명으로 옳지 않은 것은?

① 원칙적으로는 운반용기를 밀봉하여 수납할 것
② 고체위험물은 용기 내용적의 95 [%] 이하의 수납률로 수납할 것
③ 액체위험물은 용기 내용적의 99 [%] 이상의 수납률로 수납할 것
④ 하나의 외장용기에는 다른 종류의 위험물을 수납하지 않을 것

해설

[위험물 적재방법]
액체위험물은 용기 내용적의 98 [%] 이하의 수납률로 수납

17 위험물제조소에 옥외소화전이 5개가 설치되어 있다. 이 경우 확보하여야 하는 수원의 법정 최소량은 몇 [m³]인가?

① 28
② 35
③ 54
④ 67.5

해설

[위험물제조소 수원의 최소량]
옥외소화전 : 최대 4개 × 13.5 = 54 [m³]

정답 ▶ 14 ③ 15 ③ 16 ③ 17 ③

18 다음 중 연소 속도와 의미가 가장 가까운 것은?

① 기화열의 발생 속도
② 환원속도
③ 착화속도
④ 산화속도

해설

[연소속도 의미]
연소는 가연물이 산소와 결합하여 다량의 열과 빛을 수반하는 산화반응

19 알코올에 관한 설명으로 아닌 것은?

① 1가 알코올은 OH기의 수가 1개인 알코올을 말한다.
② 2차 알코올이 수소를 잃으면 케톤이 된다.
③ 2차 알코올은 1차 알코올이 산화된 것이다.
④ 알데하이드가 환원되면 1차 알코올이 된다.

해설

[알코올(4류) 특징]
- 알코올 : 알킬기 + 수산기
- 탄소(알킬기)의 개수에 따라 1차, 2차, 3차 알코올로 분류됨
- -OH(수산기)의 개수에 때라 1가, 2가, 3가 알코올로 분류됨
- 1차 알코올 : OH기가 결합된 탄소원자에 붙은 알킬기의 수가 하나

20 20 [℃]의 물 100 [kg]이 100 [℃] 수증기로 증발하면 몇 [kcal]의 열량을 흡수할 수 있는가?

① 540
② 7800
③ 62000
④ 108000

해설

[열량 계산]
- $Q = Cm\Delta t$(현열) $+ \gamma m$(잠열)
- 열량 = $1 \times 100 \times (100 - 20) + 540 \times 100$
  $= 62000$ [kcal]

※ 물의 증발잠열은 540 [kcal]

21 지하탱크저장소 탱크전용실의 안쪽과 지하저장탱크와의 사이는 몇 [m] 이상의 간격을 유지하여야 하는가?

① 0.1
② 0.2
③ 0.3
④ 0.4

해설

[지하탱크저장소 간격]
탱크전용실의 안쪽과 지하저장탱크와의 간격 0.1 [m] 이상 유지

정답 18 ④ 19 ③ 20 ③ 21 ①

22
다음은 위험물안전관리법령에서 정의한 동식물유류에 관한 내용이다. ( )에 알맞은 수치는?

> 동물의 지육 등 또는 식물의 종자나 과육으로부터 추출한 것으로서 1기압에서 인화점이 섭씨 ( )도 미만인 것을 말한다.

① 21
② 200
③ 250
④ 300

해설

[동식물유류(4류)의 정의]
1기압에서 인화점 250 [℃] 미만

23
제2류 위험물 중 지정수량이 올바르지 않은 것은?

① 황 : 100 [kg]
② 인화성 고체 : 500 [kg]
③ 금속분 : 500 [kg]
④ 철분 : 500 [kg]

해설

[지정수량]
인화성 고체(2류) : 1000 [kg]

24
위험물안전관리법령상 위험물의 운반에 관한 기준에 따르면 지정수량 얼마 이하의 위험물에 대하여는 "유별을 달리하는 위험물의 혼재기준"을 적용하지 아니하여도 되는가?

① 1/2
② 1/10
③ 1/5
④ 1/100

해설

[위험물 혼재기준]
지정수량 1/10 이하의 위험물에 대하여 유별을 달리하는 위험물 혼재기준 적용하지 않아도 됨

보충 혼재 가능 위험물

1↓	6		혼재 가능
2↓	5↑	4	혼재 가능
3→	4↑		혼재 가능

암 1 2 3 4 5 6 적은 후 4 추가

25
금속나트륨의 올바른 취급이 아닌 것은?

① 용기에서 꺼낼 때는 물로 손을 깨끗이 닦고 만져야 한다.
② 수분 또는 습기와 접촉되지 않도록 주의한다.
③ 보호액 속에서 노출되지 않도록 주의한다.
④ 다량 연소하면 소화가 어려우므로 가급적 소량으로 나누어 저장한다.

해설

[금속나트륨(3류) 취급]
수분, 습기와 반응하여 폭발할 수 있으므로 손으로 만지지 않음

정답 22 ③ 23 ② 24 ② 25 ①

26 휘발유, 등유, 경유 등의 제4류 위험물에 화재가 발생하였을 때 소화방법으로 가장 올바른 것은?

① 강산화성 소화제를 사용하여 중화시켜 소화한다.
② 다량의 물을 위험물에 직접 주수하여 소화한다.
③ 포소화설비로 질식소화시킨다.
④ 염소산칼륨 또는 염화나트륨이 주성분인 소화약제로 표면을 덮어 소화한다.

해설
[제4류 위험물소화방법]
주된 소화방법은 질식소화, 억제소화
TIP 포소화설비는 유류소화에 적합함

27 지하저장탱크에 경보음을 울리는 방법으로 과충전방지장치를 설치하고자 한다. 탱크 용량의 최소 몇 [%]가 찰 때 경보음이 울리도록 하여야 하는가?

① 80
② 85
③ 90
④ 95

해설
[지하저장탱크 경보음]
탱크 용량의 90 [%]가 찰 때 경보음 울림

28 제2류 위험물에 대한 설명 중 옳지 않은 것은?

① 황은 물에 녹지 않는다.
② 칠황화인은 더운물에 분해되어 이산화황을 발생한다.
③ 삼황화인은 가연성 물질이다.
④ 오황화인은 CS_2에 녹는다.

해설
[제2류 위험물 특징]
칠황화인은 더운물에 분해되어 황화수소 발생

29 위험물안전관리법령에 따른 위험물의 운송에 관한 설명 중 옳지 않은 것은?

① 서울에서 부산까지 금속의 인화물 300 [kg]을 1명의 운전자가 휴식 없이 운송해도 규정위반이 아니다.
② 이동탱크저장소에 의하여 위험물을 운송할 때의 운송책임자에는 법정의 교육을 이수하고 관련 업무에 2년 이상 경력이 있는 자도 포함된다.
③ 알킬리튬과 알킬알루미늄 또는 이 중 어느 하나 이상을 함유한 것은 운송책임자의 감독·지원을 받아야 한다.
④ 운송책임자의 감독 또는 지원의 방법에는 동승하는 방법과 별도의 사무실에서 대기하면서 규정된 사항을 이행하는 방법이 있다.

해설
[위험물운송법령]
1명의 운전자가 운송하기 위해서는 운송 중 2시간 이내마다 20분 이상 휴식해야 함

정답 26 ③ 27 ③ 28 ② 29 ①

30 위험물의 저장 및 취급방법에 대한 설명으로 아닌 것은?

① 알루미늄분은 분진폭발의 위험이 있으므로 분무 주수하여 저장한다.
② 황린은 자연발화성이 있으므로 물속에 저장한다.
③ 마그네슘은 산화제와 혼합되지 않도록 취급한다.
④ 적린은 화기와 멀리하고 가열, 충격이 가해지지 않도록 한다.

해설

[위험물 저장 및 취급방법]
알루미늄분은 물과 반응 시 수소가 발생하며 폭발하므로 주수금지

31 위험물안전관리법령에 따라 다음 (   ) 안에 알맞은 용어는?

> 주유취급소 중 건축물의 2층 이상의 부분을 점포·휴게음식점 또는 전시장의 용도로 사용하는 것에 있어서는 당해 건축물의 2층 이상으로부터 주유취급소의 부지 밖으로 통하는 출입구와 당해 출입구로 통하는 통로·계단 및 출입구에 (   )을/를 설치하여야 한다.

① 피난사다리　② 경보기
③ 유도등　　　④ CCTV

해설

[유도등 설치기준]
출입구, 피난구, 통로·계단에 유도등을 설치

32 과염소산나트륨에 대한 설명으로 옳지 않은 것은?

① 가열하면 분해하여 산소를 방출한다.
② 환원제이며 수용액은 강한 환원성이 있다.
③ 수용성이며 조해성이 있다.
④ 제1류 위험물이다.

해설

[과염소산나트륨(1류) 특징]
제1류 위험물은 산화제임

33 위험물안전관리법령에서 정한 아세트알데하이드등을 취급하는 제조소의 특례에 관한 내용이다. (   ) 안에 해당하는 물질이 아닌 것은?

> 아세트알데하이드등을 취급하는 설비는 (   ), (   ), (   ), (   ) 또는 이들을 성분으로 하는 합금으로 만들지 아니할 것

① 동
② 은
③ 금
④ 마그네슘

해설

[아세트알데하이드등 취급설비]
아세트알데하이드등을 취급하는 설비는 동, 은, 수은, 마그네슘 또는 이들을 성분으로 하는 합금으로 만들지 아니한 것

정답　30 ①　31 ③　32 ②　33 ③

34 옥외탱크저장소의 소화설비를 검토 및 적용할 때에 소화난이도등급 I 에 해당되는지를 검토하는 탱크높이의 측정기준으로서 적합한 것은?

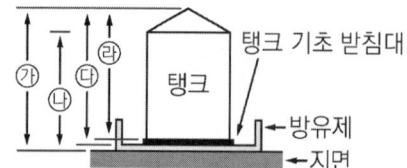

① (가)
② (나)
③ (다)
④ (라)

해설

[옥외탱크저장소소화설비]
지반면으로부터 탱크 옆판 상단까지의 높이가 6 [m] 이상인 경우

35 옥외저장소에 덩어리 상태의 황만을 지반면에 설치한 경계 표시의 안쪽에서 지장할 경우 하나의 경계 표시의 내부면적은 몇 [m²] 이하이어야 하는가?

① 75
② 100
③ 150
④ 300

해설

[황(2류) 경계 표시 내부면적기준]
※ 덩어리 황 저장 또는 취급
(1) 하나의 경계 표시의 내부 면적은 100 [m²] 이하
(2) 2 이상의 경계 표시를 설치한 경우에 있어서 각각의 경계 표시 내부의 면적을 합산한 면적은 1000 [m²] 이하
(3) 경계 표시는 불연재료로 만드는 동시에 황이 새지 않는 구조로 할 것
(4) 경계 표시의 높이는 1.5 [m] 이하로 할 것

36 과산화수소의 성질에 대한 설명 중 틀린 것은?

① 알칼리성 용액에 의해 분해될 수 있다.
② 산화제로 사용할 수 있다.
③ 농도가 높을수록 안정하다.
④ 열, 햇빛에 의해 분해될 수 있다.

해설

[과산화수소(6류)의 특징]
36 [wt%] 이상은 위험물로 간주

37 위험물 옥내저장소에 과염소산 300 [kg], 과산화수소 300 [kg]을 저장하고 있다. 저장창고에는 지정수량 몇 배의 위험물을 저장하고 있는가?

① 4
② 3
③ 2
④ 1

정답 34 ② 35 ② 36 ③ 37 ③

해설

[제6류 위험물의 지정수량]
- 과산화수소 : 300 [kg]
- 과염소산 : 300 [kg]
- 배수 = $\frac{300}{300} + \frac{300}{300}$ = 2배

38 다음 아세톤의 완전연소반응식에서 ( )에 알맞은 계수를 차례대로 옳게 나타낸 것은?

$$CH_3COCH_3 + (\ )O_2 \rightarrow (\ )CO_2 + 3H_2O$$

① 3, 4   ② 4, 3
③ 6, 3   ④ 3, 6

해설

[아세톤의 연소반응식]
- $CH_3COCH_3 + 4O_2 \rightarrow 3CO_2 + 3H_2O$
- 아세톤은 산소와 반응하여 이산화탄소와 물을 생성

39 다음 중 스프링클러설비의 소화작용으로 가장 거리가 먼 것은?

① 질식작용
② 희석작용
③ 냉각작용
④ 억제작용

해설

[스프링클러설비소화작용]
- 질식작용
- 희석작용
- 냉각작용

40 가연물이 되기 쉬운 조건이 아닌 것은?

① 산소와 친화력이 클 것
② 열전도율이 클 것
③ 발열량이 클 것
④ 활성화에너지가 작을 것

해설

[가연물이 되는 조건]
- 산소와 친화력이 클 것
- 열전도율이 작을 것
- 발열량이 클 것
- 활성화에너지가 작을 것

41 $CH_3COC_2H_5$의 명칭 및 지정수량을 옳게 나타낸 것은?

① 메틸에틸케톤, 50 [L]
② 메틸에틸케톤, 200 [L]
③ 메틸에틸에터, 50 [L]
④ 메틸에틸에터, 200 [L]

해설

[지정수량]
메틸에틸케톤($CH_3COC_2H_5$, 4류) : 200 [L]

정답 38 ② 39 ④ 40 ② 41 ②

42 다음은 위험물을 저장하는 탱크의 공간용적 산정기준이다. (　)에 알맞은 수치로 옳은 것은?

> 암반탱크에 있어서는 당해 탱크 내에 용출하는 (　)일간의 지하수의 양에 상당하는 용적과 당해 탱크의 내용적의 (　)의 용적 중에서 보다 큰 용적을 공간용적으로 한다.

① 7, 1/100　　② 7, 5/100
③ 10, 1/100　　④ 10, 5/100

해설

[탱크의 공간용적 산정기준]
- 7일간의 지하수 양에 상당하는 용적
- 1/100의 용적 중에서 보다 큰 용적

43 공기를 차단하고 황린을 약 몇 [℃]로 가열하면 적린이 생성되는가?

① 60
② 100
③ 150
④ 260

해설

[황린(3류)으로 적린(2류)을 만드는 방법]
공기를 차단하고 황린을 약 260 [℃]로 가열하면 적린이 생성됨

44 나이트로셀룰로스의 자연발화는 일반적으로 무엇에 기인한 것인가?

① 산화열　　② 중합열
③ 흡착열　　④ 분해열

해설

[나이트로셀룰로스(5류) 자연발화]
자연발화 종류 중 분해열에 기인

45 소화난이도등급 I 에 해당하는 위험물제조소등이 아닌 것은? (단, 원칙적인 경우에 한하며 다른 조건은 고려하지 않는다)

① 모든 이송취급소
② 연면적 600 [m²]의 제조소
③ 지정수량의 150배인 옥내저장소
④ 액 표면적 40 [m²]인 옥외탱크저장소

해설

[소화난이도등급기준]
- 소화난이도등급 I

구분	기준
제조소 및 일반취급소	• 연면적 1000 [m²] 이상인 것 • 지정수량의 100배 이상인 것 • 지반면으로부터 6 [m] 이상의 높이에 위험물 취급설비가 있는 것

- 소화난이도등급 II

구분	기준
제조소 및 일반취급소	• 연면적 600 [m²] 이상인 것 • 지정수량의 10배 이상인 것 • 일반취급소로서 소화난이도등급 I 의 제조소등에 해당하지 않는 것

정답 42 ①　43 ④　44 ④　45 ②

46 다음 중 질식소화효과를 주로 이용하는 소화기는?

① 포소화기
② 강화액소화기
③ 수(물)소화기
④ 할로젠화합물소화기

해설
[질식소화효과를 이용하는 소화기]
- 포소화기
- 이산화탄소소화약제
- 분말소화약제

47 위험물제조소등에 설치하는 옥외소화전설비의 기준에서 옥외소화전함은 옥외소화전으로부터 보행 거리 몇 [m] 이하의 장소에 설치하여야 하는가?

① 1.5
② 5
③ 7.5
④ 10

해설
[옥외소화전함설비기준]
옥외소화전으로부터 보행 거리 5 [m] 이하 장소에 설치

48 위험물제조소등에 설치해야 하는 각 소화설비의 설치기준에 있어서 각 노즐 또는 헤드선단의 방사압력기준이 나머지 셋과 다른 설비는?

① 옥내소화전설비
② 옥외소화전설비
③ 스프링클러설비
④ 물분무소화설비

해설
[방사압력기준]
- 스프링클러설비 : 100 [kPa]
- 옥내소화전설비, 옥외소화전설비, 물분무소화설비 : 350 [kPa]

49 제조소에서 취급하는 제4류 위험물의 최대 수량의 합이 지정수량의 24만 배 이상, 48만 배 미만인 사업소의 자체소방대에 두는 화학소방자동차의 수와 소방대원의 인원기준으로 옳은 것은?

① 2대, 4인   ② 2대, 12인
③ 3대, 15인   ④ 3대, 24인

해설
[소방차 수와 소방대원 인원기준]

위험물 최대 수량의 합	소방차	소방대원
12만 배 미만	1	5
12만 ~ 24만 배	2	10
24만 ~ 48만 배	3	15
48만 배 이상	4	20

정답 46 ① 47 ② 48 ③ 49 ③

50 $NaClO_2$을 수납하는 운반용기의 외부에 표시하여야 할 주의사항으로 옳은 것은?

① 화기엄금 및 충격주의
② 화기주의 및 물기엄금
③ 화기·충격주의 및 가연물접촉주의
④ 화기엄금 및 공기접촉엄금

해설

[위험물 종류 주의사항]
1류 위험물(아염소산나트륨, $NaClO_2$) : <u>가연물접촉주의·화기주의·충격주의</u>

51 제3류 위험물에 대한 설명으로 옳지 않은 것은?

① 황린은 공기 중에 노출되면 자연발화하므로 물속에 저장하여야 한다.
② 나트륨은 물보다 무거우며 석유 등의 보호액 속에 저장하여야 한다.
③ 트라이에틸알루미늄은 상온에서 액체 상태로 존재한다.
④ 인화칼슘은 물과 반응하여 유독성의 포스핀을 발생한다.

해설

[제3류 위험물 특징]
나트륨은 물보다 가볍고 <u>등유나 경유에 보관</u>

52 위험물 운송책임자의 감독 또는 지원의 방법으로 운송의 감독 또는 지원을 위하여 마련한 별도의 사무실에 운송책임자가 대기하면서 이행하는 사항에 해당하지 않는 것은?

① 운송 후에 운송 경로를 파악하여 관할 경찰관서에 신고하는 것
② 이동탱크저장소의 운전자에 대하여 수시로 안전 확보 상황을 확인하는 것
③ 비상시의 응급처치에 관하여 조언을 하는 것
④ 위험물의 운송 중 안전 확보에 관하여 필요한 정보를 제공하고 감독 또는 지원을 하는 것

해설

[위험물운송책임자의 지원]
운송 후에 운송 경로를 파악하여 관할 <u>소방서 또는 관련 업체에 신고</u>하는 것

53 건성유에 해당되지 않는 것은?

① 들기름
② 동유
③ 아마인유
④ 피마자유

정답 50 ③ 51 ② 52 ① 53 ④

해설

[건성유(4류)의 종류]

품명	아이오딘값	종류
건성유	130 이상	오동유·해바라기씨유·정어리유·아마인유·들기름 등
반건성유	100 ~ 130	참기름·콩기름 등
불건성유	100 이하	피마자유·야자유·올리브유·땅콩기름(낙화생유)·고래기름·소기름 등

54 1몰의 에틸알코올이 완전연소하였을 때 생성되는 이산화탄소는 몇 몰인가?

① 1몰
② 2몰
③ 3몰
④ 4몰

해설

[에틸알코올(4류)의 반응 후 생성물]
- $C_2H_5OH + 3O_2 \rightarrow \underline{2CO_2} + 3H_2O$
- 에틸알코올은 산소와 반응하여 2몰의 이산화탄소와 물을 생성

55 다음은 위험물안전관리법령에 따른 이동탱크저장소에 대한 기준이다. ( ) 안에 알맞은 수치를 차례대로 나열한 것은?

이동저장탱크는 그 내부에 ( ) [L] 이하마다 ( ) [mm] 이상의 강철판 또는 이와 동등 이상의 강도·내열성 및 내식성이 있는 금속성의 것으로 칸막이를 설치하여야 한다.

① 2500, 3.2
② 2500, 4.8
③ 4000, 3.2
④ 4000, 4.8

해설

[이동탱크저장소의 구조기준]
<u>4000 [L]</u> 이하마다 <u>3.2 [mm]</u> 이상의 강철판 또는 금속성의 칸막이 설치

56 [보기]에서 소화기의 사용방법을 옳게 설명한 것을 모두 나열한 것은?

[보기]
(ㄱ) 적응화재에만 사용할 것
(ㄴ) 불과 최대한 멀리 떨어져서 사용할 것
(ㄷ) 바람을 마주보고 풍하에서 풍상 방향으로 사용할 것
(ㄹ) 양옆으로 비로 쓸 듯이 골고루 사용할 것

① (ㄱ), (ㄴ)
② (ㄱ), (ㄷ)
③ (ㄱ), (ㄹ)
④ (ㄱ), (ㄷ), (ㄹ)

정답 ● 54 ② 55 ③ 56 ③

> **해설**

[소화기 사용방법]
- 적응화재에 따라 사용
- 성능에 따라 방출거리 내에서 사용
- 바람을 등지고 사용
- 양옆으로 비로 쓸 듯이 방사

57 다음 중 증발연소를 하는 물질이 아닌 것은?

① 황
② 석탄
③ 파라핀
④ 나프탈렌

> **해설**

[연소형태]
- 표면연소 : 목탄(숯)·코크스·금속·마그네슘·금속분 등이 고체의 표면에서 산소와 만나 연소
- 분해연소 : 목재·종이·플라스틱·섬유·석탄 등의 열분해로 인한 연소
- 자기연소 : 제5류 위험물 등 산소공급원을 포함하고 있는 물질이 스스로 연소
- 증발연소 : 파라핀·황·나프탈렌·양초·에터 등이 증발한 증기가 연소

58 다음 중 벤젠 증기의 비중은?

① 0.7   ② 0.9
③ 2.7   ④ 3.9

> **해설**

[벤젠(4류) 증기비중]
$C_6H_6 / 29 = 78 / 29 = 2.69$

59 운반을 위하여 위험물을 적재하는 경우에 차광성이 있는 피복으로 가려주어야 하는 것은?

① 특수인화물   ② 제1석유류
③ 알코올류   ④ 동식물유류

> **해설**

[위험물별 피복유형]

덮개	위험물
차광성	제1류 위험물
	제3류 위험물 중 자연발화성 물질
	제4류 위험물 중 특수인화물
	제5류 위험물
	제6류 위험물
방수성	제1류 위험물 중 알칼리금속과산화물
	제2류 위험물 중 금속분, 철분, 마그네슘
	제3류 위험물 중 금수성 물질

60 영하 20 [℃] 이하의 겨울철이나 한랭지에서 사용하기에 적합한 소화기는?

① 분무주수소화기
② 봉상주수소화기
③ 물주수소화기
④ 강화액소화기

> **해설**

[강화액소화약제]
- 강화액소화약제는 동결방지를 위해 탄산칼륨 등을 물에 첨가한 것
- 물의 소화 능력(침투효과) 향상

정답 57 ② 58 ③ 59 ① 60 ④

2025 제4회 CBT 복원

01 마그네슘 분말의 화재 시 이산화탄소 소화약제는 소화적응성이 없다. 그 이유로 가장 적합한 것은?

① 분해반응에 의하여 산소가 발생하기 때문이다.
② 가연성의 일산화탄소 또는 탄소가 생성되기 때문이다.
③ 분해반응에 의하여 수소가 발생하고 이 수소는 공기 중의 산소와 폭명반응을 하기 때문이다.
④ 가연성의 아세틸렌가스가 발생하기 때문이다.

해설
[마그네슘 소화]
이산화탄소소화약제 사용 시 가연성 물질인 탄소 생성
- $Mg + CO_2 \rightarrow MgO + C$
- $2Mg + CO_2 \rightarrow 2MgO + C$

02 나트륨을 건조한 고온의 공기 중에서 연소시켰을 때 발생하는 위험물은?

① 염소산나트륨
② 아염소산나트륨
③ 다이크롬산나트륨
④ 과산화나트륨

해설
[나트륨 연소 시 생성물]
산소와 반응 시 과산화나트륨(Na_2O_2) 생성
$2Na + O_2 \rightarrow Na_2O_2$

03 다음 중 '인화점 50 [℃]'의 의미를 가장 옳게 설명한 것은?

① 액체의 온도가 50 [℃] 이상이 되면 가연성 증기가 발생하여 점화원에 의해 인화한다.
② 주변의 온도가 50 [℃] 이상이 되면 자발적으로 점화원 없이 발화한다.
③ 액체를 50 [℃] 이상으로 가열하면 발화한다.
④ 주변의 온도가 50 [℃]일 경우 액체가 발화한다.

해설
[인화점의 정의]
액체가 가연성 증기를 발생시켜 점화원에 의해 인화할 수 있는 최저 온도

정답 ● 01 ② 02 ④ 03 ①

04 화재 발생 시 연기, 불꽃, 연소생성물을 감지하여 수신기에 자동으로 발신하는 장치는 무엇인가?

① 중계기
② 경보기
③ 감지기
④ 발신기

해설

[감지기]
화재 시 연기, 열, 불꽃, 가스 등의 연소 현상을 자동으로 감지하여 수신기에게 신호를 보내는 장치

05 다음 중 인화점이 0도 이하인 것은 몇 개인가?

- $C_2H_5OC_2H_5$
- CS_2
- CH_3CHO

① 3
② 2
③ 1
④ 0

해설

[인화점]

위험물	인화점 [°C]
이황화탄소(CS_2)	-30
다이에틸에터($C_2H_5OC_2H_5$)	-40
아세트알데하이드(CH_3CHO)	-40

06 주유취급소의 벽(담)에 유리를 부착할 수 있는 기준에 대한 설명으로 옳은 것은?

① 유리 부착 위치는 주입구, 고정주유설비로부터 2 [m] 이상 이격되어야 한다.
② 지반면으로부터 50 [cm]를 초과하는 부분에 한하여 설치하여야 한다.
③ 하나의 유리판 가로의 길이는 2 [m] 이내로 한다.
④ 유리의 구조는 기준에 맞는 강화유리로 하여야 한다.

해설

[주유취급소에 유리를 부착할 수 있는 기준]
- 유리 부착 위치는 주입구, 고정주유설비로부터 4 [m] 이상 이격
- 지반면으로부터 70 [cm]를 초과하는 부분에 한하여 설치
- 하나의 유리판 가로의 길이는 2 [m] 이내
- 유리의 구조는 기준에 맞는 접합유리

07 다음 중 위험물안전관리법령상 물분무등소화설비에 해당되지 않는 것은?

① 스프링클러설비
② 포소화설비
③ 분말소화설비
④ 불활성 가스소화설비

정답 04 ③ 05 ① 06 ③ 07 ①

> **해설**

[물분무등소화설비 종류]
- 포소화설비
- 분말소화설비
- 이산화탄소소화설비
- 물분무소화설비
- 불활성 가스소화설비
- 할로젠화합물소화설비

08 다음 중 위험물안전관리법상 위험물이 아닌 것은?

① IF_5
② BrF_5
③ BrF_3
④ H_3PO_4

> **해설**

[화학식과 명칭]
- IF_5 : 오플루오린화아이오딘
  (6류, 할로젠간화합물)
- BrF_5 : 오플루오린화브로민
  (6류, 할로젠간화합물)
- BrF_3 : 삼플루오린화브로민
  (6류, 할로젠간화합물)
- H_3PO_4 : 인산

09 다음 중 물과 반응하여 메탄과 수소를 발생시키는 것은 무엇인가?

① Mn_3C
② Al_2O_3
③ Na_2O_2
④ Mg

> **해설**

[탄화망가니즈과 물의 반응]
$Mn_3C + 4H_2O \rightarrow 3MnO + CH_4 + H_2$
② Al_2O_3(산화알루미늄) : 물과 반응하지 않음
③ Na_2O_2(과산화나트륨) : 수산화나트륨, 산소 생성
④ Mg (마그네슘) : 수산화마그네슘, 수소 생성

10 0.99 [atm], 21 [℃]에서 이산화탄소의 밀도 [g/L]는 얼마인가?

① 0.6
② 1.2
③ 1.8
④ 2.5

> **해설**

[이산화탄소 밀도]
- $PV = \dfrac{WRT}{M}$
- 밀도 $= \dfrac{W}{V} = \dfrac{PM}{RT}$
- $\dfrac{PM}{RT} = \dfrac{0.99 \times 44}{0.082 \times (273+21)} = 1.8\ [g/L]$

R(기체상수) : 0.082 [atm·L/mol·K]
T(절대온도) : 55 [℃] + 273 = 328 [K]
M(분자량) : 44 [g/mol]
P(압력) : 0.99 [atm]

정답 ● 08 ④ 09 ① 10 ③

11 20 [℃]의 물 100 [kg]이 100 [℃]의 수증기로 증발하면 몇 [kcal]의 열량을 흡수할 수 있는가? (단, 물의 증발잠열은 540 [kcal/kg]이다)

① 540
② 7800
③ 62000
④ 108000

해설

[열량 계산]
- $Q = Cm\Delta t$(현열) + γm(잠열)
- 열량 = 1 × 100 × (100 - 20) + 540 × 100
  = 62000 [kcal]

12 연소의 위험성이 있는 휘발유를 배관으로 이송할 때 위험성방지를 위해 유속을 느리게 해야 한다. 이는 어떤 에너지의 생성을 억제하기 위함인가?

① 유도에너지
② 아크에너지
③ 분해에너지
④ 정전기에너지

해설

[정전기방지방법]
- 접지에 의한 방법
- 공기를 이온화하는 방법
- 공기 중의 상대습도를 70 [%] 이상으로 함
- 느린 유속으로 흐를 때

13 다음 중 안전거리 기준이 없는 위험물 시설은 무엇인가?

① 충전하는 일반취급소
② 옥내저장소
③ 지하에 매설된 이송취급소 배관
④ 옥내탱크저장소

해설

[안전거리]
옥내탱크저장소는 안전거리에 관한 기준이 없다.

14 제4류 위험물 중 제2석유류의 위험등급 기준으로 옳은 것은?

① 위험등급 Ⅰ의 위험물
② 위험등급 Ⅱ의 위험물
③ 위험등급 Ⅲ의 위험물
④ 위험등급 Ⅳ의 위험물

해설

[제4류 위험물 위험등급]
- 특수인화물 : Ⅰ
- 제1석유류 : Ⅱ
- 알코올류 : Ⅱ
- 제2석유류 : Ⅲ
- 제3석유류 : Ⅲ
- 제4석유류 : Ⅲ
- 동식물유류 : Ⅲ

15 과산화수소에 대한 설명으로 아닌 것은?

① 불연성 물질이다.
② 농도가 약 3 [wt%]이면 단독으로 분해폭발한다.
③ 산화성 물질이다.
④ 점성이 있는 액체로 물에 용해된다.

해설
[과산화수소(6류) 특징]
농도가 60 [wt%]이면 단독 분해폭발

16 다음 중 무색투명한 휘발성 액체로서 물에 녹지 않고 물보다 무거워서 물속에 보관하는 위험물로 옳은 것은?

① 경유
② 황린
③ 황
④ 이황화탄소

해설
[이황화탄소(4류) 저장]
물속에 저장하여 가연성 증기 발생 억제

17 제3류 위험물에 해당하는 것으로 옳은 것은?

① Mg
② Al
③ NaH
④ P_4S_3

해설
[위험물별 종류]
• Mg, Al, P_4S_3 : 제2류 위험물
• NaH(수소화나트륨) : 제3류 위험물 - 금속수소화합물

18 크레오소트유에 대한 설명으로 아닌 것은?

① 제3석유류에 속한다.
② 상온에서 액체이다.
③ 무취이고 증기는 독성이 없다.
④ 물보다 무겁고 물에 녹지 않는다.

해설
[크레오소트유(4류) 성질]
증기는 독성이 있음

19 제조소 및 일반취급소에 설치하는 자동화재탐지설비의 설치기준으로 아닌 것은?

① 하나의 경계구역은 600 [m²] 이하로 하고, 한 변의 길이는 50 [m] 이하로 한다.
② 주요한 출입구에서 내부 전체를 볼 수 있는 경우 경계 구역은 1000 [m²] 이하로 할 수 있다.
③ 비상전원을 설치하여야 한다.
④ 하나의 경계구역이 300 [m²] 이하이면 2개 층을 하나의 경계구역으로 할 수 있다.

정답 15 ② 16 ④ 17 ③ 18 ③ 19 ④

해설

[자동화재탐지설비 설치기준]
① 경계구역은 건축물 그 밖의 공작물의 2 이상의 층에 걸치지 아니할 것
② 하나의 경계구역의 면적이 500 [m²] 이하이면서 당해 경계구역이 두 개의 층에 걸치는 경우이거나 계단·경사로·승강기의 승강로 그 밖에 이와 유사한 장소에 연기감지기를 설치하는 경우엔 그러지 아니함
③ 하나의 경계구역은 면적이 600 [m²] 이하이며, 한 변의 길이는 50 [m](광전식 분리형 감지기를 설치할 경우는 100 [m]) 이하로 할 것
④ 주요 출입구에서 그 내부의 전체를 볼 수 있는 경우에는 1000 [m²] 이하
⑤ 감지기는 지붕 또는 벽의 옥내에 면한 부분에 유효하게 화재의 발생을 감지할 수 있도록 설치
⑥ 비상전원 설치

20 적린에 관한 설명 중 옳지 않은 것은?

① 황린과 동소체이다.
② 화재 시 물로 냉각소화할 수 있다.
③ 황린에 비해 안정하다.
④ 물에 잘 녹는다.

해설

[적린(2류)의 특징]
물에 녹지 않음

21 트라이나이트로톨루엔에 관한 설명으로 틀린 것은?

① 일광을 쪼이면 갈색으로 변한다.
② 녹는점은 약 81 [℃]이다.
③ 아세톤에 잘 녹는다.
④ 비중은 약 1.8인 액체이다.

해설

[트라이나이트로톨루엔(5류) 특징]
비중 1.66인 액체

22 다음 괄호 안에 들어갈 옳은 단어는?

> 보냉장치가 있는 이동저장탱크에 저장하는 아세트알데하이드 등 또는 다이에틸에터 등의 온도는 당해 위험물의 ( ) 이하로 유지하여야 한다.

① 인화점
② 비점
③ 융해점
④ 발화점

해설

[특수인화물 저장 기준]
위험물의 비점 이하로 유지

정답 20 ④ 21 ④ 22 ②

23 알코올에 관한 설명으로 아닌 것은?

① 1가 알코올은 OH기의 수가 1개인 알코올을 말한다.
② 2차 알코올이 수소를 잃으면 케톤이 된다.
③ 2차 알코올은 1차 알코올이 산화된 것이다.
④ 알데하이드가 환원되면 1차 알코올이 된다.

해설
[알코올(4류) 특징]
- 알코올 : 알킬기 + 수산기
- 탄소(알킬기)의 개수에 따라 1차, 2차, 3차 알코올로 분류됨
- -OH(수산기)의 개수에 때라 1가, 2가, 3가 알코올로 분류됨
- 1차 알코올 : OH기가 결합된 탄소 원자에 붙은 알킬기의 수가 하나

24 옥외저장소에 덩어리 상태의 황만을 지반면에 설치한 경계 표시의 안쪽에서 저장할 경우 하나의 경계 표시의 내부면적은 몇 [m²] 이하이어야 맞는가?

① 100
② 200
③ 300
④ 400

해설
[옥외저장소 황 저장]
내부면적 : 100 [m²] 이하

25 주유취급소에 다음과 같이 전용탱크를 설치하였다. 최대로 저장·취급할 수 있는 용량으로 옳은 것은 얼마인가? (단, 고속도로 외의 도로변에 설치하는 자동차용 주유취급소인 경우이다)

- 간이탱크 : 2기
- 폐유탱크등 : 1기
- 고정주유설비 및 급유설비 접속하는 전용탱크 : 2기

① 103200 [L]
② 104600 [L]
③ 123200 [L]
④ 124200 [L]

해설
[탱크용량 주유 취급]
- 간이탱크저장소 : 600 [L]
- 폐유탱크 : 2000 [L]
- 고정주유설비 : 50000 [L]
- 탱크용량 = (600 × 2) + 2000 + (50000 × 2)
           = 103200 [L]

26 화재 시 물을 이용한 냉각소화를 할 경우 오히려 위험성이 증가하는 물질은?

① 마그네슘   ② 질산에틸
③ 적린   ④ 황

해설
[주수소화 시 위험성 증가하는 위험물]
마그네슘 물과 반응하여 수소와 열 발생

27 소화기에 'A – 2'로 표시되어 있었다면 숫자 '2'가 의미하는 것은 무엇인가?

① 소화기의 제조번호
② 소화기의 소요단위
③ 소화기의 사용순위
④ 소화기의 능력단위

해설

[소화기 표시]
- A : 적응화재
- 2 : 능력단위

28 과망가니즈산칼륨의 일반적인 성질에 관한 설명 중 옳지 않은 것은?

① 강한 살균력과 산화력이 있다.
② 비중은 약 2.7이다.
③ 가열분해 시키면 산소를 방출한다.
④ 금속성 광택이 있는 무색의 결정이다.

해설

[과망가니즈산칼륨(1류) 성질]
금속성 광택이 있는 보라색 결정

29 위험물안전관리법에서 사용하는 용어의 정의 중 아닌 것은?

① '지정수량'은 위험물의 종류별로 위험성을 고려하여 대통령령이 정하는 수량이다.
② '제조소등'이라 함은 제조소, 저장소 및 이동탱크를 말한다.
③ '저장소'라 함은 지정수량 이상의 위험물을 저장하기 위한 대통령령이 정하는 장소로서 규정에 따라 허가를 받은 장소를 말한다.
④ '제조소'라 함은 위험물을 제조할 목적으로 지정수량 이상의 위험물을 취급하기 위하여 규정에 따라 허가를 받은 장소이다.

해설

[제조소등 정의]
제조소, 저장소, 취급소를 말함

30 지하탱크저장소 탱크전용실의 안쪽과 지하저장탱크와의 사이는 몇 [m] 이상의 간격을 유지하여야 하는가?

① 0.1 ② 0.2
③ 0.3 ④ 0.4

해설

[지하탱크저장소 간격]
탱크전용실의 안쪽과 지하저장탱크와의 간격 0.1[m] 이상 유지

정답 ● 27 ④ 28 ④ 29 ② 30 ①

31 다음은 위험물안전관리법령에서 정의한 동식물유류에 관한 내용이다. ( )에 알맞은 수치는?

> 동물의 지육 등 또는 식물의 종자나 과육으로부터 추출한 것으로서 1기압에서 인화점이 섭씨 ( )도 미만인 것을 말한다.

① 21
② 200
③ 250
④ 300

해설

[동식물유류(4류)의 정의]
1기압에서 인화점 250 [℃] 미만

32 제2류 위험물 중 지정수량이 올바르지 않은 것은?

① 황 : 100 [kg]
② 인화성 고체 : 500 [kg]
③ 금속분 : 500 [kg]
④ 철분 : 500 [kg]

해설

[지정수량]
인화성 고체(2류) : 1000 [kg]

33 상온에서 액상인 것으로만 나열된 것으로 옳은 것은?

① 나이트로셀룰로스, 나이트로글리세린
② 질산에틸, 피크르산
③ 질산에틸, 나이트로글리세린
④ 나이트로셀룰로스, 셀룰로이드

해설

[제5류 위험물 상온 상태]

품명	위험물	상태
질산에스터류	질산메틸 질산에틸 나이트로글리콜 나이트로글리세린	액체
	나이트로셀룰로스	고체
나이트로화합물	트라이나이트로톨루엔 트라이나이트로페놀 다이나이트로벤젠 테트릴	고체

34 위험물의 운반 시 혼재가 가능한 경우는? (단, 지정수량 10배의 위험물인 경우이다)

① 제1류 위험물과 제2류 위험물
② 제2류 위험물과 제3류 위험물
③ 제4류 위험물과 제6류 위험물
④ 제4류 위험물과 제5류 위험물

정답 31 ③ 32 ② 33 ③ 34 ④

> 해설

[위험물 혼재 기준]
4류, 5류 혼재가능

보충 혼재가능 위험물

1↓	6		혼재가능
2↓	5↑	4	혼재가능
3→	4↑		혼재가능

암 1 2 3 4 5 6 적은 후 4 추가

35 소화전용 물통 8 [L]의 능력단위로 옳은 것은?

① 0.1
② 0.3
③ 0.5
④ 1.0

> 해설

[능력단위]

소화설비	용량 [L]	능력단위
소화전용 물통	8	0.3
수조(물통 3개 포함)	80	1.5
수조(물통 6개 포함)	190	2.5
마른모래(삽 1개 포함)	50	0.5
팽창질석·진주암(삽 1개 포함)	160	1.0

36 가연성 고체의 미세한 분물이 일정 농도 이상 공기 중에 분산되어 있을 때 점화원에 의하여 연소 폭발되는 현상으로 맞는 것은?

① 분해폭발
② 산화폭발
③ 분진폭발
④ 중합폭발

> 해설

[분진폭발 정의]
- 가연성 고체의 미세한 분물이 점화원에 의하여 폭발
- 전분, 설탕, 밀가루 등

37 BCF 소화기의 약제를 화학식으로 올바르게 나타낸 것은?

① CF_2ClBr
② CH_2ClBr
③ CF_3Br
④ CCl_4

> 해설

[BCF 소화기]
BCF(Bromochlorodifluoromethane)
: 할론 1211

정답 ● 35 ② 36 ③ 37 ①

38 A급, B급, C급 화재에 모두 적용이 가능한 소화약제로 올바른 것은?

① 제1종 분말소화약제
② 제2종 분말소화약제
③ 제3종 분말소화약제
④ 제4종 분말소화약제

해설

[화재별 소화약제]

소화약제	명칭	적응화재	분말색
1종	탄산수소나트륨	BC	백색
2종	탄산수소칼륨	BC	보라색
3종	인산암모늄	ABC	담홍색
4종	탄산수소칼륨과 요소 반응물	BC	회색

39 위험물안전관리자를 해임한 후 며칠 이내에 후임자를 선임하여야 하는가?

① 10일
② 20일
③ 30일
④ 40일

해설

[위험물안전관리자 관련 규정]
안전관리자를 선임한 제조소등의 관계인은 그 안전관리자를 해임하거나 안전관리자가 퇴직한 때에는 해임하거나 퇴직한 날부터 30일 이내에 다시 안전관리자를 선임

40 칼륨의 저장 시 사용하는 보호 물질로 다음 중 가장 적합한 것은?

① 등유
② 사염화탄소
③ 에탄올
④ 이산화탄소

해설

[칼륨(3류) 저장 시 보호 물질]
공기 중 수분 또는 물과 닿지 않도록 석유 속(등유, 경유) 저장

41 CH_3ONO_2의 소화방법에 대한 설명으로 맞는 것은?

① 건조사로 냉각 소화한다.
② 이산화탄소소화기로 질식소화를 한다.
③ 할로젠화합물소화기로 질식소화를 한다.
④ 물을 주수하여 냉각소화를 한다.

해설

[질산메틸(CH_3ONO_2, 5류) 소화방법]
질식소화에 적응성이 없으므로 다량의 물로 냉각소화

정답 38 ③ 39 ③ 40 ① 41 ④

42 금속분의 연소 시 주수소화하면 위험한 원인으로 맞는 것은?

① 물에 녹아 산이 된다.
② 물과 작용하여 수소가스가 발생한다.
③ 물과 작용하여 유독가스가 발생한다.
④ 물과 작용하여 산소가스가 발생한다.

해설

[금속분(2류) 주수소화]
물과 작용하여 수소가스 발생

43 휘발유, 등유, 경유 등의 제4류 위험물에 화재가 발생하였을 때 소화방법으로 가장 올바른 것은?

① 강산화성 소화제를 사용하여 중화시켜 소화한다.
② 다량의 물을 위험물에 직접 주수하여 소화한다.
③ 포소화설비로 질식소화시킨다.
④ 염소산칼륨 또는 염화나트륨이 주성분인 소화약제로 표면을 덮어 소화한다.

해설

[제4류 위험물 소화방법]
주된 소화방법은 질식소화, 억제소화

TIP 포소화설비는 유류소화에 적합함

44 위험물 저장탱크의 공간용적은 탱크 내용적의 얼마 이상, 얼마 이하로 하는가?

① 2/100 이상, 3/100 이하
② 2/100 이상, 5/100 이하
③ 5/100 이상, 10/100 이하
④ 10/100 이상, 20/100 이하

해설

[위험물탱크의 공간용적]
탱크 내용적의 100분의 5 이상 100분의 10 이하의 용적으로 함

45 위험물 제조소의 기준에 있어서 위험물을 취급하는 건축물의 구조로 올바르지 않은 것은?

① 출입구는 연소의 우려가 있는 외벽에 설치하는 경우 30분방화문을 설치하여야 한다.
② 연소의 우려가 있는 외벽은 내화구조의 벽으로 하여야 한다.
③ 지하층이 없도록 하여야 한다.
④ 지붕은 폭발력이 위로 방출될 정도의 가벼운 불연 재료로 덮는다.

해설

[위험물 취급 건축물 구조]
출입구는 연소의 우려가 있는 외벽에 설치하는 경우 60분+방화문 또는 60분방화문 설치

정답 42 ② 43 ③ 44 ③ 45 ①

46 염소산염류에 대한 설명으로 올바른 것은?

① 염소산나트륨은 조해성이 있다.
② 염소산칼륨은 환원제이다.
③ 염소산암모늄은 위험물이 아니다.
④ 염소산칼륨은 냉수와 알코올에 잘 녹는다.

해설

[염소산염류(1류) 특징]
- 염소산나트륨은 조해성 있음
- 염소산칼륨은 강산화제
- 염소산암모늄은 제1류 위험물
- 염소산칼륨은 온수, 글리세린에 잘 녹고 냉수에는 잘 녹지 않음

47 위험물안전관리법령에 따른 위험물의 운송에 관한 설명 중 옳지 않은 것은?

① 서울에서 부산까지 금속의 인화물 300 [kg]을 1명의 운전자가 휴식 없이 운송해도 규정위반이 아니다.
② 이동탱크저장소에 의하여 위험물을 운송할 때의 운송책임자에는 법정의 교육을 이수하고 관련 업무에 2년 이상 경력이 있는 자도 포함된다.
③ 알킬리튬과 알킬알루미늄 또는 이 중 어느 하나 이상을 함유한 것은 운송책임자의 감독·지원을 받아야 한다.
④ 운송책임자의 감독 또는 지원의 방법에는 동승하는 방법과 별도의 사무실에서 대기하면서 규정된 사항을 이행하는 방법이 있다.

해설

[위험물운송법령]
1명의 운전자가 운송하기 위해서는 운송 중 2시간 이내마다 20분 이상 휴식해야 함

48 물과 반응하여 가연성 가스를 발생하지 않는 것은?

① 나트륨
② 탄화알루미늄
③ 과산화나트륨
④ 트라이에틸알루미늄

해설

[반응 후 생성물]
- 나트륨 : 수소 발생
- 탄화알루미늄 : 메테인 발생
- 과산화나트륨 : 산소 발생
- 트라이에틸알루미늄 : 메테인 발생

TIP 산소 : 가연성 가스 아님

49 알칼리금속 과산화물에 적응성이 있는 소화설비로 옳은 것은?

① 할로젠화합물소화설비
② 스프링클러설비
③ 물분무소화설비
④ 탄산수소염류분말소화설비

해설

[알칼리금속 과산화물(1류)소화설비]
마른모래·팽창질석·팽창진주암·탄산수소염류 분말

정답 46 ① 47 ① 48 ③ 49 ④

50 위험물안전관리법령에 따라 다음 ( ) 안에 들어갈 맞는 용어는?

> 주유취급소 중 건축물의 2층 이상의 부분을 점포·휴게음식점 또는 전시장의 용도로 사용하는 것에 있어서는 당해 건축물의 2층 이상으로부터 직접 주유취급지의 부지 밖으로 통하는 출입구와 당해 출입구로 통하는 통로·계단 및 출입구에 ( )을(를) 설치하여야 한다.

① 피난사다리
② 유도등
③ 경보기
④ CCTV

해설
[유도등 설치기준]
출입구, 피난구, 통로·계단에 유도등을 설치하고 비상전원을 설치

51 비전도성 인화성 액체가 관이나 탱크 내에서 움직일 때 정전기가 발생하기 쉬운 조건이 아닌 것은?

① 흐름의 낙차가 클 때
② 심한 와류가 생성될 때
③ 느린 유속으로 흐를 때
④ 필터를 통과할 때

해설
[정전기 발생 조건]
• 흐름의 낙차가 클 때
• 심한 와류가 생성될 때
• 빠른 유속으로 흐를 때(마찰 증대)
• 필터를 통과할 때

52 휘발유에 대한 설명으로 틀린 것은?

① 빈 드럼통이라도 가연성 가스가 남아 있을 수 있으므로 취급에 주의해야 한다.
② 전기양도체이므로 정전기 발생에 주의해야 한다.
③ 취급·저장 시 환기시켜야 한다.
④ 직사광선을 피해 통풍이 잘 되는 곳에 저장한다.

해설
[휘발유(4류) 특징]
전기 부도체이므로 정전기 발생 주의

53 과산화수소에 대한 설명이 아닌 것은?

① 불연성이다.
② 지정수량은 300 [L]이다.
③ 산화성 액체이다.
④ 물보다 무겁다.

해설
[과산화수소(6류) 특징]
지정수량 : 300 [kg]

정답 ▶ 50 ② 51 ③ 52 ② 53 ②

54 위험물안전관리자의 책무로 옳지 않은 것은?

① 위험물안전관리자의 선임·신고
② 화재 등의 재난이 발생한 경우 응급조치
③ 위험물 취급에 관한 일지 작성·기록
④ 화재 등의 재난이 발생한 경우 소방관서 등에 대한 연락 업무

해설

[위험물관리자 책무]
위험물안전관리자의 선임·신고는 제조소등 관계인이 실시

55 물의 소화능력을 향상시키고 동절기 또는 한랭지에서도 사용할 수 있도록 탄산칼륨 등의 알칼리 금속염을 더한 소화약제로 옳은 것은?

① 포(Foam)
② 할로젠화합물
③ 이산화탄소
④ 강화액

해설

[강화액 소화약제]
• 동결방지 위해 탄산칼륨 등 첨가
• 물의 소화 능력(침투효과) 향상

56 다음 중 할로젠화합물 소화약제의 가장 주된 소화효과인 것은?

① 제거효과
② 냉각효과
③ 억제효과
④ 질식효과

해설

[할로젠화합물 소화효과]
억제효과 : 연소 연쇄반응을 차단하는 방법

57 다음 중 연소 반응이 일어날 수 있는 가능성이 가장 높은 물질은?

① 산소와 친화력이 크고, 활성화에너지가 작은 물질
② 산소와 친화력이 크고, 활성화에너지가 큰 물질
③ 산소와 친화력이 작고, 활성화에너지가 큰 물질
④ 산소와 친화력이 작고, 활성화에너지가 작은 물질

해설

[연소 반응 조건]
산소와 친화력이 크고 활성화에너지가 작은 물질

정답 54 ① 55 ④ 56 ③ 57 ①

58 지하저장탱크에 경보음을 울리는 방법으로 과충전방지장치를 설치하고자 한다. 탱크 용량의 최소 몇 [%]가 찰 때 경보음이 울리도록 하여야 하는가?

① 80
② 85
③ 90
④ 95

해설

[지하저장탱크 경보음]
탱크 용량의 90 [%]가 찰 때 경보음 울림

59 위험물 제조소등에 자체소방대를 두어야 할 대상으로 올바른 것은?

① 지정수량 3000배 이상의 제4류 위험물을 취급하는 제조소
② 지정수량 300배 이하의 제4류 위험물을 취급하는 제조소
③ 지정수량 3000배 이상의 제4류 위험물을 취급하는 저장소
④ 지정수량 300배 이하의 제4류 위험물을 취급하는 저장소

해설

[제조소등 자체소방대 대상]
- 제4류 위험물 지정수량의 3천 배 이상 취급하는 제조소 또는 일반취급소
- 제4류 위험물의 최대수량이 지정수량의 50만 배 이상인 옥외탱크저장소

60 알킬알루미늄을 저장하는 용기에 봉입하는 가스로 다음 중 가장 옳은 것은?

① 포스겐
② 질소가스
③ 인화수소
④ 아황산가스

해설

[알킬알루미늄(3류) 저장방법]
용기 상부는 불연성 가스(질소, 아르곤, 이산화탄소 등)로 봉입

정답 58 ③ 59 ① 60 ②

2024 제1회 CBT 복원

01 고온체의 색깔이 암적색일 경우의 온도는 약 몇 [℃] 정도인가?

① 700
② 850
③ 1100
④ 1300

해설

[고온체 색]
암적색 : 약 700 [℃]

색상	온도 [℃]
담암적색	520
암적색	700
적색	850
황색	900
휘적색	950
황적색	1100
백적색	1300
휘백색	1500

02 다음 중 아이소프로필알코올의 성질로 옳지 않은 것은?

① 수용성이다.
② 제4류 위험물이다.
③ 증발 시 냉각효과가 있다.
④ 무극성 물질을 용해한다.

해설

[아이소프로필알코올]
- 아이소프로필알코올(C_3H_7OH)
  제4류 위험물 - 알코올류
- 비수용성 물질

03 위험물안전관리법령상 제4류 위험물 운반용기의 외부에 표시해야 하는 사항이 아닌 것은?

① 규정에 의한 주의사항
② 위험물의 품명 및 위험등급
③ 위험물의 관리자 및 지정수량
④ 위험물의 화학명

해설

[제4류 위험물의 운반용기 외부 표시]
- 규정에 의한 주의사항
- 위험물의 품명 및 위험등급
- 위험물 수량
- 위험물의 화학명

04 다음 중 불건성유에 해당하는 것은?

① 오동유
② 올리브유
③ 참기름
④ 아마인유

정답 01 ① 02 ① 03 ③ 04 ②

해설

[불건성유(4류)의 종류]

품명	아이오딘값	종류
건성유	130 이상	오동유·해바라기씨유·정어리유·아마인유·들기름 등
반건성유	100 ~ 130	참기름·콩기름 등
불건성유	100 이하	피마자유·야자유·올리브유·땅콩기름(낙화생유)·고래기름·소기름 등

05 위험물안전관리법령상의 위험물 운반에 관한 기준에서 알킬알루미늄은 운반용기 내용적의 몇 [%] 이하의 수납률로 수납하여야 하는가?

① 85
② 90
③ 95
④ 98

해설

[액체위험물의 운반용기 수납률]
(1) 고체위험물 : 운반용기의 내용적 95 [%] 이하의 수납률로 수납
(2) 액체위험물 : 운반용기의 내용적 98 [%] 이하의 수납률로 수납, 55 [℃] 온도에서 누설되지 않도록 충분한 공간 용적을 두어야 함
(3) 알킬알루미늄 : 운반용기 내용적의 90 [%] 이하의 수납률로 수납하되, 50 [℃]의 온도에서 5 [%] 이상의 공간 용적을 유지
(4) 제3류 위험물 중 자연발화성 물질 : 불활성 기체를 봉입하여 밀봉하는 등 공기와 접촉하지 아니하도록 할 것
(5) 원칙적으로는 운반용기를 밀봉하여 수납할 것
(6) 하나의 외장용기에는 다른 종류의 위험물을 수납하지 않을 것

06 위험물탱크의 내용적이 5000 [L]이고, 공간용적이 내용적의 10 [%]일 때 탱크의 용량은?

① 3000
② 3500
③ 4000
④ 4500

해설

[공간용적]
탱크 용량 = 내용적 − 공간용적
공간용적이 내용적의 10 [%]이므로 탱크의 용량은 5000 × 0.9 = 4500 [L]

07 셀룰로이드에 관한 설명 중 틀린 것은?

① 수용성이다.
② 질산에스터류에 속한다.
③ 탄력성이 있는 고체의 형태이다.
④ 자기반응성 물질이다.

해설

[셀룰로이드(5류) 특징]
물에는 녹지 않고 알코올, 아세톤에 녹음

정답 05 ② 06 ④ 07 ①

08 탄화칼슘 1 [mol]과 물 2 [mol]이 반응할 때 생성되는 기체는 표준 상태를 기준으로 몇 [L]가 생성되는가? (단, 표준 상태이다)

① 5.6
② 11.2
③ 22.4
④ 44.8

해설

[탄화칼슘과 물의 반응]
탄화칼슘(CaC_2)의 반응 후 생성물
- $CaC_2 + 2H_2O \rightarrow Ca(OH)_2 + C_2H_2$
- 탄화칼슘 : 물 : 아세틸렌 반응비 = 1 : 2 : 1
- 아세틸렌 1 [mol]의 부피 = 22.4 [L]

09 할론 1011에 해당하는 물질의 분자식은?

① CF_2ClBr
② CBr_2FCl
③ CH_2ClBr
④ FC_2BrCl

해설

[할론 번호]
- 할론 명명법 : C·F·Cl·Br 순으로 원소의 개수를 나열한 것
- 할론 1011 = CH_2ClBr

10 다음 중 질산에 대한 설명으로 옳은 것은?

① 환원력이 강하다.
② 자체 연소성이 있다.
③ 비중 1.49 이하인 것만 위험물로 취급한다.
④ 크산토프로테인반응을 한다.

해설

[질산(HNO_3)]
(1) 비중 1.49 이상인 것만 위험물로 취급함
(2) 빛에 의해 분해되므로 갈색 병에 보관
(3) 질산과 염산을 1 : 3 비율로 제조한 것을 왕수라고 함
(4) 크산토프로테인반응을 함

보충 크산토프로테인반응 : 단백질 검출반응의 일종

11 다음의 위험물 중에서 이동탱크저장소에 의하여 위험물을 운송할 때 운송책임자의 감독·지원을 받아야 하는 위험물은?

① 알킬리튬
② 아세트알데하이드
③ 금속의 수소화물
④ 마그네슘

해설

[위험물 운송책임자의 지원을 받는 위험물]
- 알킬알루미늄(3류)
- 알킬리튬(3류)

정답 08 ③ 09 ③ 10 ④ 11 ①

12 분진폭발의 원인으로 작용할 위험성이 가장 낮은 물질은?

① 밀가루
② 전분
③ 마그네슘 분말
④ 시멘트

해설

[분진폭발의 위험이 없는 물질]
시멘트·모래·석회분말 등

보충 분진폭발의 위험이 있는 물질 :
전분·설탕·밀가루 등

13 0.99 [atm], 55 [℃]에서 이산화탄소의 밀도는 약 몇 [g/L]인가?

① 0.62
② 0.99
③ 1.62
④ 1.65

해설

[이산화탄소 밀도]

- $PV = \dfrac{WRT}{M}$
- 밀도 $= \dfrac{W}{V} = \dfrac{PM}{RT}$
- $\dfrac{PM}{RT} = \dfrac{0.99 \times 44}{0.082 \times (273+55)} = 1.62\ [g/L]$

R(기체상수) : 0.082 [atm·L/mol·K]
T(절대온도) : 55 [℃] + 273 = 328 [K]
M(분자량) : 44 [g/mol]
P(압력) : 0.99 [atm]

14 피크르산은 페놀의 어느 원소와 NO_2가 치환된 것인가?

① O   ② H
③ C   ④ OH

해설

[트라이나이트로페놀]
- 피크르산
  = 트라이나이트로페놀[$C_6H_2(NO_2)_3OH$]
- 피크르산은 산과 페놀(C_6H_5OH)을 반응시켜 제조

15 옥외저장소의 벤젠 8000 [L]에 화재가 발생했을 때 이 화재에 적응성이 있는 소화기는?

① A - 3
② A - 5
③ B - 3
④ B - 5

해설

[소화기의 종류]

- 벤젠(4류)의 소요단위 : $\dfrac{8000}{2000} = 4$

급수	명칭(화재)	색상
A	일반	백색
B	유류	황색
C	전기	청색
D	금속	무색

암 일유전금

- 소화기 능력단위
  B - 5 = B급 화재의 5 능력단위

정답 12 ④ 13 ③ 14 ② 15 ④

16 해당 건축물 그 밖의 공작물의 주요한 출입구에서 그 내부의 전체를 볼 수 없는 경우 자동화재탐지설비의 설치기준에서 하나의 경계구역의 면적은 얼마로 하여야 하는가?

① 150 [m^2] 이하
② 150 [m^2] 이하
③ 600 [m^2] 이하
④ 1000 [m^2] 이하

해설

[자동화재탐지설비 설치기준]
① 경계구역은 건축물 그 밖의 공작물의 2 이상의 층에 걸치지 아니할 것
② 하나의 경계구역의 면적이 500 [m^2] 이하이면서 당해 경계구역이 두 개의 층에 걸치는 경우이거나 계단·경사로·승강기의 승강로 그 밖에 이와 유사한 장소에 연기감지기를 설치하는 경우엔 그러지 아니함
③ 하나의 경계구역은 면적이 600 [m^2] 이하이며, 한 변의 길이는 50 [m](광전식분리형 감지기를 설치할 경우는 100 [m]) 이하로 할 것
④ 주요 출입구에서 그 내부의 전체를 볼 수 있는 경우에는 1000 [m^2] 이하
⑤ 감지기는 지붕 또는 벽의 옥내에 면한 부분에 유효하게 화재의 발생을 감지할 수 있도록 설치
⑥ 비상전원 설치

17 다음 중 주된 연소형태가 분해연소인 것은?

① 석탄   ② 목탄
③ 나트륨 ④ 에터

해설

[연소형태]
- 표면연소 : 목탄(숯)·코크스·금속·마그네슘·금속분 등이 고체의 표면에서 산소와 만나 연소
- 분해연소 : 목재·종이·플라스틱·섬유·석탄 등의 열분해로 인한 연소
- 자기연소 : 제5류 위험물등 산소공급원을 포함하고 있는 물질이 스스로 연소
- 증발연소 : 파라핀·황·나프탈렌·양초·에터 등이 증발한 증기가 연소

18 불활성 가스소화약제 IG-541의 구성 성분이 아닌 것은?

① 산소   ② 질소
③ 이산화탄소   ④ 아르곤

해설

[IG-541의 구성 성분]
질소(N_2) : 아르곤(Ar) : 이산화탄소(CO_2)
= 52 : 40 : 8로 혼합

19 이황화탄소의 증기비중은? (단, 황의 원자량은 32이고, 공기의 분자량은 29이다)

① 2.14   ② 2.62
③ 4.18   ④ 5.01

해설

[이황화탄소의 증기비중]
- 이황화탄소(CS_2) 분자량 = $(12 \times 1) + (32 \times 2)$ = 76
- 증기 비중 = $\dfrac{76}{29}$ = 2.62

정답 ● 16 ③ 17 ① 18 ① 19 ②

20 소형 수동식 소화기의 설치기준에서 방호대상물의 각 부분으로부터 하나의 소형 수동식 소화기까지의 보행 거리는 몇 [m] 이하가 되도록 설치하여야 하는가? (단, 옥내소화전설비, 옥외소화전설비, 스프링클러설비 또는 물분무등소화설비와 함께 설치하는 경우는 제외한다)

① 10　② 20
③ 30　④ 40

해설

[수동식 소화기 설치기준]
- 대형 : 보행 거리 30 [m] 이하가 되도록 설치
- 소형 : 보행 거리 20 [m] 이하가 되도록 설치

21 그림과 같이 설치된 탱크의 공간 용적이 내용적의 10 [%]라고 하면 탱크 용량은?

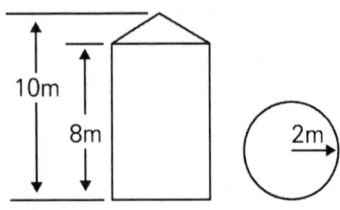

① 90.48 [m³]
② 100.15 [m³]
③ 126.75 [m³]
④ 159.97 [m³]

해설

[위험물 저장탱크 내용적]
$V = \pi r^2 \times$ 탱크 옆판 높이 $\times (1 - $공간용적$)$
$= \pi \times 2^2 \times 8 \times (1 - 0.1)$
$= 90.48$ [m³]

22 충격과 마찰에 매우 예민하며 규조토에 흡수시켜 다이너마이트를 제조할 때 사용되는 위험물은?

① 나이트로글리세린
② 나이트로톨루엔
③ 질산에틸
④ 나이트로셀룰로스

해설

[나이트로글리세린(5류)의 특징]
- 무색, 투명한 기름상의 액체
- 충격, 마찰에 매우 예민
- 겨울철에는 동결할 우려
- 다이너마이트의 원료

23 위험물안전관리법령에 의하면 제조소등의 관계인은 제조소등의 화재예방과 재해 발생 시의 비상조치에 필요한 사항을 서면으로 작성하여 제출한다. 이것은 무엇인가?

① 정기점검
② 예방규정
③ 화재감식서
④ 안전계획서

해설

[예방규정 정의]
제조소등의 관계인은 제조소등의 화재예방과 재해 발생 시의 비상조치에 필요한 사항을 서면으로 작성하여 허가청에 제출

정답 20 ②　21 ①　22 ①　23 ②

24 정전기를 제거하기 위한 방법으로 틀린 것은?

① 공기 중의 상대습도를 70 [%] 미만으로 유지한다.
② 접지를 한다.
③ 공기를 이온화한다.
④ 유속을 느리게 한다.

해설

[정전기 제거 조건]
- 접지에 의한 방법
- 실내 건조하게 유지하면 정전기 발생 확률 증가
- 공기 중의 상대습도를 70 [%] 이상으로 함
- 느린 유속으로 흐를 때
- 공기를 이온화함

25 제5류 위험물의 성질에 대한 설명으로 틀린 것은?

① 유기화합물로 폭발의 위험이 있다.
② 자기연소를 일으키며 연소 속도가 빠르다.
③ 게시판에 "화기엄금" 및 "충격주의" 주의사항 표시를 하여야 한다.
④ 강산화제 또는 강산류와 접촉 시 위험성이 증가한다.

해설

[제5류 위험물 특징]
- 운반용기 외부의 주의사항 : "화기엄금" 및 "충격주의"
- 게시판 : "화기엄금"

26 제조소등에서 위험물을 유출시켜 사람의 신체 또는 재산에 대하여 위험을 발생시킨 자에 대한 벌칙기준으로 옳은 것은?

① 1년 이상 3년 이하의 징역
② 1년 이상 5년 이하의 징역
③ 1년 이상 7년 이하의 징역
④ 1년 이상 10년 이하의 징역

해설

[위험물 유출로 인한 위험 발생자 벌칙기준]
1년 이상 10년 이하의 징역

27 메탄올과 에탄올의 공통점으로 틀린 것은?

① 증기는 공기보다 무겁다.
② 인화점이 0 [℃] 이하이다.
③ 휘발성이 있다.
④ 비중이 물보다 작다.

해설

[인화점]
- 메탄올 인화점 : 11 [℃]
- 에탄올 인화점 : 13 [℃]

28 인접한 2개의 지하저장탱크 용량의 합계가 지정수량이 100배일 경우 탱크 상호 간의 최소거리는?

① 0.1 [m]
② 0.3 [m]
③ 0.5 [m]
④ 1 [m]

정답 24 ① 25 ③ 26 ④ 27 ② 28 ③

해설

[지하탱크저장소 상호 간 최소거리]
탱크 용량의 합계가 지정수량의 100배 이하일 경우 상호 간의 최소거리는 <u>0.5 [m] 이상</u>

29 피크린산 제조에 사용되는 물질로 가장 옳은 것은?

① C_6H_5OH ② C_6H_6
③ $C_6H_5CH_3$ ④ $C_3H_5(OH)_3$

해설

[피크린산의 제조]
- 트라이나이트로페놀[$C_6H_2(NO_2)_3OH$](TNP) = 피크린산
- 페놀(C_6H_5OH)에 질산을 반응시켜 제조

30 다음 중 분말소화약제의 식별 색을 옳게 나타낸 것은?

① $KHCO_3$: 백색
② $KHCO_3$: 담홍색
③ $NaHCO_3$: 백색
④ $NaHCO_3$: 보라색

해설

[화재별 소화약제]

소화약제	명칭	적응화재	분말색
제1종	탄산수소나트륨	BC	백색
제2종	탄산수소칼륨	BC	보라색
제3종	인산암모늄	ABC	담홍색
제4종	탄산수소칼륨과 요소반응물	BC	회색

31 과산화나트륨의 저장창고에서 화재가 발생한 경우 적합한 소화약제는?

① 묽은 염산
② 이산화탄소
③ 물
④ 건조사

해설

[과산화나트륨(1류)의 소화약제]
마른모래(건조사)·팽창질석·팽창진주암, 탄산수소염류분말

32 위험물안전관리법령상 위험물 운반 시 방수성 덮개를 하지 않아도 되는 위험물은?

① 알루미늄분 ② 과산화수소
③ 철분 ④ 마그네슘분

해설

[운반 시 덮개]
<u>과산화수소(6류)는</u> 물기엄금 위험물이 아니므로 방수성 덮개는 하지 않아도 됨

위험물	종류	덮개
제1류	알칼리금속과산화물	방수성
	그 외	차광성
제2류	철분·금속분·마그네슘	방수성
제3류	자연발화성 물질	차광성
	금수성 물질	방수성
제4류	특수인화물	차광성
제5류	전체	차광성
제6류	전체	차광성

정답 29 ① 30 ③ 31 ④ 32 ②

33 주유취급소 중 건축물의 2층에 휴게음식점의 용도로 사용하는 것에 있어 해당 건축물의 2층으로부터 직접 주유취급소의 부지 밖으로 통하는 출입구와 해당 출입구로 통하는 통로·계단에 설치하여야 하는 것은?

① 유도등 ② 비상경보설비
③ 비상조명등 ④ 확성장치

해설

[유도등의 설치기준]
출입구, 피난구, 통로·계단에 유도등을 설치하고 비상전원을 설치

34 다음 중 물이 소화약제로 쓰이는 이유로 가장 거리가 먼 것은?

① 쉽게 구할 수 있다.
② 제거소화가 잘 된다.
③ 취급이 간편하다.
④ 기화잠열이 크다.

해설

[물소화약제의 특징]
냉각소화가 잘 됨

35 「자동화재탐지설비 일반 점검표」의 점검 내용이 "변형·손상의 유무, 표시의 적부, 경계구역 일람도의 적부, 기능의 적부"인 점검 항목은?

① 감지기 ② 중계기
③ 수신기 ④ 발신기

해설

[자동화재탐지설비 일반 점검표]
• 수신기의 점검 내용
변형·손상의 유무, 표시의 적부, 경계구역 일람도의 적부, 기능의 적부

36 메틸에틸케톤 400 [L], 아세톤 1200 [L], 등유 2000 [L]의 지정수량의 총 합은?

① 1배 ② 2배
③ 4배 ④ 7배

해설

[제4류 위험물]
$\frac{400}{200} + \frac{1200}{400} + \frac{2000}{1000} = 7$배

37 위험물의 운반 시 혼재가 가능한 경우는? (단, 지정수량 10배 이상의 위험물인 경우이다)

① 제2류 위험물과 제1류 위험물
② 제3류 위험물과 제4류 위험물
③ 제4류 위험물과 제6류 위험물
④ 제5류 위험물과 제3류 위험물

해설

[위험물 혼재기준]
3류, 4류 혼재 가능

보충 혼재 가능 위험물

1↓	6		혼재 가능
2↓	5↑	4	혼재 가능
3→	4↑		혼재 가능

암 1 2 3 4 5 6 적은 후 4 추가

정답 33 ① 34 ② 35 ③ 36 ④ 37 ②

38 위험물안전관리법령에 따라 위험물을 유별로 정리하여 서로 1 [m] 이상의 간격을 두었을 때 옥내저장소에서 함께 저장하는 것이 가능한 경우가 아닌 것은?

① 제1류 위험물(알칼리금속의 과산화물 또는 이를 함유한 것을 제외한다)과 제5류 위험물을 저장하는 경우
② 제3류 위험물 중 알킬알루미늄과 제4류 위험물(알킬알루미늄 또는 알킬리튬을 함유한 것에 한한다)을 저장하는 경우
③ 제1류 위험물과 제3류 위험물 중 금수성 물질을 저장하는 경우
④ 제2류 위험물 중 인화성 고체와 제4류 위험물을 저장하는 경우

해설

[위험물 혼재기준(저장 시)]
- 1류, 3류 혼재 불가
  옥내저장소 또는 옥외저장소에서 1 [m] 이상 간격을 두고 아래 유별을 저장할 수 있음
- 제1류 위험물(알칼리금속의 과산화물은 제외)과 제5류 위험물을 저장하는 경우
- 제1류 위험물과 제6류 위험물을 저장하는 경우
- 제1류 위험물과 자연발화성 물질(황린)을 저장하는 경우
- 제2류 위험물 중 인화성 고체와 제4류 위험물을 저장하는 경우
- 제3류 위험물 중 알킬알루미늄등과 제4류 위험물(알킬알루미늄 또는 알킬리튬을 함유한 것)을 저장하는 경우
- 제4류 위험물 중 유기과산화물과 제5류 위험물 중 유기과산화물을 저장하는 경우

39 이황화탄소 기체는 수소 기체보다 0 [℃], 1기압에서 몇 배 더 무거운가?

① 11
② 22
③ 32
④ 38

해설

[이황화탄소, 수소기체 비교]

- CS_2 증기비중 $= \dfrac{12 + (32 \times 2)}{29} = \dfrac{76}{29}$

- H_2 증기비중 $= \dfrac{2}{29}$

- $\dfrac{CS_2 증기비중}{H_2 증기비중} = \dfrac{\frac{76}{29}}{\frac{2}{29}} = 38$

- 이황화탄소 기체는 수소 기체보다 <u>38</u>배 무거움

40 제3류 위험물에 해당하는 것으로 옳은 것은?

① NaH
② Zn
③ Sb
④ S

해설

[위험물별 종류]
- Zn, Sb, S : 제2류 위험물
- <u>NaH(수소화나트륨) : 제3류 위험물 - 금속수소화합물</u>

정답 ● 38 ③ 39 ④ 40 ①

41 D급 화재의 표시 색상은?

① 백색   ② 적색
③ 황색   ④ 무색

해설

[화재의 종류]

급수	명칭(화재)	색상
A	일반	백색
B	유류	황색
C	전기	청색
D	금속	무색

암 일유전금 백황청무

42 옥외저장소의 지반면에 설치한 경계 표시의 안쪽에 덩어리 상태의 황만을 저장할 경우 하나의 경계 표시의 높이는 몇 [m] 이하이어야 하는가?

① 1   ② 1.5
③ 2   ④ 3

해설

[황(2류) 경계 표시 내부면적기준]
※ 덩어리 황 저장 또는 취급하는 것
(1) 하나의 경계 표시의 내부 면적은 100 [m²] 이하
(2) 2 이상의 경계 표시를 설치한 경우에 있어서 각각의 경계 표시 내부의 면적을 합산한 면적은 1000 [m²] 이하
(3) 경계 표시는 불연재료로 만드는 동시에 황이 새지 않는 구조로 할 것
(4) 경계 표시의 높이는 1.5 [m] 이하로 할 것

43 다음 중 위험물안전관리법령에서 정한 지정수량이 나머지 셋과 다른 물질은?

① 아염소산나트륨
② 염소산칼륨
③ 과산화칼륨
④ 칼륨

해설

[지정수량]
- 아염소산나트륨 : 50 [kg]
- 염소산칼륨 : 50 [kg]
- 과산화칼륨 : 50 [kg]
- 칼륨 : 10 [kg]

44 위험물안전관리법령상 이동탱크저장소에 의한 위험물의 운송 시 위험물운송자가 위험물안전카드를 휴대하지 않아도 되는 물질은?

① 휘발유
② 과산화수소
③ 경유
④ 벤조일퍼옥사이드

해설

[위험물안전카드]
- 위험물안전카드를 휴대해야 하는 위험물 : 제1류, 제2류, 제3류, 제4류 위험물 중 특수 인화물·제1석유류, 제5류, 제6류 위험물
- 경유 : 제2석유류

정답 41 ④ 42 ② 43 ④ 44 ③

45 일반적으로 다량의 주수를 통한 소화가 가장 효과적인 화재는?

① A급 화재
② B급 화재
③ C급 화재
④ D급 화재

해설

[소화 적응성]
- A급 화재 : 일반화재
- B, C, D급 화재는 주수소화 시 위험성 증가

46 다음 중 소화기와 주된 소화효과가 옳게 짝지어진 것은?

① 포소화기 - 제거소화
② 할로젠화합물소화기 - 냉각소화
③ 탄산가스소화기 - 억제소화
④ 분말소화기 - 질식소화

해설

[소화효과]
① 포소화기 - 질식소화
② 할로젠화합물소화기 - 억제소화
③ 탄산가스소화기 - 질식소화
④ 분말소화기 - 질식소화

47 트라이나이트로페놀의 성질에 대한 설명 중 틀린 것은?

① 나이트로화합물이다.
② 폭발에 대비하여 철, 구리로 만든 용기에 저장한다.
③ 비중이 약 1.8로 물보다 무겁다.
④ 단독으로는 테트릴보다 충격, 마찰에 둔감한 편이다.

해설

[트라이나이트로페놀]
트라이나이트로페놀은 금속과 반응하여 위험성이 증가함

48 다음 중 3개의 이성질체가 존재하는 물질은?

① 트라이나이트로벤젠
② 자일렌(크실렌)
③ 벤젠
④ 톨루엔

해설

[크실렌의 이성질체]

o-크실렌	m-크실렌	p-크실렌
CH_3 CH_3	CH_3 CH_3	CH_3 CH_3

정답 45 ① 46 ④ 47 ② 48 ②

49 다음 중 분말소화약제에 대한 설명으로 옳지 않은 것은?

① 제1종 - 탄산수소나트륨을 주성분으로 한 분말
② 제2종 - 탄산수소나트륨과 탄산칼슘을 주성분으로 한 분말
③ 제3종 - 제일인산암모늄을 주성분으로 한 분말
④ 제4종 - 탄산수소칼륨과 요소와의 반응물을 주성분으로 한 분말

> **해설**
>
> [분말소화약제]
>
> | 약제명 | 주성분 | 분해식 |
> |---|---|---|
> | 제1종 | 탄산수소나트륨 ($NaHCO_3$) | $2NaHCO_3 \rightarrow Na_2CO_3 + CO_2\uparrow + H_2O$ |
> | 제2종 | 탄산수소칼륨 ($KHCO_3$) | $2KHCO_3 \rightarrow K_2CO_3 + CO_2\uparrow + H_2O\uparrow$ |
> | 제3종 | 인산암모늄 ($NH_4H_2PO_4$) | $NH_4H_2PO_4 \rightarrow NH_3 + HPO_3\uparrow + H_2O\uparrow$ |
> | 제4종 | 탄산수소칼륨 + 요소 ($KHCO_3$ + $(NH_2)_2CO$) | $2KHCO_3 + (NH_2)_2CO \rightarrow K_2CO_3 + 2NH_3\uparrow + 2CO_2\uparrow$ |

50 자체소방대에 두어야 하는 화학소방자동차 중 포수용액을 방사하는 화학소방자동차는 전체 법정 화학소방자동차 대수의 얼마 이상으로 하여야 하는가?

① 1/3   ② 2/3
③ 1/5   ④ 2/5

> **해설**
>
> [소방차의 수와 소방대원의 인원기준]
> 포수용액을 방사하는 화학소방차 대수는 화학소방차 대수의 3분의 2 이상으로 함

51 자연발화를 방지하기 위한 방법으로 옳지 않은 것은?

① 열의 축적을 막는다.
② 저장실의 온도를 낮춘다.
③ 습도가 높은 장소를 피한다.
④ 통풍을 막는다.

> **해설**
>
> [자연발화방지법]
> 통풍을 잘 시킬 것

52 금속칼륨에 관한 설명 중 틀린 것은?

① 연해서 칼로 자를 수가 있다.
② 등유, 경유 등의 보호액 속에 저장한다.
③ 공기 중에서 빠르게 산화하여 피막을 형성하고 광택을 잃는다.
④ 물속에 넣을 때 서서히 녹아 탄산칼륨이 된다.

> **해설**
>
> [금속칼륨(3류)]
> • 금수성 물질
> • 은백색의 무른 경금속
> • 물과 작용하여 <u>수소가스 발생</u>
> • 물보다 가벼움

정답 49 ② 50 ② 51 ④ 52 ④

53 위험물안전관리법령상 제6류 위험물에 적응성이 있는 소화설비는?

① 옥내소화전설비
② 불활성 가스소화설비
③ 할로젠화합물소화설비
④ 탄산수소염류 분말소화설비

> **해설**
>
> [제6류 위험물의 소화]
> - 산화성 액체이므로 질식소화는 효과가 없음
> - 물과 반응성이 없으므로 주로 주수소화가 가능

54 인산염 등을 주성분으로 한 분말소화약제의 착색은?

① 백색
② 담홍색
③ 검은색
④ 회색

> **해설**
>
> [분말소화약제 주요 성분]
>
> | 소화약제 | 명칭 | 적응화재 | 분말색 |
> |---|---|---|---|
> | 제1종 | 탄산수소나트륨 | BC | 백색 |
> | 제2종 | 탄산수소칼륨 | BC | 보라색 |
> | 제3종 | 인산암모늄 | ABC | 담홍색 |
> | 제4종 | 탄산수소칼륨 + 요소 | BC | 회색 |

55 저장하는 위험물의 최대 수량이 지정수량의 35배일 경우 건축물의 벽·기둥 및 바닥이 내화구조로 된 위험물 옥내저장소의 보유공지는 몇 [m] 이상이어야 하는가?

① 0.5
② 1
③ 2
④ 3

> **해설**
>
> [옥내저장소 보유공지]
>
> | 저장 또는 취급하는 위험물 최대 지정수량의 배수 | 공지의 너비 | |
> |---|---|---|
> | | 벽, 기둥, 바닥이 내화구조일 때 | 그 밖의 건축물 |
> | 5배 이하 | - | 0.5 [m] 이상 |
> | 5배 초과 10배 이하 | 1 [m] 이상 | 1.5 [m] 이상 |
> | 10배 초과 20배 이하 | 2 [m] 이상 | 3 [m] 이상 |
> | 20배 초과 50배 이하 | 3 [m] 이상 | 5 [m] 이상 |
> | 50배 초과 200배 이하 | 5 [m] 이상 | 10 [m] 이상 |
> | 200배 초과 | 10 [m] 이상 | 15 [m] 이상 |

정답 53 ① 54 ② 55 ④

56 제4류 위험물의 일반적인 성질에 대한 설명 중 가장 거리가 먼 것은?

① 인화되기 쉽다.
② 인화점, 발화점이 낮은 것은 위험하다.
③ 증기는 대부분 공기보다 가볍다.
④ 액체비중은 대체로 물보다 가볍고 물에 녹기 어려운 것이 많다.

해설

[제4류 위험물의 특징]
(1) 물에 녹지 않는 비수용성
(2) 비중은 1보다 작아 물보다 가벼움
(3) 증기 비중은 공기보다 무겁기 때문에 낮은 곳에 체류하며 연소·폭발의 위험이 있음
(4) 전기 부도체이므로 정전기가 발생하고 정전기에 의해 연소
(5) 인화점에 의해 제1·2·3·4석유류로 분류됨

57 제6류 위험물의 취급 방법에 대한 설명으로 틀린 것은?

① 가연성 물질과의 접촉을 피한다.
② 위험물제조소에는 "화기엄금" 및 "물기엄금" 주의사항을 표시한 게시판을 반드시 설치하여야 한다.
③ 피부와 접촉하지 않도록 주의한다.
④ 지정수량의 1/10을 초과할 경우 제2류 위험물과의 혼재를 금한다.

해설

[게시판 주의사항]

유별	종류	게시판
제1류 위험물	알칼리금속과산화물	물기엄금
	그 외	없음
제2류 위험물	철분·금속분·마그네슘	화기주의
	인화성 고체	화기엄금
	그 외	화기주의
제3류 위험물	자연발화성 물질	화기엄금
	금수성 물질	물기엄금
제4류 위험물	-	화기엄금
제5류 위험물	-	화기엄금
제6류 위험물	-	없음

58 다음 중 알킬알루미늄의 소화방법으로 가장 적합한 것은?

① 팽창질석에 의한 소화
② 알코올포에 의한 소화
③ 주수에 의한 소화
④ 산·알칼리소화약제에 의한 소화

해설

[알킬알루미늄의 소화방법]
• 마른모래·팽창질석·팽창진주암
• 탄산수소염류분말

정답 56 ③ 57 ② 58 ①

59 위험물안전관리법령상 제5류 위험물의 화재 발생 시 적응성이 있는 소화설비는?

① 분말소화설비
② 물분무소화설비
③ 이산화탄소소화설비
④ 할로젠화합물소화설비

해설

[제5류 위험물의 소화]
5류 위험물은 산소공급원을 포함하고 있어 질식소화에 적응성이 없으므로 냉각소화하여야 함

60 위험물안전관리법령상 지정수량의 10배 이하의 위험물을 취급하는 제조소에 확보하여야 하는 보유공지의 너비의 기준은?

① 1 [m] 이상
② 3 [m] 이상
③ 5 [m] 이상
④ 7 [m] 이상

해설

[제조소의 보유공지]

취급하는 위험물의 최대수량	공지 너비
지정수량 10배 이하	3 [m] 이상
지정수량 10배 초과	5 [m] 이상

정답 ● 59 ② 60 ②

2024 제2회 CBT 복원

01 위험물안전관리법령상 자동화재탐지설비에 대한 기준으로 틀린 것은?

① 하나의 경계구역의 한 변 길이는 광전식분리형 감지기를 설치한 경우 50 [m] 이하로 할 것
② 자동화재탐지설비에는 비상전원을 설치할 것
③ 경계구역은 건축물 그 밖의 공작물의 2 이상의 층에 걸치지 아니하도록 할 것
④ 하나의 경계구역의 면적은 600 [m²] 이하로 할 것

해설

[자동화재탐지설비 설치기준]
① 경계구역은 건축물 그 밖의 공작물의 2 이상의 층에 걸치지 아니할 것
② 하나의 경계구역의 면적이 500 [m²] 이하이면서 당해 경계구역이 두 개의 층에 걸치는 경우이거나 계단·경사로·승강기의 승강로 그 밖에 이와 유사한 장소에 연기감지기를 설치하는 경우엔 그러지 아니함
③ 하나의 경계구역은 면적이 600 [m²] 이하이며, 한 변의 길이는 50 [m](광전식분리형 감지기를 설치할 경우는 100 [m]) 이하로 할 것
④ 주요 출입구에서 그 내부의 전체를 볼 수 있는 경우에는 1000 [m²] 이하
⑤ 감지기는 지붕 또는 벽의 옥내에 면한 부분에 유효하게 화재의 발생을 감지할 수 있도록 설치
⑥ 비상전원 설치

02 소화기에 "A-2"라고 표시되어 있을 때 숫자 "2"가 의미하는 것은?

① 소화기의 능력단위
② 소화기의 소요단위
③ 소화기의 제조번호
④ 소화기의 사용순위

해설

[소화기의 능력단위]
• 소화기 능력단위
  A-2 = A급 화재의 2 능력단위

03 옥내주유취급소의 소화난이도등급은?

① 소화난이도등급 Ⅰ
② 소화난이도등급 Ⅱ
③ 소화난이도등급 Ⅲ
④ 소화난이도등급 Ⅳ

해설

[소화난이도등급]
옥내주유취급소로서 소화난이도등급 Ⅰ의 제조소 등에 해당하지 아니하는 것은 소화난이도등급 Ⅱ

정답 01 ① 02 ① 03 ②

04 주유취급소의 벽(담)에 유리를 부착할 수 있는 기준에 대한 설명으로 옳은 것은?

① 유리 부착 위치는 주입구, 고정주유설비로부터 2 [m] 이상 이격되어야 한다.
② 지반면으로부터 50 [cm]를 초과하는 부분에 한하여 설치하여야 한다.
③ 하나의 유리판 가로의 길이는 2 [m] 이내로 한다.
④ 유리의 구조는 기준에 맞는 강화유리로 하여야 한다.

해설

[주유취급소에 유리를 부착할 수 있는 기준]
- 유리 부착 위치는 주입구, 고정주유설비로부터 4 [m] 이상 이격
- 지반면으로부터 70 [cm]를 초과하는 부분에 한하여 설치
- 하나의 유리판 가로의 길이 2 [m] 이내
- 유리의 구조는 기준에 맞는 접합유리

05 제3종 분말소화약제의 주성분에 해당하는 것은?

① 탄산수소나트륨
② 인산암모늄
③ 과산화나트륨
④ 탄산수소칼륨

해설

[분말소화약제]

소화약제	명칭	적응화재	분말색
제1종	탄산수소나트륨	BC	백색
제2종	탄산수소칼륨	BC	보라색
제3종	인산암모늄	ABC	담홍색
제4종	탄산수소칼륨과 요소반응물	BC	회색

06 불활성 가스소화약제 중 IG-541의 구성성분이 아닌 것은?

① 브로민
② 질소
③ 아르곤
④ 이산화탄소

해설

[IG-541]
불활성 가스계소화약제 : IG-541
⇒ N_2 : Ar : CO_2 = 52 : 40 : 8로 혼합

07 숯의 주된 연소형태는?

① 표면연소
② 분해연소
③ 자기연소
④ 증발연소

정답 04 ③ 05 ② 06 ① 07 ①

해설

[연소형태]
- 표면연소 : 목탄(숯)·코크스·금속·마그네슘·금속분 등이 고체의 표면에서 산소와 만나 연소
- 분해연소 : 목재·종이·플라스틱·섬유·석탄 등의 열분해로 인한 연소
- 자기연소 : 제5류 위험물등 산소공급원을 포함하고 있는 물질이 스스로 연소
- 증발연소 : 파라핀·황·나프탈렌·양초·에터 등이 증발한 증기가 연소

08 $KMnO_4$의 지정수량은 몇 [kg]인가?

① 10 ② 50
③ 300 ④ 1000

해설

[지정수량]
- 과망가니즈산칼륨($KMnO_4$)
- 과망가니즈산염류 : 지정수량 1000 [kg]

09 다음은 위험물을 저장하는 탱크의 공간용적 산정기준이다. ( )에 알맞은 수치로 옳은 것은?

> 암반탱크에 있어서는 당해 탱크 내에 용출하는 ( )일간의 지하수의 양에 상장하는 용적과 당해 탱크의 내용적의 ( )의 용적 중에서 보다 큰 용적을 공간용적으로 한다.

① 7, 1/100   ② 7, 5/100
③ 10, 1/100 ④ 10, 5/100

해설

[탱크의 공간용적 산정기준]
- 7일간의 지하수 양에 상당하는 용적
- 1/100의 용적 중에서 보다 큰 용적

10 화재 발생 시 이를 알릴 수 있는 경보설비를 설치해야 하는 제조소에서는 지정수량의 몇 배 이상의 위험물을 취급하는가?

① 10
② 20
③ 50
④ 100

해설

[경보설비 설치기준]
지정수량 10배 이상을 저장 또는 취급하는 것

11 일반취급소의 형태가 옥외의 공작물로 되어 있는 경우에 있어서 그 최대 수평투영면적이 500 [m²]일 때 설치하여야 하는 소화설비의 소요단위는 몇 단위인가?

① 5
② 10
③ 15
④ 20

정답 ● 08 ④ 09 ① 10 ① 11 ①

해설

[소요단위]

구분	외벽이 내화구조	외벽이 비내화구조
위험물제조소 및 취급소	100 [m²]	50 [m²]
위험물저장소	150 [m²]	75 [m²]
위험물	지정수량의 10배	

- 제조소등의 옥외에 설치된 공작물은 외벽이 내화구조인 것으로 간주하고, 공작물의 최대수평투영면적을 연면적으로 간주
- 소요단위 = 500 / 100 = 5

12 다음 중 위험물안전관리법령상 위험물제조소와의 안전거리가 가장 먼 것은?

① 수용인원이 300명 이상인 학교
② 수용인원이 300명 이상인 영화상영관
③ 사용전압 35000 [V] 초과의 특고압 가공전선
④ 문화유산법 규정에 의한 지정문화유산

해설

[위험물제조소 안전거리]

구분	거리
사용전압 7000 [V] 초과 35000 [V] 이하 특고압 가공전선	3 [m] 이상
사용전압 35000 [V] 초과의 특고압 가공전선	5 [m] 이상
주거용으로 사용	10 [m] 이상
고압가스·액화석유가스·도시가스를 저장 취급하는 시설	20 [m] 이상
• 학교·병원·영화상영관 등 수용인원 300명 이상 • 복지시설·어린이집·수용인원 20명 이상	30 [m] 이상
유형문화유산·지정문화유산	50 [m] 이상

13 물과 친화력이 있는 수용성 용매의 화재에 보통의 포소화약제를 사용하면 포가 파괴되기 때문에 소화효과를 잃게 된다. 이와 같은 단점을 보완한 소화약제로 가연성인 수용성 용매의 화재에 유효한 효과를 가지고 있는 것은?

① 알코올형 포소화약제
② 단백포소화약제
③ 합성계면활성제포소화약제
④ 수성막포소화약제

해설

[알코올형 포소화약제]
수용성 용매화재 시 포가 파괴되는 것 방지

14 위험물안전관리법령상 위험물 운반 시 차광성 덮개를 하지 않아도 되는 위험물은?

① 질산
② 과산화수소
③ 과염소산
④ 마그네슘분

해설

[운반 시 덮개]

위험물	종류	덮개
제1류	알칼리금속과산화물	방수성
	그 외	차광성
제2류	철분·금속분·마그네슘	방수성
제3류	자연발화성 물질	차광성
	금수성 물질	방수성
제4류	특수인화물	차광성
제5류	전체	차광성
제6류	전체	차광성

15 위험물안전관리법령상 다이에틸에터 50 [L], 벤젠 200 [L], 피리딘 400 [L]의 지정수량 배수의 총합은?

① 1배
② 2배
③ 3배
④ 4배

해설

[제4류 위험물]

$\frac{50}{50} + \frac{200}{200} + \frac{400}{400} = 3배$

16 위험물의 운반 시 혼재가 가능한 경우는? (단, 지정수량 10배 이상의 위험물인 경우이다)

① 제1류 위험물과 제3류 위험물
② 제1류 위험물과 제6류 위험물
③ 제5류 위험물과 제1류 위험물
④ 제6류 위험물과 제3류 위험물

해설

[위험물 혼재기준]
1류, 6류 혼재 가능

보충 혼재 가능 위험물

1↓	6		혼재 가능
2↓	5↑	4	혼재 가능
3→	4↑		혼재 가능

암 1 2 3 4 5 6 적은 후 4 추가

17 고온체의 색깔이 휘백색일 경우의 온도는 약 몇 [℃] 정도인가?

① 1000
② 1100
③ 1300
④ 1500

정답 14 ④ 15 ③ 16 ② 17 ④

해설

[고온체 색]

휘백색 : 약 1500 [℃]

색상	온도 [℃]
담암적색	520
암적색	700
적색	850
황색	900
휘적색	950
황적색	1100
백적색	1300
휘백색	1500

18 제4류 위험물에 해당하는 것으로 옳은 것은?

① Na
② P_4
③ Li
④ CS_2

해설

[위험물별 종류]
- Na, P_4, Li : 제3류 위험물
- CS_2(이황화탄소) : 제4류 위험물 - 특수인화물

19 수조(물통 3개 포함)의 능력단위 1.5는 용량이 몇 [L]인가?

① 70
② 80
③ 90
④ 100

해설

[능력단위]

소화설비	용량 [L]	능력단위
소화전용 물통	8	0.3
수조(물통 3개 포함)	80	1.5
수조(물통 6개 포함)	190	2.5
마른모래(삽 1개 포함)	50	0.5
팽창질석·진주암(삽 1개 포함)	160	1.0

20 불꽃반응 실험을 하였더니 보라색의 불꽃이 나타났다. 이 금속염에 포함된 금속은?

① K
② Cu
③ Na
④ Li

해설

[불꽃반응색]
① 보라색
② 청록색
③ 노란색
④ 빨간색

정답 18 ④ 19 ② 20 ①

21 이황화탄소를 물속에 저장하는 이유는 무엇인가?

① 온도를 낮추기 위해
② 공기와 접촉 시 폭발하기 때문에
③ 물과 접촉 시 불순물이 빠져나가기 때문에
④ 가연성 증기의 발생을 억제하기 위해

해설

[이황화탄소(4류)를 물속에 저장하는 이유]
가연성 증기의 발생을 억제

22 다음 중 아이오딘값이 가장 높은 것은?

① 해바라기씨유
② 참기름
③ 피마자유
④ 올리브유

해설

[아이오딘값]

품명	아이오딘값	종류
건성유	130 이상	오동유·해바라기씨유·정어리유·아마인유·들기름 등
반건성유	100 ~ 130	참기름·콩기름 등
불건성유	100 이하	피마자유·야자유·올리브유·땅콩기름(낙화생유)·고래기름·소기름 등

23 소화설비의 설치기준에 따르면 TNT(제1종) 100 [kg]은 몇 소요단위에 해당하는가? (※ 법령개정으로 문제 수정)

① 1
② 5
③ 10
④ 50

해설

[소요단위 산정]
- TNT 지정수량은 10 [kg]
- 1소요단위 = 지정수량 × 10
  = 10 × 10 = 100 [kg]
- 소요단위 = 100 / 100 = 1

24 케톤의 일반식으로 옳은 것은?

① ROR
② RCHO
③ RCOR
④ RCOOH

해설

[케톤의 일반식]
① ROR : 에터의 일반식
② RCHO : 알데하이드의 일반식
③ RCOR : 케톤의 일반식
④ RCOOH : 카복실산의 일반식

정답 21 ④ 22 ① 23 ① 24 ③

25 2몰의 염소산칼륨이 완전열분해될 때 생성되는 산소의 양은 몇 [g]인가?

① 12 ② 54
③ 86 ④ 96

해설

[염소산칼륨($KClO_3$)]
- $2KClO_3 \rightarrow 2KCl + 3O_2$
- 염소산칼륨을 열분해하여 염화칼륨·산소 발생
- 반응 후 3 [mol]의 산소가 발생
- 산소 1 [mol]의 분자량 : 16 × 2 = 32
- 산소의 양 = 3 [mol] × 32 [g/mol] = 96 [g]

26 그림과 같이 횡으로 설치한 탱크의 용량은 약 몇 [m³]인가? (단, 공간용적은 내용적의 10/100이다)

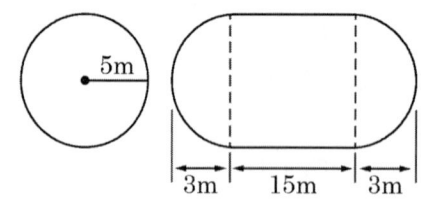

① 1201.1 ② 1335.1
③ 1268.4 ④ 1690.9

해설

[위험물 저장탱크 공간용적]

$V = \pi r^2 \left(l + \dfrac{l_1 + l_2}{3} \right) (1 - 공간용적)$

= 원면적 × (가운데 체적 길이
 + 양끝 체적 길이의 합 / 3)
 × (1 - 공간용적)
= 3.14 × 5² × (15 + 2)(1 - 0.1)
= 1201.05 [m³]

27 다음 중 주된 연소형태가 분해연소인 것은?

① 금속분 ② 황
③ 목재   ④ 피크르산

해설

[연소형태]
- 표면연소 : 목탄(숯)·코크스·금속·마그네슘·금속분 등이 고체의 표면에서 산소와 만나 연소
- 분해연소 : 목재·종이·플라스틱·섬유·석탄 등의 열분해로 인한 연소
- 자기연소 : 제5류 위험물등 산소공급원을 포함하고 있는 물질이 스스로 연소
- 증발연소 : 파라핀·황·나프탈렌·양초·에테르 등이 증발한 증기가 연소

28 불에 타기 쉬운 물질을 다음의 물질과 함께 적셔서 대량으로 두었을 경우 자연발화할 위험이 가장 높은 것은?

① 야자유 ② 동유
③ 피마자유 ④ 올리브유

해설

[건성유]

품명	아이오딘값	종류
건성유	130 이상	오동유·해바라기씨유·정어리유·아마인유·들기름 등
반건성유	100 ~ 130	참기름·콩기름 등
불건성유	100 이하	피마자유·야자유·올리브유·땅콩기름(낙화생유)·고래기름·소기름 등

정답 ● 25 ④ 26 ① 27 ③ 28 ②

29 이산화탄소소화기 사용 중 소화기방출구에서 생길 수 있는 물질은?

① 포스겐
② 일산화탄소
③ 드라이아이스
④ 수소가스

해설

[이산화탄소소화기]
이산화탄소방출 중 드라이아이스가 생길 수 있음

30 지정수량이 셋과 다른 하나는?

① 이황화탄소
② 다이에틸에터
③ 산화프로필렌
④ 인화아연

해설

[지정수량]

위험물(4)	지정수량 [kg]
이황화탄소	50
다이에틸에터	50
산화프로필렌	50
인화아연	300

31 저장하는 위험물의 최대 수량이 지정수량의 50배일 경우 건축물의 벽·기둥 및 바닥이 내화구조로 되어 있지 않은 위험물 옥내저장소의 보유공지는 몇 [m] 이상이어야 하는가?

① 1
② 2
③ 3
④ 5

해설

[옥내저장소 보유공지]

저장 또는 취급하는 위험물 최대 지정수량의 배수	공지의 너비	
	벽, 기둥, 바닥이 내화구조일 때	그 밖의 건축물
5배 이하	-	0.5 [m] 이상
5배 초과 10배 이하	1 [m] 이상	1.5 [m] 이상
10배 초과 20배 이하	2 [m] 이상	3 [m] 이상
20배 초과 50배 이하	3 [m] 이상	5 [m] 이상
50배 초과 200배 이하	5 [m] 이상	10 [m] 이상
200배 초과	10 [m] 이상	15 [m] 이상

32 황린이 연소할 때 발생하는 가스는 무엇인가?

① 오산화인
② 인화수소
③ 황화수소
④ 수소

해설

[황린의 연소]
황린의 연소반응식 : $P_4 + 5O_2 \rightarrow 2P_2O_5$

정답 29 ③ 30 ④ 31 ④ 32 ①

33 고체위험물은 운반용기 내용적의 몇 [%] 이하의 수납률로 수납하여야 하는가?

① 90
② 95
③ 98
④ 99

해설

[위험물 운반 적재방법]
(1) 고체위험물 : 운반용기의 내용적 95 [%] 이하의 수납률로 수납
(2) 액체위험물 : 운반용기의 내용적 98 [%] 이하의 수납률로 수납, 55 [℃] 온도에서 누설되지 않도록 충분한 공간 용적을 두어야 함
(3) 알킬알루미늄 : 운반용기 내용적의 90 [%] 이하의 수납률로 수납하되, 50 [℃]의 온도에서 5 [%] 이상의 공간 용적을 유지

34 제5류 위험물 중 상온(25 [℃])에서 동일한 물리적 상태(고체, 액체, 기체)로 존재하는 것으로만 나열한 것은?

① 나이트로글리세린, 나이트로셀룰로스
② 질산메틸, 나이트로글리세린
③ 트라이나이트로톨루엔, 질산메틸
④ 나이트로글리콜, 트라이나이트로톨루엔

해설

[제5류 위험물의 상온 상태]

품명	위험물	상태
질산 에스터류	질산메틸 질산에틸 나이트로글리콜 나이트로글리세린	액체
	나이트로셀룰로스	고체
나이트로 화합물	트라이나이트로톨루엔 트라이나이트로페놀 다이나이트로벤젠 테트릴	고체

35 위험물을 저장 또는 취급하는 탱크의 용량은?

① 탱크의 내용적에 공간용적을 더한 용적
② 탱크의 내용적
③ 탱크의 내용적에서 공간용적을 뺀 용적
④ 탱크의 공간용적

해설

[탱크 용량]
탱크 용량 = 내용적 - 공간용적

36 다음 중 산화성 고체의 품명이 아닌 것은?

① 고형알코올
② 아염소산염류
③ 질산염류
④ 무기과산화물

해설

[산화성 고체의 품명이 아닌 것]
고형알코올 : 제2류(인화성 고체)

37 클로로벤젠 200000 [L]의 소요단위는 얼마인가?

① 10
② 20
③ 100
④ 200

해설

[클로로벤젠(4류)의 소요단위]
- 클로로벤젠 : 제4류 위험물 - 제2석유류 - 비수용성 - 지정수량 1000 [L]
- 소요단위 : $\frac{200000}{1000 \times 10} = 20$

38 플래시오버(Flash Over)에 대한 설명으로 옳은 것은?

① 대부분 화재 초기(발화기)에 발생한다.
② 대부분 화재 종기(쇠퇴기)에 발생한다.
③ 내장재의 종류와 개구부의 크기에 영향을 받는다.
④ 화재가 서서히 확산되는 현상이다.

해설

[플래시오버]
- 건축물화재 시 가연성 기체가 모여 있는 상태에서 산소가 유입됨에 따라 성장기에서 최성기로 급격하게 진행되며, 건물 전체로 화재가 확산되는 현상
- 발화기 → 성장기 → 플래시오버 → 최성기 → 감쇠기(쇠퇴기)
- 내장재 종류와 개구부 크기에 영향을 받음

39 위험물안전관리법에서 정하는 용어의 정의로 옳지 않은 것은?

① "위험물"이라 함은 인화성 또는 발화성 등의 성질을 가지는 것으로서 대통령령이 정하는 물품을 말한다.
② "제조소"라 함은 위험물을 제조할 목적으로 지정수량 이상의 위험물을 취급하기 위하여 규정에 따른 허가를 받은 장소를 말한다.
③ "저장소"라 함은 지정수량 이상의 위험물을 저장하기 위한 대통령령이 정하는 장소로서 규정에 따른 허가를 받은 장소를 말한다.
④ "취급소"라 함은 지정수량 이상의 위험물을 제조 외의 목적으로 취급하기 위한 관할 지자체장이 정하는 장소로서 허가를 받은 장소를 말한다.

정답 36 ① 37 ② 38 ③ 39 ④

해설

[용어 정의]

구분	정의
위험물	인화성 또는 발화성 등의 성질을 가지는 것으로서 대통령령이 정하는 물품
지정수량	위험물의 종류별로 위험성을 고려하여 대통령령이 정하는 수량으로 제조소등의 설치허가 등에 있어서 최저의 기준이 되는 수량
제조소	위험물을 제조할 목적으로 지정수량 이상의 위험물을 취급하기 위하여 허가를 받은 장소
저장소	지정수량 이상의 위험물을 저장하기 위한 대통령령이 정하는 장소로 규정에 따른 허가를 받은 장소
취급소	지정수량 이상의 위험물을 제조 외의 목적으로 취급하기 위한 대통령령이 정하는 장소
제조소등	제조소·저장소·취급소를 말함

40 지정과산화물을 저장하는 옥내저장소의 저장창고를 일정 면적마다 구획하는 격벽의 설치기준에 해당하지 않는 것은?

① 저장창고 상부의 지붕으로부터 50 [cm] 이상 돌출하게 하여야 한다.
② 저장창고 양측의 외벽으로부터 1 [m] 이상 돌출하게 하여야 한다.
③ 철근콘크리트조의 경우 두께가 30 [cm] 이상이어야 한다.
④ 바닥면적 250 [m^2] 이내마다 완전하게 구획하여야 한다

해설

[옥내저장소 격벽 설치]
제5류 위험물 중 지정과산화물은 저장창고에 150 [m^2] 이내마다 일정 규격의 격벽을 설치하여 저장하여야 함

41 제거소화의 예가 아닌 것은?

① 가스화재 시 가스 공급을 차단하기 위해 밸브를 닫아 소화시킨다.
② 유전화재 시 폭약을 사용하여 폭풍에 의하여 가연성 증기를 날려 보내 소화시킨다.
③ 연소하는 가연물을 밀폐시켜 공기 공급을 차단하여 소화한다.
④ 촛불 소화 시 입으로 바람을 불어서 소화시킨다.

해설

[소화 종류]
- 제거소화 : 가연물질을 화재장소로부터 안전한 장소로 이동 또는 제거하는 소화방법
- 연소하는 가연물을 밀폐시켜 공기 공급을 차단하여 소화 : 질식소화

정답 40 ④ 41 ③

42 탄화알루미늄을 저장하는 저장고에 스프링클러소화설비를 하면 안 되는 이유는?

① 물과 반응 시 메테인가스가 발생하기 때문에
② 물과 반응 시 수소가스가 발생하기 때문에
③ 물과 반응 시 에테인가스가 발생하기 때문에
④ 물과 반응 시 프로판가스가 발생하기 때문에

해설

[탄화알루미늄과 물의 반응]
- $Al_4C_3 + 12H_2O \rightarrow 4Al(OH)_3 + 3CH_4\uparrow$
- 물과 반응 시 메테인 가스 발생

43 옥내저장소에서 위험물을 유별로 정리하고 서로 1[m] 이상의 간격을 두는 경우 동일한 저장소에 저장할 수 있는 것은?

① 과산화나트륨과 벤조일퍼옥사이드
② 과염소산나트륨과 질산
③ 황린과 트라이에틸알루미늄
④ 황과 황린

해설

[위험물 혼재기준(저장 시)]
옥내저장소 또는 옥외저장소에서 1[m] 이상 간격을 두고 아래 유별을 저장할 수 있음
- 제1류 위험물(알칼리금속의 과산화물은 제외)과 제5류 위험물을 저장하는 경우
- 제1류 위험물과 제6류 위험물을 저장하는 경우
- 제1류 위험물과 자연발화성 물질(황린)을 저장하는 경우
- 제2류 위험물 중 인화성 고체와 제4류 위험물을 저장하는 경우
- 제3류 위험물 중 알킬알루미늄등과 제4류 위험물(알킬알루미늄 또는 알킬리튬을 함유한 것)을 저장하는 경우
- 제4류 위험물 중 유기과산화물과 제5류 위험물 중 유기과산화물을 저장하는 경우

44 다이크로뮴산칼륨의 화재예방 및 진압대책에 관한 설명 중 틀린 것은?

① 가열, 충격, 마찰을 피한다.
② 유기물, 가연물과 격리하여 저장한다.
③ 화재 시 물과 반응하여 폭발하므로 주수소화를 금한다.
④ 소화작업 시 폭발 우려가 있으므로 충분한 안전거리를 확보한다.

해설

[다이크로뮴산칼륨의 소화방법]
제1류 위험물 중 다이크로뮴산칼륨은 주수소화함

45 다음 중 과산화수소의 저장용기로 가장 적합한 것은?

① 뚜껑에 작은 구멍을 뚫은 갈색 용기
② 뚜껑을 밀전한 투명용기
③ 구리로 만든 용기
④ 아이오딘화칼륨을 첨가한 종이용기

해설
[과산화수소(6류)의 저장용기]
뚜껑에 작은 구멍을 뚫은 갈색 용기에 보관

46 위험물의 운반기준에 있어서 차량 등에 적재하는 위험물의 성질에 따라 강구하여야 하는 조치로 적합하지 않은 것은?

① 제5류 위험물 또는 제6류 위험물은 방수성이 있는 피복으로 덮는다.
② 제2류 위험물 중 철분, 금속분, 마그네슘은 방수성이 있는 피복으로 덮는다.
③ 제1류 위험물 중 알칼리금속의 과산화물 또는 이를 함유한 것은 차광성과 방수성이 모두 있는 피복으로 덮는다.
④ 제5류 위험물 중 55[℃] 이하의 온도에서 분해될 우려가 있는 것은 보냉 컨테이너에 수납하는 등의 방법으로 적장한 온도관리를 한다.

해설
[운반 시 덮개의 종류]

위험물	종류	덮개
제1류	알칼리금속과산화물	방수성
	그 외	차광성
제2류	철분·금속분·마그네슘	방수성
제3류	자연발화성 물질	차광성
	금수성 물질	방수성
제4류	특수인화물	차광성
제5류	전체	차광성
제6류	전체	차광성

47 다음 위험물 중 저장할 때 보호액으로 물을 사용하는 것은?

① 삼산화크롬
② 아연
③ 나트륨
④ 황린

해설
[황린의 보호액]
황린(3류) : pH 9 물속에 저장

48 위험물의 운반에 관한 기준에서 다음 위험물 중 혼재 가능한 것끼리 연결된 것은? (단, 지정수량의 10배이다)

① 제1류 – 제6류
② 제2류 – 제3류
③ 제3류 – 제5류
④ 제5류 – 제1류

해설
[위험물 혼재기준]
1류, 6류 혼재 가능

보충 혼재 가능 위험물

1↓	6		혼재 가능
2↓	5↑	4	혼재 가능
3→	4↑		혼재 가능

암 123456 적은 후 4 추가

정답 46 ① 47 ④ 48 ①

49 위험물안전관리법령에 의하면 옥외소화전이 6개 있을 경우 수원의 수량은 몇 [m³] 이상이어야 하는가?

① 48 [m³] 이상
② 54 [m³] 이상
③ 60 [m³] 이상
④ 81 [m³] 이상

해설
[옥외소화전의 수원의 양]
• 옥외소화전 : 설치 개수(최대 4) × 13.5 [m³]
• 13.5 × 4 = 54 [m³]

50 다음 중 제3류 위험물이 아닌 것은?

① 적린
② 칼슘
③ 탄화알루미늄
④ 알킬리튬

해설
[제3류 위험물이 아닌 것]
적린은 제2류 위험물

51 T.N.T의 분자량은 약 얼마인가?

① 130 ② 152
③ 227 ④ 248

해설
[분자량 계산]
• 트라이나이트로톨루엔[$C_6H_2CH_3(NO_2)_3$]
• 12 × 7 + 1 × 5 + 14 × 3 + 16 × 6 = 227

52 아세트알데하이드의 저장·취급 시 주의사항이 아닌 것은?

① 산, 또는 강산화제와의 접촉을 피한다.
② 취급설비에는 구리합금의 사용을 피한다.
③ 수용성이기 때문에 화재 시 물로 희석소화가 가능하다.
④ 옥외저장탱크에 저장 시 조연성 가스를 주입한다.

해설
[아세트알데하이드 주의사항]
옥외저장탱크에 저장 시 불연성 가스 주입

53 다음 중 경유의 특징이 아닌 것은?

① 물에 녹지 않는다.
② 비중이 물보다 무겁다.
③ 담황색(또는 담갈색)의 액체이다.
④ 탄소수가 약 15 ~ 20인 탄화수소화합물의 혼합물이다.

해설
[경유의 특징]
물보다 가벼움

정답 49 ② 50 ① 51 ③ 52 ④ 53 ②

54 제2류 위험물인 가연성 고체 물질의 일반적 성질에 해당되지 않는 것은?

① 연소속도가 빠른 고체이다.
② 산화제와의 접촉은 위험하다.
③ 비교적 낮은 온도에서 착화되기 쉬운 물질이다.
④ 모두 물과 접촉 시 산소와 불활성 가스가 발생하는 물질이다.

해설
[제2류 위험물의 성질]
금속분, 철분, 마그네슘과 물이 접촉 시 수소가스 발생

55 다음 물질 중 제5류의 나이트로화합물에 속하는 것은?

① 셀룰로이드류
② 나이트로셀룰로스
③ 트라이나이트로톨루엔
④ 나이트로벤젠

해설
[제5류 위험물의 품명]

품명	위험물
질산에스터류	질산메틸 질산에틸 나이트로글리콜 나이트로글리세린 나이트로셀룰로스 셀룰로이드
나이트로화합물	<u>트라이나이트로톨루엔</u> 트라이나이트로페놀 테트릴

56 금속나트륨의 저장 보호액으로 가장 적절한 것은?

① 아세톤
② 메탄올
③ 식초
④ 유동파라핀

해설
[금속나트륨(3류)의 보관]
석유 등의 보호액에 넣어 밀봉하여 보관

57 다음 중 질산의 위험성에 관한 설명으로 옳은 것은?

① 피부에 닿아도 위험하지 않다.
② 공기 중에서 단독으로 자연발화한다.
③ 인화점이 낮고 발화하기 쉽다.
④ 환원성 물질과 혼합 시 위험하다.

해설
[질산의 위험성]
질산은 산화성 물질이므로 환원성 물질과 혼합 시 위험함

정답 54 ④ 55 ③ 56 ④ 57 ④

58 위험물안전관리법상 특수인화물의 정의에 대하여 옳게 나타낸 것은?

① 1기압에서 발화점이 섭씨 100도 이하인 것
② 1기압에서 발화점이 섭씨 40도 이하인 것
③ 1기압에서 발화점이 섭씨 영하 20도 이하인 것
④ 1기압에서 발화점이 섭씨 21도 이하인 것

해설

[특수인화물 정의]
- 1기압에서 발화점 100 [℃] 이하
- 인화점이 영하 20 [℃] 이하
- 비점이 40 [℃] 이하

59 위험물은 지정수량의 몇 배를 1소요단위로 하는가?

① 1 ② 10
③ 50 ④ 100

해설

[소요단위]

구분	외벽이 내화구조	외벽이 비내화구조
위험물제조소 및 취급소	100 [m²]	50 [m²]
위험물저장소	150 [m²]	75 [m²]
위험물	지정수량의 10배	

60 다음 중 나이트로셀룰로스화재 시 가장 적합한 소화방법은?

① 할로젠화합물소화기를 사용한다.
② 분말소화기를 사용한다.
③ 이산화탄소소화기를 사용한다.
④ 다량의 물을 사용한다.

해설

[제5류 위험물소화방법]
나이트로셀룰로스(5류) 소화방법 : 주수소화

정답 ● 58 ① 59 ② 60 ④

2024 제3회 CBT 복원

01 알코올류 40000 [L]에 대한 소화설비 설치할 때 소요단위는?

① 5 ② 10
③ 25 ④ 40

> **해설**
>
> [알코올류(4류)의 소요단위]
> - 알코올류 지정수량 : 400 [L]
> - 1소요단위 = 지정수량의 10배
>   = 10 × 400 = 4000 [L]
> - 소요단위 = 40000 / 4000 = 10

02 에틸알코올의 증기비중은 얼마인가?

① 0.98 ② 1.05
③ 1.59 ④ 2.11

> **해설**
>
> [에틸알코올(4류) 증기비중]
> $C_2H_5OH / 29$
> = {(12 × 2) + (1 × 6) + (16 × 1)} / 29
> = 1.59

03 이산화탄소소화약제에 대한 설명으로 옳은 것은?

① 저장용기의 충전비는 고압식은 1.5 이상 1.9 이하, 저압식은 1.1 이상 1.4 이하로 할 것

② 저압식 저장용기에는 액면계 및 압력계와 2.1 [MPa] 이상 1.7 [MPa] 이하의 압력에서 작동하는 압력경보장치를 설치할 것

③ 저장용기는 고압식은 20 [MPa] 이상, 저압식은 2 [MPa] 이상의 내압시험압력에 합격한 것으로 할 것

④ 저압식 저장용기에는 내압시험압력의 1.8배의 압력에서 작동하는 안전밸브와 내압시험압력의 0.8배부터 내압시험압력까지의 범위에서 작동하는 봉판을 설치할 것

> **해설**
>
> [이산화탄소소화약제]
> ① 이산화탄소소화약제의 충전비는 고압식은 1.5 ~ 1.9, 저압식은 1.1 ~ 1.4
> ② 저압식 저장용기에는 액면계 및 압력계와 2.3 [MPa] 이상 1.9 [MPa] 이하의 압력에서 작동하는 압력경보장치를 설치할 것
> ③ 저장용기는 고압식은 25 [MPa] 이상, 저압식은 3.5 [MPa] 이상의 내압시험압력에 합격한 것으로 할 것
> ④ 저압식 저장용기에는 내압시험압력의 0.64 ~ 0.8배의 압력에서 작동하는 안전밸브와 내압시험압력의 0.8배부터 내압시험압력까지의 범위에서 작동하는 봉판을 설치할 것

정답 01 ② 02 ③ 03 ①

04 물기엄금인 물질의 제조소에 설치하는 주의사항 게시판의 바탕색과 문자색은?

① 백색 바탕에 청색 문자
② 청색 바탕에 백색 문자
③ 황색 바탕에 청색 문자
④ 청색 바탕에 황색 문자

해설
[제조소의 주의사항 게시판 색]
게시판 종류별 바탕, 문자색

종류	바탕색	문자색
위험물제조소등	백색	흑색
위험물	흑색	황색
주유 중 엔진 정지	황색	흑색
화기엄금	적색	백색
물기엄금	청색	백색

05 다음 중 위험물안전관리법령상 위험등급 II에 해당하지 않는 것은?

① 제2류 위험물 중 황화인
② 제3류 위험물 중 알칼리금속
③ 제4류 위험물 중 휘발유
④ 제6류 위험물 중 과산화수소

해설
[위험등급]
과산화수소 : 위험등급 I

06 다음 중 휘발유의 연소범위로 옳은 것은?

① 5 ~ 10 [%]
② 6 ~ 17 [%]
③ 1.4 ~ 7.6 [%]
④ 1.5 ~ 50 [%]

해설
[휘발유의 연소범위]
1.4 ~ 7.6 [%]

07 열의 이동 원리 중 복사에 관한 예로 틀린 것은?

① 그늘이 시원한 이유
② 더러운 눈이 빨리 녹는 현상
③ 보온병 내부를 거울벽으로 만드는 것
④ 해풍과 육풍이 일어나는 원리

해설
[열의 이동 원리]
• 복사 : 열 전달매체 없이 열이 전달
• 대류 : 공기의 흐름에 의해 열이 전달
• 전도 : 고체를 통해 열이 전달
 → 해풍과 육풍이 일어나는 것은 대류

정답 04 ② 05 ④ 06 ③ 07 ④

08 위험물이 혼합되어 복수의 성상을 가지는 경우 적용하는 품명에 관한 설명으로 옳지 않은 것은?

① 산화성 고체의 성상 및 자기반응성 물질의 성상을 가지는 경우 : 자기반응성 물질의 품명
② 가연성 고체의 성상과 자연발화성 물질의 성상 및 금수성 물질의 성상을 가지는 경우 : 가연성 고체의 품명
③ 산화성 고체의 성상 및 가연성 고체의 성상을 가지는 경우 : 가연성 고체의 품명
④ 인화성 액체의 성상 및 자기반응성 물질의 성상을 가지는 경우 : 자기반응성 물질의 품명

해설

[복수성상위험물기준]
- 위험물 위험 순서 : 1 < 2 < 4 < 3 < 5 < 6
- 가연성 고체(2류) < 자연발화성 물질 및 금수성 물질(3류)
  → 자연발화성 물질 및 금수성 물질(위험성 큰 쪽이 남음)

09 메틸알코올에 대한 설명으로 틀린 것은?

① 술의 원료로 사용된다.
② 독성이 있다.
③ 휘발성이 강하다.
④ 최종 산화물은 포름산이다.

해설

[메탄올(4류) 성질]
술 원료 : 에틸알코올

10 공기를 차단하고 황린을 가열하면 적린이 만들어진다. 이때 필요한 최소 온도는 섭씨 몇 [℃] 정도인가?

① 260
② 120
③ 50
④ 30

해설

[적린]
황린을 약 260 [℃]로 가열하여 적린을 얻을 수 있다.

11 위험물안전관리법령상 제1류 위험물을 운송하는 차량의 탱크 외부도장 색상은?

① 적색
② 회색
③ 청색
④ 황색

해설

[이동탱크저장소 외부도장]

위험물 유별	1	2	3	5	6
색	회색	적색	청색	황색	청색

암 회적청황청

정답 ● 08 ② 09 ① 10 ① 11 ②

12 인화성 고체의 제조소에 설치하는 주의사항 게시판에 표시할 내용은?

① 적색 바탕에 백색 문자로 "화기엄금" 표시
② 적색 바탕에 황색 문자로 "화기주의" 표시
③ 황색 바탕에 적색 문자로 "화기엄금" 표시
④ 백색 바탕에 적색 문자로 "화기주의" 표시

해설
[위험물의 종류에 따른 주의사항]
- 제2류 위험물 인화성 고체의 주의사항 : 화기엄금
- 적색 바탕에 백색 문자

13 정전기를 방지하기 위한 설비에 해당하지 않는 것은?

① 공기를 이온화시키는 장치
② 피뢰침
③ 습도를 일정 수준 이상으로 조절하는 장치
④ 위험물 이송 시 배관 내 유속을 빠르게 하는 장치

해설
[정전기 제거 조건]
- 접지에 의한 방법
- 공기를 이온화하는 방법
- 공기 중의 상대습도를 70 [%] 이상으로 함
- 느린 유속으로 흐를 때(마찰 감소)

14 다음 중 아이소프로필알코올에 해당되는 것은?

① C_6H_5OH
② CH_3CHO
③ CH_3COOH
④ C_3H_7OH

해설
[아이소프로필알코올]
아이소프로필알코올(C_3H_7OH) : 제4류 위험물 - 알코올류

15 고온체의 색깔이 황색일 경우의 온도는 약 몇 [℃] 정도인가?

① 520
② 900
③ 1300
④ 1500

해설
[고온체 색]
황색 : 약 900 [℃]

색상	온도 [℃]
담암적색	520
암적색	700
적색	850
황색	900
휘적색	950
황적색	1100
백적색	1300
휘백색	1500

정답 12 ① 13 ④ 14 ④ 15 ②

16 다음 중 불건성유에 해당하는 것은?

① 오동유
② 해바라기씨유
③ 정어리유
④ 피마자유

해설

[불건성유(4류)의 종류]

품명	아이오딘값	종류
건성유	130 이상	오동유·해바라기씨유·정어리유·아마인유·들기름 등
반건성유	100 ~ 130	참기름·콩기름 등
불건성유	100 이하	피마자유·야자유·올리브유·땅콩기름(낙화생유)·고래기름·소기름 등

17 위험물안전관리법령상 이동탱크저장소에 의한 위험물의 운송 시 장거리에 걸친 운송을 하는 때에는 2명 이상의 운전자로 하는 것이 원칙이다. 다음 중 예외적으로 1명의 운전자가 운송하여도 되는 경우의 기준으로 옳은 것은?

① 운송 도중에 2시간 이내마다 10분 이상씩 휴식하는 경우
② 운송 도중에 2시간 이내마다 20분 이상씩 휴식하는 경우
③ 운송 도중에 4시간 이내마다 10분 이상씩 휴식하는 경우
④ 운송 도중에 4시간 이내마다 20분 이상씩 휴식하는 경우

해설

[위험물 장거리 운송 시 1명의 운전자가 운송하는 경우를 허용하는 조건]
2시간 이내마다 20분 이상 휴식

18 분자식이 CF_3Br인 할로젠화합물소화약제는?

① 할론 1211
② 할론 1101
③ 할론 1301
④ 할론 1310

해설

[할론 번호]
• 할론 명명법 : C·F·Cl·Br 순으로 원소의 개수를 나열한 것
• 할론 1301 = CF_3Br

19 파라핀의 주된 연소형태로 옳은 것은?

① 분해연소
② 증발연소
③ 등화연소
④ 액면연소

해설

[연소형태]
• 분해연소 : 목재·종이·플라스틱·섬유·석탄 등의 열분해로 인한 연소
• 증발연소 : 파라핀·황·나프탈렌·양초·에터 등이 증발한 증기가 연소
• 등화연소 : 심지로 액체를 빨아올려 연소
• 액면연소 : 연료의 표면이 가열되어 증발한 증기가 연소

정답 16 ④ 17 ② 18 ③ 19 ②

20 보일 오버(Boil Over)현상과 가장 거리가 먼 것은?

① 기름이 열의 공급을 받지 아니하고 온도가 상승하는 현상
② 기름의 표면부에서 조용히 연소하다 탱크 내의 기름이 갑자기 분출하는 현상
③ 탱크바닥에 물 또는 물과 기름의 에멀젼 층이 있는 경우 발생하는 현상
④ 열유층이 탱크 아래로 이동하여 발생하는 현상

해설

[보일오버]
유류화재의 탱크 밑면에 물이 고여 있는 경우 물이 증발하여 불붙은 기름을 분출하는 현상

21 다음 중 글리세린의 증기비중은?

① 1.54
② 2.12
③ 3.17
④ 4.95

해설

[글리세린의 증기비중]
- 글리세린[$C_3H_5(OH)_3$] 분자량
  = (12 × 3) + (1 × 8) + (16 × 3) = 92
- 증기 비중 = $\dfrac{92}{29}$ = 3.17

22 하이드록실아민을 취급하는 제조소에 두어야 하는 최소한의 안전거리(D)를 구하는 계산식으로 옳은 것은? (단, N은 당해 제조소에서 취급하는 하이드록실아민의 지정수량 배수를 나타낸다)

① D = (40 × N) / 3
② D = (62.1 × N) / 3
③ D = (55 × N) / 3
④ D = (51.1 × N) / 3

해설

[안전거리 계산식]
D = (51.1 × N) / 3

23 위험물안전관리법령상 전기설비에 적응성이 없는 소화설비는?

① 포소화설비
② 이산화탄소소화설비
③ 할로젠화합물소화설비
④ 물분무소화설비

해설

[전기설비에 적응성이 없는 소화설비]
포소화설비는 물에 의한 소화방법으로 진압이 힘든 인화성 액체 등을 효과적으로 진압하기 위한 설비로 전기설비에는 적응성이 없음

정답 20 ① 21 ③ 22 ④ 23 ①

24 다음 중 분진폭발의 원인으로 작용할 위험성이 가장 낮은 것은?

① 석회 분말 ② 밀가루
③ 마그네슘 분말 ④ 담배 분말

> 해설

[분진폭발의 위험이 없는 물질]
시멘트·모래·석회분말 등

25 위험물 저장탱크 중 부상지붕구조로 탱크의 직경이 53 [m] 이상 60 [m] 미만인 경우 고정식 포소화설비의 포방출구 종류 및 수량으로 옳은 것은?

① Ⅰ형 8개 이상 ② Ⅱ형 8개 이상
③ Ⅲ형 10개 이상 ④ 특형 10개 이상

> 해설

[포방출구 종류 및 수량]
위험물 저장탱크 중 부상지붕구조로 탱크의 직경이 53 [m] 이상 60 [m] 미만인 경우는 부상지붕구조의 특형 포방출구 10개

26 칼륨 저장창고에 화재가 발생한 경우 이를 억제하기 위해 가장 적합한 소화약제는?

① 묽은 염산 ② 이산화탄소
③ 마른모래 ④ 물

> 해설

[칼륨(3류)의 소화약제]
• 마른모래·팽창질석·팽창진주암
• 탄산수소염류분말

27 다음 중 유류화재에서 액 표면온도가 물의 비점 이상으로 상승하여 물 또는 포소화약제가 액 표면에서 기화하면서 탱크의 유류를 외부로 분출시키는 현상으로 옳은 것은?

① 슬롭오버
② 플래시오버
③ 보일오버
④ BLEVE

> 해설

[유류화재현상]
유류화재현상 중 플래시오버는 가연성 증기로 인한 화재에서 발생
(1) 보일오버
   유류화재의 탱크 밑면에 물이 고여 있는 경우 물이 증발하여 불붙은 기름을 분출하는 현상
(2) 플래시오버
   ① 건축물화재 시 가연성 기체가 모여 있는 상태에서 산소가 유입됨에 따라 성장기에서 최성기로 급격하게 진행되며, 건물 전체로 화재가 확산되는 현상
   ② 발화기 → 성장기 → 플래시오버 → 최성기 → 감쇠기
   ③ 내장재 종류와 개구부 크기에 영향을 받음
(3) 슬롭오버
   유류화재 시 액 표면온도가 물의 비점 이상으로 상승하여 물 또는 포소화약제가 액 표면에서 기화하면서 탱크의 유류를 외부로 분출시키는 현상
(4) 블레비
   액화가스 저장탱크 누설로 부유 또는 확산된 액화가스가 착화원과 접촉하여 액화가스가 공기 중으로 확산·폭발하는 현상

정답 24 ① 25 ④ 26 ③ 27 ①

28 위험물안전관리법령상 위험물 운반 시 방수성 덮개를 해야 하는 위험물은?

① 철분
② 황린
③ 과염소산
④ 황

해설

[운반 시 덮개]

위험물	종류	덮개
제1류	알칼리금속과산화물	방수성
	그 외	차광성
제2류	철분·금속분·마그네슘	방수성
제3류	자연발화성 물질	차광성
	금수성 물질	방수성
제4류	특수인화물	차광성
제5류	전체	차광성
제6류	전체	차광성

29 휘발유 200 [L], 피리딘 1200 [L], 경유 3000 [L]의 지정수량의 총 합은?

① 1배
② 2배
③ 4배
④ 7배

해설

[제4류 위험물]

$\frac{200}{200} + \frac{1200}{400} + \frac{3000}{1000} = 7배$

30 다음 중 운반 시 혼재가 가능한 위험물은? (단, 지정수량 10배 이상의 위험물인 경우이다)

① 제2류 위험물과 제3류 위험물
② 제3류 위험물과 제6류 위험물
③ 제5류 위험물과 제4류 위험물
④ 제5류 위험물과 제6류 위험물

해설

[위험물 혼재기준]
5류, 4류 혼재 가능

보충 혼재 가능 위험물

1↓	6		혼재 가능
2↓	5↑	4	혼재 가능
3→	4↑		혼재 가능

암 1 2 3 4 5 6 적은 후 4 추가

31 이산화탄소 기체는 수소 기체보다 20 [℃], 1기압에서 몇 배 더 무거운가?

① 11
② 22
③ 33
④ 44

해설

[이산화탄소, 수소기체 비교]

- CO_2 증기비중 $= \frac{12 + (16 \times 2)}{29} = \frac{44}{29}$

- H_2 증기비중 $= \frac{2}{29}$

- $\dfrac{CO_2 증기비중}{H_2 증기비중} = \dfrac{\frac{44}{29}}{\frac{2}{29}} = 22$

- 이산화탄소 기체는 수소 기체보다 22배 무거움

정답 28 ① 29 ④ 30 ③ 31 ②

32 폭굉유도거리(DID)가 짧아지는 경우로 틀린 것은?

① 정상 연소 속도가 큰 혼합가스일수록 짧아진다.
② 압력이 높을수록 짧아진다.
③ 관지름이 넓을수록 짧아진다.
④ 점화원 에너지가 강할수록 짧아진다.

해설

[폭굉유도거리가 짧아지는 경우]
- 연소속도가 큰 혼합가스일수록
- 압력이 높을수록
- 관지름이 작을수록
- 점화원 에너지가 클수록

33 탄산칼륨을 물에 용해시킨 강화액소화약제의 pH에 가장 가까운 것은?

① 1
② 4
③ 7
④ 12

해설

[강화액소화기 pH]
강화액소화약제는 강알칼리성이다.

34 지방족 탄화수소가 아닌 것은?

① 톨루엔
② 아세트알데하이드
③ 아세톤
④ 다이에틸에터

해설

[지방족 탄화수소]
- 벤젠고리가 없는 것
- 톨루엔은 벤젠고리를 가지므로 방향족 탄화수소임

35 제4류 위험물의 옥외저장탱크에 설치하는 밸브 없는 통기관은 직경이 얼마 이상인 것으로 설치해야 하는가? (단, 압력탱크는 제외한다)

① 10 [mm]
② 20 [mm]
③ 30 [mm]
④ 40 [mm]

해설

[옥외저장탱크의 통기관 설치기준]
제4류 위험물의 옥외저장탱크에 설치하는 밸브 없는 통기관은 직경 30 [mm] 이상

36 드라이아이스 1 [kg]이 완전히 기화했을 때 몇 몰의 이산화탄소 기체가 생성되는가?

① 11.2
② 22.4
③ 22.7
④ 44.5

해설

[이산화탄소의 몰수]
- 이산화탄소의 분자량 : 44
- $\dfrac{1[kg]}{44}$ = 0.227 [kmol] = 22.7 [mol]

정답 32 ③ 33 ④ 34 ① 35 ③ 36 ③

37 칼륨과 나트륨의 공통점으로 틀린 것은?

① 지정수량이 50 [kg]이다.
② 수분과 반응해서 수소가 발생한다.
③ 광택이 있는 무른 금속이다.
④ 물보다 비중값이 작다.

해설
[칼륨과 나트륨의 공통점]
지정수량은 10 [kg]

38 지정수량이 셋과 다른 하나는?

① 칼슘
② 나트륨아미드
③ 바륨
④ 인화아연

해설
[지정수량]

위험물(3류)	지정수량 [kg]
칼슘	50
나트륨아미드	50
바륨	50
인화아연	300

39 위험물안전관리법령상 제4류 위험물을 지정수량의 2천 배 초과, 3천 배 이하로 저장하는 옥외탱크저장소의 보유 공지는 얼마인가?

① 6 [m] 이상   ② 9 [m] 이상
③ 12 [m] 이상   ④ 15 [m] 이상

해설
[옥외탱크저장소 보유공지]

저장 또는 취급하는 위험물의 최대 지정수량의 배수	공지의 너비
500배 이하	3 [m] 이상
500배 초과 1000배 이하	5 [m] 이상
1000배 초과 2000배 이하	9 [m] 이상
2000배 초과 3000배 이하	12 [m] 이상
3000배 초과 4000배 이하	15 [m] 이상
4000배 초과	탱크 지름과 높이 중 큰 것 이상 • 소 15 [m] 이상 • 대 30 [m] 이하

보충 단, 제6류 위험물의 경우 보유공지는 위 표에 의해 산출된 너비의 3분의 1 이상의 너비로 할 수 있음. 이 경우 너비는 최소 1.5 [m] 이상이 되어야 함

40 위험물안전관리법령상 지정수량의 10배를 초과하는 위험물을 취급하는 제조소에 확보하여야 하는 보유공지의 너비의 기준은?

① 1 [m] 이상   ② 3 [m] 이상
③ 5 [m] 이상   ④ 7 [m] 이상

해설
[제조소의 보유공지]

취급하는 위험물의 최대수량	공지 너비
지정수량 10배 이하	3 [m] 이상
지정수량 10배 초과	5 [m] 이상

정답 37 ① 38 ④ 39 ③ 40 ③

41 가연성 물질이 공기 중에서 연소할 때의 연소형태에 대한 설명으로 틀린 것은?

① 황의 연소는 표면연소이다.
② 공기와 접촉하는 표면에서 연소가 일어나는 것을 표면연소라 한다.
③ 산소공급원을 가진 물질 자체가 연소하는 것을 자기연소라 한다.
④ TNT의 연소는 자기연소이다.

해설

[연소형태]
- 표면연소 : 목탄(숯)·코크스·금속·마그네슘·금속분 등이 고체의 표면에서 산소와 만나 연소
- 분해연소 : 목재·종이·플라스틱·섬유·석탄 등의 열분해로 인한 연소
- 자기연소 : 제5류 위험물 등 산소공급원을 포함하고 있는 물질이 스스로 연소
- 증발연소 : 파라핀·황·나프탈렌·양초·에터 등이 증발한 증기가 연소

42 물의 소화능력을 강화시켜 한랭지 또는 겨울철에도 사용할 수 있는 소화기의 명칭은?

① 산·알칼리소화기
② 할로젠화물소화기
③ 강화액소화기
④ 포소화기

해설

[강화액소화약제]
- 동결방지 위해 탄산칼륨 등을 물에 첨가
- 물의 소화 능력(침투효과) 향상

43 인화칼슘이 물과 반응하여 발생하는 기체는?

① 포스겐
② 포스핀
③ 메테인
④ 이산화황

해설

[인화칼슘과 물의 반응]
- $Ca_3P_2 + 6H_2O \rightarrow 3Ca(OH)_2 + 2PH_3$
- 인화칼슘 물과 반응하여 수산화칼슘·포스핀 발생

44 위험물안전관리법령에 따른 위험물 운반 및 수납 시 주의사항에 대한 설명으로 틀린 것은?

① 고체위험물은 운반용기 내용적의 98[%] 이하의 수납률로 수납하여야 한다.
② 온도 변화로 가스가 발생해 운반용기 안의 압력이 상승할 우려가 있는 경우(발생한 가스가 위험성이 있는 경우 제외)에는 가스 배출구가 설치된 운반용기에 수납할 수 있다.
③ 액체위험물은 운반용기 내용적의 98[%] 이하의 수납률로 수납하되 55[℃]의 온도에서 누설되지 아니하도록 충분한 공간 용적을 유지하도록 하여야 한다.
④ 위험물을 수납하는 용기는 위험물이 누설되지 않게 밀봉시켜야 한다.

정답 41 ① 42 ③ 43 ② 44 ①

해설
[위험물 적재방법]
(1) 고체위험물 : 운반용기의 내용적 95 [%] 이하의 수납률로 수납
(2) 액체위험물 : 운반용기의 내용적 98 [%] 이하의 수납률로 수납, 55 [℃] 온도에서 누설되지 않도록 충분한 공간 용적을 두어야 함
(3) 알킬알루미늄 : 운반용기 내용적의 90 [%] 이하의 수납률로 수납하되, 50 [℃]의 온도에서 5 [%] 이상의 공간 용적을 유지

45 산화열에 의해 자연발화가 발생할 위험이 높은 것은?

① 건성유
② 나이트로셀룰로스
③ 퇴비
④ 목탄

해설
[자연발화의 위험이 높은 물질]
건성유는 아이오딘값이 130 이상으로 자연발화의 위험이 높음

46 석유 속에 저장되어 있는 금속조각을 떼어 불꽃반응을 하였더니 노란 불꽃을 나타내었다. 어떤 금속이겠는가?

① 칼륨
② 나트륨
③ 구리
④ 리튬

해설
[불꽃반응색]
① 보라색
② 노란색
③ 청록색
④ 빨간색

47 위험성 예방을 위해 물속에 저장하는 것으로 옳은 것은?

① 칠황화인   ② 오황화인
③ 이황화탄소   ④ 톨루엔

해설
[이황화탄소(4류) 저장]
물속에 저장하여 가연성 증기 발생 억제

48 다음 중 위험물안전관리법에 따른 인화성 고체의 정의를 올바르게 표현한 것은?

① 고형알코올 그 밖에 1기압에서 인화점이 섭씨 40도 미만인 고체
② 고형알코올 그 밖에 1기압 및 섭씨 0도에서 고체 상태인 것
③ 고형알코올 그 밖에 섭씨 25도 이상 40도 이하에서 고체 상태인 것
④ 1기압에서 발화점이 섭씨 50도 이상인 고체

해설
[인화성 고체의 정의]
고형알코올 그 밖에 1기압에서 인화점이 섭씨 40도 미만인 고체

정답 ● 45 ① 46 ② 47 ③ 48 ①

49 소화효과에 대한 설명으로 옳지 않은 것은?

① 산소공급 차단에 의한 소화는 제거소화이다
② 물에 의한 소화는 냉각소화가 대표적이다.
③ 가스화재 시 가연성 가스 공급 차단에 의한 소화는 제거소화이다.
④ 소화약제의 증발잠열을 이용한 소화는 냉각소화이다.

해설
[소화 종류]
산소공급 차단에 의한 소화는 질식소화

50 위험물안전관리법에서 규정하는 질산은 그 비중이 최소 얼마 이상인 것을 말하는가?

① 1.29
② 1.39
③ 1.49
④ 1.59

해설
[질산의 위험물기준]
비중 1.49 이상인 것만 위험물로 취급함

51 다음 제4류 위험물의 알코올류에 해당되지 않는 것은?

① 고형알코올
② 메틸알코올
③ 아이소프로필알코올
④ 에틸알코올

해설
[알코올류]
고형알코올은 제2류 위험물

52 등유의 성질에 대한 설명 중 틀린 것은?

① 증기는 공기보다 가볍다.
② 인화점이 상온보다 높다.
③ 전기에 대해 불량도체이다.
④ 물보다 가볍다.

해설
[등유의 성질]
증기는 공기보다 무거움

53 다음 물질 중 제4류 위험물에 속하지 않는 것은?

① 아세톤   ② 실린더유
③ 과산화벤조일 ④ 크레오소트유

해설
[제4류 위험물에 해당하지 않는 것]
과산화벤조일은 제5류 위험물

정답 ● 49 ① 50 ③ 51 ① 52 ① 53 ③

54 제3류 위험물인 칼륨의 지정수량은?

① 10 [kg]
② 20 [kg]
③ 50 [kg]
④ 100 [kg]

해설
[칼륨의 지정수량]
칼륨(3류)의 지정수량은 10 [kg]

55 피크린산은 페놀의 어느 작용기와 NO_2가 치환된 것인가?

① O   ② H
③ C   ④ OH

해설
[트라이나이트로페놀[$C_6H_2(NO_2)_3OH$]]
• 트라이나이트로페놀(피크린산)
  - 나이트로화합물
• 페놀의 H와 NO_2 3개가 치환됨

56 다음 품명 중 제5류 위험물과 관계가 없는 것은?

① 질산염류
② 질산에스터류
③ 유기과산화물
④ 하이드라진유도체

해설
[제5류 위험물과 관련 없는 것]
질산염류는 제1류 위험물

57 황의 화재예방 및 소화방법에 대한 설명 중 틀린 것은?

① 산화제와 혼합하여 저장한다.
② 정전기가 축적되는 것을 방지한다.
③ 화재 시 분무 주수하여 소화할 수 있다.
④ 화재 시 유독가스가 발생하므로 보호 장구를 착용하고 소화한다.

해설
[황(2류)]
산화제와 가연물은 혼합 저장 금지

58 위험물안전관리법령에 따라 서로 1 [m] 이상의 간격을 두었을 때 옥내저장소에서 함께 저장하는 것이 가능한 위험물이 아닌 것은?

① 제1류 위험물(알칼리금속의 과산화물 또는 이를 함유한 것)과 제5류 위험물을 저장하는 경우
② 제3류 위험물 중 알킬알루미늄과 제4류 위험물(알킬알루미늄 또는 알킬리튬을 함유한 것에 한한다)을 저장하는 경우
③ 제1류 위험물과 제3류 위험물 중 황린을 저장하는 경우
④ 제2류 위험물 중 인화성 고체와 제4류 위험물을 저장하는 경우

정답 54 ① 55 ② 56 ① 57 ① 58 ①

[해설]

[위험물 혼재기준(저장 시)]
- 1류, 3류 혼재 불가
  옥내저장소 또는 옥외저장소에서 1 [m] 이상 간격을 두고 아래 유별을 저장할 수 있음
- 제1류 위험물(알칼리금속의 과산화물은 제외) 과 제5류 위험물을 저장하는 경우
- 제1류 위험물과 제6류 위험물을 저장하는 경우
- 제1류 위험물과 자연발화성 물질(황린)을 저장하는 경우
- 제2류 위험물 중 인화성 고체와 제4류 위험물을 저장하는 경우
- 제3류 위험물 중 알킬알루미늄등과 제4류 위험물(알킬알루미늄 또는 알킬리튬을 함유한 것)을 저장하는 경우
- 제4류 위험물 중 유기과산화물과 제5류 위험물 중 유기과산화물을 저장하는 경우

59 분말소화약제의 분말 색을 옳게 나타낸 것은?

① $KHCO_3$: 보라색
② $KHCO_3$: 회색
③ $NaHCO_3$: 담홍색
④ $NaHCO_3$: 보라색

[해설]

[화재별 소화약제]

소화약제	명칭	적응화재	분말색
제1종	탄산수소나트륨	BC	백색
제2종	탄산수소칼륨	BC	보라색
제3종	인산암모늄	ABC	담홍색
제4종	탄산수소칼륨과 요소반응물	BC	회색

60 다음 중 기체연소의 연소형태가 아닌 것은?

① 확산연소
② 예혼합연소
③ 폭발연소
④ 증발연소

[해설]

[연소형태]
- 증발연소 : 열분해 없이 직접 증발 증기연소(석유·가솔린·알코올)
- 확산연소 : 수소, 아세틸렌, 메테인, 프로페인 등 가연성 가스와 산소의 혼합가스가 생성되어 연소
- 예혼합연소 : 연소되기 전 미리 혼합가스를 만들어 연소
- 폭발연소 : 가연성 기체가 한 순간에 폭발적으로 연소

정답 59 ① 60 ④

2024 제4회 CBT 복원

01 질산기의 수에 따라서 강면약과 약면약으로 나눌 수 있는 위험물로서 함수알코올로 습면하여 저장 및 취급하는 것은 무엇인가?

① 나이트로글리세린
② 나이트로셀룰로스
③ 트라이나이트로톨루엔
④ 질산에틸

해설

[나이트로셀룰로스]
저장 시 물 또는 알코올 등을 첨가하여 습윤

02 다음 중 제조소에서 취급하는 제4류 위험물의 최대 수량의 합이 지정수량의 12만 배 미만인 사업소의 자체소방대에 두는 화학소방자동차의 수와 소방대원의 인원은?

① 1대, 5인
② 2대, 10인
③ 3대, 15인
④ 3대, 24인

해설

[소방차 수와 소방대원 인원기준]

위험물 최대 수량의 합	소방차	소방대원
12만 배 미만	1	5
12만 ~ 24만 배	2	10
24만 ~ 48만 배	3	15
48만 배 이상	4	20

03 다음 중 제4류 위험물의 제1석유류에 속하지 않는 것은?

① 아세톤
② 벤젠
③ 톨루엔
④ 경유

해설

[제4류 위험물]
경유 : 제2석유류

04 각 위험물의 적응소화방법으로 맞지 않는 것은?

① 산화성 고체 : 질식소화
② 가연성 고체 : 냉각소화
③ 인화성 액체 : 질식소화
④ 자기반응성 물질 : 냉각소화

해설

[소화방법]
산화성 고체는 산소공급원을 포함하므로 냉각소화함

05 인화성 액체의 증기가 공기보다 무거운 것은 어떤 위험성과 관계있는가?

① 인화점이 낮다.
② 발화점이 낮다.
③ 물에 의한 소화가 어렵다.
④ 예측하지 못한 장소에서 화재가 발생할 수 있다.

정답 01 ② 02 ① 03 ④ 04 ① 05 ④

> **해설**
>
> [인화성 액체]
> 증기가 고인 곳에 화재가 발생할 수 있음

06 제4류 위험물을 취급할 때 주의해야 할 사항 중 틀린 것은?

① 통풍이 잘되고 찬 곳에 저장한다.
② 증기는 낮은 곳에 체류하기 쉬우므로 환기에 주의할 것
③ 석유류는 전기의 양도체이기 때문에 정전기가 잘 흐르므로 주의할 것
④ 빈 드럼통이라 할지라도 가연성 증기가 남아 있으므로 취급에 주의할 것

> **해설**
>
> [제4류 위험물의 성질]
> 전기적 부도체이므로 정전기가 흐르지 못함

07 다음 중 피뢰설비를 반드시 갖출 필요가 없는 곳은?

① 지정수량이 10배인 제2류 위험물제조소
② 지정수량이 20배인 제6류 위험물제조소
③ 지정수량이 30배인 제5류 위험물제조소
④ 지정수량이 10배인 제4류 위험물제조소

> **해설**
>
> [피뢰설비를 갖춰야 하는 저장소]
> 지정수량의 10배 이상의 위험물을 취급하는 제조소에 설치(제6류 위험물 취급하는 경우 제외)

08 다음 ( ) 안에 들어갈 수치를 순서대로 바르게 나열한 것은? (단, 제4류 위험물에 적응성을 갖기 위한 살수밀도기준을 적용하는 경우를 제외한다)

> 위험물제조소등에 설치하는 폐쇄형 헤드의 스프링클러설비는 30개의 헤드를 동시에 사용할 경우 각 선단의 방사압력이 (   ) [kPa] 이상이고 방수량이 1분당 (   ) 이상이어야 한다.

① 100, 80
② 120, 80
③ 100, 100
④ 120, 100

> **해설**
>
> [스프링클러 거리 규정]
> • 방사압력 : 100 [kPa] 이상
> • 방수량 : 1분당 80 이상

09 황린의 취급에 있어서 다음 사항 중 틀린 것은?

① 피부에 닿지 않도록 주의할 것
② 산화제와 접촉을 피할 것
③ 물의 접촉을 피할 것
④ 화기의 접근을 피할 것

정답 06 ③ 07 ② 08 ① 09 ③

해설

[황린의 취급]
황린(3류) : pH 9 물속에 저장

10 어느 물질을 백금선에 묻혀 가스의 산화 불꽃속에 넣어보니 보라색을 띠는 불꽃 색이 나타났다. 이 화합물에 포함된 금속은?

① 금속칼륨 ② 금속나트륨
③ 금속마그네슘 ④ 금속칼슘

해설

[불꽃반응색]
① 보라색
② 노란색
③ 백색
④ 주황색

11 알코올류 40000 [L]의 소화설비 설치 시 소요단위는?

① 5단위 ② 10단위
③ 15단위 ④ 20단위

해설

[알코올류(4류)의 소요단위]
• 알코올류 지정수량 : 400 [L]
• 1소요단위 = 지정수량의 10배
            = 10 × 400 = 4000 [L]
• 소요단위 = 40000 / 4000 = 10

12 다음 위험물 중 연소 시 오산화인(P_2O_5) 이 발생하지 않은 위험물은?

① 황린(P_4) ② 삼황화인(P_4S_3)
③ 적린(P) ④ 산화납(PbO)

해설

[오산화인 발생 위험물]
연소 시 오산화인을 발생시키기 위해서는 인을 함유해야 함

13 다음은 제3류 위험물 중 물과 작용하여 메테인가스를 발생시키는 것은?

① 탄화알루미늄
② 수소화나트륨
③ 칼슘실리콘
④ 수소화칼슘

해설

[탄화알루미늄(3류)의 반응 후 생성물]
• $Al_4C_3 + H_2O \rightarrow Al(OH)_3 + \underline{CH_4}$
• 탄화알루미늄이 물과 만나 수산화알루미늄과 메테인이 발생

14 B급 화재 시 물의 사용을 금지하는 이유는?

① 화재면이 확대된다.
② 유독가스가 발생한다.
③ 착화온도가 낮아진다.
④ 폭발의 위험성이 증가한다.

정답 10 ① 11 ② 12 ④ 13 ① 14 ①

해설

[화재의 종류]

급수	명칭(화재)	색상
A	일반	백색
B	유류	황색
C	전기	청색
D	금속	무색

암 일유전금 백황청무

15 이황화탄소가 완전연소 하였을 때 발생하는 물질은?

① CO_2, O
② CO_2, SO_2
③ CO, S
④ CO, H_2O

해설

[이황화탄소의 연소]
$CS_2 + 3O_2 \rightarrow 2SO_2 + CO_2$

16 소화난이도등급 I 인 옥외탱크저장소에서 제4류 위험물 중 인화점이 섭씨 70도 이상인 것을 저장·취급하는 경우 설치해야 하는 소화설비는? (단, 지중탱크 또는 해상탱크 외의 것이다)

① 스프링클러소화설비
② 물분무소화설비
③ 이산화탄소소화설비
④ 분말소화설비

해설

[제4류 위험물의 인화점이 70 [℃] 이상일 때의 소화]
• 물분무소화설비
• 포소화설비

17 위험물제조소등의 화재예방 등 위험물안전관리에 관한 직무를 수행하는 위험물안전관리자의 선임시기는?

① 위험물제조소등의 완공검사를 받은 후 즉시
② 위험물제조소등의 허가 신청 전
③ 위험물제조소등의 설치를 마치고 완공검사를 신청하기 전
④ 위험물제조소등에서 위험물을 저장 또는 취급하기 전

해설

[위험물안전관리자 선임시기]
• 위험물제조소등 위험물 저장·취급 전에 선임해야 함
• 선임한 날로부터 14일 이내 신고

18 다음 중 과염소산의 화학식은 무엇인가?

① HClO
② $HClO_2$
③ $HClO_3$
④ $HClO_4$

해설

[과염소산]
과염소산($HClO_4$) : 제6류 위험물

정답 15 ② 16 ② 17 ④ 18 ④

19 자연발화에 대한 다음 설명 중 틀린 것은?

① 열전도가 낮을 때 잘 일어난다.
② 공기와의 접촉 면적이 큰 경우에 잘 일어난다.
③ 수분이 높을수록 발생을 방지할 수 있다.
④ 열의 축적을 막을수록 발생을 방지할 수 있다.

해설

[자연발화방지법]
- 통풍을 잘 시킬 것
- 주위 온도를 낮출 것
- 열의 축적을 방지할 것
- 습도를 낮게 유지할 것

20 질소가 가연물이 될 수 없는 이유를 가장 옳게 설명한 것은?

① 산소와 반응하지만 반응 시 열을 방출하기 때문에
② 산소와 반응하지만 반응 시 열을 흡수하기 때문에
③ 산소와 반응하지 않고 열의 변화가 없기 때문에
④ 산소와 반응하지 않고 열을 방출하기 때문에

해설

[질소와 산소의 반응]
흡열반응이므로 가연물이 될 수 없음

21 불에 대한 제거소화방법의 적용이 잘못된 것은?

① 유전의 화재 시 다량의 물을 이용하였다.
② 가스화재 시 밸브 및 콕크를 잠갔다.
③ 산불화재 시 벌목을 하였다.
④ 촛불을 바람으로 불어 가연성 증기를 날려 보냈다.

해설

[소화방법]
유전의 화재에 주수소화 시 화재면이 확대됨

22 이산화탄소소화기에서 수분의 중량은 일정량 이하이어야 하는데 그 이유를 가장 옳게 설명한 것은?

① 줄-톰슨효과 때문에 수분이 동결되어 관이 막히므로
② 수분이 이산화탄소와 반응하여 폭발하기 때문에
③ 에너지보존법칙 때문에 압력 상승으로 관이 파손되므로
④ 액화탄산가스는 승화성이 있어서 관이 팽창하여 방사압력이 급격히 떨어지므로

해설

[이산화탄소소화기]
이산화탄소가 저온에서 급격하게 팽창되어 액체 이산화탄소가 되고, 증발잠열에 의해 드라이아이스가 생성됨. 이때 수분이 많을 경우 관이 막힐 수 있음

정답 19 ③ 20 ② 21 ① 22 ①

23 위험물안전관리법령에 따른 소화설비의 소요단위 산정방법에 대한 설명으로 옳은 것은?

① 위험물은 지정수량의 20배를 1소요단위로 함
② 제조소용 건축물로 외벽이 내화구조가 아닌 것은 연면적 50 [m²]을 1소요단위로 함
③ 저장소용 건축물로 외벽이 내화구조인 것은 연면적 100 [m²]를 1소요단위로 함
④ 저장소용 건축물로 외벽이 내화구조가 아닌 것은 연면적 150 [m²]를 1소요단위로 함

해설

[위험물저장소의 소요단위(연면적)]

구분	외벽이 내화구조	외벽이 비내화구조
위험물제조소 및 취급소	100 [m²]	50 [m²]
위험물저장소	150 [m²]	75 [m²]
위험물	지정수량의 10배	

24 벤젠을 저장하는 옥외탱크저장소가 액표면적이 50 [m²]인 경우 소화난이도등급은?

① 소화난이도등급 Ⅱ
② 소화난이도등급 Ⅰ
③ 소화난이도등급 Ⅲ
④ 제시된 조건으로 판단할 수 없음

해설

[벤젠저장소 소화난이도등급]
액표면적 : 40 [m²] 이상이면 소화난이도등급 Ⅰ

25 다음은 위험물안전관리법령에서 정한 내용이다. ( ) 안에 알맞은 용어는?

( )라 함은 고형알코올 그 밖에 1기압에서 인화점이 섭씨 40도 미만인 고체를 말한다.

① 가연성 고체
② 산화성 고체
③ 인화성 고체
④ 자기반응성 고체

해설

[인화성 고체 정의]
고형알코올 그 밖에 1기압에서 인화점이 40 [℃] 미만인 고체

26 소화난이도등급 Ⅱ의 제조소에 소화설비를 설치할 때 대형 수동식 소화기와 함께 설치하여야 하는 소형 수동식 소화기 등의 능력단위에 관한 설명으로 옳은 것은?

① 위험물의 소요단위에 해당하는 능력단위의 소형 수동식 소화기 등을 설치할 것
② 위험물의 소요단위의 1/2 이상에 해당하는 능력단위의 소형 수동식 소화기 등을 설치할 것
③ 위험물의 소요단위의 1/5 이상에 해당하는 능력단위의 소형 수동식 소화기 등을 설치할 것
④ 위험물의 소요단위의 10배 이상에 해당하는 능력단위의 소형 수동식 소화기 등을 설치할 것

해설

[소화난이도등급 Ⅱ의 소화설비 설치]
위험물 소요단위의 1/5 이상에 해당하는 능력단위의 소형 수동식 소화기 등을 대형 수동식 소화기와 함께 설치

27 다음 중 제3종 분말소화약제를 사용할 수 있는 모든 화재의 급수를 옳게 나타낸 것은?

① A급, B급
② B급, C급
③ A급, C급
④ A급, B급, C급

해설

[제3종 분말소화약제]

소화약제	명칭	적응화재	분말색
제1종	탄산수소나트륨	BC	백색
제2종	탄산수소칼륨	BC	보라색
제3종	인산암모늄	ABC	담홍색
제4종	탄산수소칼륨과 요소반응물	BC	회색

28 다음 중 인화점이 −20 [℃] 이하인 것은 모두 몇 개인가?

$$C_2H_5OC_2H_5, CS_2, CH_3CHO$$

① 0개
② 1개
③ 2개
④ 3개

해설

[인화점]
세 가지 모두 특수인화물로 인화점은 −20 [℃] 이하
- 다이에틸에터($C_2H_5OC_2H_5$) : −40 [℃]
- 이황화탄소(CS_2) : −30 [℃]
- 아세트알데하이드(CH_3CHO) : −40 [℃]

29 다음 중 제1종, 제2종, 제3종 분말소화약제의 주성분에 해당하지 않는 것은?

① 탄산수소나트륨
② 황산마그네슘
③ 탄산수소칼륨
④ 인산암모늄

정답 ● 26 ③ 27 ④ 28 ④ 29 ②

해설

[분말소화약제]

소화약제	명칭	적응화재	분말색
제1종	탄산수소나트륨	BC	백색
제2종	탄산수소칼륨	BC	보라색
제3종	인산암모늄	ABC	담홍색
제4종	탄산수소칼륨과 요소반응물	BC	회색

30 분무소화기에서 나온 물 18 [kg]이 100 [℃], 2 [atm]에서 차지하는 부피는?

① 10.29 [m³]
② 15.29 [m³]
③ 20.29 [m³]
④ 25.29 [m³]

해설

[이산화탄소의 부피 계산]

- $PV = \dfrac{WRT}{M}$
- $V = \dfrac{18 \times 0.082 \times (273 + 100)}{2 \times 18}$
  $= 15.29 \ [m^3]$

R(기체상수) : 0.082 [atm·m³/kmol·K]
T(절대온도) : 100 [℃] + 273 = 373 [K]
M(분자량) : 18 [W](질량) : 18 [kg]

31 황의 화재예방 및 소화방법에 대한 설명 중 틀린 것은?

① 산화제와 혼합하여 저장한다.
② 정전기가 축적되는 것을 방지한다.
③ 화재 시 다량의 물을 분무 주수하여 소화한다.
④ 화재 시 유독가스가 발생하므로 보호장구를 착용하고 소화한다.

해설

[황의 소화방법]
제2류 위험물은 산화제와 혼합 시 위험도가 증가

32 각 위험물에 대해서 가장 올바른 소화방법은?

① 벤젠화재 시 주수한다.
② 타고 있는 이황화탄소의 드럼통에 주수한다.
③ 금속칼륨화재 시 할론소화약제를 사용한다.
④ 금속나트륨의 저장창고화재 시 CO_2 소화기를 사용한다.

해설

[이황화탄소의 소화방법]
이황화탄소는 주수소화가 가능

정답 ● 30 ② 31 ① 32 ②

33 물을 소화제로 이용하는 주된 이유는?

① 물의 기화열로 가연물을 냉각하기 때문이다.
② 물이 공기를 차단하기 때문이다.
③ 물은 환원성이 있기 때문이다.
④ 물이 가연물을 제거하기 때문이다.

해설

[물을 소화제로 사용하는 이유]
- 쉽게 구할 수 있음
- 취급이 간편함
- 기화잠열이 큼

34 팽창질석(삽 1개 포함)의 능력단위 1은 용량의 몇 [L]인가?

① 70 [L]
② 100 [L]
③ 130 [L]
④ 160 [L]

해설

[능력단위]

소화설비	용량 [L]	능력단위
소화전용 물통	8	0.3
수조(물통 3개 포함)	80	1.5
수조(물통 6개 포함)	190	2.5
마른모래(삽 1개 포함)	50	0.5
팽창질석·진주암(삽 1개 포함)	160	1.0

35 다음 중 연소 속도와 의미가 가장 가까운 것은?

① 기화열의 발생 속도
② 환원속도
③ 착화속도
④ 산화속도

해설

[연소속도 의미]
연소는 가연물이 산소와 결합하여 다량의 열과 빛을 수반하는 산화반응

36 질산의 성질에 관한 설명 중 틀린 것은?

① 강한 산화력을 가지고 있으며 톱밥, 목탄분 등에 스며들어 자연발화할 수 있다.
② Au, Pt를 매우 잘 녹이면서 수소가 발생한다.
③ 햇빛에 의해 일부 분해된다.
④ 물보다 무거운 액체이다.

해설

[왕수]
- Au, Pt를 매우 잘 녹이는 것은 왕수
- 질산과 염산을 1 : 3 비율로 제조한 것을 왕수라고 함

정답 ● 33 ① 34 ④ 35 ④ 36 ②

37 다음 중 위험물제조소의 안전거리를 20 [m] 이상으로 하여야 하는 것은?

① 학교　　② 유형문화유산
③ 고압가스시설　　④ 병원

해설
[위험물 안전거리]

구분	거리
주거용으로 사용	10 [m] 이상
고압가스·액화석유가스·도시가스를 저장 취급하는 시설	20 [m] 이상
• 학교·병원·영화상영관 등 수용인원 300명 이상 • 복지시설·어린이집·수용인원 20명 이상	30 [m] 이상
유형문화유산·지정문화유산	50 [m] 이상

38 다음 위험물 중 혼재가 가능한 것끼리 짝지어진 것은? (단, 지정수량의 1/5임)

① 제2류와 제5류
② 제2류와 제6류
③ 제2류와 제3류
④ 제2류와 제1류

해설
[위험물 혼재기준]
혼재 가능 위험물

1↓	6		혼재 가능
2↓	5↑	4	혼재 가능
3→	4↑		혼재 가능

암 1 2 3 4 5 6 적은 후 4 추가

39 다음 중 위험물안전관리법령상 위험물옥외저장소에서 저장할 수 있는 품명은? (단, 국제해상위험물규칙에 적합한 용기에 수납된 위험물의 경우는 제외한다)

① 칼륨
② 특수인화물
③ 알코올류
④ 무기과산화물

해설
[옥외저장소에 저장할 수 있는 물질]
• 제2류 위험물 중 황 또는 인화성 고체(인화점 0 [℃] 이상인 것)
• 제4류 위험물 중 특수인화물 제외한 것(인화점 0 [℃] 이상인 것)
• 제6류 위험물
• 제2류 위험물 및 제4류 위험물 중 특별시·광역시 또는 도의 조례에서 정한 위험물

40 이황화탄소의 연소범위가 1 ~ 44 [%]일 때, 위험도는 얼마인가?

① 40
② 43
③ 45
④ 50

해설
[이황화탄소 위험도]
• 위험도 = (H − L) / L
• H : 연소범위 상한, L : 연소범위 하한
• 위험도 = (44 − 1) / 1 = 43

정답　37 ③　38 ①　39 ③　40 ②

41 트윈 에이전트 시스템으로 분말소화약제와 병용하여 소화효과를 증진시킬 수 있는 포소화약제는?

① 단백포
② 내알코올포
③ 수성막포
④ 합성계면활성제포

해설

[트윈 에이전트 시스템]
분말소화약제와 수성막포를 병용하여 소화효과를 높임

42 위험물안전관리법령에 근거하여 자체소방대에 두어야 하는 제독차의 경우 가성소다 및 규조토를 각각 몇 [kg] 이상 비치하여야 하는가?

① 30   ② 50
③ 60   ④ 100

해설

[제독차 가성소다 및 규조토 비치 용량]
위험물안전관리법령에 근거하여 자체소방대에 두어야 하는 제독차의 경우 가성소다 및 규조토를 각각 50 [kg] 이상 비치해야 함

43 다음 소화약제 중 오존층파괴지수(ODP)가 가장 큰 것은?

① 할론 104   ② 할론 1211
③ 할론 1301 ④ 할론 2402

해설

[오존층파괴지수]
• 할론 1211 : 파괴지수 3
• 할론 1301 : 파괴지수 10
• 할론 2402 : 파괴지수 6

44 위험물저장소에서 격벽을 설치하는 이유로 가장 적절한 것은?

① 도난 등 보안을 위해서
② 정전기 발생을 억제하기 위해서
③ 폭발 시 폭발의 전이를 막기 위해서
④ 건축물의 구조를 보강하기 위해서

해설

[격벽 설치 이유]
격벽으로 폭발의 전이를 막기 위함

45 다음 중 위험물안전관리법상 위험물이 아닌 것은?

① 황산
② 질산염류
③ 다이아조화합물
④ 과망가니즈산염류

해설

[위험물]
• 질산염류 : 제1류 위험물
• 다이아조화합물 : 제5류 위험물
• 과망가니즈산염류 : 제1류 위험물

정답 41 ③ 42 ② 43 ③ 44 ③ 45 ①

46 액체위험물은 운반용기 내용적의 몇 [%] 이하로 수납해야 하는가? (단, 알킬알루미늄은 제외한다)

① 100 [%] 이하
② 98 [%] 이하
③ 95 [%] 이하
④ 85 [%] 이하

해설

[위험물 운반 적재방법]
(1) 고체위험물 : 운반용기의 내용적 95 [%] 이하의 수납률로 수납
(2) 액체위험물 : 운반용기의 내용적 98 [%] 이하의 수납률로 수납, 55 [℃] 온도에서 누설되지 않도록 충분한 공간 용적을 두어야 함
(3) 알킬알루미늄 : 운반용기 내용적의 90 [%] 이하의 수납률로 수납하되, 50 [℃]의 온도에서 5 [%] 이상의 공간 용적을 유지

47 제3류 위험물의 화재 시 가장 적절한 소화제는?

① 마른모래
② 물
③ 스프링클러
④ 방화수

해설

[제3류 위험물의 소화약제]
마른모래(건조사)·팽창질석·팽창진주암, 탄산수소염류분말

48 질식효과로 소화하기 위해서는 공기 중 산소농도를 몇 [%] 이하로 하여야 하는가?

① 3 [%]
② 7 [%]
③ 15 [%]
④ 20 [%]

해설

[질식소화 산소 농도]
• 공기 중의 산소 농도는 21 [%]
• 농도가 15 [%] 아래로 떨어지면 연소를 지속할 수 없음

49 위험물안전관리법에서 규정하고 있는 내용으로 아닌 것은?

① 민사집행법에 의한 경매, 국세징수법 또는 지방세법에 의한 압류재산의 매각 절차에 따라 제조소등의 시설의 전부를 인수한 자는 그 설치자의 지위를 승계한다.
② 금치산자 또는 한정치산자, 탱크시험자의 등록이 취소된 날로부터 2년이 지나지 아니한 자는 탱크시험자로 등록하거나 탱크시험자의 업무에 종사할 수 없다.
③ 농예용·축산용으로 필요한 난방시설 또는 건조시설을 위한 지정수량 20배 이하의 취급소는 신고를 하지 아니하고 위험물의 품명·수량을 변경할 수 있다.
④ 법정의 완공검사를 받지 아니하고 제조소등을 사용한 때 시·도지사는 허가를 취소하거나 6월 이내의 기간을 정하여 사용정지를 명할 수 있다.

정답 46 ② 47 ① 48 ③ 49 ③

해설

[위험물안전관리법 규정]
농예용·축산용으로 필요한 난방시설, 건조시설을 위한 지정수량 20배 이하의 <u>저장소</u>

50 다음 중 제6류 위험물에 해당되지 않는 것은?

① HNO_3(비중 1.49 이상)
② H_2O_2(36 [wt%] 이상)
③ H_2SO_4(비중 1.82 이상)
④ $HClO_4$

해설

[제6류 위험물기준]
황산은 위험물이 아님

51 황화인이 물에 녹을 때 발생하는 유독 가스의 성분은?

① H_2S
② SO_2
③ P_2O_5
④ PH_3

해설

[황화인(2류)의 반응 후 생성물]
$P_2S_5 + 8H_2O \rightarrow 2H_3PO_4 + \underline{5H_2S}$

52 용량 50만 [L] 이상의 옥외탱크저장소에 대하여 변경허가를 받고자 할 때 한국 소방산업기술원으로부터 탱크의 기초·지반 및 탱크 본체에 대한 기술검토를 받아야 한다. 다만 소방방재청장이 고시하는 부분적인 사항의 변경하는 경우에는 기술검토가 면제되는데 다음 중 기술검토가 면제되는 경우가 아닌 것은?

① 노즐, 맨홀을 포함한 동일한 형태의 지붕판 교체
② 탱크 밑판에 있어서 밑판 표면적의 50 [%] 미만의 육성보수공사
③ 탱크의 옆판 중 최하단 옆판에 있어서 옆판 표면적의 30 [%] 이내의 교체
④ 옆판 중심선의 600 [mm] 이내의 밑판에 있어서 밑판의 원주길이 10 [%] 미만에 해당하는 밑판의 교체

해설

[저장소 기술검토 면제 경우]
탱크의 옆판 중 최하단 옆판에 있어서 옆판 표면적의 <u>10 [%]</u> 이내 교체

53 제4류 위험물 중 제4석유류의 위험등급 기준으로 옳은 것은?

① 위험등급 Ⅰ의 위험물
② 위험등급 Ⅱ의 위험물
③ 위험등급 Ⅲ의 위험물
④ 위험등급 Ⅳ의 위험물

정답 50 ③ 51 ① 52 ③ 53 ③

> **해설**

[제4류 위험물 위험등급]
- 특수인화물 : Ⅰ
- 제1석유류 : Ⅱ
- 알코올류 : Ⅱ
- 제2석유류 : Ⅲ
- 제3석유류 : Ⅲ
- 제4석유류 : Ⅲ
- 동식물유류 : Ⅲ

54 제2류 위험물이 공통으로 요구되는 안전관리 사항이 아닌 것은?

① 산화제와의 접촉을 피해야 한다.
② 화기를 가까이 하거나 가열해서는 안 된다.
③ 냉암소에 저장해서는 안 된다.
④ 습기를 유의하고 용기는 밀봉해야 한다.

> **해설**

[제2류 위험물 저장 시 주의사항]
- 점화원으로부터 멀리하고 가열을 피함
- 금속분·철분·마그네슘은 물·습기·산과 접촉을 피함
- 강산화제와 혼합을 피함

55 브로민산칼륨과 아이오딘산아연의 공통 성질은?

① 두 물질 모두 물에 잘 녹는다.
② 모두 분해온도가 500 [℃] 이상이다.
③ 두 물질 모두 백색의 결정으로 알코올에 잘 녹는다.
④ 가연물과 혼합하여 가열하면 폭발한다.

> **해설**

[제1류 위험물 공통점]
산화성 물질로 가연물과 혼합하여 가열하면 폭발함

56 위험물옥외저장탱크의 통기관에 관한 사항으로 옳지 않은 것은?

① 밸브 없는 통기관의 직경은 30 [mm] 이상으로 한다.
② 대기밸브부착 통기관은 항시 열려 있어야 한다.
③ 밸브 없는 통기관의 선단은 수평면보다 45도 이상 구부려 빗물 등의 침투를 막는 구조로 한다.
④ 대기밸브부착 통기관은 5 [kPa] 이하의 압력 차이로 작동할 수 있어야 한다.

> **해설**

[위험물 저장탱크의 통기관]
대기밸브부착 통기관에는 인화밸브장치를 설치하여 평소에 닫혀 있음

정답 54 ③ 55 ④ 56 ②

57 다음 물질 중 제1류 위험물이 아닌 것은?

① Na_2O_2
② $NaClO_3$
③ NH_4ClO_4
④ $HClO_4$

해설

[과염소산]
과염소산($HClO_4$)은 제6류 위험물

58 할로젠화합물소화약제가 전기화재에 사용될 수 있는 이유에 대한 다음 설명 중 가장 적합한 것은?

① 전기적으로 부도체이다.
② 액체의 유동성이 좋다.
③ 탄산가스와 반응하여 포스겐가스를 만든다.
④ 증기의 비중이 공기보다 작다.

해설

[전기화재의 소화]
전기적으로 도체인 소화약제로는 소화할 수 없음

59 벤젠과 톨루엔의 공통점이 아닌 것은?

① 물에 녹지 않는다.
② 냄새가 없다.
③ 휘발성 액체이다.
④ 증기는 공기보다 무겁다.

해설

[방향족 탄화수소]
방향족 탄화수소는 대부분 독특한 향기를 가짐

60 제1류 위험물 중 무기과산화물 150 [kg], 질산염류 300 [kg], 다이크로뮴산염류 3000 [kg]을 저장하고 있다. 지정수량의 배수의 총합은 얼마인가?

① 5
② 6
③ 7
④ 8

해설

[제1류 위험물의 지정수량]
$$\frac{150}{50} + \frac{300}{300} + \frac{3000}{1000} = 7$$

정답 ● 57 ④ 58 ① 59 ② 60 ③

2023 CBT 복원

01 다음 중 D급 화재에 해당하는 것은?

① 플라스틱화재
② 휘발유화재
③ 나트륨화재
④ 전기화재

해설

[화재의 종류]

급수	명칭(화재)	색상
A	일반	백색
B	유류	황색
C	전기	청색
D	금속	무색

암 일유전금

02 위험물안전관리법령상 철분, 금속분, 마그네슘에 적응성이 있는 소화설비는?

① 불활성 가스소화설비
② 할로젠화합물소화설비
③ 포소화설비
④ 탄산수소염류소화설비

해설

[철분, 금속분, 마그네슘(2류)의 소화]
• 마른모래 · 팽창질석 · 팽창진주암, 탄산수소염류 분말
• 탄산수소염류소화설비

03 자연발화의 방지법으로 틀린 것은?

① 통풍을 잘 시킬 것
② 퇴적 및 수납 시 열 축적이 없을 것
③ 저장실의 온도를 낮출 것
④ 습도를 높게 유지할 것

해설

[자연발화방지법]
• 통풍을 잘 시킬 것
• 열의 축적을 방지할 것
• 주위온도를 낮게 유지할 것
• 습도를 낮게 유지할 것

04 위험물의 유별에 따른 성질과 해당 품명의 예가 틀리게 연결된 것은?

① 제2류 : 가연성 고체 - 금속분
② 제1류 : 산화성 고체 - 무기과산화물
③ 제3류 : 자연발화성 물질 및 금수성 물질 - 황화인
④ 제5류 : 자기반응성 물질 - 하이드록실 아민염류

해설

[위험물 성질과 품명]
황화인 : 제2류 위험물

정답 01 ③ 02 ④ 03 ④ 04 ③

05 금속분의 연소 시 주수소화하면 위험한 원인으로 옳은 것은?

① 물에 녹아 산이 된다.
② 물과 작용하여 수소가스가 발생한다.
③ 물과 작용하여 유독가스가 발생한다.
④ 물과 작용하여 산소가스가 발생한다.

해설

[금속분(2류) 주수소화]
물과 작용하여 수소가스 발생

06 무색 또는 옅은 청색의 액체로 농도가 36 [wt%] 이상인 것을 위험물로 간주하는 것으로 옳은 것은?

① 아세톤
② 과염소산
③ 질산
④ 과산화수소

해설

[과산화수소(6류) 위험물 산정기준]
농도 36 [wt%] 이상은 위험물로 간주

07 다음의 위험물 중에서 이동탱크저장소에 의하여 위험물을 운송할 때 운송책임자의 감독·지원을 받아야 하는 위험물은?

① 알킬리튬
② 아세트알데히드
③ 금속의 수소화물
④ 마그네슘

해설

[위험물 운송책임자의 지원을 받는 위험물]
• 알킬알루미늄(3류)
• 알킬리튬(3류)

08 다음 중 분해연소를 하는 물질이 아닌 것은?

① 종이
② 목재
③ 석탄
④ 나프탈렌

해설

[연소형태]
• 표면연소 : 목탄(숯)·코크스·금속·마그네슘·금속분 등이 고체의 표면에서 산소와 만나 연소
• 분해연소 : 목재·종이·플라스틱·섬유·석탄 등의 열분해로 인한 연소
• 자기연소 : 제5류 위험물등 산소공급원을 포함하고 있는 물질이 스스로 연소
• 증발연소 : 파라핀·황·나프탈렌·양초·에터 등이 증발한 증기가 연소

09 피난동선의 특징이 아닌 것은?

① 가급적 지그재그의 복잡한 형태가 좋다.
② 수평동선과 수직동선으로 구분한다.
③ 2개 이상의 방향으로 피난할 수 있어야 한다.
④ 가급적 상호 반대방향으로 다수의 출구와 연결되는 것이 좋다.

정답 05 ② 06 ④ 07 ① 08 ④ 09 ①

해설
[피난동선]
피난동선은 가급적 단순한 형태가 좋음

10 플래시오버(Flash Over)에 대한 설명으로 옳은 것은?

① 대부분 화재 초기(발화기)에 발생한다.
② 대부분 화재 종기(쇠퇴기)에 발생한다.
③ 내장재의 종류와 개구부의 크기에 영향을 받는다.
④ 산소의 공급이 주요 요인이 되어 발생한다.

해설
[플래시오버]
- 건축물화재 시 성장기에서 최성기로 진행될 때 발생
- 내장재 종류와 개구부 크기에 영향 받음
- 가연성 가스가 모여 있는 상태에서 산소가 공급되어 폭발적으로 화재가 확대

11 다음은 어떤 화합물의 구조식인가?

$$H-\underset{\underset{Br}{|}}{\overset{\overset{Cl}{|}}{C}}-H$$

① 할론 1301
② 할론 1201
③ 할론 1011
④ 할론 2402

해설
[화합물의 구조]
- 할론 넘버는 C - F - Cl - Br 순
- C : 1개, F : 0개, Cl : 1개, Br : 1개

12 제조소등의 소요단위 산정 시 위험물은 지정수량의 몇 배를 1소요단위로 하는가?

① 5배
② 10배
③ 20배
④ 50배

해설
[위험물의 지정수량]
위험물 지정수량 10배를 1소요단위로 지정

13 연소의 3요소를 모두 포함하는 것은?

① 과염소산, 산소, 불꽃
② 마그네슘분말, 연소열, 수소
③ 아세톤, 수소, 산소
④ 불꽃, 아세톤, 질산암모늄

해설
[연소의 3요소]
- 가연물 : 아세톤
- 산소 공급원 : 질산암모늄
- 점화원 : 불꽃

암 연소의 3요소 : 가산점
(가연물, 산소 공급원, 점화원)

정답 10 ③ 11 ③ 12 ② 13 ④

14 할로젠화합물의 소화약제 중 할론 2402의 화학식은?

① $C_2Br_4F_2$
② $C_2Cl_4F_2$
③ $C_2Cl_4Br_2$
④ $C_2F_4Br_2$

해설

[할론 넘버]
- 할론 넘버는 C - F - Cl - Br 순으로 매김
- C : 2개, F : 4개, Cl : 0개, Br : 2개
- 할론 2402 : $C_2F_4Br_2$

15 금속칼륨과 금속나트륨은 어떻게 보관하여야 하는가?

① 공기 중에 노출하여 보관
② 물속에 넣어서 밀봉하여 보관
③ 석유 속에 넣어서 밀봉하여 보관
④ 그늘지고 통풍이 잘되는 곳에 산소 분위기에서 보관

해설

[금속칼륨과 금속나트륨(3류)의 보관]
- 석유 등 보호액 속에 넣어 밀봉하여 보관
- 물기 엄금

16 식용유화재 시 제1종 분말소화약제를 이용하여 화재의 제어가 가능하다. 이때의 소화 원리에 가장 가까운 것은?

① 촉매효과에 의한 질식소화
② 비누화반응에 의한 질식소화
③ 아이오딘화에 의한 냉각소화
④ 가수분해반응에 의한 냉각소화

해설

[탄산수소나트륨소화약제의 소화 원리]
비누화반응을 일으켜 발생한 포가 질식소화작용을 함

TIP 제1종 분말소화약제 : 탄산수소나트륨

17 다음 중 산화성 물질이 아닌 것은?

① 무기과산화물
② 과염소산
③ 질산염류
④ 마그네슘

해설

[산화성 물질이 아닌 것]
마그네슘 : 제2류 위험물

보충 제2류 위험물은 가연성 고체

정답 14 ④ 15 ③ 16 ② 17 ④

18 위험물시설에 설비하는 자동화재탐지설비의 하나의 경계구역 면적과 그 한 변의 길이의 기준으로 옳은 것은? (단, 광전식 분리형 감지기를 설치하지 않은 경우이다)

① 300 [m²] 이하, 50 [m] 이하
② 300 [m²] 이하, 100 [m] 이하
③ 600 [m²] 이하, 50 [m] 이하
④ 600 [m²] 이하, 100 [m] 이하

해설

[자동화재탐지설비 설치기준]
① 경계구역은 건축물 그 밖의 공작물의 2 이상의 층에 걸치지 아니할 것
② 하나의 경계구역의 면적이 500 [m²] 이하이면서 당해 경계구역이 두 개의 층에 걸치는 경우이거나 계단·경사로·승강기의 승강로 그 밖에 이와 유사한 장소에 연기감지기를 설치하는 경우엔 그러지 아니함
③ 하나의 경계구역은 면적이 600 [m²] 이하이며, 한 변의 길이는 50 [m](광전식 분리형 감지기를 설치할 경우는 100 [m]) 이하로 할 것
④ 주요 출입구에서 그 내부의 전체를 볼 수 있는 경우에는 1000 [m²] 이하
⑤ 감지기는 지붕 또는 벽의 옥내에 면한 부분에 유효하게 화재의 발생을 감지할 수 있도록 설치
⑥ 비상전원 설치

19 알루미늄 분말화재 시 주수하여서는 안 되는 가장 큰 이유는?

① 수소가 발생하여 연소가 확대되기 때문에
② 유독가스가 발생하여 연소가 확대되기 때문에
③ 산소의 발생으로 연소가 확대되기 때문에
④ 분말의 독성이 강하기 때문에

해설

[알루미늄(3류) 주수소화 금지 이유]
물과 반응하여 수소와 열이 발생하기 때문

보충 마른모래·팽창질석·팽창진주암, 탄산수소염류분말 사용

20 건조사와 같은 불연성 고체로 가연물을 덮는 것은 어떤 소화에 해당하는가?

① 제거소화
② 질식소화
③ 냉각소화
④ 억제소화

해설

[질식소화의 정의]
불연성 고체로 가연물을 덮어 산소 차단

정답 18 ③ 19 ① 20 ②

21 그림과 같은 위험물 저장탱크의 용량은 약 몇 [m³]인가? (단, 공간용적이 내용적의 0.1일 때)

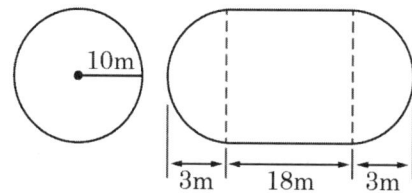

① 4681
② 5482
③ 5652
④ 7080

해설

[위험물 저장탱크 용량]

$V = \pi r^2 (l + \frac{l_1 + l_2}{3})(1 - 공간용적)$

= 원주면적 × [가운데 체적 길이
  + (양끝 체적 길이의 합 / 3)]
  × (1 - 공간용적)

= 3.14 × 10² × (18 + 2)(1 - 0.1)
= 5652 [m³]

22 그림의 시험장치는 제 몇 류 위험물의 위험성 판정을 위한 것인가? (단, 고체물질의 위험성 판정이다)

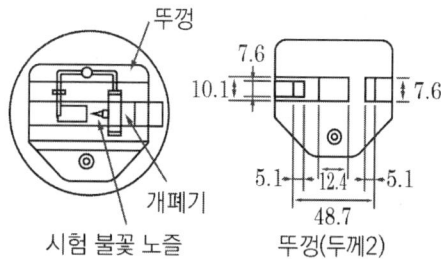

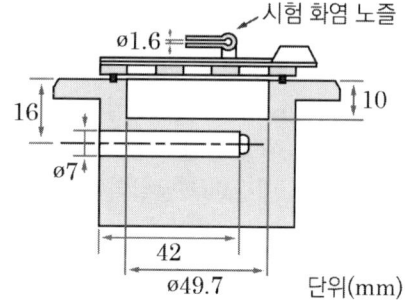

① 제1류
② 제2류
③ 제3류
④ 제4류

해설

[위험성 판정 시험장치]
- 위 그림은 고체류 인화성 시험장치
- 인화성 고체는 제2류 위험물

정답 ● 21 ③ 22 ②

2023년 CBT 복원

23 위험물안전관리법령상 위험물의 운송에 있어서 운송책임자의 감독 또는 지원을 받아 운송하여야 하는 위험물에 속하지 않는 것은?

① $Al(CH_3)_3$ ② CH_3Li
③ $Cd(CH_3)_2$ ④ $Al(C_4H_9)_3$

해설

[운송책임자의 감독하에 운송하는 위험물]
- 알킬리튬(3류)
- 알킬알루미늄(3류)
- 알킬리튬·알킬알루미늄이 포함된 위험물
  ① $Al(CH_3)_3$: 트라이메틸알루미늄(알킬알루미늄 또는 해당 물질 포함)
  ② CH_3Li : 메틸리튬(알킬리튬 또는 해당 물질 포함)
  ③ $Cd(CH_3)_2$: 다이메틸카드뮴
  ④ $Al(C_4H_9)_3$: 트라이이소부틸알루미늄(알킬알루미늄 또는 해당 물질 포함)

24 다음 중 위험물안전관리법령에서 정한 지정수량이 500 [kg]인 것은?

① 황화인 ② 금속분
③ 인화성 고체 ④ 황

해설

[지정수량]

위험물(2류)	지정수량 [kg]
황화인	100
인화성 고체	1000
황	100
금속분	500

암 500 : 금속철마

25 건성유에 해당되지 않는 것은?

① 들기름 ② 동유
③ 아마인유 ④ 피마자유

해설

[건성유(4류)의 종류]

품명	아이오딘값	종류
건성유	130 이상	오동유·해바라기씨유·정어리유·아마인유·들기름 등
반건성유	100 ~ 130	참기름·콩기름 등
불건성유	100 이하	피마자유·야자유·올리브유·땅콩기름(낙화생유)·고래기름·소기름 등

26 액화 이산화탄소 1 [kg]이 25 [℃], 2 [atm]에서 방출되어 모두 기체가 되었다. 방출된 기체상의 이산화탄소 부피는 약 몇 [L]인가?

① 238 ② 278
③ 308 ④ 340

해설

[이산화탄소의 부피 계산]

- $PV = \dfrac{WRT}{M}$
- $V = \dfrac{1 \times 0.082 \times (273 + 25)}{2 \times 44} = 0.278 \,[m^3]$

R(기체상수) : 0.082 [atm·m³/kmol·K]
T(절대온도) : 25 [℃] + 273 = 298 [K]
M(분자량) : 44 W(질량) : 1 [kg]

정답 ● 23 ③ 24 ② 25 ④ 26 ②

27 메탄올과 에탄올의 공통점에 대한 설명으로 아닌 것은?

① 물에 잘 녹는다.
② 무색 투명한 액체이다.
③ 비중이 1보다 작다.
④ 증기비중이 같다.

해설
[메탄올과 에탄올(4류) 공통점]
분자량이 다르므로 증기 비중이 다름

28 위험물에 대한 유별 구분이 틀린 것은?

① 브로민산염류 - 제1류 위험물
② 무기과산화물 - 제5류 위험물
③ 금속의 인화물 - 제3류 위험물
④ 황 - 제2류 위험물

해설
[위험물 유별]
무기과산화물 : 제1류 위험물

29 다음에서 설명하고 있는 위험물로 알맞은 것은?

- 지정수량은 20 [kg]이고 백색 또는 담황색 고체이다.
- 비중은 약 1.82 융점은 약 44 [℃]이다.
- 비점은 약 280 [℃]이고, 증기비중은 약 4.3이다.

① 적린
② 황
③ 황린
④ 마그네슘

해설
[황린(3류)의 특징]
- 문제의 설명문은 황린에 대한 설명
- 다른 특징으로는 발화점이 낮음
- 화학적 활성이 커 자연발화함
- pH 9의 물속에 보관

30 트라이나이트로톨루엔의 작용기에 해당하는 것은?

① -NO
② -NO_2
③ -NO_3
④ -NO_4

해설
[트라이나이트로톨루엔(5류)의 작용기]
-NO_2

31 다음 위험물 중 지정수량이 나머지 셋과 다른 하나는?

① 마그네슘
② 금속분
③ 철분
④ 황

해설
[지정수량]

위험물(2류)	지정수량 [kg]
황	100
마그네슘	500
금속분	500
철분	500

암 100 : 황건적이 황을 들고
500 : 금속철마를 타고 옴

정답 27 ④ 28 ② 29 ③ 30 ② 31 ④

32 위험물안전관리법령상 위험물안전관리자의 책무에 해당하지 않는 것은?

① 화재 등의 재난이 발생할 경우 소방관서 등에 대한 연락 업무
② 화재 등의 재난 발생할 경우 응급조치
③ 위험물 취급에 관한 일지 작성·기록
④ 위험물안전관리자의 선임·신고

해설
[위험물안전관리자의 책무]
위험물안전관리자의 선임·신고는 <u>제조소등 관계인</u>이 실시

33 황화인에 대한 설명 중 옳지 않은 것은?

① 삼황화인은 황색 결정으로 공기 중 약 100[℃]에서 발화할 수 있다.
② 오황화인은 담황색 결정으로 조해성이 있다.
③ 오황화인은 물과 접촉하여 유독성 가스가 발생할 위험이 있다.
④ 삼황화인은 연소하여 황화수소가스가 발생할 위험이 있다.

해설
[황화인(2류) 특징]
삼황화인은 연소 시 <u>이산화황, 오산화인</u>을 발생

34 위험물안전관리법령상 제조소등의 정기점검 대상에 해당하지 않는 것은?

① 지정수량 15배의 제조소
② 지정수량 40배의 옥내탱크저장소
③ 지정수량 50배의 이동탱크저장소
④ 지정수량 20배의 지하탱크저장소

해설
[제조소등 정기점검 대상]
(1) 지정수량의 10배 이상의 위험물을 취급하는 제조소
(2) 지정수량의 100배 이상의 위험물을 저장하는 옥외저장소
(3) 지정수량의 150배 이상의 위험물을 저장하는 옥내저장소
(4) 지정수량의 200배 이상의 위험물을 저장하는 옥외탱크저장소
(5) 암반탱크저장소
(6) 이송취급소
(7) 이동탱크저장소

35 위험물안전관리법령에서 정한 아세트알데하이드등을 취급하는 제조소의 특례에 관한 내용이다. ( ) 안에 해당하는 물질이 아닌 것은?

아세트알데하이드등을 취급하는 설비는 ( ), ( ), ( ), ( ) 또는 이들을 성분으로 하는 합금으로 만들지 아니할 것

① 동
② 은
③ 금
④ 마그네슘

정답 32 ④ 33 ④ 34 ② 35 ③

> **해설**
>
> [아세트알데하이드등 취급설비]
> 아세트알데하이드등을 취급하는 설비는 동, 은, 수은, 마그네슘 또는 이들을 성분으로 하는 합금으로 만들지 아니한 것

36 다음 반응식과 같이 벤젠 1 [kg]이 연소할 때 발생되는 CO_2의 양은 약 몇 [m³]인가? (단, 27 [℃], 750 [mmHg] 기준이다)

$$2C_6H_6 + 15O_2 \rightarrow 12CO_2 + 6H_2O$$

① 0.72　　② 1.22
③ 1.92　　④ 2.42

> **해설**
>
> [벤젠(4류)의 반응 후 생성물]
> - $2C_6H_6 + 15O_2 \rightarrow 12CO_2 + 6H_2O$
> - $PV = \dfrac{WRT}{M}$
> - $V = \dfrac{1 \times 0.082 \times (273+27)}{\dfrac{750}{760} \times 78} \times 6$
> 　　= 1.917 [m³]

37 낮은 온도에서도 잘 얼지 않는 다이너마이트를 제조하기 위해 나이트로글리세린의 일부를 대체하여 첨가하는 물질은?

① 나이트로셀룰로스
② 나이트로글리콜
③ 트라이나이트로톨루엔
④ 다이나이트로벤젠

> **해설**
>
> [다이너마이트 제조]
> 나이트로글리세린은 어는점이 높기 때문에 나이트로글리콜을 첨가하여 어는점을 낮춤

38 과산화바륨의 성질에 대한 설명 중 아닌 것은?

① 고온에서 열분해하여 산소가 발생한다.
② 온수와 접촉하면 수소가스가 발생한다.
③ 비중은 약 4.96이다.
④ 황산과 반응하여 과산화수소를 만든다.

> **해설**
>
> [과산화바륨(1류) 성질]
> 물과 반응하여 산소 발생

39 규조토에 흡수시켜 다이너마이트를 제조할 때 사용되는 위험물은?

① 다이나이트로톨루엔
② 질산에틸
③ 나이트로글리세린
④ 나이트로셀룰로스

> **해설**
>
> [나이트로글리세린(5류) 특징]
> - 무색, 투명한 기름상의 액체
> - 충격, 마찰에 매우 예민
> - 겨울철에는 동결할 우려
> - 다이너마이트 원료

정답　36 ③　37 ②　38 ②　39 ③

40 과산화수소의 성질에 대한 설명 중 틀린 것은?

① 알칼리성 용액에 의해 분해될 수 있다.
② 산화제로 사용할 수 있다.
③ 농도가 높을수록 안정하다.
④ 열, 햇빛에 의해 분해될 수 있다.

해설
[과산화수소(6류)의 특징]
36 [wt%] 이상은 위험물로 간주

41 다이에틸에터의 보관·취급에 관한 설명으로 틀린 것은?

① 용기는 밀봉하여 보관한다.
② 환기가 잘 되는 곳에 보관한다.
③ 정전기가 발생하지 않도록 취급한다.
④ 저장용기에 빈 공간이 없게 가득 채워 보관한다.

해설
[다이에틸에터(4류)의 저장]
위험물 간 마찰로 인한 폭발을 막기 위해 공간용적을 2 [%] 이상 확보

42 금속나트륨에 대한 설명으로 옳지 않은 것은?

① 물과 격렬히 반응하여 발열하고 수소가스가 발생한다.
② 에틸알코올과 반응하여 나트륨에틸라이트와 수소가스가 발생한다.
③ 할로젠화합물소화약제는 사용할 수 없다.
④ 은백색의 광택이 있는 중금속이다.

해설
[금속나트륨(3류)의 특징]
은백색의 광택이 있는 경금속

43 아세트알데하이드의 저장·취급 시 주의사항으로 틀린 것은?

① 강산화제와의 접촉을 피한다.
② 취급설비에는 구리합금의 사용을 피한다.
③ 수용성이기 때문에 화재 시 물로 희석소화가 가능하다.
④ 옥외저장탱크에 저장 시 조연성 가스를 주입한다.

해설
[아세트알데하이드 주의사항]
옥외저장탱크에 저장 시 불연성 가스 주입

정답 40 ③ 41 ④ 42 ④ 43 ④

44 무기과산화물의 일반적인 성질에 대한 설명으로 틀린 것은?

① 과산화수소의 수소가 금속으로 치환된 화합물이다.
② 산화력이 강해 스스로 쉽게 산화한다.
③ 가열하면 분해되어 산소가 발생한다.
④ 물과의 반응성이 크다.

해설
[무기과산화물(1류)의 특징]
산화성 고체이므로 남을 산화시키고, 자신은 환원되는 성질이 있음

45 에터(Ether)의 일반식으로 옳은 것은?

① ROR
② RCHO
③ RCOR
④ RCOOH

해설
[에터의 일반식]
에터의 일반식은 R - O - R으로 H_2O의 수소원자 두 개가 알킬기로 치환된 형태

46 황린의 저장방법으로 옳은 것은?

① 물속에 저장한다.
② 공기 중에 보관한다.
③ 벤젠 속에 저장한다.
④ 이황화탄소 속에 보관한다.

해설
[황린(3류) 저장방법]
pH 9인 물속에 저장

47 벤젠 1몰을 충분한 산소가 공급되는 표준 상태에서 완전연소시켰을 때 발생하는 이산화탄소의 양은 몇 [L]인가?

① 22.4
② 134.4
③ 168.8
④ 224.0

해설
[벤젠(4류) 반응 후 생성물]
- $2C_6H_6 + 15O_2 \rightarrow 12CO_2 + 6H_2O$
- 이산화탄소 양 = 6 × 22.4 = 134.4 [L]

48 다음 중 황 분말과 혼합했을 때 가열 또는 충격에 의해서 폭발할 위험이 가장 높은 것은?

① 질산암모늄   ② 물
③ 이산화탄소   ④ 마른모래

해설
[황(2류)과 혼합 시 폭발 위험이 높은 물질]
질산암모늄이 산소공급원의 역할을 하고, 황 분말이 가연성 고체의 역할을 하므로 가장 위험이 높음

정답 44 ② 45 ① 46 ① 47 ② 48 ①

49 자기반응성 물질인 제5류 위험물에 해당하는 것은?

① $CH_3(C_6H_4)NO_2$
② CH_3COCH_3
③ $C_6H_2(NO_2)_3OH$
④ $C_6H_5NO_2$

해설

[제5류 위험물의 종류]
- $CH_3(C_6H_4)NO_2$: 나이트로톨루엔(제4류)
- CH_3COCH_3 : 아세톤(제4류)
- $C_6H_2(NO_2)_3OH$: 트라이나이트로페놀(제5류)
- $C_6H_5NO_2$: 나이트로벤젠(제4류)

50 다음은 위험물안전관리법령상 이동탱크 저장소에 설치하는 게시판의 설치기준에 관한 내용이다. ( ) 안에 해당하지 않는 것은?

> 이동탱크의 뒷면 중 보기 쉬운 곳에는 해당 탱크에 저장 또는 취급하는 위험물의 ( ), ( ), ( ) 및 적재중량을 게시한 게시판을 설치하여야 한다.

① 최대 수량 ② 품명
③ 유별 ④ 관리자명

해설

[이동탱크저장소의 게시판 설치 내용]
- 최대 수량
- 품명
- 유별
- 적재 중량

51 위험물안전관리법령에 따른 위험물의 운송에 관한 설명 중 틀린 것은?

① 알킬리튬과 알킬알루미늄 또는 이 중 어느 하나 이상을 함유한 것은 운송책임자의 감독·지원을 받아야 한다.
② 이동탱크저장소에 의하여 위험물을 운송할 때 운송책임자에는 법정의 교육을 이수하고 관련 업무에 2년 이상 경력이 있는 자도 포함된다.
③ 서울에서 부산까지 금속의 인화물 300[kg]을 1명의 운전자가 휴식 없이 운송해도 규정 위반이 아니다.
④ 운송책임자의 감독 또는 지원방법에는 동승하는 방법과 별도의 사무실에서 대기하면서 규정된 사항을 이행하는 방법이 있다.

해설

[위험물 운송법]
- 위험물운송자는 장거리(고속국도 : 340 [km], 그 밖의 도로 : 200 [km])에 걸치는 운송을 하는 때에는 2명 이상의 운전자로 할 것
- 예외 : 2명 이상의 운전자로 하지 않아도 되는 경우
  ① 운송책임자를 동승시킨 경우
  ② 운송하는 위험물이 제2류 위험물, 제3류 위험물, 제4류 위험물(특수인화물 제외)인 경우
  ③ 운송 도중에 2시간 이내마다 20분 이상의 휴식을 취하는 경우

정답 49 ③ 50 ④ 51 ③

52
위험물안전관리법령상 옥내저장소 저장창고의 바닥은 물이 새어 나오거나 스며들지 아니하는 구조로 하여야 한다. 다음 중 반드시 이 구조로 하지 않아도 되는 위험물은?

① 제1류 위험물 중 알칼리금속의 과산화물
② 제4류 위험물
③ 제5류 위험물
④ 제2류 위험물 중 철분

해설

[옥내저장소의 바닥 구조기준]
제5류 위험물은 물을 머금으면 안정해지는 특징이 있으므로 물이 스며드는 구조로 하여도 됨

53
다음 중 위험물안전관리법령상 지정수량의 1/10을 초과하는 위험물을 운반할 때 혼재할 수 없는 경우는?

① 제1류 위험물과 제6류 위험물
② 제2류 위험물과 제4류 위험물
③ 제4류 위험물과 제5류 위험물
④ 제5류 위험물과 제3류 위험물

해설

[위험물 혼재기준]
5류와 3류 혼재 불가

보충 혼재 가능 위험물

1↓	6		혼재 가능
2↓	5↑	4	혼재 가능
3→	4↑		혼재 가능

암 1 2 3 4 5 6 적은 후 4 추가

54
다음 아세톤의 완전연소반응식에서 ( )에 알맞은 계수를 차례대로 옳게 나타낸 것은?

$$CH_3COCH_3 + (\ )O_2 \rightarrow (\ )CO_2 + 3H_2O$$

① 3, 4
② 4, 3
③ 6, 3
④ 3, 6

해설

[아세톤의 연소반응식]
- $CH_3COCH_3 + 4O_2 \rightarrow 3CO_2 + 3H_2O$
- 아세톤은 산소와 반응하여 이산화탄소와 물을 생성

55
연소범위가 약 1.4 ~ 7.6 [%]인 제4류 위험물은?

① 가솔린
② 에터
③ 이황화탄소
④ 아세톤

해설

[가솔린(4류)의 연소범위]
1.4 ~ 7.6 [%]

정답 52 ③ 53 ④ 54 ② 55 ①

56 위험물안전관리법령상 옥내소화전설비의 설치기준에서 옥내소화전은 제조소등의 건축물의 층마다 해당 층의 각 부분에서 하나의 호스접속구까지의 수평거리가 몇 [m] 이하가 되도록 설치하여야 하는가?

① 5
② 10
③ 15
④ 25

해설

[옥내소화전 호스접속구까지 수평거리]
25 [m] 이하가 되도록 설치

57 위험물의 품명이 질산염류에 속하지 않는 것은?

① 질산메틸
② 질산칼륨
③ 질산나트륨
④ 질산암모늄

해설

[제5류 위험물의 품명]

품명	위험물	상태
질산에스터류	질산메틸 질산에틸 나이트로글리콜 나이트로글리세린	액체
	나이트로셀룰로스	고체
나이트로화합물	트라이나이트로톨루엔 트라이나이트로페놀 다이나이트로벤젠 테트릴	고체

58 위험물을 유별로 정리하여 상호 1 [m] 이상의 간격을 유지하는 경우에도 동일한 옥내저장소에 저장할 수 있는 것으로 틀린 것은?

① 인화성 고체를 제외한 제2류 위험물과 제4류 위험물
② 제1류 위험물과 제6류 위험물
③ 제4류 위험물과 제3류 위험물 중 황린
④ 제1류 위험물(알칼리금속의 과산화물 또는 이를 함유한 것을 제외한다)과 제5류 위험물

해설

[위험물 혼재기준(저장 시)]
옥내저장소 또는 옥외저장소에서 1 [m] 이상 간격을 두고 아래 유별을 저장할 수 있음

- 제1류 위험물(알칼리금속의 과산화물은 제외)과 제5류 위험물을 저장하는 경우
- 제1류 위험물과 제6류 위험물을 저장하는 경우
- 제1류 위험물과 자연발화성 물질(황린)을 저장하는 경우
- 제2류 위험물 중 인화성 고체와 제4류 위험물을 저장하는 경우
- 제3류 위험물 중 알킬알루미늄등과 제4류 위험물(알킬알루미늄 또는 알킬리튬을 함유한 것)을 저장하는 경우
- 제4류 위험물 중 유기과산화물과 제5류 위험물 중 유기과산화물을 저장하는 경우

정답 56 ④ 57 ① 58 ①

59 다음 [보기]에서 설명하는 물질은 무엇인가?

[보기]
- 살균제 및 소독제로도 사용된다.
- 분해할 때 발생하는 발생기산소(O)는 난분해성 유기물질을 산화시킬 수 있다.

① $HClO_4$
② CH_3OH
③ H_2O_2
④ H_2SO_4

해설

[과산화수소(6류)의 특징]
- 위 설명은 과산화수소의 특징
- 열, 햇빛에 의해 분해가 촉진됨
- 뚜껑에 작은 구멍을 뚫은 갈색 병에 보관

60 위험물안전관리법에서 사용하는 용어의 정의 중 옳지 않은 것은?

① "지정수량"은 위험물의 종류별로 위험성을 고려하여 대통령령이 정하는 수량이다.
② "제조소등"이라 함은 제조소, 저장소 및 이동탱크를 말한다.
③ "저장소"라 함은 지정수량 이상의 위험물을 저장하기 위한 대통령령이 정하는 장소로서 규정에 따라 허가를 받은 장소를 말한다.
④ "제조소"라 함은 위험물을 제조할 목적으로 지정수량 이상의 위험물을 취급하기 위하여 규정에 따라 허가를 받은 장소이다.

해설

[제조소등 정의]
제조소, 저장소, 취급소를 말함

정답 59 ③ 60 ②

2022 CBT 복원

01 할론 1001의 화학식에서 수소원자의 수는?

① 0
② 1
③ 2
④ 3

해설

[할론 번호]
- C - F - Cl - Br 순으로 번호 매김
- C : 1개, F : 0개, Cl : 0개, Br : 1개
- 할론 1001 = CH_3Br
- 수소원자(H) : 3개

02 다음 물질 중 분진폭발의 위험이 가장 낮은 것은?

① 마그네슘가루
② 아연가루
③ 밀가루
④ 시멘트가루

해설

[분진폭발 위험이 없는 물질]
시멘트, 모래, 석회분말 등

03 소화작용에 대한 설명 중 틀린 것은?

① 가연물의 온도를 낮추는 소화는 냉각작용이다.
② 물의 주된 소화작용 중 하나는 냉각작용이다.
③ 가스화재 시 밸브를 차단하는 것은 제거작용이다.
④ 연소에 필요한 산소의 공급원을 차단하는 소화는 제거작용이다.

해설

[소화작용의 종류]
연소에 필요한 산소 공급원 차단하는 소화는 질식소화

04 물의 소화능력을 향상시키고 동절기 또는 한랭지에서도 사용할 수 있도록 탄산칼륨 등의 알칼리 금속염을 더한 소화약제로 옳은 것은?

① 포(Foam)
② 할로젠간화합물
③ 이산화탄소
④ 강화액

해설

[강화액소화약제]
- 동결방지 위해 탄산칼륨 등 첨가
- 물의 소화 능력(침투효과) 향상

정답 01 ④ 02 ④ 03 ④ 04 ④

05 플래시오버(Flash Over)에 관한 설명으로 틀린 것은?

① 실내화재에서 발생하는 현상
② 발생 시점은 발화기에서 성장기로 넘어가는 분기점
③ 순발적인 연소 확대현상
④ 화재로 인하여 온도가 급격히 상승하여 화재가 순간적으로 실내 전체에 확산되어 연소되는 현상

해설

[플래시오버]
- 건축물화재 시 가연성 기체가 모여 있는 상태에서 산소가 유입됨에 따라 성장기에서 최성기로 급격하게 진행되며, 건물 전체로 화재가 확산되는 현상
- 발화기 → 성장기 → 플래시오버 → 최성기 → 감쇠기
- 내장재 종류와 개구부 크기에 영향을 받음

06 어떤 소화기에 "ABC"라고 표시되어 있다. 다음 중 사용할 수 없는 화재는?

① 금속화재   ② 유류화재
③ 전기화재   ④ 일반화재

해설

[화재의 종류]

급수	명칭(화재)	색상
A	일반	백색
B	유류	황색
C	전기	청색
D	금속	무색

암 일유전금

07 다음 중 증발연소를 하는 물질이 아닌 것은?

① 양초
② 석탄
③ 파라핀
④ 나프탈렌

해설

[연소형태]
- 표면연소 : 목탄(숯)·코크스·금속·마그네슘·금속분 등이 고체의 표면에서 산소와 만나 연소
- 분해연소 : 목재·종이·플라스틱·섬유·석탄 등의 열분해로 인한 연소
- 자기연소 : 제5류 위험물 등 산소공급원을 포함하고 있는 물질이 스스로 연소
- 증발연소 : 파라핀·황·나프탈렌·양초·에터 등이 증발한 증기가 연소

08 산화제와 환원제를 연소의 4요소와 연관지어 연결한 것으로 옳은 것은?

① 산화제 - 산소 공급원
   환원제 - 가연물
② 산화제 - 가연물
   환원제 - 산소 공급원
③ 산화제 - 연쇄반응
   환원제 - 점화원
④ 산화제 - 점화원
   환원제 - 가연물

정답 05 ② 06 ① 07 ② 08 ①

> 해설

[연소의 4요소]
- 산소를 함유한 산화제는 산소 공급원의 역할을 함
- 환원제는 가연물의 역할을 함

　　암 연소의 4요소 : 가산점, 연
　　(가연물, 산소 공급원, 점화원, 연쇄반응)

09 과산화칼륨의 저장창고에서 화재가 발생하였다. 다음 중 가장 적합한 소화약제는?

① 물
② 이산화탄소
③ 마른모래
④ 염산

> 해설

[과산화칼륨(1류)의 소화약제]
- 마른모래·팽창질석·팽창진주암
- 탄산수소염류분말

10 Mg, Na의 화재에 이산화탄소소화기를 사용하였다. 화재 현장에서 발생되는 현상은?

① 이산화탄소가 부착면을 만들어 질식소화된다.
② 이산화탄소가 방출되어 냉각소화된다.
③ 이산화탄소가 Mg, Na과 반응하여 화재가 확대된다.
④ 부촉매효과에 의해 소화된다.

> 해설

[이산화탄소소화기의 특징]
$2Mg + CO_2 \rightarrow 2MgO + C$
$Mg + CO_2 \rightarrow MgO + CO$
마그네슘과 이산화탄소가 반응하여 가연물이 생성되고 화재가 확대됨

11 물과 접촉하면 열과 산소가 발생하는 것은?

① $NaClO_2$
② $NaClO_3$
③ $KMnO_4$
④ Na_2O_2

> 해설

[과산화나트륨(Na_2O_2)의 반응 후 생성물]
무기과산화물은 물과 반응 후 열과 산소를 생성

12 유류화재 시 발생하는 이상현상인 보일오버(Boil Over)의 방지 대책으로 가장 거리가 먼 것은?

① 탱크하부에 배수관을 설치하여 탱크 저면의 수층을 방지한다.
② 적당한 시기에 모래나 팽창질석, 비등석을 넣어 불의 과열을 방지한다.
③ 냉각수를 대량 첨가하여 유류와 물의 과열을 방지한다.
④ 탱크 내용물의 기계적 교반을 통하여 에멀전 상태로 만들고, 수층 형성을 방지한다.

정답 ● 09 ③ 10 ③ 11 ④ 12 ③

해설

[보일오버방지 대책]
- 건조사로 과열방지
- 유류화재는 냉각수 대량 첨가 시 폭발

13 제3종 분말소화약제의 열분해반응식을 옳게 나타낸 것은?

① $NH_4H_2PO_4$
→ $HPO_3 + NH_3 + H_2O$
② $2KNO_3 → 2KNO_2 + O_2$
③ $KClO_4 → KCl + 2O_2$
④ $2CaHCO_3 → 2CaO + H_2CO_3$

해설

[제3종 분말소화약제의 열분해반응식]
- $NH_4H_2PO_4 → HPO_3 + NH_3↑ + H_2O↑$
- 인산암모늄 열분해하여 메타인산·암모니아·물 등을 생성

약제명	주성분	분해식
제1종	탄산수소나트륨 ($NaHCO_3$)	$2NaHCO_3 → Na_2CO_3 + CO_2↑ + H_2O$
제2종	탄산수소칼륨 ($KHCO_3$)	$2KHCO_3 → K_2CO_3 + CO_2↑ + H_2O↑$
제3종	인산암모늄 ($NH_4H_2PO_4$)	$NH_4H_2PO_4 → NH_3 + HPO_3↑ + H_2O↑$
제4종	탄산수소칼륨 + 요소 ($KHCO_3$ + $(NH_2)_2CO$)	$2KHCO_3 + (NH_2)_2CO → K_2CO_3 + 2NH_3↑ + 2CO_2↑$

14 가연물이 되기 쉬운 조건이 아닌 것은?

① 산소와 친화력이 클 것
② 열전도율이 클 것
③ 발열량이 클 것
④ 활성화에너지가 작을 것

해설

[가연물이 되는 조건]
- 산소와 친화력이 클 것
- 열전도율이 작을 것
- 발열량이 클 것
- 활성화에너지가 작을 것

15 위험물안전관리법에서 정한 정전기를 유효하게 제거할 수 있는 방법에 해당하지 않는 것은?

① 위험물 이송 시 배관 내 유속을 빠르게 하는 방법
② 공기를 이온화하는 방법
③ 접지에 의한 방법
④ 공기 중의 상대습도를 70 [%] 이상으로 하는 방법

해설

[정전기 제거 조건]
- 접지에 의한 방법
- 공기를 이온화하는 방법
- 공기 중의 상대습도를 70 [%] 이상으로 함
- 느린 유속으로 흐를 때(마찰 감소)

정답 13 ① 14 ② 15 ①

16 가연성 액화가스의 탱크 주위에서 화재가 발생한 경우에 탱크의 가열로 인하여 그 부분의 강도가 약해져 탱크가 파열되므로 내부의 가열된 액화가스가 급속히 팽창하면서 폭발하는 현상은?

① 블레비(BLEVE)현상
② 보일오버(Boil Over)현상
③ 플래시백(Flash Back)현상
④ 백드래프트(Back Draft)현상

해설

[블레비현상]
- 블레비 : 액화가스 저장탱크 누설로 부유 또는 확산된 액화가스가 착화원과 접촉하여 액화가스가 공기 중으로 확산·폭발하는 현상
- 보일오버 : 유류화재의 탱크 밑면에 물이 고여 있는 경우 물이 증발하여 불붙은 기름을 분출하는 현상
- 플래시백 : 가스의 공급속도보다 연소속도가 더 클 때 불꽃이 발화원으로 되돌아와 전파되는 현상
- 백드래프트 : 산소가 부족한 공간에 일시적으로 대량의 산소가 공급되었을 때 순간적으로 발화하는 현상

17 표준 상태에서 탄소 1몰이 완전히 연소하면 몇 [L]의 이산화탄소가 생성되는가?

① 11.2
② 22.4
③ 44.8
④ 56.8

해설

[탄소연소 시 발생하는 생성물]
- $C + O_2 \rightarrow CO_2$
- CO_2 1 [mol] = 22.4 [L]

18 위험물안전관리법령상 개방형 스프링클러 헤드를 이용하는 스프링클러설비에서 수동식 개방밸브를 개방 조작하는 데 필요한 힘은 얼마 이하가 되도록 설치하여야 하는가?

① 5 [kg]
② 10 [kg]
③ 15 [kg]
④ 20 [kg]

해설

[스프링클러설비밸브 조작 시 필요한 힘]
15 [kg] 이하

19 위험물안전관리법령상 분말소화설비의 기준에서 규정한 전역방출방식 또는 국소방출방식 분말소화설비의 가압용 또는 축압용 가스에 해당하는 것은?

① 네온가스
② 아르곤가스
③ 수소가스
④ 이산화탄소가스

해설

[분말소화설비의 기준]
가압용 또는 축압용 가스에 해당하는 것은 이산화탄소, 질소

정답 16 ① 17 ② 18 ③ 19 ④

20 위험물제조소의 안전거리기준으로 틀린 것은?

① 초·중등교육법 및 고등교육법에 의한 학교 - 20 [m] 이상
② 의료법에 의한 병원 급 의료기관 - 30 [m] 이상
③ 문화유산법 규정에 의한 지정문화유산 - 50 [m] 이상
④ 사용전압이 35000 [V]를 초과하는 특고압가공전선 - 5 [m] 이상

해설

[위험물제조소 안전거리기준]

구분	거리
사용전압 7000 [V] 초과 35000 [V] 이하 특고압 가공전선	3 [m] 이상
사용전압 35000 [V] 초과의 특고압 가공전선	5 [m] 이상
주거용으로 사용	10 [m] 이상
고압가스·액화석유가스·도시가스를 저장 취급하는 시설	20 [m] 이상
· 학교·병원·영화상영관 등 수용인원 300명 이상 · 복지시설·어린이집·수용인원 20명 이상	30 [m] 이상
유형문화유산·지정문화유산	50 [m] 이상

21 제6류 위험물에 대한 설명으로 아닌 것은?

① 자신이 산화되는 산화성 물질이다.
② 위험등급 I 에 속한다.
③ 지정수량이 300 [kg]이다.
④ 오불화브로민은 제6류 위험물이다.

해설

[제6류 위험물 특징]
산화성 물질 : 자신이 환원되고, 남을 산화시키는 물질

22 위험물제조소 및 일반취급소에 설치하는 자동화재탐지설비의 설치기준으로 틀린 것은?

① 하나의 경계구역은 600 [m²] 이하로 하고, 한 변의 길이는 50 [m] 이하로 한다.
② 주요한 출입구에서 내부 전체를 볼 수 있는 경우 경계구역은 1000 [m²] 이하로 할 수 있다.
③ 광전식 분리형 감지기를 설치한 경우에는 하나의 경계구역을 1000 [m²] 이하로 할 수 있다.
④ 비상전원을 설치하여야 한다.

해설

[자동화재탐지설비 설치기준]
① 경계구역은 건축물 그 밖의 공작물의 2 이상의 층에 걸치지 아니할 것
② 하나의 경계구역의 면적이 500 [m²] 이하이면서 당해 경계구역이 두 개의 층에 걸치는 경우이거나 계단·경사로·승강기의 승강로 그 밖에 이와 유사한 장소에 연기감지기를 설치하는 경우엔 그러지 아니함
③ 하나의 경계구역은 면적이 600 [m²] 이하이며, 한 변의 길이는 50 [m](광전식 분리형 감지기를 설치할 경우는 100 [m]) 이하로 할 것
④ 주요 출입구에서 그 내부의 전체를 볼 수 있는 경우에는 1000 [m²] 이하

정답 20 ① 21 ① 22 ③

⑤ 감지기는 지붕 또는 벽의 옥내에 면한 부분에 유효하게 화재의 발생을 감지할 수 있도록 설치
⑥ 비상전원 설치

23 이동탱크저장소에 의한 위험물의 운송 시 준수하여야 하는 기준에서 위험물운 송자는 다음 중 어떤 위험물을 운송할 때 위험물안전카드를 휴대하여야 하는가?

① 특수인화물 및 제1석유류
② 알코올류 및 제2석유류
③ 제3석유류 및 동식물류
④ 제4석유류

해설

[특수인화물 운송자의 안전카드 휴대]
- 위험물안전카드를 휴대해야 하는 위험물 : 제4류 위험물 중 특수인화물·제1석유류
- 사고 발생 시 응급조치 및 해당 위험물의 유해성을 파악하기 위해 휴대하여야 함

24 위험물안전관리법령의 제3류 위험물 중 금수성 물질에 해당하는 것은?

① 황린
② 적린
③ 마그네슘
④ 칼륨

해설

[위험물의 유별 분류]
- 황린 : 3류(금수성 물질이 아님)
- 적린, 마그네슘 : 2류
- 칼륨 : 3류(금수성 물질)

25 위험물안전관리법령상의 위험물 운반에 관한 기준에서 액체위험물은 운반용기 내용적의 몇 [%] 이하의 수납률로 수납하여야 하는가?

① 80
② 85
③ 90
④ 98

해설

[액체위험물의 운반용기 수납률]
(1) 고체위험물 : 운반용기의 내용적 95 [%] 이하의 수납률로 수납
(2) 액체위험물 : 운반용기의 내용적 98 [%] 이하의 수납률로 수납, 55 [℃] 온도에서 누설되지 않도록 충분한 공간 용적을 두어야 함
(3) 알킬알루미늄 : 운반용기 내용적의 90 [%] 이하의 수납률로 수납하되, 50 [℃]의 온도에서 5 [%] 이상의 공간 용적을 유지
(4) 제3류 위험물 중 자연발화성 물질 : 불활성 기체를 봉입하여 밀봉하는 등 공기와 접촉하지 아니하도록 할 것
(5) 원칙적으로는 운반용기를 밀봉하여 수납할 것
(6) 하나의 외장용기에는 다른 종류의 위험물을 수납하지 않을 것

26 다음은 위험물탱크의 공간용적에 관한 내용이다. ( ) 안에 숫자를 차례대로 올바르게 나열한 것은? (단, 소화설비를 설치하는 경우와 암반탱크는 제외한다)

> 탱크의 공간용적은 탱크 내용적의 100분의 ( ) 이상 100분의 ( ) 이하의 용적으로 한다.

① 15, 10
② 5, 15
③ 5, 10
④ 10, 20

해설

[위험물탱크의 공간용적]
탱크 내용적의 100분의 5 이상 100분의 10 이하의 용적으로 함

27 물과 반응하여 아세틸렌을 발생하는 물질은?

① NaH
② Al_4C_3
③ $(C_2H_5)_3Al$
④ CaC_2

해설

[물기엄금 위험물]
- 금속수소화합물(NaH) : 수소 발생
- 탄화알루미늄(Al_4C_3) : 메테인 발생
- 트라이에틸알루미늄[$(C_2H_5)_3Al$] : 에테인 발생
- 탄화칼슘(CaC_2) : 아세틸렌 발생
- $CaC_2 + 2H_2O \rightarrow Ca(OH)_2 + C_2H_2 \uparrow$

28 위험물제조소에 설치하는 안전장치 중 위험물의 성질에 따라 안전밸브의 작동이 곤란한 가압설비에 한하여 설치하는 것은?

① 파괴판
② 안전밸브를 병용하는 경보장치
③ 감압 측에 안전밸브를 부착한 감압밸브
④ 연성계

해설

[파괴판]
위험물의 압력이 상승할 우려가 있는 설비에는 압력계 및 안전장치 설치
(1) 자동적으로 압력의 상승을 정지시키는 장치
(2) 감압 측에 안전밸브를 부착한 감압밸브
(3) 안전밸브를 병용하는 경보장치
(4) 파괴판 : 안전밸브의 작동이 곤란한 가압설비에 설치

29 위험물안전관리법령상 옥내저장탱크와 탱크전용실의 벽과의 사이 및 옥내저장탱크의 상호 간에는 몇 [m] 이상의 간격을 유지하여야 하는가?

① 0.5
② 1
③ 1.5
④ 2

해설

[옥내저장탱크의 벽 사이 간격]
옥내저장탱크 사이는 0.5 [m] 이상 간격 유지

정답 26 ③ 27 ④ 28 ① 29 ①

30 위험물안전관리법령상 특수인화물의 정의에 관한 내용이다. ( )에 알맞은 수치를 차례대로 나타낸 것은?

> "특수인화물"이라 함은 이황화탄소, 다이에틸에터, 그 밖에 1기압에서 발화점이 섭씨 ( )도 이하인 것 또는 인화점이 섭씨 영하 ( )도 이하이고, 비점이 섭씨 40도 이하인 것을 말한다.

① 40, 20   ② 20, 40
③ 100, 20 ④ 100, 40

해설

[특수인화물의 정의]
- 발화점 : 100 [℃] 이하
- 인화점 : 영하 20 [℃] 이하

31 적린의 위험성에 관한 설명 중 옳은 것은?

① 공기 중에 방치하면 폭발한다.
② 산소와 반응하여 포스핀가스가 발생한다.
③ 연소 시 적색의 오산화인이 발생한다.
④ 강산화제와 혼합하면 충격·마찰에 의해 발화할 수 있다.

해설

[적린(2류)의 위험성]
- 비교적 안정하여 공기 중에 방치하여도 자연발화하지 않음
- 연소 시 백색의 오산화인이 발생

32 소화난이도등급 I 의 옥내저장소에 설치하여야 하는 소화설비에 해당하지 않는 것은?

① 옥외소화전설비
② 연결살수설비
③ 스프링클러설비
④ 물분무소화설비

해설

[소화난이도등급 I 의 옥내저장소소화설비]
- 옥외소화전설비
- 스프링클러설비
- 물분무소화설비

보충 연결살수설비는 위험물소화설비가 아님

33 다음 중 물에 녹고, 물보다 가벼운 물질로 인화점이 가장 낮은 것은?

① 아세톤
② 이황화탄소
③ 벤젠
④ 산화프로필렌

해설

[인화점]
- 아세톤 : 수용성(인화점 : -18 [℃])
- 이황화탄소 : 비수용성
- 벤젠 : 비수용성
- 산화프로필렌 : 수용성(인화점 : -37 [℃])

정답 30 ③ 31 ④ 32 ② 33 ④

34 제3류 위험물에 대한 설명으로 옳지 않은 것은?

① 황린은 공기 중에 노출되면 자연발화 하므로 물속에 저장하여야 한다.
② 나트륨은 물보다 무거우며 석유 등의 보호액 속에 저장하여야 한다.
③ 트라이에틸알루미늄은 상온에서 액체 상태로 존재한다.
④ 인화칼슘은 물과 반응하여 유독성의 포스핀을 발생한다.

해설

[제3류 위험물 특징]
나트륨은 물보다 가볍고 등유나 경유에 보관

35 제4류 위험물의 화재예방 및 취급방법으로 옳지 않은 것은?

① 이황화탄소는 물속에 저장한다.
② 아세톤은 일광에 의해 분해될 수 있으므로 갈색 병에 보관한다.
③ 초산은 내산성 용기에 저장하여야 한다.
④ 건성유는 다공성 가연물과 함께 보관한다.

해설

[제4류 위험물의 취급방법]
건성유는 자연발화의 위험이 있으므로 가연물과 함께 보관을 피함

36 과염소산칼륨과 가연성 고체위험물이 혼합되는 것은 위험하다. 그 주된 이유는 무엇인가?

① 전기가 발생하고 자연 가열되기 때문이다.
② 중합반응을 하여 열이 발생되기 때문이다.
③ 혼합하면 과염소산칼륨이 연소하기 쉬운 액체로 변하기 때문이다.
④ 가열, 충격 및 마찰에 의하여 발화·폭발 위험이 높아지기 때문이다.

해설

[과염소산칼륨(1류)의 위험성]
가연성 고체위험물과 혼합 시 가열, 충격 및 마찰에 의하여 발화·폭발의 위험이 높아짐

37 저장용기에 물을 넣어 보관하고 $Ca(OH)_2$을 넣어 pH 9의 약알칼리성으로 유지시키면서 저장하는 물질은?

① 적린
② 황린
③ 질산
④ 황화인

해설

[위험물의 저장방법]
황린(3류) : pH 9 물속에 저장

정답 34 ② 35 ④ 36 ④ 37 ②

38 위험물제조소등별로 설치하여야 하는 경보설비의 종류에 해당하지 않는 것은?

① 자동화재탐지설비
② 비상조명등설비
③ 휴대용 확성기
④ 비상방송설비

해설
[위험물의 경보설비]
- 자동화재탐지설비
- 휴대용 확성기
- 비상방송설비
- 확성장치

39 과산화나트륨이 물과 반응하면 어떤 물질과 산소가 발생하는가?

① 수산화나트륨
② 수산화칼륨
③ 질산나트륨
④ 아염소산나트륨

해설
[과산화나트륨(1류)의 반응 후 생성물]
- $2Na_2O_2 + 2H_2O \rightarrow \underline{4NaOH} + O_2 \uparrow$
- 과산화나트륨이 물과 반응하여 수산화나트륨과 산소가 발생

40 시약(고체)의 명칭이 불분명한 시약병의 내용물을 확인하려고 뚜껑을 열어 시계접시에 소량을 담아 놓고 공기 중에서 햇빛을 받는 곳에 방치하던 중 시계접시에서 갑자기 연소현상이 일어났다. 다음 물질 중 이 시약의 명칭으로 예상할 수 있는 것은?

① 황
② 황린
③ 적린
④ 질산암모늄

해설
[공기 중 스스로 연소하는 물질]
황린은 제3류 위험물이므로 자연발화함

41 시·도 조례가 정하는 바에 따라 관할소방서장의 승인을 받아 지정수량 이상의 위험물을 제조소등이 아닌 장소에서 임시로 저장 또는 취급하는 기간은 최대 며칠 이내인가?

① 30
② 60
③ 90
④ 120

해설
[임시 저장 취급 기간]
90일 이내

정답 ● 38 ② 39 ① 40 ② 41 ③

42 하이드라진에 대한 설명으로 틀린 것은?

① 외관은 물과 같이 무색투명하다.
② 가열하면 분해하여 가스가 발생한다.
③ 위험물안전관리법령상 제4류 위험물에 해당한다.
④ 알코올, 물 등의 비극성 용매에 잘 녹는다.

해설

[하이드라진(4류)의 특징]
알코올, 물 등의 극성 용매에 잘 녹음

43 위험물안전관리법령에서는 특수인화물을 1기압에서 발화점이 100 [℃] 이하인 것 또는 인화점이 얼마 이하이고 비점이 40 [℃] 이하인 것으로 정의하는가?

① -10 [℃]
② -20 [℃]
③ -30 [℃]
④ -40 [℃]

해설

[특수인화물의 정의]
• 1기압에서 발화점이 100 [℃] 이하
• 인화점이 영하 20 [℃] 이하
• 비점이 40 [℃] 이하

44 위험물안전관리법령상 유별이 같은 것으로만 나열된 것은?

① 금속의 인화물, 칼슘의 탄화물, 할로젠간화합물
② 아조벤젠, 염산하이드라진, 질산구아니딘
③ 황린, 적린, 무기과산화물
④ 유기과산화물, 질산에스터류, 알킬리튬

해설

[위험물의 유별]
① 금속의 인화물(3류), 칼슘의 탄화물(3류), 할로젠간화합물(6류)
② 아조벤젠(5류), 염산하이드라진(5류), 질산구아니딘(5류)
③ 황린(3류), 적린(2류), 무기과산화물(1류)
④ 유기과산화물(5류), 질산에스터류(5류), 알킬리튬(3류)

45 다음 중 물과의 반응성이 가장 낮은 것은?

① 인화알루미늄
② 트라이에틸알루미늄
③ 오황화인
④ 황린

해설

[물과 반응성]
• 인화알루미늄, 트라이에틸알루미늄, 오황화인이 물과 반응 시 가연성 가스가 발생
• 황린 : 물과 반응성이 낮으므로 물(pH 9)속에 저장

정답 ● 42 ④ 43 ② 44 ② 45 ④

46 다음 아세톤의 완전연소반응식에서 ( )에 알맞은 계수를 차례대로 옳게 나타낸 것은?

$$CH_3COCH_3 + (\quad)O_2 \rightarrow (\quad)CO_2 + 3H_2O$$

① 3, 4
② 4, 3
③ 6, 3
④ 3, 6

해설

[아세톤의 연소반응식]
- $CH_3COCH_3 + 4O_2 \rightarrow 3CO_2 + 3H_2O$
- 아세톤은 산소와 반응하여 이산화탄소와 물을 생성

47 다음 중 위험등급 I 의 위험물이 아닌 것은?

① 무기과산화물
② 적린
③ 나트륨
④ 과산화수소

해설

[위험등급]
- 적린 (2류) : II
- 무기과산화물, 나트륨, 과산화수소 : I

48 2몰의 브로민산칼륨이 모두 열분해되어 생긴 산소의 양은 2기압 27 [℃]에서 약 몇 [L]인가?

① 32.4
② 36.9
③ 41.3
④ 45.6

해설

[산소 부피 계산]
- $2KBrO_3 \rightarrow 2KBr + 3O_2$
- $PV = nRT$
- $V = \dfrac{3 \times 0.082 \times (273 + 27)}{2} = 36.9\,[L]$

49 탄소 80 [%], 수소 14 [%], 황 6 [%]인 물질 1 [kg]이 완전연소하기 위해 필요한 이론상 공기량은 약 몇 [kg]인가? (단, 공기 중 산소는 23 [wt%]이다)

① 3.3
② 7.1
③ 11.6
④ 14.4

해설

[완전연소하기 위한 공기의 양]
- $C + O_2 \rightarrow CO_2$
- $2H_2 + O_2 \rightarrow 2H_2O$
- $S + O_2 \rightarrow SO_2$
- 완전연소하기 위해 필요한 산소의 양
  $= 0.8 \times \dfrac{32}{12} + 0.14 \times \dfrac{16}{2} + 0.06 \times \dfrac{32}{32}$
  $= 3.31\,[kg]$
- 완전연소하기 위해 필요한 공기의 양
  $= \dfrac{3.31}{0.23} = 14.4\,[kg]$

정답 46 ② 47 ② 48 ② 49 ④

50 다음 중 오존층 파괴지수가 가장 큰 것은?

① 할론 104
② 할론 1211
③ 할론 1301
④ 할론 2402

해설

[오존층 파괴지수]
- 할론 1211 : 파괴지수 3
- 할론 1301 : 파괴지수 10
- 할론 2402 : 파괴지수 6

51 과산화벤조일(제2종) 1000 [kg]을 저장하려 한다. 지정수량의 배수는 얼마인가?

① 5배　　② 7배
③ 10배　　④ 15배

해설

[과산화벤조일(5류)의 지정수량]
- 지정수량 : 100 [kg]
- 지정수량 배수 : $\frac{1000}{100} = 10$

52 위험물안전관리법령상 에틸렌글리콜과 혼재하여 운반할 수 없는 위험물은? (단, 지정수량의 10배일 경우이다)

① 황
② 과망가니즈산나트륨
③ 알루미늄분
④ 트라이나이트로톨루엔

해설

[위험물의 혼재기준]
에틸렌글리콜(4류)
① 황(2류)
② 과망가니즈산나트륨(1류)
③ 알루미늄분(2류)
④ 트라이나이트로톨루엔(5류)

보충 혼재 가능 위험물

1↓	6		혼재 가능
2↓	5↑	4	혼재 가능
3→	4↑		혼재 가능

암 1 2 3 4 5 6 적은 후 4 추가

53 다음 위험물 중 비중이 물보다 큰 것은?

① 다이에틸에터
② 아세트알데하이드
③ 산화프로필렌
④ 이황화탄소

해설

[비중]
- 다이에틸에터 : 0.72
- 아세트알데하이드 : 0.78
- 산화프로필렌 : 0.83
- 이황화탄소 : 1.26　　보충 물 비중 : 1

54 다음 중 아이오딘값이 가장 낮은 것은?

① 해바라기유
② 오동유
③ 아마인유
④ 낙화생유

정답 50 ③　51 ③　52 ②　53 ④　54 ④

해설

[아이오딘값]

품명	아이오딘값	종류
건성유	130 이상	오동유·해바라기씨유·정어리유·아마인유·들기름 등
반건성유	100 ~ 130	참기름·콩기름 등
불건성유	100 이하	피마자유·야자유·올리브유·땅콩기름(낙화생유)·고래기름·소기름 등

55 위험물의 운반에 관한 기준에서 제4석유류와 혼재할 수 없는 위험물은? (단, 위험물은 각각 지정수량의 2배인 경우이다)

① 황화인
② 칼륨
③ 유기과산화물
④ 과염소산

해설

[위험물 혼재기준]
4류, 6류 혼재 불가

보충 혼재 가능 위험물

1↓	6		혼재 가능
2↓	5↑	4	혼재 가능
3→	4↑		혼재 가능

암 1 2 3 4 5 6 적은 후 4 추가

56 옥외저장소에서 저장 또는 취급할 수 있는 위험물이 아닌 것은? (단, 국제해상위험물규칙에 적합한 용기에 수납된 위험물의 경우는 제외한다)

① 제2류 위험물 중 황
② 제1류 위험물 중 과염소산염류
③ 제6류 위험물
④ 제2류 위험물 중 인화점이 10[℃]인 인화성 고체

해설

[옥외저장소에 저장할 수 있는 물질]
• 제2류 위험물 중 황 또는 인화성 고체(인화점 0[℃] 이상인 것)
• 제4류 위험물 중 특수인화물 제외한 것(인화점 0[℃] 이상인 것)
• 제6류 위험물
• 제2류 위험물 및 제4류 위험물 중 특별시·광역시 또는 도의 조례에서 정한 위험물

57 제6류 위험물을 저장하는 옥내탱크저장소로서 단층건물에 설치된 것의 소화난이도등급은?

① Ⅰ 등급
② Ⅱ 등급
③ Ⅲ 등급
④ 해당 없음

해설

[소화난이도등급]
제6류 위험물을 저장하는 옥내탱크저장소는 소화난이도등급에서 제외됨

정답 55 ④ 56 ② 57 ④

58 옥내저장소에 질산 600 [L]를 저장하고 있다. 저장하고 있는 질산은 지정수량의 몇 배인가? (단, 질산의 비중은 1.5이다)

① 1
② 2
③ 3
④ 4

해설

[지정수량의 배수]
- 질산(6류)의 지정수량 : 300 [kg]
- 질산의 질량 : 600 [L] × 1.5 [kg/L] = 900 [kg]
- 지정수량의 배수 : $\frac{900}{300}$ = 3

59 다음 중 위험물 운반용기의 외부에 "제4류"와 "위험등급 II"의 표시만 보이고 품명이 잘 보이지 않을 때 예상할 수 있는 수납 위험물의 품명은?

① 제1석유류
② 제2석유류
③ 제3석유류
④ 제4석유류

해설

[위험물 품명]
제1석유류 : 제4류 위험물, 위험등급 II

60 사이클로헥산에 관한 설명으로 가장 거리가 먼 것은?

① 고리형 분자구조를 가진 방향족 탄화수소화합물이다.
② 화학식은 C_6H_{12}이다.
③ 비수용성 위험물이다.
④ 제4류 제1석유류에 속한다.

해설

[사이클로헥산(4류)의 특징]
고리형 분자구조를 가진 <u>지방족 탄화수소</u>

정답 58 ③ 59 ① 60 ①

2021 CBT 복원

01 휘발유의 연소범위는 얼마인가?
① 2 ~ 13 [%]
② 3 ~ 78 [%]
③ 2.5 ~ 81 [%]
④ 1.4 ~ 7.6 [%]

해설
[휘발유의 연소범위]
1.4 ~ 7.6 [%]

02 이송취급소의 배관이 하천을 횡단하는 경우 하천 밑에 매설하는 배관의 외면과 계획하상(계획하상이 최심하상보다 높은 경우에는 최심하상)과의 거리는?
① 1.2 [m] 이상   ② 2.5 [m] 이상
③ 3.0 [m] 이상   ④ 4.0 [m] 이상

해설
[하천 밑 배관과 계획하상 거리]
4.0 [m] 이상

03 다음 중 과산화칼륨의 소화로 알맞은 것은?
① 주수소화
② 할로젠화합물소화설비
③ 건조사
④ 이산화탄소소화

해설
[제1류 위험물소화]
• 알칼리금속 과산화물 주수금지
• 건조사·탄산수소염류 분말소화설비

04 다음 중 지정수량이 다른 하나는?
① 염소산나트륨   ② 리튬
③ 과산화나트륨   ④ 나트륨

해설
[지정수량]

위험물	지정수량 [kg]
염소산나트륨	50
리튬	50
과산화나트륨	50
나트륨	10

05 지하탱크저장소에서 인접한 2개의 지하저장탱크 용량의 합계가 지정수량이 100배일 경우 탱크 상호 간의 최소거리는?
① 0.1 [m]   ② 0.3 [m]
③ 0.5 [m]   ④ 1 [m]

해설
[탱크 상호 간의 최소거리]
지하탱크저장소에서 인접한 2개의 지하저장탱크 상호 간의 거리 : 0.5 [m]

정답 01 ④ 02 ④ 03 ③ 04 ④ 05 ③

06 정기점검 대상 제조소등에 해당하지 않는 것은?

① 이동탱크저장소
② 지정수량 100배의 위험물을 저장하는 옥외저장소
③ 지정수량 50배의 위험물을 저장하는 옥내저장소
④ 이송취급소

해설

[정기점검 제조소등]
(1) 지정수량의 10배 이상의 위험물을 취급하는 제조소
(2) 지정수량의 100배 이상의 위험물을 저장하는 옥외저장소
(3) 지정수량의 150배 이상의 위험물을 저장하는 옥내저장소
(4) 지정수량의 200배 이상의 위험물을 저장하는 옥외탱크저장소
(5) 암반탱크저장소
(6) 이송취급소
(7) 이동탱크저장소

07 위험물안전관리법령에 따른 소화설비의 적응성에 관한 다음 내용 중 ( ) 안에 적합한 내용은?

> 제6류 위험물을 저장 또는 취급하는 장소로서 폭발의 위험이 없는 장소에 한하여 ( )이/가 제6류 위험물에 대하여 적응성이 있다.

① 할로젠화합물소화기
② 분말소화기 - 탄산수소염류 소화기
③ 분말소화기 - 그 밖의 것
④ 이산화탄소소화기

해설

[제6류 위험물소화설비]
폭발의 위험이 없는 장소에 한하여 이산화탄소소화기가 적응성 있음

08 염소산칼륨 250킬로그램과 아염소산나트륨 100킬로그램, 과염소산칼륨 150킬로그램과 함께 저장하는 경우 지정수량 몇 배로 저장할 수 있는가?

① 10배
② 15배
③ 1배
④ 5배

정답 06 ③ 07 ④ 08 ①

해설

[지정수량]

위험물	지정수량 [kg]
염소산칼륨	50
아염소산나트륨	50
과염소산칼륨	50

$$\frac{250}{50} + \frac{100}{50} + \frac{150}{50} = 10$$

09 위험물과 그 위험물이 물과 반응하여 발생하는 가스를 잘못 연결한 것은?

① 탄화알루미늄 - 메테인
② 탄화칼슘 - 아세틸렌
③ 인화칼슘 - 에테인
④ 수소화칼슘 - 수소

해설

[반응 후 생성물]
- $Ca_3P_2 + 6H_2O \rightarrow 3Ca(OH)_2 + 2PH_3$
- 인화칼슘 : 물과 반응하여 수산화칼슘·포스핀 발생

10 다음 중 위험물의 일반적인 성질이 아닌 것은?

① 제2류 위험물 - 가연성 고체
② 제3류 위험물 - 자연발화성 물질
③ 제5류 위험물 - 자기반응성 물질
④ 제6류 위험물 - 산화성 고체

해설

[위험물 성질]
- 제6류 위험물 : 산화성 액체
- 제1류 위험물 : 산화성 고체

11 다음 중 제1석유류가 아닌 것은?

① 클로로벤젠
② 사이안화수소
③ 벤젠
④ 톨루엔

해설

[위험물 품명]
클로로벤젠 : 제2석유류

12 유류화재의 급수로 올바른 것은?

① B급 화재
② C급 화재
③ A급 화재
④ D급 화재

해설

[화재의 종류]

급수	명칭(화재)	색상
A	일반	백색
B	유류	황색
C	전기	청색
D	금속	무색

암 일유전금

정답 09 ③ 10 ④ 11 ① 12 ①

13 황린연소 시 발생 기체의 색으로 올바른 것은?

① 흑색 ② 백색
③ 황색 ④ 무색

> 해설
>
> [황린(3류) 연소]
> - $P_4 + 5O_2 \rightarrow 2P_2O_5$
> - 황린은 연소하여 오산화인을 발생시킴
> - 오산화인 색상 : 백색

14 가연물에 따른 화재의 종류 및 표시색의 연결이 옳은 것은?

① 폴리에틸렌 - 유류화재 - 백색
② 석탄 - 일반화재 - 청색
③ 시너 - 유류화재 - 청색
④ 나무 - 일반화재 - 백색

> 해설
>
> [화재의 종류]
> ※ 12번 해설 참조

15 그림과 같이 횡으로 설치한 위험물탱크에 대하여 탱크의 용량을 구하면 약 몇 [m³]인가? (단, 공간용적은 탱크 내용적의 100분의 5로 한다)

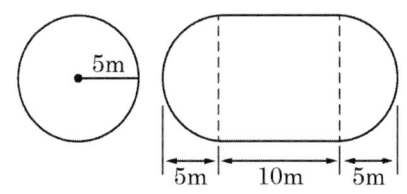

① 196 ② 261
③ 785 ④ 995

> 해설
>
> [위험물 저장탱크 내용적]
>
> $V = \pi r^2 (l + \dfrac{l_1 + l_2}{3})(1 - 공간용적)$
>
> = 원주면적 × (가운데 체적 길이 + 양끝 체적 길이의 합 / 3)(1 - 공간용적)
> = $3.14 \times 5^2 \times (10 + 10 / 3)(1 - 0.05)$
> = 995 [m³]

16 위험물안전관리법령상의 규제에 관한 설명 중 틀린 것은?

① 자가용에 의한 위험물의 저장·취급 및 운반은 시·도 조례에 의하여 규제하지 않는다.
② 항공기에 의한 위험물의 저장·취급 및 운반은 위험물안전관리법의 규제대상이 아니다.
③ 궤도에 의한 위험물의 저장·취급 및 운반은 위험물안전관리법의 규제대상이 아니다.
④ 선박법의 선박에 의한 위험물의 저장·취급 및 운반은 위험물안전관리법의 규제대상이 아니다.

> 해설
>
> [위험물안전관리법 적용되는 영역]
> 항공기, 선박, 철도, 궤도에 속하지 않으므로 안전관리법 적용

정답 13 ② 14 ④ 15 ④ 16 ①

17 제1류 위험물인 과산화나트륨의 보관용기에 화재가 발생하였다. 소화약제로 가장 적당한 것은?

① 포소화약제
② 물
③ 마른모래
④ 이산화탄소

> 해설
[1류 위험물소화약제]
- 알칼리금속 과산화물은 주수금지
- 마른모래 · 팽창질석 · 팽창진주암, 탄산수소염류 분말

18 위험물제조소의 연면적이 몇 [m²] 이상이 되면 경보설비 중 자동화재탐지설비를 설치하여야 하는가?

① 400   ② 500
③ 600   ④ 800

> 해설
[자동화재탐지설비 설치기준]
연면적 500 [m²] 이상일 때 설치

19 위험물안전관리법령상 고정주유설비는 주유설비의 중심선을 기점으로 하여 도로 경계선까지 몇 [m] 이상의 거리를 유지해야 하는가?

① 1   ② 3
③ 4   ④ 6

> 해설
[고정주유설비 도로경계선까지 거리]
주유설비 중심선을 기점으로 도로경계선까지 4 [m] 이상 거리 유지

20 분말소화약제의 식별 색을 옳게 나타낸 것은?

① $KHCO_3$: 백색
② $KHCO_3$: 보라색
③ $NaHCO_3$: 담홍색
④ $NaHCO_3$: 보라색

> 해설
[화재별 소화약제]

소화약제	명칭	적응화재	분말색
제1종	탄산수소나트륨	BC	백색
제2종	탄산수소칼륨	BC	보라색
제3종	인산암모늄	ABC	담홍색
제4종	탄산수소칼륨과 요소반응물	BC	회색

21 유류화재소화 시 분말소화약제를 사용할 경우 소화 후에 재발화현상이 가끔씩 발생할 수 있다. 다음 중 이러한 현상을 예방하기 위하여 병용하여 사용하면 가장 효과적인 포소화약제는?

① 단백포소화약제
② 수성막포소화약제
③ 알코올형 포소화약제
④ 합성계면활성제포소화약제

정답 17 ③ 18 ② 19 ③ 20 ② 21 ②

> 해설

[유류화재소화약제]
유류화재 표면에 유화층을 형성하므로 수성막포소화약제 사용

[위험물 취급 배관 특징]
지상에 설치하는 경우 안전한 구조의 지지물로 지면에 닿지 않게 설치함

22 다음 중 수용성 용제에 병용하여 사용하면 가장 효과적인 포소화약제는?

① 단백포소화약제
② 수성막포소화약제
③ 알코올형 포소화약제
④ 합성계면활성제포소화약제

> 해설

[알코올형 포소화약제]
수용성 용매화재 시 포가 파괴되는 것을 방지

24 이송취급소의 교체밸브, 제어밸브 등의 설치기준으로 틀린 것은?

① 밸브는 원칙적으로 이송기지 또는 전용 부지 내에 설치할 것
② 밸브는 그 개폐 상태를 설치장소에서 쉽게 확인할 수 있도록 할 것
③ 밸브를 지하에 설치하는 경우에는 점검상자 안에 설치할 것
④ 밸브는 해당 밸브의 관리에 관계하는 자가 아니면 수동으로만 개폐할 수 있도록 할 것

> 해설

[밸브 설치기준]
밸브는 해당 밸브의 관리에 관계하는 자가 아니면 수동으로만 개폐할 수 없음
ㄴ

23 위험물제조소 내의 위험물을 취급하는 배관에 대한 설명으로 옳지 않은 것은?

① 배관을 지하에 매설하는 경우 접합부분에는 점검구를 설치하여야 한다.
② 배관을 지하에 매설하는 경우 금속성 배관의 외면에는 부식방지 조치를 하여야 한다.
③ 최대 상용 압력의 1.5배 이상의 압력으로 수압시험을 실시하여 이상이 없어야 한다.
④ 지상에 설치하는 경우에는 안전한 구조의 지지물로 지면에 밀착하여 설치하여야 한다.

정답 22 ③ 23 ④ 24 ④

25 다음은 위험물을 저장하는 탱크의 공간용적 산정기준이다. ( )에 알맞은 수치로 옳은 것은?

> 암반탱크에 있어서는 당해 탱크 내에 용출하는 ( )일간의 지하수의 양에 상당하는 용적과 탱크 내용적의 ( )의 용적 중에서 보다 큰 용적을 공간용적으로 한다.

① 1, 1/100 ② 5, 1/100
③ 3, 1/100 ④ 7, 1/100

해설
[탱크 공간 용적]
- 7일간의 지하수 양에 상당하는 용적
- 내용적의 100분의 1의 용적에서 큰 용적

26 다음 위험물 중 인화점이 가장 낮은 위험물로 알맞은 것은?

① 경유
② 톨루엔
③ 아세톤
④ 이황화탄소

해설
[인화점]
- 경유 : 50 ~ 70 [℃]
- 톨루엔 : 4 [℃]
- 아세톤 : -18 [℃]
- 이황화탄소 : -30 [℃]

27 황의 성질로 옳은 것은?

① 전기 양도체이다.
② 물에는 매우 잘 녹는다.
③ 이산화탄소와 반응한다.
④ 미분은 분진폭발의 위험성이 있다.

해설
[황(2류) 성질]
- 전기 부도체
- 물에 녹지 않음
- 이산화탄소와 반응하지 않음
- 미분은 분진폭발 위험이 있음

28 다음 중 질식소화효과를 주로 이용하는 소화기는?

① 포소화기
② 강화액소화기
③ 수(물)소화기
④ 할로젠화합물소화기

해설
[포소화약제 특징]
- 포소화기 : "물 + 포"로 이루어짐
- 주로 질식소화효과

29 위험물제조소등에 설치하는 옥외소화전 설비의 기준에서 옥외소화전함은 옥외소화전으로부터 보행 거리 몇 [m] 이하의 장소에 설치하여야 하는가?

① 1.5 ② 5
③ 7.5 ④ 10

정답 25 ④ 26 ④ 27 ④ 28 ① 29 ②

해설

[옥외소화전함 거리]
옥외소화전으로부터 보행 거리 5 [m] 이하 장소에 설치

30 위험물제조소등에 설치해야 하는 각 소화설비의 설치기준에 있어서 각 노즐 또는 헤드 선단의 방사압력기준이 나머지 셋과 다른 설비는?

① 옥내소화전설비
② 옥외소화전설비
③ 스프링클러설비
④ 물분무소화설비

해설

[방사압력기준]
- 스프링클러설비 : 100 [kPa]
- 옥내소화전설비, 옥외소화전설비, 물분무소화설비 : 350 [kPa]

31 아세톤의 위험도를 구하면 얼마인가?
(단, 아세톤의 연소범위는 2 ~ 13 [vol%]이다)

① 0.846
② 1.23
③ 5.5
④ 7.5

해설

[아세톤(4류) 위험도]
- 위험도 = (H - L) / L
- H : 연소범위 상한, L : 연소범위 하한
- 위험도 = (13 - 2) / 2 = 5.5

32 규조토에 흡수시켜 다이너마이트를 제조할 때 사용되는 위험물은?

① 다이나이트로톨루엔
② 질산에틸
③ 나이트로글리세린
④ 나이트로셀룰로스

해설

[나이트로글리세린(5류) 특징]
- 무색, 투명한 기름상의 액체
- 충격, 마찰에 매우 예민
- 겨울철에는 동결할 우려
- 다이너마이트 원료

33 다음 중 질산과 페놀을 일정한 비율로 혼합하여 만드는 위험물로 알맞은 것은?

① 피크르산
② 트라이나이트로톨루엔
③ 왕수
④ 테트릴

해설

[피크르산 제조]
피크르산(트라이나이트로페놀) : 질산과 페놀을 반응시켜 제조

정답 30 ③ 31 ③ 32 ③ 33 ①

34 다음 중 제6류 위험물의 특징으로 알맞은 것은?

① 질산과 황산을 일정한 비율로 혼합하면 왕수가 된다.
② 과산화수소는 농도가 높아질수록 끓는점이 낮아진다.
③ 과염소산을 가열하면 산소가 발생한다.
④ 할로젠화합물은 제6류 위험물이 아니다.

해설
[6류 위험물 특징]
- 질산과 염산을 1 : 3 비율로 제조한 것을 왕수라고 함
- 과산화수소는 농도가 높아질수록 끓는점이 낮아짐
- 과염소산 가열 시 염화수소 발생
- 할로젠화합물은 제6류 위험물임

35 과산화나트륨에 대한 설명으로 틀린 것은?

① 알코올에 잘 녹아서 산소와 수소를 발생시킨다.
② 상온에서 물과 격렬하게 반응한다.
③ 비중이 약 2.8이다.
④ 조해성 물질이다.

해설
[과산화나트륨(1류) 특징]
물에 잘 녹아 열과 산소 발생

36 제4류 위험물의 옥외저장탱크에 대기밸브 부착 통기관을 설치할 때 몇 [kPa] 이하의 압력 차이로 작동하여야 하는가?

① 5 [kPa] 이하
② 10 [kPa] 이하
③ 15 [kPa] 이하
④ 20 [kPa] 이하

해설
[옥외저장탱크 설치 시 압력]
대기밸브 부착 통기관을 설치할 때 5 [kPa] 이하 압력 차이로 작동

37 위험물안전관리법령상 옥내소화전설비의 기준에 따르면 펌프를 이용한 가압송수장치에서 펌프의 토출량은 옥내소화전의 설치 개수가 가장 많은 층에 대해 해당 설치 개수(5개 이상인 경우에는 5개)에 얼마를 곱한 양 이상이 되도록 하여야 하는가?

① 7.8 [m^3]
② 13.5 [m^3]
③ 20.5 [m^3]
④ 25.5 [m^3]

해설
[소화설비 설치기준]
- 옥내소화전 : 설치 개수(최대 5) × 7.8 [m^3]
- 옥외소화전 : 설치 개수(최대 4) × 13.5 [m^3]

정답 34 ② 35 ① 36 ① 37 ①

38 메틸알코올의 위험성에 대한 설명으로 틀린 것은?

① 겨울에는 인화의 위험이 여름보다 작다.
② 증기밀도는 휘발유보다 크다.
③ 독성이 있다.
④ 연소범위는 에틸알코올보다 넓다.

해설

[메틸알코올(4류) 특징]
- 메틸알코올 증기밀도 : 1.1
- 가솔린(휘발유) 증기밀도 : 3 ~ 4

39 위험물의 유별에 따른 성질과 해당 품명의 예가 틀리게 연결된 것은?

① 제2류 : 가연성 고체 - 금속분
② 제1류 : 산화성 액체 - 무기과산화물
③ 제3류 : 자연발화성 물질 및 금수성 물질 - 황린
④ 제5류 : 자기반응성 물질 - 하이드록실아민염류

해설

[위험물 성질과 품명]
제1류 : 산화성 고체

40 부틸에틸케톤은 제 몇 류 위험물인가?

① 제1류 위험물 ② 제2류 위험물
③ 제3류 위험물 ④ 제4류 위험물

해설

[위험물 유별]
부틸에틸케톤 - 제4류 위험물

41 위험물이 빠른 유속으로 흐를 때 생기는 에너지는 어떤 에너지인가?

① 정전기에너지 ② 전기에너지
③ 화학에너지   ④ 운동에너지

해설

[정전기 에너지 발생 조건]
위험물 유속이 빠르게 흐를 시 마찰이 증가하여 정전기에너지 발생

42 액화 이산화탄소 1 [kg]이 25 [℃], 2 [atm]에서 방출되어 모두 기체가 되었다. 방출된 기체상의 이산화탄소 부피는 약 몇 [L]인가?

① 278   ② 556
③ 1111 ④ 1985

해설

[이산화탄소 부피 계산]
- $PV = \dfrac{WRT}{M}$
- $V = \dfrac{1 \times 0.082 \times (273+25)}{2 \times 44} = 0.278 \,[\text{m}^3]$

= 278 [L]

R(기체상수) : 0.082 [atm·L/mol·K]
T(절대온도) : 25 [℃] + 273 = 298 [K]
M(분자량) : 44 [g/mol]   w(질량) : 1000 [g]

정답 ● 38 ② 39 ② 40 ④ 41 ① 42 ①

43 자기반응성 물질의 화재예방법으로 가장 거리가 먼 것은?

① 마찰을 피한다.
② 불꽃의 접근을 피한다.
③ 물에 습윤시켜 보관한다.
④ 운반용기 외부에 "화기엄금"만 표시한다.

해설
[자기반응성 물질(5류) 화재예방법]
5류 위험물 운반용기 외부에 화기엄금, 충격주의 표시

44 위험물의 운반에 관한 기준에서 적재방법기준으로 틀린 것은?

① 고체위험물은 운반용기의 내용적 95 [%] 이하의 수납률로 수납할 것
② 액체위험물은 운반용기의 내용적 90 [%] 이하의 수납률로 수납할 것
③ 알킬알루미늄은 운반용기 내용적의 90 [%] 이하의 수납률로 수납하되, 50 [℃]의 온도에서 5 [%] 이상의 공간용적을 유지할 것
④ 제3류 위험물 중 자연발화성 물질에 있어서는 불활성 기체를 봉입하여 밀봉하는 등 공기와 접하지 아니하도록 할 것

해설
[위험물 적재방법]
(1) 고체위험물 : 운반용기의 내용적 95 [%] 이하의 수납률로 수납
(2) 액체위험물 : 운반용기의 내용적 98 [%] 이하의 수납률로 수납, 55 [℃] 온도에서 누설되지 않도록 충분한 공간 용적을 두어야 함
(3) 알킬알루미늄 : 운반용기 내용적의 90 [%] 이하의 수납률로 수납하되, 50 [℃]의 온도에서 5 [%] 이상의 공간 용적을 유지

45 위험물안전관리법령에 따른 위험물의 운송에 관한 설명 중 틀린 것은?

① 알킬리튬과 알킬알루미늄 또는 이 중 어느 하나 이상을 함유한 것은 운송책임자의 감독·지원을 받아야 한다.
② 이동탱크저장소에 의하여 위험물을 운송할 때의 운송책임자에는 법정의 교육을 이수하고 관련 업무에 2년 이상 경력이 있는 자도 포함된다.
③ 서울에서 부산까지 금속의 인화물 300 [kg]을 1명의 운전자가 휴식 없이 운송해도 규정위반이 아니다.
④ 운송책임자의 감독 또는 지원의 방법에는 동승하는 방법과 별도의 사무실에서 대기하면서 규정된 사항을 이행하는 방법이 있다.

해설
[위험물 운송 관련 법령]
서울에서 부산까지 금속의 인화물 300 [kg]을 1명의 운전자가 휴식 없이 운송하면 규정 위반임

정답 43 ④ 44 ② 45 ③

46 지정과산화물 옥내저장소의 저장 창고 출입구 및 창의 설치기준으로 틀린 것은?

① 창은 바닥면으로부터 2 [m] 이상의 높이에 설치한다.
② 하나의 창의 면적을 0.4 [m²] 이내로 한다.
③ 하나의 벽면에 두는 창의 면적의 합계를 해당 벽면의 면적의 80분의 1이 초과되도록 한다.
④ 출입구에는 60분+방화문 또는 60분 방화문을 설치한다.

해설
[옥내저장소 창 설치기준]
하나의 벽면에 두는 창의 면적의 합계를 해당 벽면의 면적의 <u>80분의 1 이내</u>

47 아염소산나트륨의 저장 및 취급 시 주의 사항으로 가장 거리가 먼 것은?

① 물속에 넣어 냉암소에 저장한다.
② 강산류와의 접촉을 피한다.
③ 취급 시 충격, 마찰을 피한다.
④ 가연성 물질과 접촉을 피한다.

해설
[아염소산나트륨(1류) 취급]
아염소산나트륨 <u>물에 잘 녹아</u> 저장할 수 없음

48 과산화칼륨을 저장하는 방법으로 옳은 것은?

① 용기를 밀전한 투명한 용기에 보관
② 구멍 뚫린 갈색 용기에 보관
③ 물속에 넣어 보관
④ 석유 속에 넣어 밀봉하여 보관

해설
[과산화칼륨(1류) 저장법]
물과 산의 반응을 피하기 위해 <u>용기를 밀전한 투명한 용기에 보관</u>

49 위험물안전관리법령에 따른 스프링클러 헤드의 설치방법에 대한 설명으로 옳지 않은 것은?

① 개방형 헤드는 반사판으로부터 하방으로 0.45 [m], 수평방향으로 0.3 [m] 공간을 보유할 것
② 폐쇄형 헤드는 가연성 물질 수납 부분에 설치 시 반사판으로부터 하방으로 0.9 [m], 수평방향으로 0.4 [m]의 공간을 확보할 것
③ 폐쇄형 헤드 중 개구부에 설치하는 것은 당해 개구부의 상단으로부터 높이 0.15 [m] 이내의 벽면에 설치할 것
④ 폐쇄형 헤드 설치 시 급배기용 덕트의 긴 변의 길이가 1.2 [m]를 초과하는 것이 있는 경우에는 당해 덕트의 윗부분에도 헤드를 설치할 것

정답 46 ③ 47 ① 48 ① 49 ④

해설

[스프링클러헤드 설치법]
폐쇄형 헤드설치 시 급배기용 덕트의 긴 변의 길이가 1.2 [m]를 초과하는 것이 있는 경우에는 당해 덕트의 아래 부분에도 헤드를 설치할 것

50 위험물안전관리법령상 위험물안전관리자의 책무에 해당하지 않는 것은?

① 화재 등의 재난이 발생할 경우 소방관서 등에 대한 연락 업무
② 화재 등의 재난 발생할 경우 응급조치
③ 위험물 취급에 관한 일지 작성·기록
④ 위험물안전관리자의 선임·신고

해설

[위험물안전관리자 책무]
위험물안전관리자의 선임·신고는 제조소등 관계인이 실시

51 20 [℃]의 물 100 [kg]이 100 [℃] 수증기로 증발하면 몇 [kcal]의 열량을 흡수할 수 있는가? (단, 물의 증발잠열은 540 [kcal]이다)

① 540 ② 7800
③ 62000 ④ 108000

해설

[열량 계산]
- $Q = Cm\Delta t$(현열) $+ \gamma m$(잠열)
- 열량 = 1 × 100 × (100 − 20) + 540 × 100 = 62000 [kcal]

52 다음은 위험물안전관리법령에 따른 이동탱크저장소에 대한 기준이다. ( ) 안에 알맞은 수치를 차례대로 나열한 것은?

> 이동저장탱크는 그 내부에 ( ) [L] 이하마다 ( ) [mm] 이상의 강철판 또는 이와 동등 이상의 강도·내열성 및 내식성이 있는 금속성의 것으로 칸막이를 설치하여야 한다.

① 2500, 3.2
② 2500, 4.8
③ 4000, 3.2
④ 4000, 4.8

해설

[위험물 이동저장탱크 구조기준]
4000 [L] 이하마다 3.2 [mm] 이상의 강철판 또는 동등한 금속성으로 칸막이 설치

53 위험물을 운반용기에 수납하여 적재할 때 차광성이 있는 피복으로 가려야 하는 위험물이 아닌 것은?

① 제1류 위험물
② 제2류 위험물
③ 제5류 위험물
④ 제6류 위험물

해설

[차광성 있는 피복]
제2류 위험물 : 방수성 있는 피복

정답 50 ④ 51 ③ 52 ③ 53 ②

54 다음 중 오존층 파괴지수가 가장 큰 것은?

① 할론 104
② 할론 1211
③ 할론 1301
④ 할론 2402

해설

[오존층 파괴지수]
- 할론 1211 : 파괴지수 3
- 할론 1301 : 파괴지수 10
- 할론 2402 : 파괴지수 6

55 위험물안전관리법령에 의한 위험물 운송에 관한 규정으로 틀린 것은?

① 이동탱크저장소에 의하여 위험물을 운송하는 자는 당해 위험물을 취급할 수 있는 국가기술자격자 또는 안전교육을 받은 자이어야 한다.
② 안전관리자·탱크시험자·위험물운송자 등 위험물의 안전관리와 관련된 업무를 수행하는 자는 시·도지사가 실시하는 안전교육을 받아야 한다.
③ 운송책임자의 범위, 감독 또는 지원의 방법 등에 관한 구체적인 기준은 총리령으로 정한다.
④ 위험물운송자는 이동탱크저장소에 의하여 위험물을 운송하는 때에는 총리령으로 정하는 기준을 준수하는 등 당해 위험물의 안전 확보를 위하여 세심한 주의를 기울여야 한다.

해설

[위험물 운송기준]
안전관리자·탱크시험자·위험물운송자 등 위험물의 안전관리와 관련된 업무를 수행하는 자는 소방청장이 실시하는 안전교육을 받아야 함

56 과산화벤조일의 일반적인 성질로 옳은 것은?

① 비중은 약 0.33이다.
② 무미, 무취의 고체이다.
③ 물에는 잘 녹지만 다이에틸에터에는 녹지 않는다.
④ 녹는점은 약 300 [℃]이다.

해설

[과산화벤조일(5류) 특징]
- 비중 : 1.33
- 무미·무취의 고체
- 물에 녹지 않고 알코올·에터에 녹음
- 녹는점 : 105 [℃]

57 위험물 옥외저장소에서 지정수량 200배 초과의 위험물을 저장할 경우 경계표시 주위의 보유공지 너비는 몇 [m] 이상으로 하여야 하는가? (단, 제4류 위험물과 제6류 위험물이 아닌 경우이다)

① 0.5
② 2.5
③ 10
④ 15

해설

[옥외저장소의 보유공지 너비]

저장 또는 취급하는 위험물의 최대 지정수량의 배수	공지의 너비
10배 이하	3 [m] 이상
10배 초과 20배 이하	5 [m] 이상
20배 초과 50배 이하	9 [m] 이상
50배 초과 200배 이하	12 [m] 이상
200배 초과	15 [m] 이상

58 주유취급소 중 건축물의 2층에 휴게음식점의 용도로 사용하는 것에 있어 해당 건축물의 2층으로부터 직접 주유취급소의 부지 밖으로 통하는 출입구와 해당 출입구로 통하는 통로·계단에 설치하여야 하는 것은?

① 비상경보설비
② 유도등
③ 비상조명등
④ 확성장치

해설

[유도등의 설치기준]
출입구, 피난구, 통로·계단에 유도등을 설치하고 비상전원을 설치

59 다음 중 등유의 지정수량으로 옳은 것을 고르시오.

① 50 [L]
② 400 [L]
③ 1000 [L]
④ 2000 [L]

해설

[등유(4류) 지정수량]
• 제2석유류 비수용성
• 지정수량 1000 [L]

60 다음 중 위험물안전관리법령상 지정수량의 1/10을 초과하는 위험물을 운반할 때 혼재할 수 없는 경우는?

① 제1류 위험물과 제6류 위험물
② 제2류 위험물과 제4류 위험물
③ 제4류 위험물과 제5류 위험물
④ 제5류 위험물과 제3류 위험물

해설

[위험물 혼재기준]
5류와 3류 혼재 불가

보충 혼재 가능 위험물

1↓	6	혼재 가능
2↓	5↑ 4	혼재 가능
3→	4↑	혼재 가능

암 1 2 3 4 5 6 적은 후 4 추가

정답 58 ② 59 ③ 60 ④

2020 CBT 복원

01 제조소의 옥외에 모두 3개의 휘발유 취급탱크를 설치하고 그 주위에 방유제를 설치하고자 한다. 방유제 안에 설치하는 각 취급탱크의 용량이 5만 [L], 3만 [L], 2만 [L]일 때 필요한 방유제의 용량은 몇 [L] 이상인가?

① 66000　　② 60000
③ 33000　　④ 30000

해설

[방유제 용량]
- 최대 탱크 용량 × 0.5
  + 나머지 탱크 용량의 합 × 0.1
- 방유제 용량
  = (50000 × 0.5) + (30000 + 20000) × 0.1
  = 30000 [L]

02 가연성 물질과 주된 연소 형태의 연결이 틀린 것은?

① 종이, 섬유 - 분해연소
② 셀룰로이드, TNT - 자기연소
③ 목재, 석탄 - 표면연소
④ 황, 알코올 - 증발연소

해설

[연소 형태]
(1) 표면연소 : 목탄(숯)·코크스·금속·마그네슘·금속분 등이 고체의 표면에서 산소와 만나 연소
(2) 분해연소 : 목재·종이·플라스틱·섬유·석탄 등의 열분해로 인한 연소
(3) 자기연소 : 제5류 위험물 등 산소공급원을 포함하고 있는 물질이 스스로 연소
(4) 증발연소 : 파라핀·황·나프탈렌·양초·에터 등이 증발한 증기가 연소

03 다음 중 연소반응이 일어날 수 있는 가능성이 가장 높은 물질은?

① 산소와 친화력이 크고, 활성화에너지가 작은 물질
② 산소와 친화력이 크고, 활성화에너지가 큰 물질
③ 산소와 친화력이 작고, 활성화에너지가 큰 물질
④ 산소와 친화력이 작고, 활성화에너지가 작은 물질

해설

[연소반응 조건]
산소와 친화력이 크고 활성화에너지가 작은 물질

04 폭발 시 연소파의 전파 속도 범위에 가장 가까운 것은?

① 0.1 ~ 10 [m/s]
② 100 ~ 1000 [m/s]
③ 2000 ~ 3500 [m/s]
④ 5000 ~ 10000 [m/s]

정답　01 ④　02 ③　03 ①　04 ①

해설

[연소파 전파 속도]
- 폭연 : 0.1 ~ 10 [m/s]
- 폭굉 : 1000 ~ 3500 [m/s]

05 트라이에틸알루미늄의 화재 시 사용할 수 있는 소화약제(설비)가 아닌 것은?

① 마른모래　② 팽창질석
③ 팽창진주암　④ 이산화탄소

해설

[트라이에틸알루미늄(3류)의 소화약제]
- 마른모래 · 팽창질석 · 팽창진주암
- 탄산수소염류분말

06 일반화재의 급수와 표시색상을 옳게 나타낸 것은?

① A급 - 백색
② D급 - 백색
③ C급 - 청색
④ D급 - 청색

해설

[화재의 종류]

급수	명칭(화재)	색상
A	일반	백색
B	유류	황색
C	전기	청색
D	금속	무색

암 일유전금 백황청무

07 옥외저장소에 덩어리 상태의 황만을 지반면에 설치한 경계 표시의 안쪽에서 저장할 경우 하나의 경계 표시의 내부면적은 몇 [m²] 이하이어야 하는가?

① 75
② 100
③ 150
④ 300

해설

[황(2류) 경계 표시 내부면적기준]
덩어리 황 저장 또는 취급하는 것
(1) 하나의 경계 표시의 내부 면적은 <u>100 [m²] 이하</u>
(2) 2 이상의 경계 표시를 설치한 경우에 있어서 각각의 경계 표시 내부의 면적을 합산한 면적은 1000 [m²] 이하
(3) 경계 표시는 불연재료로 만드는 동시에 황이 새지 않는 구조로 할 것
(4) 경계 표시의 높이는 1.5 [m] 이하로 할 것

08 제5류 위험물의 화재 시 적응성이 있는 소화설비는?

① 분말소화설비
② 할로젠화합물소화설비
③ 물분무소화설비
④ 이산화탄소소화설비

해설

[제5류 위험물의 소화]
5류 위험물은 산소공급원을 포함하고 있어 질식소화에 적응성이 없으므로 냉각소화하여야 함

정답　05 ④　06 ①　07 ②　08 ③

09 위험물제조소등에 설치하는 옥외소화전설비의 기준에서 옥외소화전함은 옥외소화전으로부터 보행 거리 몇 [m] 이하의 장소에 설치하여야 하는가?

① 1.5
② 5
③ 7.5
④ 10

해설

[옥외소화전함설비기준]
옥외소화전으로부터 보행 거리 5 [m] 이하 장소에 설치

10 팽창진주암(삽 1개 포함)의 능력단위 1은 용량이 몇 [L]인가?

① 70
② 100
③ 130
④ 160

해설

[능력단위]

소화설비	용량 [L]	능력단위
소화전용 물통	8	0.3
수조(물통 3개 포함)	80	1.5
수조(물통 6개 포함)	190	2.5
마른모래(삽 1개 포함)	50	0.5
팽창질석·진주암(삽 1개 포함)	160	1.0

11 제조소에서 취급하는 제4류 위험물의 최대 수량의 합이 지정수량의 24만 배 이상, 48만 배 미만인 사업소의 자체소방대에 두는 화학소방자동차의 수와 소방대원의 인원기준으로 옳은 것은?

① 2대, 4인
② 2대, 12인
③ 3대, 15인
④ 3대, 24인

해설

[소방차 수와 소방대원 인원기준]

위험물 최대 수량의 합	소방차	소방대원
12만 배 미만	1	5
12만 ~ 24만 배	2	10
24만 ~ 48만 배	3	15
48만 배 이상	4	20

12 다음 중 질산에 대한 설명으로 옳은 것은?

① 산화력이 없고 환원력만 있다.
② 자체 연소성이 있다.
③ 비중 1.49 이상인 것만 위험물로 취급한다
④ 질산과 염산을 3 : 1 비율로 제조한 것을 왕수라고 한다.

정답 09 ② 10 ④ 11 ③ 12 ③

해설

[질산(HNO_3)]
(1) 비중 1.49 이상인 것만 위험물로 취급함
(2) 빛에 의해 분해되므로 갈색 병에 보관
(3) 질산과 염산을 1 : 3 비율로 제조한 것을 왕수라고 함
(4) 크산토프로테인반응을 함

보충 크산토프로테인반응 : 단백질 검출반응의 일종

13 가연성 액체의 연소형태를 옳게 설명한 것은?

① 연소범위의 하한보다 낮은 범위에서라도 점화원이 있으면 연소한다.
② 가연성 증기의 농도가 높으면 높을수록 연소가 쉽다.
③ 가연성 액체의 증발연소는 액면에서 발생하는 증기가 공기와 혼합하여 타기 시작한다.
④ 증발성이 낮은 액체일수록 연소가 쉽고, 연소속도는 빠르다.

해설

[증발연소]
파라핀·황·나프탈렌·양초·에터 등의 액면에서 증발한 증기가 공기와 혼합하여 연소

14 위험물안전관리법령에 따라 다음 ( ) 안에 알맞은 용어는?

> 주유취급소 중 건축물의 2층 이상의 부분을 점포·휴게음식점 또는 전시장의 용도로 사용하는 것에 있어서는 당해 건축물의 2층 이상으로부터 주유취급소의 부지 밖으로 통하는 출입구와 당해 출입구로 통하는 통로·계단 및 출입구에 ( )을/를 설치하여야 한다.

① 피난사다리
② 경보기
③ 유도등
④ CCTV

해설

[유도등 설치기준]
출입구, 피난구, 통로·계단에 유도등을 설치

15 위험물안전관리법령상 간이탱크저장소에 대한 설명 중 틀린 것은?

① 간이저장탱크의 용량은 600리터 이하여야 한다.
② 하나의 간이탱크저장소에 설치하는 간이저장탱크는 5개 이하여야 한다.
③ 간이저장탱크는 두께 3.2 [mm] 이상의 강판으로 흠이 없도록 제작하여야 한다.
④ 간이저장탱크는 70 [kPa]의 압력으로 10분간의 수압시험을 실시하여 물이 새거나 변형되지 않아야 한다.

정답 13 ③ 14 ③ 15 ②

> **해설**

[간이탱크저장소의 설치기준]
하나의 간이탱크저장소에 설치하는 간이저장탱크는 <u>3개 이하</u>

16 소화약제로 사용할 수 없는 물질은?

① 이산화탄소
② 제1인산암모늄
③ 탄산수소나트륨
④ 브로민산암모늄

> **해설**

[화재별 소화약제]
브로민산암모늄은 제1류 위험물임

17 위험물안전관리법령상 지하탱크저장소에 설치하는 강제이중벽탱크에 관한 설명으로 틀린 것은?

① 탱크 본체와 외벽 사이에는 3 [mm] 이상의 감지층을 둔다.
② 스페이서는 탱크 본체와 재질을 다르게 하여야 한다.
③ 탱크전용실 없이 지하에 직접 매설한 수도 있다.
④ 탱크 외면에는 최대시험압력을 지워지지 않도록 표시하여야 한다.

> **해설**

[강제이중벽탱크]
탱크 본체와 스페이서의 재질은 동일한 것으로 함

18 나이트로셀룰로스의 저장·취급방법으로 틀린 것은?

① 직사광선을 피해 저장한다.
② 되도록 장기간 보관하여 안정화된 후에 사용한다.
③ 유기과산화물류, 강산화제와의 접촉을 피한다.
④ 건조 상태에 이르면 위험하므로 습한 상태를 유지한다.

> **해설**

[나이트로셀룰로스(5류)의 취급법]
장기간 보관 시 분해·폭발의 위험이 큼

19 B, C급 화재뿐만 아니라 A급 화재까지도 사용이 가능한 분말소화약제는?

① 제1종 분말소화약제
② 제2종 분말소화약제
③ 제3종 분말소화약제
④ 제4종 분말소화약제

> **해설**

[화재별 소화약제]

소화약제	명칭	적응화재	분말색
제1종	탄산수소나트륨	BC	백색
제2종	탄산수소칼륨	BC	보라색
제3종	인산암모늄	ABC	담홍색
제4종	탄산수소칼륨과 요소반응물	BC	회색

정답 16 ④ 17 ② 18 ② 19 ③

20 위험물안전관리법령상 전기설비에 적응성이 없는 소화설비는?

① 포소화설비
② 이산화탄소소화설비
③ 할로젠화합물소화설비
④ 물분무소화설비

해설

[전기설비에 적응성이 없는 소화설비]
포소화설비는 물에 의한 소화방법으로 진압이 힘든 인화성 액체 등을 효과적으로 진압하기 위한 설비로 전기설비에는 적응성이 없음

21 다음 중 위험물안전관리법령에서 정한 지정수량이 500 [kg]인 것은?

① 황화인
② 금속분
③ 인화성 고체
④ 황

해설

[지정수량]

위험물(2류)	지정수량 [kg]
황화인	100
인화성 고체	1000
황	100
금속분	500

암 500 : 금속철마

22 다음 중 자연발화의 위험성이 가장 큰 물질은?

① 아마인유
② 야자유
③ 올리브유
④ 피마자유

해설

[자연발화의 위험성]
건성유인 아마인유는 자연발화의 위험이 큼

품명	아이오딘값	종류
건성유	130 이상	오동유·해바라기씨유·정어리유·아마인유·들기름 등
반건성유	100 ~ 130	참기름·콩기름 등
불건성유	100 이하	피마자유·야자유·올리브유·땅콩기름(낙화생유)·고래기름·소기름 등

보충 아마인유를 제외하고는 모두 불건성유

23 과염소산나트륨에 대한 설명으로 옳지 않은 것은?

① 가열하면 분해하여 산소를 방출한다.
② 환원제이며 수용액은 강한 환원성이 있다.
③ 수용성이며 조해성이 있다.
④ 제1류 위험물이다.

해설

[과염소산나트륨(1류) 특징]
제1류 위험물은 산화제임

정답 20 ① 21 ② 22 ① 23 ②

24 윤활유 6000 [L], 기어유 3000 [L]를 같은 장소에 저장하려 한다. 지정수량의 배수의 합은 얼마인가?

① 1.5
② 3.0
③ 3.5
④ 4.0

해설

[지정수량]
- 윤활유 : 6000 [L]
- 기어유 : 6000 [L]
- 지정수량의 합
  $= \left(\dfrac{6000}{6000}\right) + \left(\dfrac{3000}{6000}\right) = 1.5$

25 $CH_3COC_2H_5$의 명칭 및 지정수량을 옳게 나타낸 것은?

① 메틸에틸케톤, 50 [L]
② 메틸에틸케톤, 200 [L]
③ 메틸에틸에터, 50 [L]
④ 메틸에틸에터, 200 [L]

해설

[지정수량]
메틸에틸케톤($CH_3COC_2H_5$, 4류) : 200 [L]

26 1차 알코올에 대한 설명으로 가장 적절한 것은?

① OH기의 수가 하나이다.
② OH기가 결합된 탄소원자에 붙은 알킬기의 수가 하나이다.
③ 가장 간단한 알코올이다.
④ 탄소의 수가 하나인 알코올이다.

해설

[1차 알코올의 특징]
- 알코올 : 알킬기 + 수산기
- 탄소(알킬기)의 개수에 따라 1차, 2차, 3차 알코올로 분류됨
- -OH(수산기)의 개수에 때라 1가, 2가, 3가 알코올로 분류됨
- 1차 알코올 : OH기가 결합된 탄소원자에 붙은 알킬기의 수가 하나

27 위험물안전관리법령상 정기점검 대상인 제조소등의 조건이 아닌 것은?

① 예방규정 작성대상인 제조소등
② 지하탱크저장소
③ 이동탱크저장소
④ 지정수량 5배의 위험물을 취급하는 옥외탱크를 둔 제조소

해설

[정기점검 대상]
지정수량의 10배 이상의 위험물을 취급하는 제조소

정답 24 ① 25 ② 26 ② 27 ④

28 위험물안전관리에 관한 세부 기준에서 정한 위험물의 유별에 따른 위험성 시험 방법을 바르게 연결한 것은?

① 제1류 - 가열분해성 시험
② 제5류 - 충격민감성 시험
③ 제2류 - 작은 불꽃 착화시험
④ 제6류 - 낙구타격감도시험

해설

[위험성 시험방법]
- 제1류 : 산화성 시험, 충격민감성 시험
- <u>제2류 : 착화성 시험</u>, 인화성 시험
- 제5류 : 폭발성 시험, 가열분해성 시험
- 제6류 : 산화성 시험

29 다이크로뮴산칼륨에 대한 설명으로 틀린 것은?

① 열분해하여 산소가 발생한다.
② 물과 알코올에 잘 녹는다.
③ 등적색의 결정으로 쓴 맛이 있다.
④ 산화제, 의약품 등에 사용된다.

해설

[다이크로뮴산칼륨(1류)]
다이크로뮴산칼륨은 물에는 녹으나 알코올에는 녹지 않음

30 옥내저장소에 질산 600 [L]를 저장하고 있다. 저장하고 있는 질산은 지정수량의 몇 배인가? (단, 질산의 비중은 1.5이다)

① 1
② 2
③ 3
④ 4

해설

[지정수량의 배수]
- 질산(6류)의 지정수량 : 300 [kg]
- 질산의 질량 : 600 [L] × 1.5 [kg/L] = 900 [kg]
- 지정수량의 배수 : $\dfrac{900}{300} = 3$

31 액화 이산화탄소 1 [kg]이 25 [℃], 2 [atm]에서 방출되어 모두 기체가 되었다. 방출된 기체상의 이산화탄소 부피는 약 몇 [L]인가?

① 238
② 278
③ 308
④ 340

해설

[이산화탄소의 부피 계산]
- $PV = \dfrac{WRT}{M}$
- $V = \dfrac{1 \times 0.082 \times (273 + 25)}{2 \times 44} = 0.278 \ [\text{m}^3]$

R(기체상수) : 0.082 [atm·m³/kmol·K]
T(절대온도) : 25 [℃] + 273 = 298 [K]
M(분자량) : 44 [kg/kmol], W(질량) : 1 [kg]

정답 28 ③ 29 ② 30 ③ 31 ②

32 위험물안전관리법령에서 정한 아세트알데하이드등을 취급하는 제조소의 특례에 관한 내용이다. ( ) 안에 해당하는 물질이 아닌 것은?

> 아세트알데하이드등을 취급하는 설비는 ( ), ( ), ( ), ( ) 또는 이들을 성분으로 하는 합금으로 만들지 아니할 것

① 동
② 은
③ 금
④ 마그네슘

해설

[아세트알데하이드등 취급설비]
아세트알데하이드등을 취급하는 설비는 동, 은, 수은, 마그네슘 또는 이들을 성분으로 하는 합금으로 만들지 아니한 것

33 과염소산암모늄에 대한 설명으로 옳은 것은?

① 물에 용해되지 않는다.
② 청록색의 침상결정이다.
③ 130[℃]에서 분해하기 시작하여 CO_2 가스를 방출한다.
④ 아세톤, 알코올에 용해된다.

해설

[과염소산암모늄(1류)의 특징]
물, 아세톤, 알코올에 잘 용해됨

34 다음 중 1분자 내에 포함된 탄소의 수가 가장 많은 것은?

① 아세톤
② 톨루엔
③ 아세트산
④ 이황화탄소

해설

[탄소의 수]
- 아세톤(CH_3COCH_3) : 3개
- 톨루엔($C_6H_5CH_3$) : 7개
- 아세트산(CH_3COOH) : 2개
- 이황화탄소(CS_2) : 1개

35 위험물안전관리법령상 혼재할 수 없는 위험물은? (단, 위험물은 지정수량의 1/10을 초과하는 경우이다)

① 적린과 황린
② 질산염류와 질산
③ 칼륨과 특수인화물
④ 유기과산화물과 황

해설

[위험물 혼재기준]
적린(2류), 황린(3류) 혼재 불가

보충 혼재 가능 위험물

1↓	6		혼재 가능
2↓	5↑	4	혼재 가능
3→	4↑		혼재 가능

암 1 2 3 4 5 6 적은 후 4 추가

정답 32 ③ 33 ④ 34 ② 35 ①

36 등유에 관한 설명으로 틀린 것은?

① 물보다 가볍다.
② 녹는점은 상온보다 높다
③ 발화점은 상온보다 높다
④ 증기는 공기보다 무겁다.

해설

[등유(4류)의 특징]
녹는점은 상온보다 낮음

37 과산화수소의 성질에 대한 설명으로 옳지 않은 것은?

① 산화성이 강한 무색투명한 액체이다.
② 위험물안전관리법령상 일정 비중 이상일 때 위험물로 취급한다.
③ 가열에 의해 분해하면 산소가 발생한다.
④ 소독약으로 사용할 수 있다.

해설

[과산화수소(6류)의 특징]
농도 36 [wt%] 이상부터 위험물

38 위험물안전관리법령에 의한 위험물에 속하지 않는 것은?

① CaC_2
② S
③ P_2O_5
④ K

해설

[위험물에 속하지 않는 것]
- 오산화인(P_2O_5) : 적린, 황린의 연소생성물
- 오산화인은 위험물이 아님

39 다음 물질 중 인화점이 가장 낮은 것은?

① CH_3COCH_3
② $C_2H_5OC_2H_5$
③ $CH_3(CH_2)_3OH$
④ CH_3OH

해설

[인화점]
- 아세톤(제1석유류) - CH_3COCH_3 : -18 [℃]
- 다이에틸에터(특수인화물) - $C_2H_5OC_2H_5$: -45 [℃]
- 부틸알코올(제2석유류) - $CH_3(CH_2)_3OH$: 35 [℃]
- 메틸알코올(알코올류) - CH_3OH : 11 [℃]

40 다음 중 위험물안전관리법령에 따라 정한 지정수량이 나머지 셋과 다른 것은?

① 황화인
② 적린
③ 황
④ 철분

해설

[지정수량]
- 황화인, 적린, 황 : 100 [kg]
- 철분 : 500 [kg]

정답 36 ② 37 ② 38 ③ 39 ② 40 ④

41
제4류 위험물을 저장 및 취급하는 위험물제조소에 설치한 "화기엄금" 게시판의 색상으로 올바른 것은?

① 적색 바탕에 흑색 문자
② 흑색 바탕에 적색 문자
③ 백색 바탕에 적색 문자
④ 적색 바탕에 백색 문자

해설

[화기엄금 색상]
적색 바탕에 백색 문자

42
질산암모늄의 일반적 성질에 대한 설명 중 옳은 것은?

① 불안정한 물질이고 물에 녹을 때는 흡열반응을 나타낸다.
② 물에 대한 용해도값이 매우 작아 물에 거의 불용이다.
③ 가열 시 분해하여 수소가 발생한다.
④ 과일향의 냄새가 나는 적갈색 비결정체이다.

해설

[질산암모늄(1류)의 특징]
• 불안정한 물질이고, 물에 녹을 때는 흡열반응을 나타냄
• 물에 잘 녹음
• 가열 시 분해하여 산소 발생
• 무색무취의 결정

43
금속염을 불꽃반응 실험을 한 결과 노란색의 불꽃이 나타났다. 이 금속염에 포함된 금속은 무엇인가?

① Cu
② K
③ Na
④ Li

해설

[불꽃반응색]
① 청록색
② 보라색
③ 노란색
④ 빨간색

44
위험물안전관리법령상 제4류 위험물 운반용기의 외부에 표시해야 하는 사항이 아닌 것은?

① 규정에 의한 주의사항
② 위험물의 품명 및 위험등급
③ 위험물의 관리자 및 지정수량
④ 위험물의 화학명

해설

[제4류 위험물의 운반용기 외부 표시]
• 규정에 의한 주의사항
• 위험물의 품명 및 위험등급
• 위험물 수량
• 위험물의 화학명

정답 41 ④ 42 ① 43 ③ 44 ③

45 위험물 옥외저장소에서 지정수량 17배의 위험물을 저장할 경우 경계표시 주위의 보유공지 너비는 몇 [m] 이상으로 하여야 하는가? (단, 제4류 위험물과 제6류 위험물이 아닌 경우이다)

① 0.5
② 2.5
③ 5
④ 15

해설

[옥외저장소 보유공지 너비]

저장 또는 취급하는 위험물의 최대 지정수량의 배수	공지의 너비
10배 이하	3 [m] 이상
10배 초과 20배 이하	5 [m] 이상
20배 초과 50배 이하	9 [m] 이상
50배 초과 200배 이하	12 [m] 이상
200배 초과	15 [m] 이상

46 위험물제조소등에 경보설비를 설치해야 하는 경우로 틀린 것은? (단, 지정수량의 10배 이상을 저장 또는 취급하는 경우이다)

① 단층건물로 처마 높이가 6 [m]인 옥내저장소
② 이동탱크저장소
③ 단층 건물 외의 건축물에 설치된 옥내탱크저장소로서 소화난이도등급 Ⅰ에 해당하는 것
④ 옥내주유취급소

해설

[위험물제조소등에 설치하는 경보설비]
이동탱크저장소를 제외한 지정수량 10배 이상을 저장·취급하는 제조소등

47 제5류 위험물이 아닌 것은?

① 아조벤젠
② 과산화벤조일
③ 염산하이드라진
④ 클로로벤젠

해설

[제5류 위험물이 아닌 것]
클로로벤젠 : 제4류 위험물 - 제2석유류

48 칼륨이 에틸알코올과 반응할 때 나타나는 현상은?

① 산소가스를 생성한다.
② 칼륨에틸레이트를 생성한다.
③ 칼륨과 물이 반응할 때와 동일한 생성물이 나온다.
④ 에틸알코올이 산화되어 아세트알데하이드를 생성한다.

해설

[칼륨(3류)의 반응 시 생성물]
• $2K + 2C_2H_5OH \rightarrow 2C_2H_5OK + H_2 \uparrow$
• 칼륨은 에틸알코올과 반응하여 칼륨에틸레이트와 수소를 생성

정답 45 ③ 46 ② 47 ④ 48 ②

49 위험물안전관리법령상 제3류 위험물에 해당하지 않는 것은?

① 적린
② 나트륨
③ 칼륨
④ 황린

[해설]
[제3류 위험물 종류]
- 나트륨, 칼륨, 황린 등
- 제2류 위험물 : 적린

50 위험물 저장탱크의 공간용적은 탱크 내용적의 얼마 이상, 얼마 이하로 하는가?

① 2/100 이상, 3/100 이하
② 2/100 이상, 5/100 이하
③ 5/100 이상, 10/100 이하
④ 10/100 이상, 20/100 이하

[해설]
[위험물 저장탱크의 내용적]
5/100 이상, 10/100 이하

51 위험물안전관리법령상 위험등급 Ⅰ의 위험물에 해당하는 것은?

① 무기과산화물
② 황화인, 적린, 황
③ 제1석유류
④ 알코올류

[해설]
[위험등급]
- 무기과산화물 : Ⅰ(1류)
- 황화인, 적린, 황 : Ⅱ(2류)
- 제1석유류 : Ⅱ(4류)
- 알코올류 : Ⅱ(4류)

52 나이트로셀룰로스(제1종) 5 [kg]과 트라이나이트로페놀(제2종)을 함께 저장하려고 한다. 이때 지정수량을 1배로 저장하려면 트라이나이트로페놀 몇 [kg]을 저장하여야 하는가?

① 5
② 10
③ 30
④ 50

[해설]
[지정수량]
- 나이트로셀룰로스(5류) : 10 [kg]
- 트라이나이트로페놀(5류) : 100 [kg]
- x = 트라이나이트로페놀 저장 무게
- 지정수량 = (5 / 10) + (x / 100) = 1
- x = 50

53 염소산염류 500 [kg]과 브로민산염류 3000 [kg]을 함께 저장하는 경우 위험물의 소요단위는 얼마인가?

① 2   ② 4
③ 6   ④ 8

정답 49 ① 50 ③ 51 ① 52 ④ 53 ①

해설

[소요단위]
- 염소산염류 지정수량 : 50 [kg]
- 브로민산염류 지정수량 : 300 [kg]
- 소요단위 = $\dfrac{500}{50 \times 10} + \dfrac{3000}{300 \times 10} = 2$

54 지정수량 20배의 알코올류를 저장하는 옥외탱크저장소의 경우 펌프실 외의 장소에 설치하는 펌프설비의 기준으로 옳지 않은 것은?

① 펌프설비 주위에는 3 [m] 이상의 공지를 보유한다.
② 펌프설비 그 직하의 지반면 주위에 높이 0.15 [m] 이상의 턱을 만든다.
③ 펌프설비 그 직하의 지반면의 최저부에는 집유설비를 만든다.
④ 집유설비에는 위험물이 배수구에 유입되지 않도록 유분리장치를 만든다.

해설

[지정수량 20배의 알코올류 저장 시 펌프의 설비 기준]
유분리장치는 설치 대상이 아님

55 황린의 위험성에 대한 설명으로 틀린 것은?

① 공기 중에서 자연발화의 위험성이 있다.
② 연소 시 발생되는 증기는 유독하다.
③ 화학적 활성이 커서 CO_2, H_2O와 격렬히 반응한다.
④ 강알칼리 용액과 반응하여 독성 가스가 발생한다.

해설

[황린(3류)의 특징]
- 이산화탄소, 물과 반응하지 않음
- 물과 반응하지 않아 물속에 보관

56 질산이 직사일광에 노출될 때 어떻게 되는가?

① 분해되지는 않으나 붉은 색으로 변한다.
② 분해되지는 않으나 녹색으로 변한다.
③ 분해되어 질소가 발생한다.
④ 분해되어 이산화질소가 발생한다.

해설

[질산(6류)이 직사일광에 노출 시]
분해되어 이산화질소가 발생
$4HNO_3 \rightarrow 2H_2O + 4NO_2 \uparrow + O_2 \uparrow$

정답 54 ④ 55 ③ 56 ④

57 제5류 위험물 중 나이트로글리세린(제1종) 30 [kg]과 하이드록실아민(제2종) 500 [kg]을 함께 보관하는 경우 지정수량의 몇 배인가? (※ 법령개정으로 문제 수정)

① 3배
② 8배
③ 10배
④ 18배

> **해설**
>
> [지정수량]
> - 나이트로글리세린 : 10 [kg]
> - 하이드록실아민 : 100 [kg]
> - 지정수량 = (30 / 10) + (500 / 100) = 8

58 아세톤 성질에 대한 설명으로 옳은 것은?

① 자연발화성 때문에 유기용제로 사용할 수 없다.
② 무색무취이고, 겨울철에 쉽게 응고된다.
③ 증기비중은 약 0.79이고, 아이오딘포름반응을 한다.
④ 물에 잘 녹으며, 끓는점이 60 [℃]보다 낮다.

> **해설**
>
> [아세톤(4류)의 특징]
> - 인화성 액체이며 휘발성이 있음
> - 겨울철에 인화할 가능성이 있음
> - 증기비중 : 2
> - 물에 잘 녹고, 끓는점이 60 [℃]보다 낮음

59 위험물의 저장 및 취급방법에 대한 설명으로 틀린 것은?

① 적린은 화기와 멀리하고 가열, 충격이 가해지지 않도록 한다.
② 이황화탄소는 발화점이 낮으므로 물 속에 저장한다.
③ 마그네슘은 산화제와 혼합되지 않도록 취급한다.
④ 알루미늄분은 분진폭발의 위험이 있으므로 분무주수하여 저장한다.

> **해설**
>
> [위험물의 취급방법]
> 알루미늄분은 물과 수소와 반응하여 열이 발생하기 때문에 물과 닿으면 안 됨

60 분말의 형태로서 150 [μm]의 체를 통과하는 것이 50 [wt%] 이상인 것만 위험물로 취급되는 것은?

① Fe
② Ni
③ Sb
④ Cu

> **해설**
>
> [금속분 위험물기준]
> 구리분(Cu), 니켈분(Ni)을 제외하고, 150 [μm]의 체를 통과하는 것이 50 [wt%] 이상(Al, Zn, Sb)

정답 ● 57 ② 58 ④ 59 ④ 60 ③

2019 CBT 복원

01 1몰의 이황화탄소와 고온의 물이 반응하여 생성되는 독성 기체 물질의 부피는 표준 상태에서 얼마인가?

① 22.4 [L] ② 44.8 [L]
③ 67.2 [L] ④ 134.4 [L]

해설

[이황화탄소(4류)의 반응 후 생성물]
- $CS_2 + 2H_2O \rightarrow CO_2 + 2H_2S$
- 이황화탄소가 뜨거운 물과 반응하여 이산화탄소와 황화수소 발생
- 1 [mol] : 22.4 [L]
- H_2S 2 [mol] : 44.8 [L]

02 질산 300킬로그램과 아염소산나트륨 100킬로그램, 과염소산칼륨 150킬로그램과 함께 저장하는 경우 지정수량의 몇 배로 저장할 수 있는가?

① 10배 ② 15배
③ 1배   ④ 6배

해설

[지정수량]

위험물	지정수량 [kg]
질산	300
아염소산나트륨	50
과염소산칼륨	50

$\frac{300}{300} + \frac{100}{50} + \frac{150}{50} = 6$

03 소화설비의 설치기준으로 보아 유기과산화물(단, 제1종으로 가정) 1000 [kg]은 몇 소요단위에 해당하는가?

① 10   ② 50
③ 300   ④ 1000

해설

[소요단위 산정]
- 유기과산화물(5류) 지정수량은 10 [kg]
- 1소요단위 = 지정수량 × 10
  = 10 × 10 = 100 [kg]
- 소요단위 = 1000 / 100 = 10

04 다음 중 표면연소를 하는 물질이 아닌 것은?

① 목탄   ② 석탄
③ 코크스 ④ 마그네슘

해설

[연소형태]
- 표면연소 : 목탄(숯)·코크스·금속·마그네슘·금속분 등이 고체의 표면에서 산소와 만나 연소
- 분해연소 : 목재·종이·플라스틱·섬유·석탄 등의 열분해로 인한 연소
- 자기연소 : 제5류 위험물 등 산소공급원을 포함하고 있는 물질이 스스로 연소
- 증발연소 : 파라핀·황·나프탈렌·양초·에터 등이 증발한 증기가 연소

정답 01 ② 02 ④ 03 ① 04 ②

05 다음 위험물의 화재 시 주수소화가 가능한 것은?

① 철분
② 마그네슘
③ 나트륨
④ 황

해설

[주수소화 가능 물질]
황(금속분, 철분, 마그네슘 제외한 2류)

TIP 금속류 : 주수 금지

06 화재 시 이산화탄소를 사용하여 공기 중 산소의 농도를 21 [vol%]에서 13 [vol%]로 낮추려면 공기 중 이산화탄소의 농도는 약 몇 [vol%]가 되어야 하는가?

① 34.3
② 38.1
③ 42.5
④ 45.8

해설

[이산화탄소의 소화농도 계산]

$$\% CO_2 = \frac{21 - \% O_2}{21} \times 100$$

$$= \frac{21 - 13}{21} \times 100 = 38.1 \, [vol\%]$$

07 연소범위에 대한 설명으로 옳지 않은 것은?

① 연소범위는 연소하한값부터 연소상한값까지이다.
② 연소범위의 단위는 공기 또는 산소에 대한 가스의 [%] 농도이다.
③ 연소하한이 낮을수록 위험이 크다.
④ 온도가 높아지면 연소범위가 좁아진다.

해설

[연소범위]
온도가 높아지면 부피와 압력이 상승하고 연소범위는 넓어짐

08 이산화탄소소화약제에 관한 설명 중 틀린 것은?

① 소화약제에 의한 오손이 없다.
② 소화약제 중 증발잠열이 가장 크다.
③ 전기 절연성이 있다.
④ 장기간 저장이 가능하다.

해설

[이산화탄소소화약제]
증발잠열이 가장 큰 것은 <u>물소화약제</u>

정답 05 ④ 06 ② 07 ④ 08 ②

09 소화기에 "B-2"로 표시되어 있었다면 숫자 "2"가 의미하는 것은 무엇인가?

① 소화기의 제조번호
② 소화기의 소요단위
③ 소화기의 사용순위
④ 소화기의 능력단위

해설

[소화기 표시]
- B : 적응화재
- 2 : 능력단위

10 금속화재를 옳게 설명한 것은?

① C급 화재이고, 표시 색상은 청색이다.
② C급 화재이고, 표시 색상은 없다.
③ D급 화재이고, 표시 색상은 청색이다.
④ D급 화재이고, 표시 색상은 없다.

해설

[화재의 종류]

급수	명칭(화재)	색상
A	일반	백색
B	유류	황색
C	전기	청색
D	금속	무색

암 일유전금 백황청무

11 위험물안전관리법령상의 규제에 관한 설명 중 틀린 것은?

① 자가용에 의한 위험물의 저장·취급 및 운반은 시·도 조례에 의하여 규제하지 않는다.
② 항공기에 의한 위험물의 저장·취급 및 운반은 위험물안전관리법의 규제대상이 아니다.
③ 궤도에 의한 위험물의 저장·취급 및 운반은 위험물안전관리법의 규제대상이 아니다.
④ 선박법의 선박에 의한 위험물의 저장·취급 및 운반은 위험물안전관리법의 규제대상이 아니다.

해설

[위험물안전관리법 적용되는 영역]
항공기, 선박, 철도, 궤도에 속하지 않으므로 안전관리법 적용

12 가연성 액체의 연소형태를 옳게 설명한 것은?

① 연소범위의 하한보다 낮은 범위에서라도 점화원이 있으면 연소한다.
② 가연성 증기의 농도가 높으면 높을수록 연소가 쉽다.
③ 가연성 액체의 증발연소는 액면에서 발생하는 증기가 공기와 혼합하여 타기 시작한다.
④ 증발성이 낮은 액체일수록 연소가 쉽고, 연소속도는 빠르다.

정답 09 ④ 10 ④ 11 ① 12 ③

> **해설**

[증발연소]

증발연소 : 파라핀·황·나프탈렌·양초·에터 등의 액면에서 증발한 증기가 공기와 혼합하여 연소

13 위험물제조소에서 국소방식 배출설비의 배출 능력은 1시간당 배출장소 용적의 몇 배 이상인 것으로 하여야 하는가?

① 5
② 10
③ 15
④ 20

> **해설**

[국소방식 배출설비의 배출장소]

배출 능력은 1시간당 배출장소 용적의 20배 이상인 것

14 제3종 분말소화약제의 주요 성분으로 옳은 것은?

① 탄산수소칼륨
② 탄산수소나트륨
③ 요소
④ 인산암모늄

> **해설**

[분말소화약제 주요 성분]
- 제1종 : 탄산수소나트륨
- 제2종 : 탄산수소칼륨
- 제3종 : 인산암모늄
- 제4종 : 탄산수소칼륨과 요소반응물

15 위험물제조소에 설치하는 분말소화설비의 기준에서 분말소화약제의 가압용 가스로 사용할 수 있는 것은?

① 헬륨 또는 산소
② 네온 또는 염소
③ 아르곤 또는 산소
④ 질소 또는 이산화탄소

> **해설**

[분말소화약제 가압용 가스 사용]
- 불활성 기체 사용
- 질소·이산화탄소·아르곤

16 자연발화의 방지법으로 틀린 것은?

① 통풍을 잘 시킬 것
② 퇴적 및 수납 시 열 축적이 없을 것
③ 저장실의 온도를 낮출 것
④ 습도를 높게 유지할 것

> **해설**

[자연발화방지법]
- 통풍을 잘 시킬 것
- 열의 축적을 방지할 것
- 주위온도를 낮게 유지할 것
- 습도를 낮게 유지할 것

정답 ▶ 13 ④ 14 ④ 15 ④ 16 ④

17 위험물안전관리법령에서 정한 "물분무등 소화설비"의 종류에 속하지 않는 것은?

① 스프링클러설비
② 포소화설비
③ 분말소화설비
④ 이산화탄소소화설비

해설

[물분무등소화설비 종류]
- 포소화설비
- 분말소화설비
- 이산화탄소소화설비
- 물분무소화설비
- 불활성 가스소화설비
- 할로젠화합물소화설비

18 다음 중 수소, 아세틸렌과 같은 가연성 가스가 공기 중 누출되어 연소하는 형식에 가장 가까운 것은?

① 확산연소 ② 증발연소
③ 분해연소 ④ 표면연소

해설

[연소의 종류와 정의]
- 확산연소 : 수소, 아세틸렌, 메테인, 프로페인 등 가연성 가스와 산소의 혼합가스가 생성되어 연소
- 증발연소 : 파라핀·황·나프탈렌·양초·에터 등의 증발된 증기가 연소
- 분해연소 : 목재·종이·플라스틱·섬유·석탄 등의 열분해로 인한 연소
- 표면연소 : 목탄·코크스·숯·금속·마그네슘·금속분 등이 고체의 표면에서 산소와 만나 연소

19 소화효과에 대한 설명으로 틀린 것은?

① 기화잠열이 큰 소화약제를 사용할 경우 냉각소화효과를 기대할 수 있다.
② 이산화탄소에 의한 소화는 주로 질식소화로 화재를 진압한다.
③ 할로젠화합물소화약제는 주로 냉각소화를 한다.
④ 분말소화약제는 질식효과와 부촉매효과 등으로 화재를 진압한다.

해설

[소화효과]
- 할로젠화합물소화효과
  → 억제소화(연쇄반응을 억제하여 소화)

20 위험물제조소등에 설치하는 고정식의 포소화설비의 기준에서 포헤드방식의 포헤드는 방호대상물의 표면적 몇 [m^2]당 1개 이상의 헤드를 설치하여야 하는가?

① 3
② 9
③ 15
④ 30

해설

[포헤드방식의 포헤드 설치기준]
9 [m^2]당 1개 이상의 헤드 설치

정답 17 ① 18 ① 19 ③ 20 ②

21 위험물제조소 내의 위험물을 취급하는 배관에 대한 설명으로 옳지 않은 것은?

① 배관을 지하에 매설하는 경우 접합부분에는 점검구를 설치하여야 한다.
② 배관을 지하에 매설하는 경우 금속성 배관의 외면에는 부식방지 조치를 하여야 한다.
③ 최대 상용 압력의 1.5배 이상의 압력으로 수압시험을 실시하여 이상이 없어야 한다.
④ 지상에 설치하는 경우에는 안전한 구조의 지지물로 지면에 밀착하여 설치하여야 한다.

해설
[위험물 취급 배관 특징]
지상에 설치하는 경우 안전한 구조의 지지물로 지면에 닿지 않게 설치함

22 경유 2000 [L], 글리세린 2000 [L]를 같은 장소에 저장하려 한다. 지정수량의 배수의 합은 얼마인가?

① 2.5   ② 3.0
③ 3.5   ④ 4.0

해설
[지정수량]
• 경유 : 1000 [L]
• 글리세린 : 4000 [L]
• 지정수량의 합
  = (2000 / 1000) + (2000 / 4000) = 2.5

23 위험물안전관리법령에서 정한 아세트알데하이드등을 취급하는 제조소의 특례에 관한 내용이다. ( ) 안에 해당하는 물질이 아닌 것은?

아세트알데하이드등을 취급하는 설비는 ( ), ( ), ( ), ( ) 또는 이들을 성분으로 하는 합금으로 만들지 아니할 것

① 동   ② 은
③ 금   ④ 마그네슘

해설
[아세트알데하이드등 취급설비]
아세트알데하이드등을 취급하는 설비는 동, 은, 수은, 마그네슘 또는 이들을 성분으로 하는 합금으로 만들지 아니한 것

24 위험물안전관리법령에 따른 옥외소화전설비의 설치기준에 대해 다음 ( ) 안에 알맞은 수치를 차례대로 나타낸 것은?

옥외소화전설비는 모든 옥외소화전(설치 개수가 4개 이상인 경우는 4개의 옥외소화전)을 동시에 사용할 경우에 각 노즐선단의 방수압력이 ( ) [kPa] 이상이고, 방수량이 1분당 ( ) [L] 이상의 성능이 되도록 할 것

① 350, 260
② 300, 260
③ 350, 450
④ 300, 450

정답 21 ④ 22 ① 23 ③ 24 ③

해설

[옥외소화전설비 설치기준]
- 방수 압력 350 [kPa] 이상
- 방수량 1분당 450 [L] 이상

25 알루미늄분의 위험성에 대한 설명 중 틀린 것은?

① 할로젠원소와 접촉 시 자연발화의 위험성이 있다.
② 산과 반응하여 가연성 가스인 수소가 발생한다.
③ 발화하면 다량의 열이 발생한다.
④ 뜨거운 물과 격렬히 반응하여 산화알루미늄을 발생한다.

해설

[알루미늄분(3류)의 위험성]
알루미늄은 물과 반응하여 수산화알루미늄과 수소 발생

26 건성유에 해당되지 않는 것은?

① 들기름
② 정어리유
③ 아마인유
④ 피마자유

해설

[건성유(4류)의 종류]

품명	아이오딘값	종류
건성유	130 이상	오동유·해바라기씨유·정어리유·아마인유·들기름 등
반건성유	100 ~ 130	참기름·콩기름 등
불건성유	100 이하	피마자유·야자유·올리브유·땅콩기름(낙화생유)·고래기름·소기름 등

27 염소산염류 500 [kg]과 질산염류 3000 [kg]을 함께 저장하는 경우 위험물의 소요단위는 얼마인가?

① 2   ② 4
③ 6   ④ 8

해설

[소요단위]
- 염소산염류 지정수량 : 50 [kg]
- 질산염류 지정수량 : 300 [kg]
- 소요단위 $= \dfrac{500}{50 \times 10} + \dfrac{3000}{300 \times 10} = 2$

28 주유취급소 중 건축물의 2층에 휴게음식점의 용도로 사용하는 것에 있어 해당 건축물의 2층으로부터 직접 주유취급소의 부지 밖으로 통하는 출입구와 해당 출입구로 통하는 통로·계단에 설치하여야 하는 것은?

① 비상경보설비   ② 유도등
③ 비상조명등   ④ 확성장치

정답 25 ④ 26 ④ 27 ① 28 ②

해설

[유도등의 설치기준]
출입구, 피난구, 통로·계단에 유도등을 설치하고 비상전원을 설치

29 휘발유의 일반적인 성질에 관한 설명으로 틀린 것은?

① 인화점이 0 [℃]보다 낮다.
② 위험물안전관리법령상 제1석유류에 해당한다.
③ 전기에 대해 비전도성 물질이다.
④ 순수한 것은 청색이나 안전을 위해 검은색으로 착색해서 사용해야 한다.

해설

[휘발유(4류)의 특징]
공업용은 무색이고, 소비자용은 일반적으로 노란색으로 착색함

30 트라이에틸알루미늄은 제 몇 류 위험물인가?

① 제1류 위험물
② 제2류 위험물
③ 제3류 위험물
④ 제4류 위험물

해설

[위험물 유별]
트라이에틸알루미늄 - 제3류 위험물
 - 알킬알루미늄

31 위험물 분류에서 제1석유류에 대한 설명으로 옳은 것은?

① 아세톤, 휘발유 그 밖에 1기압에서 인화점이 21 [℃] 미만인 것
② 등유, 경유 그 밖에 액체로서 인화점이 21 [℃] 이상, 70 [℃] 미만의 것
③ 중유, 도료류로서 인화점이 70 [℃] 이상, 200 [℃] 미만의 것
④ 기계유, 실린더유 그 밖의 액체로서 인화점이 200 [℃] 이상, 250 [℃] 미만인 것

해설

[제1석유류의 정의]
① 제1석유류
② 제2석유류
③ 제3석유류
④ 제4석유류

32 피리딘의 일반적인 성질에 대한 설명 중 틀린 것은?

① 순수한 것은 무색 액체이다.
② 약알칼리성을 나타낸다.
③ 물보다 가볍고, 증기는 공기보다 무겁다.
④ 흡습성이 없고, 비수용성이다.

해설

[피리딘(4류)의 특징]
피리딘(C_5H_5N)은 수용성 물질

정답 ● 29 ④ 30 ③ 31 ① 32 ④

33 옥외탱크저장소의 소화설비를 검토 및 적용할 때에 소화난이도등급 I 에 해당되는지를 검토하는 탱크높이의 측정기준으로서 적합한 것은?

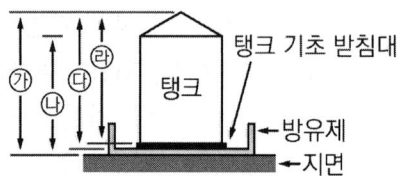

① (가)   ② (나)
③ (다)   ④ (라)

해설

[옥외탱크저장소소화설비]
지반면으로부터 탱크 옆판 상단까지의 높이가 6 [m] 이상인 경우

34 제5류 위험물의 일반적 성질에 관한 설명으로 옳지 않은 것은?

① 화재 발생 시 소화가 곤란하므로 적은 양으로 나누어 저장한다.
② 운반용기 외부에 충격주의, 화기엄금의 주의사항을 표시한다.
③ 자기연소를 일으키며 연소 속도가 대단히 빠르다.
④ 가연성 물질이므로 질식소화하는 것이 가장 좋다.

해설

[제5류 위험물 특징]
산소공급원을 포함하고 있으므로 질식소화에는 적응성이 없음

35 그림과 같은 위험물 저장탱크의 용량은 약 몇 [m³]인가? (단, 공간용적은 내용적의 0.1)

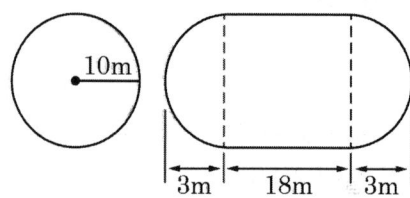

① 4681
② 5482
③ 5652
④ 7080

해설

[위험물 저장탱크 용량]

$$V = \pi r^2 \left(l + \frac{l_1 + l_2}{3}\right)(1 - 공간용적)$$

= 원주면적 × [가운데 체적 길이
+ (양끝 체적 길이의 합 / 3)]
× (1 - 공간용적)
= $3.14 \times 10^2 \times (18 + 2)(1 - 0.1)$
= 5652 [m³]

36 톨루엔에 대한 설명으로 틀린 것은?

① 휘발성이 있고 가연성 액체이다.
② 증기는 마취성이 있다.
③ 알코올, 에터, 벤젠 등과 잘 섞인다.
④ 노란색 액체로 냄새가 없다.

해설

[톨루엔(4류)의 특징]
무색투명한 액체

정답 33 ②   34 ④   35 ③   36 ④

37 염소산염류 250 [kg], 아이오딘산 염류 600 [kg], 질산염류 900 [kg]을 저장하고 있는 경우 지정수량의 몇 배가 보관되어 있는가?

① 5배
② 7배
③ 10배
④ 12배

해설

[지정수량]
- 염소산염류 : 50 [kg]
- 아이오딘산염류 : 300 [kg]
- 질산염류 : 300 [kg]
- 지정수량

$$\frac{250}{50} + \frac{600}{300} + \frac{900}{300} = 10$$

38 제4류 위험물인 클로로벤젠의 지정수량으로 옳은 것은?

① 200 [L]
② 400 [L]
③ 1000 [L]
④ 2000 [L]

해설

[클로로벤젠(4류)의 지정수량]
1000 [L]

39 다음 반응식과 같이 벤젠 1 [kg]이 연소할 때 발생되는 CO_2의 양은 약 몇 [m^3]인가? (단, 27 [℃], 750 [mmHg] 기준이다)

① 0.72
② 1.22
③ 1.92
④ 2.42

해설

[벤젠(4류)의 반응 후 생성물]

- $2C_6H_6 + 15O_2 \rightarrow 12CO_2 + 6H_2O$
- $PV = \dfrac{WRT}{M}$
- $V = \dfrac{1 \times 0.082 \times (273+27)}{\dfrac{750}{760} \times 78} \times 6$

  = 1.917 [m^3]

40 위험물안전관리법령상 해당하는 품명이 나머지 셋과 다른 것은?

① 트라이나이트로페놀
② 트라이나이트로톨루엔
③ 나이트로셀룰로스
④ 테트릴

정답 37 ③ 38 ③ 39 ③ 40 ③

해설
[제5류 위험물의 종류]

품명	위험물
질산에스터류	질산메틸 질산에틸 나이트로글리콜 나이트로글리세린 **나이트로셀룰로스**
나이트로화합물	트라이나이트로톨루엔 트라이나이트로페놀 다이나이트로벤젠 테트릴

41 나이트로셀룰로스의 안전한 저장을 위해 사용하는 물질은?

① 페놀
② 황산
③ 에탄올
④ 아닐린

해설
[나이트로셀룰로스(5류)의 저장 물질]
건조한 상태에서 자연발화의 위험이 있으므로 에탄올에 저장

42 다음 물질 중 위험물 유별에 따른 구분이 나머지 셋과 다른 하나는?

① 질산은
② 질산메틸
③ 무수크로뮴산
④ 질산암모늄

해설
[위험물의 유별 구분]
- 제1류 위험물 : 질산은, 무수크로뮴산(삼산화크로뮴), 질산암모늄
- 제5류 위험물 : 질산메틸

43 위험물의 품명과 지정수량이 잘못 짝지어진 것은?

① 황화인 : 50 [kg]
② 마그네슘 : 500 [kg]
③ 알킬알루미늄 : 10 [kg]
④ 황린 : 20 [kg]

해설
[지정수량]
황화인 : 100 [kg]

44 다음 중 제2석유류만으로 짝지어진 것은?

① 사이클로헥산 - 피리딘
② 염화아세틸 - 휘발유
③ 사이클로헥산 - 중유
④ 아세트산 - 포름산

해설
[제2석유류의 종류]
① 사이클로헥산(제1석유류) - 피리딘(제1석유류)
② 염화아세틸(제1석유류) - 휘발유(제1석유류)
③ 사이클로헥산(제1석유류) - 중유(제3석유류)
④ 아세트산(제2석유류) - 포름산(제2석유류)

정답 41 ③ 42 ② 43 ① 44 ④

45 다이에틸에터의 성질에 대한 설명으로 옳은 것은?

① 발화온도는 400 [℃]이다.
② 증기는 공기보다 가볍고, 액상은 물보다 무겁다.
③ 알코올에 용해되지 않지만 물에 잘 녹는다.
④ 연소범위는 1.9 ~ 48 [%] 정도이다.

해설

[다이에틸에터(4류)의 특징]
- 발화온도 : 160 [℃]
- 증기는 공기보다 무거움
- 알코올에 용해
- 연소범위 : 1.9 ~ 48 [%]

46 물과 반응하여 가연성 가스가 발생하지 않는 것은?

① 칼륨
② 과산화칼륨
③ 탄화알루미늄
④ 트라이에틸알루미늄

해설

[가연성 가스가 발생하지 않는 것]
① $K + 2H_2O \rightarrow 2KOH + H_2 \uparrow$
② $2K_2O_2 + 2H_2O \rightarrow 4KOH + O_2 \uparrow$
③ $Al_4C_3 + 12H_2O \rightarrow 4Al(OH)_3 + 3CH_4 \uparrow$
④ $(C_2H_5)_3Al + 3H_2O \rightarrow Al(OH)_3 + 3C_2H_6 \uparrow$
※ 산소는 가연성 가스가 아님

47 위험물의 지정수량이 잘못된 것은?

① $(C_2H_5)_3Al$: 10 [kg]
② Ca : 50 [kg]
③ LiH : 300 [kg]
④ Al_4C_3 : 500 [kg]

해설

[지정수량]
① 트라이에틸알루미늄($(C_2H_5)_3Al$)(제3류) : 10 [kg]
② 칼슘(Ca)(제3류) : 50 [kg]
③ 수소화리튬(LiH)(제3류) : 300 [kg]
④ 탄화알루미늄(Al_4C_3)(제3류) : 300 [kg]

48 위험물탱크의 용량은 탱크의 내용적에서 공간용적을 뺀 용적으로 한다. 이 경우 소화약제방출구를 탱크 안의 윗부분에 설치하는 탱크의 공간용적은 당해 소화설비의 소화약제방출구 아래의 어느 범위의 면으로부터 윗부분의 용적으로 하는가?

① 0.1미터 이상 0.5미터 미만 사이의 면
② 0.3미터 이상 1미터 미만 사이의 면
③ 0.5미터 이상 1미터 미만 사이의 면
④ 0.5미터 이상 1.5미터 미만 사이의 면

해설

[방출구탱크의 공간용적]
소화설비의 소화약제방출구 아래의 0.3미터 이상 1미터 미만 사이의 면

49 지하탱크저장소 탱크전용실의 안쪽과 지하저장탱크와의 사이는 몇 [m] 이상의 간격을 유지하여야 하는가?

① 0.1
② 0.2
③ 0.3
④ 0.4

해설

[지하탱크저장소 간격]
탱크전용실의 안쪽과 지하저장탱크와의 간격 0.1 [m] 이상 유지

50 「자동화재탐지설비 일반 점검표」의 점검 내용이 "변형·손상의 유무, 표시의 적부, 경계구역 일람도의 적부, 기능의 적부"인 점검 항목은?

① 감지기
② 중계기
③ 수신기
④ 발신기

해설

[수신기 정의]
변형·손상의 유무, 표시의 적부, 경계구역 일람도의 적부, 기능의 적부 점검

51 다음 아세톤의 완전연소반응식에서 ( )에 알맞은 계수를 차례대로 옳게 나타낸 것은?

$$CH_3COCH_3 + (\ )O_2 \rightarrow (\ )CO_2 + 3H_2O$$

① 3, 4
② 4, 3
③ 6, 3
④ 3, 6

해설

[아세톤의 연소반응식]
- $CH_3COCH_3 + 4O_2 \rightarrow 3CO_2 + 3H_2O$
- 아세톤은 산소와 반응하여 이산화탄소와 물을 생성

52 금속나트륨, 금속칼륨 등을 보호액 속에 저장하는 이유를 가장 옳게 설명한 것은?

① 온도를 낮추기 위하여
② 승화하는 것을 막기 위하여
③ 공기와의 접촉을 막기 위하여
④ 운반 시 충격을 적게 하기 위하여

해설

[금속류를 보호액 속에 저장하는 이유]
공기와의 접촉을 막기 위해

정답 ● 49 ① 50 ③ 51 ② 52 ③

53 다음 중 제6류 위험물이 아닌 것은?

① 할로젠간화합물
② 과염소산
③ 아염소산
④ 과산화수소

해설

[제6류 위험물의 종류]
- 과산화수소, 과염소산, 질산 등
- 아염소산($HClO_2$) : 약한 무기산
- 질산 : 비중 1.49 이상
- 과산화수소 : 농도 36 [wt%] 이상

54 위험물에 대한 설명으로 틀린 것은?

① 적린은 연소하면 유독성 물질이 발생한다.
② 마그네슘은 연소하면 가연성 수소가스가 발생한다.
③ 황은 분진폭발의 위험이 있다.
④ 황화인에는 P_4S_3, P_2S_5, P_4S_7 등이 있다.

해설

[위험물의 특징]
마그네슘연소 시 산화마그네슘 생성

55 위험물안전관리법령에 의한 위험물 운송에 관한 규정으로 틀린 것은?

① 이동탱크저장소에 의하여 위험물을 운송하는 자는 당해 위험물을 취급할 수 있는 국가기술자격자 또는 안전교육을 받은 자이어야 한다.
② 안전관리자·탱크시험자·위험물운송자 등 위험물의 안전관리와 관련된 업무를 수행하는 자는 시·도지사가 실시하는 안전교육을 받아야 한다.
③ 운송책임자의 범위, 감독 또는 지원의 방법 등에 관한 구체적인 기준은 총리령으로 정한다.
④ 위험물운송자는 이동탱크저장소에 의하여 위험물을 운송하는 때에는 총리령으로 정하는 기준을 준수하는 등 당해 위험물의 안전 확보를 위하여 세심한 주의를 기울여야 한다.

해설

[위험물 운송기준]
안전관리자·탱크시험자·위험물운송자 등 위험물의 안전관리와 관련된 업무를 수행하는 자는 소방청장이 실시하는 안전교육을 받아야 함

56 벤조일퍼옥사이드에 대한 설명으로 틀린 것은?

① 무색, 무취의 투명한 액체이다.
② 가급적 소분하여 저장한다.
③ 제5류 위험물에 해당한다.
④ 품명은 유기과산화물이다.

정답 53 ③ 54 ② 55 ② 56 ①

> 해설

[벤조일퍼옥사이드(5류)의 특징]
결정형태의 고체

57 위험물안전관리법령상 지정수량 10배 이상의 위험물을 저장하는 제조소에 설치하여야 하는 경보설비의 종류가 아닌 것은?

① 자동화재탐지설비
② 자동화재속보설비
③ 휴대용 확성기
④ 비상방송설비

> 해설

[지정수량 10배 이상 위험물의 경보설비]
• 자동화재탐지설비
• 휴대용 확성기
• 비상방송설비
• 확성장치

58 바륨은 제 몇 류 위험물인가?

① 제1류 위험물
② 제2류 위험물
③ 제3류 위험물
④ 제4류 위험물

> 해설

[위험물 유별]
바륨 - 제3류 위험물 - 알칼리토금속

59 위험물 옥외저장소에서 지정수량 100배의 위험물을 저장할 경우 경계표시 주위의 보유공지 너비는 몇 [m] 이상으로 하여야 하는가? (단, 제4류 위험물과 제6류 위험물이 아닌 경우이다)

① 0.5
② 2.5
③ 12
④ 15

> 해설

[옥외저장소의 보유공지 너비]

저장 또는 취급하는 위험물의 최대 지정수량의 배수	공지의 너비
10배 이하	3 [m] 이상
10배 초과 20배 이하	5 [m] 이상
20배 초과 50배 이하	9 [m] 이상
50배 초과 200배 이하	12 [m] 이상
200배 초과	15 [m] 이상

60 제2류 위험물의 일반적 성질에 대한 설명으로 가장 거리가 먼 것은?

① 가연성 고체 물질이다.
② 연소 시 연소열이 크고, 연소 속도가 빠르다.
③ 산소를 포함하여 조연성 가스의 공급이 없이 연소가 가능하다.
④ 비중이 1보다 크고, 물에 녹지 않는다.

> 해설

[제2류 위험물 특징]
• 산소를 포함하지 않음
• 연소가 잘 되며, 산소와의 결합이 쉬움

정답 57 ② 58 ③ 59 ③ 60 ③

2018 CBT 복원

01 다음 중 가연물이 고체 덩어리보다 분말일 때 위험성이 큰 이유로 가장 옳은 것은?

① 공기와 접촉 면적이 크기 때문이다.
② 열전도율이 크기 때문이다.
③ 흡열반응을 하기 때문이다.
④ 활성화에너지가 크기 때문이다.

해설
[가연물이 분말일 때 더 위험한 이유]
공기와 접촉 면적이 커져 폭발의 위험이 커짐

02 금수성 물질 저장시설에 설치하는 주의사항 게시판의 바탕색과 문자색을 알맞게 나타낸 것은?

① 적색 바탕에 흰색 문자
② 청색 바탕에 흰색 문자
③ 흰색 바탕에 적색 문자
④ 흰색 바탕에 청색 문자

해설
[금수성 물질 표시]
청색 바탕에 백색 문자

03 과산화나트륨의 화재 시 물을 사용한 소화가 위험한 이유는?

① 수소와 열을 발생하므로
② 산소와 열을 발생하므로
③ 수소가 발생하고 이 가스가 폭발적으로 연소하므로
④ 산소가 발생하고 이 가스가 폭발적으로 연소하므로

해설
[과산화나트륨(1류) 주수소화 금지 이유]
물과 반응 시 열과 산소가 발생

04 할론 1211에 해당하는 물질의 분자식은?

① CBr_2FCl
② CF_2ClBr
③ CCl_2FBr
④ FC_2BrCl

해설
[할론넘버]
- C - F - Cl - Br 순으로 번호 매김
- C : 1개, F : 2개, Cl : 1개, Br : 1개
- 할론 1211 = CF_2ClBr

정답 01 ① 02 ② 03 ② 04 ②

05 위험물안전관리법령에 따른 스프링클러헤드의 설치방법에 대한 설명으로 옳지 않은 것은?

① 개방형 헤드는 반사판으로부터 하방으로 0.45 [m], 수평 방향으로 0.3 [m] 공간을 보유할 것
② 폐쇄형 헤드는 가연성 물질 수납 부분에 설치 시 반사판으로부터 하방으로 0.9 [m], 수평 방향으로 0.4 [m]의 공간을 확보할 것
③ 폐쇄형 헤드 중 개구부에 설치하는 것은 당해 개구부의 상단으로부터 높이 0.15 [m] 이내의 벽면에 설치할 것
④ 폐쇄형 헤드 설치 시 급배기용 덕트의 긴 변의 길이가 1.2 [m]를 초과하는 것이 있는 경우에는 당해 덕트의 윗부분에도 헤드를 설치할 것

해설
[스프링클러헤드의 설치방법]
폐쇄형 헤드 설치 시 급배기용 덕트의 긴 변의 길이가 1.2 [m]를 초과하는 것이 있는 경우에 당해 덕트의 아래 부분에도 헤드를 설치할 것

06 위험물안전관리법령에서 정한 탱크안전성능검사의 구분에 해당하지 않는 것은?

① 기초·지반검사
② 충수·수압검사
③ 용접부검사
④ 배관검사

해설
[탱크안전성능검사]
• 암반탱크검사
• 기초·지반검사
• 충수·수압검사
• 용접부검사

07 금속화재에 대한 설명으로 아닌 것은?

① 마그네슘과 같은 가연성 금속의 화재를 말한다.
② 주수소화 시 물과 반응하여 가연성 가스가 발생하는 경우가 있다.
③ D급 화재이며 표시하는 색상은 청색이다.
④ 화재 시 금속화재용 분말소화약제를 사용할 수 있다.

해설
[화재의 종류]

급수	명칭(화재)	색상
A	일반	백색
B	유류	황색
C	전기	청색
D	금속	무색

암 일유전금 백황청무

정답 05 ④ 06 ④ 07 ③

08 위험물안전관리법령의 소화설비 설치기준에 의하면 옥외소화전설비의 수원의 수량은 옥외소화전 설치 개수(설치 개수가 4 이상인 경우에는 4)에 몇 [m³]을 곱한 양 이상이 되도록 하여야 하는가?

① 7.8 [m³]
② 13.5 [m³]
③ 31.2 [m³]
④ 25.5 [m³]

해설

[소화설비 설치기준]
• 옥내소화전 : 설치 개수(최대 5) × 7.8 [m³]
• 옥외소화전 : 설치 개수(최대 4) × 13.5 [m³]

09 다음 중 위험물안전관리법령에서 정한 지정수량이 나머지 셋과 다른 물질은?

① 아세트산
② 하이드라진
③ 클로로벤젠
④ 나이트로벤젠

해설

[지정수량]
• 아세트산 : 2000 [L]
• 하이드라진 : 2000 [L]
• 클로로벤젠 : 1000 [L]
• 나이트로벤젠 : 2000 [L]

10 옥외저장소에 덩어리 상태의 황만을 지반면에 설치한 경계 표시의 안쪽에서 저장할 경우 하나의 경계 표시의 내부면적은 몇 [m²] 이하이어야 하는가?

① 75
② 100
③ 150
④ 300

해설

[황(2류) 경계 표시 내부면적기준]
※ 덩어리 황 저장 또는 취급
(1) 하나의 경계 표시의 내부 면적은 100 [m²] 이하
(2) 2 이상의 경계 표시를 설치한 경우에 있어서 각각의 경계 표시 내부의 면적을 합산한 면적은 1000 [m²] 이하
(3) 경계 표시는 불연재료로 만드는 동시에 황이 새지 않는 구조로 할 것
(4) 경계 표시의 높이는 1.5 [m] 이하로 할 것

11 1몰의 이황화탄소와 고온의 물이 반응하여 생성되는 유독한 기체 물질의 부피는 표준 상태에서 얼마인가?

① 22.4 [L]
② 44.8 [L]
③ 67.2 [L]
④ 134.4 [L]

해설

[이황화탄소(4류) 반응 후 생성물]
• $CS_2 + 2H_2O \rightarrow 2H_2S + CO_2$
• 표준 상태 기체는 1몰당 22.4 [L]
• 반응 시 황화수소(H_2S) 2몰 생성됨
• 반응 후 생성물 = 2몰 × 22.4 [L] = 44.8 [L]

12 다음 중 스프링클러설비의 소화작용으로 가장 거리가 먼 것은?

① 질식작용
② 희석작용
③ 냉각작용
④ 억제작용

> **해설**
>
> [스프링클러설비소화작용]
> - 질식작용
> - 희석작용
> - 냉각작용

13 위험물안전관리법령상 개방형 스프링클러 헤드를 이용하는 스프링클러설비에서 수동식 개방밸브를 개방 조작하는 데 필요한 힘은 얼마 이하가 되도록 설치하여야 하는가?

① 5 [kg]
② 10 [kg]
③ 15 [kg]
④ 20 [kg]

> **해설**
>
> [스프링클러설비밸브 조작 시 필요한 힘]
> 15 [kg] 이하

14 표준 상태에서 탄소 1몰이 완전히 연소하면 몇 [L]의 이산화탄소가 생성되는가?

① 11.2
② 22.4
③ 44.8
④ 56.8

> **해설**
>
> [탄소연소 시 발생하는 생성물]
> - $C + O_2 \rightarrow CO_2$
> - CO_2 1 [mol] = 22.4 [L]

15 위험물안전관리법령상 옥내주유취급소에 있어서 해당 사무소 등의 출입구 및 피난구와 당해 피난구로 통하는 통로·계단 및 출입구에 무엇을 설치하게 하는가?

① 화재감지기
② 스프링클러설비
③ 자동화재탐지설비
④ 유도등

> **해설**
>
> [유도등 설치기준]
> 출입구, 피난구, 통로·계단에 유도등을 설치하고 비상전원 설치

정답 12 ④ 13 ③ 14 ② 15 ④

16 위험물안전관리법령상 주유취급소에서의 위험물 취급기준으로 옳지 않은 것은?

① 자동차에 주유할 때에는 고정주유설비를 이용하여 직접 주유할 것
② 자동차에 경유 위험물을 주유할 때에는 자동차의 원동기를 반드시 정지시킬 것
③ 고정주유설비에는 당해 주유설비에 접속한 전용탱크 또는 간이탱크의 배관 외의 것을 통하여서는 위험물을 공급하지 아니할 것
④ 고정주유설비에 접속하는 탱크에 접속된 고정주유설비의 사용을 중지할 것

해설

[주유취급소에서의 위험물 취급기준]
자동차에 인화점 40[℃] 미만의 위험물을 주유할 때에는 자동차의 원동기를 반드시 정지시킬 것
보충 경유의 인화점 : 50 ~ 70[℃]

17 다음 중 할로젠화합물소화약제의 주된 소화효과는?

① 부촉매효과
② 희석효과
③ 파괴효과
④ 냉각효과

해설

[할로젠화합물소화약제의 주된 소화효과]
부촉매효과

18 과산화바륨과 물이 반응하였을 때 발생하는 것은?

① 수소
② 산소
③ 탄산가스
④ 수성 가스

해설

[과산화바륨(1류)과 물의 반응 후 생성물]
물과 반응 후 산소가 발생

19 제3류 위험물을 취급하는 제조소는 300명 이상을 수용할 수 있는 극장으로부터 몇 [m] 이상의 안전거리를 유지하여야 하는가?

① 5
② 10
③ 30
④ 70

해설

[위험물 안전거리]

구분	거리
주거용으로 사용	10[m] 이상
고압가스·액화석유가스·도시가스를 저장 취급하는 시설	20[m] 이상
• 학교·병원·영화상영관 등 수용인원 300명 이상 • 복지시설·어린이집·수용인원 20명 이상	30[m] 이상
유형문화유산·지정문화유산	50[m] 이상

정답 16 ② 17 ① 18 ② 19 ③

20 제5류 위험물의 화재 시 소화방법에 대한 설명으로 옳은 것은?

① 가연성 물질로서 연소속도가 빠르므로 질식소화가 효과적이다.
② 할로젠화합물소화기가 적응성이 있다.
③ CO_2 및 분말소화기가 적응성이 있다.
④ 다량의 주수에 의한 냉각소화가 효과적이다.

해설

[제5류 위험물소화방법]
제5류 위험물은 질식소화에 적응성이 없으므로 다량의 물로 냉각소화

21 지정수량의 10배 이상의 위험물을 취급하는 제조소에는 피뢰침을 설치하여야 하지만 제 몇 류 위험물을 취급하는 경우는 이를 제외할 수 있는가?

① 제2류 위험물
② 제1류 위험물
③ 제6류 위험물
④ 제3류 위험물

해설

[피뢰침설비]
• 지정수량의 10배 이상 취급 시 설치
• 제6류 위험물 제외

22 제2류 위험물 중 인화성 고체의 제조소에 설치하는 주의사항 게시판에 표시할 내용을 옳게 나타낸 것은?

① 적색 바탕에 백색 문자로 "화기엄금" 표시
② 적색 바탕에 백색 문자로 "화기주의" 표시
③ 백색 바탕에 적색 문자로 "화기엄금" 표시
④ 백색 바탕에 적색 문자로 "화기주의" 표시

해설

[위험물의 종류에 따른 주의사항]
• 제2류 위험물 인화성 고체의 주의사항 : 화기엄금
• 적색 바탕에 백색 문자

23 위험물안전관리법령에서 정한 특수인화물의 발화점기준으로 옳은 것은?

① 1기압에서 100 [℃] 이하
② 0기압에서 100 [℃] 이하
③ 1기압에서 25 [℃] 이하
④ 0기압에서 25 [℃] 이하

해설

[특수인화물(4류)의 발화점기준]
1기압에서 100 [℃] 이하

정답 ● 20 ④ 21 ③ 22 ① 23 ①

24 황의 성상에 관한 설명으로 틀린 것은?

① 연소할 때 발생하는 가스는 냄새를 가지고 있으나 인체에 무해하다.
② 미분이 공기 중에 떠 있을 때 분진폭발의 우려가 있다.
③ 용융된 황을 물에서 급냉하면 고무상 황을 얻을 수 있다.
④ 연소할 때 아황산가스가 발생한다.

해설

[황(2류)의 특징]
- $S + O_2 \rightarrow SO_2$
- 연소 시 발생하는 이산화황가스는 냄새를 가지며 인체에 <u>유해함</u>

25 적린의 성질에 대한 설명 중 옳지 않은 것은?

① 황린과 성분 원소가 같다.
② 발화온도는 황린보다 낮다.
③ 물, 이황화탄소에 녹지 않는다.
④ 브로민화인에 녹는다.

해설

[적린(2류)의 특징]
- 황린 발화점 : 34 [℃]
- 적린 발화점 : 260 [℃]

26 트라이메틸알루미늄이 물과 반응 시 생성되는 물질은?

① 산화알루미늄
② 메테인
③ 메틸알코올
④ 에테인

해설

[트라이메틸알루미늄(3류)의 반응 후 생성물]
메테인 발생
- $(CH_3)_3Al + 3H_2O \rightarrow Al(OH)_3 + 3CH_4 \uparrow$

27 이동탱크저장소에 의한 위험물의 운송 시 준수하여야 하는 기준에서 위험물 운송자는 다음 중 어떤 위험물을 운송할 때 위험물 안전카드를 휴대하여야 하는가?

① 특수인화물 및 제1석유류
② 알코올류 및 제2석유류
③ 제3석유류 및 동식물류
④ 제4석유류

해설

[특수인화물 운송자의 안전카드 휴대]
- 위험물안전카드를 휴대해야 하는 위험물 : 제4류 위험물 중 특수인화물·제1석유류
- 사고 발생 시 응급조치 및 해당 위험물의 유해성을 파악하기 위해 휴대하여야 함

정답 ● 24 ① 25 ② 26 ② 27 ①

28 위험물안전관리법령에 따라 제조소등의 관계인이 예방 규정을 정하여야 하는 제조소등 기준으로 옳지 않은 것은?

① 지하탱크저장소
② 지정수량의 10배 이상의 위험물을 취급하는 제조소
③ 암반탱크저장소
④ 지정수량의 200배 이상의 위험물을 저장하는 옥외탱크저장소

해설

[예방 규정 작성 대상 제조소등]
(1) 지정수량의 10배 이상의 위험물을 취급하는 제조소
(2) 지정수량의 100배 이상의 위험물을 저장하는 옥외저장소
(3) 지정수량의 150배 이상의 위험물을 저장하는 옥내저장소
(4) 지정수량의 200배 이상의 위험물을 저장하는 옥외탱크저장소
(5) 암반탱크저장소
(6) 이송취급소
(7) 이동탱크저장소

29 과염소산암모늄에 대한 설명으로 옳은 것은?

① 물에 용해되지 않는다.
② 청록색의 침상결정이다.
③ 130 [℃]에서 분해하기 시작하여 CO_2 가스를 방출한다.
④ 아세톤, 알코올에 용해된다.

해설

[과염소산암모늄(1류)의 특징]
물, 아세톤, 알코올에 잘 용해됨

30 위험물에 대한 유별 구분이 틀린 것은?

① 브로민산염류 - 제1류 위험물
② 무기과산화물 - 제5류 위험물
③ 금속의 인화물 - 제3류 위험물
④ 황 - 제2류 위험물

해설

[위험물 유별]
무기과산화물 : 제1류 위험물

31 인화점이 21 [℃] 미만인 액체위험물의 옥외저장탱크 주입구에 설치하는 "옥외저장탱크 주입구"라고 표시한 게시판의 바탕 및 문자색을 옳게 나타낸 것은?

① 백색 바탕 - 적색 문자
② 적색 바탕 - 백색 문자
③ 백색 바탕 - 흑색 문자
④ 흑색 바탕 - 백색 문자

해설

[옥외저장탱크 주입구의 게시판 표시 색상]
백색 바탕에 흑색 문자

정답 28 ① 29 ④ 30 ② 31 ③

32
과산화칼륨과 과산화마그네슘이 염산과 각각 반응했을 때 공통으로 나오는 물질의 지정수량은?

① 50 [L]
② 100 [kg]
③ 300 [kg]
④ 1000 [L]

해설

[위험물반응 후 생성물]
- 염산과 반응 시 과산화수소가 발생
- 과산화수소는 제6류 위험물이므로 지정수량은 300 [kg]

33
다이에틸에터에 대한 설명으로 옳은 것은?

① 연소하면 아황산가스가 발생하고, 마취제로 사용한다.
② 증기는 공기보다 무거우므로 물속에 보관한다.
③ 에탄올을 진한 황산을 이용해 축합반응을 시켜 제조할 수 있다.
④ 제4류 위험물 중 연소범위가 좁은 편에 속한다.

해설

[다이에틸에터(4류)의 특징]
- 연소 시 이산화탄소와 물을 발생
- 휘발성과 마취성이 있음
- 과산화물의 생성을 위해 갈색 병에 보관
- 연소범위 : 1.9 ~ 48 [%]

34
다음 위험물의 지정수량 배수의 총합은 얼마인가?

질산 150 [kg], 과산화수소 420 [kg], 과염소산 300 [kg]

① 2.5
② 2.9
③ 3.4
④ 3.9

해설

[제6류 위험물의 지정수량]
- 질산, 과산화수소, 과염소산(6류) : 300 [kg]
- 지정수량
$$\frac{150}{300} + \frac{420}{300} + \frac{300}{300} = 2.9$$

35
2가지 물질을 섞었을 때 수소가 발생하는 것은?

① 칼륨과 에탄올
② 과산화마그네슘과 염화수소
③ 과산화칼륨과 탄산가스
④ 오황화인과 물

해설

[칼륨(3류)과 에탄올의 반응 후 생성물]
- $2K + 2C_2H_5OH \rightarrow 2C_2H_5OK + H_2 \uparrow$
- 칼륨과 에탄올이 반응하여 칼륨에틸레이트와 수소를 생성

정답 ● 32 ③ 33 ③ 34 ② 35 ①

36 트라이나이트로톨루엔의 성질에 대한 설명 중 옳지 않은 것은?

① 담황색의 결정이다.
② 폭약으로 사용된다.
③ 자연분해의 위험성이 적어 장기간 저장이 가능하다.
④ 조해성과 흡습성이 매우 크다.

해설
[트라이나이트로톨루엔(5류)의 특징]
물에 녹지 않으므로 조해성 및 흡수성과는 연관이 없음

37 제4류 위험물의 옥외저장탱크에 설치하는 밸브 없는 통기관은 직경이 얼마 이상인 것으로 설치해야 하는가? (단, 압력탱크는 제외한다)

① 10 [mm]
② 20 [mm]
③ 30 [mm]
④ 40 [mm]

해설
[옥외저장탱크의 통기관 설치기준]
직경 30 [mm] 이상

38 흑색화약의 원료로 사용되는 위험물의 유별을 옳게 나타낸 것은?

① 제1류, 제2류
② 제1류, 제4류
③ 제2류, 제4류
④ 제4류, 제5류

해설
[흑색화약 원료로 사용되는 위험물의 종류]
• 질산칼륨(KNO_3) : 제1류 위험물
• 황(S), 숯(C) : 제2류 위험물

39 [보기]에서 나열한 위험물의 공통 성질을 옳게 설명한 것은?

[보기]
나트륨, 황린, 트라이에틸알루미늄

① 상온, 상압에서 고체의 형태를 나타낸다.
② 상온, 상압에서 액체의 형태를 나타낸다.
③ 금수성 물질이다.
④ 자연발화의 위험이 있다.

해설
[제3류 위험물 특징]
• [보기]의 위험물은 제3류 위험물
• 자연발화의 위험이 있음

정답 36 ④ 37 ③ 38 ① 39 ④

40 위험물안전관리법령상 제3류 위험물의 금수성 물질화재 시 적응성이 있는 소화약제는?

① 팽창진주암
② 이산화탄소
③ 물
④ 할로젠간화합물

해설

[금수성 물질소화약제]
- 마른모래 · 팽창질석 · 팽창진주암
- 탄산수소염류분말

41 위험물안전관리법령에서 정한 메틸알코올의 지정수량을 [kg] 단위로 환산하면 얼마인가? (단, 메틸알코올의 비중은 0.8이다)

① 200
② 320
③ 400
④ 450

해설

[메틸알코올(4류)의 지정수량]
- 지정수량 : 400 [L]
- 질량 = 0.8 × 400 = 320 [kg]

42 다음 물질 중 제1류 위험물이 아닌 것은?

① Na_2O_2
② $NaClO_3$
③ NH_4ClO_4
④ $HClO_4$

해설

[제1류 위험물의 종류]
- Na_2O_2 : 과산화나트륨
- $NaClO_3$: 아염소산나트륨
- NH_4ClO_4 : 과염소산암모늄
- $HClO_4$: 제6류 위험물(과염소산)

43 다음 트라이메틸알루미늄과 물의 반응식에서 ( )에 알맞은 계수를 차례대로 옳게 나타낸 것은?

$$(CH_3)_3Al + (\ )H_2O \rightarrow Al(OH)_3 + (\ )CH_4\uparrow$$

① 3, 4
② 3, 3
③ 6, 3
④ 3, 6

해설

[트라이메틸알루미늄의 반응식]
$(CH_3)_3Al + 3H_2O \rightarrow Al(OH)_3 + 3CH_4\uparrow$

44 상온에서 액체인 물질로만 이뤄진 것은?

① 나이트로글리콜, 테트릴
② 피크르산, 질산메틸
③ 트라이나이트로톨루엔, 다이나이트로벤젠
④ 질산에틸, 나이트로글리세린

정답 40 ① 41 ② 42 ④ 43 ② 44 ④

해설

[제5류 위험물 상온 상태]

품명	위험물	상태
질산 에스터류	질산메틸 질산에틸 나이트로글리콜 나이트로글리세린	액체
	나이트로셀룰로스	고체
나이트로 화합물	트라이나이트로톨루엔 트라이나이트로페놀 다이나이트로벤젠 테트릴	고체

45 염소산칼륨은 제 몇 류 위험물인가?

① 제1류 위험물
② 제2류 위험물
③ 제3류 위험물
④ 제4류 위험물

해설

[위험물 유별]
염소산칼륨 - 제1류 위험물 - 염소산염류

46 위험물안전관리법령상 염소화아이소시아눌산은 제 몇 류 위험물인가?

① 제1류 ② 제2류
③ 제5류 ④ 제6류

해설

[제1류 위험물의 종류]
염소화아이소시아눌산 : 그 밖에 행정안전부령이 정하는 제1류 위험물에 속함

47 다음 중 발화점이 가장 낮은 것은?

① 이황화탄소
② 산화프로필렌
③ 휘발유
④ 메탄올

해설

[발화점]
특수인화물은 1기압에서 발화점이 100 [℃] 이하
- 이황화탄소(4류) : 90 [℃]
- 산화프로필렌(4류) : 449 [℃]
- 휘발유(4류) : 280 ~ 455 [℃]
- 메탄올(4류) : 464 [℃]

48 위험물안전관리법령상 운송책임자의 감독·지원을 받아 운송하여야 하는 위험물은?

① 알킬리튬
② 과산화수소
③ 가솔린
④ 경유

해설

[운송책임자의 감독, 지원을 받아 운송하는 위험물]
(1) 알킬리튬
(2) 알킬알루미늄
(3) 알킬알루미늄·알킬리튬 함유하는 위험물

정답 45 ① 46 ① 47 ① 48 ①

49 칼륨을 물에 반응시키면 격렬한 반응이 일어난다. 이때 발생하는 기체는 무엇인가?

① 산소
② 수소
③ 질소
④ 이산화탄소

해설

[칼륨(3류)의 반응 후 생성물]
금속은 물과 반응하여 수소가 발생

50 위험물의 유별에 따른 성질과 해당 품명의 예가 틀리게 연결된 것은?

① 제2류 : 가연성 고체 - 금속분
② 제5류 : 인화성 액체
 - 하이드록실아민염류
③ 제3류 : 자연발화성 물질 및 금수성 물질 - 황린
④ 제1류 : 산화성 고체 - 무기과산화물

해설

[위험물 성질과 품명]
제5류 위험물 - 자기반응성 물질

51 위험물안전관리법령상 제1류 위험물의 질산염류가 아닌 것은?

① 질산은
② 질산암모늄
③ 질산섬유소
④ 질산나트륨

해설

[제1류 위험물 종류]
- 제1류 위험물 질산염류 : 질산은, 질산암모늄, 질산나트륨
- 제5류 위험물 질산에스터류 : 질산섬유소(나이트로셀룰로스)

52 황의 성질을 설명한 것으로 옳은 것은?

① 전기의 양도체이다.
② 물에 잘 녹는다.
③ 연소하기 어려워 분진폭발의 위험성은 없다.
④ 높은 온도에서 탄소와 반응하여 이황화탄소가 생긴다.

해설

[황(2류)의 특징]
- 전기 부도체로 정전기에 의해 연소할 수 있음
- 물에 녹지 않음
- 분진폭발의 위험이 있음
- 높은 온도에서 탄소와 반응하여 이황화탄소가 발생

53 유기과산화물의 저장 또는 운반 시 주의사항으로 옳은 것은?

① 일광이 드는 건조한 곳에 저장한다.
② 가능한 한 대용량으로 저장한다.
③ 알코올류 등 제4류 위험물과 혼재하여 운반할 수 있다.
④ 산화제이므로 다른 강산화제와 같이 저장해야 좋다.

정답 49 ② 50 ② 51 ③ 52 ④ 53 ③

해설

[유기과산화물(5류)]
5류, 4류 혼재 가능

보충 혼재 가능 위험물

1↓	6		혼재 가능
2↓	5↑	4	혼재 가능
3→	4↑		혼재 가능

암 1 2 3 4 5 6 적은 후 4 추가

해설

[위험물 저장탱크 용량]

$$V = \pi r^2 \left(l + \frac{l_1 + l_2}{3}\right)(1 - 공간용적)$$

= 원주면적 × (가운데 체적길이
  + 양끝 체적 길이의 합 / 3) × (1 - 공간용적)
= 3.14 × 5² × (15 + 2) × (1 - 0.1)
= 1201.05 [m³]

54 위험물의 품명 분류가 잘못된 것은?

① 제1석유류 : 휘발유
② 제2석유류 : 경유
③ 제3석유류 : 포름산
④ 제4석유류 : 기어유

해설

[위험물의 품명 분류]
포름산 : 제2석유류

56 제2석유류에 해당하는 물질로만 짝지어진 것은?

① 등유, 경유
② 등유, 중유
③ 글리세린, 기계유
④ 글리세린, 장뇌유

해설

[제2석유류 종류]
등유, 경유, 크실렌, 클로로벤젠 등

55 위험물안전관리법령상 그림과 같이 횡으로 설치한 원형탱크의 용량은 약 몇 [m³]인가? (단, 공간용적은 내용적의 10/100 이다)

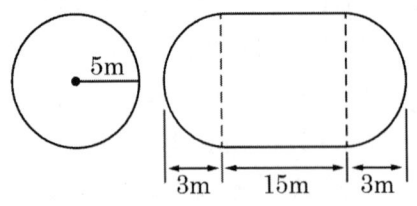

① 1690.95   ② 1335.12
③ 1268.46   ④ 1201.05

57 인화성 고체는 제 몇 류 위험물인가?

① 제1류 위험물
② 제2류 위험물
③ 제3류 위험물
④ 제4류 위험물

해설

[위험물 유별]
인화성 고체 - 제2류 위험물 - 인화성 고체

정답 54 ③   55 ④   56 ①   57 ②

58 다음은 위험물안전관리법령에 따른 이동탱크저장소에 대한 기준이다. ( ) 안에 알맞은 수치를 차례대로 나열한 것은?

> 이동저장탱크는 그 내부에 ( )[L] 이하마다 ( )[mm] 이상의 강철판 또는 이와 동등 이상의 강도·내열성 및 내식성이 있는 금속성의 것으로 칸막이를 설치하여야 한다.

① 2500, 3.2
② 2500, 4.8
③ 4000, 3.2
④ 4000, 4.8

해설

[위험물 이동저장탱크 구조기준]
4000 [L] 이하마다 3.2 [mm] 이상의 강철판 또는 동등한 금속성으로 칸막이 설치

59 건축물 외벽이 내화구조이며 연면적 300 [m²]인 위험물 옥내저장소의 건축물에 대하여 소화설비의 소화능력 단위는 최소 몇 단위 이상이 되어야 하는가?

① 1단위
② 3단위
③ 2단위
④ 4단위

해설

[위험물저장소의 소요단위(연면적)]

구분	외벽이 내화구조	외벽이 비내화구조
위험물제조소 및 취급소	100 [m²]	50 [m²]
위험물저장소	150 [m²]	75 [m²]
위험물	지정수량의 10배	

내화구조인 저장소의 1소요단위가 150 [m²]이므로 300 [m²]인 옥내저장소 건축물에 대하여 소화능력은 <u>2단위 이상</u>이 되어야 함

60 주유취급소 중 건축물의 2층에 휴게음식점의 용도로 사용하는 것에 있어 해당 건축물의 2층으로부터 직접 주유취급소의 부지 밖으로 통하는 출입구와 해당 출입구로 통하는 통로 계단에 설치하여야 하는 것은?

① 비상경보설비
② 유도등
③ 비상조명등
④ 확성장치

해설

[유도등의 설치기준]
출입구, 피난구, 통로·계단에 유도등을 설치하고 비상전원을 설치

정답 58 ③ 59 ③ 60 ②

2017 CBT 복원

01 제조소등의 소요단위 산정 시 위험물은 지정수량의 몇 배를 1소요단위로 하는가?

① 5배
② 10배
③ 20배
④ 50배

해설
[위험물의 지정수량]
위험물 지정수량 10배를 1소요단위로 지정

02 위험물안전관리법령상 제3류 위험물의 금수성 물질화재 시 적응성이 있는 소화약제는?

① 탄산수소염류분말
② 물
③ 이산화탄소
④ 할로젠간화합물

해설
[제3류 위험물의 금수성 물질소화약제]
• 마른모래 · 팽창질석 · 팽창진주암
• 탄산수소염류분말

03 단백포소화약제 제조공정에서 부동제로 사용하는 것은?

① 에틸렌글리콜
② 물
③ 가수분해 단백질
④ 황산제1철

해설
[단백포소화약제 제조공정]
단백포소화약제의 부동제로는 에틸렌글리콜이 사용됨

04 할론 1301의 증기비중은? (단, 불소의 원자량은 19, 브로민의 원자량은 80, 염소의 원자량은 35.5이고 공기의 분자량은 29이다)

① 2.14
② 4.15
③ 5.14
④ 6.15

해설
[할론 1301의 증기비중]
• C : 1개, F : 3개, Cl : 0개, Br : 1개
• $\dfrac{12 + (19 \times 3) + 80}{29} = 5.137$

정답 01 ② 02 ① 03 ① 04 ③

05 플래시오버(Flash Over)에 대한 설명으로 옳은 것은?

① 대부분 화재 초기(발화기)에 발생한다.
② 대부분 화재 종기(쇠퇴기)에 발생한다.
③ 내장재의 종류와 개구부의 크기에 영향을 받는다.
④ 산소의 공급이 주요 요인이 되어 발생한다.

해설

[플래시오버]
- 건축물화재 시 성장기에서 최성기로 진행될 때 발생
- 내장재 종류와 개구부 크기에 영향 받음
- 가연성 가스가 모여 있는 상태에서 산소가 공급되어 폭발적으로 화재가 확대

06 옥내저장소에 관한 위험물안전관리법령의 내용으로 틀린 것은?

① 지정과산화물을 저장하는 옥내저장소의 경우 바닥 면적 150 [m²] 이내마다 격벽으로 구획을 하여야 한다.
② 복합용도의 건축물에 설치하는 옥내저장소는 해당 용도로 사용하는 부분의 바닥면적을 100 [m²] 이하로 하여야 한다.
③ 아세톤을 처마 높이 6 [m] 미만인 단층건물에 저장하는 경우 저장창고의 바닥 면적은 1000 [m²] 이하로 하여야 한다.
④ 옥내저장소에는 원칙상 안전거리를 두어야 하나, 제6류 위험물을 저장하는 경우에는 안전거리를 두지 않을 수 있다.

해설

[옥내저장소 위험물안전관리법령]
복합용도의 건축물에 설치하는 옥내저장소는 해당 용도로 사용하는 부분의 바닥 면적을 75 [m²] 이하로 하여야 함

07 다음 중 할로젠화합물소화약제의 가장 주된 소화효과인 것은?

① 제거효과   ② 냉각효과
③ 억제효과   ④ 질식효과

해설

[할로젠화합물소화효과]
억제효과 : 연소 연쇄반응을 차단하는 방법

08 다음 중 분진폭발의 원인물질로 작용할 위험성이 가장 낮은 물질은?

① 마그네슘 분말   ② 시멘트 분말
③ 담배 분말   ④ 전분

해설

[분진폭발 위험 없는 물질]
시멘트·모래·석회분말 등

보충 분진폭발 위험이 있는 물질 : 전분·설탕·밀가루 등

09 팽창진주암(삽 1개 포함)의 능력단위 1 은 용량이 몇 [L]인가?

① 70
② 100
③ 130
④ 160

해설

[능력단위]

소화설비	용량 [L]	능력단위
소화전용 물통	8	0.3
수조(물통 3개 포함)	80	1.5
수조(물통 6개 포함)	190	2.5
마른모래(삽 1개 포함)	50	0.5
팽창질석·진주암(삽 1개 포함)	160	1.0

10 폭발 시 폭굉의 전파 속도 범위에 가장 가까운 것은?

① 0.1 ~ 10 [m/s]
② 100 ~ 1000 [m/s]
③ 1000 ~ 3500 [m/s]
④ 5000 ~ 10000 [m/s]

해설

[연소파 전파 속도]
• 폭연 : 0.1 ~ 10 [m/s]
• 폭굉 : 1000 ~ 3500 [m/s]

11 [보기]에서 소화기의 사용방법을 옳게 설명한 것을 모두 나열한 것은?

[보기]
(ㄱ) : 적응화재에만 사용할 것
(ㄴ) : 불과 최대한 멀리 떨어져서 사용할 것
(ㄷ) : 바람을 마주보고 풍하에서 풍상 방향으로 사용할 것
(ㄹ) : 양옆으로 비로 쓸 듯이 골고루 사용할 것

① (ㄱ), (ㄴ)
② (ㄱ), (ㄷ)
③ (ㄱ), (ㄹ)
④ (ㄱ), (ㄷ), (ㄹ)

해설

[소화기 사용방법]
• 적응화재에 따라 사용
• 성능에 따라 방출거리 내에서 사용
• 바람을 등지고 사용
• 양옆으로 비로 쓸 듯이 방사

12 위험물안전관리법령상 자동화재탐지설비를 설치하지 않고 비상경보설비로 대신할 수 있는 것은?

① 일반취급소로서 연면적 600 [m²]인 것
② 지정수량 20배를 저장하는 옥내저장소로서 처마 높이가 8 [m]인 단층 건물
③ 단층 건물 외에 건축물에 설치된 지정수량 15배의 옥내탱크저장소로서 소화난이도등급 Ⅱ에 속하는 것
④ 지정수량 20배를 저장·취급하는 옥내주유취급소

해설

[자동화재탐지설비의 설치기준]
소화난이도등급 Ⅱ는 비상경보설비로 대체 가능

13 피난동선의 특징이 아닌 것은?

① 가급적 지그재그의 복잡한 형태가 좋다.
② 수평동선과 수직동선으로 구분한다.
③ 2개 이상의 방향으로 피난할 수 있어야 한다.
④ 가급적 상호 반대방향으로 다수의 출구와 연결되는 것이 좋다.

해설

[피난동선]
피난동선은 가급적 단순한 형태가 좋음

14 연소범위에 대한 설명으로 옳지 않은 것은?

① 연소범위는 연소하한값부터 연소상한값까지이다.
② 연소범위의 단위는 공기 또는 산소에 대한 가스의 [%] 농도이다.
③ 연소하한이 낮을수록 위험이 크다.
④ 온도가 높아지면 연소범위가 좁아진다.

해설

[연소범위]
온도가 높아지면 부피와 압력이 상승하고 연소범위는 넓어짐

15 제1종, 제2종, 제3종 분말소화약제의 주성분에 해당하지 않는 것은?

① 탄산수소나트륨
② 황산마그네슘
③ 탄산수소칼륨
④ 인산암모늄

해설

[분말소화약제의 주요 성분]

소화약제	명칭	적응화재	분말색
제1종	탄산수소나트륨	BC	백색
제2종	탄산수소칼륨	BC	보라색
제3종	인산암모늄	ABC	담홍색
제4종	탄산수소칼륨과 요소반응물	BC	회색

정답 ● 12 ③ 13 ① 14 ④ 15 ②

16 위험물제조소에 설치하는 분말소화설비의 기준에서 분말소화약제의 가압용 가스로 사용할 수 있는 것은?

① 헬륨 또는 산소
② 네온 또는 염소
③ 아르곤 또는 산소
④ 질소 또는 이산화탄소

해설

[분말소화약제 가압용 가스 사용]
- 불활성 기체 사용
- 질소·이산화탄소·아르곤

17 위험물제조소등의 용도폐지신고에 대한 설명으로 옳지 않은 것은?

① 용도 폐지 후 30일 이내에 신고하여야 한다.
② 완공검사필증을 첨부한 용도폐지신고서를 제출하는 방법으로 신고한다.
③ 전자문서로 된 용도폐지신고서를 제출하는 경우에도 완공검사필증을 제출하여야 한다.
④ 신고 의무의 주체는 해당 제조소등의 관계인이다.

해설

[용도폐지신고]
용도 폐지 후 14일 이내에 신고하여야 함

18 할로젠화합물의 소화약제 중 할론 2402의 화학식은?

① $C_2Br_4F_2$
② $C_2Cl_4F_2$
③ $C_2Cl_4Br_2$
④ $C_2F_4Br_2$

해설

[할론 넘버]
- 할론 넘버는 C - F - Cl - Br 순으로 매김
- C : 2개, F : 4개, Cl : 0개, Br : 2개
- 할론 2402 : $C_2F_4Br_2$

19 위험물제조소등에 설치하여야 하는 자동화재탐지설비의 설치기준에 대한 설명 중 틀린 것은?

① 자동화재탐지설비의 경계구역은 건축물 그 밖의 공작물의 2 이상의 층에 걸치도록 할 것
② 하나의 경계구역에서 그 한 변의 길이는 50 [m](광전식 분리형 감지기를 설치할 경우에는 100 [m]) 이하로 할 것
③ 자동화재탐지설비의 감지기는 지붕 또는 벽의 옥내에 면한 부분에 유효하게 화재의 발생을 감지할 수 있도록 설치할 것
④ 자동화재탐지설비에는 비상전원을 설치할 것

정답 16 ④ 17 ① 18 ④ 19 ①

해설

[자동화재탐지설비의 설치기준]
① 경계구역은 건축물 그 밖의 공작물의 2 이상의 층에 걸치지 아니할 것
② 하나의 경계구역의 면적이 500 [m²] 이하이면서 당해 경계구역이 두 개의 층에 걸치는 경우이거나 계단·경사로·승강기의 승강로, 그 밖에 이와 유사한 장소에 연기감지기를 설치하는 경우엔 그러지 아니함
③ 하나의 경계구역은 면적이 600 [m²] 이하이며, 한 변의 길이는 50 [m](광전식 분리형 감지기를 설치할 경우는 100 [m]) 이하로 할 것
④ 주요 출입구에서 그 내부의 전체를 볼 수 있는 경우에는 1000 [m²] 이하
⑤ 감지기는 지붕 또는 벽의 옥내에 면한 부분에 유효하게 화재의 발생을 감지할 수 있도록 설치
⑥ 비상전원 설치

20 인화점이 200 [℃] 미만인 위험물을 저장하기 위하여 높이가 15 [m]이고, 지름이 18 [m]인 옥외저장탱크를 설치하는 경우 옥외저장탱크와 방유제와의 사이에 유지하여야 하는 거리로 옳은 것은?

① 5.5 [m] 이상
② 6.5 [m] 이상
③ 7.5 [m] 이상
④ 9.5 [m] 이상

해설

[옥외저장탱크와 방유제 사이 거리]
• 지름 15 [m] 이상은 탱크 높이의 1/2
• 방유제 사이 거리 = 15 × (1/2) = 7.5 [m]

21 과염소산나트륨에 대한 설명으로 옳지 않은 것은?

① 가열하면 분해하여 산소를 방출한다.
② 환원제이며, 수용액은 강한 환원성이 있다.
③ 수용성이며, 조해성이 있다.
④ 제1류 위험물이다.

해설

[과염소산나트륨(1류)의 특징]
제1류 위험물은 산화제

22 위험물안전관리법령에 따른 옥외소화전설비의 설치기준에 대해 다음 ( ) 안에 알맞은 수치를 차례대로 나타낸 것은?

옥외소화전설비는 모든 옥외소화전(설치 개수가 (ⓐ) 이상인 경우는 (ⓐ)의 옥외소화전)을 동시에 사용할 경우에 각 노즐선단의 방수압력이 (ⓑ) [kPa] 이상이고, 방수량이 1분당 450 [L] 이상의 성능이 되도록 할 것

① ⓐ : 3, ⓑ : 260
② ⓐ : 4, ⓑ : 260
③ ⓐ : 4, ⓑ : 350
④ ⓐ : 5, ⓑ : 450

해설

[옥외소화전설비 설치기준]
• 옥외소화전 설치 개수가 4 이상인 경우는 4개의 옥외소화전
• 방수 압력 350 [kPa] 이상

정답 20 ③ 21 ② 22 ③

23 지하탱크저장소에 대한 설명으로 옳지 않은 것은?

① 탱크전용실 벽의 두께는 0.3 [m] 이상이어야 한다.
② 지하저장탱크의 윗부분은 지면으로부터 0.6 [m] 이상 아래에 있어야 한다.
③ 지하저장탱크와 탱크전용실 안쪽과의 간격은 0.1 [m] 이상의 간격을 유지한다.
④ 지하저장탱크에 두께 0.1 [m] 이상의 철근콘크리트조로 된 뚜껑을 설치한다.

해설
[지하탱크저장소의 특징]
두께 0.3 [m] 이상의 철근콘크리트조로 된 뚜껑을 설치

24 과염소산칼륨과 아염소산나트륨의 공통 성질로 틀린 것은?

① 지정수량이 50 [kg]이다.
② 강산화성 물질이며 가연성이다.
③ 열분해 시 산소를 방출한다.
④ 상온에서 고체의 형태이다.

해설
[과염소칼륨과 아염소나트륨(1류)의 성질]
강산화성이며 불연성 위험물

25 아염소산염류 500 [kg]과 질산염류 3000 [kg]을 함께 저장하는 경우 위험물의 소요단위는 얼마인가?

① 2
② 4
③ 6
④ 8

해설
[소요단위]
• 아염소산염류 지정수량 : 50 [kg]
• 질산염류 지정수량 : 300 [kg]
• 소요단위 = $\frac{500}{50 \times 10} + \frac{3000}{300 \times 10} = 2$

26 위험물제조소등에 옥내소화전설비를 설치할 때 옥내소화전이 가장 많이 설치된 층의 소화전의 개수가 4개일 때 확보하여야 할 수원의 수량은?

① 10.4 [m^3]
② 20.8 [m^3]
③ 31.2 [m^3]
④ 41.6 [m^3]

해설
[확보해야 할 수원의 수량]
• 옥내소화전 : 설치 개수(최대 5) × 7.8 [m^3]
• 옥외소화전 : 설치 개수(최대 4) × 13.5 [m^3]
• 수원 수량 = 4 × 7.8 = 31.2 [m^3]

27 과염소산칼륨의 일반적인 성질에 대한 설명 중 아닌 것은?

① 강한 산화제이다.
② 불연성 물질이다.
③ 과일향이 나는 보라색 결정이다.
④ 가열하여 완전 분해시키면 산소가 발생한다.

해설
[과염소산칼륨(1류) 특징]
과염소산칼륨은 무색, 무취의 백색 결정임

28 경유에 대한 설명으로 틀린 것은?

① 물에 녹지 않는다.
② 비중은 1 이하이다.
③ 발화점이 인화점보다 높다.
④ 인화점은 상온 이하이다.

해설
[경유(4류)의 특징]
인화점 : 50 ~ 70 [℃]

29 황에 대한 설명으로 옳지 않은 것은?

① 연소 시 황색 불꽃을 보이며 유독한 이황화탄소가 발생한다.
② 미세한 분말 상태에서 부유하면 분진 폭발의 위험이 있다.
③ 마찰에 의해 정전기가 발생할 우려가 있다.
④ 고온에서 용융된 황은 수소와 반응한다.

해설
[황(2류)의 위험성]
연소 시 푸른 불꽃과 유독한 이산화황 발생

30 옥내저장소의 저장창고에 150 [m^2] 이내마다 일정 규격의 격벽을 설치하여 저장하여야 하는 위험물은?

① 제5류 위험물 중 지정과산화물
② 알킬알루미늄등
③ 아세트알데하이드등
④ 하이드록실아민등

해설
[옥내저장소 격벽 설치]
제5류 위험물 중 지정과산화물은 저장창고에 150 [m^2] 이내마다 일정 규격의 격벽을 설치하여 저장하여야 함

31 위험물안전관리법령상 위험물에 해당하는 것으로 옳은 것은?

① 농도가 40 [wt%]인 과산화수소
② 비중이 1.41인 질산
③ 53 [μm]의 표준체를 통과하는 것이 50 [wt%] 미만인 철의 분말
④ 황산

해설
[위험물기준]
농도가 36 [wt%] 이상인 과산화수소

정답 27 ③ 28 ④ 29 ① 30 ① 31 ①

32 위험물안전관리법령상 품명이 금속분에 해당하는 것은? (단, 150 [μm]의 체를 통과하는 것이 50 [wt%] 이상인 경우이다)

① 니켈분
② 마그네슘분
③ 알루미늄분
④ 구리분

해설

[금속분(2류)의 종류]
구리분(Cu), 니켈분(Ni)을 제외하고 150 [μm]의 체를 통과하는 것이 50 [wt%] 이상(Al, Zn, Sb)

33 금속나트륨에 관한 설명으로 옳은 것은?

① 등유는 반응이 일어나지 않아 저장액으로 이용된다.
② 융점이 100 [℃]보다 높다.
③ 물과 격렬히 반응하여 산소가 발생하고 발열한다.
④ 물보다 무겁다.

해설

[금속나트륨(3류) 특징]
• 등유는 반응이 일어나지 않아 저장액으로 이용
• 융점 97.8 [℃]
• 물과 격렬히 반응하여 수소 발생
• 물보다 가벼운 경금속

34 질산칼륨에 대한 설명 중 옳은 것은?

① 유기물 및 강산에 보관할 때 매우 안정하다.
② 열에 안정하여 1000 [℃]가 넘는 고온에서도 분해되지 않는다.
③ 알코올에는 잘 녹으나 물, 글리세린에는 잘 녹지 않는다.
④ 무색무취의 결정 또는 분말로서 화약 원료로 사용된다.

해설

[질산칼륨(1류)의 특징]
• 환기가 잘 되는 냉암소에 보관
• 열분해하여 산소를 생성
• 물, 글리세린에 잘 녹으나 알코올에는 잘 녹지 않음
• 무색무취의 결정 또는 분말로서 흑색화약 원료로 사용

35 위험물 분류에서 제4석유류에 대한 설명으로 옳은 것은?

① 아세톤, 휘발유 그 밖에 1기압에서 인화점이 21 [℃] 미만인 것
② 등유, 경유 그 밖에 액체로서 인화점이 21 [℃] 이상, 70 [℃] 미만의 것
③ 중유, 도료류로서 인화점이 70 [℃] 이상, 200 [℃] 미만의 것
④ 기계유, 실린더유 그 밖의 액체로서 인화점이 200 [℃] 이상, 250 [℃] 미만인 것

해설

[제4석유류 정의]
① 제1석유류
② 제2석유류
③ 제3석유류
④ 제4석유류

36 다음 중 위험물안전관리법령상 지정수량의 1/10을 초과하는 위험물을 운반할 때 혼재할 수 없는 경우는?

① 제1류 위험물과 제6류 위험물
② 제2류 위험물과 제4류 위험물
③ 제4류 위험물과 제5류 위험물
④ 제5류 위험물과 제3류 위험물

해설

[위험물 혼재기준]
5류와 3류 혼재 불가

보충 혼재 가능 위험물

1↓	6		혼재 가능
2↓	5↑	4	혼재 가능
3→	4↑		혼재 가능

암 123456 적은 후 4 추가

37 다음 중 지정수량이 나머지 셋과 다른 물질은?

① 황화인
② 적린
③ 칼슘
④ 황

해설

[지정수량]

위험물	지정수량 [kg]
황화인(2류)	100
적린(2류)	100
칼슘(3류)	50
황(2류)	100

38 다음 중 위험물안전관리법령상 제6류 위험물에 해당하는 것은?

① 황산
② 염산
③ 질산염류
④ 할로젠간화합물

해설

[제6류 위험물의 종류]
• 질산
• 과산화수소
• 과염소산
• 할로젠간화합물
• 황산과 염산은 비위험물
• 질산염류는 제1류 위험물

39 다음 중 위험물안전관리법령에서 정한 제3류 위험물 금수성 물질의 소화설비로 적응성이 있는 것은?

① 이산화탄소소화설비
② 할로젠화합물소화설비
③ 인산염류등 분말소화설비
④ 탄산수소염류등 분말소화설비

정답 36 ④ 37 ③ 38 ④ 39 ④

해설
[금수성 물질의 소화설비]
- 마른모래·팽창질석·팽창진주암
- 탄산수소염류분말

40 위험물과 그 보호액 또는 안정제의 연결이 틀린 것은?

① 황린 - 물
② 인화석회 - 물
③ 금속칼륨 - 등유
④ 알킬알루미늄 - 헥산

해설
[위험물별 보호액]
인화석회 : 밀봉하여 공기·물 접촉 금지

41 위험물제조소의 건축물 구조기준 중 연소의 우려가 있는 외벽은 출입구 외의 개구부가 없는 내화구조의 벽으로 하여야 한다. 이때 연소의 우려가 있는 외벽은 제조소가 설치된 부지의 경계선에서 몇 [m] 이내에 있는 외벽을 말하는가? (단, 단층 건물일 경우이다)

① 3
② 4
③ 5
④ 6

해설
[위험물제조소 외벽 경계선]
연소의 우려가 있는 외벽은 출입구 이외의 개구부가 없는 내화구조의 벽으로 함. 연소의 우려가 있는 외벽은 제조소가 설치된 부지의 경계선에서 3 [m] 이내에 있는 외벽(단층 건물일 경우)

42 메틸알코올의 위험성으로 옳지 않은 것은?

① 나트륨과 반응하여 수소기체가 발생한다.
② 휘발성이 강하다.
③ 연소범위가 알코올류 중 가장 좁다.
④ 인화점이 상온(25 [℃])보다 낮다.

해설
[메틸알코올(4류)의 위험성]
메틸알코올보다 에틸알코올의 연소범위가 더 좁음

43 다음은 위험물안전관리법령에서 정한 내용이다. ( ) 안에 알맞은 용어는?

( )라 함은 인화성 고체 그 밖에 1기압에서 인화점이 섭씨 40도 미만인 고체를 말한다.

① 가연성 고체   ② 산화성 고체
③ 인화성 고체   ④ 자기반응성 고체

해설
[인화성 고체 정의]
인화성 고체 그 밖에 1기압에서 인화점이 40 [℃] 미만인 고체

정답 40 ② 41 ① 42 ③ 43 ③

44 경유에 대한 설명으로 아닌 것은?

① 디젤기관의 연료로 사용할 수 있다.
② 품명은 제3석유류이다.
③ 원유의 증류 시 등유와 중유 사이에서 유출된다.
④ K·Na의 보호액으로 사용할 수 있다.

해설
[경유(4류) 특징]
품명 : 제2석유류

45 나이트로셀룰로스에 대한 설명으로 아닌 것은?

① 품명이 나이트로화합물이다.
② 물과 혼합하면 위험성이 감소된다.
③ 셀룰로스에 진한 질산과 진한 황산을 작용시켜 만든다.
④ 다이너마이트의 원료로 사용된다.

해설
[나이트로셀룰로스(5류)]
나이트로셀룰로스의 품명 : 질산에스터류

46 등유 2000 [L], 에틸렌글리콜 2000 [L]를 같은 장소에 저장하려 한다. 지정수량의 배수의 합은 얼마인가?

① 2.5
② 3.0
③ 3.5
④ 4.0

해설
[지정수량]
• 등유 : 1000 [L]
• 에틸렌글리콜 : 4000 [L]
• 지정수량의 합
  = (2000 / 1000) + (2000 / 4000) = 2.5

47 과망가니즈산칼륨은 제 몇 류 위험물인가?

① 제1류 위험물   ② 제2류 위험물
③ 제3류 위험물   ④ 제4류 위험물

해설
[위험물 유별]
과망가니즈산칼륨 - 제1류 위험물 - 과망가니즈산염류

48 위험물의 운반에 관한 기준에서 적재방법기준으로 틀린 것은?

① 고체위험물은 운반용기의 내용적 95 [%] 이하의 수납률로 수납할 것
② 액체위험물은 운반용기의 내용적 98 [%] 이하의 수납률로 수납할 것
③ 알킬알루미늄은 운반용기 내용적의 98 [%] 이하의 수납률로 수납하되, 50 [℃]의 온도에서 5 [%] 이상의 공간용적을 유지할 것
④ 제3류 위험물 중 자연발화성 물질에 있어서는 불활성 기체를 봉입하여 밀봉하는 등 공기와 접하지 아니하도록 할 것

정답 44 ② 45 ① 46 ① 47 ① 48 ③

해설

[위험물 적재방법]

(1) 고체위험물 : 운반용기의 내용적 95 [%] 이하의 수납률로 수납
(2) 액체위험물 : 운반용기의 내용적 98 [%] 이하의 수납률로 수납, 55 [℃] 온도에서 누설되지 않도록 충분한 공간 용적을 두어야 함
(3) 알킬알루미늄 : 운반용기 내용적의 90 [%] 이하의 수납률로 수납하되, 50 [℃]의 온도에서 5 [%] 이상의 공간 용적을 유지

49 지정과산화물 옥내저장소의 저장 창고 출입구 및 창의 설치기준으로 틀린 것은?

① 창은 바닥면으로부터 2 [m] 이상의 높이에 설치한다.
② 하나의 창의 면적을 0.4 [m²] 이내로 한다.
③ 하나의 벽면에 두는 창의 면적의 합계를 해당 벽면의 면적의 80분의 1이 초과되도록 한다.
④ 출입구에는 60분+방화문 또는 60분 방화문을 설치한다.

해설

[옥내저장소 창 설치기준]
하나의 벽면에 두는 창의 면적의 합계를 해당 벽면의 면적의 <u>80분의 1 이내</u>

50 위험물 옥외저장소에서 지정수량 200배 초과의 위험물을 저장할 경우 경계표시 주위의 보유공지 너비는 몇 [m] 이상으로 하여야 하는가? (단, 제4류 위험물과 제6류 위험물이 아닌 경우이다)

① 0.5   ② 2.5
③ 10   ④ 15

해설

[옥외저장소 보유공지 너비]

저장 또는 취급하는 위험물의 최대 지정수량의 배수	공지의 너비
10배 이하	3 [m] 이상
10배 초과 20배 이하	5 [m] 이상
20배 초과 50배 이하	9 [m] 이상
50배 초과 200배 이하	12 [m] 이상
200배 초과	15 [m] 이상

51 다음 위험물 중 지정수량이 가장 큰 것은?

① 과산화수소
② 질산에틸(제1종으로 가정)
③ 트라이나이트로톨루엔
④ 무기과산화물

해설

[위험물별 지정수량]

위험물	지정수량 [kg]
과산화수소(6류)	300
질산에틸(5류)	10
트라이나이트로톨루엔(5류)	10
무기과산화물(1류)	50

정답 ● 49 ③ 50 ④ 51 ①

52 다음 중 인화점이 0 [℃]보다 작은 것은 모두 몇 개인가?

$C_2H_5OC_2H_5$, CS_2, CH_3CHO

① 0개   ② 1개
③ 2개   ④ 3개

해설

[인화점]
세 가지 모두 특수인화물로 인화점은 -20 [℃] 이하
- 다이에틸에터($C_2H_5OC_2H_5$) : -40 [℃]
- 이황화탄소(CS_2) : -30 [℃]
- 아세트알데하이드(CH_3CHO) : -40 [℃]

53 아세톤의 위험도를 구하면 얼마인가? (단, 아세톤의 연소범위는 2 ~ 13 [vol%]이다)

① 0.846   ② 1.23
③ 5.5   ④ 7.5

해설

[아세톤(4류) 위험도]
- 위험도 = (H - L) / L
- H : 연소범위 상한, L : 연소범위 하한
- 위험도 = (13 - 2) / 2 = 5.5

54 에터(Ether)의 일반식으로 옳은 것은?

① ROR
② RCHO
③ RCOR
④ RCOOH

해설

[에터의 일반식]
에터의 일반식은 R - O - R으로 H_2O의 수소원자 두 개가 알킬기로 치환된 형태

55 수소화칼슘이 물과 반응했을 때의 생성물로 옳은 것은?

① 칼슘과 수소
② 수산화칼슘과 산소
③ 칼슘과 산소
④ 수산화칼슘과 수소

해설

[수소화칼슘(3류) 반응 후 생성물]
- $CaH_2 + 2H_2O \rightarrow Ca(OH)_2 + H_2$
- 수소화칼슘, 물과 만나 수산화칼슘, 수소 생성

56 황의 성질로 옳은 것은?

① 전기 양도체이다.
② 물에는 매우 잘 녹는다.
③ 이산화탄소와 반응한다.
④ 미분은 분진폭발의 위험성이 있다.

해설

[황(2류) 성질]
- 전기 부도체
- 물에 녹지 않음
- 이산화탄소와 반응하지 않음
- 미분은 분진폭발 위험 있음

정답 ● 52 ④   53 ③   54 ①   55 ④   56 ④

57 저장용기에 물을 넣어 보관하고 Ca(OH)₂을 넣어 pH 9의 약알칼리성으로 유지시키면서 저장하는 물질은?

① 적린
② 황린
③ 질산
④ 황화인

해설

[위험물의 저장방법]
황린(3류) : pH 9 물속에 저장

58 낮은 온도에서도 잘 얼지 않는 다이너마이트를 제조하기 위해 나이트로글리세린의 일부를 대체하여 첨가하는 물질은?

① 나이트로셀룰로스
② 나이트로글리콜
③ 트라이나이트로톨루엔
④ 다이나이트로벤젠

해설

[다이너마이트 제조]
나이트로글리세린은 어는점이 높기 때문에 나이트로글리콜을 첨가하여 어는점을 낮춤

59 과산화벤조일과 과염소산의 지정수량의 합으로 알맞은 값은?

① 210
② 250
③ 350
④ 400

해설

[지정수량 계산]
- 과산화벤조일(5류) : 100 [kg]
- 과염소산(6류) : 300 [kg]
- 지정수량 합 = 100 [kg] + 300 [kg] = 400 [kg]

60 과염소산의 저장 및 취급방법으로 옳지 않은 것은?

① 종이, 나무부스러기 등과의 접촉을 피한다.
② 직사광선을 피하고, 통풍이 잘 되는 장소에 보관한다.
③ 분해방지제로 NH_3 또는 $BaCl_2$를 사용한다.
④ 금속분과의 접촉을 피한다.

해설

[과염소산(6류) 취급방법]
- 가연물, 유기물, 산화제, 환원제와 격리 보관
- 직사광선을 피하고 통풍, 환기가 잘 되는 냉암소에 보관

정답 57 ② 58 ② 59 ④ 60 ③

2016 제1회

01 다음 중 연소의 3요소를 모두 갖춘 것은?

① 휘발유 + 공기 + 수소
② 적린 + 수소 + 성냥불
③ 성냥불 + 황 + 염소산암모늄
④ 알코올 + 수소 + 염소산암모늄

해설

[연소의 3요소]
- 가연물 : 황
- 산소 공급원 : 염소산암모늄
- 점화원 : 성냥불

> 암 연소의 3요소 : 가산점
> (가연물, 산소 공급원, 점화원)

02 피크르산의 위험성과 소화방법에 대한 설명으로 틀린 것은?

① 금속과 화합하여 예민한 금속염이 만들어질 수 있다.
② 운반 시 건조한 것보다는 물에 젖게 하는 것이 안전하다.
③ 알코올과 혼합된 것은 충격에 의한 폭발의 위험이 있다.
④ 화재 시에는 질식소화가 효과적이다.

해설

[피크르산(5류)의 소화방법]
트라이나이트로페놀($C_6H_2(OH)(NO_2)_3$)
- 산소를 함유하고 있기 때문에 질식소화는 효과가 없음

03 위험물안전관리법령상 위험등급 I 의 위험물에 해당하는 것은?

① 무기과산화물
② 황화인
③ 제1석유류
④ 황

해설

[위험등급]
- 무기과산화물 : I
- 황화인 : II
- 제1석유류 : II
- 황 : II
- 위험등급 I : 1류 - 아염과무, 3류 - 알칼리나황, 4류 - 이디아산, 5류 - 질유, 6류 전체

04 석유류가 연소할 때 발생하는 가스로 강한 자극적인 냄새가 나며, 취급하는 장치를 부식시키는 것은?

① H_2
② CH_4
③ NH_3
④ SO_2

해설

[이산화황(SO_2, 4류)의 특징]
- 석유류가 연소할 때 발생하는 가스
- 강한 자극적인 냄새
- 취급하는 장치를 부식

정답 01 ③ 02 ④ 03 ① 04 ④

05 위험물안전관리법령상 위험물옥외탱크저장소에 방화에 관하여 필요한 사항을 게시한 게시판에 기재하여야 하는 내용이 아닌 것은?

① 위험물의 지정수량의 배수
② 위험물의 저장 최대 수량
③ 위험물의 품명
④ 위험물의 성질

해설

[옥외탱크저장소의 게시판 기재 내용]
• 지정수량의 배수
• 저장 최대 수량
• 유별, 품명
• 안전관리자 성명

06 연소가 잘 이루어지는 조건으로 거리가 먼 것은?

① 가연물의 발열량이 클 것
② 가연물의 열전도율이 클 것
③ 가연물과 산소와의 접촉표면적이 클 것
④ 가연물의 활성화에너지가 작을 것

해설

[연소가 잘 이루어지는 조건]
• 산소와 친화력이 클 것
• 열전도율이 작을 것
• 발열량이 클 것
• 활성화에너지가 작을 것

07 위험물안전관리법령상 제6류 위험물에 적응성이 없는 것은?

① 스프링클러설비
② 포소화설비
③ 불활성 가스소화설비
④ 물분무소화설비

해설

[제6류 위험물의 소화]
• 산화성 액체이므로 질식소화는 효과가 없음
• 물과 반응성이 없으므로 주로 주수소화가 가능
• 불활성 가스소화설비는 질식소화

08 위험물제조소의 경우 연면적이 최소 몇 [m²]이면 자동화재탐지설비를 설치해야 하는가? (단, 원칙적인 경우에 한한다)

① 100
② 300
③ 500
④ 1000

해설

[자동화재탐지설비의 설치기준]

구분	기준
제조소 및 일반 취급소	• 연면적 500 [m²] 이상인 것 • 옥내에서 지정수량의 100배 이상 취급하는 것 • 일반취급소로 사용되는 부분 외 부분이 있는 건축물에 설치된 일반취급소

정답 05 ④ 06 ② 07 ③ 08 ③

09 그림과 같이 횡으로 설치한 원통형 위험물탱크에 대하여 탱크의 용량을 구하면 약 몇 [m³]인가? (단, 공간용적은 탱크 내용적의 100분의 5로 한다)

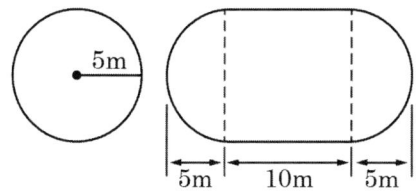

① 52.4
② 261.6
③ 994.8
④ 1047.2

해설

[위험물 저장탱크의 내용적]

$V = \pi r^2 (l + \dfrac{l_1 + l_2}{3})(1 - 공간용적)$

= 원주면적 × (가운데 체적 길이 + 양끝 체적 길이의 합 / 3)(1 - 공간용적)

= 3.14 × 5² × (10 + 10 / 3)(1 - 0.05)

= 994.8 [m³]

10 다음은 위험물제조소 표지 및 게시판에 대한 설명이다. 위험물안전관리법령상 옳지 않은 것은?

① 표지는 한 변의 길이가 0.3 [m], 다른 한 변의 길이가 0.6 [m] 이상으로 하여야 한다.
② 표지의 바탕은 백색, 문자는 흑색으로 하여야 한다.
③ 취급하는 위험물에 따라 규정에 의한 주의사항을 표시한 게시판을 설치하여야 한다.
④ 제2류 위험물(인화성 고체 제외)은 "물기엄금" 주의사항 게시판을 설치하여야 한다.

해설

[위험물의 종류별 주의사항]
• 제2류 위험물(인화성 고체 제외) : 화기주의
• 위험물 유별 주의사항 및 게시판
• 게시판 크기 : 표지는 한 변의 길이가 0.3 [m], 다른 한 변의 길이는 0.6 [m] 이상

11 금속화재에 마른모래를 피복하여 소화하는 방법은?

① 제거소화 ② 질식소화
③ 냉각소화 ④ 억제소화

해설

[금속화재소화방법]
질식소화 : 마른모래, 건조사 등

12 위험물을 취급함에 있어서 정전기를 유효하게 제거하기 위한 설비를 설치하고자 한다. 위험물안전관리법령상 공기 중의 상대 습도를 몇 [%] 이상 되게 하여야 하는가?

① 50 ② 60
③ 70 ④ 80

> 해설

[정전기 제거 조건]
- 접지에 의한 방법
- 공기를 이온화하는 방법
- 공기 중의 상대습도를 70 [%] 이상으로 함
- 느린 유속으로 흐를 때(마찰 감소)

13 단층 건물에 설치하는 옥내탱크저장소의 탱크전용실에 비수용성의 제2석유류 위험물을 저장하는 탱크 1개를 설치할 경우 설치할 수 있는 탱크의 최대 용량은?

① 10000 [L]
② 20000 [L]
③ 40000 [L]
④ 80000 [L]

> 해설

[탱크의 최대 용량기준]
옥내저장탱크의 용량은 1층 이하의 층에 있어서는 지정수량의 40배(제4석유류 및 동식물유류 외의 것으로서 당해 수량이 20000 [L]를 초과하는 경우에는 20000 [L]) 이하, 2층 이상의 층에 있어서는 1000 [L] 이하로 하여야 함

14 제3종 분말소화약제의 열분해 시 생성되는 메타인산의 화학식은?

① H_3PO_4
② HPO_3
③ $H_4P_2O_7$
④ $CO(NH_2)_2$

> 해설

[분말소화약제 주요 성분]

소화약제	명칭	적응화재	분말색
제1종	탄산수소나트륨	BC	백색
제2종	탄산수소칼륨	BC	보라색
제3종	인산암모늄	ABC	담홍색
제4종	탄산수소칼륨 + 요소	BC	회색

$NH_4H_2PO_4 \rightarrow HPO_3 + H_2O \uparrow + NH_3 \uparrow$

15 위험물안전관리법령상 제조소등의 관계인은 예방 규정을 정하여 누구에게 제출하여야 하는가?

① 국민안전처장관·행정자치부장관
② 국민안전처장관·소방서장
③ 시·도지사, 소방서장
④ 한국소방안전협회장·국민안전처장관

> 해설

[제조소등의 관계인의 예방 규정 제출]
제조소등 관계인은 예방 규정을 정하여 시·도지사 또는 소방청장에게 제출하여야 함

정답 13 ② 14 ② 15 ③

16 위험물안전관리법령상 옥내저장소에서 기계에 의하여 하역하는 구조로 된 용기만을 겹쳐 쌓아 위험물을 저장하는 경우 그 높이는 몇 미터를 초과하지 않아야 하는가?

① 2
② 4
③ 6
④ 8

> 해설

[옥내저장소의 위험물 저장 규정]
겹쳐 쌓은 위험물용기의 높이가 <u>6 [m]</u>를 초과하지 않아야 함

17 주된 연소 형태가 증발연소인 것은?

① 나트륨
② 코크스
③ 양초
④ 나이트로셀룰로스

> 해설

[연소 형태]
- 표면연소 : 목탄, 코크스, 숯, 금속 등
- 분해연소 : 목재, 종이, 플라스틱, 섬유
- 자기연소 : 제5류 위험물
- <u>증발연소 : 파라핀(양초)</u>, 황 등

18 메틸알코올 8000리터에 대한 소화능력으로 삽을 포함한 마른모래를 몇 리터 설치하여야 하는가?

① 100
② 200
③ 300
④ 400

> 해설

[능력단위]

소화설비	용량 [L]	능력단위
소화전용 물통	8	0.3
수조(물통 3개 포함)	80	1.5
수조(물통 6개 포함)	190	2.5
마른모래(삽 1개 포함)	50	0.5
팽창질석·진주암(삽 1개 포함)	160	1.0

- 메틸알코올 지정수량 : 400 [L]
- 1소요단위 : 10 × 지정수량 = 4000 [L]
- 8000 [L] / 4000 [L] = 2
- $0.5x = 2$이므로 $x = 4$
- 필요한 마른모래 = 4 × 50 [L] = 200 [L]

19 위험물안전관리법령상 위험물의 운반에 관한 기준에서 적재 시 혼재가 가능한 위험물을 옳게 나타낸 것은? (단, 각각 지정수량의 10배 이상인 경우이다)

① 제1류와 제4류
② 제3류와 제6류
③ 제1류와 제5류
④ 제2류와 제4류

> 해설

[위험물 혼재기준]
2류, 4류 혼재 가능

보충 혼재 가능 위험물

1↓	6		혼재 가능
2↓	5↑	4	혼재 가능
3→	4↑		혼재 가능

암 1 2 3 4 5 6 적은 후 4 추가

정답 16 ③ 17 ③ 18 ② 19 ④

20 지정수량의 몇 배 이상의 위험물을 취급하는 제조소에는 화재 발생 시 이를 알릴 수 있는 경보설비를 설치하여야 하는가?

① 5
② 10
③ 20
④ 100

> 해설

[경보설비의 설치기준]
- 지정수량의 <u>10배 이상</u>의 위험물을 취급하는 제조소에 설치
- 종류
  ① 자동화재탐지설비
  ② 자동화재속보설비
  ③ 비상경보설비
  ④ 확성장치
  ⑤ 비상방송설비

21 연소할 때 연기가 거의 나지 않아 밝은 곳에서 연소 상태를 잘 느끼지 못하는 물질로 독성이 매우 강해 먹으면 실명 또는 사망에 이를 수 있는 것은?

① 메틸알코올
② 에틸알코올
③ 등유
④ 경유

> 해설

[메틸알코올(4류)의 특징]
- 연소할 때 연기가 거의 나지 않음
- 독성이 매우 강함
- 먹으면 실명 또는 사망의 위험이 있음

22 가솔린의 연소범위 [vol%]에 가장 가까운 것은?

① 1.4 ~ 7.6
② 8.3 ~ 11.4
③ 12.5 ~ 19.7
④ 22.3 ~ 32.8

> 해설

[가솔린(4류)의 연소범위]
1.4 ~ 7.6 [vol%]

23 위험물안전관리법령상 제조소에서 취급하는 제4류 위험물의 최대 수량의 합이 지정수량의 12만 배 미만인 사업소에 두어야 하는 화학소방자동차 및 자체소방대원의 수의 기준으로 옳은 것은?

① 1대 - 5인
② 2대 - 10인
③ 3대 - 15인
④ 4대 - 20인

> 해설

[소방차의 수와 소방대원의 인원기준]

위험물 최대 수량의 합	소방차	소방대원
12만 배 미만	1	5
12만 ~ 24만 배	2	10
24만 ~ 48만 배	3	15
48만 배 이상	4	20

정답 ● 20 ② 21 ① 22 ① 23 ①

24 위험물안전관리법령상 옥내저장소 저장창고의 바닥은 물이 새어 나오거나 스며들지 아니하는 구조로 하여야 한다. 다음 중 반드시 이 구조로 하지 않아도 되는 위험물은?

① 제1류 위험물 중 알칼리금속의 과산화물
② 제4류 위험물
③ 제5류 위험물
④ 제2류 위험물 중 철분

해설
[옥내저장소의 바닥 구조기준]
제5류 위험물은 물을 머금으면 안정해지는 특징이 있으므로 물이 스며드는 구조로 하여도 됨

25 위험물안전관리법령상 자동화재탐지설비의 설치기준으로 옳지 않은 것은?

① 경계구역은 건축물의 최소 2개 이상의 층에 걸치도록 할 것
② 하나의 경계구역의 면적은 600 [m²] 이하로 할 것
③ 감지기는 지붕 또는 벽의 옥내에 면한 부분에 유효하게 화재의 발생을 감지할 수 있도록 설치할 것
④ 비상전원을 설치할 것

해설
[자동화재탐지설비 설치기준]
① 경계구역은 건축물 그 밖의 공작물의 2 이상의 층에 걸치지 아니할 것
② 하나의 경계구역의 면적이 500 [m²] 이하이면서 당해 경계구역이 두 개의 층에 걸치는 경우이거나 계단·경사로·승강기의 승강로 그 밖에 이와 유사한 장소에 연기감지기를 설치하는 경우엔 그러지 아니함
③ 하나의 경계구역은 면적이 600 [m²] 이하이며, 한 변의 길이는 50 [m](광전식 분리형 감지기를 설치할 경우는 100 [m]) 이하로 할 것
④ 주요 출입구에서 그 내부의 전체를 볼 수 있는 경우에는 1000 [m²] 이하
⑤ 감지기는 지붕 또는 벽의 옥내에 면한 부분에 유효하게 화재의 발생을 감지할 수 있도록 설치
⑥ 비상전원 설치

26 위험물안전관리법령상 위험물 운반 시 방수성 덮개를 하지 않아도 되는 위험물은?

① 나트륨
② 적린
③ 철분
④ 과산화칼륨

해설
[운반 시 덮개를 하지 않아도 되는 위험물]
적린(2류)은 물기엄금 위험물이 아니므로 방수성 덮개는 하지 않아도 됨

정답 24 ③ 25 ① 26 ②

위험물	종류	덮개
제1류	알칼리금속과산화물	방수성
	그 외	차광성
제2류	철분·금속분·마그네슘	방수성
제3류	자연발화성 물질	차광성
	금수성 물질	방수성
제4류	특수인화물	차광성
제5류	전체	차광성
제6류	전체	차광성

27 위험물안전관리법령상 운반차량에 혼재해서 적재할 수 없는 것은? (단, 각각의 지정수량은 10배인 경우이다)

① 염소화규소화합물 - 특수인화물
② 고형알코올 - 나이트로화합물
③ 염소산염류 - 질산
④ 질산구아니딘 - 황린

해설

[위험물 혼재기준]
① 염소화규소화합물(3) - 특수인화물(4)
② 고형알코올(2) - 나이트로화합물(5)
③ 염소산염류(1) - 질산(6)
④ 질산구아니딘(5) - 황린(3)

28 제4류 위험물의 화재예방 및 취급방법으로 옳지 않은 것은?

① 이황화탄소는 물속에 저장한다.
② 아세톤은 일광에 의해 분해될 수 있으므로 갈색 병에 보관한다.
③ 초산은 내산성 용기에 저장하여야 한다.
④ 건성유는 다공성 가연물과 함께 보관한다.

해설

[제4류 위험물의 취급방법]
건성유는 자연발화의 위험이 있으므로 가연물과 함께 보관을 피함

29 위험물안전관리법령상 품명이 나머지 셋과 다른 하나는?

① 트라이나이트로톨루엔
② 나이트로글리세린
③ 나이트로글리콜
④ 셀룰로이드

해설

[제5류 위험물의 품명]

품명	위험물	상태
질산에스터류	질산메틸 질산에틸 나이트로글리콜 나이트로글리세린	액체
	나이트로셀룰로스	고체
나이트로화합물	트라이나이트로톨루엔 트라이나이트로페놀 테트릴	고체

정답 27 ④ 28 ④ 29 ①

30 다음 중 위험물안전관리법에서 정의한 "제조소"의 의미로 가장 옳은 것은?

① "제조소"라 함은 위험물을 제조할 목적으로 지정수량 이상의 위험물을 취급하기 위하여 허가를 받은 장소임
② "제조소"라 함은 지정수량 이상의 위험물을 제조할 목적으로 위험물을 취급하기 위하여 허가를 받은 장소임
③ "제조소"라 함은 지정수량 이상의 위험물을 제조할 목적으로 지정수량 이상의 위험물을 취급하기 위하여 허가를 받은 장소임
④ "제조소"라 함은 위험물을 제조할 목적으로 위험물을 취급하기 위하여 허가를 받은 장소임

해설
[제조소의 정의]
위험물을 제조할 목적으로 지정수량 이상의 위험물을 취급하기 위하여 허가를 받은 장소

31 다음 중 산화성 고체위험물에 속하지 않는 것은?

① Na_2O_2
② $HClO_4$
③ $NaClO_4$
④ $KClO_3$

해설
[산화성 고체(1류)의 종류]
- Na_2O_2 : 과산화나트륨 - 1류 무기과산화물
- $HClO_4$(6류) : 과염소산 - 6류
- NH_4ClO_4 : 과염소산나트륨 - 1류 과염소산염류
- $KClO_3$: 염소산칼륨 - 1류 염소산염류

32 질산암모늄에 대한 설명으로 옳은 것은?

① 물에 녹을 때 발열반응을 한다.
② 가열하면 폭발적으로 분해하여 산소와 암모니아를 생성한다.
③ 소화방법으로는 질식소화가 좋다.
④ 단독으로도 급격한 가열, 충격으로 분해·폭발할 수 있다.

해설
[질산암모늄(1류)의 특징]
- 물에 용해 시 흡열반응을 함
- 가열 시 질소, 물, 산소 발생
- 산소를 함유하고 있으므로 주수소화를 함
- 단독으로도 급격한 가열, 충격으로 분해·폭발할 수 있음

33 위험물안전관리법령상 위험물 운반용기의 외부에 표시하여야 하는 사항에 해당하지 않는 것은?

① 위험물에 따라 규정된 주의사항
② 위험물의 지정수량
③ 위험물의 수량
④ 위험물의 품명

정답 30 ① 31 ② 32 ④ 33 ②

해설

[위험물 운반용기의 외부 표시]
- 규정에 의한 주의사항
- 위험물의 품명 및 위험등급
- 위험물 수량
- 위험물의 화학명

34 위험물안전관리법령상 운송책임자의 감독·지원을 받아 운송하여야 하는 위험물에 해당하는 것은?

① 특수인화물
② 알킬리튬
③ 질산구아니딘
④ 하이드라진 유도체

해설

[위험물 운송책임자의 감독·지원을 받아 운송하여야 하는 위험물]
(1) 알킬리튬
(2) 알킬알루미늄
(3) 알킬알루미늄·알킬리튬 함유하는 위험물

35 상온에서 액체인 물질로만 조합된 것은?

① 질산메틸, 나이트로글리세린
② 피크르산, 질산메틸
③ 트라이나이트로톨루엔, 다이나이트로벤젠
④ 나이트로글리콜, 테트릴

해설

[제5류 위험물의 상온 상태]

품명	위험물	상태
질산 에스터류	질산메틸 질산에틸 나이트로글리콜 나이트로글리세린	액체
	나이트로셀룰로스	고체
나이트로 화합물	트라이나이트로톨루엔 트라이나이트로페놀 다이나이트로벤젠 테트릴	고체

36 탄화칼슘의 성질에 대하여 옳게 설명한 것은?

① 공기 중에서 아르곤과 반응하여 불연성 기체가 발생한다.
② 공기 중에서 질소와 반응하여 유독한 기체를 낸다.
③ 물과 반응하면 탄소가 생성된다.
④ 물과 반응하여 아세틸렌가스가 생성된다.

해설

[탄화칼슘(3류)의 특징]
$CaC_2 + 2H_2O \rightarrow Ca(OH)_2 + C_2H_2 \uparrow$
물과 반응 시 아세틸렌, 수산화칼슘이 발생

정답 ● 34 ② 35 ① 36 ④

37 동·식물유류에 대한 설명 중 틀린 것은?

① 연소하면 열에 의해 액온이 상승하여 화재가 커질 위험이 있다.
② 아이오딘값이 낮을수록 자연발화의 위험이 높다.
③ 동유는 건성유이므로 자연발화의 위험이 있다.
④ 아이오딘값이 100 ~ 130인 것을 반건성유라고 한다.

해설

[동·식물유류의 특징]
아이오딘값이 높을수록 자연발화의 위험이 있음

품명	아이오딘값	종류
건성유	130 이상	오동유·해바라기씨유·정어리유·아마인유·들기름 등
반건성유	100 ~ 130	참기름·콩기름 등
불건성유	100 이하	피마자유·야자유·올리브유·땅콩기름(낙화생유)·고래기름·소기름 등

38 다음 위험물 중 착화온도가 가장 높은 것은?

① 이황화탄소
② 다이에틸에터
③ 아세트알데하이드
④ 산화프로필렌

해설

[착화온도]
- 이황화탄소 : 100 [℃]
- 다이에틸에터 : 180 [℃]
- 아세트알데하이드 : 185 [℃]
- 산화프로필렌 : 465 [℃]

39 저장 또는 취급하는 위험물의 최대 수량이 지정수량의 500배 이하일 때 옥외저장탱크의 측면으로부터 몇 [m] 이상의 보유공지를 유지하여야 하는가? (단, 제6류 위험물은 제외한다)

① 1
② 2
③ 3
④ 4

해설

[보유공지기준]
지정수량 500배 이하일 때 옥외저장탱크 측면으로부터 3 [m] 이상

저장 또는 취급하는 위험물의 최대 지정수량의 배수	공지의 너비
500배 이하	3 [m] 이상
500배 초과 1000배 이하	5 [m] 이상
1000배 초과 2000배 이하	9 [m] 이상
2000배 초과 3000배 이하	12 [m] 이상
3000배 초과 4000배 이하	15 [m] 이상
4000배 초과	탱크 지름과 높이 중 큰 것 이상 • 소 15 [m] 이상 • 대 30 [m] 이하

정답 ● 37 ② 38 ④ 39 ③

40 적린, 황화인, 황린, 황을 각각 50킬로그램씩 저장하고 있을 때 지정수량의 배수가 가장 큰 것은?

① 적린
② 황화인
③ 황린
④ 황

해설

[지정수량]

배수 = $\dfrac{저장수량}{지정수량}$

- 적린 : 50 / 100 = 0.5
- 황화인 : 50 / 100 = 0.5
- 황린 : 50 / 20 = 2.5
- 황 : 50 / 100 = 0.5

41 적린이 연소하였을 때 발생하는 물질은?

① 인화수소
② 포스겐
③ 오산화인
④ 이산화황

해설

[적린(2류)의 연소 시 생성물]
- $4P + 5O_2 \rightarrow 2P_2O_5$
- 적린이 산소와 만나 오산화인이 발생

42 나이트로글리세린은 여름철(30 [℃])과 겨울철(0 [℃])에 어떤 상태인가?

① 여름 - 기체, 겨울 - 액체
② 여름 - 액체, 겨울 - 액체
③ 여름 - 액체, 겨울 - 고체
④ 여름 - 고체, 겨울 - 고체

해설

[제5류 위험물의 상온 상태]

품명	위험물	상태
질산 에스터류	• 질산메틸 • 질산에틸 • 나이트로글리콜 • 나이트로글리세린	액체
	나이트로셀룰로스	고체
나이트로 화합물	• 트라이나이트로톨루엔 • 트라이나이트로페놀 • 다이나이트로벤젠 • 테트릴	고체

※ 겨울에는 고체

43 위험물의 인화점에 대한 설명으로 옳은 것은?

① 톨루엔이 벤젠보다 낮다.
② 피리딘이 톨루엔보다 낮다.
③ 벤젠이 아세톤보다 낮다.
④ 아세톤이 피리딘보다 낮다.

해설

[인화점]
- 아세톤 : -18.5 [℃]
- 벤젠 : -11 [℃]
- 톨루엔 : 4 [℃]
- 피리딘 : 20 [℃]

정답 40 ③ 41 ③ 42 ③ 43 ④

44 위험물안전관리법령상 지정수량이 50 [kg]인 것은?

① $KMnO_4$ ② $KClO_2$
③ $NaIO_3$ ④ NH_4NO_3

해설

[지정수량]
아염소산칼륨($KClO_2$, 1류) : 50 [kg]

45 저장하는 위험물의 최대 수량이 지정수량의 15배일 경우 건축물의 벽·기둥 및 바닥이 내화구조로 된 위험물 옥내저장소의 보유공지는 몇 [m] 이상이어야 하는가?

① 0.5   ② 1
③ 2   ④ 3

해설

[옥내저장소 보유공지]

저장 또는 취급하는 위험물 최대 지정수량의 배수	공지의 너비	
	벽, 기둥, 바닥이 내화구조일 때	그 밖의 건축물
5배 이하	-	0.5 [m] 이상
5배 초과 10배 이하	1 [m] 이상	1.5 [m] 이상
10배 초과 20배 이하	2 [m] 이상	3 [m] 이상
20배 초과 50배 이하	3 [m] 이상	5 [m] 이상
50배 초과 200배 이하	5 [m] 이상	10 [m] 이상
200배 초과	10 [m] 이상	15 [m] 이상

46 위험물의 저장방법에 대한 설명으로 옳은 것은?

① 황화인은 알코올 또는 과산화물 속에 저장하여 보관한다.
② 마그네슘은 건조하면 분진폭발의 위험성이 있으므로 물에 습윤하여 저장한다.
③ 적린은 화재예방을 위해 할로젠 원소와 혼합하여 저장한다.
④ 수소화리튬은 저장용기에 아르곤과 같은 불활성 기체를 봉입한다.

해설

[위험물의 저장방법]
수소화리튬(3류) 대용량 저장 시 아르곤, 질소, 이산화탄소와 같은 불활성 기체를 봉입

47 제조소등의 위치·구조 또는 설비의 변경없이 해당 제조소등에서 저장하거나 취급하는 위험물의 품명·수량 또는 지정수량의 배수를 변경하고자 하는 자는 변경하고자 하는 날의 며칠 전까지 총리령이 정하는 바에 따라 시·도지사에게 신고하여야 하는가?

① 1일
② 14일
③ 21일
④ 30일

정답 44 ② 45 ③ 46 ④ 47 ①

해설

[제조소등설비 변경 규정]
제조소등의 위치·구조 또는 설비의 변경 없이 당해 제조소등에서 저장하거나 취급하는 위험물의 품명·수량 또는 지정수량의 배수를 변경하고자 하는 자는 변경하고자 하는 날의 1일 전까지 행정안전부령이 정하는 바에 따라 시·도지사에게 신고하여야 함

48 특수인화물 200 [L]와 제4석유류 12000 [L]를 저장할 때 각각의 지정수량 배수의 합은 얼마인가?

① 3
② 4
③ 5
④ 6

해설

[지정수량]
- 특수인화물 : 50 [L]
- 제4석유류 : 6000 [L]
- 지정수량 = (200 / 50) + (12000 / 6000) = 6

49 질산과 과산화수소의 공통적인 성질을 옳게 설명한 것은?

① 물보다 가볍다.
② 물에 녹는다.
③ 점성이 큰 액체로서 환원제이다.
④ 연소가 매우 잘된다.

해설

[질산과 과산화수소(6류)의 공통점]
- 물보다 무거움
- 물에 녹음
- 점성이 작은 액체이며 산화제임
- 불에 타지 않는 불연성임

50 부틸리튬(n – Butyllithium)에 대한 설명으로 옳은 것은?

① 무색의 가연성 고체이며 자극성이 있다.
② 증기는 공기보다 가볍고 점화원에 의해 산화의 위험이 있다.
③ 화재 발생 시 이산화탄소소화설비는 적응성이 없다.
④ 탄화수소나 다른 극성의 액체에 용해가 잘 되며 휘발성은 없다.

해설

[부틸리튬(3류)의 특징]
제3류 위험물의 알킬리튬
- 증기의 비중은 2.206으로 물보다 무거움
- 이산화탄소소화설비에 적응성이 없음
- 무극성 용매에 용해가 잘 됨

51 제3류 위험물 중 금수성 물질을 제외한 위험물에 적응성이 있는 소화설비가 아닌 것은?

① 분말소화설비   ② 스프링클러설비
③ 옥내소화전설비   ④ 포소화설비

정답 48 ④ 49 ② 50 ③ 51 ①

해설

[3류 위험물(금수성 물질 제외)의 소화설비]
- 물과 반응이 없으므로 주로 주수소화가 가능
- 분말소화설비에 적응성이 없음

52 위험물에 대한 설명으로 틀린 것은?

① 과산화나트륨은 산화성이 있다.
② 과산화나트륨은 인화점이 매우 낮다.
③ 과산화바륨과 염산을 반응시키면 과산화수소가 생긴다.
④ 과산화바륨의 비중은 물보다 크다.

해설

[과산화나트륨(1류)의 특징]
불연성이므로 인화점이 없음

53 과산화벤조일과 과염소산의 지정수량의 합은 몇 [kg]인가?

① 310
② 350
③ 400
④ 500

해설

[지정수량]
- 과산화벤조일(5류) : 100 [kg]
- 과염소산(6류) : 300 [kg]
- 지정수량 = 300 + 100 = 400 [kg]

54 위험물안전관리법령상 "연소의 우려가 있는 외벽"은 기산점이 되는 선으로부터 3 [m](2층 이상의 층에 대해서는 5 [m]) 이내에 있는 제조소등의 외벽을 말하는데 이 기산점이 되는 선에 해당하지 않는 것은?

① 동일 부지 내의 다른 건축물과 제조소 부지 간의 중심선
② 제조소등에 인접한 도로의 중심선
③ 제조소등이 설치된 부지의 경계선
④ 제조소등의 외벽과 동일 부지 내의 다른 건축물의 외벽 간의 중심선

해설

[연소의 우려가 있는 외벽]
제조소등의 외벽과 동일 부지 내의 다른 건축물의 외벽 간의 중심선

55 다음은 P_2S_5와 물의 화학반응이다. ( )에 알맞은 숫자를 차례대로 나열한 것은?

$$P_2S_5 + (\ )H_2O \rightarrow (\ )H_2S + (\ )H_3PO_4$$

① 2, 8, 5
② 2, 5, 8
③ 8, 5, 2
④ 8, 2, 5

해설

[오황화인(2류)의 화학반응식]
$P_2S_5 + 8H_2O \rightarrow 5H_2S + 2H_3PO_4$

정답 52 ② 53 ③ 54 ① 55 ③

56 염소산칼륨의 성질에 대한 설명으로 옳은 것은?

① 가연성 고체이다.
② 강력한 산화제이다.
③ 물보다 가볍다.
④ 열분해하면 수소가 발생한다.

해설

[염소산칼륨(1류)의 특징]
- 염소산 염류 - 산화성 고체(1류)
- 강력한 산화제임
- 비중이 2.34로 물보다 무거움
- 열분해하여 산소 발생
- $2KClO_3 \rightarrow KClO_4 + KCl + O_2$

암 50 : 아염과무
300 : 브아질
1000 : 과다

57 정기점검 대상 제조소등에 해당하지 않는 것은?

① 이동탱크저장소
② 지정수량 120배의 위험물을 저장하는 옥외저장소
③ 지정수량 120배의 위험물을 저장하는 옥내저장소
④ 이송취급소

해설

[정기점검 대상 제조소등]
※ 지정수량 150배 위험물을 저장하는 옥내저장소예방규정 ★
(1) 지정수량의 10배 이상의 위험물을 취급하는 제조소
(2) 지정수량의 100배 이상의 위험물을 저장하는 옥외저장소
(3) 지정수량의 150배 이상의 위험물을 저장하는 옥내저장소
(4) 지정수량의 200배 이상의 위험물을 저장하는 옥외탱크저장소
(5) 암반탱크저장소
(6) 이송취급소
(7) 이동탱크저장소

58 위험물의 저장방법에 대한 설명 중 틀린 것은?

① 황린은 공기와의 접촉을 피해 물속에 저장한다.
② 황은 정전기의 축적을 방지하여 저장한다.
③ 알루미늄 분말은 건조한 공기 중에서 분진폭발의 위험이 있으므로 정기적으로 분무상의 물을 뿌려야 한다.
④ 황화인은 산화제와의 혼합을 피해 격리해야 한다.

해설

[위험물의 저장방법]
알루미늄 분말은 물과 닿지 않도록 건조한 냉소에 보관

보충 알루미늄 분말(2류)은 물과 반응하여 수소를 발생시키며 폭발

정답 56 ② 57 ③ 58 ③

59 위험물안전관리법령에 명기된 위험물의 운반용기 재질에 포함되지 않는 것은?

① 고무류
② 유리
③ 도자기
④ 종이

해설

[위험물 운반용기 재질]
• 고무류
• 유리
• 나무류
• 섬유류
• 금속판
• 플라스틱

60 황가루가 공기 중에 떠 있을 때의 주된 위험성에 해당하는 것은?

① 수증기 발생
② 전기 감전
③ 분진폭발
④ 인화성 가스 발생

해설

[황가루가 공기 중에 있을 때 위험성]
공기와 만나 분진폭발

정답 59 ③ 60 ③

2016 제2회

01 분말소화약제 중 제1종과 제2종 분말이 각각 열분해될 때 공통적으로 생성되는 물질은?

① N_2, CO_2
② N_2, O_2
③ H_2O, CO_2
④ H_2O, N_2

> **해설**
>
> [분말소화약제 열분해 시 생성물]
>
> | 소화약제 | 명칭 | 적응화재 | 분말색 |
> |---|---|---|---|
> | 제1종 | 탄산수소나트륨 ($NaHCO_3$) | BC | 백색 |
> | 제2종 | 탄산수소칼륨 ($KHCO_3$) | BC | 보라색 |
> | 제3종 | 인산암모늄 ($NH_4H_2PO_4$) | ABC | 담홍색 |
> | 제4종 | 탄산수소칼륨 + 요소 ($KHCO_3$ + $(NH_2)_2CO$) | BC | 회색 |
>
> 반응 후 공통 생성물 : 물, 이산화탄소

02 다음 중 공기포소화약제가 아닌 것은?

① 단백포소화약제
② 합성계면활성제포소화약제
③ 화학포소화약제
④ 수성막포소화약제

> **해설**
>
> [공기포소화약제]
> (1) 화학포소화약제 : 내약제와 외약제의 화학반응으로 포를 일으킴
> (2) 공기포소화약제 : 포 수용액에 공기를 넣어 포를 일으킴(단백포, 수성막포, 불화단백포, 합성계면활성제포, 내알코올포)

03 다음 점화에너지 중 물리적 변화에서 얻어지는 것은?

① 압축열
② 산화열
③ 중합열
④ 분해열

> **해설**
>
> [점화에너지의 물리적 변화]
> 물리적 변화로 <u>압축열</u>, 마찰열, 마찰스파크 등이 얻어짐

04 다음 중 소화약제 강화액의 주성분에 해당하는 것은?

① K_2CO_3
② K_2O_2
③ CaO_2
④ $KBrO_3$

> **해설**
>
> [강화액소화기의 특징]
> • 동결을 방지하기 위해 탄산칼륨 등 물에 첨가
> • 물의 소화 능력(침투효과) 향상
> • <u>주성분 : 탄산칼륨(K_2CO_3)</u>

정답 01 ③ 02 ③ 03 ① 04 ①

05 위험물안전관리법령상 소화설비의 적응성에 관한 내용이다. 옳은 것은?

① 마른모래는 대상물 중 제1류 ~ 제6류 위험물에 적응성이 있다.
② 팽창질석은 전기설비를 포함한 모든 대상물에 적응성이 있다.
③ 분말소화약제는 셀룰로이드류의 화재에 가장 적당하다.
④ 물분무소화설비는 전기설비에 사용할 수 없다.

해설

[위험물의 소화설비]
- 건조사는 모든 위험물에 적응성이 있음
- 팽창질석은 전기설비에 적응성이 없음
- 셀룰로이드류는 주수소화가 적당함
- 물분무소화설비는 무상주수를 함으로써 전기설비에 사용이 가능

06 다음 중 제4류 위험물의 화재 시 물을 이용한 소화를 시도하기 전에 고려해야 하는 위험물의 성질로 가장 옳은 것은?

① 수용성, 비중
② 증기비중, 끓는점
③ 색상, 발화점
④ 분해온도, 녹는점

해설

[4류 위험물의 소화 시 주의할 점]
- 수용성, 비수용성(물에 녹음, 안 녹음)
- 비중(물보다 비중이 작으면 화재면이 확대)

07 금속분의 연소 시 주수소화를 하면 위험한 원인으로 옳은 것은?

① 물에 녹아 산이 된다.
② 물과 작용하여 유독가스가 발생한다.
③ 물과 작용하여 수소가스가 발생한다.
④ 물과 작용하여 산소가스가 발생한다.

해설

[금속분연소 시 주수소화를 금지하는 이유]
물과 반응하여 수소가스가 발생하며 폭발

08 다음 중 유류저장탱크화재에서 일어나는 현상으로 거리가 먼 것은?

① 보일오버
② 플래시오버
③ 슬롭오버
④ BLEVE

해설

[유류화재현상]
유류화재현상 중 플래시오버는 가연성 증기로 인한 화재에서 발생

(1) 보일오버
 유류화재의 탱크 밑면에 물이 고여 있는 경우 물이 증발하여 불붙은 기름을 분출하는 현상

(2) 플래시오버
 ① 건축물화재 시 가연성 기체가 모여 있는 상태에서 산소가 유입됨에 따라 성장기에서 최성기로 급격하게 진행되며, 건물 전체로 화재가 확산되는 현상
 ② 발화기 → 성장기 → 플래시오버 → 최성기 → 감쇠기
 ③ 내장재 종류와 개구부 크기에 영향을 받음

정답 05 ① 06 ① 07 ③ 08 ②

(3) 슬롭오버
    유류화재 시 액 표면온도가 물의 비점 이상으로 상승하여 물 또는 포소화약제가 액 표면에서 기화하면서 탱크의 유류를 외부로 분출시키는 현상
(4) 블레비
    액화가스 저장탱크 누설로 부유 또는 확산된 액화가스가 착화원과 접촉하여 액화가스가 공기 중으로 확산·폭발하는 현상

09 다음 중 정전기방지 대책으로 가장 거리가 먼 것은?

① 접지를 한다.
② 공기를 이온화한다.
③ 21 [%] 이상의 산소 농도를 유지하도록 한다.
④ 공기의 상대습도를 70 [%] 이상으로 한다.

해설

[정전기방지 대책]
• 접지에 의한 방법
• 공기를 이온화하는 방법
• 공기 중의 상대습도를 70 [%] 이상으로 함
• 느린 유속으로 흐를 때

10 착화온도가 낮아지는 원인으로 가장 적절한 것은?

① 발열량이 적을 때
② 압력이 높을 때
③ 습도가 높을 때
④ 산소와의 결합력이 나쁠 때여야 한다.

해설

[착화온도가 낮아지는 원인]
• 발열량이 높을 때
• 압력이 높을 때
• 습도가 낮을 때
• 산소와의 결합력이 좋을 때

11 폭발의 종류에 따른 물질이 잘못 짝지어진 것은?

① 분해폭발 - 아세틸렌, 산화에틸렌
② 분진폭발 - 금속분, 밀가루
③ 중합폭발 - 사이안화수소, 염화바이닐
④ 산화폭발 - 하이드라진, 과산화수소

해설

[폭발의 종류]
산화폭발 : LPG, LNG

12 제5류 위험물의 화재예방상 유의사항 및 화재 시 소화방법에 관한 설명으로 옳지 않은 것은?

① 대량의 주수에 의한 소화가 좋다.
② 화재 초기에는 질식소화가 효과적이다.
③ 일부 물질의 경우 운반 또는 저장 시 안정제를 사용해야 한다.
④ 가연물과 산소 공급원이 같이 있는 상태이므로 점화원의 방지에 유의하여야 한다.

정답 09 ③　10 ②　11 ④　12 ②

해설

[제5류 위험물의 소화]
제5류 위험물은 물과 반응성이 없으므로 주수소화가 가장 효과적

해설

[동결현상방지 물질]
- 에틸렌글리콜($C_2H_4(OH)_2$)
- 물의 동결현상을 방지하기 위해 주로 부동액으로 쓰임

13 과염소산의 화재예방에 요구되는 주의사항에 대한 설명으로 옳은 것은?

① 유기물과 접촉 시 발화 위험이 있기 때문에 가연물과 접촉시키지 않는다.
② 자연발화의 위험이 높으므로 냉각시켜 보관한다.
③ 공기 중 발화하므로 공기와의 접촉을 피해야 한다.
④ 액체 상태는 위험하므로 고체 상태로 보관한다.

해설

[과염소산(6류)의 화재예방]
- 가연물과 접촉 시 발화의 위험이 있으므로 접촉 금지
- 직사광선 피하고 통풍이 잘 되는 냉암소에 저장

14 소화약제로서 물의 단점인 동결현상을 방지하기 위하여 주로 사용되는 물질은?

① 에틸알콜
② 글리세린
③ 에틸렌글리콜
④ 탄산칼륨

15 다음 중 D급 화재에 해당하는 것은?

① 플라스틱화재
② 휘발유화재
③ 나트륨화재
④ 전기화재

해설

[화재의 종류]

급수	명칭(화재)	색상
A	일반	백색
B	유류	황색
C	전기	청색
D	금속	무색

암 일유전금

16 15[℃]의 기름 100[g]에 8000[J]의 열량을 주면 기름의 온도는 몇 [℃]가 되겠는가? (단, 기름의 비열은 2[J/g·℃]이다)

① 25
② 45
③ 50
④ 55

정답 13 ① 14 ③ 15 ③ 16 ④

해설

[기름의 온도 계산]
- $\triangle T$(온도차) $= Q / Cm$
  $= 8000 / (2 \times 100) = 40\,[℃]$
- x = 기름의 온도
- $x - 15 = 40$
- $\therefore x = 55\,[℃]$

Q(열량) : 8000 [J]
C(비열) : 2 [J/g·℃]
m(질량) : 100 [g]

17 제6류 위험물의 화재에 적응성이 없는 소화설비는?

① 옥내소화전설비
② 스프링클러설비
③ 포소화설비
④ 불활성 가스소화설비

해설

[제6류 위험물소화]
- 물과 반응이 없으므로 주수소화가 가능
- 불활성 가스소화설비는 질식소화이므로 적응성이 없음

18 위험물안전관리법령상 철분, 금속분, 마그네슘에 적응성이 있는 소화설비는?

① 불활성 가스소화설비
② 할로젠화합물소화설비
③ 포소화설비
④ 탄산수소염류소화설비

해설

[철분, 금속분, 마그네슘(2류)의 소화]
- 마른모래·팽창질석·팽창진주암, 탄산수소염류 분말
- 탄산수소염류소화설비

19 위험물안전관리법령상 제4류 위험물에 적응성이 없는 소화설비는?

① 옥내소화전설비
② 포소화설비
③ 불활성 가스소화설비
④ 할로젠화합물소화설비

해설

[제4류 위험물의 소화]
- 마른모래·팽창질석·진주암
- 질식소화(불활성 가스소화설비)
- 억제소화(할로젠화합물소화설비)

20 물은 냉각소화가 주된 대표적인 소화약제이다. 물의 소화효과를 높이기 위하여 무상주수를 함으로써 부가적으로 작용하는 소화효과로 이루어진 것은?

① 질식소화작용, 제거소화작용
② 질식소화작용, 유화소화작용
③ 타격소화작용, 유화소화작용
④ 타격소화작용, 피복소화작용

해설

[무상주수소화효과]
질식소화, 유화소화

정답 17 ④ 18 ④ 19 ① 20 ②

21 에틸알코올의 증기비중은 약 얼마인가?

① 0.72 ② 0.91
③ 1.13 ④ 1.59

해설

[에틸알코올(4류)의 증기비중]
- 증기비중
  = $C_2H_5OH / 29$
  = $\{(12 \times 2) + (1 \times 6) + (16 \times 1)\} / 29$
  = 1.59

22 포름산에 대한 설명으로 옳지 않은 것은?

① 물, 알코올, 에터에 잘 녹는다.
② 개미산이라고도 한다.
③ 강한 산화제이다.
④ 녹는점이 상온보다 낮다.

해설

[포름산(4류)의 특징]
제4류 위험물 - 인화성 액체 - 제2석유류

보충 강한 산화제는 제1류, 제6류 위험물

23 제3류 위험물에 해당하는 것은?

① NaH ② Al
③ Mg   ④ P_4S_3

해설

[제3류 위험물 외의 위험물]
① 제3류 위험물 - 금속수소화합물
②, ③, ④ 제2류 위험물

24 셀룰로이드에 대한 설명으로 옳은 것은?

① 질소가 함유된 무기물이다
② 질소가 함유된 유기물이다.
③ 유기의 염화물이다.
④ 무기의 염화물이다.

해설

[셀룰로이드(5류)의 특징]
- 나이트로셀룰로스(5류) + 장뇌
- 질소가 함유된 유기물

25 다음 중 제6류 위험물에 해당하는 것은?

① IF_5
② $HClO_3$
③ NO_3
④ H_2O

해설

[제6류 위험물의 종류]
- 과산화수소
- 질산
- 과염소산
- 할로젠간화합물(IF_5)

정답 21 ④ 22 ③ 23 ① 24 ② 25 ①

26 제1류 위험물 중 흑색화약의 원료로 사용되는 것은?

① KNO_3
② $NaNO_3$
③ BaO_2
④ NH_4NO_3

해설

[흑색화약의 원료]
- $\underline{KNO_3}$ + S + C
- 질산칼륨(1류)

27 지방족 탄화수소가 아닌 것은?

① 톨루엔
② 아세트알데하이드
③ 아세톤
④ 다이에틸에터

해설

[지방족 탄화수소]
- 벤젠고리가 없는 것
- 톨루엔은 벤젠고리를 가지므로 방향족 탄화수소임

28 위험물안전관리법령상 위험물의 지정수량으로 옳지 않은 것은?

① 나이트로셀룰로스 : 10 [kg]
② 하이드록실아민 : 10 [kg]
③ 트라이나이트로톨루엔 : 200 [kg]
④ 트라이나이트로페놀 : 100 [kg]

해설

[지정수량]
트라이나이트로톨루엔(5류) : 10 [kg]

29 주수소화를 할 수 없는 위험물은?

① 금속분
② 적린
③ 황
④ 과망가니즈산칼륨

해설

[주수소화 금지 위험물]
금속분 물과 반응 시 <u>수소가 발생</u>하며 폭발하므로 주수소화 금지

30 인화칼슘이 물과 반응할 경우에 대한 설명 중 틀린 것은?

① 발생 가스는 가연성이다.
② 포스젠 가스가 발생한다.
③ 발생 가스는 독성이 강하다
④ $Ca(OH)_2$가 생성된다.

해설

[인화칼슘(3류)의 반응 후 생성물]
- $Ca_3P_2 + 6H_2O \rightarrow 3Ca(OH)_2 + PH_3 \uparrow$
- 물과 반응하여 포스핀 가스가 발생

정답 26 ① 27 ① 28 ③ 29 ① 30 ②

31 화학적으로 알코올을 분류할 때 3가 알코올에 해당하는 것은?

① 에탄올
② 메탄올
③ 에틸렌글리콜
④ 글리세린

해설

[3가 알코올의 종류]
- 알코올 : 알킬기 + 수산기
- 탄소(알킬기)의 개수에 따라 1차, 2차, 3차 알코올로 분류됨
- -OH(수산기)의 개수에 따라 1가, 2가, 3가 알코올로 분류됨
- 3가알코올 : -OH 개수가 3개
  ① C_2H_5OH
  ② CH_3OH
  ③ $C_2H_4(OH)_2$
  ④ $C_3H_5(OH)_3$

32 다음 중 제4류 위험물에 해당하는 것은?

① $Pb(N_3)_2$
② CH_3ONO_2
③ N_2H_4
④ NH_2OH

해설

[제4류 위험물의 종류]
- 하이드라진(N_2H_4)
  제4류 위험물 중 제2석유류

33 과염소산나트륨의 성질이 아닌 것은?

① 물과 급격히 반응하여 산소가 발생한다.
② 가열하면 분해되어 조연성 가스를 방출한다.
③ 융점은 400 [℃]보다 높다.
④ 비중은 물보다 무겁다.

해설

[과염소산나트륨(1류) 특징]
물에 잘 녹고 반응하지 않음

34 위험물안전관리법령상 품명이 다른 하나는?

① 나이트로글리콜
② 나이트로글리세린
③ 셀룰로이드
④ 테트릴

해설

[제5류 위험물 품명]

품명	위험물	상태
질산에스터류	질산메틸 질산에틸 나이트로글리콜 나이트로글리세린	액체
	나이트로셀룰로스	고체
나이트로화합물	트라이나이트로톨루엔 트라이나이트로페놀 다이나이트로벤젠 테트릴	고체

정답 31 ④ 32 ③ 33 ① 34 ④

35 다음 중 분자량이 가장 큰 위험물은?

① 과염소산
② 과산화수소
③ 질산
④ 하이드라진

해설

[분자량이 큰 위험물]
- 과염소산($HClO_4$) : 100.5
- 과산화수소(H_2O_2) : 34
- 질산(HNO_3) : 63
- 하이드라진(N_2H_4) : 32

36 다음의 분말은 모두 150 [μm]의 체를 통과하는 것이 50 [wt%] 이상이 된다. 이들 분말 중 위험물안전관리법령상 품명이 "금속분"으로 분류되는 것은?

① 철분
② 구리분
③ 알루미늄분
④ 니켈분

해설

[금속분(2류)의 종류]
Al(알루미늄분), Zn(아연분), Sb(안티몬)

37 연소 시 발생하는 가스를 옳게 나타낸 것은?

① 황린 - 황산가스
② 황 - 무수인산가스
③ 적린 - 아황산가스
④ 삼황화사인(삼황화인) - 아황산가스

해설

[연소 시 발생하는 가스]
삼황화사인 : 아황산가스, 오산화인

38 위험물안전관리법령에서 정한 피난설비에 관한 내용이다. ( )에 알맞은 것은?

> 주유취급소 중 건축물의 2층 이상의 부분을 점포·휴게음식점 또는 전시장의 용도로 사용하는 것에 있어서는 당해 건축물의 2층 이상으로부터 직접 주유취급지의 부지 밖으로 통하는 출입구와 당해 출입구로 통하는 통로·계단 및 출입구에 (   )을(를) 설치하여야 한다.

① 피난사다리
② 유도등
③ 공기호흡기
④ 시각경보기

해설

[유도등의 설치기준]
출입구, 피난구, 통로·계단에 유도등을 설치하고 비상전원을 설치

정답 35 ① 36 ③ 37 ④ 38 ②

39 질산칼륨을 약 400 [℃]에서 가열하여 열분해시킬 때 주로 생성되는 물질은?

① 질산과 산소
② 질산과 칼륨
③ 아질산칼륨과 산소
④ 아질산칼륨과 질소

해설

[질산칼륨(1류)의 열 분해 시 생성물]
- $2KNO_3 \rightarrow 2KNO_2 + O_2$
- 아질산칼륨, 산소

40 인화칼슘, 탄화알루미늄, 나트륨이 물과 반응하였을 때 발생하는 가스에 해당하지 않는 것은?

① 포스핀가스
② 수소
③ 이황화탄소
④ 메테인

해설

[인화칼슘, 탄화알루미늄, 나트륨이 물과 반응할 때 발생하는 가스]
- 인화칼슘 : 포스핀가스
- 탄화알루미늄 : 메테인
- 나트륨 : 수소

41 옥내저장소에 제3류 위험물인 황린을 저장하면서 위험물안전관리법령에 의한 최소한의 보유공지로 3 [m]를 옥내저장소 주위에 확보하였다. 이 옥내저장소에 저장하고 있는 황린의 수량은? (단, 옥내저장소의 구조는 벽·기둥 및 바닥이 내화구조로 되어 있고, 그 외의 다른 사항은 고려하지 않는다)

① 100 [kg] 초과, 500 [kg] 이하
② 400 [kg] 초과, 1000 [kg] 이하
③ 500 [kg] 초과, 5000 [kg] 이하
④ 1000 [kg] 초과, 40000 [kg] 이하

해설

[보유공지의 너비가 3 [m]인 옥내저장소의 황린의 수량]
- 내화구조일 때 보유공지 3 [m]이면 지정수량 20배 초과 50배 이하
- 황린 지정수량 : 20 [kg]
- 20 [kg] × (20 ~ 50배)
- 400 [kg] 초과, 1000 [kg] 이하

저장 또는 취급하는 위험물 최대 지정수량의 배수	공지의 너비	
	벽, 기둥, 바닥이 내화구조일 때	그 밖의 건축물
5배 이하	-	0.5 [m] 이상
5배 초과 10배 이하	1 [m] 이상	1.5 [m] 이상
10배 초과 20배 이하	2 [m] 이상	3 [m] 이상
20배 초과 50배 이하	3 [m] 이상	5 [m] 이상
50배 초과 200배 이하	5 [m] 이상	10 [m] 이상
200배 초과	10 [m] 이상	15 [m] 이상

정답 39 ③ 40 ③ 41 ②

42 염소산나트륨에 대한 설명으로 틀린 것은?

① 조해성이 크므로 보관용기는 밀봉하는 것이 좋다.
② 무색·무취의 고체이다.
③ 산과 반응하여 유독성의 이산화나트륨 가스가 발생한다.
④ 물, 알코올, 글리세린에 녹는다.

해설
[염소산나트륨(1류)의 특징]
산과 반응하여 <u>이산화염소가 발생</u>

43 각각 지정수량의 10배인 위험물을 운반할 경우 제5류 위험물과 혼재 가능한 위험물에 해당하는 것은?

① 제1류 위험물
② 제2류 위험물
③ 제3류 위험물
④ 제6류 위험물

해설
[위험물 혼재기준]
2류, 5류 혼재 가능

보충 혼재 가능 위험물

1↓	6		혼재 가능
2↓	5↑	4	혼재 가능
3→	4↑		혼재 가능

암 1 2 3 4 5 6 적은 후 4 추가

44 위험물안전관리법령상 옥외탱크저장소의 기준에 따라 다음의 인화성 액체위험물을 저장하는 옥외저장탱크 1~4호를 동일의 방유제 내에 설치하는 경우 방유제에 필요한 최소 용량으로서 옳은 것은? (단, 암반탱크 또는 특수액체위험물탱크의 경우는 제외한다)

- 1호 탱크 - 등유 1500 [kL]
- 2호 탱크 - 가솔린 1000 [kL]
- 3호 탱크 - 경유 500 [kL]
- 4호 탱크 - 중유 250 [kL]

① 1650 [kL]
② 1500 [kL]
③ 500 [kL]
④ 250 [kL]

해설
[방유제의 최소 용량]
방유제 용량 = 최대 탱크 용량 × 1.1
= 1500 × 1.1 = 1650 [kL]
※ 옥외탱크저장소 방유제
(1) 용량
 ① 탱크 1기 : 탱크 용량의 110 [%] 이상
 ② 탱크 2기 이상 : 최대인 것 용량의 110 [%] 이상
 ③ 인화성 없는 액체 : 100 [%]로 함

정답 ▶ 42 ③ 43 ② 44 ①

45 위험물안전관리법령상 사업소의 관계인이 자체소방대를 설치하여야 하는 제조소등의 기준으로 옳은 것은?

① 제4류 위험물을 지정수량의 3천 배 이상 취급하는 제조소 또는 일반취급소
② 제4류 위험물을 지정수량의 5천 배 이상 취급하는 제조소 또는 일반취급소
③ 제4류 위험물 중 특수인화물을 지정수량의 3천 배 이상 취급하는 제조소 또는 일반취급소
④ 제4류 위험물 중 특수인화물을 지정수량의 5천 배 이상 취급하는 제조소 또는 일반취급소

해설
[제조소등의 기준]
제4류 위험물을 지정수량의 3000배 이상 취급하는 제조소 또는 일반취급소

46 위험물안전관리법령상 이동탱크저장소에 위험물 운송 시 위험물 운송자는 장거리에 걸치는 운송을 하는 때에는 2명 이상의 운전자로 하여야 한다. 다음 중 그러하지 않아도 되는 경우가 아닌 것은?

① 적린을 운송하는 경우
② 알루미늄의 탄화물을 운송하는 경우
③ 이황화탄소를 운송하는 경우
④ 운송 도중에 2시간 이내마다 20분 이상씩 휴식하는 경우

해설
[위험물 운송자 규정]
- 이황화탄소(4류)를 운송할 때에는 동승자가 있어야 함

※ 위험물운송 시 주의사항 ★
- 위험물운송자는 장거리(고속국도 : 340 [km], 그 밖의 도로 : 200 [km])에 걸치는 운송을 하는 때에는 2명 이상의 운전자로 할 것
- 예외 : 2명 이상의 운전자로 하지 않아도 되는 경우
  (1) 운송책임자를 동승시킨 경우
  (2) 운송하는 위험물이 제2류 위험물, 제3류 위험물, 제4류 위험물(특수인화물 제외)인 경우
  (3) 운송 도중에 2시간 이내마다 20분 이상의 휴식을 취하는 경우

47 다음 중 위험물안전관리법이 적용되는 영역은?

① 항공기에 의한 대한민국 영공에서의 위험물의 저장, 취급 및 운반
② 궤도에 의한 위험물의 저장, 취급 및 운반
③ 철도에 의한 위험물의 저장, 취급 및 운반
④ 자가용 승용차에 의한 지정수량 이하의 위험물의 저장, 취급 및 운반

해설
[위험물안전관리법이 적용되는 영역]
항공기, 선박, 철도, 궤도에 속하지 않으므로 위험물안전관리법 적용

정답 45 ① 46 ③ 47 ④

48 위험물안전관리법령상 위험물의 운반 시 운반용기는 다음의 기준에 따라 수납 적재하여야 한다. 다음 중 틀린 것은?

① 수납하는 위험물과 위험한 반응을 일으키지 않아야 한다.
② 고체위험물은 운반용기 내용적의 95[%] 이하로 수납하여야 한다.
③ 액체위험물은 운반용기 내용적의 95[%] 이하로 수납하여야 한다.
④ 하나의 외장용기에는 다른 종류의 위험물을 수납하지 않는다.

해설
[위험물 운반용기의 수납 적재]
액체위험물은 운반용기 내용적의 98 [%] 이하로 수납

49 위험물안전관리법령상 위험물을 운반하기 위해 적재할 때 예를 들어 제6류 위험물은 1가지 유별(제1류 위험물)하고만 혼재할 수 있다. 다음 중 가장 많은 유별과 혼재가 가능한 것은? (단, 지정수량의 1/10을 초과하는 위험물이다)

① 제1류
② 제2류
③ 제3류
④ 제4류

해설
[위험물 혼재기준]

1↓	6		혼재 가능
2↓	5↑	4	혼재 가능
3→	4↑		혼재 가능

암 1 2 3 4 5 6 적은 후 4 추가

50 소화난이도등급 II의 제조소에 소화설비를 설치할 때 대형 수동식 소화기와 함께 설치하여야 하는 소형 수동식 소화기 등의 능력단위에 관한 설명으로 옳은 것은?

① 위험물의 소요단위에 해당하는 능력단위의 소형 수동식 소화기 등을 설치할 것
② 위험물의 소요단위의 1/2 이상에 해당하는 능력단위의 소형 수동식 소화기 등을 설치할 것
③ 위험물의 소요단위의 1/5 이상에 해당하는 능력단위의 소형 수동식 소화기 등을 설치할 것
④ 위험물의 소요단위의 10배 이상에 해당하는 능력단위의 소형 수동식 소화기 등을 설치할 것

해설
[소화난이도등급 II의 소화설비 설치]
위험물 소요단위의 1/5 이상에 해당하는 능력단위의 소형 수동식 소화기 등을 대형 수동식 소화기와 함께 설치

정답 48 ③ 49 ④ 50 ③

51 위험물안전관리법령상 제조소등의 관계인이 정기적으로 점검하여야 할 대상이 아닌 것은?

① 지정수량의 10배 이상의 위험물을 취급하는 제조소
② 지하탱크저장소
③ 이동탱크저장소
④ 지정수량의 100배 이상의 위험물을 저장하는 옥외탱크저장소

해설

[정기점검 대상기준]
지정수량의 100배 이상의 위험물을 저장하는 옥외저장소
※ 정기점검 대상기준
  ① 지정수량의 10배 이상의 위험물을 취급하는 제조소
  ② 지정수량의 100배 이상의 위험물을 저장하는 옥외저장소
  ③ 지정수량의 150배 이상의 위험물을 저장하는 옥내저장소
  ④ 지정수량의 200배 이상의 위험물을 저장하는 옥외탱크저장소
  ⑤ 암반탱크저장소
  ⑥ 이송취급소
  ⑦ 이동탱크저장소

52 다음 ( ) 안에 들어갈 수치를 순서대로 바르게 나열한 것은? (단, 제4류 위험물에 적응성을 갖기 위한 살수밀도기준을 적용하는 경우를 제외한다)

> 위험물제조소등에 설치하는 폐쇄형 헤드의 스프링클러설비는 30개의 헤드를 동시에 사용할 경우 각 선단의 방사압력이 ( ) [kPa] 이상이고, 방수량이 1분당 ( ) 이상이어야 한다.

① 100, 80
② 120, 80
③ 100, 100
④ 120, 100

해설

[스프링클러 설치 규정]
• 방사압력 100 [kPa] 이상
• 방수량 1분당 80 이상

53 다이에틸에터에 대한 설명으로 틀린 것은?

① 일반식은 R - CO - R'이다.
② 연소범위는 약 1.9 ~ 48 [%]이다.
③ 증기비중값이 비중값보다 크다.
④ 휘발성이 높고 마취성을 가진다.

해설

[다이에틸에터(4류)의 특징]
일반식 : R - O - R'

정답 ● 51 ④ 52 ① 53 ①

54 위험물안전관리법령상 제조소등의 위치·구조 또는 설비 가운데 행정안전부령이 정하는 사항을 변경허가를 받지 아니하고 제조소등의 위치·구조 또는 설비를 변경한 때 1차 행정처분기준으로 옳은 것은?

① 사용정지 15일
② 경고 또는 사용정지 15일
③ 사용정지 30일
④ 경고 또는 업무정지 30일

해설

[1차 행정 처분기준]
행정안전부령이 정하는 사항에 변경허가를 받지 아니하고, 제조소등의 위치, 구조 또는 설비를 변경한 때 1차 행정 처분기준은 <u>경고 또는 사용정지 15일</u>

55 다음 위험물 중에서 옥외저장소에서 저장·취급할 수 없는 것은? (단, 특별시·광역시 또는 도의 조례에서 정하는 위험물과 IMDG Code에 적합한 용기에 수납된 위험물의 경우는 제외한다)

① 아세트산   ② 에틸렌글리콜
③ 크레오소트유 ④ 아세톤

해설

[옥외저장소에 취급할 수 없는 위험물]
• <u>아세톤</u>은 인화점 0 [℃] 미만으로 취급 불가

※ 옥외저장소에 저장할 수 있는 위험물
(1) 제2류 위험물 중 황 또는 인화성 고체(<u>인화점 0 [℃] 이상인 것</u>)
(2) 제4류 위험물 중 특수인화물 제외한 것(<u>인화점 0 [℃] 이상인 것</u>)
(3) 제6류 위험물
(4) 제2류 위험물 및 제4류 위험물 중 특별시·광역시 또는 도의 조례에서 정한 위험물
(5) 국제해상위험물 규칙에 적합한 용기에 수납된 위험물

56 위험물안전관리법상 지하탱크저장소 탱크전용실의 안쪽과 지하저장탱크와의 사이는 몇 [m] 이상의 간격을 유지하여야 하는가?

① 0.1   ② 0.2
③ 0.3   ④ 0.5

해설

[지하저장탱크 사이 간격]
지하탱크전용실의 안쪽과 지하탱크 사이 간격은 <u>0.1 [m] 이상 간격 유지</u>

57 위험물안전관리법령상 이송취급소에 설치하는 경보설비의 기준에 따라 이송기지에 설치하여야 하는 경보설비로만 이루어진 것은?

① 확성장치, 비상벨장치
② 비상방송설비, 비상경보설비
③ 확성장치, 비상방송설비
④ 비상방송설비, 자동화재탐지설비

정답 54 ② 55 ④ 56 ① 57 ①

해설
[이송기지에 설치하는 경보설비]
확성장치, 비상벨장치

58 위험물안전관리법령상 위험물의 탱크 내용적 및 공간용적에 관한 기준으로 틀린 것은?

① 위험물을 저장 또는 취급하는 탱크의 용량은 해당 탱크의 내용적에서 공간용적을 뺀 용적으로 한다.
② 탱크의 공간용적은 탱크의 내용적의 100분의 5 이상 100분의 10 이하의 용적으로 한다.
③ 소화설비(소화약제방출구를 탱크 안의 윗부분에 설치하는 것에 한한다)를 설치하는 탱크의 공간용적은 해당 소화설비의 소화약제방출구 아래의 0.3 [m] 이상 1 [m] 미만 사이의 면으로부터 윗부분의 용적으로 한다.
④ 암반탱크에 있어서는 해당 탱크 내에 용출하는 30일간의 지하수의 양에 상당하는 용적과 해당 탱크의 내용적의 100분의 1의 용적 중에서 보다 큰 용적을 공간용적으로 한다.

해설
[위험물탱크의 공간용적]
암반탱크에 있어서는 해당 탱크 내에 용출하는 7일간의 지하수의 양에 상당하는 용적과 해당 탱크의 내용적의 100분의 1의 용적 중에서 보다 큰 용적을 공간용적으로 함

59 위험물안전관리법령상 위험등급의 종류가 나머지 셋과 다른 하나는?

① 제1류 위험물 중 다이크로뮴산염류
② 제2류 위험물 중 인화성 고체
③ 제3류 위험물 중 금속의 인화물
④ 제4류 위험물 중 알코올류

해설
[위험등급]
① Ⅲ - 1000 : 과다
② Ⅲ - 1000 : 인화성 고체
③ Ⅲ - 300 : 금수인탄
④ Ⅱ등급

60 위험물안전관리법령상 위험물제조소의 옥외에 있는 하나의 액체위험물 취급 탱크 주위에 설치하는 방유제의 용량은 해당 탱크 용량의 몇 [%] 이상으로 하여야 하는가?

① 50 [%] ② 60 [%]
③ 100 [%] ④ 110 [%]

해설
[액체위험물 방유제의 용량]
① 해당 탱크 용량의 50 [%] 이상
※ 위험물제조소 방유제의 용량
(1) 탱크 1기 = 탱크 용량 × 0.5
(2) 탱크 2기 = (최대 탱크 용량 × 0.5)
　　　　　　＋ (나머지 탱크 용량 × 0.1)

정답 58 ④ 59 ④ 60 ①

2016 제3회

01 탄화칼슘은 물과 반응 시 위험성이 증가하는 물질이다. 주수소화 시 물과 반응하면 어떤 가스가 발생하는가?

① 수소
② 메테인
③ 에테인
④ 아세틸렌

해설
[탄화칼슘(3류)과 물의 반응 후 생성물]
$CaC_2 + 2H_2O \rightarrow Ca(OH)_2 + C_2H_2 \uparrow$
물과 반응하여 <u>아세틸렌 발생</u>

02 위험물의 자연발화를 방지하는 방법으로 가장 거리가 먼 것은?

① 통풍을 잘 시킬 것
② 저장실의 온도를 낮출 것
③ 습도가 높은 곳에 저장할 것
④ 정촉매 작용을 하는 물질과의 접촉을 피할 것

해설
[자연발화방지법]
• 통풍을 잘 시킬 것
• 주위 온도를 낮출 것
• <u>습도를 낮게 유지할 것</u>
• 열의 축적을 방지할 것

03 위험물안전관리법령상 제3류 위험물 중 금수성 물질의 제조소에 설치하는 주의사항 게시판의 바탕색과 문자색을 옳게 나타낸 것은?

① 청색 바탕에 황색 문자
② 황색 바탕에 청색 문자
③ 청색 바탕에 백색 문자
④ 백색 바탕에 청색 문자

해설
[금수성 물질 제조소의 주의사항 게시판 색]
• 금수성 물질 취급 시 주의사항 : 물기엄금
• 게시판 종류별 바탕, 문자색

종류	바탕색	문자색
위험물제조소등	백색	흑색
위험물	흑색	황색
주유 중 엔진 정지	황색	흑색
화기엄금	적색	백색
물기엄금	청색	백색

04 다음 중 제5류 위험물의 화재 시에 가장 적당한 소화방법은?

① 물에 의한 냉각소화
② 질소에 의한 질식소화
③ 사염화탄소에 의한 부촉매소화
④ 이산화탄소에 의한 질식소화

정답 ● 01 ④ 02 ③ 03 ③ 04 ①

해설

[제5류 위험물의 소화]
- 제5류 위험물 : 자기반응성 물질 - 냉각소화
- 가연물과 산소공급원을 모두 포함하고 있으므로 주수소화

05 다음과 같은 반응에서 5 [m^3]의 탄산가스를 만들기 위해 필요한 탄산수소나트륨의 양은 약 몇 [kg]인가? (단, 표준 상태이고 나트륨의 원자량은 23이다)

$$2NaHCO_3 \rightarrow Na_2CO_3 + CO_2 + H_2O$$

① 18.75
② 37.5
③ 56.25
④ 75

해설

[탄산수소나트륨의 양 계산]
- CO_2 1 [kmol] = 22.4 [m^3]
- 5 [m^3] × 1 [kmol] / 22.4 [m^3]
  = 0.2232 [kmol]
- CO_2가 0.2232 [kmol]이 필요할 때 $NaHCO_3$는 2배인 0.4464 [kmol]이 필요
- $NaHCO_3$ 1 [kmol] = 84 [kg]
- 탄산수소나트륨 양 = 0.4464 [kmol] × 84
  = 37.5 [kg]

06 연소에 대한 설명으로 옳지 않은 것은?

① 산화되기 쉬운 것일수록 타기 쉽다.
② 산소와의 접촉 면적이 큰 것일수록 타기 쉽다.
③ 충분한 산소가 있어야 타기 쉽다.
④ 열전도율이 큰 것일수록 타기 쉽다.

해설

[연소가 잘 이루어지는 조건]
- 산소와 친화력이 클 것
- 열전도율이 작을 것
- 발열량이 클 것
- 활성화에너지가 작을 것

07 다음 중 탄산칼륨을 물에 용해시킨 강화액소화약제의 pH에 가장 가까운 것은?

① 1
② 4
③ 7
④ 12

해설

[강화액소화기 pH]
pH 12(알칼리성)

08 다음 중 강화액소화약제의 주된 소화원리에 해당하는 것은?

① 냉각소화
② 절연소화
③ 제거소화
④ 발포소화

정답 05 ② 06 ④ 07 ④ 08 ①

> **해설**

[강화액소화약제]
- 물의 소화 능력(침투효과) 향상
- 동결을 방지하기 위해 탄산칼륨(K_2CO_3) 등을 물에 첨가
- 소화 원리는 <u>냉각소화</u>

09 폭굉유도거리(DID)가 짧아지는 경우는?

① 정상 연소 속도가 작은 혼합가스일수록 짧아진다.
② 압력이 높을수록 짧아진다.
③ 관 지름이 넓을수록 짧아진다.
④ 점화원 에너지가 약할수록 짧아진다.

> **해설**

[폭굉 유도거리가 짧아지는 경우]
- 연소 속도가 큰 혼합가스일수록
- <u>압력이 높을수록</u>
- 관 지름이 작을수록
- 점화원 에너지가 강할수록

10 불활성 가스 청정소화약제의 기본 성분이 아닌 것은?

① 헬륨 ② 질소
③ 불소 ④ 아르곤

> **해설**

[불활성 가스의 기본 성분]
- 질소
- 이산화탄소
- 아르곤
- 헬륨

11 공기 중의 산소 농도를 한계산소량 이하로 낮추어 연소를 중지시키는 소화방법은?

① 냉각소화
② 제거소화
③ 억제소화
④ 질식소화

> **해설**

[질식소화의 정의]
공기 중 산소 농도를 한계산소량 이하로 낮추어 연소하는 방법

12 연소의 3요소인 산소의 공급원이 될 수 없는 것은?

① H_2O_2
② KNO_3
③ HNO_3
④ CO_2

> **해설**

[산소 공급원]
① 과산화수소(6류)
② 질산칼륨(1류)
③ 질산(6류)
④ 이산화탄소
이산화탄소는 불연성 가스이므로 산소 공급원이 될 수 없음

정답 09 ② 10 ③ 11 ④ 12 ④

13 할론 1001의 화학식에서 수소원자의 수는?

① 0
② 1
③ 2
④ 3

해설

[할론 번호]
- C - F - Cl - Br 순으로 번호 매김
- C : 1개, F : 0개, Cl : 0개, Br : 1개
- 할론 1001 = CH_3Br
- 수소원자(H) : 3개

14 질소와 아르곤과 이산화탄소의 용량비가 52 : 40 : 8인 혼합물소화약제에 해당하는 것은?

① IG - 541
② HCFC BLEND A
③ HFC - 125
④ HFC - 23

해설

[IG-541 소화약제]
질소와 아르곤과 이산화탄소의 용량비가 52 : 40 : 8인 혼합물

15 이산화탄소소화약제에 관한 설명 중 틀린 것은?

① 소화약제에 의한 오손이 없다.
② 소화약제 중 증발잠열이 가장 크다.
③ 전기 절연성이 있다.
④ 장기간 저장이 가능하다.

해설

[이산화탄소소화약제]
증발잠열이 가장 큰 것은 물소화약제

16 인화칼슘이 물과 반응하였을 때 발생하는 가스는?

① 수소
② 포스겐
③ 포스핀
④ 아세틸렌

해설

[인화칼슘(3류)과 물의 반응 시 생성물]
$Ca_3P_2 + 6H_2O \rightarrow 3Ca(OH)_2 + 2PH_3\uparrow$
포스핀가스 발생

17 수성막포소화약제에 사용되는 계면활성제는?

① 염화단백포 계면활성제
② 산소계 계면활성제
③ 황산계 계면활성제
④ 불소계 계면활성제

해설

[수성막포소화약제 주성분]
불소계(플루오린계) 계면활성제

정답 13 ④ 14 ① 15 ② 16 ③ 17 ④

18 위험물안전관리법령상 알칼리금속 과산화물에 적응성이 있는 소화설비는?

① 할로젠화합물소화설비
② 탄산수소염류 분말소화설비
③ 물분무소화설비
④ 스프링클러설비

해설

[알칼리금속과산화물(1류)의 소화설비]
- 마른모래(건조사)·팽창질석·팽창진주암, 탄산수소염류분말
- 탄산수소염류 분말소화약제

19 물과 친화력이 있는 수용성 용매의 화재에 보통의 포소화약제를 사용하면 포가 파괴되기 때문에 소화효과를 잃게 된다. 이와 같은 단점을 보완한 소화약제로 가연성인 수용성 용매의 화재에 유효한 효과를 가지고 있는 것은?

① 알코올형 포소화약제
② 단백포소화약제
③ 합성계면활성제포소화약제
④ 수성막포소화약제

해설

[알코올형 포소화약제]
수용성 용매화재 시 포가 파괴되는 것을 방지

20 위험물안전관리법령상 제4류 위험물에 적응성이 있는 소화가 아닌 것은?

① 이산화탄소소화기
② 봉상 강화액소화기
③ 포소화기
④ 인산염류분말소화기

해설

[제4류 위험물의 소화]
- 질식소화(포소화, 인산염류분말소화, 이산화탄소소화)
- 억제소화

21 메틸리튬과 물의 반응 생성물로 옳은 것은?

① 메테인, 수소화리튬
② 메테인, 수산화리튬
③ 에테인, 수소화리튬
④ 에테인, 수산화리튬

해설

[메틸리튬(3류)의 반응 후 생성물]
- $CH_3Li + H_2O \rightarrow LiOH + CH_4$
- 메틸리튬과 물이 반응하여 수산화리튬과 메테인 발생

22 다음 위험물 중 물보다 가벼운 것은?

① 메틸에틸케톤
② 나이트로벤젠
③ 에틸렌글리콜
④ 글리세린

정답 18 ② 19 ① 20 ② 21 ② 22 ①

해설

[물보다 가벼운 위험물]
메틸에틸케톤 : 0.8   보충 물의 비중 : 1

23 알루미늄분의 성질에 대한 설명으로 옳은 것은?

① 금속 중에서 연소열량이 가장 작다.
② 끓는 물과 반응해서 수소가 발생한다.
③ 산화나트륨 수용액과 반응해서 산소가 발생한다.
④ 안전한 저장을 위해 할로젠 원소와 혼합한다.

해설

[알루미늄분(2류)의 특징]
- 금속 중 연소열량이 가장 작지는 않음
- 물과 반응하여 수소가 발생
- 산화나트륨 수용액과 반응 후 수소 발생
- 물기를 피하고, 건조한 장소에 보관

24 트라이나이트로톨루엔의 작용기에 해당하는 것은?

① -NO
② -NO$_2$
③ -NO$_3$
④ -NO$_4$

해설

[트라이나이트로톨루엔(5류)의 작용기]
-NO$_2$

25 다음 물질 중 과염소산칼륨과 혼합하였을 때 발화 폭발의 위험이 가장 높은 것은?

① 석면   ② 금
③ 유리   ④ 목탄

해설

[과염소산칼륨(1류)와 혼합 시 폭발 물질]
가연물(목탄)과 혼합하면 발화 폭발의 위험성이 있음

26 피리딘의 일반적인 성질에 대한 설명 중 틀린 것은?

① 순수한 것은 무색 액체이다.
② 약알칼리성을 나타낸다.
③ 물보다 가볍고, 증기는 공기보다 무겁다.
④ 흡습성이 없고, 비수용성이다.

해설

[피리딘(4류)의 특징]
피리딘(C_5H_5N)은 수용성 물질

27 위험물안전관리법령에서는 특수인화물을 1기압에서 발화점이 100 [℃] 이하인 것 또는 인화점이 얼마 이하이고 비점이 40 [℃] 이하인 것으로 정의하는가?

① -10 [℃]
② -20 [℃]
③ -30 [℃]
④ -40 [℃]

정답 23 ② 24 ② 25 ④ 26 ④ 27 ②

해설

[특수인화물의 정의]
- 1기압에서 발화점이 100 [℃] 이하
- 인화점이 -20 [℃] 이하
- 비점이 40 [℃] 이하

28 위험물의 성질에 대한 설명 중 틀린 것은?

① 황린은 공기 중에서 산화할 수 있다.
② 적린은 $KClO_3$와 혼합하면 위험하다.
③ 황은 물에 매우 잘 녹는다.
④ 황화인은 가연성 고체이다.

해설

[황의 특징]
물에 녹지 않음

29 나이트로글리세린에 대한 설명으로 옳은 것은?

① 물에 매우 잘 녹는다.
② 공기 중에서 점화하면 연소나 폭발의 위험은 없다.
③ 충격에 대하여 민감하여 폭발을 일으키기 쉽다.
④ 제5류 위험물의 나이트로화합물에 속한다.

해설

[나이트로글리세린(5류)의 특징]

품명	위험물	상태
질산에스터류	질산메틸 질산에틸 나이트로글리콜 나이트로글리세린	액체
	나이트로셀룰로스	고체
나이트로화합물	트라이나이트로톨루엔 트라이나이트로페놀 다이나이트로벤젠 테트릴	고체

※ 나이트로글리세린[$C_3H_5(ONO_2)_3$]
(1) 물에는 녹지 않고 알코올·벤젠에 잘 녹음
(2) 규조토에 나이트로글리세린을 흡수시켜 다이너마이트를 만듦
(3) 통풍이 잘 되는 냉암소에 저장
(4) 글리세린에 질산과 황산을 반응시키면 나이트로기 3개가 글리세린의 수소와 치환하여 나이트로글리세린을 생성

30 물과 반응하여 가연성 가스가 발생하지 않는 것은?

① 칼륨
② 과산화칼륨
③ 탄화알루미늄
④ 트라이에틸알루미늄

> 해설

[가연성 가스가 발생하지 않는 것]
① $K + 2H_2O \rightarrow 2KOH + H_2 \uparrow$
② $2K_2O_2 + 2H_2O \rightarrow 4KOH + O_2 \uparrow$
③ $Al_4C_3 + 12H_2O \rightarrow 4Al(OH)_3 + 3CH_4 \uparrow$
④ $(C_2H_5)_3Al + 3H_2O \rightarrow Al(OH)_3 + 3C_2H_6 \uparrow$
※ 산소는 가연성 가스가 아님

31 제4류 위험물의 일반적인 성질에 대한 설명 중 틀린 것은?

① 대부분 유기화합물이다.
② 액체 상태이다.
③ 대부분 물보다 가볍다.
④ 대부분 물에 녹기 쉽다.

> 해설

[제4류 위험물의 특징]
(1) 수용성과 비수용성으로 구분됨
(2) 비중은 1보다 작아 물보다 가벼움
(3) 증기 비중은 공기보다 무겁기 때문에 낮은 곳에 체류하며 연소·폭발의 위험이 있음
(4) 전기 부도체이므로 정전기가 발생하고 정전기에 의해 연소
(5) 인화점에 의해 제1·2·3·4석유류로 분류됨

32 아조화합물 800 [kg], 하이드록실아민 300 [kg], 유기과산화물 40 [kg]의 총량은 지정수량의 몇 배에 해당하는가? (단, 아조화합물은 제2종, 하이드록실아민은 제2종, 유기과산화물은 제1종으로 가정한다)

① 7배   ② 9배
③ 10배   ④ 15배

> 해설

[지정수량]
• 아조화합물(5류) : 100 [kg]
• 하이드록실아민(5류) : 100 [kg]
• 유기과산화물(5류) : 10 [kg]
• 지정수량
  = (800 / 100) + (300 / 100) + (40 / 10)
  = 15 [kg]

33 다음 중 인화점이 가장 높은 것은?

① 등유
② 벤젠
③ 아세톤
④ 아세트알데하이드

> 해설

[인화점]
• 등유 : 30 ~ 60 [℃]
• 벤젠 : -11 [℃]
• 아세톤 : -18 [℃]
• 아세트알데하이드 : -38 [℃]

정답 ● 31 ④ 32 ④ 33 ①

34 질산과 과염소산의 공통성질이 아닌 것은?

① 가연성이며, 강산화제이다.
② 비중이 1보다 크다.
③ 가연물과 혼합으로 발화의 위험이 있다.
④ 물과 접촉하면 발열한다.

해설

[질산(HNO_3), 과염소산($HClO_4$)]
- 제6류 위험물 : 불연성 물질
- 불연성, 조연성, 강산화제

35 과산화나트륨 대한 설명으로 틀린 것은?

① 알코올에 잘 녹아서 산소와 수소를 발생시킨다.
② 상온에서 물과 격렬하게 반응하다.
③ 비중이 약 2.8이다.
④ 조해성 물질이다.

해설

[과산화나트륨(1류)의 특징]
- 산과 반응하여 과산화수소가 발생
- 물과 반응하여 산소가 발생하며 발열

36 제4류 위험물인 클로로벤젠의 지정수량으로 옳은 것은?

① 200 [L]
② 400 [L]
③ 1000 [L]
④ 2000 [L]

해설

[클로로벤젠(4류)의 지정수량]
1000 [L]

37 다음 중 제1류 위험물에 해당되지 않는 것은?

① 염소산칼륨   ② 과염소산암모늄
③ 과산화바륨   ④ 질산구아니딘

해설

[제1류 위험물의 종류]
- 제1류 위험물 : 아염소산염류, 염소산염류, 과염소산염류, 무기과산화물, 브로민산염류, 질산염류, 아이오딘산염류, 과망가니즈산염류, 다이크로뮴산염류 암 아염과무, 브아질, 과다
- 제5류 위험물 : 질산구아니딘

38 다음 중 제5류 위험물로만 나열되지 않은 것은?

① 과산화벤조일, 질산메틸
② 과산화초산, 다이나이트로벤젠
③ 과산화요소, 나이트로글리콜
④ 아세토니트릴, 트라이나이트로톨루엔

해설

[제5류 위험물 종류]
- 유기과산화물(과산화벤조일, 과산화초산, 과산화요소), 질산에스터류(질산메틸, 나이트로글리콜), 나이트로화합물(다이나이트로벤젠, 트라이나이트로톨루엔)
- 제4류 위험물 : 아세토니트릴

정답 34 ① 35 ① 36 ③ 37 ④ 38 ④

39 다음 중 제6류 위험물이 아닌 것은?

① 할로젠간화합물
② 과염소산
③ 아염소산
④ 과산화수소

해설
[제6류 위험물의 종류]
- 과산화수소, 과염소산, 질산 등
- 아염소산($HClO_2$) : 약한 무기산
- 질산 : 비중 1.49 이상
- 과산화수소 : 농도 36 [wt%] 이상

40 다음 위험물 중 지정수량이 나머지 셋과 다른 하나는?

① 마그네슘
② 금속분
③ 철분
④ 황

해설
[지정수량]

위험물(2류)	지정수량 [kg]
황	100
마그네슘	500
금속분	500
철분	500

암 100 : 황건적이 황을 들고
500 : 금속철마를 타고 옴
1000 : 인고

41 아염소산나트륨의 저장 및 취급 시 주의사항으로 가장 거리가 먼 것은?

① 물속에 넣어 냉암소에 저장한다.
② 강산류와의 접촉을 피한다.
③ 취급 시 충격, 마찰을 피한다.
④ 가연성 물질과 접촉을 피한다.

해설
[아염소산나트륨(1류)의 취급 시 주의사항]
- 물에 잘 녹으므로 물속에 보관 불가
- 밀폐용기에 보관해야 함

42 위험물안전관리법령상 주유취급소 중 건축물의 2층을 휴게음식점의 용도로 사용하는 것에 있어 해당 건축물의 2층으로부터 직접 주유취급소의 부지 밖으로 통하는 출입구와 해당 출입구로 통하는 통로·계단에 설치하여야 하는 것은?

① 비상경보설비
② 유도등
③ 비상조명등
④ 확성장치

해설
[유도등의 설치기준]
출입구, 피난구, 통로·계단에 유도등을 설치하고 비상전원을 설치

정답 39 ③ 40 ④ 41 ① 42 ②

43 위험물관리법령상 옥외저장소 중 덩어리 상태의 황만을 지반면에 설치한 경계표시의 안쪽에서 저장 또는 취급할 때 경계표시의 높이는 몇 [m] 이하로 하여야 하는가?

① 1
② 1.5
③ 2
④ 2.5

해설

[옥외저장소 덩어리 황 저장 시 경계표시의 높이]
(1) 하나의 경계 표시의 내부 면적은 100 [m²] 이하
(2) 2 이상의 경계 표시를 설치한 경우에 있어서 각각의 경계 표시 내부의 면적을 합산한 면적은 1000 [m²] 이하
(3) 경계 표시는 불연재료로 만드는 동시에 황이 새지 않는 구조로 할 것
(4) 경계 표시의 높이는 1.5 [m] 이하로 할 것

44 위험물옥외저장탱크의 통기관에 관한 사항으로 옳지 않은 것은?

① 밸브 없는 통기관의 직경은 30 [mm] 이상으로 한다.
② 대기밸브부착 통기관은 항시 열려 있어야 한다.
③ 밸브 없는 통기관의 선단은 수평면보다 45도 이상 구부려 빗물 등의 침투를 막는 구조로 한다.
④ 대기밸브부착 통기관은 5 [kPa] 이하의 압력 차이로 작동할 수 있어야 한다.

해설

[위험물 저장탱크의 통기관]
대기밸브부착 통기관에는 인화밸브장치를 설치하여 평소에 닫혀 있음

45 위험물안전관리법령상 연면적이 450 [m²]인 저장소의 건축물 외벽이 내화구조가 아닌 경우 이 저장소의 소화기 소요단위는?

① 3
② 4.5
③ 6
④ 9

해설

[내화구조가 아닌 저장소의 소화기 소요단위]

구분	외벽이 내화구조	외벽이 비내화구조
위험물제조소 및 취급소	100 [m²]	50 [m²]
위험물저장소	150 [m²]	75 [m²]
위험물	지정수량의 10배	

소화기 소요단위 = 450 / 75 = 6

46 위험물안전관리법령상 주유취급소에 설치·운영할 수 없는 건축물 또는 시설은?

① 주유취급소를 출입하는 사람을 대상으로 하는 그림 전시장
② 주유취급소를 출입하는 사람을 대상하는 하는 일반음식점
③ 주유원 주거시설
④ 주유취급소를 출입하는 사람을 대상으로 하는 휴게음식점

정답 ● 43 ② 44 ② 45 ③ 46 ②

> **해설**
>
> [주유취급소에 설치할 수 없는 건축물]
> 주유취급소를 출입하는 사람을 대상하는 하는 일반음식점은 설치·운영할 수 없음

> **해설**
>
> [옥내소화전 설치기준]
> • 방수량 : 260 [L/min]
> • 방수압력 : 350 [kPa] 이상

47 위험물안전관리법령상 위험물제조소에 설치하는 배출설비에 대한 내용으로 틀린 것은?

① 배출설비는 예외적인 경우를 제외하고는 국소방식으로 하여야 한다.
② 배출설비는 강제 배출방식으로 한다.
③ 급기구는 낮은 장소에 설치하고 인화방지망을 설치한다.
④ 배출구는 지상 2 [m] 이상 높이에 연소의 우려가 없는 곳에 설치한다.

> **해설**
>
> [위험물제조소의 배출설비]
> 급기구는 높은 장소에 설치하고, 인화방지망을 설치함

48 위험물안전관리법령상 옥내소화전설비의 기준에 따르면 펌프를 이용한 가압송수장치에서 펌프의 토출량은 옥내소화전의 설치 개수가 가장 많은 층에 대해 해당 설치 개수(5개 이상인 경우에는 5개)에 얼마를 곱한 양 이상이 되도록 하여야 하는가?

① 260 [L/min] ② 360 [L/min]
③ 460 [L/min] ④ 560 [L/min]

49 위험물안전관리법령상 소화전용 물통 8 [L]의 능력단위는?

① 0.3 ② 0.5
③ 1.0 ④ 1.5

> **해설**
>
> [능력단위]
>
> | 소화설비 | 용량 [L] | 능력단위 |
> |---|---|---|
> | 소화전용 물통 | 8 | 0.3 |
> | 수조(물통 3개 포함) | 80 | 1.5 |
> | 수조(물통 6개 포함) | 190 | 2.5 |
> | 마른모래(삽 1개 포함) | 50 | 0.5 |
> | 팽창질석·진주암(삽 1개 포함) | 160 | 1.0 |

50 위험물안전관리법령상 옥내탱크저장소의 기준에서 옥내저장탱크 상호 간에는 몇 [m] 이상의 간격을 유지하여야 하는가?

① 0.3
② 0.5
③ 0.7
④ 1.0

> **해설**
>
> [옥내저장탱크의 간격]
> 상호 간에 0.5 [m] 이상 간격 유지

정답 47 ③ 48 ① 49 ① 50 ②

51 위험물의 운반에 관한 기준에서 다음 ( ) 안에 알맞은 온도는 몇 [℃]인가?

> 적재하는 제5류 위험물 중 ( )[℃] 이하의 온도에서 분해될 우려가 있는 것은 보냉 컨테이너에 수납하는 등 적당한 온도 관리를 유지하여야 한다.

① 40
② 50
③ 55
④ 60

해설
[제5류 위험물의 수납온도]
55 [℃] 이하 온도

52 위험물안전관리법령상 위험물안전관리자의 책무에 해당하지 않는 것은?

① 화재 등의 재난이 발생할 경우 소방관서 등에 대한 연락 업무
② 화재 등의 재난 발생할 경우 응급조치
③ 위험물 취급에 관한 일지 작성·기록
④ 위험물안전관리자의 선임·신고

해설
[위험물안전관리자의 책무]
위험물안전관리자의 선임·신고는 <u>제조소등 관계인</u>이 실시

53 제2류 위험물 중 인화성 고체의 제조소에 설치하는 주의사항 게시판에 표시할 내용을 옳게 나타낸 것은?

① 적색 바탕에 백색 문자로 "화기엄금" 표시
② 적색 바탕에 백색 문자로 "화기주의" 표시
③ 백색 바탕에 적색 문자로 "화기엄금" 표시
④ 백색 바탕에 적색 문자로 "화기주의" 표시

해설
[위험물의 종류에 따른 주의사항]
• 제2류 위험물 인화성 고체의 주의사항 : 화기엄금
• <u>적색 바탕에 백색 문자</u>

54 위험물관리법령상 제4류 위험물의 품명에 따른 위험등급과 옥내저장소 하나의 저장 창고의 바닥 면적기준을 옳게 나열한 것은? (단, 전용의 독립된 단층 건물에 설치하며, 구획된 실이 없는 하나의 저장 창고인 경우에 한한다)

① 제1석유류 : 위험등급 Ⅰ, 최대 바닥 면적 1000 [m²]
② 제2석유류 : 위험등급 Ⅰ, 최대 바닥 면적 2000 [m²]
③ 제3석유류 : 위험등급 Ⅱ, 최대 바닥 면적 1000 [m²]
④ 알코올류 : 위험등급 Ⅱ, 최대 바닥 면적 1000 [m²]

정답 51 ③ 52 ④ 53 ① 54 ④

해설

[위험등급]
- 제1석유류 : II
- 제2석유류 : III
- 제3석유류 : III
- 알코올류 : II

55 인화점이 21 [℃] 미만인 액체위험물의 옥외저장탱크 주입구에 설치하는 "옥외저장탱크 주입구"라고 표시한 게시판의 바탕 및 문자색을 옳게 나타낸 것은?

① 백색 바탕 – 적색 문자
② 적색 바탕 – 백색 문자
③ 백색 바탕 – 흑색 문자
④ 흑색 바탕 – 백색 문자

해설

[옥외저장탱크 주입구의 게시판 표시 색상]
백색 바탕에 흑색 문자

56 이동저장탱크에 알킬알루미늄을 저장하는 경우에 불활성 기체를 봉입하는 데 이때의 압력은 몇 [kPa] 이하이어야 하는가?

① 10   ② 20
③ 30   ④ 40

해설

[불활성 기체의 압력]
알킬알루미늄(3류) 저장 시 불활성 기체의 압력은 20 [kPa] 이하

57 위험물 옥외저장소에서 지정수량 200배 초과의 위험물을 저장할 경우 경계표시 주위의 보유공지 너비는 몇 [m] 이상으로 하여야 하는가? (단, 제4류 위험물과 제6류 위험물이 아닌 경우이다)

① 0.5   ② 2.5
③ 10   ④ 15

해설

[옥외저장소 보유공지 너비]

저장 또는 취급하는 위험물의 최대 지정수량의 배수	공지의 너비
10배 이하	3 [m] 이상
10배 초과 20배 이하	5 [m] 이상
20배 초과 50배 이하	9 [m] 이상
50배 초과 200배 이하	12 [m] 이상
200배 초과	15 [m] 이상

58 그림과 같은 위험물 저장탱크의 내용적은 약 몇 [m³]인가?

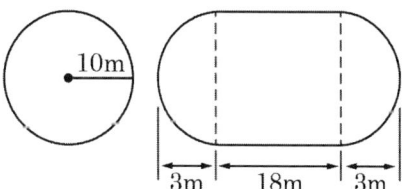

① 4681
② 5482
③ 6283
④ 7080

정답 55 ③ 56 ② 57 ④ 58 ③

해설

[위험물 저장탱크의 내용적]

$$V = \pi r^2 (l + \frac{l_1 + l_2}{3})$$

= 원주면적 × (가운데 체적 길이
 + 양끝 체적 길이의 합 / 3)
= $3.14 \times 10^2 \times (18 + 2)$
= $6283.18 \ [m^3]$

59 위험물안전관리법령상 배출설비를 설치하여야 하는 옥내저장소의 기준에 해당하는 것은?

① 가연성 증기가 액화할 우려가 있는 장소
② 모든 장소의 옥내저장소
③ 가연성 미분이 체류할 우려가 있는 장소
④ 인화점이 70 [℃] 미만인 위험물의 옥내저장소

해설

[옥내저장소의 기준]
인화점이 70 [℃] 미만인 위험물 옥내저장소

60 다음 중 위험물안전관리법령상 지정수량의 1/10을 초과하는 위험물을 운반할 때 혼재할 수 없는 경우는?

① 제1류 위험물과 제6류 위험물
② 제2류 위험물과 제4류 위험물
③ 제4류 위험물과 제5류 위험물
④ 제5류 위험물과 제3류 위험물

해설

[위험물 혼재기준]
5류와 3류는 혼재 불가

보충 혼재 가능 위험물

1↓	6		혼재 가능
2↓	5↑	4	혼재 가능
3→	4↑		혼재 가능

암 1 2 3 4 5 6 적은 후 4 추가

정답 59 ④ 60 ④

2015 제1회

01 위험물안전관리법령상 제2류 위험물 중 지정수량이 500 [kg]인 물질에 의한 화재는?

① A급 화재
② B급 화재
③ C급 화재
④ D급 화재

해설

[화재의 종류]

품명	지정수량 [kg]
황화인	100
적린	
황	
금속분	500
철분	
마그네슘	
인화성 고체	1000

🔑 100 : 황건적이 황을 들고
500 : 금속철마를 타고 옴
1000 : 인고

급수	명칭(화재)	색상
A	일반	백색
B	유류	황색
C	전기	청색
D	금속	무색

🔑 일유전금

02 위험물안전관리법령에 의해 옥외저장소에 저장을 허가 받을 수 없는 위험물은?

① 제2류 위험물 중 황(금속제드럼에 수납)
② 제4류 위험물 중 가솔린(금속제드럼에 수납)
③ 제6류 위험물
④ 국제해상위험물규칙(IMDG Code)에 적합한 용기에 수납된 위험물

해설

[옥외저장소 저장 허가 위험물]
가솔린은 인화점이 -43 [℃]로, 인화점 0 [℃] 미만은 저장할 수 없음
(1) 제2류 위험물 중 황 또는 인화성 고체(인화점 0 [℃] 이상인 것)
(2) 제4류 위험물 중 특수인화물 제외한 것(인화점 0 [℃] 이상인 것)
(3) 제6류 위험물
(4) 제2류 위험물 및 제4류 위험물 중 특별시·광역시 또는 도의 조례에서 정한 위험물
(5) 국제해상위험물 규칙에 적합한 용기에 수납된 위험물

03 과산화칼륨의 저장창고에서 화재가 발생하였다. 다음 중 가장 적합한 소화약제는?

① 물　　　　② 이산화탄소
③ 마른모래　④ 염산

정답　01 ④　02 ②　03 ③

> 해설

[과산화칼륨(1류)의 소화약제]
- 마른모래 · 팽창질석 · 팽창진주암
- 탄산수소염류분말

04 위험물안전관리법령상 분말소화설비의 기준에서 규정한 전역방출방식 또는 국소방출방식 분말소화설비의 가압용 또는 축압용 가스에 해당하는 것은?

① 네온가스   ② 아르곤가스
③ 수소가스   ④ 이산화탄소가스

> 해설

[분말소화설비의 기준]
가압용 또는 축압용 가스에 해당하는 것은 이산화탄소, 질소

05 위험물제조소등의 용도폐지신고에 대한 설명으로 옳지 않은 것은?

① 용도 폐지 후 30일 이내에 신고하여야 한다.
② 완공검사필증을 첨부한 용도폐지신고서를 제출하는 방법으로 신고한다.
③ 전자문서로 된 용도폐지신고서를 제출하는 경우에도 완공검사필증을 제출하여야 한다.
④ 신고 의무의 주체는 해당 제조소등의 관계인이다.

> 해설

[용도폐지신고]
용도 폐지 후 14일 이내에 신고하여야 함

06 플래시오버에 대한 설명으로 틀린 것은?

① 국소화재에서 실내의 가연물들이 연소하는 대화재로의 전이
② 환기지배형 화재에서 연료지배형 화재로의 전이
③ 실내의 천장 쪽에 축적된 미연소 가연성 증기나 가스를 통한 화염의 급격한 전파
④ 내화건축물의 실내화재온도 상황으로 보아 성장기에서 최성기로의 진입

> 해설

[플래시오버]
건축물화재 시 가연성 기체가 모여 있는 상태에서 산소가 유입됨에 따라 성장기에서 최성기로 급격하게 진행되며, 건물 전체로 화재가 확산되는 현상

07 제3종 분말소화약제의 열분해반응식을 옳게 나타낸 것은?

① $NH_4H_2PO_4 \rightarrow HPO_3 + NH_3 + H_2O$
② $2KNO_3 \rightarrow 2KNO_2 + O_2$
③ $KClO_4 \rightarrow KCl + 2O_2$
④ $2CaHCO_3 \rightarrow 2CaO + H_2CO_3$

정답 ● 04 ④ 05 ① 06 ② 07 ①

해설

[제3종 분말소화약제의 열분해반응식]
- $NH_4H_2PO_4 \rightarrow HPO_3 + NH_3\uparrow + H_2O\uparrow$
- 인산암모늄 열분해하여 인산수소·암모니아·물 등을 생성

① 제1종

주성분	탄산수소나트륨($NaHCO_3$)
분해식	$2NaHCO_3$ $\rightarrow Na_2CO_3 + CO_2\uparrow + H_2O$

② 제2종

주성분	탄산수소칼륨($KHCO_3$)
분해식	$2KHCO_3$ $\rightarrow K_2CO_3 + CO_2\uparrow + H_2O\uparrow$

③ 제3종

주성분	인산암모늄($NH_4H_2PO_4$)
분해식	$NH_4H_2PO_4$ $\rightarrow NH_3 + HPO_3\uparrow + H_2O\uparrow$

④ 제4종

주성분	탄산수소칼륨 + 요소 ($KHCO_3 + (NH_2)_2CO$)
분해식	$2KHCO_3 + (NH_2)_2CO$ $\rightarrow K_2CO_3 + 2NH_3\uparrow + 2CO_2\uparrow$

08 위험물안전관리법령상 제3류 위험물 중 금수성 물질의 화재에 적응성이 있는 소화설비는?

① 탄산수소염류의 분말소화설비
② 이산화탄소소화설비
③ 할로젠화합물소화설비
④ 인산염류의 분말소화설비

해설

[금수성 물질의 소화]
- 마른모래·팽창질석·팽창진주암
- 탄산수소염류분말

09 제1종, 제2종, 제3종 분말소화약제의 주성분에 해당하지 않는 것은?

① 탄산수소나트륨
② 황산마그네슘
③ 탄산수소칼륨
④ 인산암모늄

해설

[분말소화약제의 주요 성분]

소화약제	명칭	적응화재	분말색
제1종	탄산수소나트륨	BC	백색
제2종	탄산수소칼륨	BC	보라색
제3종	인산암모늄	ABC	담홍색
제4종	탄산수소칼륨과 요소반응물	BC	회색

정답 08 ① 09 ②

10 위험물제조소등에 설치하여야 하는 자동화재탐지설비의 설치기준에 대한 설명 중 틀린 것은?

① 자동화재탐지설비의 경계구역은 건축물 그 밖의 공작물의 2 이상의 층에 걸치도록 할 것
② 하나의 경계구역에서 그 한 변의 길이는 50 [m](광전식 분리형 감지기를 설치할 경우에는 100 [m]) 이하로 할 것
③ 자동화재탐지설비의 감지기는 지붕 또는 벽의 옥내에 면한 부분에 유효하게 화재의 발생을 감지할 수 있도록 설치할 것
④ 자동화재탐지설비에는 비상전원을 설치할 것

> 해설

[자동화재탐지설비의 설치기준]
① 경계구역은 건축물 그 밖의 공작물의 2 이상의 층에 걸치지 아니할 것
② 하나의 경계구역의 면적이 500 [m²] 이하이면서 당해 경계구역이 두 개의 층에 걸치는 경우이거나 계단·경사로·승강기의 승강로 그 밖에 이와 유사한 장소에 연기감지기를 설치하는 경우엔 그러지 아니함
③ 하나의 경계구역은 면적이 600 [m²] 이하이며, 한 변의 길이는 50 [m](광전식 분리형 감지기를 설치할 경우는 100 [m]) 이하로 할 것
④ 주요 출입구에서 그 내부의 전체를 볼 수 있는 경우에는 1000 [m²] 이하
⑤ 감지기는 지붕 또는 벽의 옥내에 면한 부분에 유효하게 화재의 발생을 감지할 수 있도록 설치
⑥ 비상전원 설치

11 가연성 액화가스의 탱크 주위에서 화재가 발생한 경우에 탱크의 가열로 인하여 그 부분의 강도가 약해져 탱크가 파열되므로 내부의 가열된 액화가스가 급속히 팽창하면서 폭발하는 현상은?

① 블레비(BLEVE)현상
② 보일오버(Boil Over)현상
③ 플래시백(Flash Back)현상
④ 백드래프트(Back Draft)현상

> 해설

[블레비현상]
- 블레비 : 액화가스 저장탱크 누설로 부유 또는 확산된 액화가스가 착화원과 접촉하여 액화가스가 공기 중으로 확산·폭발하는 현상
- 보일오버 : 유류화재의 탱크 밑면에 물이 고여 있는 경우 물이 증발하여 불붙은 기름을 분출하는 현상
- 플래시백 : 가스의 공급속도보다 연소속도가 더 클 때 불꽃이 발화원으로 되돌아와 전파되는 현상
- 백드래프트 : 산소가 부족한 공간에 일시적으로 대량의 산소가 공급되었을 때 순간적으로 발화하는 현상

12 알코올류 20000 [L]에 대한 소화설비 설치 시 소요단위는?

① 5
② 10
③ 15
④ 20

> **해설**

[알코올류(4류)의 소요단위]
- 알코올류 지정수량 : 400 [L]
- 1소요단위 = 지정수량의 10배
  $= 10 \times 400 = 4000$ [L]
- 소요단위 = 20000 / 4000 = 5

13 할로젠화합물의 소화약제 중 할론 2402의 화학식은?

① $C_2Br_4F_2$
② $C_2Cl_4F_2$
③ $C_2Cl_4Br_2$
④ $C_2F_4Br_2$

> **해설**

[할론 넘버]
- 할론 넘버는 C - F - Cl - Br 순으로 매김
- C : 2개, F : 4개, Cl : 0개, Br : 2개
- 할론 2402 : $C_2F_4Br_2$

14 다음 중 수소, 아세틸렌과 같은 가연성 가스가 공기 중 누출되어 연소하는 형식에 가장 가까운 것은?

① 확산연소
② 증발연소
③ 분해연소
④ 표면연소

> **해설**

[연소의 종류와 정의]
- 확산연소 : 수소, 아세틸렌, 메테인, 프로페인 등 가연성 가스와 산소의 혼합가스가 생성되어 연소
- 증발연소 : 파라핀·황·나프탈렌·양초·에터 등의 증발된 증기가 연소
- 분해연소 : 목재·종이·플라스틱·섬유·석탄 등의 열분해로 인한 연소
- 표면연소 : 목탄·코크스·숯·금속·마그네슘·금속분 등이 고체의 표면에서 산소와 만나 연소

15 건조사와 같은 불연성 고체로 가연물을 덮는 것은 어떤 소화에 해당하는가?

① 제거소화   ② 질식소화
③ 냉각소화   ④ 억제소화

> **해설**

[질식소화의 정의]
불연성 고체로 가연물을 덮어 산소를 차단

16 위험물제조소등에 설치하는 고정식의 포소화설비의 기준에서 포헤드방식의 포헤드는 방호대상물의 표면적 몇 [m²]당 1개 이상의 헤드를 설치하여야 하는가?

① 3   ② 9
③ 15   ④ 30

> **해설**

[포헤드방식의 포헤드 설치기준]
9 [m²]당 1개 이상의 헤드 설치

정답 ● 13 ④ 14 ① 15 ② 16 ②

17 소화효과에 대한 설명으로 틀린 것은?

① 기화잠열이 큰 소화약제를 사용할 경우 냉각소화효과를 기대할 수 있다.
② 이산화탄소에 의한 소화는 주로 질식소화로 화재를 진압한다.
③ 할로젠화합물소화약제는 주로 냉각소화를 한다.
④ 분말소화약제는 질식효과와 부촉매효과 등으로 화재를 진압한다.

해설

[소화효과]
할로젠화합물소화효과 : 억제소화(연쇄반응을 억제하여 소화)

18 금속칼륨과 금속나트륨은 어떻게 보관하여야 하는가?

① 공기 중에 노출하여 보관
② 물속에 넣어서 밀봉하여 보관
③ 석유 속에 넣어서 밀봉하여 보관
④ 그늘지고 통풍이 잘되는 곳에 산소 분위기에서 보관

해설

[금속칼륨과 금속나트륨(3류)의 보관]
- 석유 등 보호액 속에 넣어 밀봉하여 보관
- 물기 엄금

19 Mg, Na의 화재에 이산화탄소소화기를 사용하였다. 화재 현장에서 발생되는 현상은?

① 이산화탄소가 부착면을 만들어 질식소화된다.
② 이산화탄소가 방출되어 냉각소화된다.
③ 이산화탄소가 Mg, Na과 반응하여 화재가 확대된다.
④ 부촉매효과에 의해 소화된다.

해설

[이산화탄소소화기의 특징]
$2Mg + CO_2 \rightarrow 2MgO + C$
$Mg + CO_2 \rightarrow MgO + CO$
마그네슘과 이산화탄소가 반응하여 가연물이 생성되고 화재가 확대됨

20 위험물안전관리법령에 따른 스프링클러헤드의 설치방법에 대한 설명으로 옳지 않은 것은?

① 개방형 헤드는 반사판으로부터 하방으로 0.45 [m], 수평 방향으로 0.3 [m] 공간을 보유할 것
② 폐쇄형 헤드는 가연성 물질 수납 부분에 설치 시 반사판으로부터 하방으로 0.9 [m], 수평 방향으로 0.4 [m]의 공간을 확보할 것
③ 폐쇄형 헤드 중 개구부에 설치하는 것은 당해 개구부의 상단으로부터 높이 0.15 [m] 이내의 벽면에 설치할 것

정답 17 ③ 18 ③ 19 ③ 20 ④

④ 폐쇄형 헤드 설치 시 급배기용 덕트의 긴 변의 길이가 1.2 [m]를 초과하는 것이 있는 경우에는 당해 덕트의 윗부분에도 헤드를 설치할 것

해설

[스프링클러헤드의 설치방법]
폐쇄형 헤드 설치 시 급배기용 덕트의 긴 변의 길이가 1.2 [m]를 초과하는 것이 있는 경우에 당해 덕트의 아래 부분에도 헤드를 설치할 것

21 위험물안전관리법령상 위험물 운반 시 차광성이 있는 피복으로 덮지 않아도 되는 것은?

① 제1류 위험물
② 제2류 위험물
③ 제3류 위험물 중 자연발화성 물질
④ 제4류 위험물

해설

[위험물별 피복 유형]

덮개	위험물
차광성	제1류 위험물
	제3류 위험물 중 자연발화성 물질
	제4류 위험물 중 특수인화물
	제5류 위험물
	제6류 위험물
방수성	제1류 위험물 중 알칼리금속과산화물
	제2류 위험물 중 금속분, 철분, 마그네슘
	제3류 위험물 중 금수성 물질

22 적린의 성질에 대한 설명 중 옳지 않은 것은?

① 황린과 성분 원소가 같다.
② 발화온도는 황린보다 낮다.
③ 물, 이황화탄소에 녹지 않는다.
④ 브로민화인에 녹는다.

해설

[적린(2류)의 특징]
• 황린 발화점 : 34 [℃]
• 적린 발화점 : 260 [℃]

23 소화설비의 기준에서 용량이 160 [L]인 팽창질석의 능력단위는?

① 0.5
② 1.0
③ 1.5
④ 2.5

해설

[능력단위]

소화설비	용량 [L]	능력단위
소화전용 물통	8	0.3
수조(물통 3개 포함)	80	1.5
수조(물통 6개 포함)	190	2.5
마른모래(삽 1개 포함)	50	0.5
팽창질석·진주암(삽 1개 포함)	**160**	**1.0**

정답 21 ② 22 ② 23 ②

24 다음 중 위험성이 더욱 증가하는 경우는?

① 황린을 수산화칼슘 수용액에 넣었다.
② 나트륨을 등유 속에 넣었다.
③ 트라이에틸알루미늄 보관용기 내에 가스를 봉입시켰다.
④ 나이트로셀룰로스를 알코올 수용액에 넣었다.

해설

[위험물 위험성 증가하는 경우]
• 황린(3류) : pH 9 물속에 저장
• 수산화칼슘 수용액 저장액에 부적합, 포스핀가스 발생

25 이동탱크저장소에 의한 위험물의 운송 시 준수하여야 하는 기준에서 위험물운송자는 다음 중 어떤 위험물을 운송할 때 위험물안전카드를 휴대하여야 하는가?

① 특수인화물 및 제1석유류
② 알코올류 및 제2석유류
③ 제3석유류 및 동식물류
④ 제4석유류

해설

[특수인화물 운송자의 안전카드 휴대]
• 위험물안전카드를 휴대해야 하는 위험물 : 제4류 위험물 중 특수인화물·제1석유류
• 사고 발생 시 응급조치 및 해당 위험물의 유해성을 파악하기 위해 휴대하여야 함

26 위험물안전관리법령상 행정안전부령으로 정하는 제1류 위험물에 해당하지 않는 것은?

① 과아이오딘산
② 질산구아니딘
③ 차아염소산염류
④ 염소화아이소시아눌산

해설

[제1류 위험물 종류]
• 과산화나트륨, 과산화칼륨, 질산칼륨 등
• 질산구아니딘 : 제5류 위험물

27 위험물안전관리법령의 제3류 위험물 중 금수성 물질에 해당하는 것은?

① 황린
② 적린
③ 마그네슘
④ 칼륨

해설

[위험물의 유별 분류]
• 황린 : 3류(금수성 물질이 아님)
• 적린, 마그네슘 : 2류
• 칼륨 : 3류(금수성 물질)

28 과산화칼륨과 과산화마그네슘이 염산과 각각 반응했을 때 공통으로 나오는 물질의 지정수량은?

① 50 [L]   ② 100 [kg]
③ 300 [kg]   ④ 1000 [L]

정답 ● 24 ①   25 ①   26 ②   27 ④   28 ③

해설

[위험물반응 후 생성물]
- 염산과 반응 시 과산화수소가 발생
- 과산화수소는 제6류 위험물이므로 지정수량은 300 [kg]

29 트라이메틸알루미늄이 물과 반응 시 생성되는 물질은?

① 산화알루미늄
② 메테인
③ 메틸알코올
④ 에테인

해설

[트라이메틸알루미늄(3류)의 반응 후 생성물]
메테인 발생
- $(CH_3)_3Al + 3H_2O \rightarrow Al(OH)_3 + 3CH_4 \uparrow$

30 흑색화약의 원료로 사용되는 위험물의 유별을 옳게 나타낸 것은?

① 제1류, 제2류
② 제1류, 제4류
③ 제2류, 제4류
④ 제4류, 제5류

해설

[흑색화약 원료로 사용되는 위험물의 종류]
- 질산칼륨(KNO_3) : 제1류 위험물
- 황(S) : 제2류 위험물

31 소화난이도등급 I의 옥내저장소에 설치하여야 하는 소화설비에 해당하지 않는 것은?

① 옥외소화전설비
② 연결살수설비
③ 스프링클러설비
④ 물분무소화설비

해설

[소화난이도등급 I의 옥내저장소소화설비]
- 옥외소화전설비
- 스프링클러설비
- 물분무소화설비

보충 연결살수설비는 위험물소화설비가 아님

32 다이에틸에터에 대한 설명으로 옳은 것은?

① 연소하면 아황산가스가 발생하고, 마취제로 사용한다.
② 증기는 공기보다 무거우므로 물속에 보관한다.
③ 에탄올을 진한 황산을 이용해 축합반응을 시켜 제조할 수 있다.
④ 제4류 위험물 중 연소범위가 좁은 편에 속한다.

해설

[다이에틸에터(4류)의 특징]
- 연소 시 이산화탄소와 물을 발생
- 휘발성과 마취성이 있음
- 과산화물의 생성을 위해 갈색 병에 보관
- 연소범위 : 1.9 ~ 48 [%]

정답 29 ② 30 ① 31 ② 32 ③

33 위험물제조소에 설치하는 안전장치 중 위험물의 성질에 따라 안전밸브의 작동이 곤란한 가압설비에 한하여 설치하는 것은?

① 파괴판
② 안전밸브를 병용하는 경보장치
③ 감압 측에 안전밸브를 부착한 감압밸브
④ 연성계

해설

[파괴판]
위험물의 압력이 상승할 우려가 있는 설비에는 압력계 및 안전장치 설치
(1) 자동적으로 압력의 상승을 정지시키는 장치
(2) 감압 측에 안전밸브를 부착한 감압밸브
(3) 안전밸브를 병용하는 경보장치
(4) 파괴판 : 안전밸브의 작동이 곤란한 가압설비에 설치

34 다음 물질 중 제1류 위험물이 아닌 것은?

① Na_2O_2
② $NaClO_3$
③ NH_4ClO_4
④ $HClO_4$

해설

[제1류 위험물의 종류]
- Na_2O_2 : 과산화나트륨
- $NaClO_3$: 염소산나트륨
- NH_4ClO_4 : 과염소산암모늄
- $HClO_4$: 제6류 위험물(과염소산)

35 트라이나이트로톨루엔의 성질에 대한 설명 중 옳지 않은 것은?

① 담황색의 결정이다.
② 폭약으로 사용된다.
③ 자연분해의 위험성이 적어 장기간 저장이 가능하다.
④ 조해성과 흡습성이 매우 크다.

해설

[트라이나이트로톨루엔(5류)의 특징]
물에 녹지 않으므로 조해성 및 흡수성과는 연관이 없음

36 적린의 위험성에 관한 설명 중 옳은 것은?

① 공기 중에 방치하면 폭발한다.
② 산소와 반응하여 포스핀가스가 발생한다.
③ 연소 시 적색의 오산화인이 발생한다.
④ 강산화제와 혼합하면 충격·마찰에 의해 발화할 수 있다.

해설

[적린(2류)의 위험성]
- 비교적 안정하여 공기 중에 방치하여도 자연발화하지 않음
- 연소 시 백색의 오산화인이 발생

37 다음 중 물에 녹고, 물보다 가벼운 물질로 인화점이 가장 낮은 것은?

① 아세톤
② 이황화탄소
③ 벤젠
④ 산화프로필렌

정답 33 ① 34 ④ 35 ④ 36 ④ 37 ④

해설

[인화점]
- 아세톤 : 수용성(인화점 : -18 [℃])
- 이황화탄소 : 비수용성
- 벤젠 : 비수용성
- 산화프로필렌 : 수용성(인화점 : -37 [℃])

38 황의 성질을 설명한 것으로 옳은 것은?

① 전기의 양도체이다.
② 물에 잘 녹는다.
③ 연소하기 어려워 분진폭발의 위험성은 없다.
④ 높은 온도에서 탄소와 반응하여 이황화탄소가 생긴다.

해설

[황(2류)의 특징]
- 전기 부도체로 정전기에 의해 연소할 수 있음
- 물에 녹지 않음
- 분진폭발의 위험이 있음
- 높은 온도에서 탄소와 반응하여 이황화탄소가 발생

39 과산화나트륨이 물과 반응하면 어떤 물질과 산소가 발생하는가?

① 수산화나트륨
② 수산화칼륨
③ 질산나트륨
④ 아염소산나트륨

해설

[과산화나트륨(1류)의 반응 후 생성물]
- $2Na_2O_2 + 2H_2O \rightarrow 4NaOH + O_2 \uparrow$
- 과산화나트륨이 물과 반응하여 수산화나트륨과 산소가 발생

40 과염소산칼륨과 가연성 고체위험물이 혼합되는 것은 위험하다. 그 주된 이유는 무엇인가?

① 전기가 발생하고 자연 가열되기 때문이다.
② 중합반응을 하여 열이 발생되기 때문이다.
③ 혼합하면 과염소산칼륨이 연소하기 쉬운 액체로 변하기 때문이다.
④ 가열, 충격 및 마찰에 의하여 발화·폭발 위험이 높아지기 때문이다.

해설

[과염소산칼륨(1류)의 위험성]
가연성 고체위험물과 혼합 시 가열, 충격 및 마찰에 의하여 발화·폭발의 위험이 높아짐

41 칼륨을 물에 반응시키면 격렬한 반응이 일어난다. 이때 발생하는 기체는 무엇인가?

① 산소
② 수소
③ 질소
④ 이산화탄소

정답 ● 38 ④ 39 ① 40 ④ 41 ②

해설

[칼륨(3류)의 반응 후 생성물]
금속은 물과 반응하여 수소가 발생

42 [보기]에서 설명하는 물질은 무엇인가?

[보기]
- 살균제 및 소독제로도 사용된다.
- 분해할 때 발생하는 발생기산소(O)는 난분해성 유기물질을 산화시킬 수 있다.

① $HClO_4$ ② CH_3OH
③ H_2O_2 ④ H_2SO_4

해설

[과산화수소(6류)의 특징]
- 위 설명은 과산화수소의 특징
- 열, 햇빛에 의해 분해가 촉진됨
- 뚜껑에 작은 구멍을 뚫은 갈색 병에 보관

43 다음 중 발화점이 가장 낮은 것은?

① 이황화탄소   ② 산화프로필렌
③ 휘발유   ④ 메탄올

해설

[발화점]
특수인화물은 1기압에서 발화점이 100 [℃] 이하
- 이황화탄소(4류) : 90 [℃]
- 산화프로필렌(4류) : 449 [℃]
- 휘발유(4류) : 280 ~ 455 [℃]
- 메탄올(4류) : 464 [℃]

44 다음 중 위험물안전관리법령상 위험물제조소와의 안전거리가 가장 먼 것은?

① 「고등교육법」에서 정하는 학교
② 「의료법」에 따른 병원급 의료기관
③ 「고압가스 안전관리법」에 의하여 허가를 받은 고압가스 제조시설
④ 「문화유산법」에 의한 유형문화유산과 기념물 중 지정문화유산

해설

[위험물제조소 안전거리]

구분	거리
사용전압 7000 [V] 초과 35000 [V] 이하 특고압 가공전선	3 [m] 이상
사용전압 35000 [V] 초과의 특고압 가공전선	5 [m] 이상
주거용으로 사용	10 [m] 이상
고압가스 · 액화석유가스 · 도시가스를 저장 취급하는 시설	20 [m] 이상
• 학교 · 병원 · 영화상영관 등 수용인원 300명 이상 • 복지시설 · 어린이집 · 수용인원 20명 이상	30 [m] 이상
유형문화유산 · 지정문화유산	50 [m] 이상

45 [보기]의 위험물 중 비중이 물보다 큰 것은 모두 몇 개인가?

[보기]
과염소산, 과산화수소, 질산

① 0   ② 1
③ 2   ④ 3

정답 ── 42 ③ 43 ① 44 ④ 45 ④

> 해설

[비중]
- 과염소산 : 1.76
- 과산화수소 : 1.465
- 실산 : 1.49

보충 물의 비중 : 1

46 위험물의 품명 분류가 잘못된 것은?

① 제1석유류 : 휘발유
② 제2석유류 : 경유
③ 제3석유류 : 포름산
④ 제4석유류 : 기어유

> 해설

[위험물의 품명 분류]
포름산 : 제2석유류

47 질산칼륨에 대한 설명 중 옳은 것은?

① 유기물 및 강산에 보관할 때 매우 안정하다.
② 열에 안정하여 1000 [℃]가 넘는 고온에서도 분해되지 않는다.
③ 알코올에는 잘 녹으나 물, 글리세린에는 잘 녹지 않는다.
④ 무색무취의 결정 또는 분말로서 화약 원료로 사용된다.

> 해설

[질산칼륨(1류)의 특징]
- 환기가 잘 되는 냉암소에 보관
- 열분해하여 산소를 생성
- 물, 글리세린에 잘 녹으나 알코올에는 잘 녹지 않음
- 무색무취의 결정 또는 분말로서 흑색화약 원료로 사용

48 메틸알코올의 위험성으로 옳지 않은 것은?

① 나트륨과 반응하여 수소기체가 발생한다.
② 휘발성이 강하다.
③ 연소범위가 알코올류 중 가장 좁다.
④ 인화점이 상온(25 [℃])보다 낮다.

> 해설

[메틸알코올(4류)의 위험성]
메틸알코올보다 에틸알코올의 연소범위가 더 좁음

49 위험물안전관리법령상의 위험물 운반에 관한 기준에서 액체위험물은 운반용기 내용적의 몇 [%] 이하의 수납률로 수납하여야 하는가?

① 80
② 85
③ 90
④ 98

정답: 46 ③ 47 ④ 48 ③ 49 ④

해설

[액체위험물의 운반용기 수납률]
(1) 고체위험물 : 운반용기의 내용적 95 [%] 이하의 수납률로 수납
(2) 액체위험물 : 운반용기의 내용적 98 [%] 이하의 수납률로 수납, 55 [℃] 온도에서 누설되지 않도록 충분한 공간 용적을 두어야 함
(3) 알킬알루미늄 : 운반용기 내용적의 90 [%] 이하의 수납률로 수납하되, 50 [℃]의 온도에서 5 [%] 이상의 공간 용적을 유지
(4) 제3류 위험물 중 자연발화성 물질 : 불활성 기체를 봉입하여 밀봉하는 등 공기와 접촉하지 아니하도록 할 것
(5) 원칙적으로는 운반용기를 밀봉하여 수납할 것
(6) 하나의 외장용기에는 다른 종류의 위험물을 수납하지 않을 것

50 위험물제조소의 건축물 구조기준 중 연소의 우려가 있는 외벽은 출입구 외의 개구부가 없는 내화구조의 벽으로 하여야 한다. 이때 연소의 우려가 있는 외벽은 제조소가 설치된 부지의 경계선에서 몇 [m] 이내에 있는 외벽을 말하는가? (단, 단층 건물일 경우이다)

① 3 ② 4
③ 5 ④ 6

해설

[위험물제조소 외벽 경계선]
- 연소의 우려가 있는 외벽은 출입구 이외의 개구부가 없는 내화구조의 벽으로 함
- 연소의 우려가 있는 외벽은 제조소가 설치된 부지의 경계선에서 3 [m] 이내에 있는 외벽(단층 건물일 경우)

51 다음 중 위험물안전관리법령에서 정한 제3류 위험물 금수성 물질의 소화설비로 적응성이 있는 것은?

① 이산화탄소소화설비
② 할로젠화합물소화설비
③ 인산염류등 분말소화설비
④ 탄산수소염류등 분말소화설비

해설

[제3류 위험물의 소화설비]
- 마른모래 · 팽창질석 · 팽창진주암
- 탄산수소염류분말

52 아세톤 성질에 대한 설명으로 옳은 것은?

① 자연발화성 때문에 유기용제로 사용할 수 없다.
② 무색무취이고, 겨울철에 쉽게 응고된다.
③ 증기비중은 약 0.79이고, 아이오딘포름반응을 한다.
④ 물에 잘 녹으며, 끓는점이 60 [℃]보다 낮다.

해설

[아세톤(4류)의 특징]
- 인화성 액체이며, 휘발성이 있음
- 겨울철에 인화할 가능성이 있음
- 증기비중 : 2
- 물에 잘 녹고, 끓는점이 60 [℃]보다 낮음

정답 ● 50 ① 51 ④ 52 ④

53 다음 중 위험물안전관리법령상 제6류 위험물에 해당하는 것은?

① 황산
② 염산
③ 질산염류
④ 할로젠간화합물

해설

[제6류 위험물의 종류]
- 질산
- 과산화수소
- 과염소산
- 할로젠간화합물
- 황산과 염산은 비위험물
- 질산염류는 제1류 위험물

54 위험물안전관리법령상 품명이 금속분에 해당하는 것은? (단, 150 [μm]의 체를 통과하는 것이 50 [wt%] 이상인 경우이다)

① 니켈분
② 마그네슘분
③ 알루미늄분
④ 구리분

해설

[금속분(2류)의 종류]
구리분(Cu), 니켈분(Ni)을 제외하고 150 [μm]의 체를 통과하는 것이 50 [wt%] 이상(Al, Zn, Sb)

55 위험물안전관리법령상 제2류 위험물의 위험등급에 대한 설명으로 옳은 것은?

① 제2류 위험물은 위험등급 I에 해당되는 품명이 없다.
② 제2류 위험물은 위험등급 III에 해당되는 품명은 지정수량이 500 [kg]인 품명만 해당된다.
③ 제2류 위험물 중 황화인, 적린, 황 등 지정수량이 100 [kg]인 품명은 위험등급 I에 해당한다.
④ 제2류 위험물 중 지정수량이 1000 [kg]인 인화성 고체는 위험등급 II에 해당한다.

해설

[제2류 위험물의 특징]
- 위험등급 I에 해당되는 품명이 없음
- 위험등급 III에 해당하는 지정수량은 1000 [kg]
- 황화인, 적린, 황 : 위험등급 II

56 제5류 위험물 중 유기과산화물 30 [kg]과 하이드록실아민 500 [kg]을 함께 보관하는 경우 지정수량의 몇 배인가? (단, 유기과산화물은 제1종, 하이드록실아민은 제2종으로 가정한다)

① 3배
② 8배
③ 10배
④ 18배

정답 53 ④ 54 ③ 55 ① 56 ②

해설

[지정수량]
- 유기과산화물 : 10 [kg]
- 하이드록실아민 : 100 [kg]
- 지정수량 = (30 / 10) + (500 / 100) = 8

57 질산이 직사일광에 노출될 때 어떻게 되는가?

① 분해되지는 않으나 붉은 색으로 변한다.
② 분해되지는 않으나 녹색으로 변한다.
③ 분해되어 질소가 발생한다.
④ 분해되어 이산화질소가 발생한다.

해설

[질산(6류)이 직사일광에 노출 시]
분해되어 이산화질소가 발생
$4HNO_3 \rightarrow 2H_2O + 4NO_2\uparrow + O_2\uparrow$

58 위험물 저장탱크의 공간용적은 탱크 내용적의 얼마 이상, 얼마 이하로 하는가?

① 2/100 이상, 3/100 이하
② 2/100 이상, 5/100 이하
③ 5/100 이상, 10/100 이하
④ 10/100 이상, 20/100 이하

해설

[위험물 저장탱크의 내용적]
5/100 이상, 10/100 이하

59 칼륨이 에틸알코올과 반응할 때 나타나는 현상은?

① 산소가스를 생성한다.
② 칼륨에틸레이트를 생성한다.
③ 칼륨과 물이 반응할 때와 동일한 생성물이 나온다.
④ 에틸알코올이 산화되어 아세트알데하이드를 생성한다.

해설

[칼륨(3류)의 반응 시 생성물]
- $2K + 2C_2H_5OH \rightarrow \underline{2C_2H_5OK} + H_2\uparrow$
- 칼륨은 에틸알코올과 반응하여 칼륨에틸레이트와 수소를 생성

60 지정수량 20배의 알코올류를 저장하는 옥외탱크저장소의 경우 펌프실 외의 장소에 설치하는 펌프설비의 기준으로 옳지 않은 것은?

① 펌프설비 주위에는 3 [m] 이상의 공지를 보유한다.
② 펌프설비 그 직하의 지반면 주위에 높이 0.15 [m] 이상의 턱을 만든다.
③ 펌프설비 그 직하의 지반면의 최저부에는 집유설비를 만든다.
④ 집유설비에는 위험물이 배수구에 유입되지 않도록 유분리장치를 만든다.

해설

[지정수량 20배의 알코올류 저장 시 펌프의 설비기준]
유분리장치는 설치 대상이 아님

정답 57 ④ 58 ③ 59 ② 60 ④

2015 제2회

01 위험물안전관리법령상 제3류 위험물의 금수성 물질화재 시 적응성이 있는 소화약제는?

① 탄산수소염류분말
② 물
③ 이산화탄소
④ 할로젠간화합물

해설
[제3류 위험물의 금수성 물질소화약제]
- 마른모래 · 팽창질석 · 팽창진주암
- 탄산수소염류분말

02 할론 1301의 증기비중은? (단, 불소의 원자량은 19, 브로민의 원자량은 80, 염소의 원자량은 35.5이고 공기의 분자량은 29이다)

① 2.14
② 4.15
③ 5.14
④ 6.15

해설
[할론 1301의 증기비중]
- C : 1개, F : 3개, Cl : 0개, Br : 1개
- $\dfrac{12+(19\times 3)+80}{29} = 5.137$

03 다음 중 물이 소화약제로 쓰이는 이유로 가장 거리가 먼 것은?

① 쉽게 구할 수 있다.
② 제거소화가 잘 된다.
③ 취급이 간편하다.
④ 기화잠열이 크다.

해설
[물소화약제의 특징]
냉각소화가 잘 됨

04 위험물안전관리법령에 따라 다음 ( ) 안에 알맞은 용어는?

> 주유취급소 중 건축물의 2층 이상의 부분을 점포·휴게음식점 또는 전시장의 용도로 사용하는 것에 있어서는 당해 건축물의 2층 이상으로부터 주유취급소의 부지 밖으로 통하는 출입구와 당해 출입구로 통하는 통로·계단 및 출입구에 ( )을/를 설치하여야 한다.

① 피난사다리
② 경보기
③ 유도등
④ CCTV

해설
[유도등 설치기준]
출입구, 피난구, 통로·계단에 유도등을 설치

정답 01 ① 02 ③ 03 ② 04 ③

05 나이트로셀룰로스의 저장·취급방법으로 틀린 것은?

① 직사광선을 피해 저장한다.
② 되도록 장기간 보관하여 안정화된 후에 사용한다.
③ 유기과산화물류, 강산화제와의 접촉을 피한다.
④ 건조 상태에 이르면 위험하므로 습한 상태를 유지한다.

해설
[나이트로셀룰로스(5류)의 취급법]
장기간 보관 시 분해·폭발의 위험이 큼

06 위험물안전관리법령상 간이탱크저장소에 대한 설명 중 틀린 것은?

① 간이저장탱크의 용량은 600리터 이하여야 한다.
② 하나의 간이탱크저장소에 설치하는 간이저장탱크는 5개 이하여야 한다.
③ 간이저장탱크는 두께 3.2 [mm] 이상의 강판으로 흠이 없도록 제작하여야 한다.
④ 간이저장탱크는 70 [kPa]의 압력으로 10분간 수압시험을 실시하여 물이 새거나 변형되지 않아야 한다.

해설
[간이탱크저장소의 설치기준]
하나의 간이탱크저장소에 설치하는 간이저장탱크는 3개 이하

07 위험물안전관리법령상 전기설비에 적응성이 없는 소화설비는?

① 포소화설비
② 이산화탄소소화설비
③ 할로젠화합물소화설비
④ 물분무소화설비

해설
[전기설비에 적응성이 없는 소화설비]
포소화설비는 물에 의한 소화방법으로 진압이 힘든 인화성 액체 등을 효과적으로 진압하기 위한 설비로 전기설비에는 적응성이 없음

08 제5류 위험물의 화재 시 적응성이 있는 소화설비는?

① 분말소화설비
② 할로젠화합물소화설비
③ 물분무소화설비
④ 이산화탄소소화설비

해설
[제5류 위험물의 소화]
5류 위험물은 산소공급원을 포함하고 있어 질식소화에 적응성이 없으므로 냉각소화하여야 함

09 가연성 물질과 주된 연소 형태의 연결이 틀린 것은?

① 종이, 섬유 - 분해연소
② 셀룰로이드, TNT - 자기연소
③ 목재, 석탄 - 표면연소
④ 황, 알코올 - 증발연소

정답 05 ② 06 ② 07 ① 08 ③ 09 ③

해설

[연소 형태]
(1) 표면연소 : 목탄(숯)·코크스·금속·마그네슘·금속분 등이 고체의 표면에서 산소와 만나 연소
(2) 분해연소 : 목재·종이·플라스틱·섬유·석탄 등의 열분해로 인한 연소
(3) 자기연소 : 제5류 위험물 등 산소공급원을 포함하고 있는 물질이 스스로 연소
(4) 증발연소 : 파라핀·황·나프탈렌·양초·에터 등이 증발한 증기가 연소

10 20 [℃]의 물 100 [kg]이 100 [℃]의 수증기로 증발하면 몇 [kcal]의 열량을 흡수할 수 있는가? (단, 물의 증발잠열은 540 [kcal/kg]이다)

① 540　　② 7800
③ 62000　④ 108000

해설

[열량 계산]
- $Q = Cm\Delta t$(현열) + γm(잠열)
- 열량 = 1 × 100 × (100 - 20) + 540 × 100
  = 62000 [kcal]

11 식용유화재 시 제1종 분말소화약제를 이용하여 화재의 제어가 가능하다. 이때의 소화 원리에 가장 가까운 것은?

① 촉매효과에 의한 질식소화
② 비누화반응에 의한 질식소화
③ 아이오딘화에 의한 냉각소화
④ 가수분해반응에 의한 냉각소화

해설

[탄산수소나트륨소화약제의 소화 원리]
비누화반응을 일으켜 발생한 포가 질식소화작용을 함

TIP 제1종 분말소화약제 : 탄산수소나트륨

12 물과 접촉하면 열과 산소가 발생하는 것은?

① $NaClO_2$　② $NaClO_3$
③ $KMnO_4$　④ Na_2O_2

해설

[과산화나트륨(Na_2O_2)의 반응 후 생성물]
무기과산화물은 물과 반응 후 열과 산소를 생성

13 B, C급 화재뿐만 아니라 A급 화재까지도 사용이 가능한 분말소화약제는?

① 제1종 분말소화약제
② 제2종 분말소화약제
③ 제3종 분말소화약제
④ 제4종 분말소화약제

해설

[화재별 소화약제]

소화약제	명칭	적응화재	분말색
제1종	탄산수소나트륨	BC	백색
제2종	탄산수소칼륨	BC	보라색
제3종	인산암모늄	ABC	담홍색
제4종	탄산수소칼륨과 요소반응물	BC	회색

정답 10 ③　11 ②　12 ④　13 ③

14 유류화재 시 발생하는 이상현상인 보일오버(Boil Over)의 방지 대책으로 가장 거리가 먼 것은?

① 탱크하부에 배수관을 설치하여 탱크 저면의 수층을 방지한다.
② 적당한 시기에 모래나 팽창질석, 비등석을 넣어 불의 과열을 방지한다.
③ 냉각수를 대량 첨가하여 유류와 물의 과열을 방지한다.
④ 탱크 내용물의 기계적 교반을 통하여 에멀젼 상태로 만들고 수층 형성을 방지한다.

해설

[보일오버방지 대책]
- 건조사로 과열방지
- 유류화재는 냉각수 대량 첨가 시 폭발

15 위험물안전관리법에서 정한 정전기를 유효하게 제거할 수 있는 방법에 해당하지 않는 것은?

① 위험물 이송 시 배관 내 유속을 빠르게 하는 방법
② 공기를 이온화하는 방법
③ 접지에 의한 방법
④ 공기 중의 상대습도를 70 [%] 이상으로 하는 방법

해설

[정전기 제거 조건]
- 접지에 의한 방법
- 공기를 이온화하는 방법
- 공기 중의 상대습도를 70 [%] 이상으로 함
- 느린 유속으로 흐를 때(마찰 감소)

16 위험물안전관리법령에서 정한 자동화재탐지설비에 대한 기준으로 틀린 것은? (단, 원칙적인 경우에 한한다)

① 경계구역은 건축물 그 밖의 공작물의 2 이상의 층에 걸치지 아니하도록 할 것
② 하나의 경계구역의 면적은 600 [m^2] 이하로 할 것
③ 하나의 경계구역의 한 변 길이는 30 [m] 이하로 할 것
④ 자동화재탐지설비에는 비상전원을 설치할 것

해설

[자동화재탐지설비기준]
① 경계구역은 건축물 그 밖의 공작물의 2 이상의 층에 걸치지 아니할 것
② 하나의 경계구역의 면적이 500 [m^2] 이하이면서 당해 경계구역이 두 개의 층에 걸치는 경우이거나 계단·경사로·승강기의 승강로, 그 밖에 이와 유사한 장소에 연기감지기를 설치하는 경우엔 그러지 아니함
③ 하나의 경계구역은 면적이 600 [m^2] 이하이며, 한 변의 길이는 50 [m](광전식 분리형 감지기를 설치할 경우는 100 [m]) 이하로 할 것
④ 주요 출입구에서 그 내부의 전체를 볼 수 있는 경우에는 1000 [m^2] 이하
⑤ 감지기는 지붕 또는 벽의 옥내에 면한 부분에 유효하게 화재의 발생을 감지할 수 있도록 설치
⑥ 비상전원 설치

정답 14 ③ 15 ① 16 ③

17 소화약제로 사용할 수 없는 물질은?

① 이산화탄소
② 제1인산암모늄
③ 탄산수소나트륨
④ 브로민산암모늄

해설
[화재별 소화약제]
브로민산암모늄은 제1류 위험물임

18 다음 중 산화성 물질이 아닌 것은?

① 무기과산화물
② 과염소산
③ 질산염류
④ 마그네슘

해설
[산화성 물질이 아닌 것]
마그네슘 : 제2류 위험물

보충 제2류 위험물은 가연성 고체

19 위험물제조소에서 국소방식 배출설비의 배출 능력은 1시간당 배출장소 용적의 몇 배 이상인 것으로 하여야 하는가?

① 5
② 10
③ 15
④ 20

해설
[국소방식 배출설비의 배출장소]
배출 능력은 1시간당 배출장소 용적의 20배 이상인 것

20 다음 중 가연물이 고체 덩어리보다 분말일 때 위험성이 큰 이유로 가장 옳은 것은?

① 공기와 접촉 면적이 크기 때문이다.
② 열전도율이 크기 때문이다.
③ 흡열반응을 하기 때문이다.
④ 활성화에너지가 크기 때문이다.

해설
[가연물이 분말일 때 더 위험한 이유]
공기와 접촉 면적이 커져 폭발의 위험이 커짐

21 위험물안전관리법령상 옥내저장탱크와 탱크전용실의 벽과의 사이 및 옥내저장탱크의 상호 간에는 몇 [m] 이상의 간격을 유지하여야 하는가?

① 0.5
② 1
③ 1.5
④ 2

해설
[옥내저장탱크의 벽 사이 간격]
옥내저장탱크 사이는 0.5 [m] 이상 간격 유지

정답 17 ④ 18 ④ 19 ④ 20 ① 21 ①

22 위험물안전관리법령상 지정수량 10배 이상의 위험물을 저장하는 제조소에 설치하여야 하는 경보설비의 종류가 아닌 것은?

① 자동화재탐지설비
② 자동화재속보설비
③ 휴대용 확성기
④ 비상방송설비

해설
[지정수량 10배 이상 위험물의 경보설비]
- 자동화재탐지설비
- 휴대용 확성기
- 비상방송설비
- 확성장치

23 위험물안전관리법령상 특수인화물의 정의에 관한 내용이다. ( )에 알맞은 수치를 차례대로 나타낸 것은?

"특수인화물"이라 함은 이황화탄소, 다이에틸에터, 그 밖에 1기압에서 발화점이 섭씨 ( )도 이하인 것 또는 인화점이 섭씨 영하 ( )도 이하이고, 비점이 섭씨 40도 이하인 것을 말한다.

① 40, 20   ② 20, 40
③ 100, 20   ④ 100, 40

해설
[특수인화물의 정의]
- 발화점 : 100 [℃] 이하
- 인화점 : -20 [℃] 이하

24 위험물에 대한 설명으로 틀린 것은?

① 적린은 연소하면 유독성 물질이 발생한다.
② 마그네슘은 연소하면 가연성 수소가스가 발생한다.
③ 황은 분진폭발의 위험이 있다.
④ 황화인에는 P_4S_3, P_2S_5, P_4S_7 등이 있다.

해설
[위험물의 특징]
마그네슘연소 시 산화마그네슘 생성

25 「자동화재탐지설비 일반 점검표」의 점검 내용이 "변형·손상의 유무, 표시의 적부, 경계구역 일람도의 적부, 기능의 적부"인 점검 항목은?

① 감지기   ② 중계기
③ 수신기   ④ 발신기

해설
[수신기 정의]
변형·손상의 유무, 표시의 적부, 경계구역 일람도의 적부, 기능의 적부 점검

26 벤조일퍼옥사이드에 대한 설명으로 틀린 것은?

① 무색, 무취의 투명한 액체이다.
② 가급적 소분하여 저장한다.
③ 제5류 위험물에 해당한다.
④ 품명은 유기과산화물이다.

정답 22 ② 23 ③ 24 ② 25 ③ 26 ①

해설

[벤조일퍼옥사이드(5류)의 특징]
결정형태의 고체

27 다음 위험물의 지정수량 배수의 총합은 얼마인가?

질산 150 [kg], 과산화수소 420 [kg], 과염소산 300 [kg]

① 2.5
② 2.9
③ 3.4
④ 3.9

해설

[제6류 위험물의 지정수량]
- 질산, 과산화수소, 과염소산(6류) : 300 [kg]
- 지정수량 $\frac{150}{300} + \frac{420}{300} + \frac{300}{300} = 2.9$

28 제4류 위험물의 옥외저장탱크에 설치하는 밸브 없는 통기관은 직경이 얼마 이상인 것으로 설치해야 하는가? (단, 압력탱크는 제외한다)

① 10 [mm]
② 20 [mm]
③ 30 [mm]
④ 40 [mm]

해설

[옥외저장탱크의 통기관 설치기준]
직경 30 [mm] 이상

29 2가지 물질을 섞었을 때 수소가 발생하는 것은?

① 칼륨과 에탄올
② 과산화마그네슘과 염화수소
③ 과산화칼륨과 탄산가스
④ 오황화인과 물

해설

[칼륨(3류)과 에탄올의 반응 후 생성물]
- $2K + 2C_2H_5OH \rightarrow 2C_2H_5OK + H_2\uparrow$
- 칼륨과 에탄올이 반응하여 칼륨에틸레이트와 수소를 생성

30 위험물안전관리법령상 운송책임자의 감독·지원을 받아 운송하여야 하는 위험물은?

① 알킬리튬
② 과산화수소
③ 가솔린
④ 경유

해설

[운송책임자의 감독, 지원 받아 운송하는 위험물]
(1) 알킬리튬
(2) 알킬알루미늄
(3) 알킬알루미늄·알킬리튬 함유하는 위험물

정답 27 ② 28 ③ 29 ① 30 ①

31 위험물안전관리법령상 그림과 같이 횡으로 설치한 원형탱크의 용량은 약 몇 [m³]인가? (단, 공간용적은 내용적의 10/100 이다)

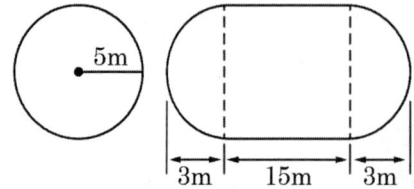

① 1690.95　② 1335.12
③ 1268.46　④ 1201.05

> 해설

[위험물 저장탱크 용량]

$V = \pi r^2 (l + \dfrac{l_1 + l_2}{3})(1 - 공간용적)$

= 원주면적 × (가운데 체적길이 + 양끝 체적 길이의 합 / 3) × (1 - 공간용적)
= 3.14 × 5² × (15 + 2) × (1 - 0.1)
= 1201.05 [m³]

32 위험물안전관리법령상 제1류 위험물의 질산염류가 아닌 것은?

① 질산은　② 질산암모늄
③ 질산섬유소　④ 질산나트륨

> 해설

[제1류 위험물 종류]
- 제1류 위험물 질산염류 : 질산은, 질산암모늄, 질산나트륨
- 제5류 위험물 질산에스터류 : 질산섬유소(나이트로셀룰로스)

33 위험물안전관리법령에서 정한 메틸알코올의 지정수량을 [kg] 단위로 환산하면 얼마인가? (단, 메틸알코올의 비중은 0.8 이다)

① 200　② 320
③ 400　④ 450

> 해설

[메틸알코올(4류)의 지정수량]
- 지정수량 : 400 [L]
- 질량 = 0.8 × 400 = 320 [kg]

34 페놀을 황산과 질산의 혼산으로 나이트로화하여 제조하는 제5류 위험물은?

① 아세트산
② 피크르산
③ 나이트로글리콜
④ 질산에틸

> 해설

[페놀을 제조하는 위험물]
피크르산(트라이나이트로페놀)
　　보충 황산과 질산 혼합 후 나이트로화하여 제조

35 위험물안전관리법령상 위험등급 I의 위험물에 해당하는 것은?

① 무기과산화물
② 황화인, 적린, 황
③ 제1석유류
④ 알코올류

정답　31 ④　32 ③　33 ②　34 ②　35 ①

해설

[위험등급]
- 무기과산화물 : I(1류)
- 황화인, 적린, 황 : II(2류)
- 제1석유류 : II(4류)
- 알코올류 : II(4류)

36 [보기]에서 나열한 위험물의 공통 성질을 옳게 설명한 것은?

[보기]
나트륨, 황린, 트라이에틸알루미늄

① 상온, 상압에서 고체의 형태를 나타낸다.
② 상온, 상압에서 액체의 형태를 나타낸다.
③ 금수성 물질이다.
④ 자연발화의 위험이 있다.

해설

[제3류 위험물 특징]
- [보기]의 위험물은 제3류 위험물
- 자연발화의 위험이 있음

37 금속염을 불꽃반응 실험을 한 결과 노란색의 불꽃이 나타났다. 이 금속염에 포함된 금속은 무엇인가?

① Cu
② K
③ Na
④ Li

해설

[불꽃반응색]
① 청록색
② 보라색
③ 노란색
④ 빨간색

38 위험물안전관리법령상 제3류 위험물에 해당하지 않는 것은?

① 적린
② 나트륨
③ 칼륨
④ 황린

해설

[제3류 위험물 종류]
- 나트륨, 칼륨, 황린 등
- 제2류 위험물 : 적린

39 산화성 액체 질산 분자식으로 옳은 것은?

① HNO_2
② HNO_3
③ NO_2
④ NO_3

해설

[질산(6류)의 분자식]
① 아질산
② 질산
③ 이산화질소
④ 질산기

정답 ● 36 ④   37 ③   38 ①   39 ②

40 위험물안전관리법령상 제4류 위험물 운반용기의 외부에 표시해야 하는 사항이 아닌 것은?

① 규정에 의한 주의사항
② 위험물의 품명 및 위험등급
③ 위험물의 관리자 및 지정수량
④ 위험물의 화학명

해설

[제4류 위험물의 운반용기 외부 표시]
• 규정에 의한 주의사항
• 위험물의 품명 및 위험등급
• 위험물 수량
• 위험물의 화학명

41 위험물안전관리법령상 혼재할 수 없는 위험물은? (단, 위험물은 지정수량의 1/10을 초과하는 경우이다)

① 적린과 황린
② 질산염류와 질산
③ 칼륨과 특수인화물
④ 유기과산화물과 황

해설

[위험물 혼재기준]
적린(2류), 황린(3류) 혼재 불가

보충 혼재 가능 위험물

1↓	6		혼재 가능
2↓	5↑	4	혼재 가능
3→	4↑		혼재 가능

암 1 2 3 4 5 6 적은 후 4 추가

42 제4류 위험물을 저장 및 취급하는 위험물제조소에 설치한 "화기엄금" 게시판의 색상으로 올바른 것은?

① 적색 바탕에 흑색 문자
② 흑색 바탕에 적색 문자
③ 백색 바탕에 적색 문자
④ 적색 바탕에 백색 문자

해설

[화기엄금 색상]
적색 바탕에 백색 문자

43 위험물안전관리법령에 의한 위험물에 속하지 않는 것은?

① CaC_2 ② S
③ P_2O_5 ④ K

해설

[위험물에 속하지 않는 것]
• 오산화인(P_2O_5) : 적린, 황린의 연소생성물
• 오산화인은 위험물이 아님

44 과염소산암모늄에 대한 설명으로 옳은 것은?

① 물에 용해되지 않는다.
② 청록색의 침상결정이다.
③ 130 [℃]에서 분해하기 시작하여 CO_2 가스를 방출한다.
④ 아세톤, 알코올에 용해된다.

해설

[과염소산암모늄(1류)의 특징]
물, 아세톤, 알코올에 잘 용해됨

45 위험물안전관리법령에서 정한 아세트알데하이드등을 취급하는 제조소의 특례에 관한 내용이다. ( ) 안에 해당하는 물질이 아닌 것은?

> 아세트알데하이드등을 취급하는 설비는 ( ), ( ), ( ), ( ) 또는 이들을 성분으로 하는 합금으로 만들지 아니할 것

① 동 ② 은
③ 금 ④ 마그네슘

해설

[아세트알데하이드등 취급설비]
아세트알데하이드등을 취급하는 설비는 <u>동, 은, 수은, 마그네슘</u> 또는 이들을 성분으로 하는 합금으로 만들지 아니한 것

46 벤젠(C_6H_6)의 일반 성질로서 틀린 것은?

① 휘발성이 강한 액체이다.
② 인화점은 가솔린보다 낮다.
③ 물에 녹지 않는다.
④ 화학적으로 공명구조를 이루고 있다.

해설

[벤젠(4류)의 특징]
- 인화점 : -11 [℃]
- 가솔린 인화점 : -43 ~ -20 [℃]

47 휘발유의 일반적인 성질에 관한 설명으로 틀린 것은?

① 인화점이 0 [℃]보다 낮다.
② 위험물안전관리법령상 제1석유류에 해당한다.
③ 전기에 대해 비전도성 물질이다.
④ 순수한 것은 청색이나 안전을 위해 검은색으로 착색해서 사용해야 한다.

해설

[휘발유(4류)의 특징]
공업용은 무색이고, 소비자용은 일반적으로 노란색으로 착색함

48 다음 반응식과 같이 벤젠 1 [kg]이 연소할 때 발생되는 CO_2의 양은 약 몇 [m³]인가? (단, 27 [℃], 750 [mmHg] 기준이다)

① 0.72
② 1.22
③ 1.92
④ 2.42

해설

[벤젠(4류)의 반응 후 생성물]
- $2C_6H_6 + 15O_2 \rightarrow 12CO_2 + 6H_2O$
- $PV = \dfrac{WRT}{M}$
- $V = \dfrac{1 \times 0.082 \times (273+27)}{\dfrac{750}{760} \times 78} \times 6$

　= 1.917 [m³]

정답 45 ③ 46 ② 47 ④ 48 ③

49 등유에 관한 설명으로 틀린 것은?

① 물보다 가볍다.
② 녹는점은 상온보다 높다
③ 발화점은 상온보다 높다
④ 증기는 공기보다 무겁다.

해설
[등유(4류)의 특징]
녹는점은 <u>상온보다 낮음</u>

50 톨루엔에 대한 설명으로 틀린 것은?

① 휘발성이 있고 가연성 액체이다.
② 증기는 마취성이 있다.
③ 알코올, 에터, 벤젠 등과 잘 섞인다.
④ 노란색 액체로 냄새가 없다.

해설
[톨루엔(4류)의 특징]
<u>무색투명한 액체</u>

51 다이에틸에터의 성질에 대한 설명으로 옳은 것은?

① 발화온도는 400 [℃]이다.
② 증기는 공기보다 가볍고, 액상은 물보다 무겁다.
③ 알코올에 용해되지 않지만 물에 잘 녹는다.
④ 연소범위는 1.9 ~ 48 [%] 정도이다.

해설
[다이에틸에터(4류)의 특징]
• 발화온도 160 [℃]
• 증기는 공기보다 무거움
• 알코올에 용해
• 연소범위 : 1.9 ~ 48 [%]

52 과산화수소의 성질에 대한 설명으로 옳지 않은 것은?

① 산화성이 강한 무색투명한 액체이다.
② 위험물안전관리법령상 일정 비중 이상일 때 위험물로 취급한다.
③ 가열에 의해 분해하면 산소가 발생한다.
④ 소독약으로 사용할 수 있다.

해설
[과산화수소(6류)의 특징]
농도 36 [wt%] 이상부터 위험물

53 위험물안전관리법령상 해당하는 품명이 나머지 셋과 다른 것은?

① 트라이나이트로페놀
② 트라이나이트로톨루엔
③ 나이트로셀룰로스
④ 테트릴

정답 49 ② 50 ④ 51 ④ 52 ② 53 ③

해설

[제5류 위험물의 종류]

품명	위험물	상태
질산에스터류	질산메틸 질산에틸 나이트로글리콜 나이트로글리세린	액체
	나이트로셀룰로스	고체
나이트로화합물	트라이나이트로톨루엔 트라이나이트로페놀 다이나이트로벤젠 테트릴	고체

54 다음 물질 중 인화점이 가장 낮은 것은?

① CH_3COCH_3
② $C_2H_5OC_2H_5$
③ $CH_3(CH_2)_3OH$
④ CH_3OH

해설

[인화점]
- 아세톤(제1석유류) - CH_3COCH_3 : -18 [℃]
- 다이에틸에터(특수인화물) - $C_2H_5OC_2H_5$ 45 [℃]
- 부틸알코올(제2석유류) - $CH_3(CH_2)_3OH$ 35 [℃]
- 메틸알코올(알코올류) - CH_3OH : 11 [℃]

55 위험물의 품명과 지정수량이 잘못 짝지어진 것은?

① 황화인 : 50 [kg]
② 마그네슘 : 500 [kg]
③ 알킬알루미늄 : 10 [kg]
④ 황린 : 20 [kg]

해설

[지정수량]
황화인 : 100 [kg]

56 질산과 과염소산의 공통 성질에 해당하지 않는 것은?

① 산소를 함유하고 있다.
② 불연성 물질이다.
③ 강산이다.
④ 비점이 상온보다 낮다.

해설

[질산과 과염소산(6류)의 공통점]
비점이 상온보다 높음

57 나이트로셀룰로스의 안전한 지장을 위해 사용하는 물질은?

① 페놀
② 황산
③ 에탄올
④ 아닐린

정답 54 ② 55 ① 56 ④ 57 ③

해설

[나이트로셀룰로스(5류)의 저장 물질]
건조한 상태에서 자연발화의 위험이 있으므로 에탄올에 저장

58 다음 중 위험물안전관리법령에 따라 정한 지정수량이 나머지 셋과 다른 것은?

① 황화인
② 적린
③ 황
④ 철분

해설

[지정수량]
- 황화인, 적린, 황 : 100 [kg]
- 철분 : 500 [kg]

59 다음 중 1분자 내에 포함된 탄소의 수가 가장 많은 것은?

① 아세톤
② 톨루엔
③ 아세트산
④ 이황화탄소

해설

[탄소의 수]
- 아세톤(CH_3COCH_3) : 3개
- 톨루엔($C_6H_5CH_3$) : 7개
- 아세트산(CH_3COOH) : 2개
- 이황화탄소(CS_2) : 1개

60 다음 물질 중 위험물 유별에 따른 구분이 나머지 셋과 다른 하나는?

① 질산은
② 질산메틸
③ 무수크로뮴산
④ 질산암모늄

해설

[위험물의 유별 구분]
- 제1류 위험물 : 질산은, 무수크로뮴산(삼산화크로뮴), 질산암모늄
- 제5류 위험물 : 질산메틸

정답 ● 58 ④ 59 ② 60 ②

2015 제3회

01 제5류 위험물을 저장 또는 취급하는 장소에 적응성이 있는 소화설비는?

① 포소화설비
② 분말소화설비
③ 이산화탄소소화설비
④ 할로젠화합물소화설비

해설
[제5류 위험물의 소화설비]
주로 냉각소화를 이용

02 제3류 위험물 중 금수성 물질에 적응성이 있는 소화설비는?

① 할로젠화합물소화설비
② 포소화설비
③ 이산화탄소소화설비
④ 탄산수소염류 분말소화설비

해설
[제3류 위험물 금수성 물질의 소화설비]
- 마른모래 · 팽창질석 · 팽창진주암
- 탄산수소염류분말

03 위험물안전관리법령상 경보설비로 자동화재탐지설비를 설치해야 할 위험물제조소의 규모의 기준에 대한 설명으로 옳은 것은?

① 연면적 500 [m^2] 이상인 것
② 연면적 1000 [m^2] 이상인 것
③ 연면적 1500 [m^2] 이상인 것
④ 연면적 2000 [m^2] 이상인 것

해설
[위험물제조소의 자동화재탐지설비 설치기준]
연면적 500 [m^2] 이상인 것

04 피난설비를 설치하여야 하는 위험물제조소등에 해당하는 것은?

① 건축물의 2층 부분을 자동차 정비소로 사용하는 주유취급소
② 건축물의 2층 부분을 전시장으로 사용하는 주유취급소
③ 건축물의 1층 부분을 주유사무소로 사용하는 주유취급소
④ 건축물의 1층 부분을 관계자의 주거시설로 사용하는 주유취급소

해설
[피난설비 설치]
건축물의 2층 부분을 전시장으로 사용하는 주유취급소

정답 ● 01 ① 02 ④ 03 ① 04 ②

05 위험물안전관리법령에서 정한 탱크안전성능검사의 구분에 해당하지 않는 것은?

① 기초·지반검사
② 충수·수압검사
③ 용접부검사
④ 배관검사

해설

[탱크안전성능검사]
- 암반탱크검사
- 기초·지반검사
- 충수·수압검사
- 용접부검사

06 과산화나트륨의 화재 시 물을 사용한 소화가 위험한 이유는?

① 수소와 열을 발생하므로
② 산소와 열을 발생하므로
③ 수소가 발생하고 이 가스가 폭발적으로 연소하므로
④ 산소가 발생하고 이 가스가 폭발적으로 연소하므로

해설

[과산화나트륨(1류) 주수소화 금지 이유]
물과 반응 시 열과 산소가 발생

07 $NH_4H_2PO_4$이 열분해하여 생성되는 물질 중 암모니아와 수증기의 부피 비율은?

① 1 : 1
② 1 : 2
③ 2 : 1
④ 3 : 2

해설

[인산암모늄 열분해 후 생성물 비율]
- $NH_4H_2PO_4 \rightarrow HPO_3 + NH_3\uparrow + H_2O\uparrow$
- 암모니아 : 수증기 = 1 : 1

08 제6류 위험물을 저장하는 장소에 적응성이 있는 소화설비가 아닌 것은?

① 물분무소화설비
② 포소화설비
③ 불활성 기체소화설비
④ 옥내소화전설비

해설

[제6류 위험물의 소화]
- 산화성 액체이므로 질식소화는 효과가 없음
- 물과 반응성이 없으므로 주로 주수소화가 가능
- 불활성 기체소화설비는 질식소화

09 팽창진주암(삽 1개 포함)의 능력단위 1은 용량이 몇 [L]인가?

① 70
② 100
③ 130
④ 160

정답 05 ④ 06 ② 07 ① 08 ③ 09 ④

해설

[능력단위]

소화설비	용량 [L]	능력단위
소화전용 물통	8	0.3
수조(물통 3개 포함)	80	1.5
수조(물통 6개 포함)	190	2.5
마른모래(삽 1개 포함)	50	0.5
팽창질석·진주암(삽 1개 포함)	160	1.0

10 위험물안전관리법령에서 정한 "물분무등소화설비"의 종류에 속하지 않는 것은?

① 스프링클러설비
② 포소화설비
③ 분말소화설비
④ 이산화탄소소화설비

해설

[물분무등소화설비 종류]
- 포소화설비
- 분말소화설비
- 이산화탄소소화설비
- 물분무소화설비
- 불활성 가스소화설비
- 할로젠화합물소화설비

11 화재의 종류와 가연물이 옳게 연결된 것은?

① A급 - 플라스틱   ② B급 - 섬유
③ A급 - 페인트   ④ B급 - 나무

해설

[화재의 종류]
① A급 - 플라스틱
② A급 - 섬유
③ B급 - 페인트
④ A급 - 나무

급수	명칭(화재)	색상
A	일반	백색
B	유류	황색
C	전기	청색
D	금속	무색

암 일유전금

12 위험물안전관리법령상 위험물을 유별로 정리하여 저장하면서 서로 1 [m] 이상의 간격을 두면 동일한 옥내저장소에 저장할 수 있는 경우는?

① 제1류 위험물과 제3류 위험물 중 금수성 물질을 저장하는 경우
② 제1류 위험물과 제4류 위험물을 저장하는 경우
③ 제1류 위험물과 제6류 위험물을 저장하는 경우
④ 제2류 위험물 중 금속분과 제4류 위험물 중 동식물유류를 저장하는 경우

정답 10 ① 11 ① 12 ③

해설

[위험물 혼재기준(저장 시)]
옥내저장소 또는 옥외저장소에서 1 [m] 이상 간격을 두고 아래 유별을 저장할 수 있음
- 제1류 위험물(알칼리금속의 과산화물은 제외)과 제5류 위험물을 저장하는 경우
- 제1류 위험물과 제6류 위험물을 저장하는 경우
- 제1류 위험물과 자연발화성 물질(황린)을 저장하는 경우
- 제2류 위험물 중 인화성 고체와 제4류 위험물을 저장하는 경우
- 제3류 위험물 중 알킬알루미늄등과 제4류 위험물(알킬알루미늄 또는 알킬리튬을 함유한 것)을 저장하는 경우
- 제4류 위험물 중 유기과산화물과 제5류 위험물 중 유기과산화물을 저장하는 경우

13 소화약제에 따른 주된 소화효과로 틀린 것은?

① 수성막포소화약제 : 질식효과
② 제2종 분말소화약제 : 탈수탄화효과
③ 이산화탄소소화약제 : 질식효과
④ 할로젠화합물소화약제
   : 화학억제효과

해설

[소화약제소화효과]
- 제2종 분말소화약제 : 질식효과·억제효과
- 제3종 분말소화약제 : 탈수탄화효과

14 연소의 3요소를 모두 포함하는 것은?

① 과염소산, 산소, 불꽃
② 마그네슘분말, 연소열, 수소
③ 아세톤, 수소, 산소
④ 불꽃, 아세톤, 질산암모늄

해설

[연소의 3요소]
- 가연물 : 아세톤
- 산소 공급원 : 질산암모늄
- 점화원 : 불꽃   암 연소의 3요소 : 가산점

15 혼합물인 위험물이 복수의 성상을 가지는 경우에 적용하는 품명에 관한 설명으로 틀린 것은?

① 산화성 고체의 성상 및 가연성 고체의 성상을 가지는 경우 : 산화성 고체의 품명
② 산화성 고체의 성상 및 자기반응성 물질의 성상을 가지는 경우 : 자기반응성 물질의 품명
③ 가연성 고체의 성상과 자연발화성 물질의 성상 및 금수성 물질의 성상을 가지는 경우 : 자연발화성 물질 및 금수성 물질의 품명
④ 인화성 액체의 성상 및 자기반응성 물질의 성상을 가지는 경우 : 자기반응성 물질의 품명

정답 13 ② 14 ④ 15 ①

해설

[복수성상위험물기준]
- 위험물 위험 순서 : 1 < 2 < 4 < 3 < 5 < 6
- 산화성 고체(1류) < 가연성 고체(2류)
  → 가연성 고체(2류)(위험성 큰 쪽이 남음)

16 제1종 분말소화약제의 적응화재 종류는?

① A급
② BC급
③ AB급
④ ABC급

해설

[화재별 소화약제]

소화약제	명칭	적응화재	분말색
제1종	탄산수소나트륨	BC	백색
제2종	탄산수소칼륨	BC	보라색
제3종	인산암모늄	ABC	담홍색
제4종	탄산수소칼륨과 요소반응물	BC	회색

17 액화 이산화탄소 1 [kg]이 25 [℃], 2 [atm]에서 방출되어 모두 기체가 되었다. 방출된 기체상의 이산화탄소 부피는 약 몇 [L]인가?

① 238
② 278
③ 308
④ 340

해설

[이산화탄소의 부피 계산]

- $PV = \dfrac{WRT}{M}$

- $V = \dfrac{1 \times 0.082 \times (273 + 25)}{2 \times 44} = 0.278 \ [m^3]$

R(기체상수) : 0.082 [atm·m^3/kmol·K]
T(절대온도) : 25 [℃] + 273 = 298 [K]
M(분자량) : 44 [kg/kmol]   W(질량) : 1 [kg]

18 옥외저장소에 덩어리 상태의 황만을 지반면에 설치한 경계 표시의 안쪽에서 저장할 경우 하나의 경계 표시의 내부면적은 몇 [m^2] 이하이어야 하는가?

① 75
② 100
③ 150
④ 300

해설

[황(2류) 경계 표시 내부면적기준]
※ 덩어리 황 저장 또는 취급
(1) 하나의 경계 표시의 내부 면적은 100 [m^2] 이하
(2) 2 이상의 경계 표시를 설치한 경우에 있어서 각각의 경계 표시 내부의 면적을 합산한 면적은 1000 [m^2] 이하
(3) 경계 표시는 불연재료로 만드는 동시에 황이 새지 않는 구조로 할 것
(4) 경계 표시의 높이는 1.5 [m] 이하로 할 것

정답 ● 16 ② 17 ② 18 ②

19 위험물시설에 설비하는 자동화재탐지설비의 하나의 경계구역 면적과 그 한 변의 길이의 기준으로 옳은 것은? (단, 광전식 분리형 감지기를 설치하지 않은 경우이다)

① 300 [m^2] 이하, 50 [m] 이하
② 300 [m^2] 이하, 100 [m] 이하
③ 600 [m^2] 이하, 50 [m] 이하
④ 600 [m^2] 이하, 100 [m] 이하

해설

[자동화재탐지설비 설치기준]
① 경계구역은 건축물 그 밖의 공작물의 2 이상의 층에 걸치지 아니할 것
② 하나의 경계구역의 면적이 500 [m^2] 이하이면서 당해 경계구역이 두 개의 층에 걸치는 경우이거나 계단·경사로·승강기의 승강로 그 밖에 이와 유사한 장소에 연기감지기를 설치하는 경우엔 그러지 아니함
③ 하나의 경계구역은 면적이 600 [m^2] 이하이며, 한 변의 길이는 50 [m](광전식 분리형 감지기를 설치할 경우는 100 [m]) 이하로 할 것
④ 주요 출입구에서 그 내부의 전체를 볼 수 있는 경우에는 1000 [m^2] 이하
⑤ 감지기는 지붕 또는 벽의 옥내에 면한 부분에 유효하게 화재의 발생을 감지할 수 있도록 설치
⑥ 비상전원 설치

20 다음 위험물의 저장 창고에 화재가 발생하였을 때 주수(注水)에 의한 소화가 오히려 더 위험한 것은?

① 염소산칼륨   ② 과염소산나트륨
③ 질산암모늄   ④ 탄화칼슘

해설

[주수소화 금지 위험물]
탄화칼슘(3류)는 물과 반응 시 아세틸렌(C_2H_2)가스가 발생하므로 위험

21 알킬알루미늄등 또는 아세트알데하이드등을 취급하는 제조소의 특례기준으로서 옳은 것은?

① 알킬알루미늄등을 취급하는 설비에는 불활성 기체 또는 수증기를 봉입하는 장치를 설치한다.
② 알킬알루미늄등을 취급하는 설비는 은·수은·동·마그네슘을 성분으로 하는 것으로 만들지 않는다.
③ 아세트알데하이드등을 취급하는 탱크에는 냉각장치 또는 보냉장치 및 불활성 기체 봉압장치를 설치한다.
④ 아세트알데하이드등을 취급하는 설비의 주의에는 누설 범위를 국한하기 위한 설비와 누설되었을 때 안전한 장소에 설치된 저장실에 유입시킬 수 있는 설비를 갖춘다.

해설

[제조소 특례기준]
아세트알데하이드등을 취급하는 탱크에는 냉각장치 또는 보냉장치 및 불활성 기체 봉압장치를 설치

정답 19 ③ 20 ④ 21 ③

22 위험물안전관리법령에서 정한 특수인화물의 발화점기준으로 옳은 것은?

① 1기압에서 100 [℃] 이하
② 0기압에서 100 [℃] 이하
③ 1기압에서 25 [℃] 이하
④ 0기압에서 25 [℃] 이하

해설

[특수인화물(4류)의 발화점기준]
1기압에서 100 [℃] 이하

23 과산화수소의 성질에 대한 설명 중 틀린 것은?

① 알칼리성 용액에 의해 분해될 수 있다.
② 산화제로 사용할 수 있다.
③ 농도가 높을수록 안정하다.
④ 열, 햇빛에 의해 분해될 수 있다.

해설

[과산화수소(6류)의 특징]
36 [wt%] 이상은 위험물로 간주

24 위험물안전관리법령상 위험물의 운송에 있어서 운송책임자의 감독 또는 지원을 받아 운송하여야 하는 위험물에 속하지 않는 것은?

① $Al(CH_3)_3$
② CH_3Li
③ $Cd(CH_3)_2$
④ $Al(C_4H_9)_3$

해설

[운송책임자의 감독하에 운송하는 위험물]
- 알킬리튬(3류)
- 알킬알루미늄(3류)
- 알킬리튬·알킬알루미늄이 포함된 위험물
① $Al(CH_3)_3$: 트라이메틸알루미늄(알킬알루미늄 또는 해당 물질 포함)
② CH_3Li : 메틸리튬(알킬리튬 또는 해당 물질 포함)
③ $Cd(CH_3)_2$: 다이메틸카드뮴
④ $Al(C_4H_9)_3$: 트라이아이소부틸알루미늄(알킬알루미늄 또는 해당 물질 포함)

25 다이에틸에터의 보관·취급에 관한 설명으로 틀린 것은?

① 용기는 밀봉하여 보관한다.
② 환기가 잘 되는 곳에 보관한다.
③ 정전기가 발생하지 않도록 취급한다.
④ 저장용기에 빈 공간이 없게 가득 채워 보관한다.

해설

[다이에틸에터(4류)의 저장]
위험물 간 마찰로 인한 폭발을 막기 위해 공간용적을 2 [%] 이상 확보

정답 22 ① 23 ③ 24 ③ 25 ④

26 그림의 시험장치는 제 몇 류 위험물의 위험성 판정을 위한 것인가? (단, 고체물질의 위험성 판정이다)

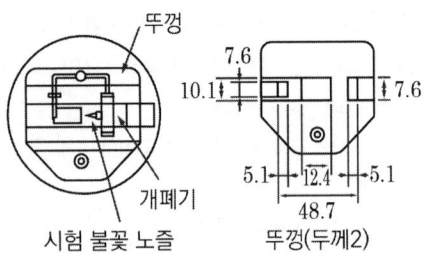
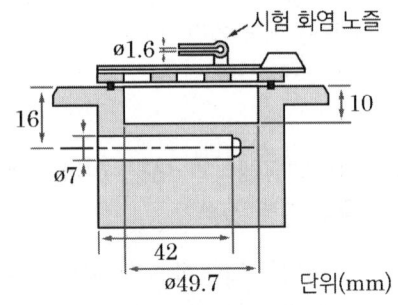

① 제1류
② 제2류
③ 제3류
④ 제4류

해설
[위험성 판정 시험장치]
• 문제의 그림은 고체류 인화성 시험장치
• 인화성 고체는 제2류 위험물

27 황의 성상에 관한 설명으로 틀린 것은?

① 연소할 때 발생하는 가스는 냄새를 가지고 있으나 인체에 무해하다.
② 미분이 공기 중에 떠 있을 때 분진폭발의 우려가 있다.
③ 용융된 황을 물에서 급냉하면 고무상 황을 얻을 수 있다.
④ 연소할 때 아황산가스가 발생한다.

해설
[황(2류)의 특징]
$S + O_2 \rightarrow SO_2$
연소 시 발생하는 이산화황가스는 냄새를 가지며 인체에 유해함

28 무색의 액체로 융점이 −112 [℃]이고, 물과 접촉하면 심하게 발열하는 제6류 위험물은?

① 과산화수소
② 과염소산
③ 질산
④ 오불화아이오딘

해설
[과염소산(6류)의 특징]
• 융점 : -112 [℃]
• 물과 접촉하면 심하게 발열

정답 26 ② 27 ① 28 ②

29 위험물안전관리법령상 품명이 "유기과산화물"인 것으로만 나열된 것은?

① 과산화벤조일, 과산화메틸에틸케톤
② 과산화벤조일, 과산화마그네슘
③ 과산화마그네슘, 과산화메틸에틸케톤
④ 과산화초산, 과산화수소

해설

[유기과산화물(5류)의 종류]
- 과산화벤조일
- 과산화메틸에틸케톤
- 과산화초산

30 과산화나트륨에 대한 설명 중 틀린 것은?

① 순수한 것은 백색이다.
② 상온에서 물과 반응하여 수소가스가 발생한다.
③ 화재 발생 시 주수소화는 위험할 수 있다.
④ CO 및 CO_2 제거제를 제조할 때 사용된다.

해설

[과산화나트륨(1류)의 특징]
물과 반응하여 산소가 발생

31 무기과산화물의 일반적인 성질에 대한 설명으로 틀린 것은?

① 과산화수소의 수소가 금속으로 치환된 화합물이다.
② 산화력이 강해 스스로 쉽게 산화한다.
③ 가열하면 분해되어 산소가 발생한다.
④ 물과의 반응성이 크다.

해설

[무기과산화물(1류)의 특징]
산화성 고체이므로 남을 산화시키고 자신은 환원되는 성질이 있음

32 염소산염류 250 [kg], 아이오딘산 염류 600 [kg], 질산염류 900 [kg]을 저장하고 있는 경우 지정수량의 몇 배가 보관되어 있는가?

① 5배
② 7배
③ 10배
④ 12배

해설

[지정수량]
- 염소산염류 : 50 [kg]
- 아이오딘산염류 : 300 [kg]
- 질산염류 : 300 [kg]
- 지정수량

$$\frac{250}{50} + \frac{600}{300} + \frac{900}{300} = 10$$

정답 29 ① 30 ② 31 ② 32 ③

33 위험물제조소 및 일반취급소에 설치하는 자동화재탐지설비의 설치기준으로 틀린 것은?

① 하나의 경계구역은 600 [m²] 이하로 하고, 한 변의 길이는 50 [m] 이하로 한다.
② 주요한 출입구에서 내부 전체를 볼 수 있는 경우 경계구역은 1000 [m²] 이하로 할 수 있다.
③ 광전식 분리형 감지기를 설치한 경우에는 하나의 경계구역을 1000 [m²] 이하로 할 수 있다.
④ 비상전원을 설치하여야 한다.

해설

[자동화재탐지설비 설치기준]
① 경계구역은 건축물 그 밖의 공작물의 2 이상의 층에 걸치지 아니할 것
② 하나의 경계구역의 면적이 500 [m²] 이하이면서 당해 경계구역이 두 개의 층에 걸치는 경우이거나 계단·경사로·승강기의 승강로 그 밖에 이와 유사한 장소에 연기감지기를 설치하는 경우엔 그러지 아니함
③ 하나의 경계구역은 면적이 600 [m²] 이하이며, 한 변의 길이는 50 [m](광전식 분리형 감지기를 설치할 경우는 100 [m]) 이하로 할 것
④ 주요 출입구에서 그 내부의 전체를 볼 수 있는 경우에는 1000 [m²] 이하
⑤ 감지기는 지붕 또는 벽의 옥내에 면한 부분에 유효하게 화재의 발생을 감지할 수 있도록 설치
⑥ 비상전원 설치

34 다음 중 물과의 반응성이 가장 낮은 것은?

① 인화알루미늄
② 트라이에틸알루미늄
③ 오황화인
④ 황린

해설

[물과 반응성]
• 인화알루미늄, 트라이에틸알루미늄, 오황화인이 물과 반응 시 가연성 가스가 발생
• 황린 : 물과 반응성이 낮으므로 물(pH 9)속에 저장

35 하이드라진에 대한 설명으로 틀린 것은?

① 외관은 물과 같이 무색투명하다.
② 가열하면 분해하여 가스가 발생한다.
③ 위험물안전관리법령상 제4류 위험물에 해당한다.
④ 알코올, 물 등의 비극성 용매에 잘 녹는다.

해설

[하이드라진(4류)의 특징]
알코올, 물 등의 극성 용매에 잘 녹음

정답 33 ③ 34 ④ 35 ④

36 시약(고체)의 명칭이 불분명한 시약병의 내용물을 확인하려고 뚜껑을 열어 시계접시에 소량을 담아놓고 공기 중에서 햇빛을 받는 곳에 방치하던 중 시계접시에서 갑자기 연소현상이 일어났다. 다음 물질 중 이 시약의 명칭으로 예상할 수 있는 것은?

① 황   ② 황린
③ 적린   ④ 질산암모늄

해설
[공기 중 스스로 연소하는 물질]
황린은 제3류 위험물이므로 자연발화함

37 옥외저장소에서 저장 또는 취급할 수 있는 위험물이 아닌 것은? (단, 국제해상위험물규칙에 적합한 용기에 수납된 위험물의 경우는 제외한다)

① 제2류 위험물 중 황
② 제1류 위험물 중 과염소산염류
③ 제6류 위험물
④ 제2류 위험물 중 인화점이 10[℃]인 인화성 고체

해설
[옥외저장소에 저장할 수 있는 물질]
- 제2류 위험물 중 황 또는 인화성 고체(인화점 0[℃] 이상인 것)
- 제4류 위험물 중 특수인화물 제외한 것(인화점 0[℃] 이상인 것)
- 제6류 위험물
- 제2류 위험물 및 제4류 위험물 중 특별시·광역시 또는 도의 조례에서 정한 위험물

38 다음 중 제2석유류만으로 짝지어진 것은?

① 사이클로헥산 - 피리딘
② 염화아세틸 - 휘발유
③ 사이클로헥산 - 중유
④ 아세트산 - 포름산

해설
[제2석유류의 종류]
① 사이클로헥산(제1석유류) - 피리딘(제1석유류)
② 염화아세틸(제1석유류) - 휘발유(제1석유류)
③ 사이클로헥산(제1석유류) - 중유(제3석유류)
④ 아세트산(제2석유류) - 포름산(제2석유류)

39 위험물안전관리자를 해임할 때에는 해임한 날로부터 며칠 이내에 위험물안전관리자를 다시 선임하여야 하는가?

① 7
② 14
③ 30
④ 60

해설
[위험물안전관리자 관련 규정]
위험물안전관리자 선임, 해임, 퇴직신고는 30일 이내에 행정안전부령이 정하는 바에 따라 소방본부장, 소방서장에게 신고함

정답 36 ② 37 ② 38 ④ 39 ③

40 다음 위험물 중 비중이 물보다 큰 것은?

① 다이에틸에터
② 아세트알데하이드
③ 산화프로필렌
④ 이황화탄소

해설
[비중]
- 다이에틸에터 : 0.72
- 아세트알데하이드 : 0.78
- 산화프로필렌 : 0.83
- 이황화탄소 : 1.26

보충 물 비중 : 1

41 위험물 옥내저장소에 과염소산 300 [kg], 과산화수소 300 [kg]을 저장하고 있다. 저장창고에는 지정수량 몇 배의 위험물을 저장하고 있는가?

① 4
② 3
③ 2
④ 1

해설
[제6류 위험물의 정수량]
- 과산화수소 : 300 [kg]
- 과염소산 : 300 [kg]
- 배수 = $\dfrac{300}{300} + \dfrac{300}{300}$ = 2배

42 위험물탱크의 용량은 탱크의 내용적에서 공간용적을 뺀 용적으로 한다. 이 경우 소화약제방출구를 탱크 안의 윗부분에 설치하는 탱크의 공간용적은 당해 소화설비의 소화약제방출구 아래의 어느 범위의 면으로부터 윗부분의 용적으로 하는가?

① 0.1미터 이상 0.5미터 미만 사이의 면
② 0.3미터 이상 1미터 미만 사이의 면
③ 0.5미터 이상 1미터 미만 사이의 면
④ 0.5미터 이상 1.5미터 미만 사이의 면

해설
[방출구탱크의 공간용적]
소화설비의 소화약제방출구 아래의 0.3미터 이상 1미터 미만 사이의 면

43 위험물의 지정수량이 잘못된 것은?

① $(C_2H_5)_3Al$: 10 [kg]
② Ca : 50 [kg]
③ LiH : 300 [kg]
④ Al_4C_3 : 500 [kg]

해설
[지정수량]
① 트라이에틸알루미늄($(C_2H_5)_3Al$)(제3류) : 10 [kg]
② 칼슘(Ca)(제3류) : 50 [kg]
③ 수소화리튬(LiH)(제3류) : 300 [kg]
④ 탄화알루미늄(Al_4C_3)(제3류) : 300 [kg]

정답 ● 40 ④ 41 ③ 42 ② 43 ④

44 위험물안전관리법령상 에틸렌글리콜과 혼재하여 운반할 수 없는 위험물은? (단, 지정수량의 10배일 경우이다)

① 황
② 과망가니즈산나트륨
③ 알루미늄분
④ 트라이나이트로톨루엔

해설
[위험물의 혼재기준]
에틸렌글리콜(4류)
① 황(2류)
② 과망가니즈산나트륨(1류)
③ 알루미늄분(2류)
④ 트라이나이트로톨루엔(5류)

보충 혼재 가능 위험물

1↓	6		혼재 가능
2↓	5↑	4	혼재 가능
3→	4↑		혼재 가능

암 1 2 3 4 5 6 적은 후 4 추가

45 황린에 관한 설명 중 틀린 것은?

① 물에 잘 녹는다.
② 화재 시 물로 냉각소화할 수 있다.
③ 적린에 비해 불안정하다.
④ 적린과 동소체이다.

해설
[황린(3류)의 특징]
물에 반응성이 없어 잘 녹지 않음

46 금속나트륨, 금속칼륨 등을 보호액 속에 저장하는 이유를 가장 옳게 설명한 것은?

① 온도를 낮추기 위하여
② 승화하는 것을 막기 위하여
③ 공기와의 접촉을 막기 위하여
④ 운반 시 충격을 적게 하기 위하여

해설
[금속류를 보호액 속에 저장하는 이유]
공기와의 접촉을 막기 위해

47 다음 중 위험등급 I의 위험물이 아닌 것은?

① 무기과산화물
② 적린
③ 나트륨
④ 과산화수소

해설
[위험등급]
• 적린(2류) : II
• 무기과산화물, 나트륨, 과산화수소 : I

48 다음 아세톤의 완전연소반응식에서 ( )에 알맞은 계수를 차례대로 옳게 나타낸 것은?

$$CH_3COCH_3 + (\ )O_2 \rightarrow (\ )CO_2 + 3H_2O$$

① 3, 4   ② 4, 3
③ 6, 3   ④ 3, 6

정답 44 ② 45 ① 46 ③ 47 ② 48 ②

해설

[아세톤의 연소반응식]
- $CH_3COCH_3 + 4O_2 \rightarrow 3CO_2 + 3H_2O$
- 아세톤은 산소와 반응하여 이산화탄소와 물을 생성

49 위험물안전관리법령에서 정한 품명이 서로 다른 물질을 나열한 것은?

① 이황화탄소, 다이에틸에터
② 에틸알코올, 고형알코올
③ 등유, 경유
④ 중유, 크레오소트유

해설

[위험물의 품명]
- 에틸알코올 : 제4류(알코올류)
- 고형알코올 : 제2류(인화성 고체)
- 이황화탄소, 다이에틸에터 : 제4류(특수인화물)
- 등유, 경유 : 제4류(제2석유류)
- 중유, 크레오소트유 : 제4류(제3석유류)

50 위험물안전관리법령에 의한 위험물 운송에 관한 규정으로 틀린 것은?

① 이동탱크저장소에 의하여 위험물을 운송하는 자는 당해 위험물을 취급할 수 있는 국가기술자격자 또는 안전교육을 받은 자이어야 한다.
② 안전관리자·탱크시험자·위험물운송자 등 위험물의 안전관리와 관련된 업무를 수행하는 자는 시·도지사가 실시하는 안전교육을 받아야 한다.
③ 운송책임자의 범위, 감독 또는 지원의 방법 등에 관한 구체적인 기준은 총리령으로 정한다.
④ 위험물운송자는 이동탱크저장소에 의하여 위험물을 운송하는 때에는 총리령으로 정하는 기준을 준수하는 등 당해 위험물의 안전 확보를 위하여 세심한 주의를 기울여야 한다.

해설

[위험물 운송기준]
안전관리자·탱크시험자·위험물운송자 등 위험물의 안전관리와 관련된 업무를 수행하는 자는 소방청장이 실시하는 안전교육을 받아야 함

51 이황화탄소를 화재예방상 물속에 저장하는 이유는?

① 불순물을 물에 용해시키기 위해
② 가연성 증기의 발생을 억제하기 위해
③ 상온에서 수소가스를 발생시키기 때문에
④ 공기와 접촉하면 즉시 폭발하기 때문에

해설

[이황화탄소(4류)를 물속에 저장하는 이유]
가연성 증기의 발생을 억제

정답 49 ② 50 ② 51 ②

52 사이클로헥산에 관한 설명으로 가장 거리가 먼 것은?

① 고리형 분자구조를 가진 방향족 탄화수소화합물이다.
② 화학식은 C_6H_{12}이다.
③ 비수용성 위험물이다.
④ 제4류 제1석유류에 속한다.

해설

[사이클로헥산(4류)의 특징]
고리형 분자구조를 가진 지방족 탄화수소

53 제6류 위험물을 저장하는 옥내탱크저장소로서 단층건물에 설치된 것의 소화난이도등급은?

① Ⅰ 등급
② Ⅱ 등급
③ Ⅲ 등급
④ 해당 없음

해설

[소화난이도등급]
제6류 위험물을 저장하는 옥내탱크저장소는 소화난이도등급에서 제외됨

54 질산의 저장 및 취급법이 아닌 것은?

① 직사광선을 차단한다.
② 분해방지를 위해 요산, 인산 등을 가한다.
③ 유기물과 접촉을 피한다.
④ 갈색 병에 넣어 보관한다.

해설

[질산(6류)의 저장]
- 빛에 의해 분해되므로 갈색 병에 보관
- 요산, 인산은 과산화수소의 분해방지를 위해 사용

55 탄소 80 [%], 수소 14 [%], 황 6 [%]인 물질 1 [kg]이 완전연소하기 위해 필요한 이론상 공기량은 약 몇 [kg]인가? (단, 공기 중 산소는 23 [wt%]이다)

① 3.3
② 7.1
③ 11.6
④ 14.4

해설

[완전연소하기 위한 공기의 양]
- $C + O_2 \rightarrow CO_2$
- $2H_2 + O_2 \rightarrow 2H_2O$
- $S + O_2 \rightarrow SO_2$
- 완전연소하기 위해 필요한 산소의 양

$= 0.8 \times \dfrac{32}{12} + 0.14 \times \dfrac{16}{2} + 0.06 \times \dfrac{32}{32}$

$= 3.31 \, [kg]$

- 완전연소하기 위해 필요한 공기의 양

$= \dfrac{3.31}{0.23} = 14.4 \, [kg]$

정답 ● 52 ① 53 ④ 54 ② 55 ④

56 다음 중 아이오딘값이 가장 낮은 것은?

① 해바라기유　② 오동유
③ 아마인유　　④ 낙화생유

해설
[아이오딘값]

품명	아이오딘값	종류
건성유	130 이상	오동유·해바라기씨유·정어리유·아마인유·들기름 등
반건성유	100 ~ 130	참기름·콩기름 등
불건성유	100 이하	피마자유·야자유·올리브유·땅콩기름(낙화생유)·고래기름·소기름 등

57 다음 중 위험물 운반용기의 외부에 "제4류"와 "위험등급 II"의 표시만 보이고 품명이 잘 보이지 않을 때 예상할 수 있는 수납 위험물의 품명은?

① 제1석유류　② 제2석유류
③ 제3석유류　④ 제4석유류

해설
[위험물 품명]
제1석유류 : 제4류 위험물, 위험등급 II

58 과염소산의 성질로 옳지 않은 것은?

① 산화성 액체이다.
② 무기화합물이며, 물보다 무겁다.
③ 불연성 물질이다.
④ 증기는 공기보다 가볍다.

해설
[과염소산(6류)의 특징]
증기의 증기비중은 3.5로 공기보다 무거움

59 위험물안전관리법령상 판매취급소에 관한 설명으로 옳지 않은 것은?

① 건축물의 1층에 설치하여야 한다.
② 위험물을 저장하는 탱크시설을 갖추어야 한다.
③ 건축물의 다른 부분과는 내화구조의 격벽으로 구획하여야 한다.
④ 제조소와 달리 안전거리 또는 보유공지에 관한 규제를 받지 않는다.

해설
[위험물 판매취급소기준]
탱크시설은 갖추지 않아도 됨

60 $C_6H_2CH_3(NO_2)_3$을 녹이는 용제가 아닌 것은?

① 물
② 벤젠
③ 에터
④ 아세톤

해설
[트라이나이트로톨루엔[$C_6H_2CH_3(NO_2)_3$] 용제]
• 녹이는 용제 : 벤젠, 에터, 아세톤(유기용제)
• 안 녹는 용제 : 찬물에 미량 녹음

정답　56 ④　57 ①　58 ④　59 ②　60 ①

2015 제4회

01 제3류 위험물을 취급하는 제조소는 300명 이상을 수용할 수 있는 극장으로부터 몇 [m] 이상의 안전거리를 유지하여야 하는가?

① 5
② 10
③ 30
④ 70

해설
[위험물 안전거리]

구분	거리
주거용으로 사용	10 [m] 이상
고압가스·액화석유가스·도시가스를 저장 취급하는 시설	20 [m] 이상
• 학교·병원·영화상영관 등 수용인원 300명 이상 • 복지시설·어린이집·수용인원 20명 이상	30 [m] 이상
유형문화유산·지정문화유산	50 [m] 이상

02 위험물안전관리법령상 주유취급소에서의 위험물 취급기준으로 옳지 않은 것은?

① 자동차에 주유할 때에는 고정주유설비를 이용하여 직접 주유할 것
② 자동차에 경유 위험물을 주유할 때에는 자동차의 원동기를 반드시 정지시킬 것
③ 고정주유설비에는 당해 주유설비에 접속한 전용탱크 또는 간이탱크의 배관 외의 것을 통하여서는 위험물을 공급하지 아니할 것
④ 고정주유설비에 접속하는 탱크에 접속된 고정주유설비의 사용을 중지할 것

해설
[주유취급소에서의 위험물 취급기준]
자동차에 인화점 40 [℃] 미만의 위험물을 주유할 때에는 자동차의 원동기를 반드시 정지시킬 것

보충 경유의 인화점 : 50 ~ 70 [℃]

03 표준 상태에서 탄소 1몰이 완전히 연소하면 몇 [L]의 이산화탄소가 생성되는가?

① 11.2
② 22.4
③ 44.8
④ 56.8

해설
[탄소연소 시 발생하는 생성물]
• $C + O_2 \rightarrow CO_2$
• CO_2 1 [mol] = 22.4 [L]

정답 01 ③ 02 ② 03 ②

04 위험물안전관리법령상 옥내주유취급소에 있어서 해당 사무소 등의 출입구 및 피난구와 당해 피난구로 통하는 통로·계단 및 출입구에 무엇을 설치하게 하는가?

① 화재감지기
② 스프링클러설비
③ 자동화재탐지설비
④ 유도등

해설

[유도등 설치기준]
출입구, 피난구, 통로·계단에 유도등을 설치하고 비상전원 설치

05 다음 중 스프링클러설비의 소화작용으로 가장 거리가 먼 것은?

① 질식작용
② 희석작용
③ 냉각작용
④ 억제작용

해설

[스프링클러설비소화작용]
- 질식작용
- 희석작용
- 냉각작용

06 위험물안전관리에 대한 설명 중 옳지 않은 것은?

① 이동탱크저장소는 위험물안전관리자 선임 대상에 해당되지 않는다.
② 위험물안전관리자가 퇴직한 경우 퇴직한 날부터 30일 이내에 다시 안전관리자를 선임하여야 한다.
③ 위험물안전관리자를 선임한 경우에는 선임한 날로부터 14일 이내에 소방본부장 또는 소방서장에게 신고하여야 한다.
④ 위험물안전관리자가 일시적으로 직무를 수행할 수 없는 경우에는 안전교육을 받고, 6개월 이상 실무 경력이 있는 사람을 대리자로 지정할 수 있다.

해설

[위험물안전관리규정]
위험물안전관리자의 대리자
- 규정에 따라 안전교육을 받은 자
- 제조소등 위험물안전관리업무에 있어서 안전관리자를 지휘, 감독하는 직위에 있는 자

07 다음 중 위험물안전관리법령에서 정한 지정수량이 나머지 셋과 다른 물질은?

① 아세트산
② 하이드라진
③ 클로로벤젠
④ 나이트로벤젠

정답 ● 04 ④ 05 ④ 06 ④ 07 ③

해설

[지정수량]
- 아세트산 : 2000 [L]
- 하이드라진 : 2000 [L]
- 클로로벤젠 : 1000 [L]
- 나이트로벤젠 : 2000 [L]

08 가연물이 되기 쉬운 조건이 아닌 것은?

① 산소와 친화력이 클 것
② 열전도율이 클 것
③ 발열량이 클 것
④ 활성화에너지가 작을 것

해설

[가연물이 되는 조건]
- 산소와 친화력이 클 것
- 열전도율이 작을 것
- 발열량이 클 것
- 활성화에너지가 작을 것

09 철분, 금속분, 마그네슘의 화재에 적응성이 있는 소화약제는?

① 탄산수소염류분말
② 할로젠간화합물
③ 물
④ 이산화탄소

해설

[철분, 금속분, 마그네슘(2류)의 소화]
- 마른모래 · 팽창질석 · 팽창진주암
- 탄산수소염류분말

10 할론 1211에 해당하는 물질의 분자식은?

① CBr_2FCl
② CF_2ClBr
③ CCl_2FBr
④ FC_2BrCl

해설

[할론 넘버]
- C - F - Cl - Br 순으로 번호 매김
- C : 1개, F : 2개, Cl : 1개, Br : 1개
- 할론 1211 = CF_2ClBr

11 주유취급소의 벽(담)에 유리를 부착할 수 있는 기준에 대한 설명으로 옳은 것은?

① 유리 부착 위치는 주입구, 고정주유설비로부터 2 [m] 이상 이격되어야 한다.
② 지반면으로부터 50 [cm]를 초과하는 부분에 한하여 설치하여야 한다.
③ 하나의 유리판 가로의 길이는 2 [m] 이내로 한다.
④ 유리의 구조는 기준에 맞는 강화유리로 하여야 한다.

해설

[주유취급소에 유리를 부착할 수 있는 기준]
- 유리 부착 위치는 주입구, 고정주유설비로부터 4 [m] 이상 이격
- 지반면으로부터 70 [cm]를 초과하는 부분에 한하여 설치
- 하나의 유리판 가로의 길이 2 [m] 이내
- 유리의 구조는 기준에 맞는 접합유리

정답 08 ② 09 ① 10 ② 11 ③

12 위험물안전관리법령상 개방형 스프링클러 헤드를 이용하는 스프링클러설비에서 수동식 개방밸브를 개방 조작하는 데 필요한 힘은 얼마 이하가 되도록 설치하여야 하는가?

① 5 [kg]
② 10 [kg]
③ 15 [kg]
④ 20 [kg]

해설

[스프링클러설비밸브 조작 시 필요한 힘]
15 [kg] 이하

13 과산화바륨과 물이 반응하였을 때 발생하는 것은?

① 수소
② 산소
③ 탄산가스
④ 수성 가스

해설

[과산화바륨(1류)과 물의 반응 후 생성물]
물과 반응 후 산소가 발생

14 위험물안전관리법령에 따라 위험물을 유별로 정리하여 서로 1 [m] 이상의 간격을 두었을 때 옥내저장소에서 함께 저장하는 것이 가능한 경우가 아닌 것은?

① 제1류 위험물(알칼리금속의 과산화물 또는 이를 함유한 것을 제외한다)과 제5류 위험물을 저장하는 경우
② 제3류 위험물 중 알킬알루미늄과 제4류 위험물(알킬알루미늄 또는 알킬리튬을 함유한 것에 한한다)을 저장하는 경우
③ 제1류 위험물과 제3류 위험물 중 금수성 물질을 저장하는 경우
④ 제2류 위험물 중 인화성 고체와 제4류 위험물을 저장하는 경우

해설

[위험물 혼재기준(저장 시)]
- 1류, 3류 혼재 불가
  옥내저장소 또는 옥외저장소에서 1 [m] 이상 간격을 두고 아래 유별을 저장할 수 있음
- 제1류 위험물(알칼리금속의 과산화물은 제외)과 제5류 위험물을 저장하는 경우
- 제1류 위험물과 제6류 위험물을 저장하는 경우
- 제1류 위험물과 자연발화성 물질(황린)을 저장하는 경우
- 제2류 위험물 중 인화성 고체와 제4류 위험물을 저장하는 경우
- 제3류 위험물 중 알킬알루미늄등과 제4류 위험물(알킬알루미늄 또는 알킬리튬을 함유한 것)을 저장하는 경우
- 제4류 위험물 중 유기과산화물과 제5류 위험물 중 유기과산화물을 저장하는 경우

정답 12 ③ 13 ② 14 ③

15 다음 중 할로젠화합물소화약제의 주된 소화효과는?

① 부촉매효과
② 희석효과
③ 파괴효과
④ 냉각효과

해설
[할로젠화합물소화약제의 주된 소화효과]
부촉매효과

16 제조소의 옥외에 모두 3개의 휘발유 취급탱크를 설치하고, 그 주위에 방유제를 설치하고자 한다. 방유제 안에 설치하는 각 취급탱크의 용량이 5만 [L], 3만 [L], 2만 [L]일 때 필요한 방유제의 용량은 몇 [L] 이상인가?

① 66000
② 60000
③ 33000
④ 30000

해설
[방유제 용량]
- 최대 탱크 용량 × 0.5
  + 나머지 탱크 용량의 합 × 0.1
- 방유제 용량
  = (50000 × 0.5) + (30000 + 20000) × 0.1
  = 30000 [L]

17 트라이에틸알루미늄의 화재 시 사용할 수 있는 소화약제(설비)가 아닌 것은?

① 마른모래
② 팽창질석
③ 팽창진주암
④ 이산화탄소

해설
[트라이에틸알루미늄(3류)의 소화약제]
- 마른모래 · 팽창질석 · 팽창진주암
- 탄산수소염류분말

18 옥외저장소에 덩어리 상태의 황만을 지반면에 설치한 경계 표시의 안쪽에서 저장할 경우 하나의 경계 표시의 내부면적은 몇 $[m^2]$ 이하이어야 하는가?

① 75
② 100
③ 150
④ 300

해설
[황(2류) 경계 표시 내부면적기준]
※ 덩어리 황 저장 또는 취급하는 것
(1) 하나의 경계 표시의 내부 면적은 100 $[m^2]$ 이하
(2) 2 이상의 경계 표시를 설치한 경우에 있어서 각각의 경계 표시 내부의 면적을 합산한 면적은 1000 $[m^2]$ 이하
(3) 경계 표시는 불연재료로 만드는 동시에 황이 새지 않는 구조로 할 것
(4) 경계 표시의 높이는 1.5 [m] 이하로 할 것

정답 15 ① 16 ④ 17 ④ 18 ②

19 금속화재를 옳게 설명한 것은?

① C급 화재이고, 표시 색상은 청색이다.
② C급 화재이고, 표시 색상은 없다.
③ D급 화재이고, 표시 색상은 청색이다.
④ D급 화재이고, 표시 색상은 없다.

해설

[화재의 종류]

급수	명칭(화재)	색상
A	일반	백색
B	유류	황색
C	전기	청색
D	금속	무색

암 일유전금 백황청무

20 제1종 분말소화약제의 주성분으로 사용하는 것은?

① $KHCO_3$ ② H_2SO_4
③ $NaHCO_3$ ④ $NH_4H_2PO_4$

해설

[분말소화약제 주성분]

소화약제	명칭	적응화재	분말색
제1종	탄산수소나트륨 ($NaHCO_3$)	BC	백색
제2종	탄산수소칼륨 ($KHCO_3$)	BC	보라색
제3종	인산암모늄 ($NH_4H_2PO_4$)	ABC	담홍색
제4종	탄산수소칼륨과 요소반응물 ($KHCO_3 + (NH_2)_2CO$)	BC	회색

21 나이트로글리세린에 관한 설명으로 틀린 것은?

① 상온에서 액체 상태이다.
② 물에는 잘 녹지만 유기용제에는 녹지 않는다.
③ 충격 및 마찰에 민감하므로 주의해야 한다.
④ 다이너마이트의 원료로 쓰인다.

해설

[나이트로글리세린(5류)의 특징]
물에 녹지 않고 메틸알코올, 아세톤에 녹음

22 다음 물질 중 물에 대한 용해도가 가장 낮은 것은?

① 아크릴산
② 아세트알데하이드
③ 벤젠
④ 글리세린

해설

[용해도]
• 아크릴산 : 수용성
• 아세트알데하이드 : 수용성
• 벤젠 : 비수용성
• 글리세린 : 수용성

TIP 용해도가 낮은 것은 비수용성, 용해도가 1 [%] 이상이면 수용성

정답 19 ④ 20 ③ 21 ② 22 ③

23 다음 중 지정수량이 가장 큰 것은?
(※ 법령개정으로 문제 수정)

① 과염소산칼륨
② 트라이나이트로페놀(제2종)
③ 황린
④ 황

해설

[지정수량]

위험물	지정수량 [kg]
과염소산칼륨(1류)	50
트라이나이트로페놀(5류)	100
황린(3류)	20
황(2류)	100

24 위험물안전관리법령상 제4류 위험물 운반용기의 외부에 표시하여야 하는 주의사항을 모두 옳게 나타낸 것은?

① 화기엄금 및 충격주의
② 가연물 접촉주의
③ 화기엄금
④ 화기주의 및 충격주의

해설

[위험물 종류 주의사항]
제4류 위험물 : 화기엄금

25 $CH_3COC_2H_5$의 명칭 및 지정수량을 옳게 나타낸 것은?

① 메틸에틸케톤, 50 [L]
② 메틸에틸케톤, 200 [L]
③ 메틸에틸에터, 50 [L]
④ 메틸에틸에터, 200 [L]

해설

[지정수량]
메틸에틸케톤($CH_3COC_2H_5$, 4류) : 200 [L]

26 위험물안전관리법령상 정기점검 대상인 제조소등의 조건이 아닌 것은?

① 예방규정 작성대상인 제조소등
② 지하탱크저장소
③ 이동탱크저장소
④ 지정수량 5배의 위험물을 취급하는 옥외탱크를 둔 제조소

해설

[정기점검 대상]
• 지정수량의 100배 이상의 위험물을 저장하는 옥외저장소
• 지정수량의 200배 이상의 위험물을 저장하는 옥외탱크저장소

정답 23 ② 24 ③ 25 ② 26 ④

27 위험물제조소등의 종류가 아닌 것은?

① 간이탱크저장소
② 일반취급소
③ 이송취급소
④ 이동판매취급소

해설

[위험물제조소등의 종류]
- 제조소
- 저장소
- (일반, 이송, 판매, 주유) 취급소

28 1차 알코올에 대한 설명으로 가장 적절한 것은?

① OH기의 수가 하나이다.
② OH기가 결합된 탄소원자에 붙은 알킬기의 수가 하나이다.
③ 가장 간단한 알코올이다.
④ 탄소의 수가 하나인 알코올이다.

해설

[1차 알코올의 특징]
- 알코올 : 알킬기 + 수산기
- 탄소(알킬기)의 개수에 따라 1차, 2차, 3차 알코올로 분류됨
- -OH(수산기)의 개수에 때라 1가, 2가, 3가 알코올로 분류됨
- 1차 알코올 : OH기가 결합된 탄소원자에 붙은 알킬기의 수가 하나

29 위험물안전관리법령상 운송책임자의 감독·지원을 받아 운송하여야 하는 위험물에 해당하는 것은?

① 알킬알루미늄, 산화프로필렌, 알킬리튬
② 알킬알루미늄, 산화프로필렌
③ 알킬알루미늄, 알킬리튬
④ 산화프로필렌, 알킬리튬

해설

[운송책임자 감독, 지원 받아 운송하는 위험물]
(1) 알킬리튬
(2) 알킬알루미늄
(3) 알킬알루미늄·알킬리튬 함유하는 위험물

30 알루미늄분이 염산과 반응하였을 경우 생성되는 가연성 가스는?

① 산소
② 질소
③ 메테인
④ 수소

해설

[금속과 산의 반응]
염산과 반응하여 수소 발생

정답 ● 27 ④ 28 ② 29 ③ 30 ④

31 다음은 위험물을 저장하는 탱크의 공간용적 산정기준이다. ( )에 알맞은 수치로 옳은 것은?

> 암반탱크에 있어서는 당해 탱크 내에 용출하는 ( )일간의 지하수의 양에 상당하는 용적과 당해 탱크의 내용적의 ( )의 용적 중에서 보다 큰 용적을 공간용적으로 한다.

① 7, 1/100 ② 7, 5/100
③ 10, 1/100 ④ 10, 5/100

해설

[탱크의 공간용적 산정기준]
- 7일간의 지하수 양에 상당하는 용적
- 1/100의 용적 중에서 보다 큰 용적

32 위험물안전관리법령상 다음 ( )에 알맞은 수치를 모두 합한 것은?

> 과염소산의 지정수량은 ( ) [kg]이다. 과산화수소는 농도가 ( ) [wt%] 미만인 것은 위험물에 해당하지 않는다. 질산은 비중이 ( ) 이상인 것만 위험물로 규정한다.

① 349.36 ② 549.36
③ 337.49 ④ 537.49

해설

[위험물안전관리법상 수치]
- 과염소산 지정수량 : 300 [kg]
- 과산화수소 농도 : 36 [wt%] 이상
- 질산 비중 : 1.49
- 총합 = 300 + 36 + 1.49 = 337.49

33 위험물안전관리법령상 벌칙의 기준이 나머지 셋과 다른 하나는? (※ 법령이 개정되어 정답 없음)

① 제조소등에 대한 긴급 사용정지 제한 명령을 위반한 자
② 탱크시험자로 등록하지 아니하고 탱크시험자의 업무를 한 자
③ 저장소 또는 제조소등이 아닌 장소에서 지정수량 이상의 위험물을 저장 또는 취급한 자
④ 제조소등의 완공검사를 받지 아니하고 위험물을 저장·취급한 자

해설

[위험물안전관리법상 벌칙기준]
- ①, ② 1000만 원 이하 벌금 또는 1년 이하의 징역
- ③ 3000만 원 이하 벌금 또는 3년 이하의 징역
- ④ 1500만 원 이하 벌금

정답 31 ① 32 ③ 33 정답 없음

34 위험물안전관리법령에서 정한 주유취급소의 고정주유설비 주위에 보유하여야 하는 주유공지의 기준은?

① 너비 10 [m] 이상, 길이 6 [m] 이상
② 너비 15 [m] 이상, 길이 6 [m] 이상
③ 너비 10 [m] 이상, 길이 10 [m] 이상
④ 너비 15 [m] 이상, 길이 10 [m] 이상

> 해설
> [고정주유설비 주위 주유공지기준]
> 너비 15 [m] 이상, 길이 6 [m] 이상

35 분자량이 약 110인 무기과산화물로 물과 접촉하여 발열하는 것은?

① 과산화마그네슘
② 과산화벤젠
③ 과산화칼슘
④ 과산화칼륨

> 해설
> [과산화칼륨(1류) 특징]
> • K_2O_2의 분자량 : 110
> • 물과 접촉하면 산소와 열을 발생함
> • 제1류 위험물 - 무기과산화물

36 위험물안전관리법령에서 정한 알킬알루미늄등을 저장 또는 취급하는 이동탱크저장소에 비치해야 하는 물품이 아닌 것은?

① 방호복
② 고무장갑
③ 비상조명등
④ 휴대용 확성기

> 해설
> [알킬알루미늄(4류) 저장소 내 비치 물품]
> • 방호복
> • 고무장갑
> • 휴대용 확성기
> • 긴급 시 연락처
> • 응급조치방법을 기재한 서류
> • 밸브 등의 결합공구

37 과산화벤조일 취급 시 주의사항에 대한 설명 중 틀린 것은?

① 수분을 포함하고 있으면 폭발하기 쉽다.
② 가열, 충격, 마찰을 피해야 한다.
③ 저장용기는 차고 어두운 옷에 보관한다.
④ 희석제를 첨가하여 폭발성을 낮출 수 있다.

> 해설
> [과산화벤조일(5류)의 주의사항]
> 비수용성이지만 수분 함유 시 안정화됨

정답 34 ② 35 ④ 36 ③ 37 ①

38 위험물안전관리법령에서 정한 소화설비의 설치기준에 따라 다음 ( )에 알맞은 숫자를 차례대로 나타낸 것은?

> 제조소등에 전기설비(전기배선, 조명기구 등은 제외한다)가 설치된 경우에는 당해 장소의 면적 ( ) [m²]마다 소형 수동식 소화기를 ( )개 이상 설치할 것

① 50, 1
② 50, 2
③ 100, 1
④ 100, 2

해설

[소화설비의 설치기준]
- 100 [m²]마다
- 소형 수동식 소화기 1개 이상 설치

39 다음 중 산을 가하면 이산화염소를 발생시키는 물질로 분자량이 약 90.5인 것은?

① 아염소산나트륨
② 브로민산나트륨
③ 옥소산칼륨(아이오딘산칼륨)
④ 다이크로뮴산나트륨

해설

[아염소산나트륨(1류)의 특징]
- 산을 가하면 이산화염소가 발생
- $NaClO_2$의 분자량 : 90.5
- 산화성 고체

40 과염소산칼륨의 성질에 관한 설명 중 틀린 것은?

① 무색무취의 결정이다.
② 알코올, 에터에 잘 녹는다.
③ 진한 황산과 접촉하면 폭발할 위험이 있다.
④ 400 [℃] 이상으로 가열하면 분해하여 산소가 발생할 수 있다.

해설

[과염소산칼륨(1류)의 특징]
물, 알코올, 에터에 잘 녹지 않음

41 위험물안전관리법령에서 정한 아세트알데하이드등을 취급하는 제조소의 특례에 따라 다음 지문 중 ( )에 해당하지 않는 것은?

> 아세트알데하이드등을 취급하는 설비는 ( ), ( ), 동, ( ) 또는 이들을 성분으로 하는 합금으로 만들지 아니할 것

① 금
② 은
③ 수은
④ 마그네슘

해설

[아세트알데하이드등을 취급하는 설비에 부적합한 성분]
- 은
- 수은
- 동
- 마그네슘

정답 38 ③ 39 ① 40 ② 41 ①

42 분말의 형태로서 150 [μm]의 체를 통과하는 것이 50 [wt%] 이상인 것만 위험물로 취급되는 것은?

① Zn
② Fe
③ Ni
④ Ca

해설

[금속분 위험물의 취급기준]
- 분말의 형태로서 150 [μm]의 체를 통과하는 것이 50 [wt%] 이상
- 종류 : Al, Zn, Sb

43 위험물제조소의 환기설비 중 급기구는 급기구가 설치된 실의 바닥면적 몇 [m²]마다 1개 이상으로 설치하여야 하는가?

① 100
② 150
③ 200
④ 800

해설

[급기구 설치]
바닥면적 150 [m²]마다 1개 이상 설치

44 $C_6H_2(NO_2)_3OH$와 CH_3NO_3의 공통성질에 해당하는 것은?

① 나이트로화합물이다.
② 인화성과 폭발성이 있는 액체이다.
③ 무색의 방향성 액체이다.
④ 에탄올에 녹는다.

해설

[트라이나이트로페놀[$C_6H_2(NO_2)_3$]과 질산메틸(CH_3NO_3)의 공통 성질]
- 트라이나이트로페놀(5류) - 나이트로화합물
- 질산메틸(5류) - 질산에스터류
- 둘 다 비수용성이고 에탄올에 녹음

45 제4류 위험물에 대한 일반적인 설명으로 옳지 않은 것은?

① 대부분 연소 하한값이 낮다.
② 발생 증기는 가연성이며 대부분 공기보다 무겁다.
③ 대부분 무기화합물이므로 정전기 발생에 주의한다.
④ 인화점 낮을수록 화재 위험성이 높다.

해설

[제4류 위험물의 특징]
- 인화성 액체
- 증기는 대부분 공기보다 무거움
- 유기화합물이여 물에 잘 안 녹음
- 전기 부도체로 정전기가 축적되기 쉬우므로 정전기 발생에 유의

정답 42 ① 43 ② 44 ④ 45 ③

46 위험물안전관리법령상 예방 규정을 정하여야 하는 제조소등의 관계인은 위험물제조소등에 대하여 기술기준에 적합한지의 여부를 정기적으로 점검을 하여야 한다. 법적 최소 점검 주기에 해당하는 것은? (단, 100만 리터 이상의 옥외탱크저장소는 제외한다)

① 월 1회 이상 ② 6개월 1회 이상
③ 연 1회 이상 ④ 2년 1회 이상

해설

[위험물제조소등 최소 점검 주기]
연 1회 이상 실시

47 위험물안전관리법령상 산화성 액체에 대한 설명으로 옳은 것은?

① 과산화수소는 농도와 밀도가 비례한다.
② 과산화수소는 농도가 높을수록 끓는점이 낮아진다.
③ 질산은 상온에서 불연성이지만 고온으로 가열하면 스스로 발화한다.
④ 질산을 황산과 일정 비율로 혼합하여 왕수를 제조할 수 있다.

해설

[산화성 액체 특징]
- 과산화수소는 농도와 밀도가 비례
- 과산화수소는 농도가 높을수록 끓는점이 높아짐
- 질산은 유기물과 혼합 시 발화
- 왕수는 염산과 질산을 일정 비율로 혼합하여 제조하는 것

48 다음 물질 중 인화점이 가장 높은 것은?

① 아세톤
② 다이에틸에터
③ 메탄올
④ 벤젠

해설

[인화점]
- 아세톤 : -18 [℃]
- 다이에틸에터 : -45 [℃]
- 메탄올 : 11 [℃]
- 벤젠 : -11 [℃]

49 위험물안전관리법령상 이동탱크저장소에 의한 위험물의 운송 시 장거리에 걸친 운송을 하는 때에는 2명 이상의 운전자로 하는 것이 원칙이다. 다음 중 예외적으로 1명의 운전자가 운송하여도 되는 경우의 기준으로 옳은 것은?

① 운송 도중에 2시간 이내마다 10분 이상씩 휴식하는 경우
② 운송 도중에 2시간 이내마다 20분 이상씩 휴식하는 경우
③ 운송 도중에 4시간 이내마다 10분 이상씩 휴식하는 경우
④ 운송 도중에 4시간 이내마다 20분 이상씩 휴식하는 경우

해설

[위험물 장거리 운송 시 1명의 운전자가 운송하는 경우를 허용하는 조건]
2시간 이내마다 20분 이상 휴식

정답 46 ③ 47 ① 48 ③ 49 ②

50 살충제 원료로 사용되기도 하는 암회색 물질로 물과 반응하여 포스핀가스가 발생할 위험이 있는 것은?

① 인화아연
② 수소화나트륨
③ 칼륨
④ 나트륨

해설

[인화아연(3류)의 특징]
- $Zn_3P_2 + 6H_2O \rightarrow 3Zn(OH)_2 + 2PH_3$
- 인화아연은 물과 만나 수산화아연과 포스핀가스 발생

51 제2류 위험물에 대한 설명으로 옳지 않은 것은?

① 대부분 물보다 가벼우므로 주수소화는 어려움이 있다.
② 점화원으로부터 멀리 하고 가열을 피한다.
③ 금속분은 물과의 접촉을 피한다.
④ 용기 파손으로 인한 위험물의 누설에 주의한다.

해설

[제2류 위험물의 특징]
대부분 물보다 무겁고 금속분, 철분, 마그네슘 외에는 주수소화가 일반적

52 아세트산에틸의 일반 성질 중 틀린 것은?

① 과일 냄새가 나는 휘발성 액체이다.
② 증기는 공기보다 무거워 낮은 곳에 체류한다.
③ 강산화제와의 혼촉은 위험하다.
④ 인화점은 -20 [℃] 이하이다.

해설

[아세트산에틸(4류)의 특징]
- 인화점 -20 [℃] 이하는 특수인화물기준
- 아세트산에틸 : 제1석유류

53 휘발유의 성질 및 취급 시의 주의사항에 관한 설명 중 틀린 것은?

① 증기가 모여 있지 않도록 통풍을 잘 시킨다.
② 인화점이 상온이므로 상온 이상에서는 취급 시 각별한 주의가 필요하다.
③ 정전기 발생에 주의해야 한다.
④ 강산화제 등과 접촉 시 발화할 위험이 있다.

해설

[휘발유(4류) 취급 시 주의사항]
인화점은 영하로 상온이 아님

정답 50 ① 51 ① 52 ④ 53 ②

54 위험물안전관리법령에서 정하는 위험등급 II에 해당하지 않는 것은?

① 제1류 위험물 중 질산염류
② 제2류 위험물 중 적린
③ 제3류 위험물 중 유기금속화합물
④ 제4류 위험물 중 제2석유류

해설

[위험등급]
제2석유류 : 위험등급 III

55 나트륨에 관한 설명으로 옳은 것은?

① 물보다 무겁다.
② 융점이 100 [℃]보다 높다.
③ 물과 격렬히 반응하여 산소를 발생시키고 발열한다.
④ 등유는 반응이 일어나지 않아 저장에 사용된다.

해설

[나트륨(3류)의 특징]
- 물보다 가벼움
- 융점 100 [℃] 아래
- 물과 반응 시 수소 발생
- 저장액으로 등유, 경유 사용

56 나이트로셀룰로스의 위험성에 대하여 옳게 설명한 것은?

① 물과 혼합하면 위험성이 감소한다.
② 공기 중에서 산화되지만 자연발화의 위험은 없다.
③ 건조할수록 발화의 위험성이 낮다.
④ 알코올과 반응하여 발화한다.

해설

[나이트로셀룰로스(5류)의 특징]
제5류 위험물은 물과 혼합하면 안정이 되는 성질이 있음

57 위험물안전관리법령상 제4석유류를 저장하는 옥내저장탱크의 용량은 지정수량의 몇 배 이하이어야 하는가?

① 20
② 40
③ 100
④ 150

해설

[제4석유류 저장 시 옥내저장탱크의 용량]
지정수량의 40배 이하

정답 54 ④ 55 ④ 56 ① 57 ②

58 황의 특성 및 위험성에 대한 설명 중 틀린 것은?

① 산화성 물질이므로 환원성 물질과 접촉을 피해야 한다.
② 전기 부도체이므로 전기 절연체로 쓰인다.
③ 공기 중 연소 시 유해가스가 발생한다.
④ 분말 상태의 경우 분진폭발의 위험성이 있다.

해설
[황(2류)의 특징]
황은 가연성 고체임

59 알루미늄 분말의 저장방법 중 옳은 것은?

① 에틸알코올 수용액에 넣어 보관한다.
② 밀폐용기에 넣어 건조한 곳에 보관한다.
③ 폴리에틸렌병에 넣어 수분이 많은 곳에 보관한다.
④ 염산 수용액에 넣어 보관한다.

해설
[알루미늄 분말(2류)의 저장방법]
밀폐용기에 넣어 건조한 곳에 보관

60 공기를 차단하고 황린을 약 몇 [℃]로 가열하면 적린이 생성되는가?

① 60
② 100
③ 150
④ 260

해설
[황린(3류)으로 적린(2류)을 만드는 방법]
공기를 차단하고 황린을 약 260 [℃]로 가열하면 적린이 생성됨

정답 58 ① 59 ② 60 ④

2014 제1회

01 전기화재의 급수와 표시색상을 옳게 나타낸 것은?

① C급 - 백색
② D급 - 백색
③ C급 - 청색
④ D급 - 청색

해설

[화재의 종류]

급수	명칭(화재)	색상
A	일반	백색
B	유류	황색
C	전기	청색
D	금속	무색

<u>암</u> 일유전금 백황청무

02 나이트로셀룰로스의 자연발화는 일반적으로 무엇에 기인한 것인가?

① 산화열
② 중합열
③ 흡착열
④ 분해열

해설

[나이트로셀룰로스(5류) 자연발화]
자연발화 종류 중 분해열에 기인

03 탄화알루미늄이 물과 반응하여 폭발의 위험이 있는 것은 어떤 가스가 발생하기 때문인가?

① 수소
② 메테인
③ 아세틸렌
④ 암모니아

해설

[탄화알루미늄(3류)의 반응 후 생성물]
- $Al_4C_3 + 12H_2O \rightarrow 4Al(OH)_3 + 3CH_4$
- 탄화알루미늄이 물과 만나 수산화알루미늄과 메테인이 발생

04 위험물별로 설치하는 소화설비 중 적응성이 없는 것과 연결된 것은?

① 제3류 위험물 중 금수성 물질 이외의 것 - 할로젠화합물소화설비, 이산화탄소소화설비
② 제4류 위험물 - 물분무소화설비, 이산화탄소소화설비
③ 제5류 위험물 - 포소화설비, 스프링클러설비
④ 제6류 위험물 - 옥내소화전설비, 물분무소화설비

해설

[위험물별 소화설비]
제3류 위험물 중 금수성 물질 이외의 것 : 주수소화

정답 01 ③ 02 ④ 03 ② 04 ①

05 인화점 70 [℃] 이상의 제4류 위험물을 저장하는 암반탱크저장소에 설치하여야 하는 소화설비들로만 이루어진 것은? (단, 소화난이도등급 I 에 해당한다)

① 물분무소화설비 또는 고정식 포소화설비
② 이산화탄소소화설비 또는 물분무소화설비
③ 할로젠화합물소화설비 또는 이산화탄소소화설비
④ 고정식 포소화설비 또는 할로젠화합물소화설비

해설

[인화점 70 [℃] 이상 제4류 위험물 저장]
• 물분무소화설비
• 고정식 포소화설비

06 소화난이도등급 I 에 해당하는 위험물제조소등이 아닌 것은? (단, 원칙적인 경우에 한하며 다른 조건은 고려하지 않는다)

① 모든 이송취급소
② 연면적 600 [m^2]의 제조소
③ 지정수량의 150배인 옥내저장소
④ 액 표면적 40 [m^2]인 옥외탱크저장소

해설

[소화난이도등급기준]
• 소화난이도등급 I

구분	기준
제조소 및 일반취급소	• 연면적 1000 [m^2] 이상인 것 • 지정수량의 100배 이상인 것 • 지반면으로부터 6 [m] 이상의 높이에 위험물 취급설비가 있는 것

• 소화난이도등급 II

구분	기준
제조소 및 일반취급소	• 연면적 600 [m^2] 이상인 것 • 지정수량의 10배 이상인 것 • 일반취급소로서 소화난이도등급 I 의 제조소등에 해당하지 않는 것

07 알루미늄 분말화재 시 주수하여서는 안 되는 가장 큰 이유는?

① 수소가 발생하여 연소가 확대되기 때문에
② 유독가스가 발생하여 연소가 확대되기 때문에
③ 산소의 발생으로 연소가 확대되기 때문에
④ 분말의 독성이 강하기 때문에

해설

[알루미늄(3류) 주수소화 금지 이유]
물과 반응하여 수소와 열이 발생하기 때문

보충 마른모래·팽창질석·팽창진주암, 탄산수소염류분말 사용

정답 ● 05 ① 06 ② 07 ①

08 다음 중 질식소화효과를 주로 이용하는 소화기는?

① 포소화기
② 강화액소화기
③ 수(물)소화기
④ 할로젠화합물소화기

해설
[질식소화효과를 이용하는 소화기]
- 포소화기
- 이산화탄소소화약제
- 분말소화약제

09 과산화리튬의 화재 현장에서 주수소화가 불가능한 이유는?

① 수소가 발생하기 때문에
② 산소가 발생하기 때문에
③ 이산화탄소가 발생하기 때문에
④ 일산화탄소가 발생하기 때문에

해설
[과산화리튬(1류)소화]
알칼리금속 과산화물이 물과 반응 시 산소가 발생

10 제6류 위험물을 저장하는 제조소등에 적응성이 없는 소화설비는?

① 옥외소화전설비
② 탄산수소염류 분말소화설비
③ 스프링클러설비
④ 포소화설비

해설
[제6류 위험물의 소화설비]
산소공급원을 함유하고 있으므로 주로 주수소화함

11 주유취급소 중 건축물의 2층을 휴게음식점의 용도로 사용하는 것에 있어 해당 건축물의 2층으로부터 직접 주유취급소의 부지 밖으로 통하는 출입구와 해당 출입구로 통하는 통로 및 계단에 설치하여야 하는 것은?

① 비상경보설비   ② 유도등
③ 비상조명등   ④ 확성장치

해설
[유도등 설치기준]
출입구, 피난구, 통로 계단에 유도등을 설치하고 비상전원을 설치

12 높이 15 [m], 지름 20 [m]인 옥외저장탱크에 보유공지의 단축을 위해서 물분무설비로 방호 조치를 하는 경우 수원의 양은 약 몇 [L] 이상으로 하여야 하는가?

① 46496   ② 58090
③ 70259   ④ 95880

정답 ● 08 ① 09 ② 10 ② 11 ② 12 ①

해설

[수원의 양]

⑴ 탱크의 표면에 방사하는 물의 양은 탱크 원주 길이 1 [m]에 대해 분당 37 [L] 이상
⑵ 위 규정에 의한 양으로 20분 이상 방사할 수 있을 것

- 수원의 양 = $2\pi r \times 37 \times 20$
  $= 2\pi \times 10 \times 37 \times 20$
  $= 46496$ [L]

13 위험물제조소에 설치하는 분말소화설비의 기준에서 분말소화약제의 가압용 가스로 사용할 수 있는 것은?

① 헬륨 또는 산소
② 네온 또는 염소
③ 아르곤 또는 산소
④ 질소 또는 이산화탄소

해설

[분말소화약제 가압용 가스 사용]
- 불활성 기체 사용
- 질소 · 이산화탄소 · 아르곤

14 위험물제조소등에 설치하는 옥외소화전설비의 기준에서 옥외소화전함은 옥외소화전으로부터 보행 거리 몇 [m] 이하의 장소에 설치하여야 하는가?

① 1.5
② 5
③ 7.5
④ 10

해설

[옥외소화전함설비기준]
옥외소화전으로부터 보행 거리 <u>5 [m]</u> 이하 장소에 설치

15 위험물의 품명 · 수량 또는 지정수량 배수의 변경신고에 대한 설명으로 옳은 것은?

① 허가청과 협의하여 설치한 군용위험물시설의 경우에도 적용된다.
② 변경신고는 변경한 날로부터 7일 이내에 완공검사필증을 첨부하여 신고하여야 한다.
③ 위험물의 품명이나 수량의 변경을 위해 제조소등의 위치 · 구조 또는 설비를 변경하는 경우에 신고한다.
④ 위험물의 품명 · 수량 및 지정수량의 배수를 모두 변경할 때에는 신고를 할 수 없고 허가를 신청하여야 한다.

해설

[위험물 변경신고]
- <u>허가청과 협의하여 설치한 군용위험물시설의 경우에도 적용됨</u>
- 변경신고는 <u>변경하고자 하는 날로부터 7일 이내</u> 완공검사필증을 첨부하여 신고
- 위험물의 품명이나 <u>수량의 변경 없이</u> 제조소등의 위치 · 구조 · 설비를 변경하는 경우
- 위험물의 품명 · 수량 및 지정수량의 배수를 모두 변경할 때에는 <u>신고</u>

정답 13 ④ 14 ② 15 ①

16 위험물제조소등에 설치해야 하는 각 소화설비의 설치기준에 있어서 각 노즐 또는 헤드선단의 방사압력기준이 나머지 셋과 다른 설비는?

① 옥내소화전설비
② 옥외소화전설비
③ 스프링클러설비
④ 물분무소화설비

해설

[방사압력기준]
- 스프링클러설비 : 100 [kPa]
- 옥내소화전설비, 옥외소화전설비, 물분무소화설비 : 350 [kPa]

17 위험물제조소등에 설치하는 이산화탄소 소화설비의 소화약제 저장용기 설치장소로 적합하지 않은 곳은?

① 방호구역 외의 장소
② 온도가 40 [℃] 이하이고 온도 변화가 적은 장소
③ 빗물이 침투할 우려가 적은 장소
④ 직사일광이 잘 들어오는 장소

해설

[이산화탄소소화설비 설치장소]
직사광선·빗물이 들어오지 않는 장소에 설치

18 제조소에서 취급하는 제4류 위험물의 최대 수량의 합이 지정수량의 24만 배 이상, 48만 배 미만인 사업소의 자체소방대에 두는 화학소방자동차의 수와 소방대원의 인원기준으로 옳은 것은?

① 2대, 4인
② 2대, 12인
③ 3대, 15인
④ 3대, 24인

해설

[소방차 수와 소방대원 인원기준]

위험물 최대 수량의 합	소방차	소방대원
12만 배 미만	1	5
12만 ~ 24만 배	2	10
24만 ~ 48만 배	3	15
48만 배 이상	4	20

19 아세톤의 위험도를 구하면 얼마인가? (단, 아세톤의 연소범위는 2 ~ 13 [vol%]이다)

① 0.846
② 1.23
③ 5.5
④ 7.5

해설

[아세톤(4류) 위험도]

- 위험도 = $\dfrac{H-L}{L}$

  H : 연소범위 상한, L : 연소범위 하한

- 위험도 = $\dfrac{13-2}{2} = 5.5$

정답 ● 16 ③ 17 ④ 18 ③ 19 ③

20 위험물안전관리법령에 따른 옥외소화전 설비의 설치기준에 대해 다음 ( ) 안에 알맞은 수치를 차례대로 나타낸 것은?

> 옥외소화전설비는 모든 옥외소화전(설치 개수가 4개 이상인 경우는 4개의 옥외소화전)을 동시에 사용할 경우에 각 노즐선단의 방수압력이 ( ) [kPa] 이상이고, 방수량이 1분당 ( ) [L] 이상의 성능이 되도록 할 것

① 350, 260 ② 300, 260
③ 350, 450 ④ 300, 450

해설

[옥외소화전설비 설치기준]
- 방수 압력 : 350 [kPa] 이상
- 방수량 : 1분당 450 [L] 이상

21 규조토에 흡수시켜 다이너마이트를 제조할 때 사용되는 위험물은?

① 다이나이트로톨루엔
② 질산에틸
③ 나이트로글리세린
④ 나이트로셀룰로스

해설

[나이트로글리세린(5류)의 특징]
- 무색, 투명한 기름상의 액체
- 충격, 마찰에 매우 예민
- 겨울철에는 동결할 우려
- 다이너마이트의 원료

22 위험물제조소에서 "브로민산나트륨 300 [kg], 과산화나트륨 150 [kg], 다이크로뮴산나트륨 500 [kg]"의 위험물을 취급하고 있는 경우 각각의 지정수량 배수의 총합은 얼마인가?

① 3.5 ② 4.0
③ 4.5 ④ 5.0

해설

[지정수량]
- 브로민산나트륨(1류) : 300 [kg]
- 과산화나트륨(1류) : 50 [kg]
- 다이크로뮴산나트륨(1류) : 1000 [kg]
- 지정수량 배수의 총합 :
$$\frac{300}{300} + \frac{150}{50} + \frac{500}{1,000} = 4.5$$

23 알루미늄분의 위험성에 대한 설명 중 틀린 것은?

① 할로젠원소와 접촉 시 자연발화의 위험성이 있다.
② 산과 반응하여 가연성 가스인 수소가 발생한다.
③ 발화하면 다량의 열이 발생한다.
④ 뜨거운 물과 격렬히 반응하여 산화알루미늄을 발생한다.

해설

[알루미늄분(3류)의 위험성]
알루미늄은 물과 반응하여 수산화알루미늄과 수소 발생

24 제1종 판매취급소에 설치하는 위험물 배합실의 기준으로 틀린 것은?

① 바닥면적은 6 [m²] 이상 15 [m²] 이하일 것
② 내화구조 또는 불연재료로 된 벽으로 구획할 것
③ 출입구는 수시로 열 수 있는 자동폐쇄식의 60분+방화문 또는 60분방화문으로 설치할 것
④ 출입구 문턱의 높이는 바닥면으로부터 0.2 [m] 이상일 것

해설
[제1종 판매취급소 배합실기준]
출입구 문턱의 높이는 바닥면으로부터 0.1 [m] 이상

25 과산화벤조일의 일반적인 성질로 옳은 것은?

① 비중은 약 0.33이다.
② 무미, 무취의 고체이다.
③ 물에는 잘 녹지만 다이에틸에터에는 녹지 않는다.
④ 녹는점은 약 300 [℃]이다.

해설
[과산화벤조일(5류)의 특징]
- 비중 : 1.33
- 무미, 무취의 고체
- 에터에 잘 녹음
- 녹는점 : 105 [℃]

26 이황화탄소 저장 시 물속에 저장하는 이유로 가장 옳은 것은?

① 공기 중 수소와 접촉하여 산화되는 것을 방지하기 위하여
② 공기와 접촉 시 환원하기 때문에
③ 가연성 증기의 발생을 억제하기 위해서
④ 불순물을 제거하기 위하여

해설
[이황화탄소(4류)의 저장]
가연성 증기의 발생을 억제하기 위해 물속에 저장

27 위험물안전관리법령은 위험물의 유별에 따른 저장·취급상의 유의사항을 규정하고 있다. 이 규정에서 특히 과열, 충격, 마찰을 피하여야 할 유(類)에 속하는 위험물 품명을 옳게 나열한 것은?

① 하이드록실아민, 금속의 아지화합물
② 금속의 산화물, 칼슘의 탄화물
③ 무기금속화합물, 인화성 고체
④ 무기과산화물, 금속의 산화물

해설
[위험물 종류 주의사항]
- 하이드록실아민, 금속의 아지화합물 : 제5류 위험물
- 제5류 위험물 : 화기엄금, 충격주의

정답 24 ④ 25 ② 26 ③ 27 ①

28 메틸알코올의 위험성에 대한 설명으로 옳지 않은 것은?

① 여름보다는 겨울에 인화의 위험이 적다.
② 증기밀도는 가솔린보다 크다.
③ 독성이 있다.
④ 연소범위는 에틸알코올보다 넓다.

해설

[메틸알코올(4류)의 특징]
- 메틸알코올 증기밀도 : 1.1
- 가솔린 증기밀도 : 3 ~ 4

29 $NaClO_2$을 수납하는 운반용기의 외부에 표시하여야 할 주의사항으로 옳은 것은?

① 화기엄금 및 충격주의
② 화기주의 및 물기엄금
③ 화기·충격주의 및 가연물접촉주의
④ 화기엄금 및 공기접촉엄금

해설

[위험물 종류 주의사항]
1류 위험물(아염소산나트륨, $NaClO_2$) : 가연물접촉주의·화기주의·충격주의

30 오황화인과 칠황화인이 물과 반응했을 때 공통으로 나오는 물질은?

① 이산화황   ② 황화수소
③ 인화수소   ④ 삼산화황

해설

[오황화인, 칠황화인(2류)의 반응 후 생성물]
물과 반응 시 공통적으로 황화수소 발생

31 위험물안전관리법령에서 정한 물분무소화설비의 설치기준으로 적합하지 않은 것은?

① 고압의 전기설비가 있는 장소에는 해당 전기설비와 분무헤드 및 배관과 사이에 전기 절연을 위하여 필요한 공간을 보유한다.
② 스트레이너 및 일제개방밸브는 제어밸브의 하류 측 부근에 스트레이너, 일제개방밸브의 순으로 설치한다.
③ 물분무소화설비에 2 이상의 방사구역을 두는 경우에는 화재를 유효하게 소화할 수 있도록 인접하는 방사구역이 상호 중복되도록 한다.
④ 수원의 수위가 수평회전식펌프보다 낮은 위치에 있는 가압송수장치의 물올림장치는 타 설비와 겸용하여 설치한다.

해설

[물분무소화 설치기준]
수원의 수위가 수평회전식펌프보다 낮은 위치에 있는 가압송수장치의 물올림장치는 단독으로 설치

정답 28 ② 29 ③ 30 ② 31 ④

32 액체위험물을 운반용기에 수납할 때 내용적의 몇 [%] 이하의 수납률로 수납하여야 하는가?

① 95
② 96
③ 97
④ 98

해설
[액체위험물 운반용기 수납률]
98 [%] 이하 수납률로 수납

33 과산화수소의 운반용기 외부에 표시하여야 하는 주의사항은?

① 화기주의
② 충격주의
③ 물기엄금
④ 가연물접촉주의

해설
[과산화수소(6류)의 외부 표시]
제6류 위험물 - 가연물접촉주의

34 다음 중 위험물안전관리법령에서 정한 지정수량이 500 [kg]인 것은?

① 황화인
② 금속분
③ 인화성 고체
④ 황

해설
[지정수량]

위험물(2류)	지정수량 [kg]
황화인	100
인화성 고체	1000
황	100
금속분	500

암 500 : 금속철마

35 제3류 위험물에 대한 설명으로 옳지 않은 것은?

① 황린은 공기 중에 노출되면 자연발화하므로 물속에 저장하여야 한다.
② 나트륨은 물보다 무거우며 석유 등의 보호액 속에 저장하여야 한다.
③ 트라이에틸알루미늄은 상온에서 액체 상태로 존재한다.
④ 인화칼슘은 물과 반응하여 유독성의 포스핀을 발생한다.

해설
[제3류 위험물 특징]
나트륨은 물보다 가볍고 등유나 경유에 보관

정답 32 ④ 33 ④ 34 ② 35 ②

36 과산화벤조일 100 [kg]을 저장하려 한다. 지정수량의 배수는 얼마인가? (단, 제1종으로 가정한다)

① 5배
② 7배
③ 10배
④ 15배

해설

[과산화벤조일(5류)의 지정수량]
- 지정수량 : 10 [kg]
- 지정수량 배수 : $\dfrac{100}{10} = 10$

37 과산화칼륨이 물 또는 이산화탄소와 반응할 경우 공통적으로 발생하는 물질은?

① 산소
② 과산화수소
③ 수산화칼륨
④ 수소

해설

[과산화칼륨(1류)의 반응 후 생성물]
과산화칼륨과 물, 이산화탄소반응 후 공통적으로 산소가 발생

38 위험물안전관리법상 제5류 위험물의 위험등급에 대한 설명 중 옳지 않은 것은?
(※ 법령이 개정되어 정답 없음)

① 유기과산화물과 질산에스터류는 위험등급 Ⅰ에 해당한다.
② 지정수량 100 [kg]인 하이드록실아민과 하이드록실아민염류는 위험등급 Ⅱ에 속한다.
③ 지정수량 100 [kg]에 해당되는 품명은 모두 위험등급 Ⅲ에 해당한다.
④ 지정수량 10 [kg]인 품명만 위험등급 Ⅰ에 해당한다.

해설

[제5류 위험물 위험등급]
지정수량 100 [kg]에 해당되는 품명은 모두 위험등급 Ⅱ에 해당

39 순수한 것은 무색, 투명한 기름상의 액체이고, 공업용은 담황색인 위험물로서 충격, 마찰에는 매우 예민하고 겨울철에는 동결할 우려가 있는 것은?

① 펜트리트
② 트라이나이트로벤젠
③ 나이트로글리세린
④ 질산메틸

해설

[나이트로글리세린(5류)의 특징]
- 무색, 투명한 기름상의 액체
- 충격, 마찰에 매우 예민
- 겨울철에는 동결할 우려
- 다이너마이트의 원료

정답 36 ③ 37 ① 38 정답 없음 39 ③

40 위험물 운송책임자의 감독 또는 지원의 방법으로 운송의 감독 또는 지원을 위하여 마련한 별도의 사무실에 운송책임자가 대기하면서 이행하는 사항에 해당하지 않는 것은?

① 운송 후에 운송 경로를 파악하여 관할 경찰서에 신고하는 것
② 이동탱크저장소의 운전자에 대하여 수시로 안전 확보 상황을 확인하는 것
③ 비상시의 응급처치에 관하여 조언을 하는 것
④ 위험물의 운송 중 안전 확보에 관하여 필요한 정보를 제공하고 감독 또는 지원을 하는 것

해설
[위험물운송책임자의 지원]
운송 후에 운송 경로를 파악하여 관할 소방서 또는 관련 업체에 신고하는 것

41 건성유에 해당되지 않는 것은?

① 들기름
② 동유
③ 아마인유
④ 피마자유

해설
[건성유(4류)의 종류]

품명	아이오딘값	종류
건성유	130 이상	오동유·해바라기씨유·정어리유·아마인유·들기름 등
반건성유	100 ~ 130	참기름·콩기름 등
불건성유	100 이하	피마자유·야자유·올리브유·땅콩기름(낙화생유)·고래기름·소기름 등

42 제조소등에서 위험물을 유출시켜 사람의 신체 또는 재산에 대하여 위험을 발생시킨 자에 대한 벌칙기준으로 옳은 것은?

① 1년 이상 3년 이하의 징역
② 1년 이상 5년 이하의 징역
③ 1년 이상 7년 이하의 징역
④ 1년 이상 10년 이하의 징역

해설
[위험물 유출로 인한 위험 발생자 벌칙기준]
1년 이상 10년 이하의 징역

43 다음 중 제4류 위험물에 대한 설명으로 가장 옳은 것은?

① 물과 접촉하면 발열하는 것
② 자기연소성 물질
③ 많은 산소를 함유하는 강산화제
④ 상온에서 액상인 가연성 액체

정답 40 ① 41 ④ 42 ④ 43 ④

해설

[제4류 위험물의 특징]
- 비수용성
- 인화성 액체
- 상온에서 액상인 가연성 액체

44 알킬알루미늄의 저장 및 취급방법으로 옳은 것은?

① 용기는 완전 밀봉하고 CH_4, C_3H_8 등을 봉입한다.
② C_6H_6 등의 희석제를 넣어준다.
③ 용기의 마개에 다수의 미세한 구멍을 뚫는다.
④ 통기구가 달린 용기를 사용하여 압력 상승을 방지한다.

해설

[알킬알루미늄(3류) 저장]
- 용기를 완전 밀봉하고, 용기 상부에 불연성 가스(질소, 아르곤, 이산화탄소 등)를 봉입
- 벤젠(C_6H_6)을 희석제로 넣어줌

45 제5류 위험물에 관한 내용으로 틀린 것은?

① $C_2H_5ONO_2$: 상온에서 액체이다.
② $C_6H_2OH(NO_2)_3$: 공기 중에서 자연분해가 잘된다.
③ $C_6H_3(NO_2)_2CH_3$: 담황색 결정이다.
④ $C_3H_5(ONO_2)_3$: 혼산 중에 글리세린을 반응시켜 제조한다.

해설

[트라이나이트로페놀($C_6H_2OH(NO_2)_3$)의 특징]
트라이나이트로페놀은 공기 중에서 자연분해되지 않아 장기간 저장할 수 있음

46 과염소산에 대한 설명으로 틀린 것은?

① 물과 접촉하면 발열한다.
② 불연성이지만 유독성이 있다.
③ 증기비중은 약 3.5이다.
④ 산화제이므로 쉽게 산화할 수 있다.

해설

[과염소산(6류)의 특징]
- 산화성 액체
- 산화제는 자신은 환원되고, 다른 물질은 산화되는 것

47 고정 지붕 구조를 가진 높이 15 [m]의 원통세로형 옥외위험물 저장탱크 안의 탱크 상부로부터 아래로 1 [m] 지점에 고정식 포 방출구가 설치되어 있다. 이 조건의 탱크를 신설하는 경우 최대 허가량은 얼마인가? (단, 탱크의 내부 단면적은 100 [m^2]이고, 탱크 내부에는 별다른 구조물이 없으며, 공간용적기준은 만족하는 것으로 가정한다)

① 1400 [m^3]
② 1370 [m^3]
③ 1350 [m^3]
④ 1300 [m^3]

정답 44 ② 45 ② 46 ④ 47 ②

> **해설**

[탱크 최대 허가량]
- 소화설비를 설치하는 탱크의 공간용적은 소화설비의 소화약제방출구 아래로 0.3 [m] 이상 1 [m] 미만 사이 면으로부터 윗부분임
- 최대 탱크 허가량 = 100 × (15 - 1 - 0.3)
  = 1370 [m³]

48 염소산나트륨의 저장 및 취급 시 주의할 사항으로 틀린 것은?

① 철제용기에 저장은 피해야 한다.
② 열분해 시 이산화탄소가 발생하므로 질식에 유의한다.
③ 조해성이 있으므로 방습에 유의한다.
④ 용기에 밀전하여 보관한다.

> **해설**

[염소산나트륨(1류)의 저장·취급 시 주의사항]
열분해 시 <u>산소 발생</u>

49 이송취급소의 교체밸브, 제어밸브 등의 설치기준으로 틀린 것은?

① 밸브는 원칙적으로 이송기시 또는 전용부지 내에 설치할 것
② 밸브는 그 개폐 상태를 설치장소에서 쉽게 확인할 수 있도록 할 것
③ 밸브를 지하에 설치하는 경우에는 점검상자 안에 설치할 것
④ 밸브는 해당 밸브의 관리에 관계하는 자가 아니면 수동으로만 개폐할 수 있도록 할 것

> **해설**

[밸브 설치기준]
밸브는 해당 밸브의 관리에 관계하는 자가 아니면 수동으로 <u>개폐할 수 없음</u>

50 제조소등에 있어서 위험물을 저장하는 기준으로 잘못된 것은?

① 황린은 제3류 위험물이므로 물기가 없는 건조한 장소에 저장하여야 한다.
② 덩어리 상태의 황은 위험물용기에 수납하지 않고 옥내저장소에 저장할 수 있다.
③ 옥내저장소에서는 용기에 수납하여 저장하는 위험물의 온도가 55 [℃]를 넘지 아니하도록 필요한 조치를 강구하여야 한다.
④ 이동저장탱크에는 저장 또는 취급하는 위험물의 유별·품명·최대 수량 및 적재 중량을 표시하고 잘 보일 수 있도록 관리하여야 한다.

> **해설**

[위험물의 저장기준]
황린은 pH 9 물속에 저장

정답 48 ② 49 ④ 50 ①

51 1몰의 에틸알코올이 완전연소하였을 때 생성되는 이산화탄소는 몇 몰인가?

① 1몰
② 2몰
③ 3몰
④ 4몰

해설

[에틸알코올(4류)의 반응 후 생성물]
- $C_2H_5OH + 3O_2 \rightarrow \underline{2CO_2} + 3H_2O$
- 에틸알코올은 산소와 반응하여 2몰의 이산화탄소와 물을 생성

52 비중은 0.86이고, 은백색의 무른 경금속으로 보라색 불꽃을 내면서 연소하는 제3류 위험물은?

① 칼슘
② 나트륨
③ 칼륨
④ 리튬

해설

[칼륨(3류)의 특징]
- 비중은 0.86
- 은백색의 무른 경금속
- 보라색 불꽃을 내면서 연소

53 다음은 위험물안전관리법령에 따른 이동탱크저장소에 대한 기준이다. ( ) 안에 알맞은 수치를 차례대로 나열한 것은?

> 이동저장탱크는 그 내부에 ( ) [L] 이하마다 ( ) [mm] 이상의 강철판 또는 이와 동등 이상의 강도·내열성 및 내식성이 있는 금속성의 것으로 칸막이를 설치하여야 한다.

① 2500, 3.2   ② 2500, 4.8
③ 4000, 3.2   ④ 4000, 4.8

해설

[이동탱크저장소의 구조기준]
<u>4000 [L]</u> 이하마다 <u>3.2 [mm]</u> 이상의 강철판 또는 금속성의 칸막이 설치

54 인화점이 상온 이상인 위험물은?

① 중유
② 아세트알데하이드
③ 아세톤
④ 이황화탄소

해설

[인화점]
중유 : 60 ~ 150 [℃]

정답 51 ② 52 ③ 53 ③ 54 ①

55 아이오딘산아연의 성질에 대한 설명으로 가장 거리가 먼 것은?

① 결정성 분말이다.
② 유기물과 혼합 시 연소 위험이 있다.
③ 환원력이 강하다.
④ 제1류 위험물이다.

해설

[아이오딘산 아연(1류)의 성질]
산화성 고체이므로 환원력 없음

56 위험물제조소의 연면적이 몇 [m²] 이상이 되면 경보설비 중 자동화재탐지설비를 설치하여야 하는가?

① 400
② 500
③ 600
④ 800

해설

[자동화재탐지설비]

10	지정수량 10배 이상을 저장 또는 취급하는 것
50	하나의 경계구역의 한 변의 길이는 50 [m] 이하로 할 것
500	제조소 및 일반취급소의 연면적이 500 [m²] 이상일 때 설치. 500 [m²] 이하이면 두 개의 층에 걸치는 것 가능
600	원칙적으로 경계구역 면적 600 [m²] 이하
1000	주요 출입구에서 그 내부의 전체를 볼 수 있는 경우 1000 [m²] 이하

57 제4류 위험물의 옥외저장탱크에 대기밸브 부착 통기관을 설치할 때 몇 [kPa] 이하의 압력 차이로 작동하여야 하는가?

① 5 [kPa] 이하
② 10 [kPa] 이하
③ 15 [kPa] 이하
④ 20 [kPa] 이하

해설

[제4류 위험물 통기관 작동]
5 [kPa] 이하의 압력 차이로 작동

58 위험물안전관리법령상 제3류 위험물에 속하는 담황색의 고체로서 물속에 보관해야 하는 것은?

① 황린
② 적린
③ 황
④ 나이트로글리세린

해설

[황린(3류)의 특징]
• 담황색의 고체
• 물속에 보관
• 적린과 동소체
• 주수소화가 가능

정답 55 ③ 56 ② 57 ① 58 ①

59 이황화탄소에 관한 설명으로 틀린 것은?

① 비교적 무거운 무색의 고체이다.
② 인화점이 0 [℃] 이하이다.
③ 약 100 [℃]에서 발화할 수 있다.
④ 이황화탄소의 증기는 유독하다.

해설

[이황화탄소(4류)의 특징]
비중이 1보다 큰 인화성 액체

60 위험물안전관리법령에서 규정하고 있는 사항으로 옳지 않은 것은?

① 법정의 안전 교육을 받아야 하는 사람은 안전관리자로 선임된 자, 탱크시험자의 기술 인력으로 종사하는 자, 위험물운송자로 종사하는 자이다.
② 지정수량의 150배 이상의 위험물을 저장하는 옥내저장소는 관계인이 예방규정을 정하여야 하는 제조소등에 해당한다.
③ 정기검사의 대상이 되는 것은 액체위험물을 저장 또는 취급하는 10만 리터 이상의 옥외탱크저장소, 암반탱크저장소, 이송취급소이다.
④ 법정의 안전관리자교육이수자와 소방공무원으로 근무한 경력이 3년 이상인 자는 제4류 위험물에 대한 위험물 취급 자격자가 될 수 있다.

해설

[위험물안전관리법령]
정기검사의 대상이 되는 것은 액체위험물을 저장 또는 취급하는 50만 [L] 이상인 옥외탱크저장소

정답 59 ① 60 ③

2014년 제2회

01 다음의 위험물 중에서 이동탱크저장소에 의하여 위험물을 운송할 때 운송책임자의 감독·지원을 받아야 하는 위험물은?

① 알킬리튬
② 아세트알데하이드
③ 금속의 수소화물
④ 마그네슘

해설
[위험물 운송책임자의 지원을 받는 위험물]
- 알킬알루미늄(3류)
- 알킬리튬(3류)

02 화재 시 이산화탄소를 사용하여 공기 중 산소의 농도를 21 [vol%]에서 13 [vol%]로 낮추려면 공기 중 이산화탄소의 농도는 약 몇 [vol%]가 되어야 하는가?

① 34.3
② 38.1
③ 42.5
④ 45.8

해설
[이산화탄소의 소화농도 계산]
$$\% CO_2 = \frac{21 - \% O_2}{21} \times 100$$
$$= \frac{21 - 13}{21} \times 100 = 38.1 \,[\text{vol\%}]$$

03 폭발 시 연소파의 전파 속도 범위에 가장 가까운 것은?

① 0.1 ~ 10 [m/s]
② 100 ~ 1000 [m/s]
③ 2000 ~ 3500 [m/s]
④ 5000 ~ 10000 [m/s]

해설
[연소파 전파 속도]
- 폭연 : 0.1 ~ 10 [m/s]
- 폭굉 : 1000 ~ 3500 [m/s]

04 1몰의 이황화탄소와 고온의 물이 반응하여 생성되는 독성 기체 물질의 부피는 표준 상태에서 얼마인가?

① 22.4 [L]
② 44.8 [L]
③ 67.2 [L]
④ 134.4 [L]

해설
[이황화탄소(4류)의 반응 후 생성물]
- $CS_2 + 2H_2O \rightarrow CO_2 + 2H_2S$
- 이황화탄소가 뜨거운 물과 반응하여 이산화탄소와 황화수소가 발생
- 1 [mol] : 22.4 [L]
- H_2S 2 [mol] : 44.8 [L]

정답 01 ① 02 ② 03 ① 04 ②

05 다음 고온체의 색깔을 낮은 온도부터 옳게 나열한 것은?

① 암적색 < 황적색 < 백적색 < 휘적색
② 휘적색 < 백적색 < 황적색 < 암적색
③ 휘적색 < 암적색 < 황적색 < 백적색
④ 암적색 < 휘적색 < 황적색 < 백적색

해설

[고온체 색깔의 온도 순 나열]
담암적색 < 암적색 < 적색 < 황색 < 휘적색 < 황적색 < 백적색 < 휘백색

암 담암적황휘황백휘

06 화재 원인에 대한 설명으로 틀린 것은?

① 연소 대상물의 열전도율이 좋을수록 연소가 잘 된다.
② 온도 높을수록 연소 위험 높아진다.
③ 화학적 친화력이 클수록 연소가 잘 된다.
④ 산소와 접촉이 잘 될수록 연소가 잘 된다.

해설

[화재 원인]
- 열전도율이 낮을수록
- 온도가 높을수록
- 화학적 친화력이 클수록
- 산소와 접촉이 잘 될수록

07 산화제와 환원제를 연소의 4요소와 연관 지어 연결한 것으로 옳은 것은?

① 산화제 - 산소 공급원,
  환원제 - 가연물
② 산화제 - 가연물,
  환원제 - 산소 공급원
③ 산화제 - 연쇄반응, 환원제 - 점화원
④ 산화제 - 점화원, 환원제 - 가연물

해설

[연소의 4요소]
- 산소를 함유한 산화제는 산소 공급원의 역할을 함
- 환원제는 가연물의 역할을 함

암 연소의 4요소 : 가산점, 연
(가연물, 산소 공급원, 점화원, 연쇄반응)

08 [보기]에서 소화기의 사용방법을 옳게 설명한 것을 모두 나열한 것은?

[보기]
(ㄱ) 적응화재에만 사용할 것
(ㄴ) 불과 최대한 멀리 떨어져서 사용할 것
(ㄷ) 바람을 마주보고 풍하에서 풍상 방향으로 사용할 것
(ㄹ) 양옆으로 비로 쓸 듯이 골고루 사용할 것

① (ㄱ), (ㄴ)
② (ㄱ), (ㄷ)
③ (ㄱ), (ㄹ)
④ (ㄱ), (ㄷ), (ㄹ)

정답 05 ④ 06 ① 07 ① 08 ③

> 해설

[소화기 사용방법]
- 적응화재에 따라 사용
- 성능에 따라 방출거리 내에서 사용
- 바람을 등지고 사용
- 양옆으로 비로 쓸 듯이 방사

09 위험물제조소의 안전거리기준으로 틀린 것은?

① 초·중등교육법 및 고등교육법에 의한 학교 - 20 [m] 이상
② 의료법에 의한 병원 급 의료기관 - 30 [m] 이상
③ 문화유산법 규정에 의한 지정문화유산 - 50 [m] 이상
④ 사용전압이 35000 [V]를 초과하는 특고압가공전선 - 5 [m] 이상

> 해설

[위험물제조소 안전거리기준]

구분	거리
사용전압 7000 [V] 초과 35000 [V] 이하 특고압 가공전선	3 [m] 이상
사용전압 35000 [V] 초과의 특고압 가공전선	5 [m] 이상
주거용으로 사용	10 [m] 이상
고압가스·액화석유가스·도시가스를 저장 취급하는 시설	20 [m] 이상
학교·병원·영화상영관 등 수용인원 300명 이상, 복지시설·어린이집·수용인원 20명 이상	30 [m] 이상
유형문화유산·지정문화유산	50 [m] 이상

10 위험물안전관리법령상 위험물제조소등에서 전기설비가 있는 곳에 적응하는 소화설비는?

① 옥내소화전설비
② 스프링클러설비
③ 포소화설비
④ 할로젠화합물소화설비

> 해설

[전기설비 적응성]
- 이산화탄소소화설비
- 할로젠화합물소화설비

11 국소방출방식의 이산화탄소소화설비의 분사헤드에서 방출되는 소화약제의 방사 기준은?

① 10초 이내에 균일하게 방사할 수 있을 것
② 15초 이내에 균일하게 방사할 수 있을 것
③ 30초 이내에 균일하게 방사할 수 있을 것
④ 60초 이내에 균일하게 방사할 수 있을 것

> 해설

[국소방출방식의 이산화탄소소화방출 기준]
30초 이내에 균일하게 방사

정답 09 ① 10 ④ 11 ③

12 위험물안전관리법령의 소화설비 설치기준에 의하면 옥외소화전설비의 수원의 수량은 옥외소화전 설치 개수(설치 개수가 4 이상인 경우에는 4)에 몇 [m³]을 곱한 양 이상이 되도록 하여야 하는가?

① 7.8 [m³]
② 13.5 [m³]
③ 31.2 [m³]
④ 25.5 [m³]

해설

[소화설비 설치기준]
- 옥내소화전 : 설치 개수(최대 5) × 7.8 [m³]
- 옥외소화전 : 설치 개수(최대 4) × 13.5 [m³]

13 제5류 위험물의 화재 시 소화방법에 대한 설명으로 옳은 것은?

① 가연성 물질로서 연소속도가 빠르므로 질식소화가 효과적이다.
② 할로젠화합물소화기가 적응성이 있다.
③ CO_2 및 분말소화기가 적응성이 있다.
④ 다량의 주수에 의한 냉각소화가 효과적이다.

해설

[제5류 위험물소화방법]
질식소화에 적응성이 없으므로 다량의 물로 냉각소화

14 할론 1301 소화약제에 대한 설명으로 틀린 것은?

① 저장용기에 액체상으로 충전한다.
② 화학식은 CF_3Br이다.
③ 비점이 낮아서 기화가 용이하다.
④ 공기보다 가볍다.

해설

[할론 1301 소화약제의 특징]
증기비중은 5.14로 공기보다 무거움

15 스프링클러설비의 장점이 아닌 것은?

① 화재의 초기 진압에 효율적이다.
② 사용 약제를 쉽게 구할 수 있다.
③ 자동으로 화재를 감지하고 소화할 수 있다.
④ 다른 소화설비보다 구조가 간단하고 시설비가 적다.

해설

[스프링클러설비 단점]
구조가 복잡하여 시설비가 많이 듬

16 위험물안전관리법령상 옥내주유취급소의 소화난이도등급은?

① Ⅰ
② Ⅱ
③ Ⅲ
④ Ⅳ

정답 ▶ 12 ② 13 ④ 14 ④ 15 ④ 16 ②

해설

[옥내주유취급소의 소화난이도등급]
소화난이도 Ⅱ 등급의 주유취급소 : 옥내주유취급소로서 소화난이도등급 Ⅰ의 제조소등에 해당하지 아니하는 것

17 다음 중 증발연소를 하는 물질이 아닌 것은?

① 황
② 석탄
③ 파라핀
④ 나프탈렌

해설

[연소형태]
- 표면연소 : 목탄(숯)·코크스·금속·마그네슘·금속분 등이 고체의 표면에서 산소와 만나 연소
- 분해연소 : 목재·종이·플라스틱·섬유·석탄 등의 열분해로 인한 연소
- 자기연소 : 제5류 위험물 등 산소공급원을 포함하고 있는 물질이 스스로 연소
- 증발연소 : 파라핀·황·나프탈렌·양초·에터 등이 증발한 증기가 연소

18 포소화약제에 의한 소화방법으로 다음 중 가장 주된 소화효과는?

① 희석소화
② 질식소화
③ 제거소화
④ 자기소화

해설

[포소화약제소화효과]
냉각, 질식효과

19 다음 위험물의 화재 시 주수소화가 가능한 것은?

① 철분
② 마그네슘
③ 나트륨
④ 황

해설

[주수소화 가능 물질]
황(금속분, 철분, 마그네슘 제외한 2류)

TIP 금속류 : 주수 금지

20 알킬리튬에 대한 설명으로 틀린 것은?

① 제3류 위험물이고, 지정수량은 10 [kg]이다.
② 가연성의 액체이다.
③ 이산화탄소와는 격렬하게 반응한다.
④ 소화방법으로는 물로 주수는 불가하며 할로젠화합물소화약제를 사용하여야 한다.

해설

[알킬리튬(3류) 특징]
제3류 위험물 금수성 물질로 주수는 불가하며 마른모래, 팽창질석, 팽창진주암, 탄산수소염류 소화약제를 사용

정답 17 ② 18 ② 19 ④ 20 ④

21 등유의 지정수량에 해당하는 것은?

① 100 [L]
② 200 [L]
③ 1000 [L]
④ 2000 [L]

해설

[등유(4류) 지정수량]
1000 [L]

22 제5류 위험물의 나이트로화합물에 속하지 않은 것은?

① 나이트로벤젠
② 테트릴
③ 트라이나이트로톨루엔
④ 피크르산

해설

[제5류 위험물의 종류]

품명	위험물	상태
질산에스터류	질산메틸 질산에틸 나이트로글리콜 나이트로글리세린	액체
	나이트로셀룰로스	고체
나이트로화합물	트라이나이트로톨루엔 트라이나이트로페놀 다이나이트로벤젠 테트릴	고체

나이트로벤젠 : 제4류 위험물 - 제3석유류

23 탄화칼슘의 취급방법에 대한 설명으로 옳지 않은 것은?

① 물, 습기와의 접촉을 피한다.
② 건조한 장소에 밀봉 밀전하여 보관한다.
③ 습기와 작용하여 다량의 메테인이 발생하므로 저장 중에 메테인가스의 발생 유무를 조사한다.
④ 저장용기에 질소가스 등 불활성 가스를 충전하여 저장한다.

해설

[탄화칼슘(3류) 취급방법]
• $CaC_2 + 2H_2O \rightarrow Ca(OH)_2 + C_2H_2$
• 탄화칼슘은 물과 반응하여 수산화칼슘·아세틸렌을 생성
• 습기와 작용하여 <u>아세틸렌 발생</u>

24 위험물저장소에 해당하지 않는 것은?

① 옥외저장소
② 지하탱크저장소
③ 이동탱크저장소
④ 판매저장소

해설

[위험물저장소 종류]
• 옥외저장소
• 지하탱크저장소
• 이동탱크저장소
• <u>암반탱크저장소</u>

정답 ● 21 ③ 22 ① 23 ③ 24 ④

25 황화인에 대한 설명 중 옳지 않은 것은?

① 삼황화인은 황색 결정으로 공기 중 약 100 [℃]에서 발화할 수 있다.
② 오황화인은 담황색 결정으로 조해성이 있다.
③ 오황화인은 물과 접촉하여 유독성 가스가 발생할 위험이 있다.
④ 삼황화인은 연소하여 황화수소가스가 발생할 위험이 있다.

해설

[황화인(2류) 특징]
삼황화인은 연소 시 이산화황, 오산화인을 발생

26 위험물안전관리법령상 제조소등의 정기점검 대상에 해당하지 않는 것은?

① 지정수량 15배의 제조소
② 지정수량 40배의 옥내탱크저장소
③ 지정수량 50배의 이동탱크저장소
④ 지정수량 20배의 지하탱크저장소

해설

[제조소등 정기점검 대상]
(1) 지정수량의 10배 이상의 위험물을 취급하는 제조소
(2) 지정수량의 100배 이상의 위험물을 저장하는 옥외저장소
(3) 지정수량의 150배 이상의 위험물을 저장하는 옥내저장소
(4) 지정수량의 200배 이상의 위험물을 저장하는 옥외탱크저장소
(5) 암반탱크저장소
(6) 이송취급소
(7) 이동탱크저장소

27 지정과산화물을 저장 또는 취급하는 위험물 옥내저장소의 저장창고기준에 대한 설명으로 틀린 것은?

① 서까래의 간격 30 [cm] 이하로 할 것
② 저장창고의 출입구에는 60분+방화문 또는 60분방화문을 설치할 것
③ 저장창고의 외벽을 철근콘크리트조로 할 경우 두께를 10 [cm] 이상으로 할 것
④ 저장창고의 창은 바닥면으로부터 2 [m] 이상의 높이에 둘 것

해설

[옥내저장소 저장창고기준]
저장창고 구조
(1) 벽·기둥·바닥 : 내화구조, 외벽을 철근콘크리트조로 할 경우 두께를 20 [cm] 이상으로 할 것
(2) 보·서까래 : 불연재료, 서까래 간격은 30 [cm] 이하로 할 것
(3) 출입구 : 60분+방화문 또는 60분방화문 또는 30분방화문
(4) 출입구 창
 ① 창은 바닥면으로부터 2 [m] 이상 높이에 설치
 ② 하나의 벽면에 두는 창의 면적의 합계를 해당 벽면의 면적의 80분의 1 이내가 되게 함
 ③ 하나의 창의 면적을 0.4 [m^2] 이내로 함

정답 25 ④ 26 ② 27 ③

28 아세트알데하이드의 저장·취급 시 주의사항으로 틀린 것은?

① 강산화제와의 접촉을 피한다.
② 취급설비에는 구리합금의 사용을 피한다.
③ 수용성이기 때문에 화재 시 물로 희석소화가 가능하다.
④ 옥외저장탱크에 저장 시 조연성 가스를 주입한다.

해설
[아세트알데하이드 주의사항]
옥외저장탱크에 저장 시 불연성 가스 주입

29 제조소등의 소화설비 설치 시 소요단위 산정에 관한 내용으로 다음 (   ) 안에 알맞은 수치를 차례대로 나열한 것은?

> 제조소 또는 취급소의 건축물은 외벽이 내화구조인 것은 연면적 (   ) [m²]를 1소요단위로 하며, 외벽이 내화구조가 아닌 것은 연면적 (   ) [m²]를 1소요단위로 한다.

① 200, 100
② 150, 100
③ 150, 50
④ 100, 50

해설
[소요단위 산정기준]

구분	외벽이 내화구조	외벽이 비내화구조
위험물제조소 및 취급소	100 [m²]	50 [m²]
위험물저장소	150 [m²]	75 [m²]
위험물	지정수량의 10배	

30 위험물 분류에서 제1석유류에 대한 설명으로 옳은 것은?

① 아세톤, 휘발유 그 밖에 1기압에서 인화점이 21 [℃] 미만인 것
② 등유, 경유 그 밖에 액체로서 인화점이 21 [℃] 이상, 70 [℃] 미만의 것
③ 중유, 도료류로서 인화점이 70 [℃] 이상, 200 [℃] 미만의 것
④ 기계유, 실린더유 그 밖의 액체로서 인화점이 200 [℃] 이상, 250 [℃] 미만인 것

해설
[제1석유류 정의]
① 제1석유류
② 제2석유류
③ 제3석유류
④ 제4석유류

정답 ● 28 ④ 29 ④ 30 ①

31 벤젠 1몰을 충분한 산소가 공급되는 표준 상태에서 완전연소시켰을 때 발생하는 이산화탄소의 양은 몇 [L]인가?

① 22.4 ② 134.4
③ 168.8 ④ 224.0

해설

[벤젠(4류) 반응 후 생성물]
- $2C_6H_6 + 15O_2 \rightarrow 12CO_2 + 6H_2O$
- 이산화탄소 양 = 6 × 22.4 = 134.4 [L]

32 위험물안전관리법령상 동식물유류의 경우 1기압에서 인화점은 섭씨 몇 도 미만으로 규정하고 있는가?

① 150 [℃] ② 250 [℃]
③ 450 [℃] ④ 600 [℃]

해설

[동식물유(4류) 정의]
인화점 : 250 [℃] 미만

33 과염소산칼륨과 아염소산나트륨의 공통 성질이 아닌 것은?

① 지정수량이 50 [kg]이다.
② 열분해 시 산소를 방출한다.
③ 강산화성 물질이며 가연성이다.
④ 상온에서 고체의 형태이다.

해설

[과염소산칼륨과 아염소산(1류)의 공통 성질]
강산화성 물질이며 불연성, 조연성

34 과산화나트륨 78 [g]과 충분한 양의 물이 반응하여 생성되는 기체의 종류와 생성량을 옳게 나타낸 것은?

① 수소, 1 [g]
② 산소, 16 [g]
③ 수소, 2 [g]
④ 산소, 32 [g]

해설

[과산화나트륨(1류)의 반응 후 생성물]
- $2Na_2O_2 + 2H_2O \rightarrow 4NaOH + O_2$
- 과산화나트륨 1몰은 물과 만나 산소 0.5 [mol]을 생성
- Na_2O_2 분자량 : (23 × 2) + (16 × 2) = 78
- O_2 생성량 : 0.5 [mol] × 32 = 16 [g]

35 아염소산염류의 운반용기 중 적응성 있는 내장용기의 종류와 최대 용적이나 중량을 옳게 나타낸 것은? (단, 외장용기의 종류는 나무상자 또는 플라스틱상자이고, 외장용기의 최대 중량은 125 [kg]으로 한다)

① 금속제용기 : 20 [L]
② 종이 포대 : 55 [kg]
③ 플라스틱 필름 포대 : 60 [kg]
④ 유리용기 : 10 [L]

해설

[아염소산염류(1류)의 운반용기 적응성]
제1류 위험물 중 위험등급 Ⅰ인 경우 고체위험물 운반용기의 내장용기는 유리용기, 최대 용적은 10 [L]

정답 31 ② 32 ② 33 ③ 34 ② 35 ④

36 물과 접촉 시, 발열하면서 폭발 위험성이 증가하는 것은?

① 과산화칼륨
② 과망가니즈산나트륨
③ 아이오딘산칼륨
④ 과염소산칼륨

해설
[물과 접촉 시 폭발하는 위험물]
과산화칼륨은 물과 반응 시 산소가 발생하고 폭발함

37 황린의 저장방법으로 옳은 것은?

① 물속에 저장한다.
② 공기 중에 보관한다.
③ 벤젠 속에 저장한다.
④ 이황화탄소 속에 보관한다.

해설
[황린(3류) 저장방법]
pH 9인 물속에 저장

38 다음 중 벤젠 증기의 비중에 가장 가까운 값은?

① 0.7   ② 0.9
③ 2.7   ④ 3.9

해설
[벤젠(4류) 증기비중]
$C_6H_6 / 29 = 78 / 29 = 2.69$

39 다음 중 나이트로글리세린을 다공질의 규조토에 흡수시켜 제조한 물질은?

① 흑색화약
② 나이트로셀룰로스
③ 다이너마이트
④ 연화약

해설
[나이트로글리세린(5류)의 특징]
• 무색, 투명한 기름상의 액체
• 충격, 마찰에 매우 예민
• 겨울철에는 동결할 우려
• 다이너마이트 원료

40 제5류 위험물의 일반적 성질에 관한 설명으로 옳지 않은 것은?

① 화재 발생 시 소화가 곤란하므로 적은 양으로 나누어 저장한다.
② 운반용기 외부에 충격주의, 화기엄금의 주의사항을 표시한다.
③ 자기연소를 일으키며 연소 속도가 대단히 빠르다.
④ 가연성 물질이므로 질식소화하는 것이 가장 좋다.

해설
[제5류 위험물 특징]
산소공급원을 포함하고 있으므로 질식소화에는 적응성이 없음

정답 36 ① 37 ① 38 ③ 39 ③ 40 ④

41 제2류 위험물의 일반적 성질에 대한 설명으로 가장 거리가 먼 것은?

① 가연성 고체 물질이다.
② 연소 시 연소열이 크고 연소 속도가 빠르다.
③ 산소를 포함하여 조연성 가스의 공급이 없이 연소가 가능하다.
④ 비중이 1보다 크고 물에 녹지 않는다.

해설
[제2류 위험물 특징]
- 산소를 포함하지 않음
- 연소가 잘 되며, 산소와의 결합이 쉬움

42 옥내탱크저장소 중 탱크전용실을 단층 건물 외의 건축물에 설치하는 경우 탱크전용실을 건축물의 1층 또는 지하층에만 설치하여야 하는 위험물이 아닌 것은?

① 제2류 위험물 중 덩어리 황
② 제3류 위험물 중 황린
③ 제4류 위험물 중 인화점이 38 [℃] 이상인 위험물
④ 제6류 위험물 중 질산

해설
[탱크전용실 건축물 1층, 지하층 설치 위험물]
- 탱크전용실 건축물 1층, 지하층 설치 위험물 : 제2류 위험물 중 덩어리 황, 제3류 위험물 중 황린, 제6류 위험물 중 질산
- 제4류 위험물 중 인화점이 38 [℃] 이상인 위험물은 단층 건물 외 건축물의 모든 층수에 관계없이 설치 가능

43 다음 중 자연발화의 위험성이 가장 큰 물질은?

① 아마인유   ② 야자유
③ 올리브유   ④ 피마자유

해설
[자연발화의 위험성]
건성유인 아마인유는 자연발화의 위험이 큼

품명	아이오딘값	종류
건성유	130 이상	오동유·해바라기씨유·정어리유·아마인유·들기름 등
반건성유	100 ~ 130	참기름·콩기름 등
불건성유	100 이하	피마자유·야자유·올리브유·땅콩기름(낙화생유)·고래기름·소기름 등

보충 아마인유를 제외하고는 모두 불건성유

44 위험물안전관리법령상 지정수량이 다른 하나는?

① 인화칼슘   ② 루비듐
③ 칼슘   ④ 차아염소산칼륨

해설
[지정수량]

위험물	지정수량 [kg]
인화칼슘(3류)	300
루비듐(3류)	50
칼슘(3류)	50
차아염소산칼륨(3류)	50

정답 41 ③ 42 ③ 43 ① 44 ①

45 옥외탱크저장소의 소화설비를 검토 및 적용할 때에 소화난이도등급 Ⅰ에 해당되는지를 검토하는 탱크높이의 측정기준으로서 적합한 것은?

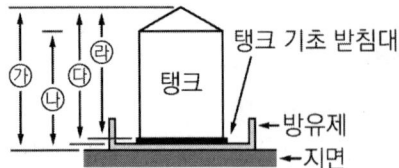

① (가)
② (나)
③ (다)
④ (라)

> 해설

[옥외탱크저장소소화설비]
지반면으로부터 탱크 옆판 상단까지의 높이가 6[m] 이상인 경우

46 질산메틸의 성질에 대한 설명으로 틀린 것은?

① 비점은 약 66[℃]이다.
② 증기는 공기보다 가볍다.
③ 무색투명한 액체이다.
④ 자기반응성 물질이다.

> 해설

[질산메틸(5류) 특징]
질산메틸(CH_3NO_3) : 증기비중이 2.65로 공기보다 무거움

47 운반을 위하여 위험물을 적재하는 경우에 차광성이 있는 피복으로 가려주어야 하는 것은?

① 특수인화물
② 제1석유류
③ 알코올류
④ 동식물유류

> 해설

[위험물별 피복유형]

덮개	위험물
차광성	제1류 위험물
	제3류 위험물 중 자연발화성 물질
	제4류 위험물 중 특수인화물
	제5류 위험물
	제6류 위험물
방수성	제1류 위험물 중 알칼리금속과산화물
	제2류 위험물 중 금속분, 철분, 마그네슘
	제3류 위험물 중 금수성 물질

48 위험물제조소등에 옥내소화전설비를 설치할 때 옥내소화전이 가장 많이 설치된 층의 소화전의 개수가 4개일 때 확보하여야 할 수원의 수량은?

① 10.4 [m^3]
② 20.8 [m^3]
③ 31.2 [m^3]
④ 41.6 [m^3]

정답 45 ② 46 ② 47 ① 48 ③

해설

[확보해야 할 수원의 수량]
- 옥내소화전 : 설치 개수(최대 5) × 7.8 [m³]
- 옥외소화전 : 설치 개수(최대 4) × 13.5 [m³]
- 수원 수량 = 4 × 7.8 = 31.2 [m³]

---

49 과염소산나트륨에 대한 설명으로 옳지 않은 것은?

① 가열하면 분해하여 산소를 방출한다.
② 환원제이며 수용액은 강한 환원성이 있다.
③ 수용성이며 조해성이 있다.
④ 제1류 위험물이다.

해설

[과염소산나트륨(1류) 특징]
제1류 위험물은 산화제임

---

50 옥내저장소의 저장창고에 150 [m²] 이내마다 일정 규격의 격벽을 설치하여 저장하여야 하는 위험물은?

① 제5류 위험물 중 지정과산화물
② 알킬알루미늄등
③ 아세트알데하이드등
④ 하이드록실아민등

해설

[옥내저장소 격벽 설치]
제5류 위험물 중 지정과산화물은 저장창고에 150 [m²] 이내마다 일정 규격의 격벽을 설치하여 저장하여야 함

---

51 위험물안전관리법에서 규정하고 있는 사항으로 옳지 않은 것은?

① 위험물저장소를 경매에 의해 시설의 전부를 인수한 경우에는 30일 이내에, 저장소의 용도를 폐지한 경우에는 14일 이내에 시·도지사에게 그 사실을 신고하여야 한다.
② 제조소등의 위치·구조 및 설비기준을 위반하여 사용한 때에는 시·도지사는 허가 취소, 전부 또는 일부의 사용 정지를 명할 수 있다.
③ 경유 20000 [L]를 수산용 건조시설에 사용하는 경우에는 위험물법의 허가는 받지 아니하고 저장소를 설치할 수 있다.
④ 위치·구조 또는 설비의 변경 없이 저장소에서 저장하는 위험물 지정수량의 배수를 변경하고자 하는 경우에는 변경하고자 하는 날의 1일 전까지 시·도지사에게 신고하여야 한다.

해설

[위험물안전관리법]
제조소등의 위치·구조 및 설비기준을 위반하여 사용한 때에는 시·도지사, 소방본부장, 소방서장은 그 기술기준에 적합하도록 제조소등의 위치, 구조 및 설비의 수리, 개조 또는 이전을 명할 수 있음

정답 49 ② 50 ① 51 ②

52 금속나트륨에 대한 설명으로 옳지 않은 것은?

① 물과 격렬히 반응하여 발열하고 수소가스가 발생한다.
② 에틸알코올과 반응하여 나트륨에틸라이트와 수소가스가 발생한다.
③ 할로젠화합물소화약제는 사용할 수 없다.
④ 은백색의 광택이 있는 중금속이다.

해설

[금속나트륨(3류)의 특징]
은백색의 광택이 있는 경금속

53 염소산나트륨의 저장 및 취급방법으로 옳지 않은 것은?

① 철제용기에 저장한다.
② 습기가 없는 찬 장소에 보관한다.
③ 조해성이 크므로 용기는 밀전한다.
④ 가열, 충격, 마찰을 피하고 점화원의 접근을 금한다.

해설

[염소산나트륨(1류) 저장]
염소산나트륨은 철제용기를 부식시킴

54 다음에서 설명하는 위험물에 해당하는 것은?

- 지정수량은 300 [kg]이다.
- 산화성 액체위험물이다.
- 가열하면 분해하여 유독성 가스가 발생한다.
- 증기비중은 약 3.5이다

① 브로민산칼륨
② 클로로벤젠
③ 질산
④ 과염소산

해설

[과염소산(6류)의 특징]
문제의 설명은 과염소산의 특징

55 위험물제조소등에서 위험물안전관리법상 안전거리 규제 대상이 아닌 것은?

① 제6류 위험물을 취급하는 제조소를 제외한 모든 제조소
② 주유취급소
③ 옥외저장소
④ 옥외탱크저장소

해설

[위험물제조소등 안전거리 규제]
- 제조소
- 옥내저장소
- 옥외저장소
- 옥외탱크저장소

정답 ● 52 ④ 53 ① 54 ④ 55 ②

56 과산화수소의 위험성으로 옳지 않은 것은?

① 산화제로서 불연성 물질이지만 산소를 함유하고 있다.
② 이산화망가니즈 촉매하에서 분해가 촉진된다.
③ 분해를 막기 위해 하이드라진을 안정제로 사용할 수 있다.
④ 고농도의 것은 피부에 닿으면 화상의 위험이 있다.

해설

[과산화수소(6류)의 위험성]
- 하이드라진과 만나면 폭발
- 분해방지를 위해 인산, 요산 등을 첨가

57 황의 성질에 대한 설명 중 틀린 것은?

① 물에 녹지 않으나 이황화탄소에 녹는다.
② 공기 중에서 연소하여 아황산가스가 발생한다.
③ 전도성 물질이므로 정전기 발생에 유의하여야 한다.
④ 분진폭발 위험성에 주의하여야 한다.

해설

[황(2류) 특징]
전기 부도체이므로 정전기 발생에 유의

58 위험물안전관리법령상 제조소등에 대한 긴급 사용정지 명령 등을 할 수 있는 권한이 없는 자는?

① 시·도지사
② 소방본부장
③ 소방서장
④ 소방방재청장

해설

[제조소등 긴급 사용정지 명령 권한]
- 시·도지사
- 소방본부장
- 소방서장

59 위험물제조소등의 허가에 관계된 설명으로 옳은 것은?

① 제조소등을 변경하고자 하는 경우에는 언제나 허가를 받아야 한다.
② 위험물의 품명을 변경하고자 하는 경우에는 언제나 허가를 받아야 한다.
③ 농예용으로 필요한 난방시설을 위한 지정수량 20배 이하의 저장소는 허가 대상이 아니다.
④ 저장하는 위험물의 변경으로 지정수량의 배수가 달라지는 경우는 언제나 허가 대상이 아니다.

정답 56 ③ 57 ③ 58 ④ 59 ③

해설

[위험물제조소등의 허가]
- 제조소등을 변경하고자 하는 경우에 특별시장, 광역시장, 도지사 허가가 필요
- 위험물 품명을 변경하고자 하는 경우 허가를 받지 않아도 되는 경우도 있음
- 저장하는 위험물의 변경으로 지정수량의 배수가 달라지는 경우 변경하는 날의 1일 전까지 도지사에게 신고

60 다음 중 증기의 밀도가 가장 큰 것은?

① 다이에틸에터
② 벤젠
③ 가솔린(옥탄 100 [%])
④ 에틸알코올

해설

[증기 밀도]
- 다이에틸에터($C_2H_5OC_2H_5$) : 74
- 벤젠(C_6H_6) : 78
- 가솔린(C_8H_{18}) : 114
- 에틸알코올(C_2H_5OH) : 46

정답 60 ③

2014 제3회

01 어떤 소화기에 "ABC"라고 표시되어 있다. 다음 중 사용할 수 없는 화재는?

① 금속화재　　② 유류화재
③ 전기화재　　④ 일반화재

해설

[화재의 종류]

급수	명칭(화재)	색상
A	일반	백색
B	유류	황색
C	전기	청색
D	금속	무색

암기 일유전금

02 위험물안전관리법령상 위험물의 품명이 다른 하나는?

① CH_3COOH
② C_6H_5Cl
③ $C_6H_5CH_3$
④ C_6H_5Br

해설

[위험물 품명]
- 아세트산(CH_3COOH) : 제2석유류
- 클로로벤젠(C_6H_5Cl) : 제2석유류
- 톨루엔($C_6H_5CH_3$) : 제1석유류
- 브로모벤젠(C_6H_5Br) : 제2석유류

03 위험물안전관리법령에서 정한 위험물의 유별 성질을 잘못 나타낸 것은?

① 제1류 : 산화성
② 제4류 : 인화성
③ 제5류 : 자기반응성
④ 제6류 : 가연성

해설

[제6류 위험물 성질]
산화성 액체

04 소화전용 물통 3개를 포함한 수조 80 [L]의 능력단위는?

① 0.3
② 0.5
③ 1.0
④ 1.5

해설

[능력단위]

소화설비	용량 [L]	능력단위
소화전용 물통	8	0.3
수조(물통 3개 포함)	80	1.5
수조(물통 6개 포함)	190	2.5
마른모래(삽 1개 포함)	50	0.5
팽창질석·진주암(삽 1개 포함)	160	1.0

정답　01 ①　02 ③　03 ④　04 ④

05 화재 시 이산화탄소를 방출하여 산소의 농도를 13 [vol%]로 낮추어 소화를 하려면 공기 중의 이산화탄소는 몇 [vol%]가 되어야 하는가?

① 28.1
② 38.1
③ 42.86
④ 48.36

해설

[이산화탄소 농도]
CO_2 소화농도 = {(21 - %O_2) / 21} × 100
　　　　　　 = {(21 - 13) / 21} × 100
　　　　　　 = 38.1 [vol%]

06 위험물안전관리법령에 따른 대형 수동식 소화기의 설치기준에서 방호대상물의 각 부분으로부터 하나의 대형 수동식 소화기까지의 보행 거리는 몇 [m] 이하가 되도록 설치하여야 하는가? (단, 옥내소화전설비, 옥외소화전설비, 스프링클러설비 또는 물분무등소화설비와 함께 설치하는 경우는 제외한다)

① 10
② 15
③ 20
④ 30

해설

[대형 수동식 소화기 설치기준]
• 대형 : 보행 거리 30 [m] 이하가 되도록 설치
• 소형 : 보행 거리 20 [m] 이하가 되도록 설치

07 위험물안전관리법령상 압력수조를 이용한 옥내소화전설비의 가압송수장치에서 압력수조의 최소압력 [MPa]은? (단, 소방용 호스의 마찰손실수두압은 3 [MPa], 배관의 마찰 손실수두압은 1 [MPa], 낙차의 환산수두압은 1.35 [MPa]이다)

① 5.35
② 5.70
③ 6.00
④ 6.35

해설

[압력수조 최소압력]
• 압력수조 최소압력 = 소방용 호스의 마찰손실 수두압 + 배관 마찰 손실 수두압 + 낙차 환산수두압 + 0.35 [MPa]
• 최소압력 = 3 + 1 + 1.35 + 0.35
　　　　　= 5.70 [MPa]

08 위험물안전관리법령상 제5류 위험물에 적응성이 있는 소화설비는?

① 포소화설비
② 이산화탄소소화설비
③ 할로젠화합물소화설비
④ 탄산수소염류소화설비

해설

[제5류 위험물소화설비]
제5류 위험물은 산소공급원을 포함하고 있으므로 질식소화에 적응성이 없고 냉각소화해야 함

정답 05 ② 06 ④ 07 ② 08 ①

09 금속은 덩어리 상태보다 분말 상태일 때 연소위험성이 증가하기 때문에 금속분을 제2류 위험물로 분류하고 있다. 연소위험성이 증가하는 이유로 잘못된 것은?

① 비표면적이 증가하여 반응면적이 증대되기 때문에
② 비열이 증가하여 열의 축적이 용이하기 때문에
③ 복사열의 흡수율이 증가하여 열의 축적이 용이하기 때문에
④ 대전성이 증가하여 정전기가 발생되기 쉽기 때문에

해설
[금속분(2류) 위험성 증가 이유]
비열이 감소해야 적은 열로 온도를 올릴 수 있고 연소위험성이 증가함

10 다음 중 알칼리금속의 과산화물 저장 창고에 화재가 발생하였을 때 가장 적합한 소화약제는?

① 마른모래
② 물
③ 이산화탄소
④ 할론1211

해설
[알칼리금속과산화물(1류)의 소화]
• 마른모래 · 팽창질석 · 팽창진주암
• 탄산수소염류분말

11 주된 연소의 형태가 나머지 셋과 다른 하나는?

① 아연분
② 양초
③ 코크스
④ 목탄

해설
[연소 형태]
(1) 표면연소 : 목탄(숯) · 코크스 · 금속 · 마그네슘 · 금속분 등이 고체의 표면에서 산소와 만나 연소
(2) 분해연소 : 목재 · 종이 · 플라스틱 · 섬유 · 석탄 등의 열분해로 인한 연소
(3) 자기연소 : 제5류 위험물 등 산소공급원을 포함하고 있는 물질이 스스로 연소
(4) 증발연소 : 파라핀 · 황 · 나프탈렌 · 양초 · 에터 등이 증발한 증기가 연소

12 위험물제조소등에 옥외소화전을 6개 설치할 경우 수원의 수량은 몇 [m³] 이상이어야 하는가?

① 48 [m³] 이상
② 54 [m³] 이상
③ 60 [m³] 이상
④ 81 [m³] 이상

해설
[확보해야 할 수원의 수량]
• 옥내소화전 : 설치 개수(최대 5) × 7.8 [m³]
• 옥외소화전 : 설치 개수(최대 4) × 13.5 [m³]
• 수원의 수량 = 4 × 13.5 = 54 [m³]

정답 ● 09 ② 10 ① 11 ② 12 ②

13 위험물의 소화방법으로 적합하지 않은 것은?

① 적린은 다량의 물로 소화한다.
② 황화인의 소규모 화재 시에는 모래로 질식소화한다.
③ 알루미늄분은 다량의 물로 소화한다.
④ 황의 소규모 화재 시에는 모래로 질식소화한다.

해설
[위험물의 소화방법]
알루미늄분은 물과 만나 수소가 발생하므로 주수 금지

14 영하 20 [℃] 이하의 겨울철이나 한랭지에서 사용하기에 적합한 소화기는?

① 분무주수소화기
② 봉상주수소화기
③ 물주수소화기
④ 강화액소화기

해설
[강화액소화약제]
- 강화액소화약제는 동결방지를 위해 탄산칼륨 등을 물에 첨가한 것
- 물의 소화 능력(침투효과) 향상

15 탄화칼슘과 물이 반응하였을 때 발생하는 가연성 가스의 연소범위에 가장 가까운 것은?

① 2.1 ~ 9.5 [vol%]
② 2.5 ~ 81 [vol%]
③ 4.1 ~ 74.2 [vol%]
④ 15.0 ~ 28 [vol%]

해설
[생성되는 가연성 가스의 연소범위]
- $CaC_2 + 2H_2O \rightarrow Ca(OH)_2 + C_2H_2$
- 탄화칼슘은 물과 만나 수산화칼슘과 아세틸렌을 발생
- 아세틸렌 : 2.5 ~ 81 [%]

16 위험물안전법령에서 정한 소화설비의 소요단위 산정방법에 대한 설명 중 옳은 것은?

① 위험물은 지정수량의 100배를 1소요단위로 함
② 저장소용 건축물로 외벽이 내화구조인 것은 연면적 100 [m²]를 1소요단위로 함
③ 제조소용 건축물로 외벽이 내화구조가 아닌 것은 연면적 50 [m²]를 1소요단위로 함
④ 저장소용 건축물로 외벽이 내화구조가 아닌 것은 연면적 25 [m²]를 1소요단위로 함

정답 13 ③ 14 ④ 15 ② 16 ③

해설

[소요단위 산정 내용]

구분	외벽이 내화구조	외벽이 비내화구조
위험물제조소 및 취급소	100 [m²]	50 [m²]
위험물저장소	150 [m²]	75 [m²]
위험물	지정수량의 10배	

17 다음 중 기체연료가 완전연소하기에 유리한 이유로 가장 거리가 먼 것은?

① 활성화에너지가 크다.
② 공기 중에서 확산되기 쉽다.
③ 산소를 충분히 공급받을 수 있다.
④ 분자의 운동이 활발하다.

해설

[가연물이 되기 쉬운 조건]
• 활성화에너지가 작음
• 표면적 넓음
• 산소와 친화력 큼
• 열전도율 낮음
• 발열량 큼

18 위험물안전관리법령상 스프링클러설비가 제4류 위험물에 대하여 적응성을 갖는 경우는?

① 연기가 충만할 우려가 없는 경우
② 방사밀도(살수밀도)가 일정 수치 이상인 경우
③ 지하층의 경우
④ 수용성 위험물인 경우

해설

[스프링클러설비 적응성]
제4류 위험물에 대해 방사밀도가 일정 수치 이상인 경우 스프링클러설비에 적응성 있음

19 위험물안전관리법령상 제조소등의 관계인은 제조소등의 화재예방과 재해 발생 시의 비상조치에 필요한 사항을 서면으로 작성하여 허가청에 제출하여야 한다. 이는 무엇에 관한 설명인가?

① 예방규정 ② 소방계획서
③ 비상계획서 ④ 화재영향평가서

해설

[예방규정 정의]
제조소등의 관계인은 제조소등의 화재예방과 재해 발생 시의 비상조치에 필요한 사항을 서면으로 작성하여 허가청에 제출

20 다음 중 화재 발생 시 물을 이용한 소화가 효과적인 물질은?

① 트라이메틸알루미늄
② 황린
③ 나트륨
④ 인화칼슘

해설

[주수소화 가능한 물질]
제3류 위험물 중 황린은 금수성 물질이 아니므로 주수소화 가능

정답 17 ① 18 ② 19 ① 20 ②

21 다음 ( ) 안에 알맞은 수치를 차례대로 옳게 나열한 것은?

> 위험물 암반탱크의 공간용적은 당해 탱크 내에 용출하는 ( )일간의 지하수 양에 상당하는 용적과 당해 탱크 내용적의 100분의 ( )의 용적 중에서 보다 큰 용적을 공간 용적으로 한다.

① 1, 1
② 7, 1
③ 1, 5
④ 7, 5

해설

[탱크 공간용적]
• <u>7일간</u>의 지하수 양에 상당하는 용적
• 내용적의 <u>100분의 1</u>의 용적에서 큰 용적

22 공기 중에서 산소와 반응하여 과산화물을 생성하는 물질은?

① 다이에틸에터
② 이황화탄소
③ 에틸알코올
④ 과산화나트륨

해설

[반응 후 생성물]
<u>다이에틸에터(4류)는 산소와 반응 후 과산화물을 생성</u>

23 주유취급소의 고정주유설비에서 펌프기기의 주유관 선단에서 최대토출량으로 틀린 것은?

① 휘발유는 분당 50 [L] 이하
② 경유는 분당 180 [L] 이하
③ 등유는 분당 80 [L] 이하
④ 제1석유류(휘발유 제외)는 분당 100 [L] 이하

해설

[주유관 선단의 최대토출량]
제1석유류(휘발유 제외)는 분당 50 [L] 이하

24 위험물안전관리법령상 다음 ( ) 안에 알맞은 수치는?

> 옥내저장소에서 위험물을 저장하는 경우 기계에 의하여 하역하는 구조로 된 용기만을 겹쳐 쌓는 경우에 있어서는 ( )미터 높이를 초과하여 용기를 겹쳐 쌓지 아니하여야 한다.

① 2
② 4
③ 6
④ 8

해설

[옥내저장소 위험물 저장기준]
기계에 의해 하역하는 구조로 된 용기만 쌓는 경우 <u>6 [m]</u>를 초과하지 않음

정답 21 ② 22 ① 23 ④ 24 ③

25 질화면을 강면약과 약면약으로 구분하는 기준은?

① 물질의 경화도
② 수산기의 수
③ 질산기의 수
④ 탄소 함유량

해설

[질화면 구분기준]
질산기의 수로 구분

26 다음 중 제1류 위험물에 속하지 않는 것은?

① 질산구아니딘
② 과아이오딘산
③ 납 또는 아이오딘의 산화물
④ 염소화아이소시아눌산

해설

[위험물 종류]
질산구아니딘 : 제5류 위험물

27 벤젠에 대한 설명으로 옳은 것은?

① 휘발성이 강한 액체이다.
② 물에 매우 잘 녹는다.
③ 증기의 비중은 1.5이다.
④ 순수한 것의 융점은 30 [℃]이다.

해설

[벤젠(4류) 특징]
- 인화성 액체로 휘발성이 강한 액체
- 물에 잘 녹지 않음
- 증기비중 : 2.68
- 순수한 것의 융점 : 5.5 [℃]

28 지정수량 20배 이상의 제1류 위험물을 저장하는 옥내저장소에서 내화구조로 하지 않아도 되는 것은? (단, 원칙적인 경우에 한한다)

① 바닥
② 보
③ 기둥
④ 벽

해설

[옥내저장소 내화구조 종류]
- 벽, 기둥 : 내화구조
- 보, 서까래 : 불연재료

29 칼륨의 화재 시 사용 가능한 소화제는?

① 물
② 마른모래
③ 이산화탄소
④ 사염화탄소

해설

[칼륨(3류) 소화]
- 마른모래 · 팽창질석 · 팽창진주암
- 탄산수소염류분말

정답 ● 25 ③ 26 ① 27 ① 28 ② 29 ②

30 위험물 이동저장탱크의 외부 도장 색상으로 적합하지 않은 것은?

① 제2류 – 적색
② 제3류 – 청색
③ 제5류 – 황색
④ 제6류 – 회색

해설

[위험물의 외부도장 색]

유별	1	2	3	5	6
색	회색	적색	청색	황색	청색

암 회적청황청

31 다음 중 제5류 위험물이 아닌 것은?

① 나이트로글리세린
② 나이트로톨루엔
③ 나이트로글리콜
④ 트라이나이트로톨루엔

해설

[위험물 종류]
나이트로톨루엔 : 제4류 위험물

32 등유의 성질에 대한 설명 중 틀린 것은?

① 증기는 공기보다 가볍다.
② 인화점이 상온보다 높다.
③ 전기에 대해 불량도체이다.
④ 물보다 가볍다.

해설

[등유(4류) 특징]
• 증기는 공기보다 무거움
• 인화점이 상온보다 높음
• 전기 부도체
• 물보다 가벼워 물 위에 뜸

33 위험물 중 지정수량이 가장 작은 것은?
(※ 법령개정으로 문제 수정)

① 나이트로글리세린
② 과산화수소
③ 트라이나이트로페놀
④ 피크르산

해설

[지정수량]

위험물	지정수량 [kg]
나이트로글리세린(5류)	10
과산화수소(6류)	300
트라이나이트로페놀(5류)	100
피크르산(5류)	100

정답 30 ④ 31 ② 32 ① 33 ①

34 위험물 운반에 관한 사항 중 위험물안전관리법령에서 정한 내용과 다른 것은?

① 운반용기에 수납하는 위험물이 다이에틸에터이라면 운반용기 중 최대용적이 1 [L] 이하라 하더라도 규정에 품명, 주의사항 등 표시 사항을 부착하여야 한다.
② 운반용기에 담아 적재하는 물품이 황린이라면 파라핀, 경유 등 보호액으로 채워 밀봉한다.
③ 운반용기에 담아 적재하는 물품이 알킬알루미늄이라면 운반용기의 내용적의 90 [%] 이하의 수납률을 유지하여야 한다.
④ 기계에 의하여 하역하는 구조로 된 경질플라스틱제 운반용기는 제조된 때로부터 5년 이내의 것이어야 한다.

해설
[위험물의 저장방법]
황린(3류) : pH 9 물속에 저장

35 다음 위험물 중 발화점이 가장 낮은 것은?

① 피크르산
② TNT
③ 과산화벤조일
④ 나이트로셀룰로스

해설
[발화점]
- 피크르산(트라이나이트로페놀) : 300 [℃]
- TNT(트라이나이트로톨루엔) : 300 [℃]
- 과산화벤조일 : 125 [℃]
- 나이트로셀룰로스 : 180 [℃]

36 건축물 외벽이 내화구조이며, 연면적 300 [m^2]인 위험물 옥내저장소의 건축물에 대하여 소화설비의 소화능력 단위는 최소한 몇 단위 이상이 되어야 하는가?

① 1단위
② 2단위
③ 3단위
④ 4단위

해설
[위험물저장소의 소요단위(연면적)]

구분	외벽이 내화구조	외벽이 비내화구조
위험물제조소 및 취급소	100 [m^2]	50 [m^2]
위험물저장소	150 [m^2]	75 [m^2]
위험물	지정수량의 10배	

내화구조인 저장소의 1소요단위가 150 [m^2]이므로 300 [m^2]인 옥내저장소 건축물에 대하여 소화능력은 2단위 이상이 되어야 함

정답 34 ② 35 ③ 36 ②

37 이황화탄소 기체는 수소 기체보다 20 [℃], 1기압에서 몇 배 더 무거운가?

① 11
② 22
③ 32
④ 38

해설

[이황화탄소, 수소기체 비교]

- CS_2 증기비중 $= \dfrac{12+(32\times 2)}{29} = \dfrac{76}{29}$

- H_2 증기비중 $= \dfrac{2}{29}$

- $\dfrac{CS_2 증기비중}{H_2 증기비중} = \dfrac{\frac{76}{29}}{\frac{2}{29}} = 38$

- 이황화탄소 기체는 수소 기체보다 <u>38배</u> 무거움

38 질산메틸에 대한 설명 중 틀린 것은?

① 액체 형태이다.
② 물보다 무겁다.
③ 알코올에 녹는다.
④ 증기는 공기보다 가볍다.

해설

[질산메틸(5류)의 특징]
증기는 2.65로 공기보다 무거움

39 과망가니즈산칼륨의 위험성에 대한 설명 중 틀린 것은?

① 진한 황산과 접촉하면 폭발적으로 반응한다.
② 알코올, 에터, 글리세린 등 유기물과 접촉을 금한다.
③ 가열하면 약 60 [℃]에서 분해하여 수소를 방출한다.
④ 목탄, 황과 접촉 시 충격에 의해 폭발할 위험성이 있다.

해설

[과망가니즈산칼륨(1류)의 특징]
가열하면 <u>산소 발생</u>

40 삼황화인의 연소 시 발생하는 가스에 해당하는 것은?

① 이산화황
② 황화수소
③ 산소
④ 인산

해설

[삼황화인(2류)의 연소]
연소 시 <u>이산화황 발생</u>

정답 ▸ 37 ④ 38 ④ 39 ③ 40 ①

41
비스코스레이온 원료로서, 비중이 약 1.3이고 인화점이 약 -30 [℃]이며 연소 시 유독한 아황산가스를 발생시키는 위험물은?

① 황린
② 이황화탄소
③ 테레핀유
④ 장뇌유

> **해설**

[이황화탄소(4류)의 특징]
- 비스코스레이온의 원료
- 비중 : 약 1.3
- 인화점 : 약 -30 [℃]
- 연소 시 유독한 아황산가스가 발생

42
다음 물질 중에서 위험물안전관리법상 위험물의 범위에 포함되는 것은?

① 농도가 40 [wt%]인 과산화수소 350 [kg]
② 비중이 1.40인 질산 350 [kg]
③ 직경 2.5 [mm]의 막대 모양인 마그네슘 500 [kg]
④ 순도가 55 [wt%]인 황 50 [kg]

> **해설**

[위험물의 범위]
- 과산화수소는 농도 36 [wt%] 이상이면 위험물로 간주
- 질산은 비중 1.49 이상이면 위험물로 간주

43
위험물저장소에서 다음과 같이 제3류 위험물을 저장하고 있는 경우 지정수량의 몇 배가 보관되어 있는가?

- 칼륨 : 20 [kg]
- 황린 : 40 [kg]
- 칼슘의 탄화물 : 300 [kg]

① 4
② 5
③ 6
④ 7

> **해설**

[지정수량]
- 칼륨 : 10 [kg]
- 황린 : 20 [kg]
- 칼슘의 탄화물 : 300 [kg]
- 지정수량
  = (20 / 10) + (40 / 20) + (300 / 300) = 5

44
질산의 비중이 1.5일 때 1소요단위는 몇 [L]인가?

① 150   ② 200
③ 1500   ④ 2000

> **해설**

[질산(6류)의 소요단위]
- 질산 지정수량 = 300 [kg]
- 1소요단위 = 지정수량 × 10
            = 300 × 10 = 3000 [kg]
- 질산 밀도 = 1.5 [kg/L]
- 부피(총 소요단위) = 3000 [kg] / 1.5 [kg/L]
                   = 2000 [L]

정답 41 ②   42 ①   43 ②   44 ④

45 위험물안전관리법령에 따른 제3류 위험물에 대한 화재예방 또는 소화의 대책으로 틀린 것은?

① 이산화탄소, 할로젠화합물, 분말소화약제를 사용하여 소화한다.
② 칼륨은 석유, 등유 등의 보호액 속에 저장한다.
③ 알킬알루미늄은 헥산, 톨루엔 등 탄화수소용제를 희석제로 사용한다.
④ 알킬알루미늄, 알킬리튬을 저장하는 탱크에는 불활성 가스의 봉입장치를 설치한다.

해설
[제3류 위험물의 소화 대책]
제3류 위험물 중 금수성 물질은 마른모래·팽창질석·팽창진주암, 탄산수소염류분말로만 소화 가능

46 적린의 일반적인 성질에 대한 설명으로 틀린 것은?

① 비금속 원소이다.
② 암적색의 분말이다.
③ 승화온도가 약 260 [℃]이다.
④ 이황화탄소에 녹지 않는다.

해설
[적린(2류)의 특징]
• 발화온도 : 약 260 [℃]
• 승화온도 : 약 400 [℃]

47 위험물안전관리법령에서 정의하는 다음 용어는 무엇인가?

> 인화성 또는 발화성 등의 성질을 가지는 것으로서 대통령령이 정하는 물품을 말한다.

① 위험물
② 인화성 물질
③ 자연발화성 물질
④ 가연물

해설
[위험물의 정의]
위험물안전관리법령에 의해 인화성 또는 발화성 등의 성질을 가지는 것으로서 대통령령이 정하는 물품을 말함

48 HNO_3에 대한 설명으로 틀린 것은?

① Al, Fe은 진한 질산에서 부동태를 생성해 녹지 않는다.
② 질산과 염산을 3 : 1 비율로 제조한 것을 왕수라고 한다.
③ 부식성이 강하고 흡습성이 있다.
④ 직사광선에서 분해하여 NO_2가 발생한다.

해설
[질산(6류)의 특징]
염산과 질산을 3 : 1 비율로 제조한 것을 왕수라고 함

정답 45 ① 46 ③ 47 ① 48 ②

49 과염소산나트륨에 대한 설명으로 옳지 않은 것은?

① 가열하면 분해하여 산소를 방출한다.
② 환원제이며 수용액은 강한 환원성이 있다.
③ 수용성이며 조해성이 있다.
④ 제1류 위험물이다.

해설

[과염소산나트륨(1류)의 특징]
제1류 위험물은 산화제임

50 위험물을 유별로 정리하여 상호 1 [m] 이상의 간격을 유지하는 경우에도 동일한 옥내저장소에 저장할 수 없는 것은?

① 제1류 위험물(알칼리금속의 과산화물 또는 이를 함유한 것을 제외한다)과 제5류 위험물
② 제1류 위험물과 제6류 위험물
③ 제1류 위험물과 제3류 위험물 중 황린
④ 인화성 고체를 제외한 제2류 위험물과 제4류 위험물

해설

[위험물 혼재기준(저장 시)]
옥내저장소 또는 옥외저장소에서 1 [m] 이상 간격을 두고 아래 유별을 저장할 수 있음

- 제1류 위험물(알칼리금속의 과산화물은 제외)과 제5류 위험물을 저장하는 경우
- 제1류 위험물과 제6류 위험물을 저장하는 경우
- 제1류 위험물과 자연발화성 물질(황린)을 저장하는 경우
- 제2류 위험물 중 인화성 고체와 제4류 위험물을 저장하는 경우
- 제3류 위험물 중 알킬알루미늄등과 제4류 위험물(알킬알루미늄 또는 알킬리튬을 함유한 것)을 저장하는 경우
- 제4류 위험물 중 유기과산화물과 제5류 위험물 중 유기과산화물을 저장하는 경우

51 다음 중 물과 반응하여 가연성 가스가 발생하지 않는 것은?

① 리튬
② 나트륨
③ 황
④ 칼슘

해설

[물과 반응 후의 생성물]
- 리튬, 나트륨, 칼슘은 물과 반응하여 수소가 발생
- 황 : 물에 녹지 않음

52 위험물안전관리법령에 따라 위험물 운반을 위해 적재하는 경우 제4류 위험물과 혼재가 가능한 액화석유가스 또는 압축천연가스의 용기 내용적은 몇 [L] 미만인가?

① 120   ② 150
③ 180   ④ 200

해설

[4류 위험물과 혼재 가능한 위험물의 내용적]
혼재가 가능한 액화석유가스 또는 압축천연가스의 용기 내용적 120 [L] 미만

정답 49 ② 50 ④ 51 ③ 52 ①

53 제1류 위험물 중의 과산화칼륨을 다음과 같이 반응시켰을 때 공통적으로 발생하는 기체는?

> ㄱ. 물과 반응시켰다.
> ㄴ. 가열하였다.
> ㄷ. 탄산가스와 반응시켰다.

① 수소
② 이산화탄소
③ 산소
④ 이산화황

해설

[과산화칼륨(1류) 반응]
- 물과 반응 시 산소가 발생
- 가열하면 산소가 발생
- 탄산가스와 반응 시 탄산칼륨, 산소가 발생

54 위험물 옥외저장탱크 중 압력탱크에 저장하는 다이에틸에터 등의 저장온도는 몇 [℃] 이하이어야 하는가?

① 60
② 40
③ 30
④ 15

해설

[다이에틸에터(4류)의 저장온도]
옥외탱크 중 압력탱크에 저장하는 경우 저장온도 40 [℃] 이하

55 다음 중 "인화점 50 [℃]"의 의미를 가장 옳게 설명한 것은?

① 주변의 온도가 50 [℃] 이상이 되면 자발적으로 점화원 없이 발화한다.
② 액체의 온도가 50 [℃] 이상이 되면 가연성 증기가 발생하여 점화원에 의해 인화한다.
③ 액체를 50 [℃] 이상으로 가열하면 발화한다.
④ 주변의 온도가 50 [℃]일 경우 액체가 발화한다.

해설

[인화점의 의미]
휘발성 물질의 증기가 어떠한 조건하에 점화원에 의해서 발화할 수 있는 최저온도

56 위험물안전관리법령상 위험물 운송 시 제1류 위험물과 혼재 가능한 위험물은? (단, 지정수량의 10배를 초과하는 경우이다)

① 제2류 위험물   ② 제3류 위험물
③ 제5류 위험물   ④ 제6류 위험물

해설

[위험물 혼재기준]
혼재 가능 위험물

1↓	6		혼재 가능
2↓	5↑	4	혼재 가능
3→	4↑		혼재 가능

암 1 2 3 4 5 6 적은 후 4 추가

정답 53 ③ 54 ② 55 ② 56 ④

57 위험물의 지정수량이 틀린 것은?

① 과산화칼륨 : 50 [kg]
② 질산나트륨 : 50 [kg]
③ 과망가니즈산나트륨 : 1000 [kg]
④ 중다이크로뮴산암모늄 : 1000 [kg]

해설

[지정수량]
질산나트륨(1류) : 300 [kg]

58 위험물을 저장할 때 필요한 보호 물질을 옳게 연결한 것은?

① 황린 - 석유
② 금속칼륨 - 에탄올
③ 이황화탄소 - 물
④ 금속나트륨 - 산소

해설

[위험물 저장 시 필요한 보호 물질]
- 황린 : pH 9 물
- 금속칼륨 : 등유, 경유 등
- 이황화탄소 : 물에 저장하여 가연성 가스 발생 억제
- 금속나트륨 : 등유, 경유

59 위험물안전관리법령상 위험물의 운반에 관한 기준에 따르면 알코올류의 위험등급은 얼마인가?

① 위험등급 Ⅰ
② 위험등급 Ⅱ
③ 위험등급 Ⅲ
④ 위험등급 Ⅳ

해설

[알코올류(4류)의 위험등급]
① 위험등급 Ⅰ : 특수인화물
② 위험등급 Ⅱ : 제1석유류, 알코올류
③ 위험등급 Ⅲ : 제2석유류, 제3석유류
④ 위험등급 Ⅳ : 제4석유류, 동식물유류

60 에틸렌글리콜의 성질로 옳지 않은 것은?

① 갈색의 액체로 방향성이 있고, 쓴맛이 난다.
② 물, 알코올 등에 잘 녹는다.
③ 분자량은 약 62이고, 비중은 약 1.1이다.
④ 부동액의 원료로 사용된다.

해설

[에틸렌그리콜(4류)의 특징]
방향성이 있고 단맛이 나는 무색의 액체

정답 57 ② 58 ③ 59 ② 60 ①

2014 제4회

01 충격이나 마찰에 민감하고 가수분해반응을 일으키는 단점을 가지고 있어 이를 개선하여 다이너마이트를 발명하는 데 주원료로 사용한 위험물은?

① 셀룰로이드
② 나이트로글리세린
③ 트라이나이트로톨루엔
④ 트라이나이트로페놀

[해설]
[나이트로글리세린(5류)의 특징]
- 무색, 투명한 기름상의 액체
- 충격, 마찰에 매우 예민
- 겨울철에는 동결할 우려
- 다이너마이트의 원료

02 플래시오버(Flash Over)에 대한 설명으로 옳은 것은?

① 대부분 화재 초기(발화기)에 발생한다.
② 대부분 화재 종기(쇠퇴기)에 발생한다.
③ 내장재의 종류와 개구부의 크기에 영향을 받는다.
④ 산소의 공급이 주요 요인이 되어 발생한다.

[해설]
[플래시오버]
- 건축물화재 시 성장기에서 최성기로 진행될 때 발생
- 내장재 종류와 개구부 크기에 영향 받음
- 가연성 가스가 모여 있는 상태에서 산소가 공급되어 폭발적으로 화재가 확대

03 위험물안전관리법령상 제4류 위험물을 지정수량의 3천 배 초과, 4천 배 이하로 저장하는 옥외탱크저장소의 보유 공지는 얼마인가?

① 6 [m] 이상   ② 9 [m] 이상
③ 12 [m] 이상 ④ 15 [m] 이상

[해설]
[옥외탱크저장소 보유공지 너비]

저장 또는 취급하는 위험물의 최대 지정수량의 배수	공지의 너비
500배 이하	3 [m] 이상
500배 초과 1000배 이하	5 [m] 이상
1000배 초과 2000배 이하	9 [m] 이상
2000배 초과 3000배 이하	12 [m] 이상
3000배 초과 4000배 이하	15 [m] 이상
4000배 초과	탱크 지름과 높이 중 큰 것 이상 • 소 15 [m] 이상 • 대 30 [m] 이하

정답 01 ② 02 ③ 03 ④

04 다음은 어떤 화합물의 구조식인가?

$$H-\underset{\underset{Br}{|}}{\overset{\overset{Cl}{|}}{C}}-H$$

① 할론 1301
② 할론 1201
③ 할론 1011
④ 할론 2402

해설

[화합물의 구조]
- 할론 넘버는 C - F - Cl - Br 순
- C : 1개, F : 0개, Cl : 1개, Br : 1개

05 제조소등의 소요단위 산정 시 위험물은 지정수량의 몇 배를 1소요단위로 하는가?

① 5배   ② 10배
③ 20배   ④ 50배

해설

[위험물의 지정수량]
위험물 지정수량 10배를 1소요단위로 지정

06 다음 중 알킬알루미늄의 소화방법으로 가장 적합한 것은?

① 팽창질석에 의한 소화
② 알코올포에 의한 소화
③ 주수에 의한 소화
④ 산·알칼리소화약제에 의한 소화

해설

[알킬알루미늄(3류)의 소화]
- 마른모래·팽창질석·팽창진주암
- 탄산수소염류분말

07 다음 중 분말소화약제를 방출시키기 위해 주로 사용되는 가압용 가스는?

① 산소
② 질소
③ 헬륨
④ 아르곤

해설

[분말소화약제의 성분]
분말소화기는 가압용가스로 주로 질소가스를 이용

08 위험물안전관리법령상 제5류 위험물의 화재 발생 시 적응성이 있는 소화설비는?

① 분말소화설비
② 물분무소화설비
③ 이산화탄소소화설비
④ 할로젠화합물소화설비

해설

[제5류 위험물의 소화]
산소공급원을 포함하고 있어 질식소화에 적응성이 없으므로 냉각소화해야 함

정답 04 ③ 05 ② 06 ① 07 ② 08 ②

09 위험물안전관리법령상 자동화재탐지설비의 경계구역 하나의 면적은 몇 [m²] 이하이어야 하는가? (단, 원칙적인 경우에 한한다)

① 250
② 300
③ 400
④ 600

해설
[자동화재탐지설비의 설치기준]
① 경계구역은 건축물 그 밖의 공작물의 2 이상의 층에 걸치지 아니할 것
② 하나의 경계구역의 면적이 500 [m²] 이하이면서 당해 경계구역이 두 개의 층에 걸치는 경우이거나 계단·경사로·승강기의 승강로 그 밖에 이와 유사한 장소에 연기감지기를 설치하는 경우엔 그러지 아니함
③ 하나의 경계구역은 면적이 600 [m²] 이하이며, 한 변의 길이는 50 [m](광전식 분리형 감지기를 설치할 경우는 100 [m]) 이하로 할 것
④ 주요 출입구에서 그 내부의 전체를 볼 수 있는 경우에는 1000 [m²] 이하
⑤ 감지기는 지붕 또는 벽의 옥내에 면한 부분에 유효하게 화재의 발생을 감지할 수 있도록 설치
⑥ 비상전원 설치

10 다음 물질 중 분진폭발의 위험이 가장 낮은 것은?

① 마그네슘가루
② 아연가루
③ 밀가루
④ 시멘트가루

해설
[분진폭발 위험이 없는 물질]
시멘트, 모래, 석회분말 등

11 연소의 연쇄반응을 차단 및 억제하여 소화하는 방법은?

① 냉각소화
② 부촉매소화
③ 질식소화
④ 제거소화

해설
[부촉매소화효과]
연소의 연쇄반응 차단 및 억제

12 다음 중 제4류 위험물의 화재에 적응성이 없는 소화기는?

① 포소화기
② 봉상수소화기
③ 인산염류소화기
④ 이산화탄소소화설비

해설
[제4류 위험물의 소화]
제4류 위험물은 질식소화·억제소화에 적응성이 있으므로 봉상수소화기는 적응성이 없음

정답 09 ④ 10 ④ 11 ② 12 ②

13 위험물안전관리법령상 위험등급 I의 위험물로 옳은 것은?

① 무기과산화물
② 황화인, 적린, 황
③ 제1석유류
④ 알코올류

해설

[위험등급 I 위험물]
① 무기과산화물 : 위험등급 Ⅰ
② 황화인, 적린, 황 : 위험등급 Ⅱ
③ 제1석유류 : 위험등급 Ⅱ
④ 알코올류 : 위험등급 Ⅱ

14 위험물안전관리법령상 자동화재탐지설비를 설치하지 않고 비상경보설비로 대신할 수 있는 것은?

① 일반취급소로서 연면적 600 [m^2]인 것
② 지정수량 20배를 저장하는 옥내저장소로서 처마 높이가 8 [m]인 단층건물
③ 단층 건물 외에 건축물에 설치된 지정수량 15배의 옥내탱크저장소로서 소화난이도등급 Ⅱ에 속하는 것
④ 지정수량 20배를 저장·취급하는 옥내주유취급소

해설

[자동화재탐지설비의 설치기준]
소화난이도등급 Ⅱ는 비상경보설비로 대체 가능

15 제2류 위험물인 마그네슘에 대한 설명으로 옳지 않은 것은?

① 2 [mm] 체를 통과한 것만 위험물에 해당된다.
② 화재 시 이산화탄소소화약제로 소화가 가능하다.
③ 가연성 고체로 산소와 반응하여 산화반응을 한다.
④ 주수소화를 하면 가연성의 수소가스가 발생한다.

해설

[마그네슘(2류)의 소화 특징]
• 마른모래·팽창질석·팽창진주암
• 탄산수소염류분말

16 소화기 속에 압축되어 있는 이산화탄소 1.1 [kg]을 표준 상태에서 분사하였다. 이산화탄소의 부피는 몇 [m^3]가 되는가?

① 0.56
② 5.6
③ 11.2
④ 24.6

해설

[이산화탄소의 부피 계산]
• $PV = \dfrac{WRT}{M}$
• $V = \dfrac{1.1 \times 0.082 \times 273}{44} = 0.56$ [m^3]

정답 13 ① 14 ③ 15 ② 16 ①

17 양초, 고급알코올 등과 같은 연료의 가장 일반적인 연소 형태는?

① 분무연소
② 증발연소
③ 표면연소
④ 분해연소

해설

[연소 형태]
(1) 표면연소 : 목탄(숯)·코크스·금속·마그네슘·금속분 등이 고체의 표면에서 산소와 만나 연소
(2) 분해연소 : 목재·종이·플라스틱·섬유·석탄 등의 열분해로 인한 연소
(3) 자기연소 : 제5류 위험물 등 산소공급원을 포함하고 있는 물질이 스스로 연소
(4) 증발연소 : 파라핀·황·나프탈렌·양초·에터 등이 증발한 증기가 연소

18 BCF(Bromochlorodifluoromethane) 소화약제의 화학식으로 옳은 것은?

① CCl_4
② CH_2ClBr
③ CF_3Br
④ CF_2ClBr

해설

[BCF 소화기]
BCF(Bromochlorodifluoromethane)
: 할론 1211

19 취급하는 제4류 위험물의 수량이 지정수량의 30만 배인 일반취급소가 있는 사업장에 자체소방대를 설치함에 있어서 전체 화학소방차 중 포수용액을 방사하는 화학소방차는 몇 대 이상 두어야 하는가?

① 필수적인 것은 아니다.
② 1
③ 2
④ 3

해설

[소방차의 수와 소방대원의 인원기준]

위험물 최대 수량의 합	소방차	소방대원
12만 배 미만	1	5
12만 ~ 24만 배	2	10
24만 ~ 48만 배	3	15
48만 배 이상	4	20

• 포수용액을 방사하는 화학소방차 대수는 화학소방차 대수의 3분의 2 이상으로 함
• 소방차 수 = 3 × (2/3) = 2대

20 다음은 위험물안전관리법령에 따른 판매취급소에 대한 정의이다. ( )에 알맞은 말은?

> 판매취급소라 함은 점포에서 위험물을 용기에 담아 판매하기 위하여 지정수량의 (가)배 이하의 위험물을 (나)하는 장소

① 가 : 20, 나 : 취급
② 가 : 40, 나 : 취급
③ 가 : 20, 나 : 저장
④ 가 : 40, 나 : 저장

정답 17 ② 18 ④ 19 ③ 20 ②

해설

[판매취급소의 정의]
지정수량의 40배 이하 위험물을 취급하는 장소

---

21 정전기로 인한 재해방지대책 중 틀린 것은?

① 접지를 한다.
② 실내를 건조하게 유지한다.
③ 공기 중의 상대습도를 70 [%] 이상으로 유지한다.
④ 공기를 이온화한다.

해설

[정전기 제거 조건]
- 접지에 의한 방법
- 실내 건조하게 유지하면 정전기 발생 확률 증가
- 공기 중의 상대습도를 70 [%] 이상으로 함
- 느린 유속으로 흐를 때

---

22 위험물안전관리법령에서 정한 제5류 위험물 이동저장탱크의 외부 도장 색상은?

① 황색
② 회색
③ 적색
④ 청색

해설

[위험물의 외부 도장 색]

유별	1	2	3	5	6
색	회색	적색	청색	황색	청색

암 회적청황청

---

23 0.99 [atm], 55 [℃]에서 이산화탄소의 밀도는 약 몇 [g/L]인가?

① 0.62
② 1.62
③ 9.65
④ 12.65

해설

[이산화탄소 밀도]

- $PV = \dfrac{WRT}{M}$

- 밀도 $= \dfrac{W}{V} = \dfrac{PM}{RT}$

- $\dfrac{PM}{RT} = \dfrac{0.99 \times 44}{0.082 \times (273+55)} = 1.62\ [g/L]$

R(기체상수) : 0.082 [atm·L/mol·K]
T(절대온도) : 55 [℃] + 273 = 328 [K]
M(분자량) : 44 [g/mol]
P(압력) : 0.99 [atm]

---

24 과염소산칼륨의 성질에 대한 설명 중 틀린 것은?

① 무색, 무취의 결정으로 물에 잘 녹는다.
② 화학식은 $KClO_4$이다.
③ 에탄올, 에터에는 녹지 않는다.
④ 화약, 폭약, 섬광제 등에 쓰인다.

해설

[과염소산칼륨(1류)의 특징]
물, 에탄올, 에터에 잘 녹지 않음

정답 21 ② 22 ① 23 ② 24 ①

25 삼황화인의 연소 생성물을 옳게 나열한 것은?

① P_2O_5, SO_2 ② P_2O_5, H_2S
③ H_3PO_4, SO_2 ④ H_3PO_4, H_2S

해설

[삼황화인(2류)의 연소 시 생성물]
- $P_4S_3 + 8O_2 \rightarrow 2P_2O_5 + 3SO_2$
- 삼황화인 연소 시 이산화황(SO_2)·오산화인(P_2O_5) 발생

26 제3류 위험물에 해당하는 것은?

① 황 ② 적린
③ 황린 ④ 삼황화인

해설

[제3류 위험물의 종류]
- 황린, 나트륨, 리튬, 칼슘 등
- 제2류 위험물 : 황, 적린, 삼황화인

27 그림의 원통형으로 설치된 탱크에서 공간용적을 내용적의 10 [%]라고 하면 탱크 용량(허가 용량)은 약 얼마인가?

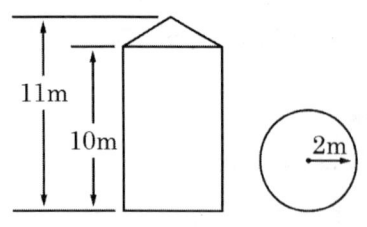

① 113.04 ② 124.34
③ 129.06 ④ 138.16

해설

[위험물 저장탱크의 내용적]
$V = \pi r^2 L (1 - 공간용적)$
$= \pi \times 2^2 \times 10 \times 0.9 = 113.04$ [m³]

28 다음 (　) 안에 적합한 숫자를 차례대로 나열한 것은?

> 자연발화성 물질 중 알킬알루미늄등은 운반용기의 내용적의 (　) [%] 이하의 수납률로 수납하되, 50 [℃]의 온도에서 (　) [%] 이상의 공간용적을 유지하도록 할 것

① 90, 5 ② 90, 10
③ 95, 5 ④ 95, 10

해설

[자연발화성 물질의 공간 용적]
- 고체위험물 : 운반용기의 내용적 95 [%] 이하의 수납률로 수납
- 액체위험물 : 운반용기의 내용적 98 [%] 이하의 수납률로 수납, 55 [℃] 온도에서 누설되지 않도록 충분한 공간 용적을 두어야 함
- 알킬알루미늄 : 운반용기 내용적의 90 [%] 이하의 수납률로 수납하되, 50 [℃]의 온도에서 5 [%] 이상의 공간 용적을 유지

29 제5류 위험물 중 나이트로화합물의 지정수량을 옳게 나타낸 것은? (단, 제2종으로 가정한다)

① 10 [kg] ② 20 [kg]
③ 50 [kg] ④ 100 [kg]

정답: 25 ①　26 ③　27 ①　28 ①　29 ④

해설
[지정수량]
나이트로화합물(5류) : 200 [kg]

30 유별을 달리하는 위험물을 운반할 때 혼재할 수 있는 것은? (단, 지정수량의 1/10을 넘는 양을 운반하는 경우이다)

① 제1류와 제3류
② 제2류와 제4류
③ 제3류와 제5류
④ 제4류와 제6류

해설
[위험물 혼재기준]
2류, 4류 혼재 가능

보충 혼재 가능 위험물

1↓	6		혼재 가능
2↓	5↑	4	혼재 가능
3→	4↑		혼재 가능

암 1 2 3 4 5 6 적은 후 4 추가

31 제조소등의 관계인이 예방 규정을 정하여야 하는 제조소등이 아닌 것은?

① 지정수량 100배의 위험물을 저장하는 옥외탱크저장소
② 지정수량 150배의 위험물을 저장하는 옥내저장소
③ 지정수량 10배의 위험물을 취급하는 제조소
④ 지정수량 5배의 위험물을 취급하는 이송취급소

해설
[예방 규정 제조소등의 규정]
정기점검 대상
(1) 지정수량의 10배 이상의 위험물을 취급하는 제조소
(2) 지정수량의 100배 이상의 위험물을 저장하는 옥외저장소
(3) 지정수량의 150배 이상의 위험물을 저장하는 옥내저장소
(4) 지정수량의 200배 이상의 위험물을 저장하는 옥외탱크저장소
(5) 암반탱크저장소
(6) 이송취급소
(7) 이동탱크저장소

32 위험물안전관리법령상 제5류 위험물의 공통된 취급방법으로 옳지 않은 것은?

① 용기의 파손 및 균열에 주의한다.
② 저장 시 과열, 충격, 마찰을 피한다.
③ 운반용기 외부에 주의사항으로 "화기주의" 및 "물기엄금"을 표기한다.
④ 불티, 불꽃, 고온체와의 접근을 피한다.

해설
[제5류 위험물 특징]
운반용기 외부에 주의사항으로 "화기주의" 및 "충격주의" 표기

정답 30 ② 31 ① 32 ③

33 제4류 위험물에 속하지 않는 것은?

① 아세톤
② 실린더유
③ 트라이나이트로톨루엔
④ 나이트로벤젠

해설

[제4류 위험물의 종류]
- 이황화탄소, 휘발유, 등유 등
- 제5류 위험물 종류 : 트라이나이트로톨루엔

34 경유 2000 [L], 글리세린 2000 [L]를 같은 장소에 저장하려 한다. 지정수량의 배수의 합은 얼마인가?

① 2.5   ② 3.0
③ 3.5   ④ 4.0

해설

[지정수량]
- 경유 : 1000 [L]
- 글리세린 : 4000 [L]
- 지정수량의 합
  = (2000 / 1000) + (2000 / 4000) = 2.5

35 다음 중 황 분말과 혼합했을 때 가열 또는 충격에 의해서 폭발할 위험이 가장 높은 것은?

① 질산암모늄
② 물
③ 이산화탄소
④ 마른모래

해설

[황(2류)과 혼합 시 폭발 위험이 높은 물질]
질산암모늄이 산소공급원의 역할을 하고, 황 분말이 가연성 고체의 역할을 하므로 가장 위험이 높음

36 다음은 위험물안전관리법령에서 정한 내용이다. (   ) 안에 알맞은 용어는?

(   )라 함은 고형알코올 그 밖에 1기압에서 인화점이 섭씨 40도 미만인 고체를 말한다.

① 가연성 고체
② 산화성 고체
③ 인화성 고체
④ 자기반응성 고체

해설

[인화성 고체 정의]
고형알코올 그 밖에 1기압에서 인화점이 40 [℃] 미만인 고체

37 자기반응성 물질인 제5류 위험물에 해당하는 것은?

① $CH_3(C_6H_4)NO_2$
② CH_3COCH_3
③ $C_6H_2(NO_2)_3OH$
④ $C_6H_5NO_2$

정답 33 ③ 34 ① 35 ① 36 ③ 37 ③

해설

[제5류 위험물의 종류]
- $CH_3(C_6H_4)NO_2$: 나이트로톨루엔(제4류)
- CH_3COCH_3 : 아세톤(제4류)
- $\underline{C_6H_2(NO_2)_3OH}$: 트라이나이트로톨루엔 (제5류)
- $C_6H_5NO_2$: 나이트로벤젠(제4류)

38 위험물과 그 보호액 또는 안정제의 연결이 틀린 것은?

① 황린 - 물
② 인화석회 - 물
③ 금속칼륨 - 등유
④ 알킬알루미늄 - 헥산

해설

[위험물별 보호액]
인화석회 : 밀봉하여 공기·물 접촉 금지

39 위험물의 품명이 질산염류에 속하지 않는 것은?

① 질산메틸
② 질산칼륨
③ 질산나트륨
④ 질산암모늄

해설

[5류 위험물의 품명]

품명	위험물	상태
질산에스터류	질산메틸 질산에틸 나이트로글리콜 나이트로글리세린	액체
	나이트로셀룰로스	고체
나이트로화합물	트라이나이트로톨루엔 트라이나이트로페놀 다이나이트로벤젠 테트릴	고체

40 다음 중 지정수량이 나머지 셋과 다른 물질은?

① 황화인
② 적린
③ 칼슘
④ 황

해설

[지정수량]

위험물	지정수량 [kg]
황화인 (2류)	100
적린 (2류)	100
칼슘 (3류)	50
황 (2류)	100

정답 ● 38 ② 39 ① 40 ③

41 다음은 위험물안전관리법령상 이동탱크저장소에 설치하는 게시판의 설치기준에 관한 내용이다. 다음 ( ) 안에 해당하지 않는 것은?

> 이동탱크의 뒷면 중 보기 쉬운 곳에는 해당 탱크에 저장 또는 취급하는 위험물의 ( ), ( ), ( ) 및 적재중량을 게시한 게시판을 설치하여야 한다.

① 최대 수량
② 품명
③ 유별
④ 관리자명

해설
[이동탱크저장소의 게시판 설치 내용]
- 최대 수량
- 품명
- 유별
- 적재 중량

42 제2석유류에 해당하는 물질로만 짝지어진 것은?

① 등유, 경유
② 등유, 중유
③ 글리세린, 기계유
④ 글리세린, 장뇌유

해설
[제2석유류 종류]
등유, 경유, 크실렌, 클로로벤젠 등

43 위험물안전관리법령에 따른 위험물의 운송에 관한 설명 중 틀린 것은?

① 알킬리튬과 알킬알루미늄 또는 이 중 어느 하나 이상을 함유한 것은 운송책임자의 감독·지원을 받아야 한다.
② 이동탱크저장소에 의하여 위험물을 운송할 때 운송책임자에는 법정의 교육을 이수하고 관련 업무에 2년 이상 경력이 있는 자도 포함된다.
③ 서울에서 부산까지 금속의 인화물 300[kg]을 1명의 운전자가 휴식 없이 운송해도 규정 위반이 아니다.
④ 운송책임자의 감독 또는 지원방법에는 동승하는 방법과 별도의 사무실에서 대기하면서 규정된 사항을 이행하는 방법이 있다.

해설
[위험물 운송법]
- 위험물운송자는 장거리(고속국도 : 340 [km], 그 밖의 도로 : 200 [km])에 걸치는 운송을 하는 때에는 2명 이상의 운전자로 할 것
- 예외 : 2명 이상의 운전자로 하지 않아도 되는 경우
  ① 운송책임자를 동승시킨 경우
  ② 운송하는 위험물이 제2류 위험물, 제3류 위험물, 제4류 위험물(특수인화물 제외)인 경우
  ③ 운송 도중에 2시간 이내마다 20분 이상의 휴식을 취하는 경우

정답 41 ④ 42 ① 43 ③

44 유기과산화물의 저장 또는 운반 시 주의사항으로 옳은 것은?

① 일광이 드는 건조한 곳에 저장한다.
② 가능한 한 대용량으로 저장한다.
③ 알코올류 등 제4류 위험물과 혼재하여 운반할 수 있다.
④ 산화제이므로 다른 강산화제와 같이 저장해야 좋다.

해설

[유기과산화물(5류)의 혼재 가능 위험물]
5류, 4류 혼재 가능

보충 혼재 가능 위험물

1↓	6		혼재 가능
2↓	5↑	4	혼재 가능
3→	4↑		혼재 가능

암 1 2 3 4 5 6 적은 후 4 추가

45 위험물안전관리법령상 염소화아이소시아눌산은 제 몇 류 위험물인가?

① 제1류
② 제2류
③ 제5류
④ 제6류

해설

[제1류 위험물의 종류]
염소화아이소시아눌산 : 그 밖에 행정안전부령이 정하는 제1류 위험물에 속함

46 위험물안전관리법령상 옥내소화전설비의 설치기준에서 옥내소화전은 제조소등의 건축물의 층마다 해당 층의 각 부분에서 하나의 호스접속구까지의 수평거리가 몇 [m] 이하가 되도록 설치하여야 하는가?

① 5
② 10
③ 15
④ 25

해설

[옥내소화전 호스접속구까지 수평거리]
25 [m] 이하가 되도록 설치

47 다음 중 인화점이 0 [℃]보다 작은 것은 모두 몇 개인가?

$$C_2H_5OC_2H_5, CS_2, CH_3CHO$$

① 0개
② 1개
③ 2개
④ 3개

해설

[인화점]
세 가지 모두 특수인화물로 인화점은 -20 [℃] 이하

- 다이에틸에터($C_2H_5OC_2H_5$) : -40 [℃]
- 이황화탄소(CS_2) : -30 [℃]
- 아세트알데하이드(CH_3CHO) : -40 [℃]

정답 44 ③ 45 ① 46 ④ 47 ④

48 경유에 대한 설명으로 틀린 것은?

① 물에 녹지 않는다.
② 비중은 1 이하이다.
③ 발화점이 인화점보다 높다.
④ 인화점은 상온 이하이다.

해설
[경유(4류)의 특징]
인화점 : 50 ~ 70 [℃]

49 과염소산나트륨에 대한 설명으로 옳지 않은 것은?

① 가열하면 분해하여 산소를 방출한다.
② 환원제이며 수용액은 강한 환원성이 있다.
③ 수용성이며 조해성이 있다.
④ 제1류 위험물이다.

해설
[과염소산나트륨(1류)의 특징]
제1류 위험물은 산화제

50 나이트로셀룰로스의 저장방법으로 올바른 것은?

① 물이나 알코올로 습윤시킨다.
② 에탄올과 에터 혼액에 침윤시킨다.
③ 수은염을 만들어 저장한다.
④ 산에 용해시켜 저장한다.

해설
[나이트로셀룰로스(5류) 저장방법]
물이나 알코올로 습윤

51 다음 중 위험물안전관리법령에서 정한 제3류 위험물 금수성 물질의 소화설비로 적응성이 있는 것은?

① 이산화탄소소화설비
② 할로젠화합물소화설비
③ 인산염류등 분말소화설비
④ 탄산수소염류등 분말소화설비

해설
[제3류 위험물의 소화설비]
• 마른모래 · 팽창질석 · 팽창진주암
• 탄산수소염류분말

52 위험물의 저장 및 취급방법에 대한 설명으로 틀린 것은?

① 적린은 화기와 멀리하고 가열, 충격이 가해지지 않도록 한다.
② 이황화탄소는 발화점이 낮으므로 물 속에 저장한다.
③ 마그네슘은 산화제와 혼합되지 않도록 취급한다.
④ 알루미늄분은 분진폭발의 위험이 있으므로 분무주수하여 저장한다.

정답 48 ④ 49 ② 50 ① 51 ④ 52 ④

해설

[위험물의 취급방법]
알루미늄분은 물과 수소와 반응하여 열이 발생하기 때문에 물과 닿으면 안 됨

53 나이트로셀룰로스 5 [kg]과 트라이나이트로페놀을 함께 저장하려고 한다. 이때 지정수량을 1배로 저장하려면 트라이나이트로페놀 몇 [kg]을 저장하여야 하는가?

① 5
② 10
③ 20
④ 50

해설

[지정수량]
- 나이트로셀룰로스(5류) : 10 [kg]
- 트라이나이트로페놀(5류) : 100 [kg]
- x = 트라이나이트로페놀 저장 무게
- 지정수량 = (5 / 10) + (x / 100) = 1
- x = 50

54 지하탱크저장소에 대한 설명으로 옳지 않은 것은?

① 탱크전용실 벽의 두께는 0.3 [m] 이상이어야 한다.
② 지하저장탱크의 윗부분은 지면으로부터 0.6 [m] 이상 아래에 있어야 한다.
③ 지하저장탱크와 탱크전용실 안쪽과의 간격은 0.1 [m] 이상의 간격을 유지한다.
④ 지하저장탱크에 두께 0.1 [m] 이상의 철근콘크리트조로 된 뚜껑을 설치한다.

해설

[지하탱크저장소의 특징]
두께 0.3 [m] 이상의 철근콘크리트조로 된 뚜껑을 설치

55 황린의 위험성에 대한 설명으로 틀린 것은?

① 공기 중에서 자연발화의 위험성이 있다.
② 연소 시 발생되는 증기는 유독하다.
③ 화학적 활성이 커서 CO_2, H_2O와 격렬히 반응한다.
④ 강알칼리 용액과 반응하여 독성 가스가 발생한다.

해설

[황린(3류)의 특징]
- 이산화탄소, 물과 반응하지 않음
- 물과 반응하지 않아 물속에 보관

정답 53 ④ 54 ④ 55 ③

56 황에 대한 설명으로 옳지 않은 것은?

① 연소 시 황색 불꽃을 보이며 유독한 이황화탄소가 발생한다.
② 미세한 분말 상태에서 부유하면 분진 폭발의 위험이 있다.
③ 마찰에 의해 정전기가 발생할 우려가 있다.
④ 고온에서 용융된 황은 수소와 반응한다.

해설

[황(2류)의 위험성]
연소 시 푸른 불꽃과 유독한 이산화황 발생

57 다음 설명 중 제2석유류에 해당하는 것은? (단, 1기압 상태이다)

① 착화점이 21 [℃] 미만인 것
② 착화점이 30 [℃] 이상 50 [℃] 미만인 것
③ 인화점이 21 [℃] 이상 70 [℃] 미만인 것
④ 인화점이 21 [℃] 이상 90 [℃] 미만인 것

해설

[제2석유류의 정의]
인화점이 21 [℃] 이상 70 [℃] 미만

58 과산화벤조일(벤조일퍼옥사이드)에 대한 설명 중 틀린 것은?

① 환원성 물질과 격리하여 저장한다.
② 물에 녹지 않으나 유기용매에 녹는다.
③ 희석제로 묽은 질산을 사용한다.
④ 결정성의 분말 형태이다.

해설

[과산화벤조일(5류)의 특징]
희석제로 프탈산메틸, 프탈산디부틸 등을 사용

59 아염소산염류 500 [kg]과 질산염류 3000 [kg]을 함께 저장하는 경우 위험물의 소요단위는 얼마인가?

① 2
② 4
③ 6
④ 8

해설

[소요단위]
- 아염소산염류 지정수량 : 50 [kg]
- 질산염류 지정수량 : 300 [kg]
- 소요단위 = $\dfrac{500}{50 \times 10} + \dfrac{3000}{300 \times 10} = 2$

정답 ● 56 ① 57 ③ 58 ③ 59 ①

60 질산암모늄의 일반적 성질에 대한 설명 중 옳은 것은?

① 불안정한 물질이고 물에 녹을 때는 흡열반응을 나타낸다.
② 물에 대한 용해도값이 매우 작아 물에 거의 불용이다.
③ 가열 시 분해하여 수소가 발생한다.
④ 과일향의 냄새가 나는 적갈색 비결정체이다.

해설

[질산암모늄(1류)의 특징]
- 불안정한 물질이고 물에 녹을 때는 흡열반응을 나타냄
- 물에 잘 녹음
- 가열 시 분해하여 산소 발생
- 무색무취의 결정

정답 60 ①

모아 위험물기능사 필기(핵심이론+과년도 12개년) [개정2판]

발행일   2026년 1월 1일 개정2판 1쇄
지은이   천은지
발행인   황모아
발행처   (주)모아교육그룹
주　소   서울특별시 영등포구 영신로 32길 29 세화빌딩 2층
전　화   02-2068-2393(출판, 주문)
등　록   제2015-000006호 (2015.1.16.)
이메일   moagbooks@naver.com
ISBN   979-11-6804-492-0 (13530)

이 책의 가격은 뒤표지에 있습니다.

Copyright ⓒ (주)모아교육그룹 Co., Ltd. All Rights Reserved.

이 책은 저작권법에 의해 보호를 받는 저작물이므로 저자와 출판사의 서면 허락 없이 내용의 전부 또는 일부를 이용하는 것을 금합니다.

"합격을 넘어 실무까지, 모아가 만듭니다!"

모아소방전기학원
모아직업기술교육원

소방기술사 강의

과정평가형

국가기간전략산업직종훈련

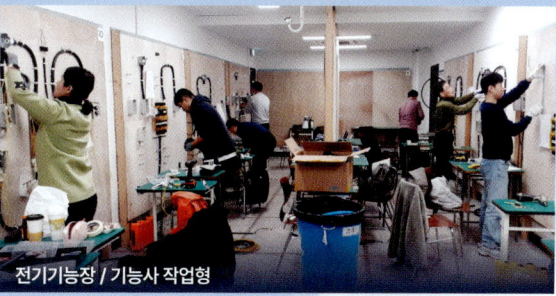
전기기능장 / 기능사 작업형

소방분야	소방기술사 / 소방시설관리사 / 소방설비기사(전기 / 기계) / 소방설비산업기사(전기 / 기계)
전기분야	전기안전기술사 / 전기응용기술사 / 발송배전기술사 / 건축전기설비기술사 / 전기기능장 / 전기기능사 / 전기기사·산업기사
안전분야	화공안전기술사 / 건축기사·산업기사 / 건축설비기사·산업기사 / 건설안전기술사 / 건설안전기사·산업기사 산업안전기사·산업기사 / 산업안전지도사 / 승강기기능사 / 공조냉동기계기사
통신분야	정보통신기술사
실무분야	소방감리실무 / 현장에서 통하는 소방설비 찐 실무
과정평가형	소방설비산업기사(전기 / 기계) / 산업안전산업기사 / 산업안전기사 / 건설안전기사 / 전기공사산업기사
국가기간전략훈련	[국기] 전기기능사 취득과정
위탁기관 위탁교육	서울시노동자복지관 / 제대군인지원센터 / 기아 AutoLand 조합원 단체 교육

모아소방전기학원

자격증 취득 & 과정 상담

모아소방전기학원
02.2068.2851

모아직업기술교육원
02.2068.2854

평일 09:00~19:00 / 토·일 08:00~17:00 (공휴일 휴무)

모아소방전기학원 × 모아직업기술교육원

모아북스

"수험생의 불필요한 시간을 아끼는 것"
모아북스가 가장 중요하게 생각하는 가치입니다.

모아북스는 매년 달라지는 법령과 변화하는 출제 경향, 새롭게 제정되는 규정까지 수험생보다 먼저 학습하고, 핵심만을 빠르게 정리합니다. 합격을 위한 가장 빠르고 정확한 수험서를 만들기 위해 한 페이지 한 페이지에 진심을 담아 제작합니다.

▍모아 출판 프로세스

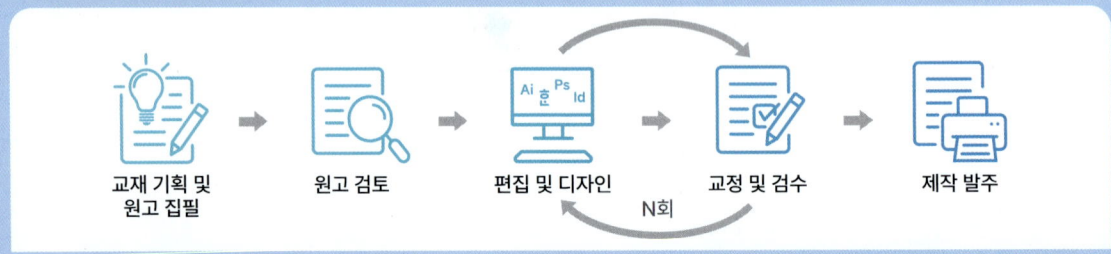

▍모아북스 블로그 소개

수험서를 구매하기 전 책을 훑어보러 서점까지 가기 힘드신가요? 모아북스 블로그에서는 수험생의 소중한 시간을 아껴드리기 위해 책의 구체적인 구성과 강점, 효과적인 학습법까지 직접 보는 것처럼 상세하게 소개해드립니다. 궁금한 교재가 있다면 모아북스 블로그에 '책 제목'을 검색해보세요!

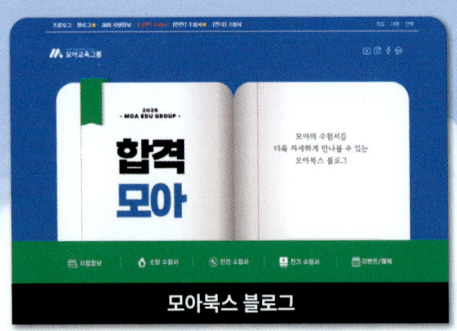

모아북스 블로그

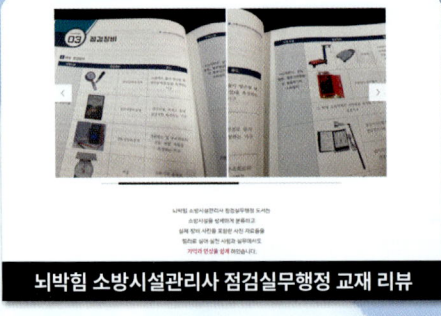

뇌박힘 소방시설관리사 점검실무행정 교재 리뷰

모아북스 블로그

▍고객의 소리

더 나은 교재 제작을 위해 여러분의 소중한 의견을 기다립니다. QR을 통해 남겨주신 피드백 중 우수 글에 선정되신 독자분께는 감사의 마음을 담아 소정의 선물을 드립니다.

고객의 소리